U0266921

武汉城市综合地质调查及应用

《武汉城市综合地质调查及应用》编委会　著

科 学 出 版 社

北　京

内 容 简 介

本书从岩土空间、地质资源、水土环境、地质灾害、信息技术等多个角度，介绍武汉市近十年来在城市地质调查方面开展的工作、采用的技术方法和手段、取得的成果。本书内容突出地质环境保护、生态环境建设和绿色可持续发展理念，可为城市规划与建设、清洁能源利用、地质环境安全与管理提供技术支撑，对其他城市开展类似工作也有一定的参考价值。

本书可供城市地质类及相关专业本科生、研究生及工程技术人员学习参考，也可供城市管理者参考。

审图号：武汉市 s（2022）036 号

图书在版编目（CIP）数据

武汉城市综合地质调查及应用/《武汉城市综合地质调查及应用》编委会著.
—北京：科学出版社，2021.12
ISBN 978-7-03-071217-2

Ⅰ.① 武… Ⅱ.① 武… Ⅲ. ① 区域地质调查-武汉 Ⅳ. ① P562.53

中国版本图书馆 CIP 数据核字（2021）第 269856 号

责任编辑：杨光华 严艺蒙/责任校对：何艳萍
责任印制：彭 超/封面设计：苏 波

科 学 出 版 社 出版
北京东黄城根北街 16 号
邮政编码：100717
http://www.sciencep.com
武汉精一佳印刷有限公司印刷
科学出版社发行 各地新华书店经销
*
开本：787×1092 1/16
2021 年 12 月第 一 版 印张：28 1/4
2021 年 12 月第一次印刷 字数：667 000
定价：328.00 元
（如有印装质量问题，我社负责调换）

《武汉城市综合地质调查及应用》

编委会

主　　任：盛洪涛

副 主 任：刘奇志　田　燕　李　军

委　　员：蔡爱龙　赵中元　杨明银　肖建华　肖　辉　彭汉发　刘传逢　谢纪海
彭明军　戴光忠　谢树明　吴　军　廖建生　陈建良　谭文专

顾问专家：宁津生　黄长生　任伟中　胡正祥　罗小杰　李长安　焦玉勇　陈少平

编写人员

主　　编：赵中元　彭汉发

副 主 编：李定远　杨育文

主编单位：武汉市自然资源和规划局

参编单位及人员：

武汉市测绘研究院：陶　良　徐德馨　刘顺昌　胡　卉　黄群龙　李　黎　张娅婷
王小利　夏冬生

中国地质调查局武汉地质调查中心：何　军　杨艳林　赵永波　齐　信

中国科学院武汉岩土力学研究所：符贵军　刘　斌　陈　浩

武汉大学：张双喜　汪海洪　贾剑钢

中国地质大学（武汉）：谭　飞　左昌群

湖北省地质调查院：胡元平　李　朋　翁茂芝　周　鼎　罗　红　刘　力　周　峰

武汉市勘察设计有限公司：官善友　庞设典　江　丹　熊　峰　吴　超　张占彪　李斯喆

湖北省地质环境总站：熊启华　王芮琼　曾　嘉　龙　婧　王　维

湖北省地质局武汉水文地质工程地质大队：柯　立　刘红卫　华　杉

中国地质科学院水文地质环境地质研究所：周小元　朱吉祥

湖北省地质科学研究院：刘述德　曾　芳　朱文晶

湖北省地质局地球物理勘探大队：李成香　刘　磊　徐元璋　王斌战

武汉中地数码科技有限公司：杨其菠　李三凤　潘声勇

序

近年来，我国经济社会发展进入一个新的阶段，以和谐共生、良性循环、全面发展为宗旨，以新型城镇化、数字中国、美丽中国等为路径的生态文明建设取得了巨大成就，国家的城市化进程进入了新时期，具有奠基性意义的城市地质工作迎来重要发展机遇，也面临全新挑战。新时代城市地质工作更加强调以“空间、资源、环境、灾害、生态”为特征的综合性调查评价利用，在贯彻“生态优先、绿色发展”理念基础上，以地球系统科学理论为指导，以服务城市规划、建设和运行管理为导向，全面支撑城市集约、智能、绿色、低碳和安全发展。

面对新形势和新需求，城市地质工作需要进一步拓展工作内容和服务领域，体现调查多要素、服务多层面、示范多主题、合作多层级和协调多方面的新特点与新格局。2018 年，中国地质调查局批准将武汉市纳入首批多要素城市地质调查示范试点城市，项目以“央地合作”模式启动，按照“五统一”要求开展覆盖全市域的综合性地质调查，全方位支撑服务武汉市的规划、建设和运行管理工作，并努力探索出一条更加有力支撑服务生态文明建设的新路子。

《武汉城市综合地质调查及应用》梳理了国内外城市地质工作现状与发展趋势，系统总结了武汉市地质环境状况；围绕制约武汉市未来可持续发展的若干地球科学问题，聚焦新时期城市地质工作的难点和新生领域，开展了国土空间开发利用条件、地质资源开发、生态地质、地质灾害防治、地质环境监测等多方面的调查研究工作，从地下空间与隐伏深大断裂探测、岩溶地面塌陷与地质环境监测、中深层地热勘查、地质遗迹保护利用和生态地质调查等方面，总结形成了一套较成熟的调查评价技术方法体系；建立了城市地质信息立体一张图和地质环境管理与辅助决策支持系统，探索出了调查成果支撑服务城市规划建设、资源利用、地质灾害防治、生态修复等方面的思路和路径，从地质角度有针对性地提出了城市保护、修复和利用的一系列对策建议。

该书从国土空间、地质资源、地质灾害、生态环境、地质数字化信息化等多个角度，对武汉市各类地质调查成果进行了系统总结，突出了地质环境保护和可持续发展理念，有效地探索了服务城市规划、建设、运营管理全生命周期地质工作方法，是武汉城市地质调查最新的成果，也是迄今为止内容最全的成果。相信该书的出版，将为城市的规划建设、清洁能源利用、地质环境管理和城市安全保障提供技术支撑，也将为国内其他城市开展相关工作提供借鉴、指导和示范。

是为序。

王焰新

中国科学院院士

中国地质大学（武汉）校长

二〇二一年十月

前　言

党的十八大以来，党中央高度重视生态文明建设，习近平总书记强调，长江经济带建设要“共抓大保护、不搞大开发”。武汉市作为长江经济带的核心城市，需要进一步协调经济发展和生态环境的关系，促进经济发展和生态保护的双赢。地质环境作为自然环境的重要组成部分，做好城市地质工作，对落实生态文明建设、加强地质环境保护和修复、保障城市安全运营具有非常重要的现实意义和战略意义。

武汉市多要素城市地质调查采用自然资源部中国地质调查局和武汉市人民政府联合开展的“央地合作”模式，积极服务生态文明建设和自然资源管理，并取得一系列工作成效。

（1）查明国土空间开发条件，支撑城市规划建设。一是以重力测量数据为基础，查明武汉市莫霍面深度和6条主要断裂空间展布形态，并对武汉市区域地壳稳定性进行综合评价；二是充分考虑地层条件、水文地质条件、地质构造和地质灾害等因素的影响，对武汉市工程建设适宜性进行系统评价，分析得出武汉市大部分区域适宜进行工程建设；三是探明武汉市第四系最大厚度达170 m，圈定7处第四系厚度超过70 m的沉积深槽，并对各种深槽区地下空间开发提出建议。

（2）探索清洁能源，促进地质资源合理高效利用。一是分析评价武汉市浅层地热资源开发潜力，划分地下水地源热泵系统和地埋管地源热泵系统的适宜性分区；二是查明武汉市中深层地热赋存特征，圈定7处重点靶区；三是在系统分析武汉市地下水资源的基础上，划定汉口城区、十里铺—王家店等9处地下水水源地，并从可供水量、水质、经济成本等多方面考虑，提出东西湖和黄陂武湖两处作为地下水应急水源地；四是开展武汉市地质文化资源调查工作，查明地理景观、地史景观、历史文化遗址、生态环境资源、地理标志产品产地五大类共计73个地质文化资源点，形成武汉地质文化资源画册、地质文化科普视频、地质文化旅游路线导游图等作品。

（3）实施生态地质调查，助力生态环境保护修复。一是利用土壤地球化学调查数据，采用单项环境质量指数对武汉市土壤环境质量进行系统评价；二是为落实长江大保护和生态文明建设等要求，组织开展长江沿岸1 km范围的生态地质调查和评价工作，查明长江沿岸水土环境质量，评价生态环境地质质量；

三是开展汤逊湖、后官湖和沉湖等典型湖泊湿地生态环境地质调查工作，通过湖底沉积柱化学分析、碳氮同位素示踪等手段，初步揭示湖泊有机物污染现状和水、土、生物之间的物质转化规律，探讨城市发展与湖泊湿地生态系统功能的内在联系。

（4）查明地质灾害发育现状，支撑地灾科学防控。一是发现武汉市域范围内有 8 条呈近东西向展布的隐伏岩溶条带，并在武汉市岩溶地面塌陷最为严重的白沙洲长江两岸区域，部署开展精细化调查工作，将白沙洲条带岩溶地面塌陷高易发区面积从前人划定的 50 余平方千米缩小为 11 km^2；二是查明武汉都市发展区深厚软土分布面积约为 1 564 km^2，软土厚度最大达 20 m，通过 InSAR、精密水准监测等手段发现武汉市主城区主要的形变漏斗区域共计 21 处，面积约为 95 km^2；三是发现崩塌、滑坡、不稳定斜坡等斜坡地质灾害有在断裂附近集中发育的趋势。

（5）构建地质环境监测体系，保障城市可持续发展。一是在对接国家地下水监测网的基础上，充分利用调查过程中形成的水文地质钻孔，将其改建为地下水监测井，初步构建地下水环境监测体系；二是按照基础监测网、在建工程监测网和重要工程安全运营监测网三个层次构建武汉市白沙洲地区岩溶地面塌陷监测体系，开展多参数监测预警阈值研究，提出武汉市岩溶监测体系建设方案；三是采用水准测量、地下水监测、分层标和基岩标监测等多重手段，在泛后湖三处沉降漏斗区域建设地面沉降监测网；四是探索性地在江夏区八分山滑坡上安装 GNNS 变形监测设施，并在 2020 年 7 月发现滑坡出现明显变形迹象，及时向江夏区局报送预警信息。

（6）建设地质信息云平台，推动成果应用智能化。“平台”由地质大数据中心、云平台支撑系统和云平台应用系统三个主要部分组成。初步建立地质大数据中心，研发部署云平台支撑系统，包括“地质大数据集成管理系统”“地质云服务集群管理系统”“地质云应用集成管理系统”三个系统。研制开发“地质成果一张图”“三维地质集成分析系统”（“三维地质可视化系统”）“地下空间开发利用系统”“地质信息服务辅助决策系统”“地质环境监测预警平台”，服务于城市规划、建设和安全等领域。

（7）总结探测技术方法，提升科技创新能力。结合武汉市地质环境特征，通过综合分析多种物探方法的适用性、可靠度，开展多方法组合试验，形成一套适用于武汉市的浅表地层精细化探测技术方法，提出在建筑密集区以反磁通瞬变电磁法+三分量共振成像为主，施工条件允许情况下可增加面波勘探（主动源或被动源），在建成区以浅层地震勘探+电法（高密度、瞬变电磁）为主的组合探测方法。

为更好地服务生态文明建设和自然资源管理，发挥武汉市多要素城市地质调查示范项目的引领示范作用，武汉市自然资源和规划局组织项目组成员单位撰写了本书。本书在撰写过程中，得到了项目各个承担单位的大力帮助和支持，得到了行业专家的指导，在此一并表示感谢！

书中有可能存在引用他人文献内容而没有在主要参考文献中列出的情况，在此深表歉意。对书中存在的不足之处，敬请读者批评指正。

《武汉城市综合地质调查及应用》编委会

2021 年 5 月 14 日

目　录

第一篇　城市地质工作现状 /1

第一章　国内外城市地质工作现状 /3

第一节　城市地质工作发展概述 /4

第二节　发达国家城市地质工作现状与趋势 /5

第三节　我国城市地质工作现状 /7

第四节　我国城市地质调查工作典型案例 /8

第二章　武汉城市地质工作进展 /15

第一节　已有工作基础 /16

第二节　武汉都市发展区城市地质调查成果 /21

第三节　武汉市多要素城市地质调查成果 /22

第二篇　武汉地质环境调查与评价 /27

第三章　基础地质环境条件 /29

第一节　地层 /30

第二节　地质构造 /39

第三节　地形地貌 /65

第四节　气象水文 /67

第五节　水文地质 /67

第六节　工程地质 /74

第四章　地质资源 /83

第一节　地下水资源 /84

第二节　地热能资源 /84

第三节　地质文化资源 /105

第五章　生态地质环境 /115

第一节　概述 /116

第二节　生态地质环境条件 /117

第三节　生态环境面临的主要地质问题 /130
第六章　地质灾害 /163
第一节　地质灾害概况 /164
第二节　地质灾害成因分析 /178
第三节　典型地质灾害模型 /198
第三篇　武汉地质环境保护与利用 /217
第七章　国土空间开发利用 /219
第一节　概述 /220
第二节　制约国土空间开发的关键地质问题 /220
第三节　国土空间开发利用适宜性评价 /222
第四节　国土空间开发利用分区与管控建议 /246
第八章　地下水资源开发利用 /249
第一节　概述 /250
第二节　地下水开采现状 /250
第三节　武汉市地下水资源开发利用规划 /252
第四节　应急供水水源地 /256
第五节　地下水水源地保护对策 /264
第九章　地热能资源开发利用 /269
第一节　概述 /270
第二节　浅层地热能资源开发利用 /270
第三节　中深层地热能资源开发利用 /273
第四节　典型中深层地热勘查 /274
第十章　地质文化资源保护与开发 /285
第一节　概述 /286
第二节　武汉市地质文化资源调查 /287
第三节　武汉市地质遗迹保护 /292

第四节　武汉市地质遗迹资源开发利用　/294
第五节　武汉市地质文化资源保护与利用工作的展望　/296
第十一章　生态地质环境保护与修复　/301
第一节　概述　/302
第二节　生态环境质量评价　/302
第三节　生态地质环境保护与修复对策　/331
第十二章　地质灾害防治与地质环境监测体系建设　/349
第一节　概述　/350
第二节　地质灾害防控措施　/350
第三节　地质灾害风险管控　/356
第四节　地质环境监测体系建设　/359
第五节　地质环境监测技术方法　/372
第六节　地质环境动态变化分析　/377
第七节　地质环境监测存在的不足与对策　/387
第十三章　城市地质信息平台建设　/391
第一节　概述　/392
第二节　大数据中心建设　/393
第三节　三维地质建模　/399
第四节　平台研发及应用　/407
第十四章　结论　/425

主要参考文献　/431

第一篇

城市地质工作现状

第一章

国内外城市地质工作现状

第一节 城市地质工作发展概述

城市是一个地区的政治、经济、文化和社会信息中心，人口、基础设施及工业与民用建筑相对集中。据统计，从全球看，目前超过54%的人口居住在城市，城市总人数已达39亿人。目前我国有超大城市7个、特大城市14个。城市人口数量在未来还会持续增长，到2050年全球城市人口将达到约64亿人。城市迅速发展的同时也带来了一系列环境问题和地质问题：人类生活和工程活动占用大量的土地资源；城市过量抽取地下水造成水位下降、水资源枯竭，引起地面沉降和岩溶塌陷；城市人口急剧增加导致大量废弃物产生，工业废水、生活污水、工业垃圾、建筑垃圾等造成严重的城市环境污染，甚至产生采空区的地面塌陷、地裂缝、滑坡、崩塌、泥石流等自然灾害。需解决的城市地质问题越来越多，直接制约了城市的可持续发展和城市化进程。因此，如何做好城市地质工作以解决城市地质问题或城市灾害问题，已成为保障城市安全与社会经济可持续发展亟待解决而且必须解决的问题。目前，世界多地正积极开展城市地质工作，以协调和缓解城市经济开发、空间开发等与地质环境载体之间的矛盾，降低城市地质问题和城市地质灾害对城市安全与社会经济可持续发展的影响。

城市地质工作是城市规划建设的重要基础，贯穿于城市运行管理的全过程，其根本任务是研究各种地质要素对城市发展提供的资源、所施加的约束条件及城市发展对其产生的影响，以合理开发利用国土资源及有效防治城市环境污染和破坏，为城市的规划和建设管理服务。城市地质工作包括两方面：一方面是认识和合理开发利用现有资源和环境条件，特别是水资源和工程地质环境；另一方面是防治城市和居民生活造成的环境问题。城市地质工作已成为地质工作的重要发展方向，也是城市规划建设和经济社会发展的重要基础支撑。城市地质工作的主要目的是为城市的经济与社会发展服务，为城市规划、建设和管理提供具有科学性、针对性和实用性的基础资料和对策建议，最终达到城市建设与地质环境的统一。积极推进城市地质调查工作，从而汇总集成地质调查、评价和监测预警资料，对提高解决城市重大资源环境问题的能力及提升城市综合竞争力等方面具有极大的推动作用。

1862年，奥地利地质学家Eduard Suess编写的《维也纳市地质》，是城市地质的第一本学术专著。现代意义上的城市地质工作主要是在第二次世界大战以后发展起来的。最初，城市地质工作是以城市的公共卫生及城市发展规划为关注点开展的单主题地质填图工作，直到20世纪中期才陆续开展多主题综合性的城市地质调查与评价工作。

20世纪初，在加拿大皇家学会会议上有专家发表了关于地质对城市中心的意义和重要性的论文，探讨了加拿大东部主要城市的地质特征。

20年代末，德国出版了《特殊土壤图》，用于支持城市规划。第二次世界大战后，德国、捷克、斯洛伐克和荷兰等国实施系统的城市地质填图计划，对城市地区的土壤和岩石自然属性进行填图。

60年代末，工业化不断发展，城市中心和周边地区大规模废物处置造成的污染问题

成为城市地质工作的重点，德国首次绘制了描述土壤潜力与限制的“地质潜力图”。后来，多哥、印度和印度尼西亚等国也采用了这套图件的编图方法。与此同时，美国的许多城市也出版了类似的城市地质图。

70 年代，将城市地区地质数据及城市计算机系统的管理在图上进行展现的研究逐步开展。西班牙许多城市地区开展了用于城市规划的 1∶2.5 万的岩土填图工作。加拿大于 1970 年启动了一项计划，旨在开发能够对地球科学信息进行编辑、处理和显示的计算机系统，实现城市中心地区的有序和高效发展。70 年代末，荷兰开展了土地复垦对地面沉降影响的研究。

80 年代，城市地质工作的典型特征是电子自动化技术在主题填图中的应用。主题图的编制采用了定量化指标，并尽量简化图面内容，使非地质专业用户更易于理解图面信息，使规划者、决策者和工程师能更容易地获取这些主题图，并根据需要及时提取有用信息。这一时期，发展中国家特别是亚太地区有关国家的城市地质工作得到空前发展。

90 年代，城市地质中地理信息系统（geographic information system，GIS）技术的应用和可持续的城市发展研究成为主流。主要体现在英国启动了“伦敦计算机化地下与地表（London computerization underground and surface，LOCUS）”项目和“陆地利用规划中的环境地质”项目。LOCUS 项目以包含 2 万多份（现已近 4 万份）钻孔描述资料的数字化数据库为基础，采用具有强大功能的 GIS 与模型技术。

进入 21 世纪，各国的城市地质调查与研究工作得到蓬勃发展，如英国、希腊、比利时、加拿大、土耳其、斯洛伐克、莫桑比克等，“动态化、超前化”是发达国家城市地质工作新的特点。

近 20 年来，以英国、挪威、美国为代表的城市地质工作思路发生明显转变。一方面，注重以整体观点研究城市地质问题。城市地质工作从解决比较简单的规划建设问题深入到解决更为复杂的区域整体开发和决策问题。另一方面，实施全面保护城市地质环境、超前服务于城市可持续发展的战略。同时，在技术方法上，多学科、多目标、多种技术方法的交叉配合，也提高了城市地质工作的质量和效率，增强了解决实际问题的能力。

第二节 发达国家城市地质工作现状与趋势

随着第二次世界大战后美国经济的高速增长及其后的城市扩张，大量的地质工作者开始开展对城市地质的研究工作。例如，20 世纪 60 年代末至 70 年代，仅洛杉矶就有 150 多名地质学家从事城市地质研究工作。同期，*Cities and Geology* 地质数据在加拿大城市规划和管理中的应用取得了突破性进展。至此，工业化国家更加关注城市中自然环境的改变和大量废弃物造成的污染，废弃物处理场的选址成为城市地质工作者新的研究领域。应用地球化学解决废弃物污染问题迅速成为一种发展趋势，最早在德国出现对土壤纳污潜力和污染容量极限的研究，生成“地质潜力图”来为城市规划服务。许多欧洲国家也开展了一些特殊研究，包括寻求最合适的方法在城市化地区的图件上展现地质数据。20 世纪 70 年代末，以 Kaye 为代表的美国学者最早提出城市地质概念，认为城市地质工作有助于人们掌握城市下面的地质条件，对城市工程建设具有重要意义。2003 年，

Quaternary International 编辑部出版的《新西兰和澳大利亚东部城市与第四纪地质》(*Urban and Quaternary Geology，New Zealand and Eastern Australia*)阐述了城市地质如何融入城市规划、土地利用、防灾减灾，指出城市空间布局和发展战略要适应地质资源和地质环境条件。2008 年 8 月在挪威奥斯陆召开的第 33 届国际地质大会上，挪威国家地质调查局介绍了在奥斯陆地区开展的城市地质调查项目，主要研究内容有 10 个方面：氡灾害、地面沉降、城市土壤污染、地热、砂矿资源、地下水、矿产地质、基底稳定性与监测、地质教育、地质结构。Alaimo 等（2000）用松针作为生物指示剂来研究意大利巴勒莫市土壤环境重金属污染情况。意大利罗马地区用电阻率层析成像技术探查未知地下空间或隧道。

21 世纪开始，以整体观点研究城市地质问题的工作得以深化，以适当的指标体系定量表征城市地质质量，进而建立和健全相应的监测系统，并将其纳入城市环境总体管理的轨道。英国、德国、法国、美国、加拿大、日本等发达国家城市地质工作的基础好，城市地质调查和填图任务已基本完成，开始向广度和深度发展。“动态化、超前化”是近年来这些国家城市地质工作的特点。

现代城市地质工作有以下几个发展趋势。

（1）城市地质工作重心将倾向于已有地质数据的管理、更新与重构，构建城市三维或四维地质模型。发达国家已经完成国内大部分主要城市的城市地质工作，如英国已在 40 个城市开展了城市地质填图工作，目前倾向于针对各个城市已有数据的整理与三维模型化，构建城市地质数据库并进行更新、管理与维护，并在此基础上建立了全国尺度的区域性三维地质模型。

（2）城市地质数据与信息将倾向于地质模型结合已有的网络软件（如 GoogleEarth）进行发布，并构建数据交流平台。采用已有的网络软件可让非专业人员在无须培训的情况下查询、缩放和选择地质数据与地学信息。通过构建数据交流平台，了解不同部门开展的相关工程活动，集成其他成果数据，吸收用户反馈意见，完善城市地质成果，提升各类地下数据及地质成果的可用性等。

（3）城市地质调查工作内容和服务对象在不断扩展，面临着解决地质成果应用服务机制的问题。城市地质所涵盖的内容是逐渐发展、动态变化的，其工作重点由最初的城市规划所需地质信息逐渐发展为囊括城市决策层在城市规划、发展、建设和管理过程中对地质资源利用、地质安全保障和地质条件优选等方面所需的系统的、全面的地质信息。然而伴随着城市地质数据与成果的丰富，如何让非专业的政府管理者及社会公众有效利用城市地质数据和成果将会是城市地质工作需要解决的难点。

（4）城市地质学术研讨、成果交流与项目合作等将得到进一步加强，国际社会组织在这方面将起到越来越重要的作用。在城市地质工作的开展过程中，国际社会组织通过实施研究计划、组织学术研讨、编撰城市地质专著等活动，促进了各国城市地质工作方法、成果等方面的交流，极大提升了城市地质工作在城市规划、建设和管理等过程中的有效应用，提高了城市地质工作的影响，对城市地质研究工作的发展起到了至关重要的促进作用。伴随着世界各国城市地质工作的大力发展，国际社会组织将为学术研讨、成果交流与项目合作提供更多的契机。

第三节　我国城市地质工作现状

我国的城市地质工作始于20世纪50年代，先期进行了北京、西安、包头等城市供水水源地勘查、地下水开采及在这个基础上开展的地下水动态监测工作；20世纪60～70年代为满足大规模的城市建设和经济发展的需要，开展了各种比例尺的区域性和专门性的水文地质、工程地质、环境地质调查与评价工作；20世纪80年代以城市为中心的水文地质、工程地质、环境地质综合调查研究也全面展开，先后完成了80多个严重缺水城市地下水集中供水水源地的评价及京、津、沪等75个主要城市的水资源预测工作。工作区域从单个城市向国土综合开发区和大江大河流域发展，先后完成长江流域、黄河流域的环境地质调查和编图工作，至"七五"计划期末共完成130多个城市1∶5万区域地质调查；1990年地质矿产部地质环境管理司主编了《沿海主要城市水资源及地质环境评价》报告，对21个城市的水资源及地质环境进行了评价，这是我国首次对城市地质环境与地质资源环境所进行的较全面的论证工作，也是城市地质工作的一项系统工程。

1999年实施国土资源大调查以来，自然资源管理部门在城市地质调查方面主要开展了四方面的工作。

（1）完成了306个地级以上城市地质环境资源摸底调查。2004～2012年，开展全要素城市环境地质调查，初步查明了滑坡、崩塌、泥石流、地面沉降、水土污染、活动断裂、矿山地质环境问题等各类城市环境地质问题，摸清了地下水、地热能、矿泉水、地质景观等地质资源状况。

（2）完成了6个城市三维地质调查试点。2004～2009年，与上海、北京、天津、广州、南京、杭州等市政府合作，开展三维城市地质调查，系统建立了城市地下三维结构，建立了单位可视化城市地质信息管理决策平台和面向公众的城市地质信息服务系统。

（3）与地方政府合作，推广了试点地质工作经验。在总结试点城市地质工作经验的基础上，从2009年开始，采用部、省、市多方合作的模式，完成了福州、厦门、泉州、苏州、镇江、嘉兴、合肥、石家庄、唐山、秦皇岛、济南等28个城市的地质调查工作。

（4）以城市群为单元，推进了综合地质调查。2010年以来，为服务国家区域战略和主体功能区划的需求，组织开展了京津冀、长三角、珠三角、海峡西岸、北部湾、长江中游、关中、中原、成渝等重点城市群综合地质调查工作。

综上所述，我国城市地质调查经历了2003年以前单要素调查和2003年以后多专业综合调查两个阶段，包括三维城市地质调查试点及城市群、城市、城镇综合地质调查，正在进入以地球系统理论为指导的系统性整体调查阶段。

我国城市地质工作虽然起步较晚，但发展迅猛，30年来瞄准国家重大需求，强化精准服务。打破专业界限，创新成果表达内容和方式，取得了大量成果。不仅编制了一系列国土资源与环境地质图集、对策建议报告，而且在服务城市空间布局、产业发展、生态环境保护、重大地质问题防治等方面发挥了重要支撑作用。例如，北京市的三维城市地质调查成果还在奥运场馆建设、应急水源勘查、垃圾填埋场选址、新城规划、城市地铁施工、特色农业区划、地热能和浅层地温能开发利用等领域发挥了重要作用；南京市三维城市地质调查成果在城市规划修编、南站地区土地开发等领域发挥了重要作用；上

海市三维城市地质调查成果建立了全球首创的三维可视化的城市地质信息管理和服务系统，初步建立了地质环境监测与地铁等生命线工程安全预警机制，建立了基本农田质量动态监测网；天津市三维城市地质调查成果在土地资源规划管理、滨海新区开发等方面提供了技术支撑和科学依据；杭州市城市地质调查成果为杭州城市规划、建设提供了扎实的基础资料，为推进拥江发展重点区块建设和轨道交通安全运行提供了科学建议，为“良渚古城世界文化遗产”考古及科学保护提供了应用服务；广州市城市地质调查成果服务于广州亚运场馆建设、南沙地质灾害防范和治理、广州岩溶塌陷地质灾害的应急防治和规划、广州市北部水系建设西航道引水首期工程建设、高铁和地铁的选线等城市规划、重大工程建设与安全防护等。

第四节　我国城市地质调查工作典型案例

一、雄安新区

2017 年 4 月 1 日，河北雄安新区正式设立。中国地质调查局按照新区规划建设需求，制订了雄安新区地质调查总体方案；构建了雄安新区三维模型和水土质量的生态基准，为编制总体规划和构建“透明雄安”奠定了基础；开展了容城地热田勘查、重点地区工程地质详细勘察、地面沉降严重区高分辨率合成孔径雷达（interferometric synthetic aperture radar，InSAR）干涉调查等。2018～2020 年，全面实施地热田整装勘查，深入开展多要素城市地质调查，全面建成“透明雄安”数字平台，为雄安新区规划建设、运营管理提供了全过程地质解决方案。

二、上海市

上海市城市地质调查工作起步较早，自 2004 年至今先后开展了三维城市地质调查、地质资料信息服务集群化产业化工作、海岸带综合地质调查与监测预警示范和后工业化时期地质—资源—环境调查与应用示范等系列工作。一是建立了上海市三维地质结构模型，初步实现了控制深度达数百米的全市域地质结构“透明化”显示；二是初步构建了海陆一体多技术方法融合的地质环境监测体系，提高了海域地质调查精度；三是建立了地质环境监测预警机制，实现了地面沉降控制目标；四是查明了土壤和浅层地下水地球化学环境状况，建立了土壤质量动态监测网络；五是建立了完善的地质资料汇交、管理和共享机制，建设了地质资料信息共享平台，逐步推进了地质成果社会共享。调查成果在支撑服务各级城市规划编制、轨道交通等重大基础设施安全运营、为社会公众提供地质信息等方面发挥了重要作用。

三、武汉市

武汉市于 2018 年启动多要素城市地质调查，采用中国地质调查局和武汉市人民政

府联合开展的“央地合作”模式。2018 年 8 月，《武汉多要素城市地质调查总体实施方案》通过中国地质调查局评审。目前在岩溶地面塌陷、长江新区地下空间、优势地质资源和信息平台等方面取得了系列进展，成效明显。一是将岩溶地面塌陷专项调查成果纳入自然资源“一张图”，强力支撑国土空间规划；二是基本查明了长江新区自然资源禀赋、地下空间结构特征和生态环境质量，支撑服务长江新区总体规划和专项规划；三是积极开展了武汉市疫后水土环境健康地质调查，探索了地质工作支撑服务突发性公共卫生事件的地学实践；四是梳理提交了一批优势地质资源名录，为高质量绿色发展保驾护航；五是积极推进了《武汉市地质资料管理办法》和《武汉市地质环境监测与保护》立法；六是初步构建了武汉市多要素城市地质云平台的建设，服务“智慧城市”建设等。

四、成都市

2018 年，成都市启动“央地合作”的多要素城市地质调查工作，推进地质调查业务结构调整，为城市规划建设和城乡统筹发展提供支撑。现已完成天府新区西部片区 500 km^2 地下空间资源探测、浅层地温能资源调查和 800 km^2 土壤质量地球化学调查，初步建立了成都多元地质结构地下空间探测-建模-评价技术，探索城区地质勘查技术与三维建模技术应用。在重要基础理论研究和重要能源、资源方面取得重大突破。围绕有很大资源潜力的川滇黔三省交界区，全力建设参数井、调查井，基本建立了川滇黔邻区龙马溪组页岩气评价参数体系，建立了该地区页岩气富集模式，优选和提交了页岩气有利目标区 1～2 个；围绕原特提斯演化在昌宁—孟连带发现榴辉岩的重要突破，完善了原-古特提斯连续演化时空格局，加大了藏南喜马拉雅成矿带铍多金属矿的找矿研究。全力支撑乌蒙山区精准脱贫攻坚战，打造了地质调查工作服务民生的典范。在乌蒙山区新增一批地质灾害监测预警示范，实施了一批地下水勘查示范井，建立了示范基地 1～2 处，磷矿等优势矿产找矿工作取得重要进展。

五、郑州市

2018 年 11 月 26 日，《郑州市多要素城市地质调查实施方案（2018—2021 年）》通过专家评审，在空间、资源、环境、灾害等方面，有针对性地开展地质资源调查、地质环境监测、城市地质安全评价、城市地质环境调查与监测、地质大数据云平台建设五大任务。中国地质科学院水文地质环境地质研究所联合局属单位和地方相关单位，开展了郑州市重点规划区环境地质调查、地下空间开发条件调查及富硒土壤调查等工作，取得了明显进展：一是构建了地调局—省自然资源厅—郑州市联动机制，充分发挥中央资金引领作用，带动地方财政投入 6 758 万元；二是查明了郑州市航空港区、东部新城区、新密示范区等重点规划区的地下空间和水土环境质量状况，有力支撑了郑州新区建设；三是牵头编制了《郑州市自然资源图集》，总结了郑州市规划建设的六大有利条件、高质量发展需关注的三个关键问题，有力支撑了新一轮城市国土空间规划；四是构建了适用于黄泛平原的城市地质安全风险评价、地下空间资源潜力评价技术，

形成了系列技术指南，示范带动了黄泛平原区城市地质工作；五是大力推广“透明雄安”模式，打造“透明郑州”，建立了城市地质大数据云平台，为城市规划、建设和运行管理提供了全过程支撑服务。

六、海口市和三亚市

海口市以江东新区为示范，探索自然资源综合调查支撑生态文明建设的地学路径。主要围绕陆海统筹的地下空间调查、活动断裂和红树林湿地保护与修复开展调查研究，取得系列进展。一是开展地上地下一体化空间开发利用潜力调查评价，全面查明了海口江东产城融合区土壤环境质量状况，圈定了连片富硒农用地资源面积为17.35 km^2。查明了南渡江入海口和如意岛局部地区地面沉降现状和海口江东新区陆海统筹地形地貌及0～200 m以浅地质结构特征，形成对岸线及近海地质环境条件、问题的系统认识，同时圈定了海洋牧场建设靶区2处，初步计算了海砂资源量可达44.18亿m^3。二是厘定了江东新区活动断层的空间分布位置、断层活动方式与最新活动时代，提出了活动断裂工程避让建议，并建立了8个断层位移与地面沉降监测站和1个地应力监测站，实现了对江东新区重要活动断裂带位移与地面沉降连续监测。三是开展了海岸带生态地质调查，系统查明了海南岛红树林湿地发育的类型、特征和演化历史及近30年来海南岛红树林湿地变化特征，提出在退塘还湿的基础上，应切实加强污染物排放削减、改善红树林生境的红树林湿地保护修复建议。

三亚市围绕北部山区、南部海岸带及城市重点规划区开展综合地质调查。一是编制了《三亚自然资源图集》，提出了国土空间格局优化建议；二是开展了三亚总部经济及中央商务启动区、崖州湾科技城深海片区地下空间资源环境协同开发利用潜力调查评价；三是开展了沿海重大工程区陆海统筹综合地质调查，为新机场建设和南山港扩建提供地质安全保障；四是开展了三亚北部山区国土空间开发适宜性评价，提出了三亚北部山区国土空间开发、农业生产和城镇建设规划建议。

七、珠三角城市群

为支撑服务珠三角经济区发展，在中国地质调查局的领导下，中国地质调查局武汉地质调查中心于2009年启动了珠三角经济区环境地质综合调查项目。调查区涵盖粤港澳大湾区除香港和澳门之外的所有范围，累计投入经费1亿多元。

2017年，中国地质调查局会同广东省地质局、广东省海洋与渔业厅等单位，组织编制完成了《粤港澳大湾区自然资源与环境图集》，并送往国家有关部委及相关地方政府。图集涵盖土地规划利用管理需要重视的资源环境条件、城镇和重大工程规划建设适宜性、产业规划布局需要考虑的能源与资源条件、生态环境保护需要重视的资源环境状况和防灾减灾需要重视的重大问题。

2018年，在粤港澳大湾区上升为国家战略后，中国地质调查局在广东省人民政府的大力支持下累计投入近1亿元，会同广东省有关单位开展了粤港澳大湾区综合地质调查，

并取得阶段性进展。中国地质调查局与广州市人民政府建立合作机制，形成“中央引领，地方跟进”的城市地质调查合作新模式，按照“共同出资、共同组织、共同实施”的原则，联合开展了广州市多要素城市地质调查示范；实施了地下空间探测构建“透明南沙”，开展了地下 200 m 以浅空间资源勘查和探测，实施了陆海统筹综合地质调查，共同编制完成了《支撑服务广州市规划建设与绿色发展图集及地球科学建议》，为构建“透明南沙”和广州市海绵城市建设、国土空间规划提供了重要基础；联合开发“地质随身行”手机 APP，有效提升地质工作信息服务水平；编制完成了《广东省自然资源图集》，对全省自然资源数量、质量、开发利用现状、潜力等内容进行全面梳理和总结，为服务广东省自然资源统一管理、国土空间规划和生态系统修复等提供了数据支撑。

2019 年，按照“创新、协调、绿色、开放、共享”的新发展理念，中国地质调查局新开设“粤港澳大湾区地质环境综合地质调查工程”，将聚焦粤港澳大湾区规划、建设、运行、管理的重大问题，围绕“三极、一带、一网”，开展“空间、资源、环境、灾害”多要素多尺度陆海一体综合地质调查，摸清自然资源家底，评估资源潜力，探索自然资源综合开发利用示范，查明主要环境地质问题，评价安全风险，建立地质环境监测基地，打造信息系统与服务平台，为大湾区自然资源开发利用与资产管理、国土空间规划与用途管制、生态系统保护与修复、地质安全与监测预警等提供地球系统科学依据。

2019 年广东重点筹备推进了两个省级项目：一是启动了广深科技创新走廊地下空间资源地质调查与安全利用评估项目，通过分区分阶段开展广深科技创新走廊地下空间资源摸底调查，查明了 100 m 以浅与走廊区域的地下空间资源现状，提出了地下空间合理开发利用规划建议；二是推进了广东省城市地质信息管理服务平台建设，实现了各地级市城市地质成果信息集成管理及应用，并构建了广东省三维地质模型，为政府规划、建设与管理、科学研究等提供个性化的综合地质信息服务。

（一）广州市

广州市城市地质调查工作在珠三角城市中开展最早。“广州城市地质调查”是中国地质调查局与广州市人民政府针对城市可持续发展中存在的地质问题合作开展的基础性、应用性地质调查项目，也是全国 6 个城市地质调查试点项目之一。该项目于 2006 年 3 月正式启动，2010 年底全面完成，紧贴广州城市规划、建设和安全的需求，以现代地球系统科学理论为指导，通过设置 5 个子项目、5 个研究专题和 1 个专项，全面查明了广州市城市地质主要特征。

2019 年 2 月 22 日，“广州市多要素城市地质调查”由广州市城市规划勘测设计研究院中标，全市调查面积为 7434 km^2，中标价为 2.75 亿元，其中野外调查及数据整理费用约为 1.97 亿元，三维系统研发及建设费用约为 780 万元。粤港澳大湾区建设上升为国家战略后，中央和广州市政府高度重视城市地质基础调查工作，并将此纳入“粤港澳大湾区综合地质调查”工程二级项目，为广州市在国土空间规划利用、地质资源调查评价与开发利用、地质环境调查与监测、地质灾害监测预警等方面搭建信息共享服务一体化平台。目前，该项目正在有序推进中，已完成野外验收并构建三维地质模型。

（二）深圳市

2009～2013 年，由深圳市地质局开展了“珠江三角洲城市群（深圳）城市地质调查”项目，在全市范围内开展面积为 1952.84 km^2 的城市地质调查，重点查明深圳市城市三维空间地质结构和自然资源状况，评估“城市建设区”和“城市发展规划区”的地质环境条件和制约因素，建立三维可视化城市地质数据信息管理与服务系统。

2020 年 4 月 11 日，深圳市规划和自然资源局召开了“深圳市城市地质调查实施研究”项目评审会，标志着深圳市城市地质调查工作进入了实质性阶段。目前，深圳市多要素三维城市地质调查工作已全面启动，调查面积为 1 997 km^2。

（三）佛山市

2007～2010 年，广东省佛山地质局完成《佛山市城市地质调查报告》，调查项目工作范围是大沥、狮山和九江龙江三个组团，运用多学科、多方法、多手段进行综合地质调查。

2020 年 6 月 1 日，广东省佛山地质局成功中标佛山市城市地质调查试点“三龙湾高端创新集聚区启动区城市地质调查”项目，招标价格为 1 050 万元，调查面积约为 32 km^2。2021 年 2 月底前对项目成果进行验收。2020 年 7 月 23 日，佛山市测绘地理信息研究院中标“佛山市三龙湾高端创新集聚区启动区城市地质调查（佛山市城市地质综合服务系统建设）”项目，中标价为 375.6 万元。

（四）中山市

2018 年 8 月，中山市自然资源局开展了“中山市多要素三维城市地质调查”项目，全市调查面积为 1 784 km^2，投入经费为 5 300 万元，已完成野外作业。2021 年 3 月底前完成该项目总体验收工作。

（五）江门市

2012～2013 年，由广东省地质局第六地质大队开展的“珠江三角洲城市群（江门市）城市地质调查”项目，工作范围为江门市滨江新区—江门市高新区，查明其基础地质、工程地质、水文地质三维空间地质结构特征。

2019 年 12 月 27 日，江门市新会区自然资源局开展了“新会区城市地质调查”项目，试点区域调查面积为 1 354 km^2，投入经费为 2 745 万元，目前正在开展野外作业。

（六）其他城市

2010～2016 年，广东省地质局完成了“珠江三角洲城市群（东莞）城市地质调查”项目，总经费约为 4 200 万元，调查范围为东莞市，查明了其三维地质结构。

2019 年，中国地质调查局中国地质科学院开展了“惠州多要素城市地质调查”项目，投入经费约为 671 万元，调查面积约为 400 km^2。2019 年，惠州市自然资源局开展“惠州市城市地质调查（第一阶段）”，投入经费约为 348.9 万元，调查范围主要为惠州市区和重点县中心城区。

2020 年 2 月 12 日，清远市自然资源局开展“清远市清城区多要素城市地质调查”项目，投入经费约为 2300 万元，调查面积约为 1295 km^2。2021 年 3 月底前完成该项目总体验收工作。

通过近十余年来的不断探索，我国城市地质调查工作逐渐形成了一套适应于城市发展的调查工作模式，各典型城市在调查工作思路上既有相同点，在工作侧重上又有所不同。相同点主要体现在均以城市规划、建设、管理和可持续发展等需求为理念，致力于解决资源环境等基础问题、有效服务于社会及强化成果应用；结合城市发展特色、地质资源特点与问题导向，注重新方法、新技术、新理论在城市地质调查上的应用。同时，不同地质环境条件、不同发展定位的城市在具体调查工作的部署上则各有不同，如雄安新区侧重于探明城市地下地层地质特性、细化地下空间三维分层结构及构建三维可视化信息平台和大数据库中心；粤港澳大湾区侧重于查明制约该区域互联互通基础设施建设运行安全的地质问题；京津冀侧重于地面沉降变形、水文生态等问题，开展沉降成因机理、生态涵养与矿区环境地质调查工作。

第二章

武汉城市地质工作进展

第一节　已有工作基础

一、区域地质

自20世纪50年代至21世纪初，陆续完成了覆盖武汉市范围的1∶20万、1∶10万区域地质调查[《湖北省区域地质图（1∶20万）》（武汉幅）、《湖北省区域地质图（1∶10万）》（武汉幅）]，覆盖主城区的1∶5万区域地质调查（《武汉市基岩地质图（1∶5万）》），同时开展了矿产资源勘查，并完成了1∶10万成矿区划、《武汉市矿产资源总体规划（2006—2015年）》等多项调查与研究工作。图2.1为武汉市1∶5万区域地质工作程度图。

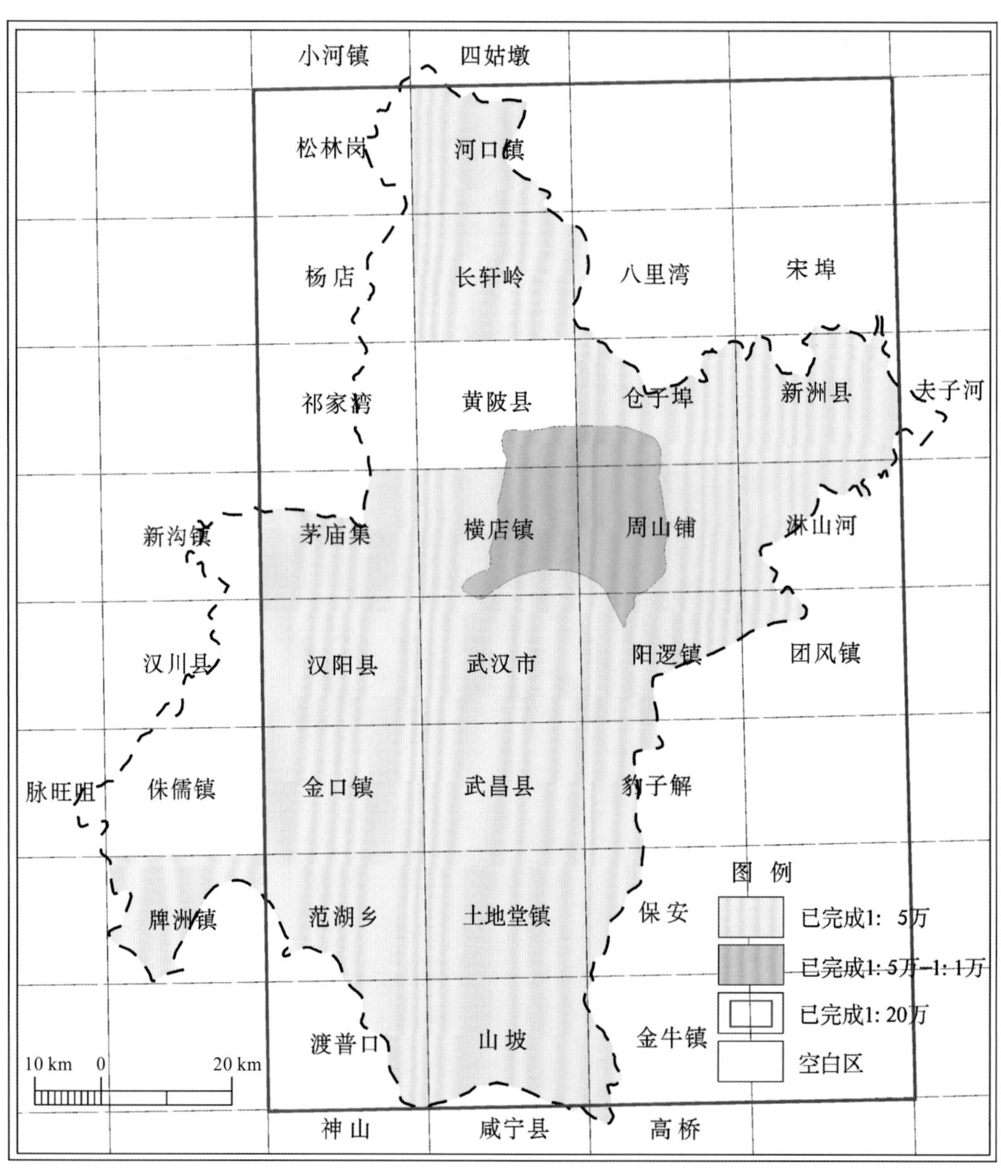

图2.1　武汉市1∶5万区域地质工作程度图

2015年由武汉市国土资源和规划局组织多家单位联合完成“武汉城市地质调查”项目，通过调查武汉都市发展区区域地质、构造特征及环境地质与灾害地质问题，评价其对人类生存与发展的影响，为国土开发整治、环境地质问题与地质灾害防治，以及城市规划、建设、管理服务提供地质科学决策依据。该项目应用数字化填图等新方法、新技术，取得大量地面调查、物探、钻探、遥感等原始资料。

上述调查工作基本查明了地层、构造、岩浆活动、矿产特征，初步建立了区域地层系统及地层层序，查明了各地层之间的接触关系、岩性岩相特征和含矿性；对武汉地区第四系进行了系统研究，新建了5个组一级岩石地层单位；确定了地质构造轮廓，对武汉地区的构造特征、褶皱形态、断裂性质及其分布进行了描述，确定了晚更新世存在较明显的断裂活动。在取得系列成果的同时也梳理出以下问题。

（1）涉及武汉市的1∶20万区调工作于20世纪七八十年代完成，时间久远，已不能满足城市发展的需要。1∶5万区域地质调查完成73%，基岩区完成比例较高，覆盖区完成比例较低。

（2）已完成的地质调查工作程度和精度不能满足城市发展由外延扩张式向内涵提升式转型的要求，与武汉市华中中心城市发展及建设绿色生态城市的地质需求尚有差距。

（3）活动断裂的精准定位和活动性、关键带演变、第四系沉积规律、晚更新世以来长江演化与地质灾害耦合关系、重大工程与生态地质环境多元响应研究不足。

（4）新构造运动、区域构造稳定性的研究程度低，特别是针对地热等清洁能源及地下空间开发利用方面的基础地质研究不足。

二、环境地质

湖北省地质局武汉水文地质工程地质大队、湖北省鄂东北地质大队在20世纪80年代中期至90年代对武汉市主城区做了1∶5万环境地质调查，对武汉市环境地质问题及地质环境质量进行了较为全面系统的分析和评价，在基本查明武汉市区不良土体、地下水超量开采区、地下水质现状和滑坡、塌陷、堤基管涌和地基不均匀沉陷等地质环境质量要素的基础上，采用定性与半定量相结合的方法，进行了地质环境质量分区。其论据比较充分，有较高实用价值。但从现在城市建设的角度，对区内环境地质问题的形成、发生和发展的有关环境地质背景、人类活动方式与规模等还需做深入的机理分析。另外，在不同时期针对武汉市环境地质问题与地质灾害，如岩溶地面塌陷、水土污染、区域地壳稳定性等方面曾开展过专题研究，但资料较少。2006年湖北省地质调查院历时两年完成了“武汉城市圈地质环境评价”专题科研项目，在查阅大量以往成果资料的基础上结合实地调查，对武汉城市圈地质环境质量、地质环境承载能力、城市建设用地适宜性进行了评价和分区。2015年“武汉城市地质调查”项目完成都市发展区环境地质调查、地质灾害与环境地质问题调查、水土环境地球化学调查，并对都市发展区的地质环境条件、地质灾害易发程度、地质环境承载能力进行了评价和分区。图2.2为武汉市水工环地质工作程度图。

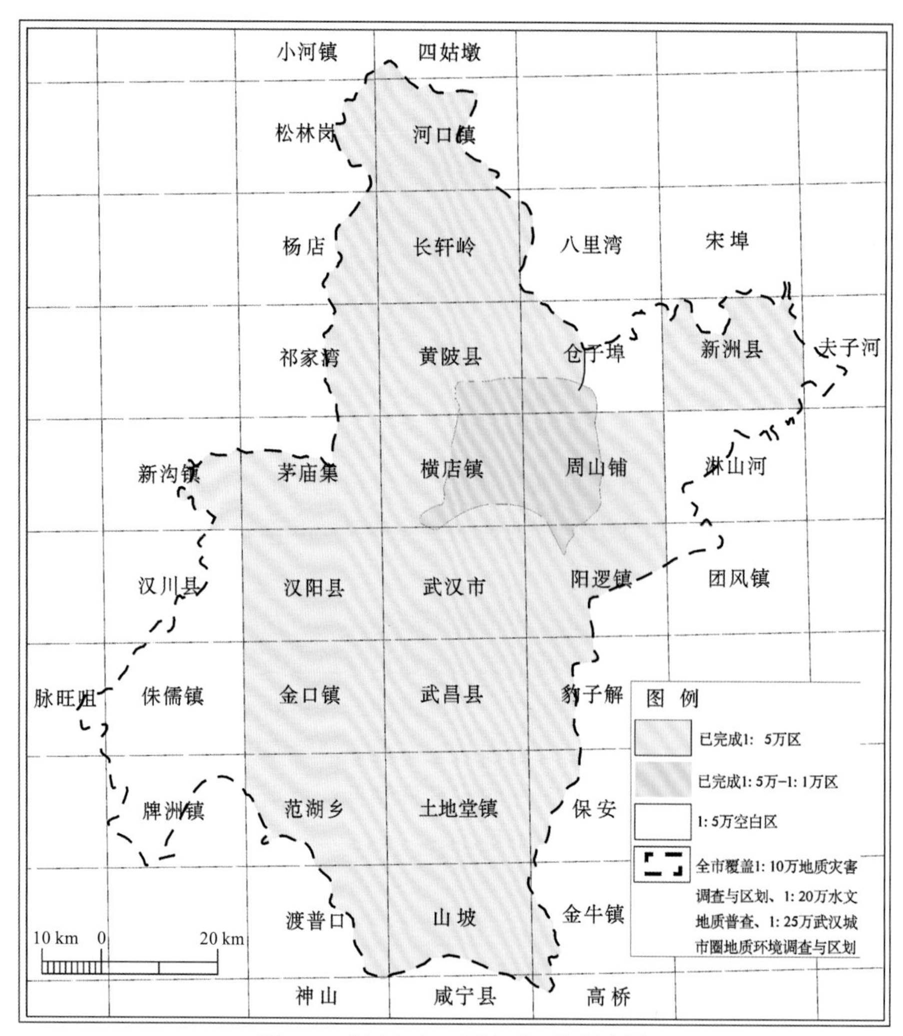

图 2.2 武汉市水工环地质工作程度图

1∶5 万环境地质调查基本梳理了武汉市存在的主要环境地质问题，但大多是对单一的环境地质问题进行调查评价，缺少多要素、多专业、多学科的交叉，对主要环境地质问题的认识还较为粗糙，主要环境地质问题的形成机理、发展趋势、精细化的探测方法及监测等的研究还较为缺乏。

三、水文地质

自 20 世纪 70 年代以来，湖北省地质局水文地质工程地质大队、湖北省地质局武汉水文地质工程地质大队先后开展了不同比例尺的水文地质调查工作，1971 年完成了 1∶10 万湖北省武汉市区域水文地质工程地质勘察，1977 年完成了 1∶20 万武汉幅区域水文地质普查，覆盖了整个工作区。1989 年、1990 年湖北省地质局武汉水文地质工程地质大队分别完成了 1∶10 万、1∶5 万武汉主城区水文地质调查，初步查明了武汉市埋藏有较丰富的地下水资源，其中以松散岩类孔隙水资源分布最广，其次为碳酸盐岩溶裂隙水资源；并对地下水的补给、径流、排泄条件及地下水质量、资源量等进行了评价。2015

年“武汉城市地质调查”项目完成都市发展区1∶5万水文地质调查，并对水资源储存量和允许开采量进行了评价，划定了6处地下水应急水源地。

水文地质工作主要集中在中心城区，远城区的水文地质调查尚有较多的空白区，亟需补充相应的工作，远城区的应急供水水源地和优质地下水资源需要进一步查明。同时，水文地质工作仅仅停留在查明地下水资源，对于地下水污染的机理、变化趋势等的研究还较为缺乏。近年来人为填湖造地导致武汉市湖泊容量下降，雨季时内涝频发，填湖造地对地下水的影响尚不明确，地表水和地下水的相互作用机制仍需要开展相应的工作。

四、工程地质

20世纪80年代后由湖北省地质局武汉水文地质工程地质大队开展了1∶10万、1∶5万武汉市城市工程地质调查，这些资料较深入详细地论证了城区类的工程地质条件和工程地质问题，按岩性组合、时空分布规律及工程地质特性等条件，归纳了4个岩体工程地质类型、12个工程地质亚类，并对工程地质类型进行了分区，划分出3个工程地质类型区、16个工程地质类型段，同时研究了不同区域地基对建筑物的适应性。2015年“武汉城市地质调查”项目完成都市发展区1∶5万工程地质调查与勘探，编制了武汉市标准岩土地层表，划分了工程地质条件分区，评价了工程建设用地适宜性。

工程地质调查以查明工程地质条件为主，调查精度为1∶5万及以下，难以满足武汉市城市交通规划建设的需要，亟需开展大比例尺的城市地下空间探测，构建高精度的城市地下空间三维模型，对地下空间开发的适宜性进行评价，支撑服务武汉市国土空间规划。

五、矿产资源勘查

武汉地区矿产勘查工作始于20世纪50年代，先后有孝感市地质局、中南冶金地质研究所、湖北省地质局第六地质大队、湖北省区域地质矿产调查所等单位对工作区黏土矿、褐铁矿、煤矿等做过调查。但这些矿点，有的品位低、规模小，不具工业价值，有的则因城市范围的扩展，矿点所在地开发为住宅区，从而失去了工业意义。60年代后湖北省非金属公司、冶金部门开展了汉阳县（现蔡甸区）大军山石英砂岩矿、武昌长山玻璃石英砂岩矿、武昌乌龙泉石灰石白云石矿和武昌八分山北段玻璃石英砂岩矿等矿区的详查及勘探工作。1965年湖北省地质局区测队完成了涵盖全区的1∶20万武汉市幅矿产调查工作，1985～1990年湖北省区域地质矿产调查所又分别进行了1∶10万、1∶5万矿产资源普查，初步查明了武汉地区建筑石英砂岩、耐火黏土、砖瓦黏土及石灰岩、白云岩等16种矿产资源，各类矿床（点）85处，并对区内矿产资源进行了系统总结。90年代湖北省地质局武汉水文地质工程地质大队先后完成了武汉市马鞍山饮用天然矿泉水水源地勘查、汉阳区阳逻湾饮用天然矿泉水水源地勘查、武汉市清泉饮用天然矿泉水水源地勘查等。这些成果资料均为本次调查提供了重要资料。2004年中国冶勘总局中南地质勘查院对武汉市江夏区乌龙泉石灰岩白云岩矿区矿产资源储量进行了地质检测工作。2009年中国地质大学（武汉）编制了《武汉市矿产资源总体规划（2006—2015年）》。2017年，武汉市国土规划局组织编制了《武汉市矿产资源总体规划（2016—2020年）》。

六、区域地球物理

湖北省地质局地球物理勘探大队于 1973 年完成了汉口地区重力构造普查，划分了两个不同地质构造界线，即黄石路口一线以南为一背斜构造，以北为一向斜构造，构造线方位大致北北西向；1983～1985 年完成了武汉地区航空磁测普查，推断出长度大于 20 km 的断裂 3 条、长度大于 10 km 的断裂 7 条，发现了 4 处隐伏的玄武岩层；1986 年完成武汉幅 1∶20 万区域重力编图；1988 年完成了 1∶10 万武汉市物探推断地质构造研究项目，圈出了白垩系—古近系盆地 4 个，推断出不同断裂构造 19 条，推断了第四系厚度变化，编制了推断地质构造图。湖北省地质局武汉水文地质工程地质大队于 1985 年完成了武汉地区直流电法资料整理研究。湖北省区域地质矿产调查所于 1990 年完成了武汉市 1∶5 万地面放射性伽马调查，系统测量了武汉市陆地放射性伽马强度，总结了各类地层、岩石、土壤、路面和其他一些物质的放射性强度变化特征，圈定了 255 处放射性异常，划分了 4 种不同强度辐射区。图 2.3 为武汉市物探工作程度图。

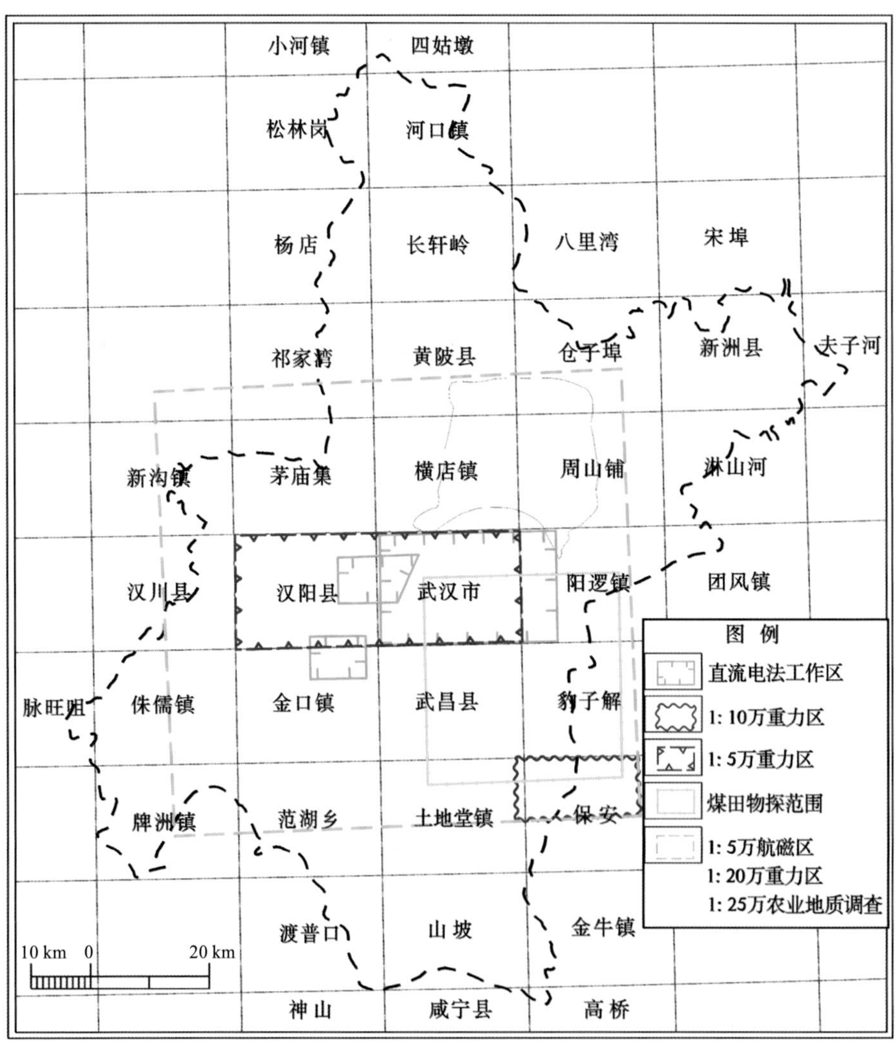

图 2.3　武汉市物探工作程度图

七、环境地球化学

1990 年湖北省区域地质矿产调查所完成了武汉市 1∶5 万环境土壤地球化学调查，编制了 12 种元素的地球化学图和综合成果图件，确定了各级土壤污染标准，划分出了 30 余处中度以上污染异常，并首次发现镉沿长江冲积带的天然富集性污染，并对武汉市周边湖泊环境现状进行了专题研究。

武汉市农业生态地球化学调查工作始于 1999 年，主要为湖北省地质调查院承担的"湖北省江汉平原多目标地球化学调查""湖北省武汉地区区域生态环境地球化学评价研究""湖北省江汉流域经济区农业地质调查"等项目。

"湖北省江汉平原多目标地球化学调查"是中国地质调查局开展农业生态多目标地球化学调查的试点项目，1999 年开始，2001 年底结束，调查面积为 8800 km^2，并在调查基础上展开了异常检查、农业生态、城市生态、湖泊生态地球化学初步评价工作。项目创新性地制订了一套完整的多目标生态农业区域地球化学调查技术方法。

"湖北武汉地区区域生态环境地球化学评价研究"是在"湖北省江汉平原多目标地球化学调查"的工作基础上，由中国地质调查局开展区域生态地球化学评价的试点项目，2002 年开始，2003 年底结束，由湖北省地质调查院与中国地质大学（武汉）合作完成。项目研究了长江镉的分布状态、迁移演化机理及生态效应；研究了城区汞、镉、铅的分布及富集趋势、迁移转化特征；研究了重金属在武汉各类湖泊中的富集特征及未来演变趋势；研究了农业土壤养分及有益微量元素全量、有效态在不同母质土壤中存在的比较复杂的关系，取得了多方面的科学成果。

"湖北省江汉流域经济区农业地质调查"属湖北省人民政府与国土资源部合作项目，项目工作时间为 2004～2010 年，调查范围涉及全武汉市。项目通过 1∶25 万多目标区域地球化学调查、区域和局部生态地球化学评价及总体综合研究等层次工作，查明了工作区内农作物营养元素、有益微量元素及环境有害元素（镉、砷、汞、铅等）的区域分布状况，基本摸清了工作区土壤"家底"；首次发现在湖北省重要农业经济区存在大量富硒土壤资源。同时，项目研究评价了城区、农田生态地球化学环境，发现了重金属在江河系统中的迁移，大气干湿沉降、城市污水排放等是生态环境恶化的重要因素。

总体来说，多目标地球化学调查的精度较低，工作程度不高，需要开展高精度的土壤质量地球化学调查，圈定一批优质富硒耕地，为武汉市特色农业发展提供数据支撑。同时，土壤中的有益、有害元素的迁移富集规律、发展趋势及人类活动对土壤环境质量的影响等研究还较为缺乏，土壤环境质量的监测网络尚未成形。

第二节　武汉都市发展区城市地质调查成果

2011～2015 年，由武汉市人民政府出资完成了都市发展区（面积为 3469.02 km^2）的城市地质调查工作，项目由武汉市国土资源和规划局主管，武汉市测绘研究院负责总体实施，工作内容涵盖了基岩地质调查、水文地质调查、工程地质调查、环境地质调查 4 个专项调查和地下空间开发利用适宜性评价、垃圾填埋场适宜性调查与评价、基于 GIS

的地质灾害风险评价、第四纪地质专题调查与研究、水资源评价、浅层地热能调查评价6个专题研究，主要取得了以下成果。

（1）查明了武汉都市发展区第四纪地质特征、基岩地质特征及主要断裂活动性，系统厘清了武汉都市发展区的褶皱、断裂及盆地构造系统，重构了区域地质构造发展史。

（2）基本查明了武汉都市发展区各水文地质单元的边界条件、含水岩组的水文地质结构和水文地质参数、地下水的补径排条件及地下水水质、水温和水理性质等。

（3）查明了武汉都市发展区工程地质条件，建立了武汉地区标准岩土地层表，划分了工程地质分区。

（4）基本查明了都市发展区内地质灾害现状，进行了武汉都市发展区地质灾害易发程度分区和防控分区。其中，主城区地质灾害和地质环境问题以岩溶地面塌陷、软土地面沉降、水土污染为主，新城区以滑坡、崩塌、固体废弃物污染为主。

（5）查明了都市发展区水土污染现状。其中，汉口中心城区以汞为主的重金属污染区、武昌中心城区-东湖-南湖综合污染区、武钢工业区重金属污染区、葛店化工区汞污染区、东西湖区田园大道周边重金属污染区5个污染成片区，污染程度较高，对生态环境的负面影响严重。

（6）调查了都市发展区地质资源，对富硒土壤资源、应急供水水源地、地质遗迹景观资源、浅层地热能资源进行了调查和评价。

（7）首次较高精度完成了1∶5万武汉都市发展区、1∶2.5万中心城区和开发区的三维地质结构调查，编制了1∶5万地质图、基岩地质图、水文地质图、工程地质图、环境地质图等系列图件。

（8）建立了武汉地质信息管理与服务平台，各类城市地质成果纳入了信息化管理范畴。开发了专业版、政务版和公众版三个版本供专业技术人员、政务工作者和社会大众使用。

都市发展区城市地质调查工作所取得的成果，为多要素城市地质调查示范工作的开展奠定了坚实的基础。

第三节　武汉市多要素城市地质调查成果

2017年，中国地质调查局在全国开展多要素城市地质调查试点示范工作，武汉市人民政府向中国地质调查局申报了试点示范城市并获得批复成为首批试点示范城市之一。自2018年《武汉市多要素城市地质调查示范工作总体实施方案》获批以来，武汉市自然资源和规划局联合中国地质调查局武汉地质调查中心、湖北省自然资源厅和湖北省地质局等单位组建了领导小组办公室和工作专班，制订了工作制度，建立了协同推进机制，大力推进了项目实施。截至2020年底，中央财政、省财政和市财政共投入资金约1.43亿元，启动并实施了56个子项目，各项工作进展顺利，主要取得了以下成果。

（1）初步查明了国土空间开发条件。一是以重力测量数据为基础，采用重力异常小波多尺度分析、地震重复率关系、震级-频度关系和布朗过程时间模型（Brownian process time model，BPT）等多种手段，查明了武汉市莫霍面深度和6条主要断裂空间展布形态，

并对武汉市区域地壳稳定性进行了综合评价，得出武汉市区域地壳稳定性良好、适宜城市基础建设与发展。二是以都市发展区城市地质调查成果和收集的相关资料为基础，参考《城乡用地评定标准》（CJJ 132—2009），充分考虑地层条件、水文地质条件、地质构造和地质灾害等因素的影响，对武汉市工程建设适宜性进行了系统评价，分析得到武汉市大部分区域适宜进行工程建设，适宜性较差的区域仅占全市总面积的 0.56%。三是探明了武汉市第四系最大厚度达 170 m，圈定了 7 处第四系厚度超过 70 m 的沉积深槽，研究了深槽沉积特征、成因和工程地质特征，研究认为以亚砂土-亚黏土为主沉积型的深槽区适合进行地下空间开发，以砂砾-砂为主沉积型的深槽区由于地下水丰富对地下空间开发存在不利影响。

（2）系统分析了地质资源开发利用潜力。一是分析评价了武汉市浅层地热资源开发潜力，划分了地下水地源热泵系统和地埋管地源热泵系统的适宜性分区，在都市发展区范围内，浅层地温能年可利用资源量为 4.84×10^{14} kJ，夏季可制冷面积为 6.05×10^{9} m^2，冬季可供暖面积为 7.09×10^{9} m^2，具备良好的开发利用潜力。二是查明了武汉市中深层地热赋存特征，圈定了长江新区、黄陂区源泉村、蔡甸区索河、中法生态城、江夏区土地堂和经开区小军山 6 处潜在中深层地热靶区，发现 11 个地热异常区，优选出了地热勘查钻井点位，目前正在蔡甸区索河实施一口设计深度为 2 500 m 的中深层勘查示范井，目前钻探工作进展顺利。三是在系统分析武汉市地下水资源的基础上，划定了汉口城区、十里铺—王家店等 9 处地下水水源地（其中武汉都市发展区 6 处），并从可供水量、水质、经济成本等多方面考虑，提出了东西湖和黄陂武湖两处地下水应急水源地。同时还发现武汉市存在 13 处饮用天然矿泉水水源地。四是开展了武汉市地质文化资源调查工作，查明包括地理景观、地史景观、历史文化遗址、生态环境资源、特色物产地五大类共计 73 个地质文化资源点，制作了武汉地质文化资源画册、地质文化科普视频、地质文化旅游路线导游图等作品。

（3）探索开展了生态环境地质调查工作。一是利用土壤地球化学调查数据，采用单项环境质量指数对武汉市土壤环境质量进行了系统评价，计算表明武汉市土壤环境质量总体良好，土壤质量以 I 类和 II 类为主，III 类区和超 III 类区面积仅占全市总面积的 7.5%。污染元素主要为镉、汞、镍，分布在过往工矿企业周边。二是为落实长江大保护和生态文明建设等要求，组织开展了长江沿岸 1 km 范围的生态地质调查和评价工作，查明了长江沿岸水土环境质量，评价了生态环境地质质量，认为长江沿岸生态环境总体情况较好，优良区域面积达 308.07 km^2，占评价区总面积的 97.09%。三是调查发现武汉市中心城区污染地块共计 85 处，其中物理型污染棕地 50 处（疑似污染物为固体废物和工业垃圾），化学型棕地 35 处（疑似污染物为硫化物、石油烃），同时还对武汉铝厂、武汉发动机厂和武汉焦化厂开展了详细调查，对污染物、污染范围和深度进行分析，并提出了相关修复建议。四是开展了汤逊湖、后官湖和沉湖等典型湖泊湿地生态环境地质调查工作，通过湖底沉积柱化学分析、碳氮同位素示踪等手段，初步揭示了湖泊有机物污染现状和水、土、生物之间的物质转化规律，探讨了城市发展与湖泊湿地生态系统功能的内在联系。

（4）全面查明了地质灾害发育现状。一是发现武汉市域范围内有 8 条呈近东西向展布的隐伏岩溶条带，隐伏岩溶区面积约为 1 118 km^2。其中岩溶地面塌陷高易发区面积为 167 km^2，中等易发区面积为 356 km^2，低易发区面积为 595 km^2。在武汉市岩溶地面塌

陷最为严重的白沙洲长江两岸区域，部署开展了精细化调查工作，将白沙洲条带岩溶地面塌陷高易发区面积从前人划定的 50 余平方千米缩小为 11 km^2。二是查明武汉都市发展区深厚软土分布面积约为 1 564 km^2，软土厚度最大达 20 m。通过 InSAR、精密水准监测等手段发现武汉市主城区主要的形变漏斗区域共计 21 处，面积约为 95 km^2，其中泛后湖区域形成了 3 个年沉降最大值均超过了 50 mm 的沉降漏斗区。三是发现崩塌、滑坡、不稳定斜坡等斜坡地质灾害在断裂附近集中发育的趋势，主要集中分布于黄陂、新洲等地，斜坡地质灾害高危险区面积约为 460.43 km^2，中危险区面积约为 1 070.64 km^2，低危险区面积约为 1 578.15 km^2。

（5）初步构建了地质环境监测体系。一是在对接国家地下水监测网的基础上，充分利用调查过程中形成的水文地质钻孔，将其改建为地下水监测井，初步构建了地下水环境监测体系。二是采用地下水监测、水气压力、光纤传感等多种技术方法，按照基础监测网、在建工程监测网和重要工程安全运营监测网三个层次构建了武汉市白沙洲地区岩溶地面塌陷监测体系，开展了多参数监测预警阈值研究，提出了武汉市岩溶监测体系建设方案。三是采用水准测量、地下水监测、分层标和基岩标监测等多种手段，在泛后湖三处沉降漏斗区域建设了地面沉降监测网。四是探索性地在江夏区八分山滑坡上安装了全球导航卫星系统（global navigation satellite system，GNSS）变形监测设施，并在 2020 年 7 月发现滑坡出现明显变形迹象，及时向江夏区自然资源和规划局报送了预警信息。

（6）推进了地质工作立法工作。开展了城市地质成果管理政策研究，系统梳理了武汉市在地质资料和地质环境管理方面存在的不足，并通过积极向市人大、市司法局汇报争取支持，将《武汉市地质资料管理办法》和《武汉市地质环境管理条例》纳入了 2020 年的立法调研项目，目前已完成 2 项法规的文本编写和调研工作，《武汉市地质环境管理条例》已列入武汉市人大 2021 年 7 月上会计划，为建立武汉城市地质工作新机制奠定了基础。

（7）开展了地质信息云平台建设。“平台”是武汉市多要素城市地质调查示范项目成果的集成管理平台，是实现地质调查成果在规划、国土、建设、防灾、应急等方面的应用服务中心，是武汉市主要地质灾害的监测预警与管理平台，是“智慧武汉”建设的重要地质信息化支撑。“平台”由地质大数据中心、云平台支撑系统和云平台应用系统三个主要部分组成。初步建立了地质大数据中心，集成管理 23 万多个工程勘察钻孔资料，一系列 1∶5 万、1∶2.5 万、1∶1 万地质成果图件，各类调查资料、成果报告及武汉都市发展区（3 469 km^2）三维地质模型。研发部署的云平台支撑系统包括“地质大数据集成管理系统”“地质云服务集群管理系统”“地质云应用集成管理系统”三个系统。研制开发了“地质成果一张图”“三维地质集成分析系统”（“三维地质可视化系统”）“地下空间开发利用系统”“地质信息服务辅助决策系统”“地质环境监测预警平台”，服务于城市规划、建设和安全等领域。

（8）创新总结了地下空间探测技术方法。结合武汉市地质环境特征，通过综合分析多种物探方法的适用性、可靠度，开展多方法组合试验，形成了一套适用于武汉市的浅表地层精细化探测技术方法。建议在建筑密集区以反磁通瞬变电磁法+三分量共振成像为主，施工条件允许情况下可增加面波勘探（主动源或被动源），在建成区以浅层地震勘探+电法（高密度、瞬变电磁）为主。

（9）编制出版了《武汉市多要素城市地质调查工作技术指南》。《武汉市多要素城市地质调查工作技术指南》的编制与出版，是在中国地质调查局武汉地质调查中心、湖北省地质局、武汉市自然资源和规划局等主管单位的共同策划和领导下，由武汉市测绘研究院、湖北省地质调查院、武汉市勘察设计有限公司、中国地质调查局武汉地质调查中心、湖北省地质局地球物理勘探大队、湖北省地质局武汉水文地质工程地质大队、湖北省地质环境总站7家单位共同协作完成的，是新时期武汉城市地质调查统一工作思路、统一方法体系、统一工作流程、提高成果质量和技术管理水平、创新成果表达方式的需要，是系统总结和提炼“十二五”期间武汉都市发展区城市地质调查工作成果的需要，是统一构建武汉市一模（三维城市地质模型）、一网（地质环境监测预警网络）、一平台（综合地质信息服务平台）为主体的城市地质调查体系的需要，是对接服务地方规划建设需求、提出城市病地质解决方案的需要。编写过程中，围绕国土空间、自然资源、生态环境、地质灾害、监测预警、信息平台建设等多要素，突出武汉地域特色，坚持需求和问题导向、创新驱动、国标优先、多学科多专业多方法相互融合的原则，调查部分始终贯穿“调查内容—工作精度—工作方法与技术要求—评价—成果表达”的编写主线，评价与专题研究部分则以“目的—内容—技术路线—方法步骤”为侧重点，以满足需求和解决问题为目标，体现调查内容针对性，工作方法先进性、可操作性和经济实用性，以期切实起到指导、示范和引领的作用。《武汉市多要素城市地质调查工作技术指南》共分十章，其中空间、资源、环境、灾害、监测和信息平台等城市地质调查多要素均单独成章。作为武汉市多要素城市地质调查试点示范工作系列成果的重要组成部分，本书主要针对武汉市城市规划、建设、运行和管理的实际需求，在总结凝练“十二五”期间武汉都市发展区城市地质调查工作成果的基础上，充分借鉴和吸收国内外成功经验，提出了开展多要素地质调查工作的方法体系和技术要求，融入了新技术与新方法应用，以供在类似地质条件的城市地区进行相关地质调查的实施单位与管理部门以及大专院校相关专业的师生参考。

第二篇

武汉地质环境调查与评价

第三章

基础地质环境条件

第一节　地　　层

武汉市地层区划以襄广断裂为界，北部属秦岭—大别地层区，分别划为桐柏—大别高压变质折返带大别岩群和红安岩群七角山岩组、黄麦岭岩组，武当—随州陆缘裂谷带武当群双台组、耀岭河组和陡山沱组、灯影组；中南部属扬子地层区下扬子地层分区，出露志留纪—中三叠世陆源碎屑岩和碳酸盐岩海相沉积盖层；两者被晚三叠世—新近纪陆相盆地沉积及第四纪松散堆积物不整合覆盖（图 3.1）。

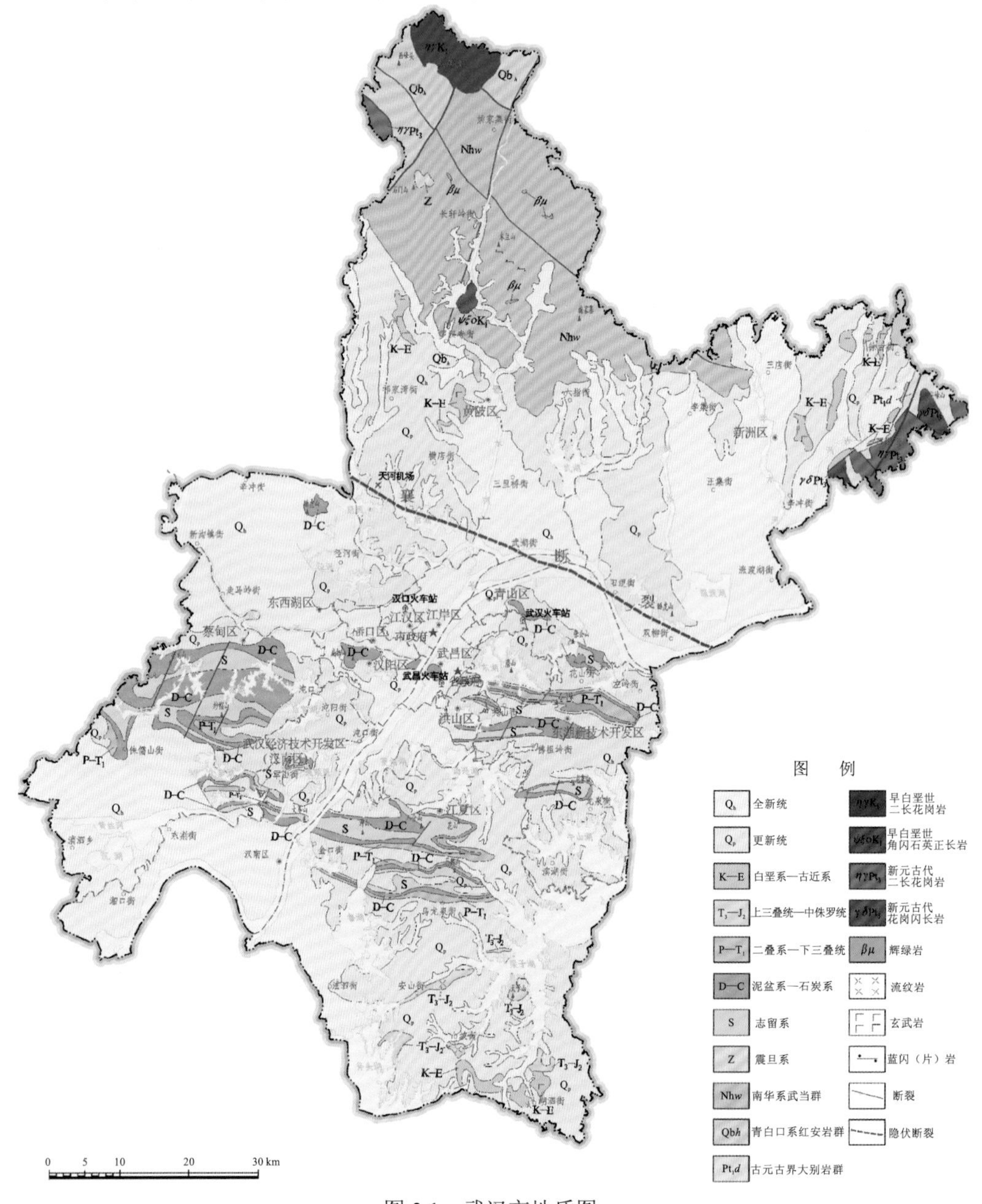

图 3.1　武汉市地质图

一、基岩地层

区内出露基岩地层包括古元古界、新元古界南华系—震旦系、志留系、泥盆系、石炭系、二叠系、三叠系及白垩系、古近系、新近系等，多被第四系覆盖断续分布，面积为1 400.20 km^2，占全区面积的16.34%，其中白垩系—古近系公安寨组（K_2E_1g）红色碎屑岩系分布面积最广、沉积厚度最大（表3.1）。除此之外，北东部的黄陂和新洲一带尚有以酸性、中酸性为主的侵入岩出露，它们大多穿插在变质岩基底和海相沉积盖层当中。

表3.1　武汉市基岩地层划分表

界	系	统	地层名称	代号	岩石组合
新生界	新近系	中新统	广华寺组	N_1g	杂色半固结状砂、泥岩，间夹砾岩
新生界 / 中生界	古近系 / 白垩系	古新统 / 上白垩统	公安寨组	K_2E_1g	上部紫红色砂岩、粉砂岩、泥岩夹页岩，下部砾岩、砂砾岩、含砾砂岩，局部夹多层基性火山岩
中生界	白垩系	下白垩统	大寺组	K_1d	上部斜长流纹岩、珍珠岩、流纹质凝灰岩、英安岩，下部流纹质火山角砾岩
			灵乡组	K_1l	上部长石石英砂岩、细砂岩、粉砂岩、泥岩、泥灰岩夹安玄岩、安山岩，下部钙质粉砂岩、凝灰质粗砂岩
	侏罗系	中侏罗统	花家湖组	J_2h	含砾粗砂岩、泥质粉砂岩、泥岩、砂质页岩，夹泥灰岩或生物碎屑灰岩
		下侏罗统	桐竹园组	J_1t	下部碎屑岩、粉砂岩为主，上部粉砂质泥岩、细砂岩夹灰岩透镜体或煤线
	侏罗系 / 三叠系	下侏罗统 / 上三叠统	王龙滩组	T_3J_1w	厚层长石石英砂岩、岩屑砂岩夹粉砂岩、泥岩、煤层和碳质页岩
	三叠系	中三叠统	蒲圻组	T_2p	紫红色中—厚层状粉砂质黏土岩、泥质粉砂岩夹细砂岩
		中三叠统 / 下三叠统	嘉陵江组	$T_{1\text{-}2}j$	中—厚层状砂屑白云岩、膏盐白云岩、灰质白云岩、纹层状白云岩、细晶白云岩、岩溶角砾岩夹薄层灰泥灰岩、颗粒灰岩
		下三叠统	大冶组	T_1d	中—厚层状颗粒灰岩、砂屑灰岩、泥粒灰岩、灰泥灰岩夹白云质灰岩、薄层状灰泥灰岩，下部夹黄绿色页岩
上古生界	二叠系	上二叠统	大隆组	P_3d	薄层硅质岩、碳质页岩
			下窑组	P_3x	薄层状燧石结核灰泥灰岩、含生物屑粒泥灰岩
			龙潭组	P_3l	粉砂质黏土岩、石英砂岩、粉砂岩、碳质页岩或煤层
		中二叠统	茅口组 / 孤峰组	P_2m / P_2g	孤峰组为硅质岩、茅口组为燧石条带生物屑灰岩
			栖霞组	P_2q	中—厚层状含碳质瘤状灰岩、燧石结核生物碎屑灰岩
			梁山组	P_2l	炭质页岩、粉砂质泥岩夹煤线
		下二叠统	船山组	P_1c	灰色厚层状球粒灰岩
	石炭系	上石炭统	黄龙组	C_2h	厚层状灰泥岩、生物屑灰岩、白云质灰泥岩
			大埔组	C_2d	厚层状白云岩角砾岩、生物屑微晶白云岩、泥晶白云岩
		下石炭统	和州组	C_1h	细粒石英砂岩、粉砂岩、黏土岩夹生物灰尘岩含赤铁矿和锰矿
			高骊山组	C_1g	粉砂岩夹粉砂质黏土岩或碳质页岩或煤线

续表

界	系	统	地层名称	代号	岩石组合
上古生界	泥盆系	上泥盆统	黄家蹬组	D_3h	细砂岩、粉砂岩与泥岩互层
		上泥盆统—中泥盆统	云台观组	$D_{2\text{-}3}y$	中—厚层状细粒石英砂岩、石英岩状砂岩、石英质细砾岩
下古生界	志留系	下志留统	坟头组	S_1f	黄绿色页岩、粉砂质页岩夹薄层状粉砂岩、少量薄层细砂岩
新元古界	震旦系	上震旦统	灯影组	$Z_2Є_1d$	白云岩、微-细晶白云质大理岩、灰质白云质大理岩
		下震旦统	陡山沱组	$Z1d$	白云（钠长）石英片岩、云母片岩、绢云千枚岩
	南华系	中南华—上南华统	耀岭河组	$Nh_{2\text{-}3}y$	为一套变基性熔岩和火山碎屑岩组合
		下南华统	武当群 双台组	Nh_1s	为一套变火山—沉积岩组组合，岩性为灰白色微带绿色含阳起绢云钠长变粒岩、绢云钠长变粒岩、白云钠长变粒岩、绢（白）云钠长变粒岩、夹绢云钠长石英片岩
	震旦系		红安岩群 黄麦岭（岩）组	Pt_3h	白云石英片岩—白云钠长片岩夹白云钠长片麻岩、含磷变粒岩，底部为半石墨片岩、大理岩及磷锰矿层
	南华系		红安岩群 七角山（岩）组	Pt_3q	白云石英片岩—榴石钠长角闪片岩夹白云钠长片麻岩
古元古界			大别岩群	Pt_1D	黑云斜长片麻岩、角闪斜长麻岩、斜长角闪岩夹磁铁石英岩和透镜状大理岩—白云钠长片麻岩—白云微斜钠长片麻岩、上部为白云石英片岩

（一）古元古代地层

古元古界大别岩群（Pt_1d）主要分布于新洲区旧街一带，主要岩性为黑云（二长）斜长片麻岩、片岩夹斜长角闪岩等，构造地层叠置厚度大于 367 m。

（二）新元古代青白口纪—南华纪地层

新元古代青白口纪—南华纪地层出露于黄陂区北部西峰头等地，为红安岩群，分为七角山（岩）组（Pt_3q）和黄麦岭（岩）组（Pt_3h）。七角山（岩）组主要为白云石英片岩—榴石钠长角闪片岩夹白云钠长片麻岩，构造厚度为 896.65 m；黄麦岭（岩）组主要为白云石英片岩—白云钠长片岩夹白云钠长片麻岩、含磷变粒岩等，构造地层叠置厚度为 176.3 m。

（三）新元古代南华纪地层

新元古代南华纪地层主要出露于黄陂区北部梅家寨—石门山一带，为下南华统武当群双台组（Nh_1s）和中南华—上南华统耀岭河组（$Nh_{2\text{-}3}y$）。

（1）双台组（Nh_1s）为一套变火山—沉积岩组合，岩性主要为灰白色微带绿色含阳起绢云钠长变粒岩、白云钠长变粒岩、夹绢云钠长石英片岩等，木兰山一带出露含蓝闪（片）岩的高压变质岩系，构造地层叠置厚度大于 1 200 m。

（2）耀岭河组（$Nh_{2\text{-}3}y$）主要为一套变基性熔岩和火山碎屑岩组合，构造地层叠置

厚度大于 435 m。

（四）震旦纪地层

震旦纪地层零星出露于石门山等地，地表仅有陡山沱组（Z_1d）和灯影组（$Z_2\epsilon_1d$）出露，陡山沱组主要岩性为白云（钠长）石英片岩、云母片岩和绢云千枚岩等。灯影组主要岩性为白云岩、微—细晶白云质大理岩、灰质白云质大理岩等。区内未见顶，构造地层叠置厚度大于 535 m。

（五）志留纪地层

区内仅出露早志留世坟头组（S_1f），呈东西向带状分布于武汉市中南部一线，形成残丘状地貌。主要岩性为一套黄绿色页岩、粉砂质页岩夹薄层状粉砂岩、少量薄层细砂岩，磨山、纸坊等地其顶部发育一套砖红色中—厚层状细砂岩夹粉砂质页岩。岩石水平层理、小型波状层理及楔状层理发育。基本层序由页岩或粉砂岩、细砂岩组成，其沉积环境由浅海陆棚向河口三角洲演变。厚度大于 174 m，未见底。

（六）泥盆纪地层

泥盆纪地层与志留纪地层相伴出露，多沿褶皱翼部呈带状分布于中南部地区，主要为一套滨岸相碎屑岩沉积建造。由中—晚泥盆世云台观组、黄家蹬组构成。

中—上泥盆统云台观组（$D_{2\text{-}3}y$）为一套碎屑岩地层，底部见杂色砾岩层。下部为浅灰白色中—厚层状中—细粒石英砂岩、含赤铁矿细砂岩夹含砾石英砂岩；上部为浅灰白色中—厚层状中—细粒石英砂岩夹灰黄色粉砂质页岩。厚度为 26.24～94.06 m。与下伏志留系坟头组平行不整合接触。以灰白色石英砂岩出现于下伏页岩分界，底部常见石英质砾岩（底砾岩），界线上有古风化壳。地貌上常形成陡坎。

上泥盆统黄家蹬组（D_3h）为灰黄色、浅灰白色薄—中层状石英细砂岩、粉砂岩、浅灰白色黏土岩（页岩），中上部常夹灰黄色、浅灰白色中—厚层状细粒石英岩状砂岩，局部层位砂岩底部含砾石。厚度为 0～30.76 m。

（七）石炭纪地层

石炭纪地层零星分布于武汉市东部及中南部一带，与泥盆纪地层相伴出露，多沿褶皱翼部呈透镜状展布，局部地段岩石地层单位时常发生缺失。自下而上依次划分为高骊山组（C_1g）、和州组（C_1h）、大埔组（C_2d）和黄龙组（C_2h）。

1. 下石炭统高骊山组、和州组

下石炭统高骊山组（C_1g）岩性主要为灰白色、浅黄色黏土岩、粉砂质黏土岩、粉砂岩，夹细粒石英砂岩、碳质页岩或煤线。发育水平层理，砂岩局部见波状层理、斜层理构造，砂岩底部见泥砾。厚度为 24.1～46.28 m。

下石炭统和州组（C_1h）为一套碎屑岩为主偶夹碳酸盐岩的沉积。岩性主要为灰黄色、灰绿色中—厚层状细粒石英砂岩、粉砂岩、页岩，局部夹生物屑灰岩透镜体。岩石中发育水平层理、透镜状层理，局部砂岩中含岩屑、铁质，见斜层理构造，砂岩底部偶见泥砾。厚度约为 26.9 m。

2. 上石炭统大埔组、黄龙组

大埔组（C_2d）主要为浅灰色、灰色厚层状白云质角砾岩、生物屑微晶白云岩、泥晶白云岩。白云质角砾岩多位于底部。生物屑微晶白云岩中生物屑为有孔虫、瓣鳃类、海绵骨针、介形虫、海百合茎、棘皮类等，是一套碳酸盐台地沉积环境产物。厚度约为 25.07 m。

黄龙组（C_2h）主要为浅灰色、灰色厚层—块状灰泥岩、生物屑灰岩、白云质灰泥岩。岩石呈块状构造，生物屑大小悬殊、形态各异、种类繁多，以蓝藻类和棘皮类为主，其次为有孔虫、苔藓虫及介形虫，偶见腕足类。厚度为 15.3～50.0 m。

（八）二叠纪地层

二叠纪地层多沿褶皱翼部呈带状东西向分布，岩性多样，以碳酸盐岩和硅质岩为主，其次还有砂岩、页岩、碳质页岩等。出露层位主要为下二叠统船山组（P_1c）、中二叠统梁山组（P_2l）、栖霞组（P_2q）、茅口组和孤峰组（P_2m+g），上二叠统龙潭组（P_3l）、下窑组（P_3x）和大隆组（P_3d）。

（1）船山组（P_1c）主要为浅灰色、灰色中—厚层状灰泥岩、球粒灰岩。岩石中含大量的椭球状球粒，粒径在 5 mm 左右。中心常有深色核心，周边环绕薄皮状浅色圈层，内部有时也可见少量圈层。球粒分布无规律，含量大于 50%，基质为灰泥质，块状层理。厚度为 0～5 m。

（2）梁山组（P_2l）主要为炭质页岩、粉砂质泥岩夹透镜状灰岩，含 1～2 层煤线，极不稳定，常呈透镜状产出。一般厚度为 2～5 m。

（3）栖霞组（P_2q）下部为深灰色中—厚层状生物屑灰岩、含碳质瘤状灰岩夹碳质页岩，中上部为深灰色中层状含生物屑微—细晶灰岩夹燧石条带，上部为深灰色、灰色燧石结核灰岩、厚层状生物碎屑灰岩。生物碎屑包括腕足类、棘皮类及介形虫、蓝藻类，少见有孔虫、三叶虫、瓣鳃类。厚度为 105.29 m。

（4）茅口组和孤峰组（P_2m+g）。茅口组（P_2m）为一套深灰色、灰色、浅灰色白云质斑状灰岩、灰岩及深灰色含燧石条带灰岩，夹少量白云岩，富含珊瑚及腕足类化石。底部以浅灰色白云质斑块灰岩出现或燧石条带灰岩的消失与栖霞组分界；顶部以黄灰色黏土岩出现与龙潭组分界。孤峰组（P_2g）下部为灰色、深灰色薄层状含硅质泥岩、极薄层状硅质岩夹少量碳硅质页岩，上部为灰色、浅灰色中—厚层状硅质岩。硅质岩中含放射虫，个体细小均匀。茅口组和孤峰组二者多为相变关系，厚度为 42.51 m。

（5）龙潭组（P_3l）为一套含煤碎屑岩系。下部为深灰色、灰黑色碳质页岩、含铁含粉砂水云母页岩夹煤线；上部为灰黄色、灰白色中—厚层状含铁中—细粒岩屑石英砂岩、粉砂质页岩。中北部龙潭组与上覆大隆组直接过渡，而东南部间夹下窑组。厚度为 58.89 m。

（6）下窑组（P_3x）为一套含燧石结核或条带生物屑灰岩，富含腕足类、双壳类、珊瑚类等化石。厚度为 12.3 m。

（7）大隆组（P_3d）为一套硅质岩、泥岩、砂岩等岩性组合的地层。岩性组合为深灰色薄层硅质岩夹碳质页岩，向上硅质岩中泥质含量增多；局部夹灰白色页岩。岩层细水平层理发育。厚度为 19.4 m。

（九）三叠纪—侏罗纪地层

三叠纪—侏罗纪地层由下向上划分为大冶组（T_1d）、嘉陵江组（$T_{1-2}j$）、蒲圻组（T_2p）、

王龙滩组（T_3J_1w）、桐竹园组（J_1t）和花家湖组（J_2h）。其中大冶组、嘉陵江组、蒲圻组露头极少或无露头；王龙滩组、桐竹园组和花家湖组仅在东南角江夏区一带有零星出露。

（1）大冶组（T_1d）为一套灰岩地层。底部为黄绿色页岩夹灰泥岩；下部为灰色中—厚层状砂屑灰岩夹薄层灰泥岩；中部为薄层状灰泥岩，生物扰动构造发育；上部为厚层状亮晶砂屑灰岩、颗粒灰岩、鲕粒灰岩、白云质灰岩等。具水平层理，局部发育斜层理。与下伏二叠系大隆组整合接触，以黄绿色泥质页岩的出现作为分界标志。厚度不详。

（2）嘉陵江组（$T_{1\text{-}2}j$）下部和上部为浅灰色、灰色中—厚层状白云岩夹岩溶角砾岩。中部为灰色薄—中层状灰泥岩夹白云质灰岩。厚度不详。

（3）蒲圻组（T_2p）为紫红色泥质粉砂岩、粉砂质泥岩夹细砂岩，下部时夹黄绿色砂质页岩、粉砂岩等，具交错层理及波痕构造，产瓣鳃类及植物化石碎片，为内陆湖相沉积。厚度大于 765.93 m。

（4）王龙滩组（T_3J_1w）下部以灰白色、灰黄色厚层状不等粒和中—细粒石英杂砂岩为主；上部以灰白色、灰黄色厚层状中—细粒石英砂岩为主，夹含碳泥质粉砂岩。杂砂岩分选性差，单层下部常含泥砾、砾石及碳化植物碎片，具大型斜层理。未见顶，厚度大于 188 m。

（5）桐竹园组（J_1t）下部以碎屑岩、粉砂岩为主，上部以粉砂质泥岩、细砂岩夹灰岩透镜体或煤线。厚度大于 169 m。

（6）花家湖组（J_2h）主要岩性为紫红色、黄绿色泥岩、粉砂岩、灰黄色厚层状含砾粗粒长石石英砂岩夹黄绿色泥质粉砂岩等，底部有灰褐色含砾粗粒石英砂岩。厚度大于 129 m。

（十）白垩纪—古近纪地层

白垩纪—古近纪地层由下向上划分为灵乡组（K_1l）、大寺组（K_1d）和公安寨组（K_2E_1g）。其中灵乡组和大寺组零星分布于江夏区南部山坡街和湖泗街一带，公安寨组分布于武汉市中北部和东部一带。

（1）灵乡组（K_1l）为一套灰黄色、黄绿色及紫红色内陆湖相碎屑沉积。下部为钙质粉砂岩、凝灰质粗砂岩、长石石英砂岩、含砾砂岩及砂砾岩、砾岩；中部为粉砂岩、钙质长石石英粉砂岩、细砂岩、粉砂质灰岩、泥灰岩及页岩；上部为长石石英砂岩、细砂岩、粉砂岩及泥质页岩、泥灰岩等，并夹安玄岩、安山岩。厚度大于 526 m。

（2）大寺组（K_1d）下部为流纹质火山角砾岩、凝灰岩；上部主要为斜长流纹岩及流纹质凝灰岩。厚度大于 594 m。

（3）公安寨组（K_2E_1g）为一套以棕色、紫红色为主的杂色碎屑岩系，由砾岩、砂岩、粉砂岩、泥岩组成，局部夹多层基性火山岩。发育块状层理、平行层理、水平层理、斜层理、交错层理等。地层厚度大于 500 m。区域资料显示角度不整合在前白垩纪不同时代地层之上。该组为一套紫红色内陆湖盆相碎屑沉积。

（十一）新近纪地层

新近纪地层主要分布于新洲区阳逻一带，出露地层为广华寺组（N_1g）。下部为一套杂色黏土岩、粉砂质黏土岩，局部夹细砂条带；上部为杂色粉砂质黏土岩与杂色砾岩互层。发育水平层理、平行层理、斜层理、透镜状层理、脉状层理。厚度为 6.01～14.8 m。

二、第四纪地层

区内第四纪地层极为发育，沉积类型齐全、分布广泛，出露面积约为 7 168.95 km^2，占全区面积的 83.66%。按其沉积建造、空间分布特征可分为沉降区和剥蚀区堆积。沉降区以持续沉降作用为主，形成上叠堆积的冲积平原地貌；地表以全新世及晚更新世堆积为主，发育埋藏阶地；厚度一般大于 50 m，最大厚度超过 80 m；自下而上划分为东西湖组、辛安渡组、下蜀组、青山组、走马岭组。剥蚀区以基岩形成的丘陵和中更新世红土型岗地为主体，多阶段堆积—抬升—剥蚀，发育内叠阶地、基座阶地和侵蚀阶地，形成低山丘陵和岗地地貌；厚度一般小于 30 m；自老至新划分为阳逻组、王家店组、青山组、走马岭组（表 3.2，图 3.2）。

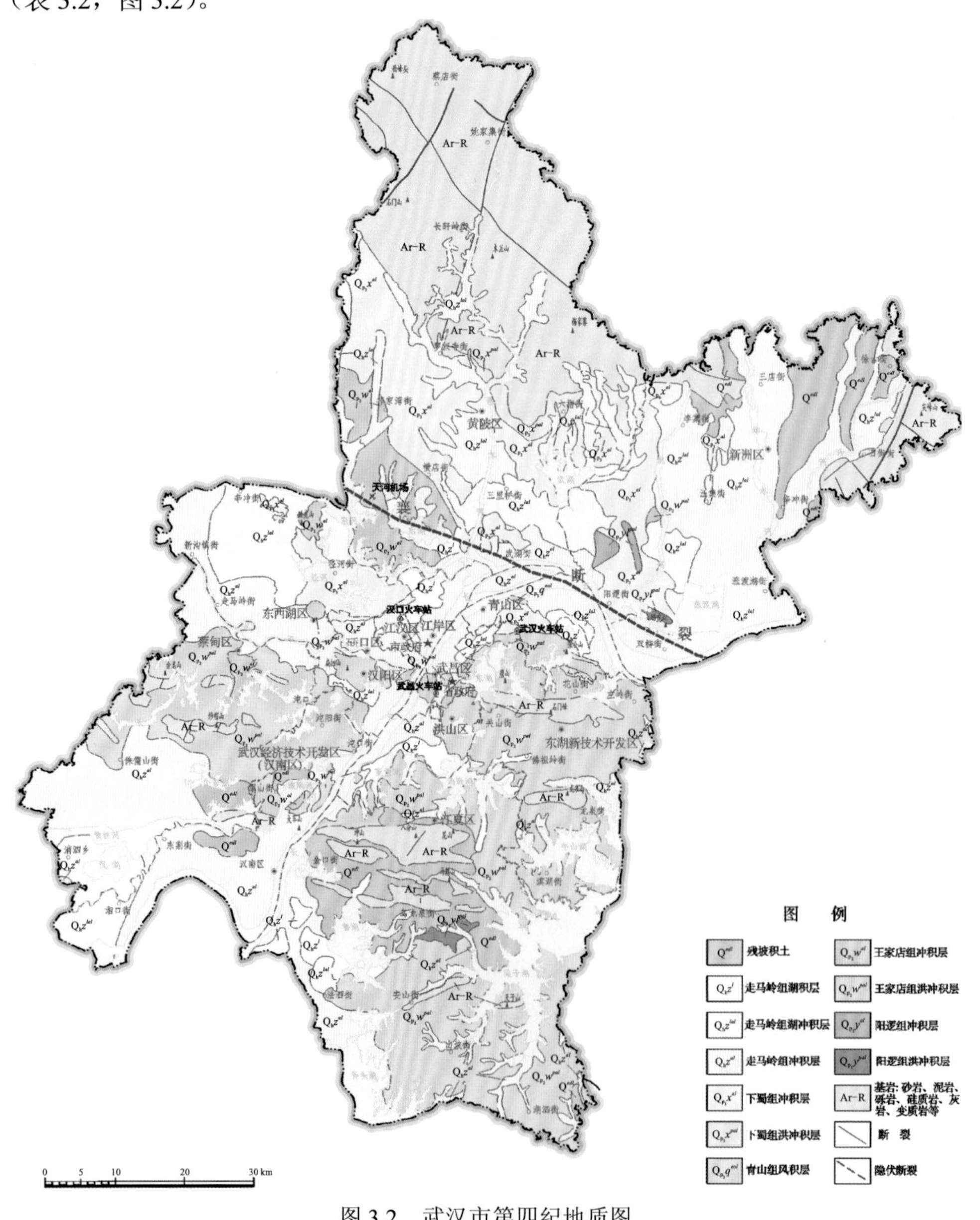

图 3.2　武汉市第四纪地质图

表 3.2 第四纪地层单位划分表

地质时代			填图单位		岩性特征		识别标志
代	纪	世	沉降区	剥蚀区	沉降区	剥蚀区	
新生代	第四纪	全新世	走马岭组 Q_hz		走马岭组划分为 3 个典型沉积（相）体，省去冲湖积、湖冲积等过渡类型 冲积（Q_hz^{al}）：灰褐色黏土、砂及砂砾石层，见于现代河流周边，构成边滩和一级阶地； 湖积（Q_hz^{l}）：深灰色淤泥质土夹灰褐色黏土和粉质粉砂质黏土； 残坡积（Q_hz^{edl}）：浅灰褐色碎石黏土、浅黄色黏土		以浅灰色调为标志
		晚更新世	青山组 $Q_{p_3}q$		青山组划分为 3 个典型沉积（相）体 冲积（$Q_{p_3}q^{al}$）：由浅灰色砂砾层、褐黄色中—细砂与灰黄色粉砂质黏土、杏黄色含铁锰质结核黏土组成； 湖积（$Q_{p_3}q^{l}$）：灰黑色淤泥质黏土、青灰色含淤泥质黏土、黏土质砂夹灰黄色含铁锰结核黏土； 风积（$Q_{p_3}q^{eol}$）：灰黄色粉砂及黏土、发育柱状节理的均质黄土		冲积层以杏黄色—褐黄色含铁锰结核黏土为标志； 湖积层以灰黑色—青灰色淤泥质黏土为标志； 风积层以灰黄色粉砂和黏土且粉砂中发育砂姜为标志
			下蜀组 $Q_{p_3}x$		下蜀组划分为 2 个沉积（相）体 冲积（$Q_{p_3}x^{al}$）：青灰色中—细砂与灰黄色粉砂质黏土互层； 洪冲积（$Q_{p_3}x^{pal}$）：灰黄色砂砾层		冲积层以灰黄色均质黏土为标志； 洪冲积层以灰黄色砂砾层为标志
		中更新世	辛安渡组 $Q_{p_2}x$	王家店组 $Q_{p_2}w$	辛安渡组洪冲积（$Q_{p_2}x^{pal}$）：为灰褐色砾石层、灰黄色细砂层夹浅咖啡色粉质黏土层，为河流相沉积，具典型二元结构	王家店组划分为 2 个沉积（相）体 洪冲积（$Q_{p_2}w^{pal}$）：含砾红土、网纹红土、棕红色黏土； 残坡积（$Q_{p_2}w^{edl}$）：含红土碎石层、网纹红土、含铁锰结核红土	辛安渡组以褐黄—褐红色调及网纹状构造为标志； 王家店组以棕红—酱红色调及网纹状构造为标志
		早更新世	东西湖组 $Q_{p_1}d$	阳逻组 $Q_{p_1}y$	东西湖组洪冲积扇（$Q_{p_1}d^{psl}$）：浅灰色砾石层、灰黄色粉—细砂层和粉质黏土层	阳逻组划分为 2 个沉积（相）体 冲积（$Q_{p_1}y^{al}$）：由浅黄色砂砾层、含砾砂层组成，下部砾石层中常见一铁盘界线； 洪冲积扇（$Q_{p_1}y^{psl}$）：浅灰色中—粗砾石层、浅灰黄色中—细砂与粉质黏土层	以浅灰色砾石为标志

（一）早更新世地层

（1）东西湖组（$Q_{p_1}d$）主要由浅灰色砾石层、灰黄色粉—细砂层和粉质黏土层组成。砾石分选好，砾径大多在 3～5 cm，砾石岩性较杂，以脉石英为主，其次为燧石、砂岩，并见有白垩系—古近系红盆砾石。与下伏新近系广华寺组或其他基岩呈侵蚀不整合接触。

（2）阳逻组（$\mathrm{Qp}_{1}y$）下部为浅灰色中—粗砾石层、浅灰黄色中—细砂与粉质黏土层；上部为浅灰色中—粗砾石层、棕红色含砾黏土层、棕红色中—细砂与粉质黏土层—棕红色（细小网纹）黏土。阳逻组以典型的山间河流沉积二元结构、高岗丘（基座阶地）地貌为识别标志。与白垩系—古近系公安寨组红层或其他下伏基岩呈侵蚀不整合接触。

（二）中更新世地层

（1）王家店组（$\mathrm{Qp}_{2}w^{edl}$）主要为由残坡积和洪冲积形成的红土碎石层、含砾红土层、网纹状红土、斑块状红土、含铁锰结核红土及均质红土。该组厚为 5～10 m。该组以特有的棕红色调及网纹状构造为识别标志。洪冲积层以侵蚀不整合覆于基岩之上，或以侵蚀超覆于阳逻组之上。残坡积组合序列（$\mathrm{Qp}_{2}w^{edl}$）：可见多个由含红土碎石层—网纹红土—结核红土组成的（残坡积）堆积旋回。局部由碳酸盐岩构成的岗丘上，形成含基岩斑块红土、网纹红土、含结核均质红土的残坡积序列。洪冲积组合序列（$\mathrm{Qp}_{2}w^{pal}$）：由含红土砾石层—网纹红土—棕红色黏土组成，洪冲积层侵蚀覆于基岩或下更新统之上。

（2）辛安渡组（$\mathrm{Qp}_{2}x^{pal}$）为灰褐色砾石层、灰黄色细砂层夹深褐（浅咖啡）色粉质黏土层，为河流相沉积，具典型二元结构。

（三）晚更新世地层

1. 下蜀组

下蜀组（$\mathrm{Qp}_{3}x$）主要出露于黄陂区横店街、罗汉寺街、六指街道、新洲区阳逻街、东西湖径河街一带，发育二元结构，构成武汉市二级阶地，上部由灰黄色黏土、粉砂质黏土组成，下部灰浅黄色砂砾层，具有冲积、洪冲积两种成因类型。

2. 青山组

区内青山组（$\mathrm{Qp}_{3}q$）出露面积较广，主要成因类型为冲积和湖积，风尘堆积分布有限，主要集中于青山—凤凰山一带沿长江南岸零星分布。厚度变化大，厚度为 2～52.48 m。

沉积特征与沉积环境：按其空间展布和岩（土）石组合特征，可进一步划分为以下3种沉积组合体。

（1）河流冲积（$\mathrm{Qp}_{3}q^{al}$）：由浅灰色砂砾层、褐黄色中—细砂与灰黄色粉砂质黏土、杏黄色含铁锰质结核黏土组成。完整的沉积序列主要见于钻孔中，上部边滩沉积主要分布在现代河流（长江、汉江）两侧，呈低级阶地（一级或二级）产出。

（2）湖积（$\mathrm{Qp}_{3}q^{lal}$）：主要为灰黑色淤泥质黏土、青灰色含淤泥质黏土、黏土质砂夹灰黄色含铁锰结核黏土。主要分布在现代湖泊周缘，以湖积阶地形式产出，高出现代湖面 2～5 m。

（3）风积砂山（$\mathrm{Qp}_{3}q^{eol}$）：分布于区内中北部的青山、沙湖—东湖—严西湖之间，形成地势较高的岗丘地貌。下部为灰黄色粉砂及黏土层，以粉砂或黏土为主，其次含少量极细砂，孔隙度大，结构松散，其间含大量铁锰质膜或少量结核；中部为结构及成分均一的均质黄土，均质黄土中发育柱状节理。上部以砂为主，常夹黏土及粉砂层；顶部为褐黄色黏土。青山附近的几处较高的丘顶部位有残留；其他大部地区分布的多为下部的粉砂质黏土层。

（四）全新世地层

全新统为区内出露最广泛的第四纪地层，根据区域对比划分为走马岭组（Q_hz），于区内平原地区广泛分布。

按岩（土）石组合及成因进一步划分为3种类型，沉积特征如下。

（1）冲积（Q_hz^{al}）：由灰褐色砾石层、粉砂、细粉砂、粉砂质黏土（边滩）组成。见于现代河流周边，构成边滩和一级阶地。

（2）湖积（Q_hz^{lal}）：深灰色淤泥质土夹灰褐色黏土和粉质粉砂质黏土，见于现代湖泊及周缘河湖交汇部位。

（3）残坡积（Q_hz^{edl}）：沿山丘周围零星分布，下部为灰褐色含碎石黏土、粉砂质黏土，上部为浅黄色黏土。分布局限、厚度小，一般覆于中更新世残坡积红土之上。

第二节 地质构造

一、区域构造背景

（一）大地构造单元

湖北省地壳形成经历了多阶段、多构造体系的发展演化，形成了不同阶段的构造形迹组合；另外，湖北省位于秦岭造山带、江南造山带、中国东部滨太平洋上叠活动陆缘带三大构造体系交织处，构造形变表现出复杂多变的组合特征。三叠纪晚期的印支运动，结束了湖北省洋陆并存格局，形成了省内的统一陆块，奠定了主体构造格架。根据最新出版的《中国区域地质志（湖北志）》（湖北省地质调查院，2018），武汉市地处华南板块内南秦岭—大别造山带与扬子陆块的交接部位，大地构造单元的划分见表3.3。

表3.3 武汉市大地构造单元划分表

一级	二级	三级
华南板块（II）	南秦岭—大别造山带（II_1）	桐柏—大别高压变质折返带（II_1^1）
		武当—随州陆缘裂谷（II_1^3）
		新洲上叠断陷盆地（II_1^6）
	扬子陆块（II_2）	下扬子陆块（II_2^3）
		江汉上叠盆地（II_2^6）

在漫长的地质历史时期，武汉市经历了多旋回、多阶段的碰撞造山作用改造，地质构造样式十分复杂。其中断裂构造主要发育北西—北西西向断裂系和北北东—北东向断裂系，呈棋盘格式展布，共同控制了不同时代地层的空间分布、地貌轮廓和地震活动。褶皱构造主体隐伏于地下，表现为一系列北西西向或近东西向展布的褶皱，大致以纱帽山、沌口、龙泉山一线为界，其中的背斜核部和向斜核部地层分别以志留系和二叠系—下三叠统（$P—T_1$）为主（图3.3）。

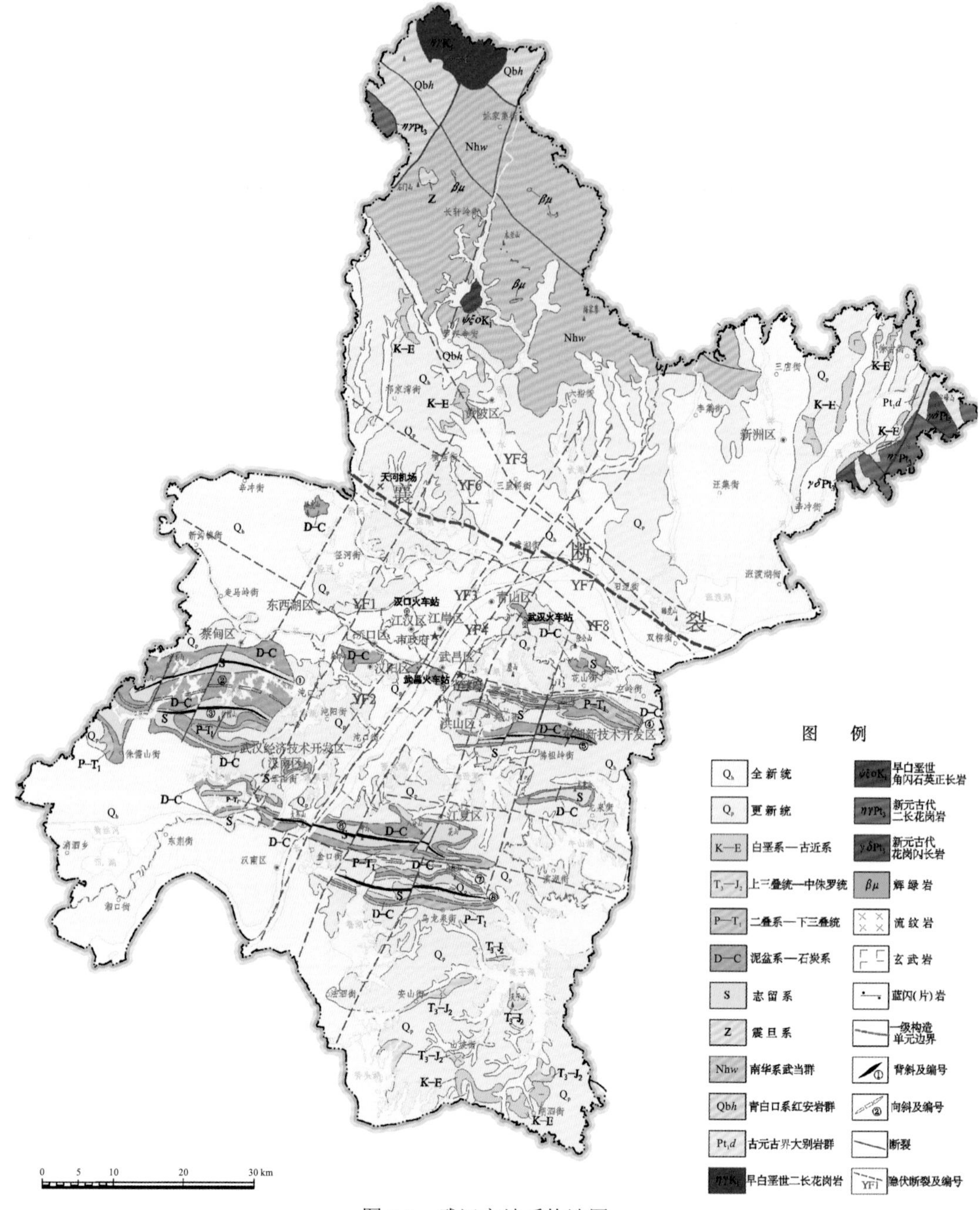

图 3.3　武汉市地质构造图

（二）构造发展阶段

自新元古代以来，武汉市依次经历了晋宁运动、加里东运动、印支运动、燕山运动、喜马拉雅运动，可划分为青白口纪基底构造发展阶段、古生代—中三叠世沉积盖层发展阶段、晚三叠世—新近纪陆相盆地发展阶段、挽近时期差异剥蚀堆积与现代地貌形成阶段 4 个发展阶段。

1. 青白口纪基底构造发展阶段

晋宁运动为陆块拼合、统一扬子基底形成阶段。区内较早物质记录分别为古元古界大别岩群、新元古界青白口系红安岩群和南华系武当群。研究表明，古元古代为省内初始陆块的一个重要增生期，大别岩群主体为一套变质表壳岩组合，以大小不等的残片覆盖于太古宇之上共同构成结晶基底。红安岩群主要分布于扬子克拉通基底形成阶段的青白口系古造山带内的三里岗—大别弧盆系中，主要由双峰式火山岩和碎屑岩组成。武当群系在洋壳俯冲消减机制下，于弧后盆地内形成一套陆缘碎屑岩夹基性—酸性火山岩（双峰式）沉积，并在消减碰撞（造山）运动中，遭受变形、变质作用，其中构造运动在区域上呈现出早期俯冲到晚期陆—陆碰撞与底劈隆升两个阶段，岩石发生强烈的韧性剪切和蓝闪—绿片岩相变质作用，其变形变质处于相对较深层次，与其上沉积盖层（震旦系—三叠系）为角度不整合接触。

2. 古生代—中三叠世沉积盖层发展阶段

随着晋宁造山运动的结束，武汉地区转化为稳定陆壳发展环境，进入沉积盖层发展阶段。盖层沉积发育，以浅海—台地相的碳酸盐岩与陆缘碎屑岩为主。盖层盆地演化可分为两大类似的旋回：下部南华纪—志留纪盆地演化旋回、上部泥盆纪—中三叠世盆地演化旋回，分别终止于具造山性质的加里东运动和印支运动，前者在武汉地区仅表现为差异抬升与广泛的地层缺失，后者则出现变革性的板内褶皱与断块构造，结束了武汉地区海相盆地演化的历史。

1）加里东运动早期阶段

加里东运动早期对应于南华纪—志留纪，在扬子北缘形成南华纪南秦岭裂谷。

武汉地区无南华纪—早志留世的地层出露。在中志留世时期，由于地壳逐渐隆升及沉积充填作用，海平面持续降低，海水退却，武汉地区由奥陶纪—志留纪之交的深海盆地（隐伏地层）过渡为浅海陆棚—滨岸环境，接受以页岩为主的陆源碎屑岩沉积（坟头组）。受加里东运动的影响，至中志留世晚期，地壳上升成陆，地表遭受长期夷平剥蚀，形成志留系与上覆地层的不整合面，从南华纪开始的陆表海盆地演化过程暂告一段落。

2）加里东运动晚期阶段

加里东运动晚期对应于泥盆纪—中三叠世，扬子北缘接受广泛的早古生代地层沉积，南秦岭裂谷南缘则为华夏板块与扬子板块汇聚形成华南板块。

武汉地区早—中泥盆世仍然保持了志留纪末期的古陆环境，经过中—晚志留世至早—中泥盆世长期剥蚀夷平作用，晚泥盆世发生沉积回升，开始了新的盆地沉降—充填旋回过程。中泥盆世发生的海侵自南向北扩展，至晚泥盆世时海侵到达武汉地区，纵向上相对海平面的持续加深，接受前滨相石英砂岩（云台观组）—近滨相砂页岩（黄家磴组）沉积，形成硅石矿床。

石炭纪武汉地区同样处于频繁暴露环境，受江南运动和淮南运动的影响，早石炭世和晚石炭世各经历一次有限的海侵旋回，形成广泛的隆升暴露不整合界面。早石炭世海侵仅发生于武汉南中部，呈近东西向展布，大部分地区缺失，以滨岸沼泽相砂页岩为主（高骊山组与和州组）；晚石炭世海侵范围扩大，接受台地—局限台地相生物灰岩和白云

岩沉积（大埔组与黄龙组），局部地区保留小范围的浅滩相。

早二叠世仍然延续了前期震荡沉降和沉积调整过程，出现了全区性沉积间断，形成逐渐向陆超覆的滨海沼泽相环境（船山组），与下伏石炭系形成平行不整合接触。至中二叠世才进入了稳定沉降阶段，早期由于碳酸盐岩的快速补偿作用，武汉地区保持了浅水台地环境，接受了厚度较大的碳酸盐岩沉积（栖霞组）；随着沉降的加快，中二叠世晚期开始出现盆地环境，沉积薄层硅质岩（孤峰组）或燧石条带生物屑灰岩（茅口组），盆地趋于成熟。中—晚二叠世之交的东吴运动致使前期稳定沉降的盆地发展过程突然中断，形成了广泛的升隆剥蚀不整合界面，区域上有火山活动发生。东吴运动后，晚二叠世开始了又一次海侵过程，从滨海相（沼泽、三角洲）向陆棚相过渡，分别沉积了砂页岩（龙潭组）、燧石结核灰泥灰岩（下窑组）和硅质岩（大隆组）地层。

早—中三叠世湖水全面退却，区内出陆棚—开阔海台地相（大冶组，以灰岩为主）向局限台地相（嘉陵江组，主要为白云岩，未出露）转变，武汉地区进入盆地萎缩阶段；随着地壳持续抬升，至中三叠世中晚期，残留海盆范围进一步缩小，武汉地区大部分转变为古陆，仅在西南部五里界—长港一带保留潮坪—潟湖相，形成紫红色碎屑岩夹碳酸盐岩沉积（蒲圻组）。中三叠世末发生的印支运动结束了武汉地区海相盆地的演化历史。

3. 晚三叠世—新近纪陆相盆地发展阶段

晚三叠世—新近纪陆相盆地发展阶段可分为上三叠统—侏罗系、白垩系—古近系、新近系三大构造层，各构造层之间均以角度不整合接触，分别形成于印支运动、燕山运动和喜马拉雅运动，发生强烈褶皱、断裂等构造变形作用，造就了武汉地区基本构造格局。

1）印支运动阶段

印支运动与加里东运动共同构成了板块汇聚、统一大陆形成。

印支运动对应于晚三叠世—侏罗纪。印支运动结束了武汉地区海相沉积历史和稳定陆壳发展阶段，进入大陆边缘活动阶段。印支运动以水平运动为主，此时在南北向挤压应力作用下，形成近东西向褶皱和近东西—北西西向、北东向及北西向脆性断裂构造，以褶皱为主，形成了武汉地区主体构造。在印支运动的持续发展过程中，褶皱作用逐渐加强，于侏罗纪末开始定型。

晚三叠世—侏罗纪，因印支运动地壳整体抬升褶皱，在武汉地区东南长港一带的大型向斜部位构成继承性凹陷盆地，形成河流—湖泊相砂砾岩—泥岩沉积（王龙滩组），为梁子湖凹陷的一部分。在梁子湖盆地不同部位，盆地与基底界面表现出似整合、平行不整合、角度不整合等不同性质的接触关系。

2）燕山运动阶段

燕山运动对应于白垩纪—古近纪。早白垩世区域上强烈的燕山运动在武汉地区形成以断裂为主的变形，褶皱不发育，于区内形成北北东向和北北西—北西向两组脆性断裂，前者规模宏大，由此奠定了现今武汉地区基本地质构造格架。

晚白垩世—古近纪，燕山运动由挤压逐渐向松弛的弹性回落阶段转化，区内表现出伸展裂陷作用特点，使得早期断裂再次活动，早期北北东向及北西西向断裂转变为张裂性质，并沿区域主干断裂发育断陷盆地（公安寨组），如麻城—新洲凹陷的形成、梁子湖

凹陷的发展，并在区内形成广泛的角度不整合界面。

3）喜马拉雅运动阶段

喜马拉雅运动与燕山运动共同构成了上覆盆地形成和陆内造山。

武汉地区喜马拉雅运动可分为两期，第一期发生于始新世晚期、古近纪与新近纪之间，武汉地区由南向北脆性逆冲，地壳抬升。受南北向挤压应力影响，武汉地区于燕山运动中发展起来的陆相盆地关闭，但局部仍有小范围盆地保留，盆地边缘成为剥蚀夷平区，形成砾岩与黏土岩互层的河湖相沉积；第二期发生于新近纪与第四纪之间，以差异性和间歇性的垂直升降运动为主，整体处于缓慢沉降过程，空间上形成运动方式和强度差异显著的断块，造成武汉地区多种地貌类型和多种阶地类型并存、长期持续沉降和强烈抬升剥蚀并存的格局。

4. 挽近时期差异剥蚀堆积与现代地貌形成阶段

第四纪时期，地壳运动（新构造运动）以差异性和间歇性的垂直升降运动为主，近期处于缓慢沉降过程，其对地貌分区、现代河流和湖泊的形成、分布与演化具有明显的控制作用。空间上形成运动方式和强度差异显著的断块，时间上有新近纪末—早更新世初、早更新世晚期、中更新世中—晚期、全新世早—中期 4 次强烈的抬升作用，造成武汉地区多种地貌类型和多种阶地类型并存、长期持续沉降和强烈抬升剥蚀并存的格局，地形变测量上有良好显示，形成多级阶地和多级溶洞、接受多级旋回的第四系沉积。同时发生古老断裂继承性复活，在襄广断裂带所在的阳逻、青山等地发育小规模的新生活动断裂，褶曲不发育，地震活动微弱，构造稳定性较好。

二、隐伏深大断裂特征

武汉市在地质历史时期受到多期构造运动的叠加影响，构造格局较为复杂。目前对武汉市内隐伏深大断裂分布特征的认识，各家观点尚未统一。通过重力异常数据多尺度边缘检测、小波多尺度分析等方法对主干深大断裂进行识别，并结合已有地质资料、重力数据、地形数据和研究成果及野外露头现象的观察描述与测试鉴定，对识别结果予以验证，从而获取较为准确全面的武汉市隐伏深大断裂分布基本特征参数，为分析武汉市深大断裂活动性及其对城市发展的安全性评价提供地质依据。

（一）隐伏断裂基本特征

隐伏断裂对城市安全具有重要影响，因此有必要对隐伏断裂总体特征进行总结分析。根据以往地质资料，武汉市第四纪松散堆积层覆盖下的隐伏构造形迹主要有近东西向的线状褶皱和具较大规模的北北东、北西西向断裂。

武汉市区古生代基岩褶皱强烈，主体隐伏地下，大多数隐伏褶皱在局部地表有不同程度的露头，为背斜开阔、向斜紧闭的线性褶皱，北部多倒转，向南过渡为正常类型，一般呈近东西—北西西向延伸。而隐伏的中—新生代红盆如北西角麻城凹陷为一北西西向的宽缓向斜，南东角梁子湖凹陷盆地为北东向的宽缓向斜。隐伏褶皱在武汉市各个时期获得的物探资料中均有显示，与基岩区褶皱特征类似，构造样式如图 3.4 所示。

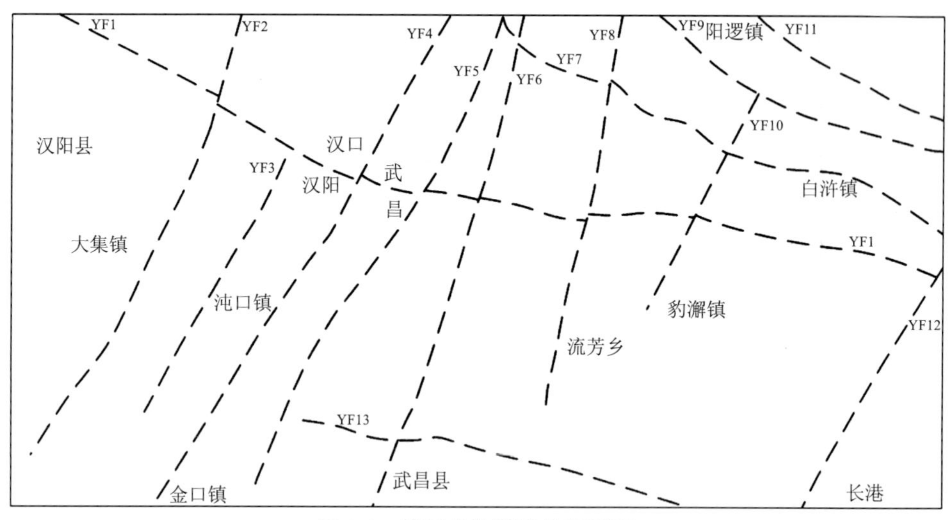

图 3.4　武汉市推断隐伏断裂图

YF1 为吴家山—花山断裂；YF2 为舵落口断裂；YF3 为三元寺断裂；YF4 为金口断裂（长江断裂）；YF5 为蒋家墩—青菱湖断裂；YF6 为五通口断裂；YF7 为青山断裂；YF8 为严西湖断裂；YF9 为龙口断裂（襄广断裂）；YF10 为严东湖断裂；YF11 为龙王咀断裂；YF12 为团麻断裂；YF13 为马场咀断裂

断裂构造发育对城市建设影响很大，地球物理场上有所反映且具有一定规模的断裂以北北东向及北西（西）向为主，主要断裂简述如下。

（1）襄广断裂带：主要由自北至南分布的龙王咀断裂（YF11）、龙口断裂（YF9）、青山断裂（YF7）3 条断裂组成。其中龙王咀断裂为控制麻城盆地的主断裂；龙口断裂则是分割扬子陆块和秦岭—大别造山带的主断裂，为襄广断裂的浅部表现；而青山断裂则为襄广断裂带的南部边界断裂，同时也控制了沿断裂展布的小红盆的南部边界。经浅震剖面测量结果显示，该断裂带内部还发现有 5 条次级断裂破碎带，几何特征与龙口断裂类似。

（2）吴家山—花山断裂（YF1）：呈北西西向横贯武汉市区，在舵落口断裂以西该断裂与基岩地质图及地表露头断裂吻合；以东则顺汉江、沙湖、东湖、严西湖、严东湖南部边界展布，地势南高北低，地貌差别明显，在遥感图像上断裂特征有显示。重力布格异常平面等值线图上南部为北西西向较密集的梯级带，北侧等值线呈线状的挠曲带，线型平缓。经过蒋家墩—陆家街一线的直流电测深剖面显示，断面南倾，由南向北逆冲，与目前地表表现吻合。

（3）舵落口断裂（YF2）：位于武汉市西刘新集—舵落口—后官湖一线，呈北北东走向展布，全长约 70 km。两侧磁场特征差别明显；北部微弱正磁场处，断裂西侧的磁场强度明显比东侧强；中部负磁场处，断裂西侧的负磁场强度比东侧强；南部正磁场处，断裂西侧的正磁场强度往北推移，造成断裂两侧磁场强度和梯度都有差异。从断裂两侧的磁场差异分析，断裂东侧的地层向南错动。

（4）蒋家墩—青菱湖断裂（YF5）：位于长江右岸蒋家墩、沙湖、青菱湖及野湖一线，呈北北东走向展布，与长江断裂近于平行。遥感图像上有线性影纹断续分布，沙湖、青菱湖沿断裂带呈北北东向展布。蒋家墩以北重力场呈北北东向梯级带，往南使条带状重电异常脱节、扭曲，并在蒋家墩、水果湖等处出现明显的重力低值带，割断了北西西向

重力异常的连续性。通过蛇山—鲁巷的电测深剖面切过该断裂带，ρ_s、ρ_z 等值线出现楔形低阻形变，清晰反映了断裂的存在，断面东倾。

（5）金口断裂（长江断裂，YF4）：在武汉市中部顺长江展布，呈北北东向纵贯市区，区域上断裂向南西延伸进入湖南省。从航磁剖面平面图中清楚看出，断裂两侧虽然都是微弱的波动磁场，但其波动磁场的延伸明显被断裂所截止，致使两侧磁场展布不连续；断裂南部两侧磁场强度、梯度不同。如断裂西侧江岸北、解放公园等处呈近东西向的磁力低带至断裂处截止，汉阳及其南侧几处东西向展布的波动磁场向东至断裂处截止；断裂东侧武昌呈东西向的波动磁场至断裂处截止，武昌以北呈北东向延伸的负磁场在长江大桥附近被断裂截止等。在该断裂的作用下，造成局部重力异常、电测深异常轴向改变。断裂以西，异常轴向为北西西向，过长江后转为近东西向，并且两侧重电异常发生错位、脱节。另外该断裂在地貌及遥感图像上也有显示。区域资料表明，断裂向南特征更为明晰，沿带有中—强地震发生。

（6）五通口断裂（YF6）：位于武汉市中部青山、东湖、南部汤逊湖至武昌县，向北过天兴洲至五通口。该断裂磁异常标志清楚；断裂北部部分地区磁场等值线在断裂处发生扭曲，并见明显错动现象；中部两侧磁场强度和梯度不同，东湖处断裂以东的负磁场平静，以西的磁场有波动；东湖以南到华中农业大学断裂处磁场梯度变陡，华中农业大学处断裂两侧磁场强度不同。五通口以北重力场为北北东向梯级带，往南使条带状重电异常脱节、扭曲，并在蒋家墩、水果湖等处出现明显的重力低值带，隔断了北西西向重力异常的连续性。部分电测深切过该断裂的剖面 ρ_s、ρ_z 等值线出现楔状低阻形变，清晰反映了该断裂的存在。北部五通口磁异常扭曲和南部负磁场变化特征表明断裂东盘向北推移。该断裂还具有遥感异常，沿线湖泊与断裂展布方向吻合，对汤逊湖、东湖的形成均具控制作用，并造成湖泊两侧不对称地貌现象。

（7）团麻断裂（YF12）：通过武汉市东南角，区内仅为该断裂中部一小段。该断裂纵贯省境，是湖北省重要的北北东向断裂构造带。区域上呈北北东 20°～30°，前白垩纪时期断裂以压剪性为主，构造岩发育，并经受强烈动力变质；白垩纪—古近纪时期以张性作用为主，控制了麻城—新洲凹陷、梁子湖凹陷的形成。挽近时期断裂继承性复活，沿断裂带的麻城、黄冈一带历史上发育多次破坏性地震，对现代地貌起到控制作用。在武汉市该断裂隐伏地下，在遥感图像上沿断裂分布有一系列湖泊。人工地震资料证实武汉市南缘梁子镇西有走向北北东 15°～25°、宽 1～1.5 km 的断裂带；航磁上在北断裂两侧磁场东高西低，南部徐家河一带发现北东 20°～30° 延伸的高磁异常，岱海李、旷林咀、四海湖发育有北东向线性错断磁异常。

（8）马场咀断裂（YF13）：位于武汉市南部，呈北西西向沿青菱湖、南臣子山、汤逊湖、南大桥村至牛山湖一线，长约 30 km。在遥感图像上沿断裂具线性异常，表现出南高北低，南为高岗及丘陵地貌，北为岗地，湖泊发育；基岩地质图表明，断裂两侧隐伏地层差异明显，造成地层缺失，北侧分布有一系列白垩纪—古近纪小断陷盆地，与两侧地势及地貌差异相吻合。因此，推测该隐伏断层发生于印支运动时期，早期为逆冲性质，在燕山运动晚期再次活动，表现为张性，并控制了沿断裂分布的小红盆。

其他规模较小的还有三元寺断裂（YF3）、严西湖断裂（YF8）、严东湖断裂（YF10）等，均呈北北东向展布，与舵落口断裂、五通口断裂、金口断裂等特征类似，在地形地貌及物探、遥感等方面有不同程度的显示。

总的来说，在武汉地区主要发育有北北东向、北西向和近东向三组断裂，以前两组为主体形成一个菱形网络系统，具有发生中—强地震的构造地质背景，在历史上武汉地区周边近邻曾发生过多次中—强地震。根据以往地质资料及历史地震记录，襄广断裂和团麻断裂是武汉市内主要的具有潜在发震危险的隐伏深大断裂。

（二）重力异常特征

1. 布格重力异常特征

利用收集到的重力资料，采用小波多尺度边缘检测理论，对武汉市深大断裂进行精确识别，结果如图 3.5 所示。图 3.5（a）中地下东西向不整合面较为明显，但南北向不整合面信息有所缺失；图 3.5（b）中南北向不整合面较为明显，可综合比较确定断裂位置。

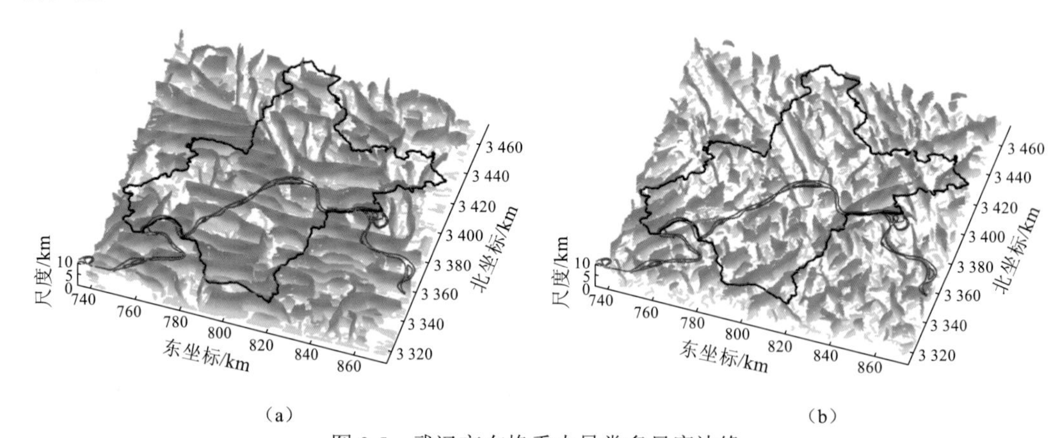

图 3.5　武汉市布格重力异常多尺度边缘

对比前期地质资料与文献记载，重力异常多尺度边缘检测获得的 F1 为新黄断裂（XHF）、F2 为襄广断裂（XGF）、F3 为天门河断裂（TMHF）、F4 为麻洋潭断裂（MYTF）、F5 为马场咀断裂（MCZF）、F6 为岳武断裂（YY-WHF）、F7 为长江断裂（CJF）、F8 为襄广断裂东段、F9 为团麻断裂（TMF）。将上述断裂位置投影至武汉市地质图上，见图 3.6。从图 3.6 中可以看出，通过重力异常多尺度边缘检测技术获得的断裂分布与地表出露岩性具有一定的相关性，表明该断裂分布特征具有一定的可信度。

根据重力异常的小波多尺度分析，可以基本上确定各断裂的深度（表 3.4）。但受数据分辨率影响，各断裂随深度的变化仍无法准确判断，故需要开展进一步的分析。

表 3.4　武汉市主断裂深度范围表

项目	主断裂						
	XHF	TMHF	CJF	MYTF	TMF	XGF	YY-WHF
深度范围/km	0～30	0～20	0～20	0～20	0～20	0～20	0～20

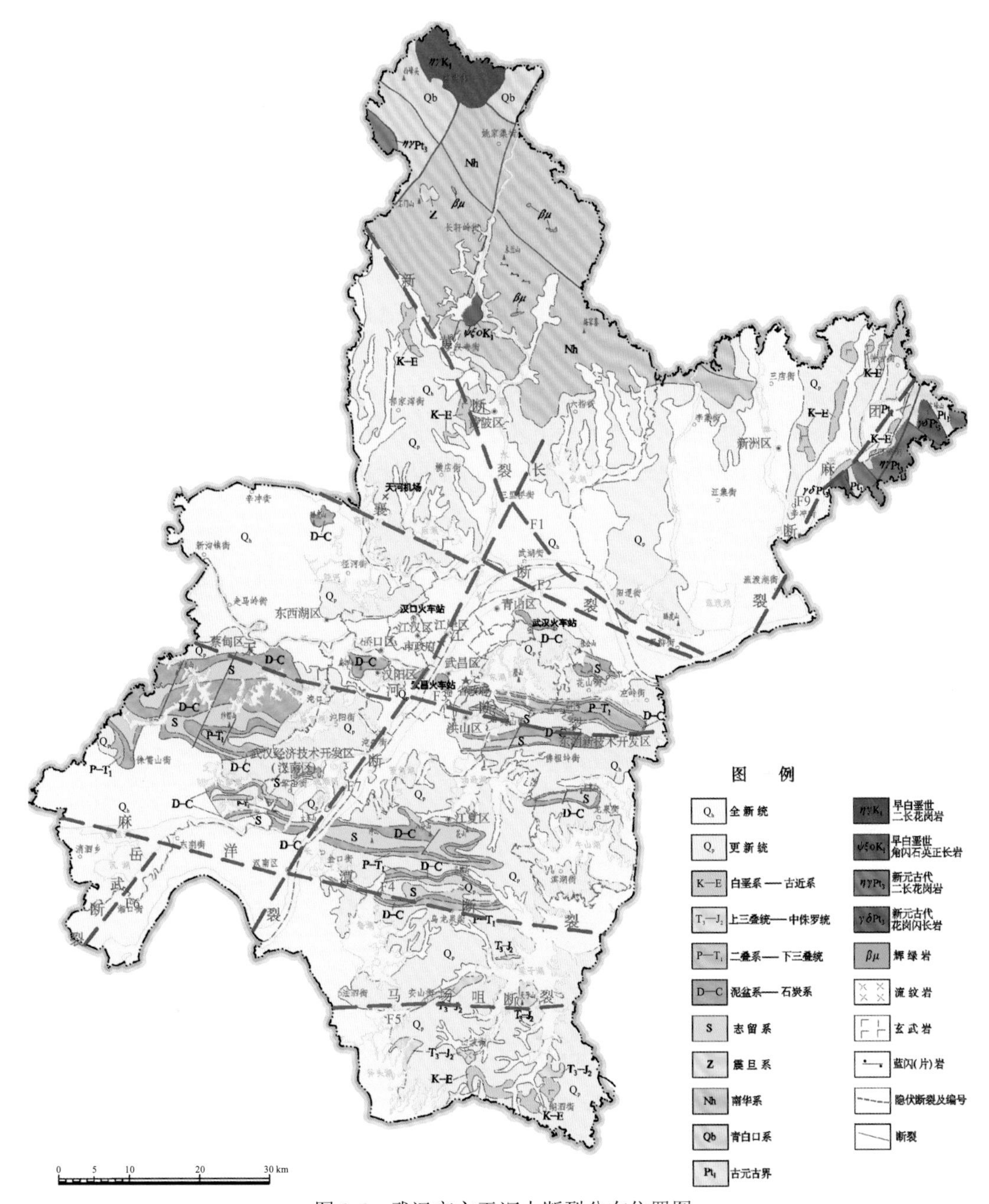

图 3.6　武汉市主干深大断裂分布位置图

2. 构造应力特征

构造应力与断裂之间存在着密不可分的关系，因此构造应力也是研究断裂的一种有效方法。此外，水平构造应力主要是由地下介质密度差异造成水平重力分布不均引起的，因此可以利用重力观测数据获取地下水平构造应力，继而进一步确定断裂分布。重力异常揭示了地球内部密度异常分布，同时也反映了地壳和上地幔的应力状态，水平构造应力的大小和方向可以利用重力异常数据准确地获取。基于重力观测数据提出断层识别的分层水平构造应力反演方法，可为城市活动断裂的探测提供一个新思路。

分层水平构造应力反演城市活动断裂的主要内容包括：①根据重力异常的小波多尺度分离结果对地下介质进行合理分层，并参考相关先验资料计算不同层地块的密度分布；②利用各层密度和重力异常获取对应深度处的应力分布，结合应力与断层之间的对应关系判定武汉市断层可能存在的位置。

结合分层密度反演结果，计算武汉市地壳分层水平构造应力分布，如图 3.7 所示。为方便分析应力分布与断层走向之间的对应关系，图 3.7 中已将武汉主干断裂用红线标出。

与地下 1.4 km 处的应力分布对比可以发现，地下 3.8 km 处的水平构造应力分布等值线圈闭进一步扩大，应力逐渐集中，沿断层两侧应力方向变化显著，如图 3.7（b）所示。新黄断裂西北段的西南方向出现明显的应力拉张带 L1，走向与断裂走向吻合，均为北北西向。而新黄断裂西北段的东北方向上出现小范围的应力挤压带 L2，为北北西走向。而襄广断裂的西南方向上出现应力挤压带 L3，为北西西走向，与襄广断裂走向一致。

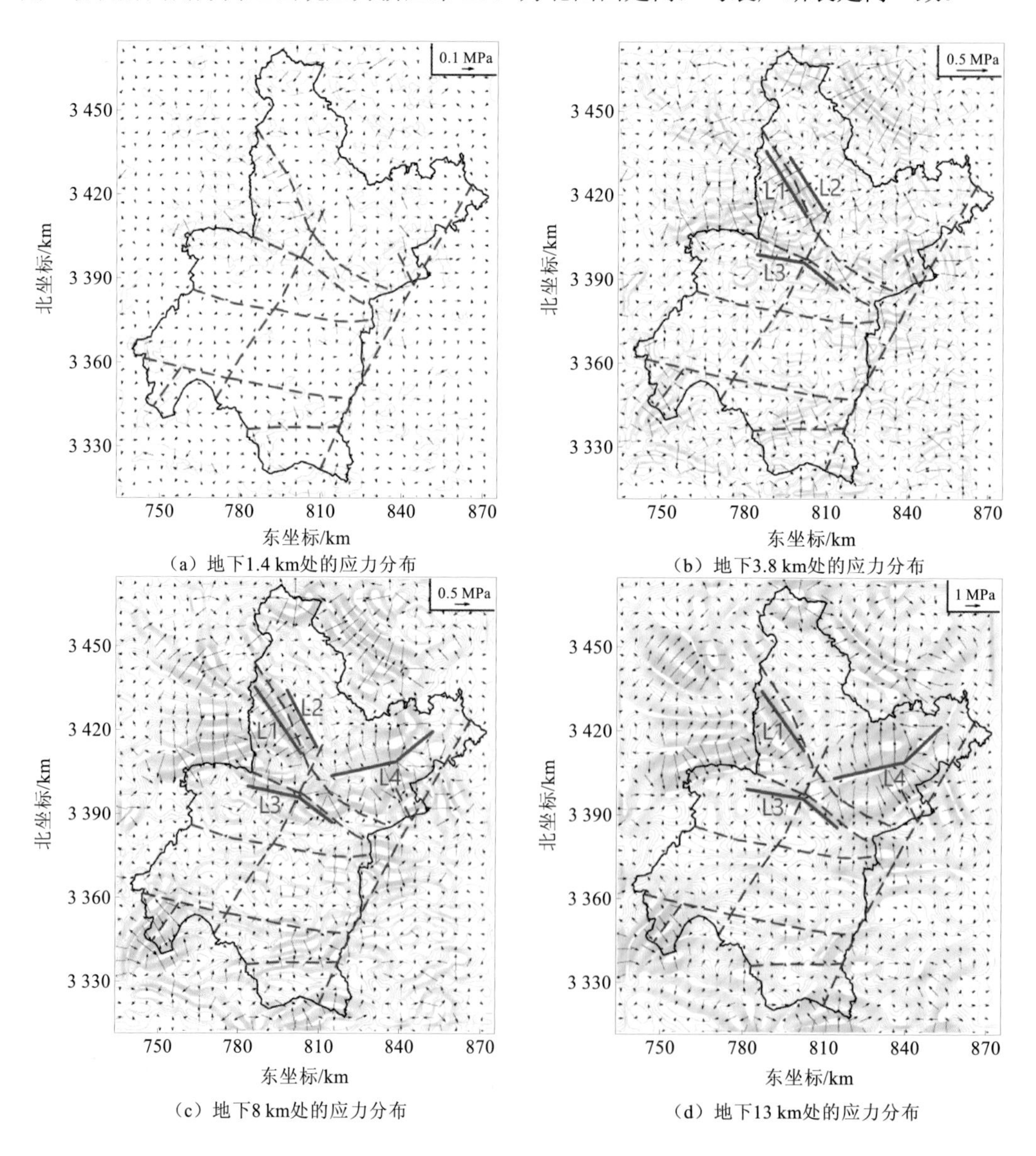

（a）地下1.4 km处的应力分布

（b）地下3.8 km处的应力分布

（c）地下8 km处的应力分布

（d）地下13 km处的应力分布

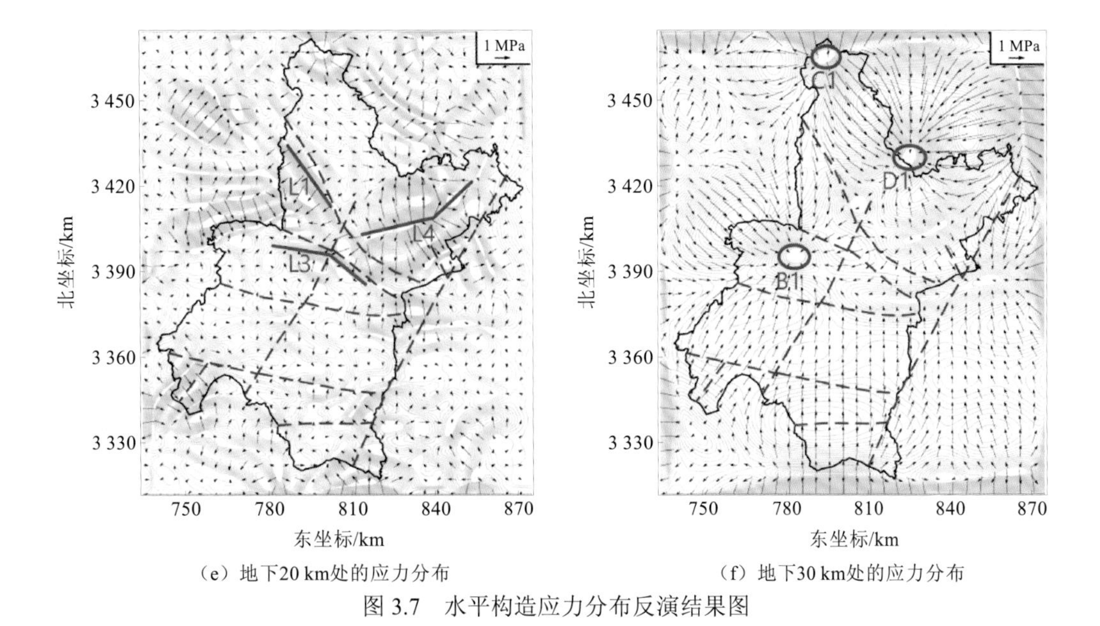

（e）地下20 km处的应力分布　　（f）地下30 km处的应力分布

图 3.7　水平构造应力分布反演结果图

如图 3.7（c）所示，地下 8 km 处水平构造应力分布等值线小范围的圈闭已不存在，应力集中程度更加明显。新黄断裂西北段的西南方向上的应力拉张带 L1 更加明显，且规模更大，为北北西走向。新黄断裂西北段的东北方向上的应力挤压带 L2 依旧存在，规模稍微变大，为北北西走向，对比图 3.7（b），L2 呈东北倾向。而襄广断裂的西南方向上的应力挤压带 L3 向东北偏移，呈中间向东北向突出的折线状。新黄断裂东南段的东北方向上出现应力拉张带 L4，沿北东东方向。

地下 13 km 处水平构造应力分布等值线圈闭范围进一步扩大，整体上应力分布与断层走向对应关系仍然较好，表明断裂仍在向下延伸，如图 3.7（d）所示。新黄断裂西北段的西南方向上的应力拉张带 L1 依旧存在，但规模减小，沿北北西走向。新黄断裂西北段的东北方向上的应力挤压带 L2 已经消失。襄广断裂的西南方向上的应力挤压带 L3 依旧存在，尖端向西偏移。新黄断裂东南段的东北方向上出现应力拉张带 L4 更加明显，且规模更大，沿北东东方向。

地下 20 km 处，水平构造应力变化较为平缓，断层与应力分布之间已经没有很明显的对应关系，如图 3.7（e）所示。应力拉张带 L1 和应力挤压带 L3 已经消失，应力拉张带 L4 更加明显，且规模更大，沿北东东方向。应力汇聚区 B1、D1 对应第五层密度分布的高密度区，表明物质朝该区迁移汇聚，而越靠近 B1 中心应力越小，表明该区域并非应力积累，而是相对稳定。应力发散区 C1 对应第五层密度分布的低密度区，表明物质由该区迁移流出，而越靠近 B1 中心应力值越小，该区也相对稳定。

地下 30 km 处，应力拉张带 L4 消失，应力汇聚区 B1 南移，应力发散区 C1 向西南移动，应力汇聚区 D1 向西南移动，靠近武汉市边界，如图 3.7（f）所示。

3. 隐伏深大断裂空间分布形态特征

结合室内数据分析和野外露头踏勘工作，武汉市主干深大断裂分布已基本确定。为进一步研究深大断裂随深度变化的空间形态，对不同深度的重力异常梯度数据进行分析，从而确定不同深度上断层的位置，对得到的不同深度断层线进行三维插值，实现断层参

数的反演并使用插值后的断层数据进行绘图，实现断层的三维可视化，如图 3.8 所示，并对各个断裂的产状进行了总结描述。

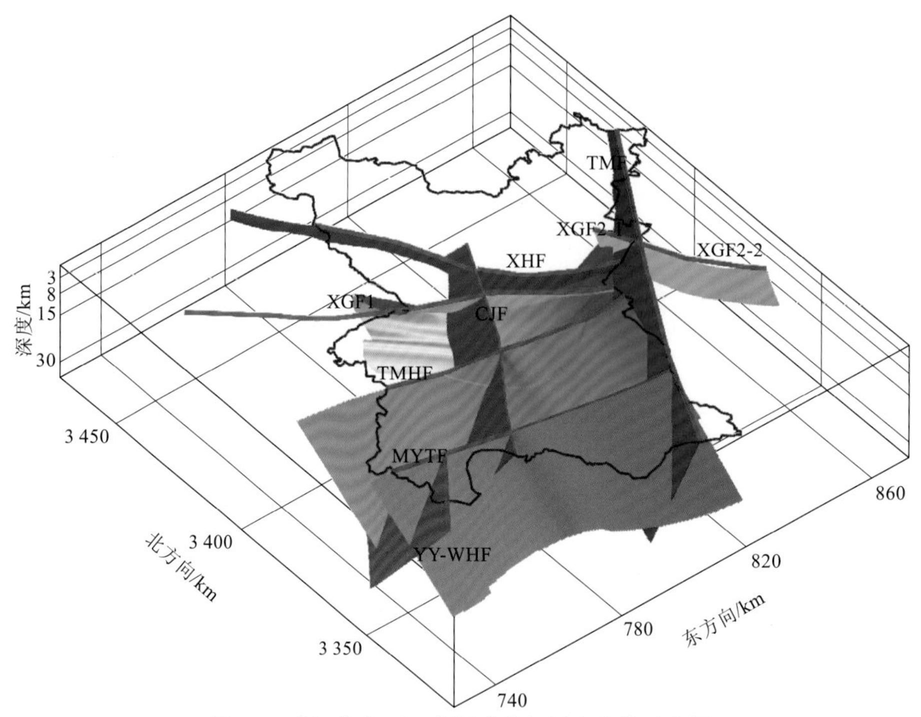

图 3.8　武汉市主干深大断裂空间展布立体示意图

TMF 为团麻断裂；XGF 为襄广断裂；TMHF 为天门河断裂；MYTF 为麻洋潭断裂；YY-WHF 为岳武断裂；XHF 为新黄断裂；CJF 为长江断裂

（1）团麻断裂（TMF）走向 NNE，倾向 NWW，具正断层性质，兼有右旋走滑分量，倾角为 50°～70°。

（2）襄广断裂（XGF）走向 NWW，倾向为 NE25°左右，倾角为 60°～80°，与团麻断裂交点以西具有正断左旋性质，交点以东具有逆断左旋性质。

（3）天门河断裂（TMHF）走向近 EW 向，倾向 SW，倾角为 15°～30°，为隐伏断裂。

（4）麻洋潭断裂（MYTF）走向近 EW 向，倾向 SW，倾角为 30°～45°，为隐伏断裂。

（5）岳武断裂（YY-WHF）走向 NE，倾向 NW，倾角为 30°～45°，为右旋走滑断裂。

（6）新黄断裂（XHF）走向在长江断裂以北约为 331°，长江断裂以南约为 300°，武汉段地表产状多见南倾，倾角为 60°～85°，深部倾向 NE，深部倾角变缓，约为 40°，逆冲推覆构造，右行走滑剪切，逆断层。

（7）长江断裂（CJF）走向 NE，倾向 NW，倾角为 50°～70°，正断层。

三、地震与地壳稳定性

开展区域地震发育情况的统计分析，对探索地震成因、地震活动性规律具有重要意义。通过收集湖北省及武汉市公元前 143 年～公元 2019 年发生的有感地震资料，分析有感地震发育的时间和空间规律并与武汉市深大断裂空间分布进行对比，并结合地震活动性参数对隐伏断裂进行危险性评价。此外，在对地质资料梳理总结、地球物理资料处理解释的基础上，依据《活动断层与区域地壳稳定性调查评价规范（1∶5 万、1∶25 万）》对武汉市地壳稳定性进行评价。

（一）地震分析

1. 武汉市及周边地区地震发育情况

根据收集资料的特征，将 1970 年之前的地震总结为古地震，将 1970 年至今发生的地震总结为现代地震。

1）古地震时空分布规律

公元前 143 年～公元 1970 年湖北省内共发生有感地震 265 次，其中破坏性地震（震级大于 4.75 级）48 次。图 3.9 为公元前 143 年～公元 1970 年湖北省内发生地震的震中分布。图中圆的大小表示震级；红色实心圆表示 M6.0～6.9 级地震，共 6 次；紫色实心圆表示 M5.0～5.9 级地震，共 17 次；蓝色实心圆表示 M4.0～4.9 级地震，共 25 次。

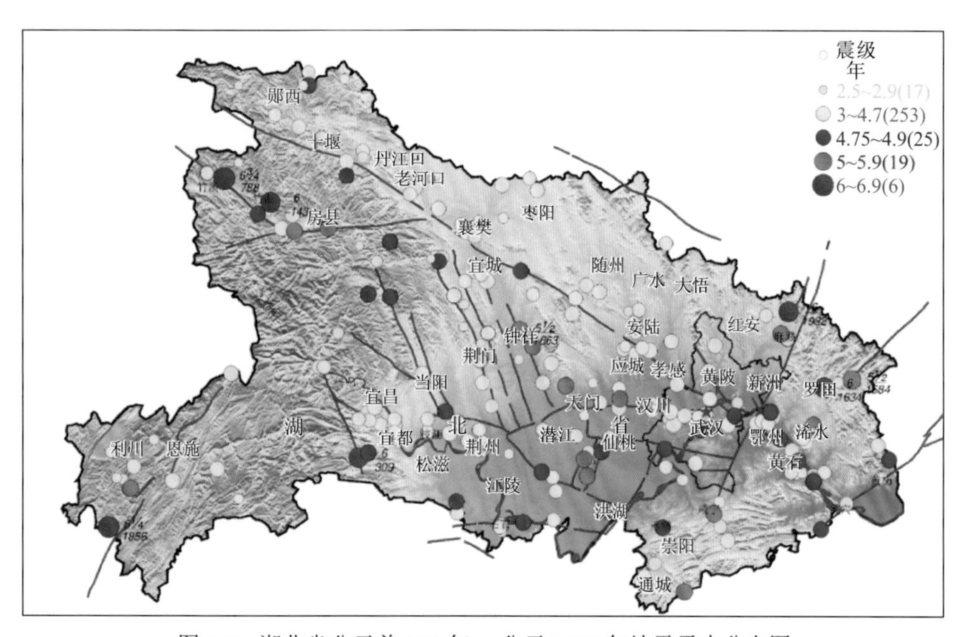

图 3.9　湖北省公元前 143 年～公元 1970 年地震震中分布图

图 3.10 为公元前 143 年～公元 1970 年武汉市内发生地震的震中分布。在武汉市范围内，共发生有感地震 33 次，其中 4.75 级以上地震 3 次，主要发生在襄广断裂和长江

断裂上。4.75级以下地震主要沿天门河断裂分布。从历史地震空间分布规律及震级统计可以看出，湖北省具有历史强震背景，武汉市内虽无5级以上地震发生，但市内襄广断裂、新黄断裂、长江断裂、天门河断裂均有有感地震发生。且麻城6级地震和罗田6级地震均发生在武汉市周边。

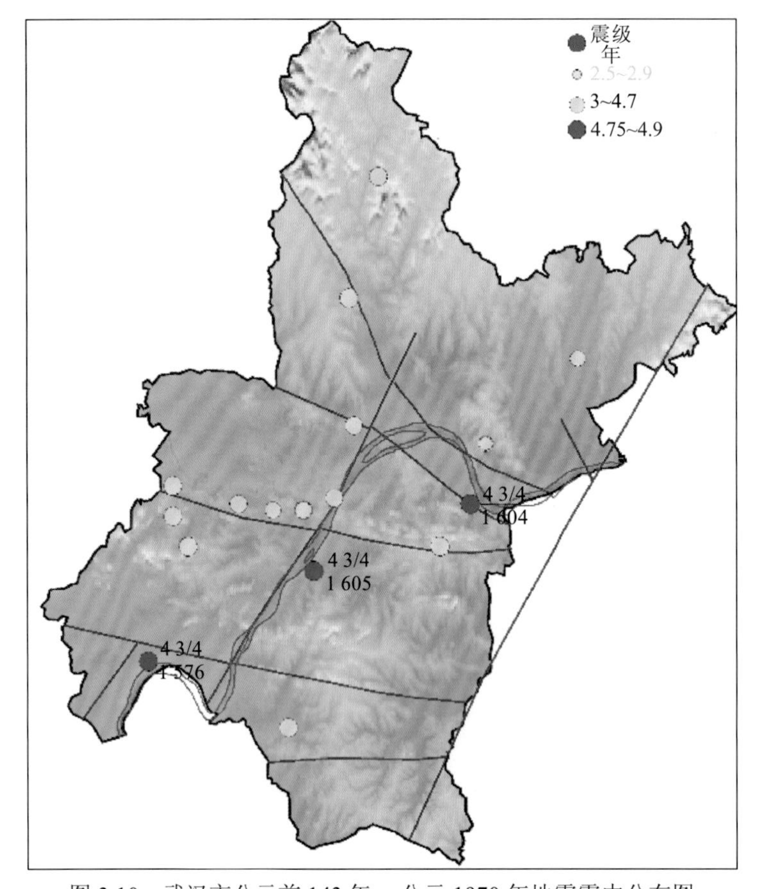

图3.10　武汉市公元前143年～公元1970年地震震中分布图

综合分析湖北省和武汉市古地震时空分布规律可以发现，虽然发生频次较少，但湖北省仍具有发生6级地震的历史背景，且震中位置与断裂分布具有一定的相关性。武汉市区内无5级以上地震发生，但周边曾有6级地震发生。市内地震主要发生于深大断裂之上。因此从历史地震角度分析，武汉市区内虽无强震发生，对于穿过市内的活动断层安全性仍需深入讨论。

2）现代地震时空分布规律

据《中国地震动参数区划图》（GB 18306—2015）地震动峰值加速度（*g*）分区，除武汉市新洲区邾城街、潘塘街、旧街街、涨渡湖街、辛冲街、徐古镇外，其余地区均为0.05。根据《建筑抗震设计规范》（2016年版）新洲区的抗震设防烈度为VII度，武汉市其他地区抗震设防烈度为VI度（图3.11）。地震活动较为频繁，多属弱震，震级小，烈度高，震级介于0.5～2.0级。1996年，武汉市被国务院列为13座国家级地震重点监视、防御城市之一。

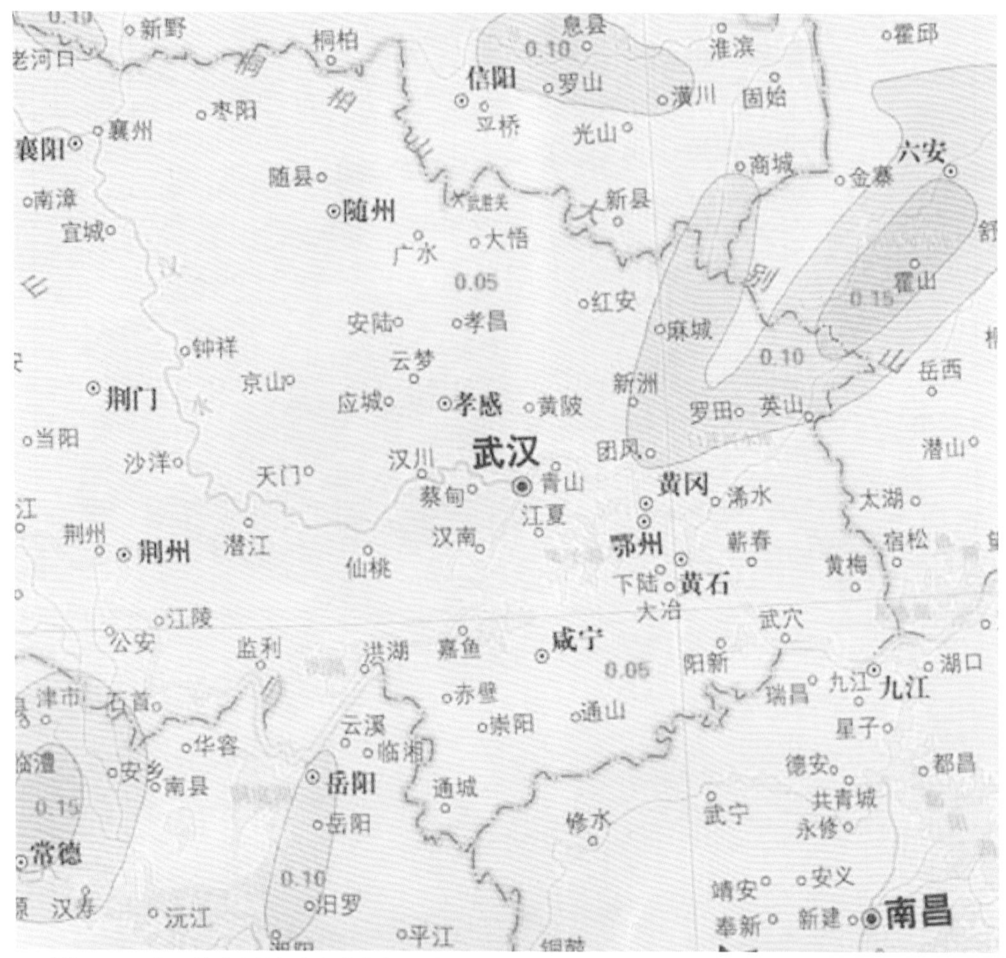

图 3.11 武汉城市圈地震动峰值加速度区划图（据 1∶400 万《中国地震动参数区划图》）

由于现代观测条件不断完善，在 1970～2019 年，湖北省内共记录到有感地震次数明显增加，达 2 109 次。震级范围也明显拓宽，记录范围为 *M*0～6 级。其中 *M*0～0.9 级地震 1 次，*M*1.0～1.9 级地震 1 267 次，*M*2.0～2.9 级地震 612 次，*M*3.0～3.9 级地震 192 次，*M*4.0～4.9 级地震 27 次，*M*5.0～5.9 级地震 2 次。湖北省小地震数量较多，但破坏性地震发生次数很少。

图 3.12 为 1970～2019 年湖北省内发生地震的震中分布。在这期间湖北省内发生的最大地震为 1979 年 5 月 21 日和 2013 年 12 月 16 日的两次秭归 *M*5.1 级地震。

对比震中位置的空间分布特征可以发现，湖北省现代地震主要分布于西部山区，*M*4 级以上地震基本上均分布于西部。东部平原范围内地震数量较少，地震密集区域主要沿大断裂分布。整体震中空间分布与省内断裂有着较好的对应关系。

图 3.13 为 1970～2019 年武汉市内发生地震的震中分布。1970～2019 年，武汉市内总计发生 23 次地震。4 次 *M*2.0～2.9 级地震：2010 年发生的 *M*2.9 级地震为期间发生的最大地震；2012 年发生 *M*2 级地震；2016 年发生了一次 *M*2.4 级和一次 *M*2.1 级地震，地震位置相近。还有 19 次 *M*1～1.9 级地震，主要集中发生于武汉市东北部团麻断裂附近及武汉市南部地区。

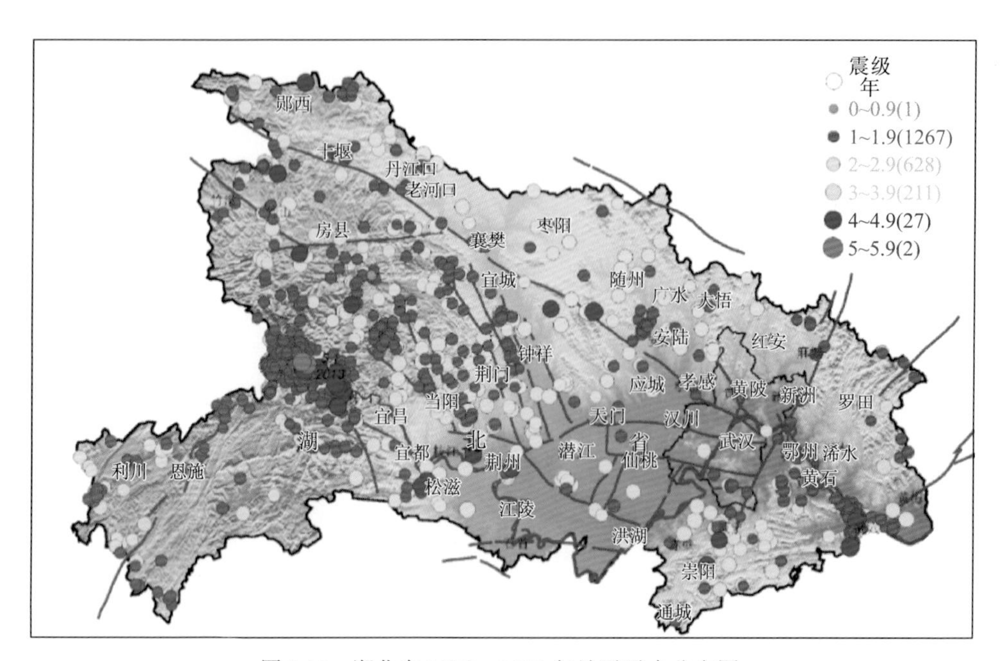

图 3.12　湖北省 1970～2019 年地震震中分布图

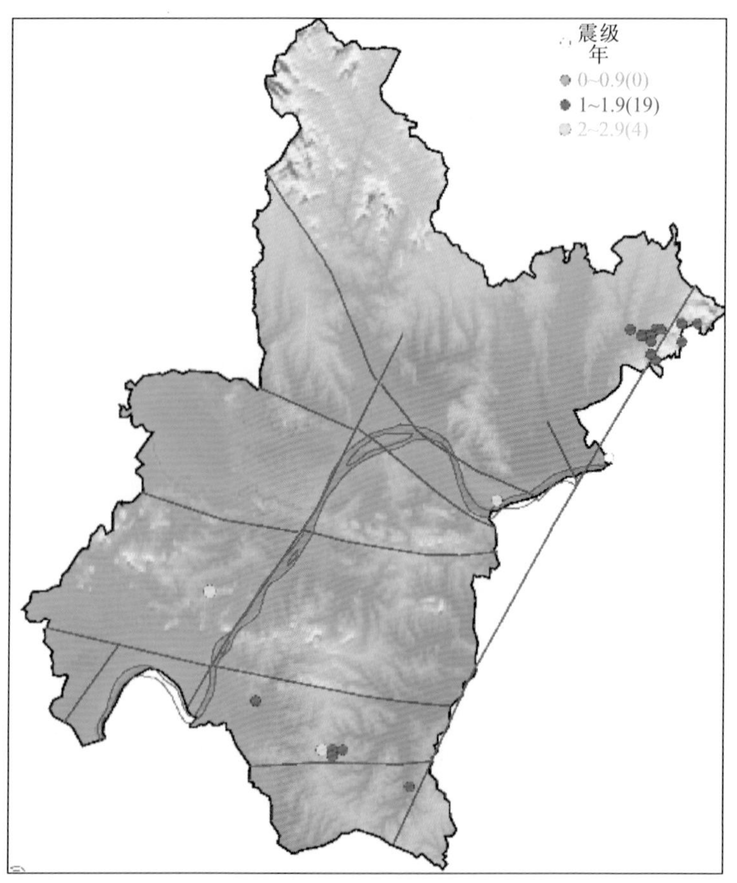

图 3.13　武汉市 1970～2019 年地震震中分布图

2005 年 11 月 26 日 8 时 49 分 38.6 秒，江西九江县与瑞昌市之间（北纬 29.7°，东经 115.7°）发生 5.7 级地震，造成江西、湖北、安徽三地不同程度的损失。据民政部灾情信息显示，地震共造成 14 人死亡（江西 12 人，湖北 2 人），重伤 20 人，8 000 余人不同程度受伤，转移安置 60 余万人，280 万人一度紧急避险，倒塌房屋 1.8 万间，损坏 15 万多间，部分县市电力、通信和城市供水一度中断。长江大堤九江段遭到不同程度的损坏，部分堤段出现了裂缝和伸缩缝拉张等现象。之后几次余震，最大震级达 4.8 级（图 3.14）。武汉地区有明显震感。

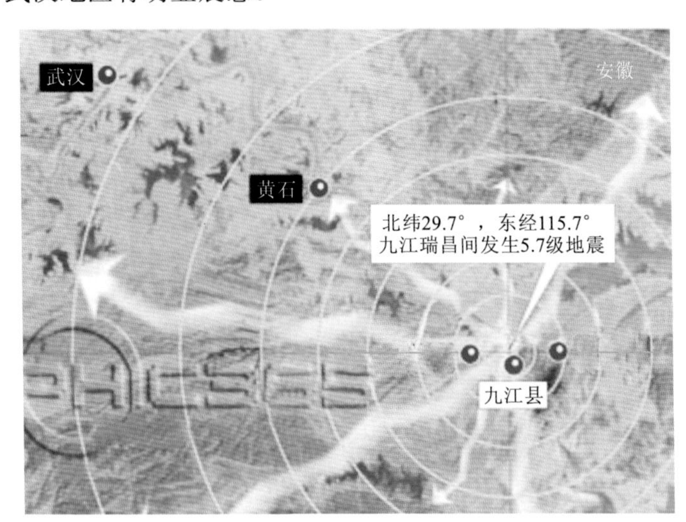

图 3.14　九江—瑞昌“11·26”地震波及范围示意图

2. 地震活动性参数计算

地震活动性参数 *b* 值能够描述研究区的地震震级频度分布特征及地壳环境应力的大小，是地震危险性及地震预报分析的基础参数。因此，在武汉市及周边地区地震记录梳理总结的基础上，对武汉市范围内 *b* 值进行计算分析。

计算地震活动性参数 *b* 值的方法主要有最小二乘法和最大似然法。采用最小二乘法研究 *b* 值的时间变化，用最大似然法研究 *b* 值的空间变化。结合前期武汉市及周边地区地震记录的整理，根据 *b* 值计算所需地震记录的要求，选择《中国地震台网统一地震目录》中的地震记录作为输入，该数据可在国家地震科学数据共享中心下载，《中国地震台网统一地震目录》中大部分数据采用的矩震级标度为 M_L。

武汉市及周边地震数据选自《中国地震台网统一地震目录》中 2009 年 1 月 1 日～2018 年 12 月 31 日中 M_L≥0.1 级的地震数据，共计 124 个事件。其中 M_L≥2.0 级地震共有 10 个（表 3.5），震源深度大部分在 7 km 左右。

表 3.5　武汉市及周边 2009～2018 年 M_L≥2.0 级地震一览表

日期	时间	纬度/（°）	经度/（°）	震源深度/km	地点	震级	震级类型
2011/2/2	5:08:55	29.87	114.22	7	湖北咸宁	2.4	天然地震
2009/3/3	5:59:27	29.96	114.14	8	湖北咸宁	2.4	天然地震
2015/2/10	22:43:10	30.19	115.06	6	湖北黄石	2.3	天然地震

续表

日期	时间	纬度/（°）	经度/（°）	深度/km	地点	震级	震级类型
2014/8/10	3:51:21	31.08	113.5	7	湖北应城	2.3	天然地震
2011/5/16	5:34:42	31.34	113.79	4	湖北安陆	2.2	天然地震
2010/4/6	22:54:23	30.43	114.08	8	湖北蔡甸	2.2	天然地震
2011/9/18	22:11:13	30.89	113.61	7	湖北应城	2.1	天然地震
2018/9/24	2:06:21	30.37	114.91	5	湖北鄂州	2	天然地震
2011/9/19	9:43:55	30.92	113.62	6	湖北应城	2	天然地震
2009/6/9	19:17:02	31.35	113.74	6	湖北安陆	2	天然地震

武汉市及周边范围内地震多以微震形式释放，少数有感地震对人类生产生活造成的危害不大；武汉市区内地震事件数量较少，且大部分集中在江夏区、新洲区，大部分震级集中在 0.5～1.5 级。地震事件主要集中在 2010～2011 年，占地震事件总数的 62.9%。

根据所得到的地震数据绘制的武汉市现代地震和主要构造分布图，见图 3.15，结合武汉市重要隐伏断裂构造图，地震主要集中在团麻断裂及襄广断裂（武汉段）附近。襄广断裂附近地震事件主要集中在武汉市周边，团麻断裂沿线均有地震事件分布，在武汉市内主要分布在新洲区、江夏区附近。

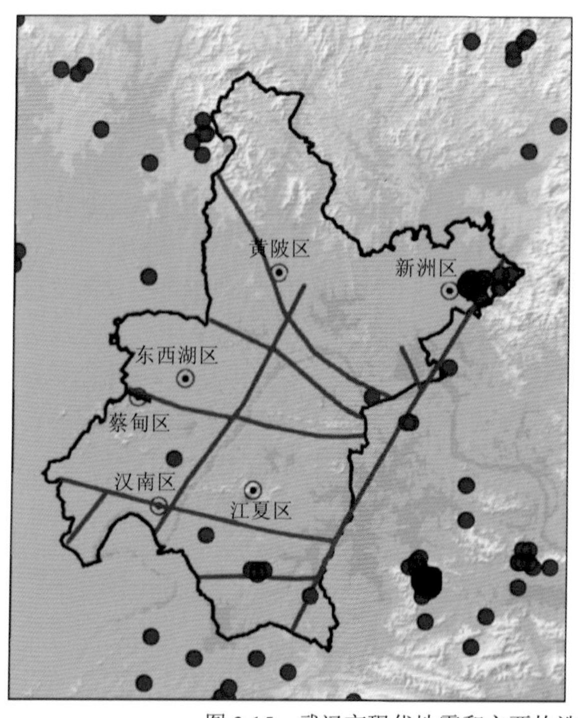

图 3.15　武汉市现代地震和主要构造分布图

在地震目录统计中，其完整性决定了该研究中地震活动性研究的可靠性，在前人许多的地震活动性研究中，仍然是以统计分析为主。针对武汉市的地震目录进行完整性分

析，取较为合适的最小地震完整性震级 M_C，分析其空间域上的变化，对时空尺度上的地震活动性研究十分有意义。通过不断调整最小地震完整性震级 M_C 值，在保证计算精度的前提下，尽可能多地保留已有的地震资料，使数据覆盖更均匀。

根据地震资料最小地震完整性分析方法，得出武汉市 M_C 空间分布图（图 3.16），在武汉市及周边地区 M_C 值空间分布呈现东西向两极分化的现象，区域内东南部呈现较高的 M_C 值区域（浅灰色区域），是因为武汉市内地震事件较少，导致东南部地震资料完整性程度明显降低，M_C 值在 1.8 级左右；西北部呈现较低的 M_C 值区域（深灰色区域），M_C 值在 1.3 级左右。

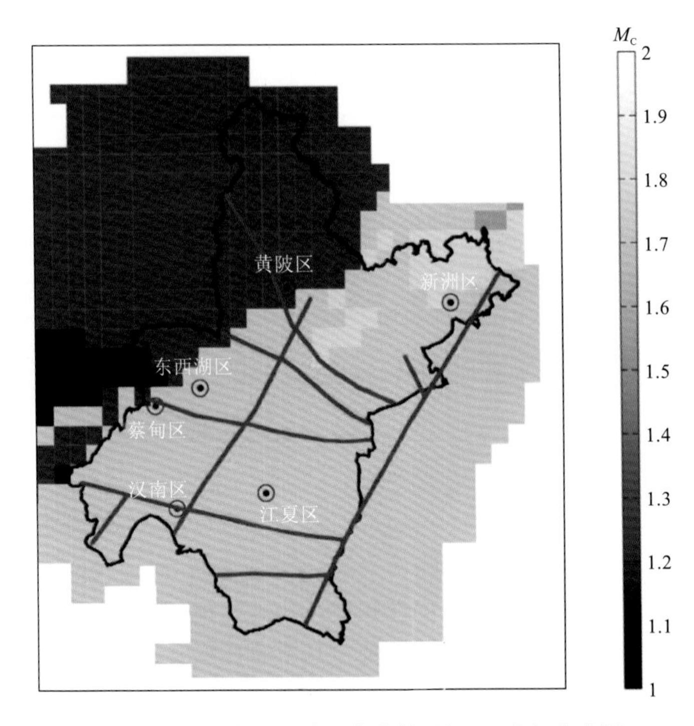

图 3.16　武汉市最小地震完整性震级 M_C 空间分布图

为研究 b 值的空间分布特征，采用网格形式进行空间扫描，采用 0.1°×0.1° 的网格大小对研究区进行网格化，挑选以网格点为圆心、半径 2 km 的圆形，利用基于 G-R 关系的交互式分析方法统计出单元内 $M \geqslant M_C$ 的地震事件，计算得到 b 值空间分布图（图 3.17）。从图 3.17 中可以看出，研究区 b 值大小区间处于 0.8～2.0，武汉市地区地震活动水平相较于长江流域其他地区较低，地震强度常以 1～2 级为主，地震发生频度相较长江流域其他地区偏低，常以微震形式释放能量。

3. 隐伏断裂地震危险性评价

1）潜在震源区划分

潜在震源区是指未来可能发生破坏性地震的震源所在地区。目前，潜在震源区的划分仍遵循地震重复原则和地质构造类比原则。其中，地质构造类比原则是指对同一地震

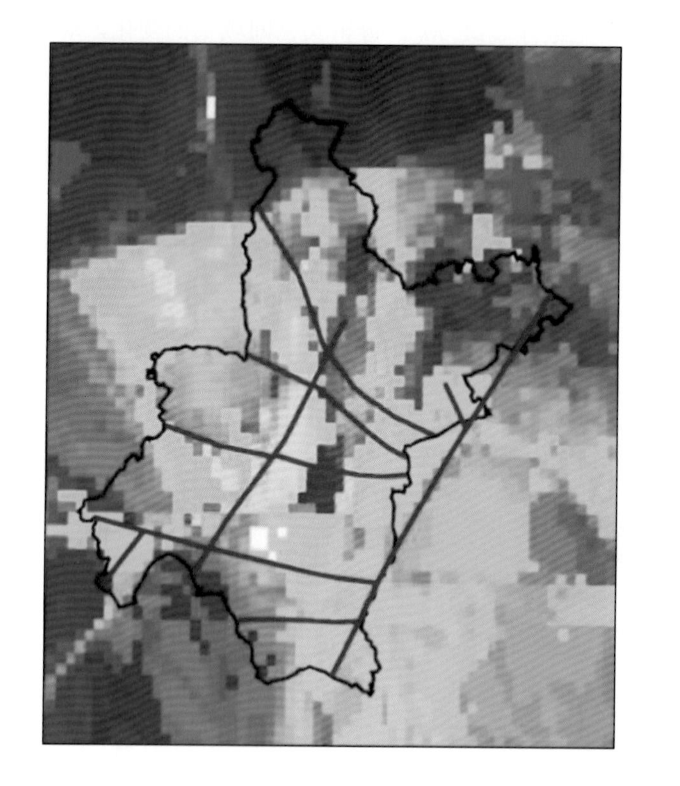

图 3.17　武汉市 b 值分布图

带内曾经发生过的中-强地震构造条件进行研究，该地震带内其他类似构造的地区也划分为潜在震源区。其划分步骤可以归纳为两点。

（1）根据区域地震构造、地震活动性和地球物理特征，划分出不同的地震区（带），其中地震区（带）的划分对潜在震源区的确定具有重要意义。它将地震活动强烈，具有明显成带的区域特点划分出来。潜在震源区的划分是在区（带）划分的基础上进行的。

（2）根据地震区（带）内地震活动的空间分布特点，结合区域地质构造、地球物理特征和不同强度地震的发震构造条件，划分出具有不同震级上限的潜在震源区。它能更进一步地反映地震带内地震活动的空间不均匀性特征。

为了区分地震带内地震活动强度或频度不同的区域，更合理地反映潜在地震活动的不均一性和深化构造类比，采用了潜在震源区三级划分模型，即首先划分出用于地震活动性参数统计的地震带（地震统计区）；再在地震带内划分出不同背景地震活动特征的地震构造区（背景源）；然后在地震构造区内划分潜在震源区（包括构造源和地震聚集源）。在三级潜在震源区划分模型中，三个级别源的空间关系明确，呈叠置关系：底层是地震带；中间层是地震构造区；上层为潜在震源区（图 3.18）。

根据潜在震源区区域性地震安全性评价划分的原则，在中国及邻区潜在震源区一级划分的基础上，武汉市内潜在震源区区域性地震安全性评价划分见图 3.19。区域所涉及范围的地震统计区根据地震活动性和构造活动性的差异，背景地震活动潜在震源区的震级上限分为 6.5 级、6.0 级和 5.0 级三档，共划分 12 个潜在震源区。

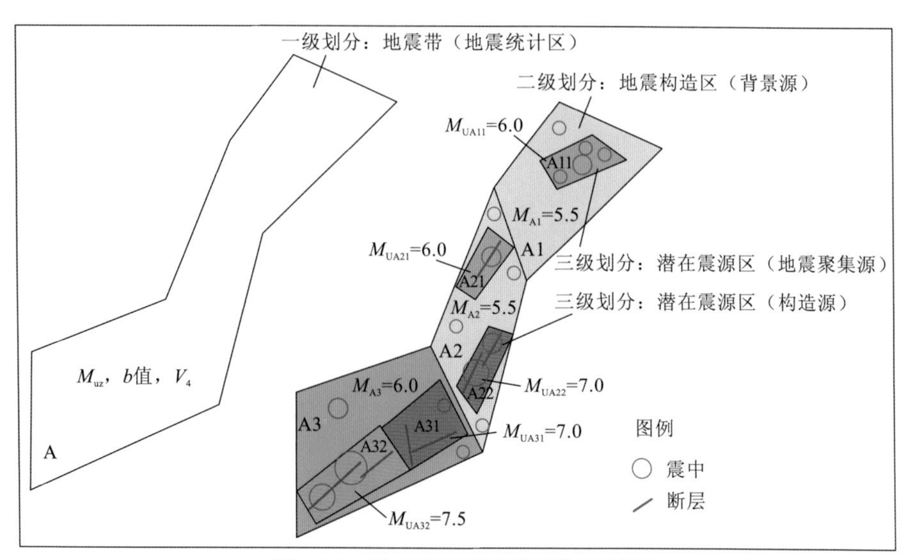

图 3.18　潜在震源区三级划分示意图

M_{uz} 为震级上限，b 为一常数；V_4 为 4 级以上地震年平均发生率

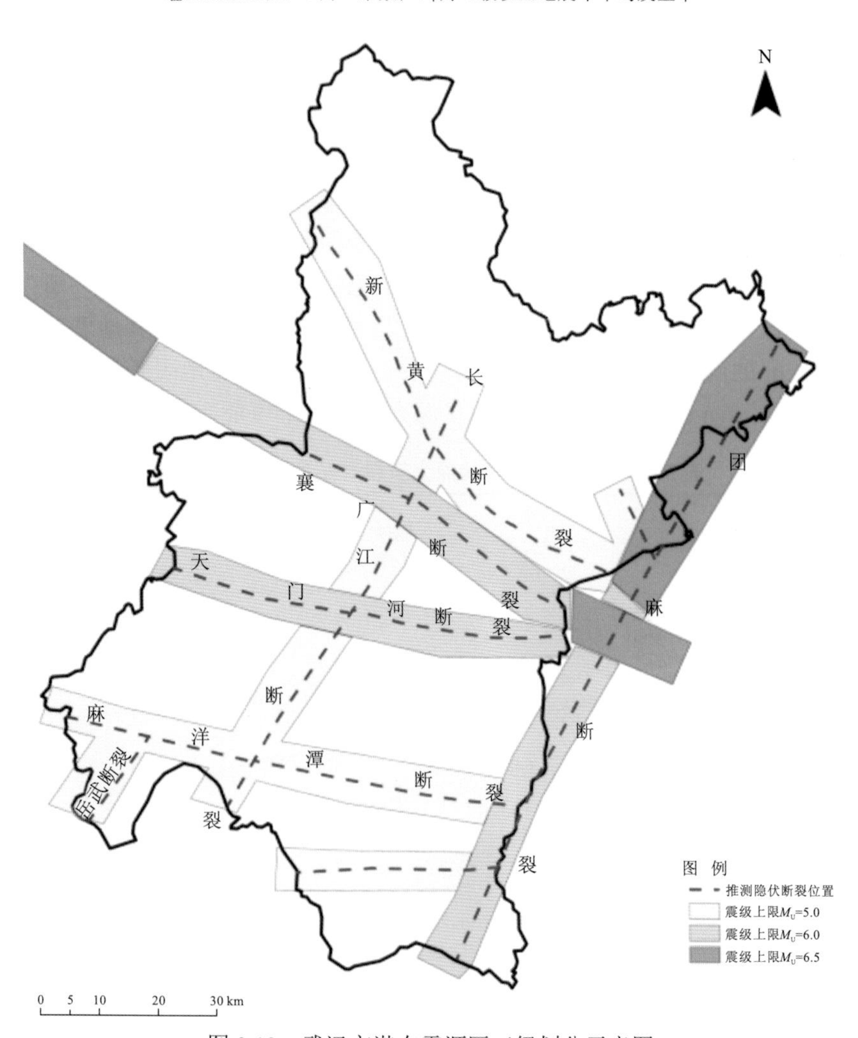

图 3.19　武汉市潜在震源区三级划分示意图

2）潜在地震最大震级

中国大陆一般 6.5 级以上的地震才可能产生地表破裂，而早、中更新世断裂潜在发震能力一般不超过 6.5 级。襄广断裂最新活动时代为中更新世，故其最大发震震级不超过 6.5 级。在断层小区内，断层西端与 NE 向团麻断裂相交，在相交部位附近 1640 年 9 月发生过 5.0 级中强地震，且在团麻断裂带上记录过最大震级为 6.0 级的历史地震，即 1932 年 4 月麻城 6.0 级地震；东端与 NE 向深大断裂带郯庐断裂带南段交会，而郯庐断裂带南段上多次发生过破坏性地震；断裂东端可能延入瑞昌盆地，与瑞昌断裂产生共轭剪切，为 2005 年九江—瑞昌 5.7 级地震的发震构造。襄广断裂与上述主要发震构造在活动时代、活动性质及所处的地震构造环境均较为相似，可以采用地质构造类比原则进行对比。依据地质构造类比原则，估计襄广断裂带（黄州段）的最大发震能力为 6.0 级、襄广断裂带（武汉段）的最大发震能力为 5.0 级、团麻断裂（北段）的最大发震能力为 6.5 级、南段的最大发震能力为 6.0 级。结合武汉市隐伏断裂周边历史地震发震情况及发震构造背景，依据地质构造类比原则，估计新—黄断裂的最大发震能力为 5.0 级、天门河断裂的最大发震能力为 5.5 级、麻洋潭断裂的最大发震能力为 5.0 级、长江断裂的最大发震能力为 5.0 级。

有学者系统总结了全球范围地震矩 M_0 与同震位错 D 的经验关系，该关系表明：对于有明显地表同震位错的地震，其地震矩均大于 1.585×1 025 dyn·cm（1 dyn=10^{-5} N）；对于地震矩为 3.162×10^{24}～1.585×10^{25} dyn·cm 的地震，一般不产生地表位错，即使产生地表位错，其位错量也不超过 25 cm。由于武汉市各目标隐伏断层小区大多为沿长江的带状区，地表流水侵蚀作用十分强烈，地震时若沿断层的地表迹线产生不超过 25 cm 的位错，断层容易遭受破坏而难以保存下来，从而这类地震断层一般被判断为非全新世活动断层。因此，从较保守角度可考虑沿断裂发生中—强地震时，其地表断层迹线可能产生最大 25 cm 的同震位错。基于该经验关系，这类断层伴有地表断层位错的最大地震矩为 1.585×10^{25} dyn·cm，武汉市主干隐伏深大断裂未来可能发震震级上限值见表 3.6。

表 3.6　武汉市主干隐伏深大断裂潜在最大震级评估表

断裂名称	构造类比	经验关系	震级-频度关系评估最大震级模型	历史最大震级 M_{max}	综合评估结果
新黄断裂	5.0	4.8	4.9	4.7	4.8
襄广断裂（襄樊—孝感段）	6.0	6.0	5.9	5.0	6.0
襄广断裂（武汉段）	5.0	5.0	4.9	5.0	5.0
襄广断裂（黄州段）	6.0	6.0	5.9	5.0	6.0
天门河断裂	5.5	5.4	5.4	5.0	5.4
麻洋潭断裂	5.0	4.9	5.0	4.75	5.0
长江断裂	5.0	5.0	5.2	4.75	5.0
团麻断裂（北段）	6.5	6.0	6.5	6.0	6.5
团麻断裂（南段）	5.9	6.0	5.9	6.0	6.0

3）地震复发概率预测

目前国内外相关研究主要用布朗过程时间（Brownian passage time，BPT）模型及其概率分布来描述和分析地震的复发概率。BPT 模型是在 Reid 弹性回跳理论的基础上提出的具有内在物理基础的强震复发更新模型。BPT 模型认为断层的某个段落发生一次地震之后，同一段落要发生下一次地震需要经历一段足够的时间段，以便使应力重新积累；由于构造加载过程会受到一些随机事件的干扰，整个加载过程表现为一种稳定加载附加布朗扰动的随机加载过程。

根据上述原理，分别计算武汉市主干深大断裂未来发生有感地震（M>3.5）和破坏性地震（M>4.75）的概率。在计算 M>3.5 地震的复发概率时，凡是 M>3.5 的地震事件，都被视为所研究的复发地震事件；在计算 M>4.0 地震的复发概率时，凡是 M>4.0 的地震事件，都被视为所研究的复发地震事件。表 3.7 为有感地震预测结果，表 3.8 为破坏性地震预测结果。

表 3.7 武汉市主干隐伏深大断裂 M>3.5 地震事件参数和预测结果

断裂名称	最后一次地震事件时间/年	T_a	$P(5)$/%	$P(10)$/%	$P(20)$/%	$P(30)$/%	$P(40)$/%	$P(50)$/%	$P(60)$/%
新黄断裂	1950	80	13.35	26.02	48.06	64.99	77.13	85.42	90.88
襄广断裂（襄樊—孝感段）	1962	71	13.64	26.94	50.36	68.06	80.27	88.19	93.09
襄广断裂（武汉段）	1635	41	41.77	66.09	88.50	96.10	98.67	99.55	99.85
襄广断裂（黄州段）	1972	36	39.03	63.77	87.89	96.15	98.81	99.64	99.89
天门河断裂	1862	31	50.97	75.96	94.22	98.61	99.67	99.92	99.98
麻洋潭断裂	1651	55	33.53	55.81	80.47	91.37	96.18	98.31	99.25
长江断裂	1911	110	11.57	22.29	41.00	56.06	67.80	76.71	83.34
团麻断裂（北段）	1932	60	26.72	46.71	72.35	85.94	92.96	96.51	98.29
团麻断裂（南段）	1913	113	10.74	20.85	38.86	53.71	65.53	74.70	81.64

注：T_a是平均时间间隔，$P(5)$表示未来 5 年该断裂发生对应震级的概率，$P(10)$、$P(20)$等类似。

表 3.8 武汉市主干隐伏深大断裂 M>4.75 地震事件参数和计算结果

断裂名称	最后一次地震事件时间/年	T_a	$P(5)$/%	$P(10)$/%	$P(20)$/%	$P(30)$/%	$P(40)$/%	$P(50)$/%	$P(60)$/%
新黄断裂	—	—	—	—	—	—	—	—	—
襄广断裂（襄樊—孝感段）	1962	166	12.01	22.60	40.16	53.77	64.32	72.48	78.79
襄广断裂（武汉段）	—	—	—	—	—	—	—	—	—
襄广断裂（黄州段）	1972	93	17.19	31.74	54.15	69.60	80.06	87.04	91.63
天门河断裂	—	—	—	—	—	—	—	—	—
麻洋潭断裂	—	—	—	—	—	—	—	—	—
长江断裂	—	—	—	—	—	—	—	—	—
团麻断裂（北段）	1932	150	2.85	6.17	14.05	23.09	32.64	42.14	51.15
团麻断裂（南段）	—	—	—	—	—	—	—	—	—

根据预测结果可知，对于襄广断裂，3.5 级以上地震预估结果显示襄广断裂的襄樊—孝感段概率明显低于武汉段和黄州段，而 4.75 级以上地震预估结果中，襄广断裂的黄州段概率高于襄樊—孝感段，而武汉段因为数据不足无法计算。结合统计的现代地震结果可以看出，虽然武汉地区有感地震发震概率较高，但是破坏性地震很少。对于团麻断裂，3.5 级以上地震预估结果显示团麻断裂北段概率明显高于南段，而 4.75 级以上地震预估结果中，团麻断裂北段概率依然高于南段（南段因为数据不足无法计算预估概率），这一结果与襄广断裂类似，表明武汉地区有感地震发震概率较高，但是破坏性地震很少。

（二）地壳稳定性评价

1. 评价依据

地壳稳定性分级、分区评价是一个由众多因子综合影响的模糊概念。因此，将模糊数学方法引入区域地壳稳定性评价中是切实可行的。模糊数学综合评价的计算原理较简单，计算结果的准确性和可信度取决于模糊评判因子选取及其权重的分配。评价流程如图 3.20 所示。

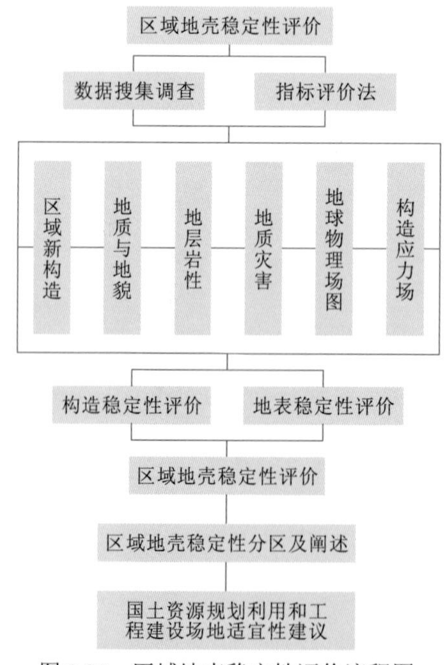

图 3.20　区域地壳稳定性评价流程图

根据中国地质调查局地质调查技术标准《活动断层与区域地壳稳定性调查评价规范（1∶5 万、1∶25 万）》（DD 2015—02）及国家专业标准《工程地质调查规范（1∶10 万～1∶20 万）》（ZBD 14002—89）相关分级指标的要求，综合区域地壳稳定性级别评价集为：V={稳定 I 级，稳定 II 级，稳定 III 级，稳定 IV 级}。

2. 评价因素及权重

1）评价因素

区域地壳稳定性是指在内外动力（以内动力为主）作用下现今地壳及其表层的相对稳定程度，以及与工程建筑之间的相互作用和影响，研究内容包括构造稳定性研究、岩（土）体稳定性研究、地面稳定性研究。其中，构造稳定性为重点，岩（土）体稳定性为介质条件，地面稳定性为外动力地质灾害。

选择地震震级、地震动峰值加速度、布格重力异常梯度、活动断裂、地质灾害和地表工程地质特征 6 个因素作为武汉市区域地壳稳定性评价的主要指标。各个评价指标标准及其分配权重见表 3.9。

表 3.9 武汉市区域地壳稳定性评价等级和指标表

评价指标（权重）	评价等级和评价指标分值			
	稳定 I 级	稳定 II 级	稳定 III 级	稳定 IV 级
	7.5	6	4.5	3
地震震级（0.2）	$M_s<2$	$2\leqslant M_s\leqslant 3$	$3\leqslant M_s\leqslant 4$	$M_s>4$
地震动峰值加速度（0.2）	≤0.05g	0.05g～0.10g	0.15g～0.4g	≥0.4g
布格重力异常梯度/[$\times10^{-3}$ cm/（s^2·km）]（0.2）	无梯度＜0.60	0.60～1.0	1.1～1.2	＞1.2
活动断裂（0.2）	按断裂深度和产状在地表断裂两侧投影范围以外的地区，远离活动断裂带，无活动断裂通过	按断裂深度和产状在地表断裂两侧投影范围边界附近，无活动断裂通过	按断裂深度和产状在地表断裂两侧投影范围之内，断裂多次活动，但现今活动并不强烈，断层两盘相对垂直运动速率小于 1.0 mm/a，以及非断裂的端点、拐点、交叉部位	按断裂深度和产状在地表断裂两侧投影范围之内，断裂多次活动，断层两盘相对垂直运动速率大于 1.0 mm/a，以及活动断裂的端点、拐点、交会复合处
地质灾害（0.1）	单元内无地质灾害分布，也不在地质灾害影响区	地貌基本有利，物理地质作用不太明显	发育小型地质灾害，地貌反差明显，河流冲刷、切割强烈，松散堆积物发育	发育中大型崩塌、滑坡、泥石流、地裂缝、坍塌等地质灾害
地表工程地质特性（0.1）	场地地质体为各种坚硬的基岩	场地地质体为各种半胶结的岩类和碎裂岩类	场地地质体为各种松散碎石土、松散的中粗砂砾、松散的黏土（包括黄土）	场地地质体为各类特殊土，包括软黏土、饱和软黏土、松散粉细砂、饱和粉细砂、淤泥、淤泥质土、人工填土等

2）评价指标权重分配

依据区域地壳稳定性相关理论和规范，结合武汉市地区的特点，确定要素重要性由大到小的顺序宜为断裂带稳定性、地震、外动力地灾条件、岩（土）体结构及特征、构造应力场、地球物理场、地壳变形。个别指标存在空间上的加强重叠作用，适当降低其权重，如活动断裂影响带与地震活动及潜在震源区划分上部分区域往往重合，因此适当降低二者的权重。考虑评价指标数据的准确性，可将具体资料分为实测数据（如布格重力异常、工程场地特征等）、调查数据（如岩（土）体、断裂）和综合编绘数据（如潜在震源区、地震动峰值加速度、地球物理场）三类，准确性由好及差，准确性低的数据适当降低权重，避免资料的不准确对地壳稳定性评价分析结果产生负面影响。

采用构造稳定性评价分析因素的比例尺小于1∶50万，岩（土）体稳定性评价分析因素的比例尺为1∶25万，地面稳定性评价分析因素的比例尺较高，可达1∶20万。由于评价要素资料来源的比例尺大小不一，在各评价分析指标的权重分配上比例尺小的要素适当降低权重，比例尺大的要素适当提高权重，以增加最终评价结果的合理性和区分度，评价指标权重见表3.10。

表3.10　评价指标权重表

编号	指标		资料类型	重要性	准确性	精度	综合权重
1	构造稳定性	布格重力异常梯度	实测数据	高	高	中	0.2
2		地震震级	调查数据	高	高	大	0.2
3		地震动峰值加速度	综合编绘	中	中	中	0.2
4		活动断裂	调查数据	高	高	大	0.2
5	岩（土）体稳定性	地表工程地质特征	实测数据	低	中	低	0.1
6	地面稳定性	地质灾害	综合编绘	中	中	中	0.1

3. 评价结果

各指标采用统一的评价标准，并且其隶属函数采用一元函数，计算过程在MapGIS平台上由计算机自动完成。计算完成后，根据各个单元的评价值，在此基础上做出武汉市地壳稳定性综合分区图。

此外，采用指标评价法对全省地壳及其表层的稳定性进行分区评价：武汉市区域地壳稳定性由高至低分为稳定I级、稳定II级、稳定III级和稳定IV级四类，其中稳定I级区占评价区面积的30.61%，面积2600.14 km^2；稳定II级区占40.58%，面积3447.03 km^2；稳定III级区占25.37%，面积2155.03 km^2；稳定IV级区占3.44%，面积292.21 km^2。

从武汉市地壳稳定性综合分区图可以看出：武汉地区以稳定I级、II级区为主，其次为稳定III级区；其中武汉北部和江夏区部分地区等区域为稳定I级区，稳定性较好；稳定II级区分布在武昌区及新洲区东部等地区。

第三节 地形地貌

武汉市地处长江中下游的江汉平原东部，位于鄂东北大别山丘陵和鄂东南幕阜山丘陵之间、三面环山的半封闭型盆地中心。整体地形为北高南低，以丘陵和平原相间的波状起伏地形为主，仅黄陂区北部和新洲区以东部分地区为低山。境内中、南部地势总体平坦，长江、汉江交会于此，形成以平原地貌为主、残丘孤岗时断时连、周边湖泊环绕的地貌格局。

武汉市整体位于低海拔区域，起伏较小。海拔 50 m 以下、50～100 m、100～500 m 和海拔 500～1 000 m 的分布区域分别占全市面积（8 569.15 km^2）的 84.5%、1.0%、4.03% 和 0.12%。地面最高峰位于武汉市与孝感市交界处的双峰尖，海拔 873.7 m；最低点在江夏的豹澥后湖，海拔 11.3 m，长江、汉江河床切割最深处海拔分别为-16.8 m 和-7.7 m。全市以堆积平原和岗状平原（岗地）两种地貌类型为主，兼有少量丘陵和低山分布。平原、岗地、丘陵和低山分别占全市面积的 39.3%、42.6%、12.3%和 5.8%（图 3.21）。

根据成因类型和形态特征可将武汉市地貌进一步划分为 8 个区（含亚区）：I_1 湖积平原、I_2 冲湖积平原、I_3 冲积平原、II 冲积堆积平原（低岗地）、III 剥蚀堆积平原（高岗地）、IV_1 侵蚀剥蚀低丘陵、IV_2 侵蚀剥蚀高丘陵、V 低山。

I_1 湖积平原：海拔在 18～20 m，由湖泊堆积作用形成的平原。主要分布于武湖、后湖、汤逊湖和沉湖等沿岸，呈浅盆状，高出湖面不足 1 m，地面向湖心微斜，坡度一般在 3° 以下。沉积物一般由湖积黏性土、淤泥质土和淤泥组成。

I_2 冲湖积平原：海拔在 18～20 m，受河流和湖泊交替堆积而成的平原。主要分布在冲积平原与湖积平原之间地带，以辛冲街和三里桥一带面积最大，高出湖面 1～3 m，地势向湖积平原或湖泊相接一侧微微倾斜，坡度一般不足 3°。组成物质为粉砂质黏土。

I_3 冲积平原：海拔在 19～22 m，由河流沉积作用形成的平原。主要分布在长江、汉江等河流两岸的河漫滩及一些江心洲，地势低洼，平坦开阔，分布范围广，地面由江堤侧微缓倾斜，坡度不足 3°。沉积物由黏性土、粉土、粉细砂及砂砾石组成。

II 冲积堆积平原（低岗地）：海拔在 22～25 m 的长江、汉江二级阶地，主要分布在泾河、新洲、黄陂和武湖周边垄岗地带，纵坡度一般小于 4°，横坡度多在 7° 以下。沉积物主要由粉砂质黏土和黏土质砂、网纹状红土和棕红色黏土等组成。

III 剥蚀堆积平原（高岗地）：海拔在 25～50 m 的长江三级阶地，主要分布在横店街、蔡甸区和江夏区等地，多呈手指状向临近平原或湖盆延伸，纵坡度一般小于 5°，横坡度多在 10° 以下。沉积物主要由粉砂质黏土、黏土质砂、网纹状红土和棕红色黏土组成。地表冲沟发育，大都是由地壳上升期间被坳沟切割所致。

IV_1 侵蚀剥蚀低丘陵：海拔在 35～100 m，主要分布在主城区、江夏区、东湖高新技术开发区、蔡甸区等地，呈东西向断续延伸，均属单斜山或猪背脊，相对高度为 10～60 m，坡度 6°～30°，丘顶呈穹状，丘坡多为凹形，坡麓一般发育有坡积裙。主要由砂页岩、石英砂岩和硅质岩等组成。

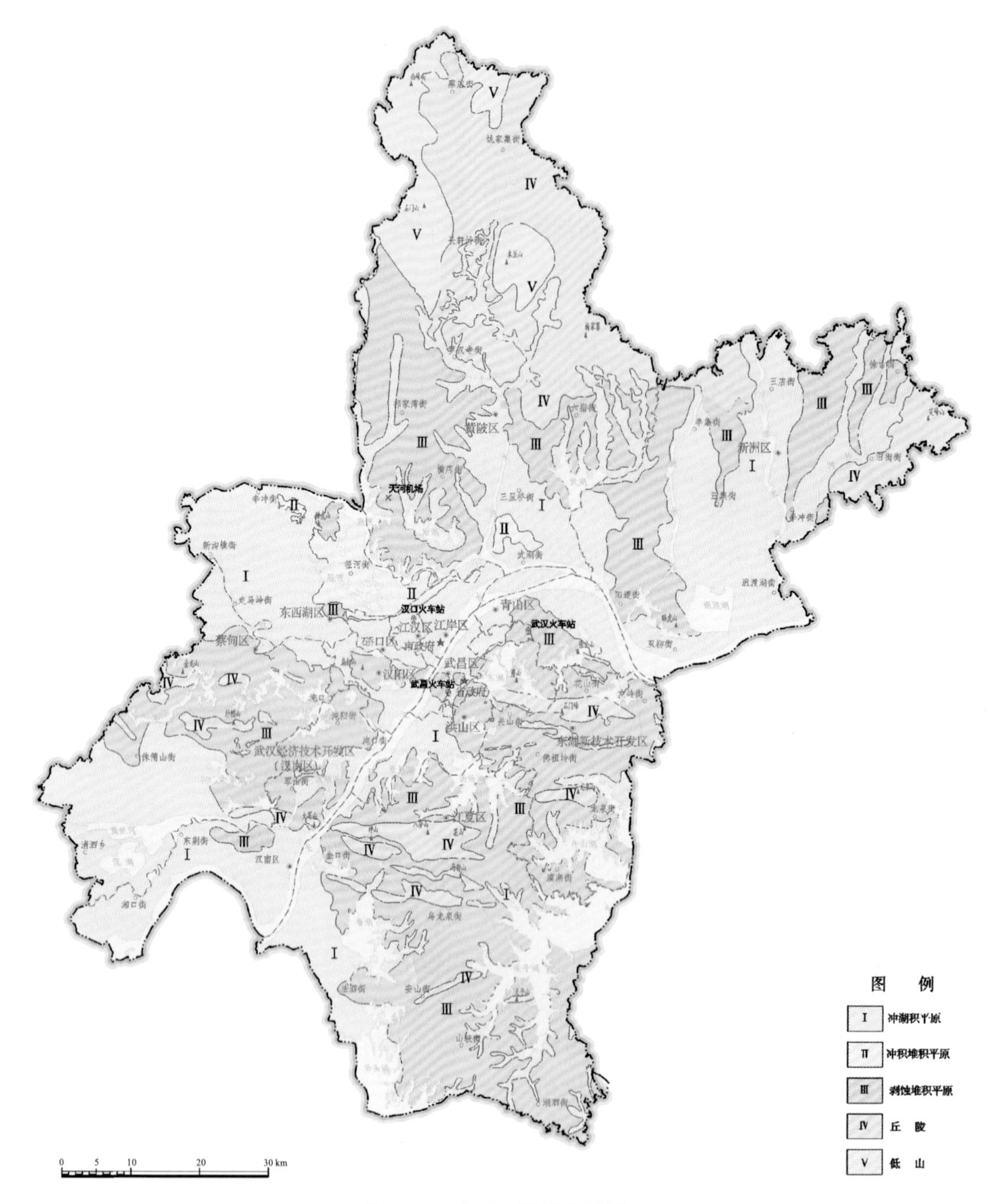

图 3.21　武汉市地貌分区图

IV_2 侵蚀剥蚀高丘陵：海拔在 100～500 m，主要出现在黄陂区北部、新洲区东部及江夏区八分山一带，呈东西向延伸，除少数为向斜山（如磨山）外，多为单斜山或猪背脊，相对高度为 60～140 m，坡度一般为 6°～35°。主要由砂页岩、石英砂岩等组成。

V 低山：海拔在 500～900 m 的山地，主要分布在黄陂区北部与孝感市交界处及新洲区东北部，山体走向明显受控于北东向、北西向断裂影响，相对高度为 100～500 m，坡度一般大于 20°，由于长期的风化侵蚀作用，山体巍峨竞秀，山间深沟窄谷，沟谷呈“V”形。主要由花岗岩、变质岩等构成。

第四节 气 象 水 文

武汉市四季分明，夏天湿热，冬天干冷，属北亚热带季风性（湿润）气候。冬季受寒潮影响，多为西北风，夏季多为东南风，风向具有明显的季节变化。历年平均风速为2.4 m/s，最大风速可达27.9 m/s（1956年3月6日和1960年5月17日），大于八级风的年平均天数为8.2天，最多16天，最少1天。多年平均雾日数为32.9天。

武汉市年平均气温为15.8～17.5℃，一般1月最冷，月平均气温为2.0～5.0℃，极端最低气温为-18.1℃（1977年1月30日）。7～8月最为炎热，月平均气温29.0℃，盛夏高温常在35.0℃以上，极端最高气温为41.3℃（1934年8月10日）。年平均相对湿度约为70%，最高可达80%，是我国南方夏季高温中心之一。全年无霜期为211～272天，年日照总时数为1810～2100 h，年总辐射为104～113 kcal/cm^2，年活动积温为5000～7000℃。

武汉市雨量丰沛，多年平均降雨量为1204.5 mm，历年最大年降雨量为2262.0 mm，最大月降雨量为820.1 mm（1987年6月），最大日降雨量为317.4 mm（1959年6月9日），最小年降雨量为575.9 mm。雨量集中在6～8月，约占全年降雨量的40%。

武汉市水系发育，江河纵横，河港沟渠交织，湖泊库塘星布，水域面积占全市总面积的26.1%。主要河流有长江、汉江，其次为府河、巡司河、滠水、倒水、举水等；主要湖泊有东湖、汤逊湖、后官湖、沉湖等50多个，列入保护名录的湖泊有166个，素有“百湖之市”的美誉。水库共有264座。按《武汉年鉴（2020）》，地下水静储量为128×10^8 m^3，地表水总量达7145×10^8 m^3，其中境内降雨径流为38×10^8 m^3，入境水资源量为7 047×10^8 m^3。

第五节 水 文 地 质

一、区域水文地质结构与边界条件

（一）区域水文地质结构

武汉市现今出露和隐伏的地层时代跨度，从古元古代到新生代，历次构造运动的叠加改造及地下水周而复始的活动，形成了本区向斜核部石炭系、二叠系及三叠系中碳酸盐岩的多层裂隙岩溶空间，和向斜两翼泥盆系及二叠系碎屑岩的裂隙系统，在大气降水入渗或上覆含水层补给之下成为地下水运移和储集的场所，并沿向斜轴部呈线状延展分布，而背斜核部志留系的砂页岩和泥岩则含水微弱，相对成为隔水边界。

燕山运动发展起来的陆相盆地关闭后，在差异性和间歇性垂直升降运动作用下，产生了一些断陷盆地和地块隆起，相间邻接，隆起的地块主要由古生界组成，出露于地表遭受剥蚀或隐伏于地层浅部；断陷盆地沉陷较深，包括江汉盆地和其他几个小型盆地，在古生界或更老褶皱的基础上，沉积了较厚的白垩系—古近系，为一套砂质岩和泥质岩互层的红色岩系，其中砂岩、含砾砂岩夹凝灰岩，裂隙较发育，主要在上覆含水层向下越流补给之下，盆地形成白垩系—古近系弱含水的裂隙承压含水层。在西部的东西湖区

和北部的黄陂区即江汉盆地的东缘还分布有新近系，是一套灰绿色黏土岩与粉细砂岩、砂砾岩，呈半胶结状，含裂隙孔隙承压水，这种中新生代断陷盆地实则具有低水头承压水盆地性质，其四周边界基本上以断裂与古生界接触，有的地段是新沉积物超覆于老地层的沉积接触关系。

挽近期以来的构造运动控制了第四系河流水网及沉积物的分布。在本区大面积覆盖的中更新世网纹状红色黏土，曾是山区许多河流汇聚江汉盆地的泛滥沉积物。由于盆地范围逐渐缩小，又向东南方向掀斜，中更新世晚期长江、汉江在武汉汇合而东流，下切侵蚀作用使河床逐渐固定下来，并在沿途摆动过程中，将河床下的网纹状黏土侵蚀殆尽，后来的冲积物均直接堆积在前第四纪岩层之上，地壳间歇性升降运动促使本区地形上形成多级阶地，其中一级与三级河流阶地分别堆积了厚达数十米的上更新统和全新统冲积层，并被地形第三级阶地上分布的中更新统网纹状红色黏土所环绕围限，河谷冲积层具有二元结构，上部为松软的黏性土，下部为松散的砂及砂砾石层，分别赋存孔隙潜水及孔隙承压水，形成上下两个含水岩组。外围的中更新统网纹状红色黏土为隔水岩组。

（二）边界条件

从冲积层地下水的主要补给来源看，补给边界主要有两种：一是本区一级阶地的广大地面，接受充沛的大气降水，形成地表径流，入渗补给潜水层，然后在潜水位高于承压水位的条件下，产生向下越流补给承压含水层；二是长江、汉江横贯市区，卧于一级阶地冲积层中，使全新统冲积层被分割，并分别展布于汉口、汉阳区、武昌区、黄陂区和新洲区的临江地段，由于长江、汉江的侧蚀及下切作用，沿江许多地段冲积层上部黏性土已被切穿，河床到达下部砂层中，因而江水与沿岸冲积层地下水之间存在互补关系，在枯水期，地下水排向江水，丰水期江水补给地下水，因此，长江、汉江为已知水位的非完整河补给边界。

唯有东西湖区西部、西北部和黄陂区西部处于江汉平原的东缘，地下径流从西北方上游通过一定断面，顺地势流入本区，对区内进行一定水量的补给，属于地下水的定流量（或已知流量）补给边界。黄陂区北部边界，切断了原黄陂区武湖农场五通口到三里桥镇第四系孔隙承压水水文地质单元，地下水径流从北部通过断面，对区内地下水进行补给，形成了地下水定流量补给边界。

新洲区东部边界由于天然条件下地下水流向与边界平行，为已知流量为0的二类边界。

东西湖区及汉口东部边界虽以府河为界，但府河较浅，未切穿至含水岩组顶板，与地下水无密切水力联系，在北部柏泉茅庙集一带为中更新统网纹状红土，下伏志留系黏土岩，故概化为隔水边界。武钢块段、徐家棚块段、白沙洲块段、汉阳区、蔡甸区、武汉经济技术开发区、东湖新技术开发区、江夏区，非临江边界多为中更新统红色黏土，为隔水边界。

武汉市半封闭式的盆地构造和厚度较大的长江内陆河、湖相松散碎屑堆积，尤其是粗骨粒呈层性的分布，形成依赖于大气降水和长江、汉江来水的盆边山地地表、地下径流向盆中平原汇流储存、排泄的地下水动态系统。该系统运行结果，必然导致平原区多源补偿、常年性富水，丘陵区只有降水补给、季节性存水，因此出现平原区丰水期水满为患、丘陵区枯水期少雨干旱缺水的局面。

地下水体赋存在前述岩土体及断裂带的空隙之中，不同类型的岩土体中通常发育有不同性质的空隙而成为地下水的栖身之所。松散堆积物以颗粒间孔隙为主，碳酸盐岩以岩石溶穴和裂隙为主，半胶结的碎屑岩以颗粒间孔隙和岩石裂隙为主，成岩碎屑岩则以岩石裂隙为主，未胶结岩化的断裂带是地下水的富存空间和良好的运移通道。

二、地下水类型及含水岩组划分

如上所述，岩石中裂隙、溶隙，松散层的孔隙是地下水的赋存空间。依其容纳地下水的岩性空间和水动力特征，将武汉市地下水划分为 5 种地下水类型及 11 个含水岩组（表 3.11、图 3.22）。

表 3.11　武汉市地下水类型及含水岩组划分表

项目	含水岩组及非含水岩组	代号	分布
松散岩类孔隙水	第四系全新统孔隙潜水含水岩组	Q_hz^{al}	长江、汉江一级阶地或河漫滩、心滩及山区或岗状平原的河谷、冲沟
	第四系全新统孔隙承压含水岩组	Q_hz^{al+pl}	江河一级、二级阶地，如东西湖区、汉口片区、武昌区白沙洲、青山区、黄陂区武湖农场五通口、新洲区双柳镇、汉阳区黄金口和鹦鹉洲等地区
	第四系上更新统孔隙承压含水岩组	Qp_3	东西湖区泾河街道、黄陂区汉口北附近
碎屑岩类裂隙孔隙水	新近系裂隙孔隙承压含水岩组	N_1g	东西湖区柏泉一带及黄陂区天河—三里桥地区
碎屑岩类裂隙水	白垩系—古近系裂隙承压含水岩组	K_2-E_1g	东西湖区、汉口姑嫂树—武汉关、武昌区徐家棚—北湖、汉阳区十里铺—动物园、武昌区白沙洲、武汉经济技术开发区、黄陂区滠口、新洲区等地段
	中二叠统（孤峰组）—上二叠统裂隙含水岩组	P_2g-P_3d	剥蚀残丘区向斜构造近核部或低残丘部位
	中上泥盆统—下石炭统裂隙含水岩组	D_{2-3}-C_1	剥蚀丘陵区向斜构造的翼部
岩浆岩、变质岩类裂隙水	岩浆岩、变质岩风化裂隙含水岩组	γ、δ、Pt	黄陂区北部、新洲区东南部
碳酸盐岩岩溶裂隙水	下三叠统—中三叠统（嘉陵江组）裂隙岩溶含水岩组	T_1-$T_{1-2}j$	大桥向斜、太子湖—南湖向斜等向斜的核部
	上石炭统—中二叠统（茅口组）裂隙岩溶含水岩组	C_2-P_2m	大桥向斜、狮子山向斜及关山向斜等向斜构造的两翼近核部
	新元古界红安群七角山组大理岩裂隙岩溶含水岩组	Pt_3q	黄陂区北部
非含水岩组	志留系砂页岩、泥岩隔水岩组	S_1f	上述以外地区
	第四系中更新统（王家店组）—上更统（下蜀组）黏土隔水层	Qp_2w-Qp_3x	

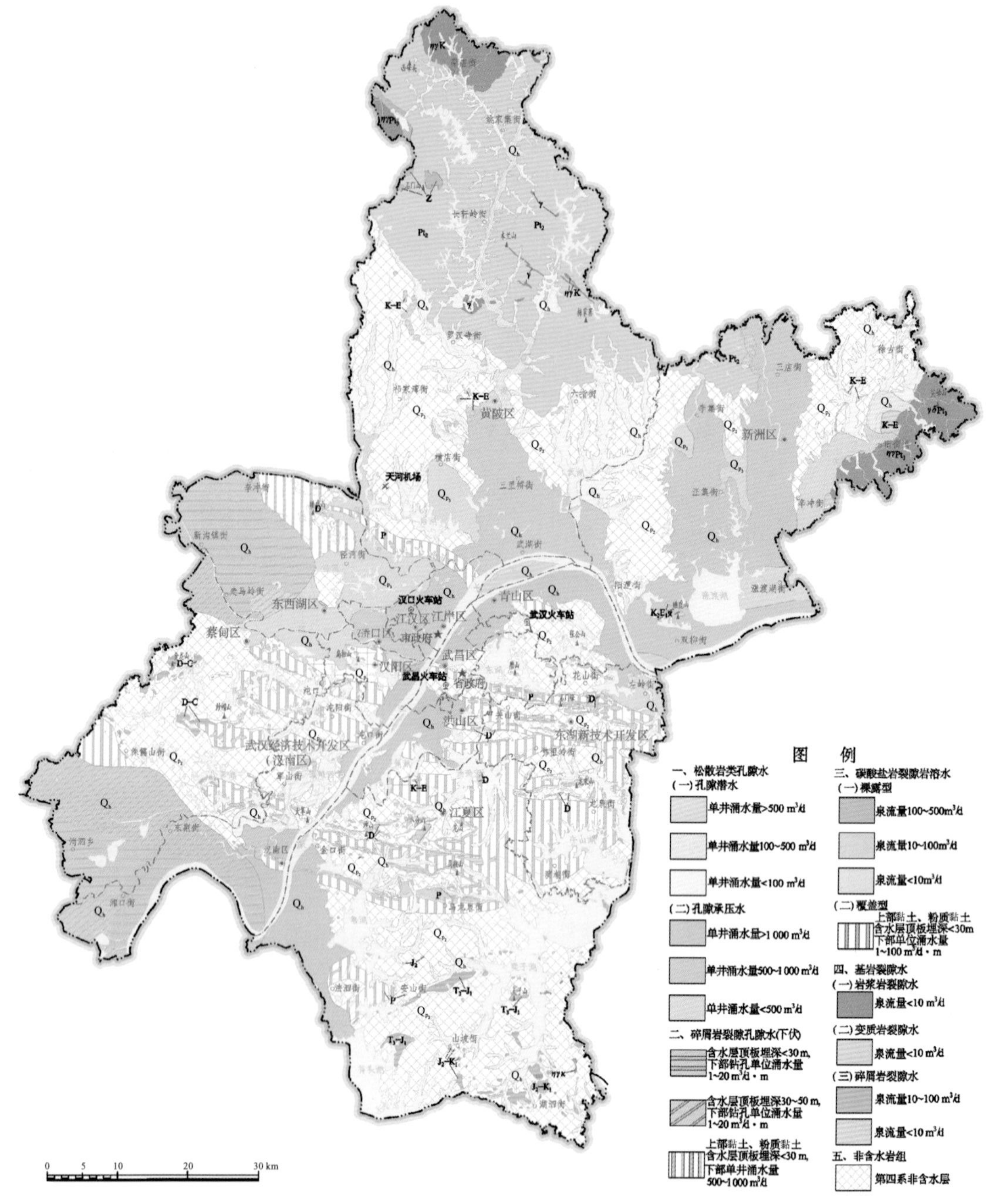

图 3.22　武汉市水文地质图

三、地下水含水岩组特征

(一)松散岩类孔隙水

第四系全新统孔隙潜水含水岩组：主要分布于长江、汉江一级阶地或河漫滩、心滩及山区或岗状平原的河谷、冲沟内。含水岩组由第四系全新统黏土质砂、粉细砂及砂砾

石组成。含水岩组的厚度为1～8 m，水位埋深为0.05～5.00 m，水量较贫乏，单井涌水量小于100 m^3/d。集中供水意义不大。

第四系全新统孔隙承压含水岩组：分布于江河一级、二级阶地。该类型地下水由第四系全新统冲积、洪冲积砂、砂砾（卵）石孔隙承压含水岩组组成，岩性自下而上为砂（卵）石—中粗砂—粉细砂韵律层。全新统含水层厚度变化较大，阶地中前缘厚度较大，向后缘逐渐变薄，武汉市城区一般为13.58～44.85 m，下伏志留系、新近系或白垩系—古近系黏土岩、粉砂岩。局部地段下伏有新近系砂岩、砂砾岩或中—古生代灰岩等含水层。地下水位埋深为0.5～9.0 m。含水岩组富水性在地域上呈明显规律性，一级阶地前缘几乎全为水量丰富和较丰富地段，单井涌水量大于1 000 m^3/d或500～1 000 m^3/d，阶地后缘富水性中等，单井涌水量100～500 m^3/d，阶地与岗状平原交界处，水量较贫乏，单井涌水量小于100 m^3/d。

第四系上更新统孔隙承压含水岩组主要分布在二级阶地上，含水岩组主要由含泥质的砂、砂砾（卵）石组成。含水层厚度为1.60～30.00 m，顶板埋深为17.0～34.6 m，新洲区一般为9.5 m左右，水位埋深为3.56～25.57 m。含水岩组富水性主要属水量中等和较贫乏两个级别，单井涌水量一般为30.66～258.00 m^3/d。

（二）碎屑岩类裂隙孔隙水

地下水赋存于新近系岩层中，含水岩组主要分布于东西湖一带。含水岩组隐伏于第四系松散岩类之下，一级阶地埋藏于第四系全新统孔隙承压含水层之下，二级阶地埋藏于上更新统黏土层之下，岗状平原区埋藏于中更新统黏土层之下。含水岩组由成岩作用较差、半固结状的绿色—灰绿色、灰白色砂岩、砂砾岩组成，厚度为4.73～60 m，顶板埋深为10.08～50.17 m，底板埋深为26～82.10 m，地下水位埋深为0.86～11.70 m，含水岩组富水性分为水量较丰富、中等和较贫乏三个富水等级，单井涌水量分别为500～1 000 m^3/d、100～500 m^3/d和小于100 m^3/d。

（三）碳酸盐岩裂隙岩溶水

碳酸盐岩裂隙岩溶水赋存于下三叠统—中三叠统（嘉陵江组）、上石炭统—中二叠统（茅口组）及新元古界红安群七角山组大理岩岩溶裂隙中。含水岩组的岩性主要由灰岩、白云岩、白云质灰岩、生物碎屑灰岩、燧石结核灰岩、大理岩等组成。

下三叠统—中三叠统（嘉陵江组）、上石炭统—中二叠统（茅口组）含水岩组主要分布于境内大桥向斜、南湖—太子湖隐伏向斜等构造部位。地下水赋存于石炭系—中二叠统碳酸盐岩岩溶裂隙及溶洞中。地表露头零星，大面积被第四系黏土层所覆盖或埋藏于白垩系—古近系之下。因此，该类型地下水水质良好，含水岩组富水性受岩性、断裂构造及岩溶发育程度控制而极不均一，单井涌水量为141～385 m^3/d及542～878 m^3/d，水量中等—较丰富，是区内较好的具集中供水意义的地下水源。

该含水岩组的埋藏条件随所在地貌单元不同而异。丘谷和岗地，覆盖岩性为第四系残坡积黏土和中更新统红色黏土，含水层顶板埋深为9.40～35.72 m；长江一级阶地，上

覆全新统孔隙承压含水岩组，含水层顶板埋深一般为 30～50 m。汉阳部分地区含水层则埋藏于白垩系—古近系砂岩之下，顶板埋深大于 80 m，水位埋深为 0.71～7.21 m。

（四）基岩裂隙水

岩浆岩裂隙水分布于黄陂区蔡店街和新洲区旧街一带，赋存于燕山期花岗岩、玄武岩等岩浆岩风化裂隙与构造裂隙中。风化带厚度为 20～30 m，泉流量小于 10 m^3/d。

变质岩裂隙水分布于武汉市北部，赋存于太古宇和元古宇的各类片麻岩、片岩等变质岩风化裂隙和构造裂隙中。风化壳厚度为 10～60 m，地下水露头多而分散，且以季节性泉为主，泉流量一般小于 10 m^3/d。

碎屑岩裂隙水赋存于白垩系—古近系、上泥盆统—下石炭统、中二叠统—上二叠统碎屑岩裂隙中。含水岩组岩性为石英砂岩、粉砂岩、细砂岩、砂砾岩及硅质岩。白垩系—古近系裂隙承压水含水岩组分布于东西湖区、武昌区徐家棚、汉阳区十里铺等地段；泥盆系—二叠系上统含水岩组分布于武昌、汉阳的剥蚀丘陵区。该类型地下水富水程度取决于岩层张开裂隙的发育程度，水量一般较贫乏，单井涌水量为 10～100 m^3/d，不具集中供水意义。

四、地下水补给、径流与排泄条件

始终处于运动状态的地下水，其运动方式主要表现为补给、径流与排泄，不断地往复循环交替进行。武汉市不同类型地下水的补给主要是大气降水入渗补给，同时在相应的地理地质环境条件下，有地表水系的渗入补给及不同类型地下水的越流补给及相邻含水层侧向径流补给。入渗补给的多少、地下水径流及排泄状况与数量，则受地层岩性、地质构造和地形地貌等自然因素及人类活动的共同制约。

（一）松散岩类孔隙水

（1）第四系全新统孔隙潜水含水岩组。第四系孔隙潜水主要接受大气降水直接入渗补给，在临江河和湖泊分布区，地下水与地表水联系密切，并有互补关系。地下水主要排泄方式为向江河排泄、人工开采、蒸发。

（2）第四系全新统孔隙承压含水岩组。区内第四系全新统孔隙承压水的补给、径流、排泄条件，受地质环境条件所致。其补给来源主要有境外地下水侧向径流、长江与汉江地表水渗入、大气降雨入渗通过潜水层向下越流补给及下伏含水岩组越流补给 4 种形式。排泄主要有泄入江河及人工开采两种方式，其次为向邻接的其他含水岩组侧渗排泄和向上、下叠置的其他含水岩组的越流排泄。

（3）第四系上更新统孔隙承压含水岩组。区内第四系上更新统孔隙承压水主要受全新统孔隙承压水侧渗补给，主要自北向南、自西向东径流，沿途经人工开采排泄。

（二）碎屑岩类裂隙孔隙水

碎屑岩类裂隙孔隙水主要接受境外相同含水层的侧向径流补给、相邻含水岩组的侧向径流补给及上覆含水岩组的越流补给，主要补给相邻含水岩组和人工开采排泄。

（三）碳酸盐岩裂隙岩溶水

碳酸盐岩类裂隙岩溶水主要通过其两侧丘陵低山裸露基岩断裂、裂隙通道，承接大气降水，经运移存储于含水层中；近江地带，长江切割了碳酸盐岩含水岩组，江水通过河床中的砂、砂卵石层侧渗补给地下水。地下水排泄方式主要有以泉的形式排泄、向江河径流排泄及人工开采排泄。

（四）基岩裂隙水

基岩裂隙水主要接受大气降水补给，沿岩石裂隙运移，在破碎带或裂隙密集带储存，在山前地带或受隔水岩层阻隔后泄出。

五、地下水化学特征

武汉市各种类型地下水的水化学类型较为简单，多属 HCO_3-Ca-Na、HCO_3-Ca-Mg 和 HCO_3-Ca 型水。pH 为 6.1～8.4，矿化度为 30～830 mg/L，总硬度为 21～675 mg/L，属弱酸—弱碱、极软—极硬性淡水。地下水水质一般较好，但第四系全新统松散岩类孔隙水中铁离子、锰离子、铵离子、总硬度和硝酸盐含量超标，水质较差，枯水期水质极差率可达 100%。

六、地下水水温

地下水水温与地下水含水岩组空间分布及地下水的补给密切相关，近地表处地下水水温变化幅度较大，接受大气降水、江水补给的地下水水温变化幅度次之。

武汉市全新统孔隙潜水水温变化幅度最大，基岩裂隙水、碳酸盐岩裂隙岩溶水、孔隙承压水水温变化幅度也较大，碎屑岩裂隙孔隙承压水、上更新统孔隙承压水水温变化幅度较小。

全新统孔隙承压水水温，4～9 月随气温升高也有相应的抬升，最高可达 20℃左右，冬季最低水温约为 16℃，年变幅约为 4℃。

上更新统孔隙承压水、碎屑岩类裂隙孔隙承压水和碳酸盐岩裂隙岩溶水水温动态特征无显著变化，最高为 19℃，最低为 17℃，年变幅为 2℃。

第六节 工 程 地 质

一、工程地质岩类划分

以地貌单元、地层时代和地层组合等为基础，将武汉市工程地质岩类划分为 5 大类及 12 个亚类，分述如下。

（一）块状岩浆岩工程地质岩类

（1）坚硬整体块状侵入岩工程地质亚类，主要分布于黄陂区、新洲区等丘陵区，以花岗岩为主，包括二长花岗岩（ηγK）、二长花岗岩片麻岩（$\eta\gamma Pt_3$）、花岗岩（γ）、花岗闪长质片麻岩（$\gamma\delta Pt_3$）。岩性结构微密，孔隙少，透水差，抗水性强，力学强度高，新鲜岩石湿抗压强度为 100～200 MPa；弹性模量为 4×10^4 MPa，最高为 8.44×10^4 MPa，软化系数多大于 0.75，高者为 0.98。

（2）较坚硬喷出岩工程地质亚类，主要分布于黄陂区、新洲区等丘陵区，以 K-E 玄武岩为主。岩石湿抗压强度为 75～182.2 MPa，弹性模量为 2.9×10^4～4×10^4 MPa。

（二）层状碎屑沉积岩工程地质岩类

（1）坚硬石英砂岩工程地质亚类，主要分布于蔡甸区、江夏区、洪山区等丘陵区，以泥盆系石英砂岩为主。岩石干抗压强度为 158.1 MPa，湿抗压强度为 133.7 MPa，弹性模量为 9.73×10^4 MPa，软化系数为 0.85。

（2）较坚硬石英砂岩、砂质泥岩、砂砾岩工程地质亚类，主要分布于黄陂区、新洲区、江夏区等丘陵区，包括 T_3—J_1、J_2、K—E。砾岩力学强度变化较大，干抗压强度为 2.2～81.8 MPa，一般为 40～60 MPa，弹性模量为 70 MPa～6.2×10^4 MPa，力学强度大小取决于胶结物。

（3）较软页理、层理状碎屑沉积岩工程地质亚类，分布于中部低丘区，以志留系页岩为主，往往与碳酸盐岩工程地质岩类平行排列分布。岩石湿抗压强度多在 50 MPa 以上，弹性模量普遍大于 2×10^4 MPa。

（三）层状碳酸盐岩工程地质岩类

（1）较坚硬岩溶较发育碳酸盐岩工程地质亚类，分布于中部低丘区，主要为石炭系—下二叠统灰岩。

（2）较坚硬岩溶中等发育碳酸盐岩工程地质亚类，分布于中部低丘区，主要为下三叠统泥质灰岩。

（四）片状变质岩工程地质岩类

坚硬—较坚硬片麻岩、石英片岩工程地质亚类，主要分布于黄陂区丘陵区，以元古代

片麻岩、石英片岩为主。钠长石英片麻岩干抗压强度为 183 MPa，湿抗压强度为 136 MPa，软化系数为 0.88；白云母钠长石英片岩干抗压强度为 40～56.72 MPa，湿抗压强度为 30～43 MPa，软化系数为 0.57～0.75。

（五）松散松软土体工程地质岩类

（1）更新统残坡积、残积中低压缩性工程地质亚类，以中更新统黏性土为主，多为硬塑状态，压缩系数为 0.001～0.004 MPa^{-1}。

（2）更新统洪冲积、冲积低压缩性和密实—中密工程地质亚类，以上更新统黏性土、砂、砂砾石为主。

（3）全新统冲积、残坡积中压缩性和稍密—松散工程地质亚类，以全新统黏性土、中细砂为主，分布于长江沿岸及江心洲。

（4）全新统湖冲积、湖积、沼泽沉积高压缩性工程地质亚类，以全新统淤泥质土为主。广泛分布于河谷平原一级阶地，中—高压缩性，压缩系数为 0.001 1～0.004 7 MPa^{-1}。

二、工程地质分区

（一）分区原则

受地质构造的影响，武汉市不同时代、成因类型的岩（土）体，分别以一定组合形成不同的地貌单元，既表现了不同区域工程地质条件的差异，又显示出特定环境下形成的岩（土）体组合在地层、岩性、结构、构造、水文地质及工程地质等方面存在共性的规律，为工程地质分区创造了条件。本次分区以区域大地构造单元为主控因素，岩性组合为次要控制因素，将武汉市划分为 2 个工程地质区、4 个工程地质亚区（图 3.23）。

（二）分区方案与评价

根据以上划分原则，可将武汉市共划分为 2 个一级分区和 4 个二级分区。

1. 江汉平原冲积—洪冲积工程地质区（I）

（1）平原冲湖积以中高压缩性土体为主的工程地质亚区（I_1）：主要为武汉市平原地区，分布在东西湖—汉口—青山江边—武湖周边一带、武汉市西南部消泗—汉南—法泗一带，地势平坦，一般标高为 19～25 m，地表河湖密布。表层一般有厚度不等的淤泥及淤泥质土，下伏为可塑状—硬塑状黏性土层或砂土层，基岩多为碎屑岩或碳酸盐岩。

表层地层工程性质极差，下伏地层工程性质一般，荷载不大的建筑物可以表层可塑状一般黏性土作为天然地基或下卧层，高层建筑宜采用桩基础。表层软土极易引发地基变形和基坑失稳等灾害，应当对软土进行加固处理或换填处理，同时加强基坑防排水工作，在碳酸盐岩分布地带，工程建设过程中极易诱发岩溶地面塌陷，应事先查明岩溶发育和分布情况，桩基施工应事先开展施工勘察或采取其他有效措施。

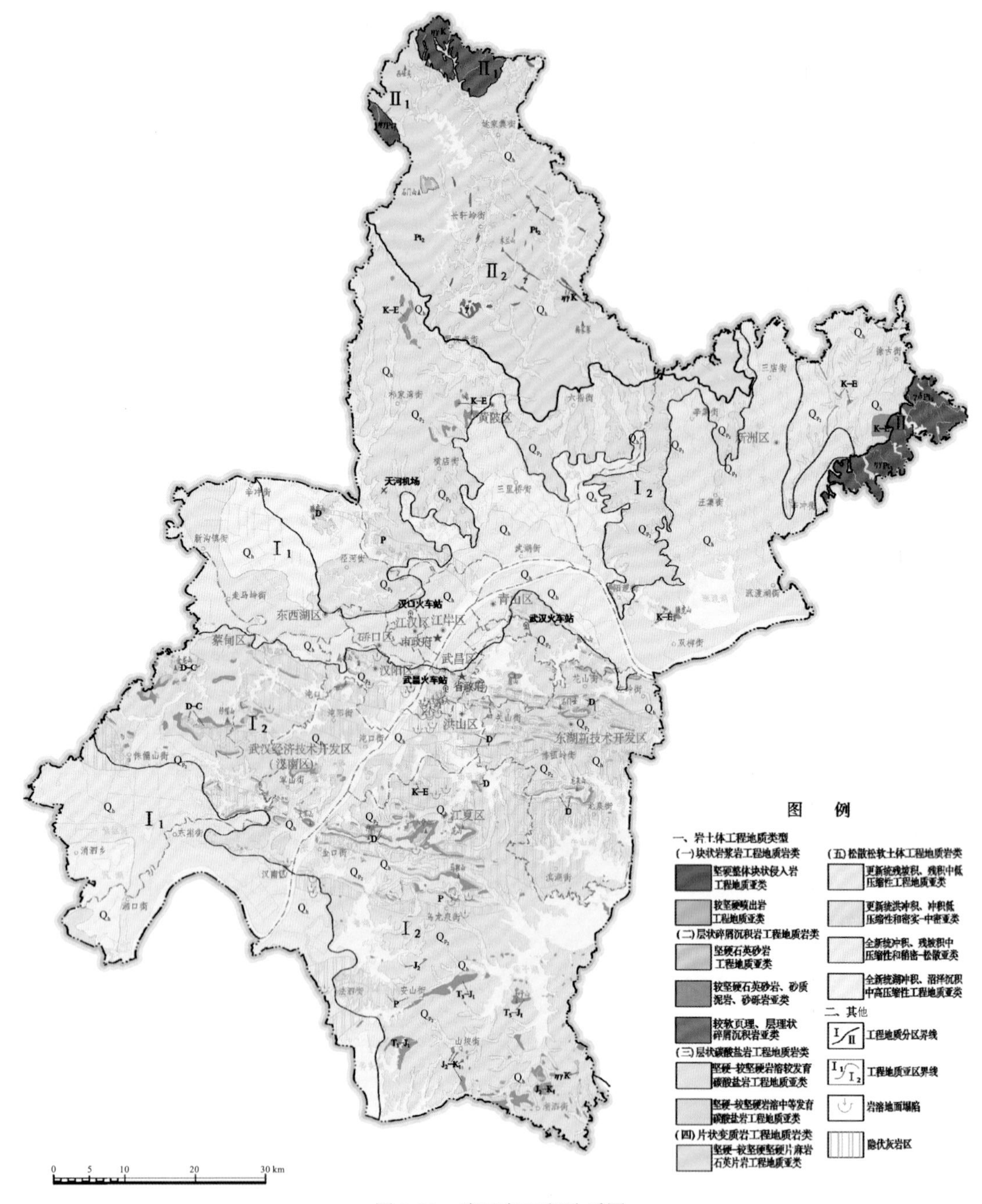

图 3.23 武汉市工程地质图

本亚区主要工程地质问题为地基变形、基坑失稳和岩溶地面塌陷。

（2）丘陵岗地以中低压缩性土体为主的工程地质亚区（I_2）：主要为武汉市南部剥蚀残丘地区，分布在武汉中部的东湖新技术开发区、江夏区和蔡甸区，地势有一定的起伏，一般标高为 25～100 m，残丘之间分布有湖泊。表层一般为可塑状—硬塑状黏性土，基岩多为碎屑岩或碳酸盐岩。

表层地层工程性质较好，低压缩性，一般为硬塑状态，工程力学性质良好，在埋藏较浅地段可以作为一般工程持力层，作为坑壁土层，自稳性好，但是该层遇水膨胀性，造成基坑失稳，应做好防排水措施。在碳酸盐岩分布地带，工程建设过程中极易诱发岩溶地面塌陷，应事先查明岩溶发育和分布情况，桩基施工应事先开展施工勘察或采取其他有效措施。

本亚区主要工程地质问题为基坑失稳和岩溶地面塌陷。

2. 低山丘陵工程地质区（II）

（1）大别山、桐柏山断褶低山以岩浆岩为主的工程地质亚区（II_1）：主要分布在黄陂区北部蔡店街和新洲区东部山区，一般标高为 50～150 m，山体由块状坚硬的岩浆岩或浅变质岩浆岩构成，主要岩性为二长花岗岩、花岗闪长岩、辉绿岩等。表层分布一定厚度的花岗岩残破积，工程力学性质较好，基岩可作为一般工程持力层，但本亚区地形起伏较大，不宜兴建大型建筑。

在本亚区，岩浆岩的裂隙较发育，且由于当地居民切坡建房、修建公路造成大量的不稳定斜坡，该区极易发生崩塌、滑坡和泥石流等斜坡类地质灾害。在工程建设前期，应当开展地质灾害危险性评估；在工程完工后，应加强监测、巡查和治理，防止发生地质灾害破坏公路和造成人身财产损害。

本亚区工程地质条件良好，主要工程地质问题为边坡滑动和崩塌等。

（2）桐柏山断褶低山以变质岩为主的工程地质亚区（II_2）：主要分布黄陂区中北部山区，一般标高为 50～150 m，山体由似层状坚硬的变质岩构成，主要岩性为片岩、片麻岩，局部地段出露大理岩和火山岩。地表一般被 0～2 m 种植土覆盖，工程力学性质较好，基岩可作为一般工程持力层，但本亚区地形有一定的起伏，新建工程的基础施工挖填方量较大，工程造价较高，宜兴建轻型或小型建筑。

在本亚区，变质岩表层多为风化层，随地貌不同，风化层厚度也不同，一般为 1～5 m。变质岩的风化层极不稳定，宜造成层间滑动，直至演变成为滑坡、崩塌等地质灾害，在暴雨季节甚至发生泥石流灾害。在本亚区开展工程建设，应当开展地质灾害危险性评估工作；在工程完工后，清理和排查不稳定斜坡，必要时开展治理工作。

本亚区工程地质条件良好，主要工程地质问题是岩体失稳产生层间滑动。

三、工程地质单元层及特征

武汉市主要工程地质单元层及特征详见表 3.12。

表 3.12　武汉市主要工程地质单元层及特征表

界	系	统	组	代号	地层编号及岩土名称			成因	特征	分布范围
新生界Kz	第四系Q		新近堆填	Q^{ml}	（1）单元层	（1-1）杂填土		Q^{ml}	成分杂乱，各向异性明显，力学性质不稳定	主要分布于场地表层
						（1-2）素填土		Q^{ml}	堆填成分相对单一，局部为耕植土，含植物根茎，力学性质不稳定	
						（1-3）冲填土		Q^{al}	以粉土、粉砂为主，由人工堆填而成	主要分布于沿江堤坝附近
						（1-4）淤泥（塘泥）		Q^{l}	富含有机质，具腐臭味，新近沉积物	主要分布于湖、塘底部
			露头区 覆盖区							
		全新统	走马岭组	$Q_{h}z$	（2）单元层	（2-1）一般黏性土、淤泥质土	（2-1-1）粉土	Q_4^{al}	褐黄色，中密，泛溢相沉积，出露于沿江一带自然堤附近，河湖相沉积	主要分布于高漫滩与一级阶地
							（2-1-2）黏性土		褐黄色，可塑，俗称“硬壳层”，铁锰质渲染，偶夹灰白色贝壳，河湖相沉积	
							（2-1-3）黏性土		灰黄色—灰褐色，软塑，含云母，偶夹灰白色贝壳，河湖相沉积	
							（2-1-4）淤泥质土、淤泥		灰色，流—软塑，含云母、有机质，夹灰白色贝壳，河湖相沉积	
						（2-2）黏性土、粉土、砂土互层			灰色，含云母、有机质，偶夹灰白色贝壳，土质不均匀，黏性土、粉土、砂土含量比不一，河湖相沉积	
						（2-3）砂层	（2-3-1）粉砂		灰色，含云母，稍密，河相沉积	
							（2-3-2）粉细砂		青灰色，含云母，中密，河相沉积	
							（2-3-3）粉细砂		青灰色，含云母，密实，河相沉积	
						（2-3a）	（2-3a）黏性土		灰色，软塑—可塑，含云母，牛轭湖相沉积，以透镜体状夹于砂层中，厚度不均	
						（2-4）砾卵石层	（2-4-1）中粗砂夹砾石		灰色，以中粗砂为主，含少量砾石，河床相沉积	
							（2-4-2）砾卵石		灰白色，以圆砾为主，含卵石及少量中粗砂，河床相沉积	

续表

界	系	统	组	代号	地层编号及岩土名称			成因	特征	分布范围
新生界Kz	第四系Q	上更新统	青山组	$Q_{p_3}q$	(3)单元层	(3-1)	(3-1a)砂土、粉土层	Q_3^{al+pl}	由一套黄色砂土、粉土组成，厚度不均，泛溢相沉积	主要分布于武昌青山翠屏山，二级阶地，零星分布于市内沿江一带
			下蜀组	$Q_{p_3}x$			(3-1-1)黏性土		褐黄色，可塑—硬塑，属过渡层，铁锰质渲染、结核，具虫状构造，冲积相、湖相沉积	主要分布于二级和三级阶地、丘陵、岗地上部，冲积相、泛溢相、湖相沉积
							(3-1-2)黏性土		褐黄色，硬塑—坚硬，含高岭土，铁锰质渲染、结核，具虫状构造，冲积相、湖相沉积	
							(3-1-3)黏性土夹碎石		褐黄色，含碎石，含量多少不一，局部表现为碎石土，冲积相沉积	
							(3-1-4)黏性土与砂土过渡层		褐黄色，铁锰质渲染、结核，软硬不均，冲积相沉积	
		中更新统	辛安渡组	$Q_{p_2}x$		(3-2)	(3-2-1)黏性土	Q_2^{al+pl}	褐黄色—棕红色，网纹状构造，硬塑，河湖相沉积	主要分布于隐伏二级、三级阶地
							(3-2-2)砂土		褐黄色，以中—粗砂为主，含砾石，河湖相沉积	
							(3-2-3)砾卵石		灰白色，深灰色，含黏性土，泥质砾石层，磨圆度好，河湖相沉积	
			王家店组	$Q_{p_2}w$		(3-3)	(3-3-1)红土		棕红色，网纹状、斑块状、含铁锰结核红土，偶夹砾石，冲积相、洪积相沉积	主要分布于二级和三级阶地、剥蚀堆积垄岗地区
							(3-3-2)残坡积土		主要表现为红土碎石层，残积、坡积成因	
		下更新统	东西湖组	$Q_{p_1}d$		(3-4)	(3-4-1)黏性土	Q_1^{al+pl}	灰白色、黄色、灰绿色黏性土，局部含砾石，软塑、可塑、硬塑，河湖相沉积	主要分布于隐伏三级阶地，东西湖区分布最广泛，汉阳区墨水湖与琴断口、武昌区南湖也有分布
							(3-4-2)粉细砂		灰色、黄色，局部表现为与砂质土互层，河湖相沉积	
							(3-4-3)含砾石中粗砂		灰色、黄色，含砾石粗砂层，含量不一，局部为含泥砾卵石层，偶含碳化木，河湖相沉积	

续表

界	系	统	组	代号	地层编号及岩土名称			成因	特征	分布范围
新生界Kz	第四系Q	下更新统	阳逻组	Qp_1y	(3)单元层	(3-5)	(3-5-1)含砾黏性土	Q_1^{al+pl}	棕红色、褐黄色、紫灰色、灰白色，偶夹砂层	主要分布于三级阶地、剥蚀堆积垄岗地区，黄陂区横店、新洲区阳逻、汉阳区郭树岭、武昌区洪山，江夏区土地堂均有分布
							(3-5-2)中粗砂、砾石		棕红色、褐黄色、紫灰色、灰白色，局部夹细砂及粉质黏土，半成岩状粉砂，砾石层，砾石磨圆度好，分选好，有一定排列方向，为砂质、泥质胶结，冲积相、洪积相沉积	
					(4)单元层	(4-1)坡积土		Q^{dl}	含黏性土，夹大量碎石土、砾卵石，磨圆差、分选差，崩塌坡蚀堆积为主，局部为冰川堆积物	武汉地区高阶地均有分布，实验中学、紫阳村尤为典型
						(4-2)残积土		Q^{el}	可塑—硬塑，红黏土主要分布于灰岩之上，砂砾岩残积土为黏性土夹砂砾石状，半成岩残积土为可塑黏性土、松散粉细、粗砂土，泥岩风化残积为黏性土	主要分布于基岩之上，武汉各地均有分布
						(4-2a)红黏土	(4-2a-1)红黏土		可塑—硬塑，灰岩风化残积土，局部含灰岩残块、孤石	主要分布于灰岩条带区
							(4-2a-2)红黏土		流塑—软塑，经常包含动植物残骸和少量化石，灰岩风化物近源堆积	主要分布于灰岩洞穴区，武昌鲁巷一带有分布
	新近系N	中新统	广华寺组	N_1g	(5)单元层	(5-1)泥岩、砂岩			灰绿色、灰白色、深灰色，主要表现为半成岩，局部有风化剥蚀现象	主要分布于汉阳区、岳家嘴、东西湖区、黄陂区、新洲区等地区
	古近系E	古新统—白垩系上统	公安寨组	K_2-E_1g		白垩系—古近系岩层	(5-2-1)泥岩		红褐色、褐黄色、灰绿色，黏土岩的一种。成分复杂，除黏土矿物外，还含有许多碎屑矿物和自生矿物，具页状或薄片状层理，抗风化能力弱，用硬物击打易裂成碎片	主要分布于汉阳区南部、武昌区西部及汉口西北部等各种高阶地底部，俗称“红层”，武汉分布较为广泛
							(5-2-2)砂岩		红褐色、灰绿色、黄褐色，具页状或薄片状层理，泥质胶结，抗风化能力弱，用硬物击打易裂成碎片	

续表

界	系	统	组	代号	地层编号及岩土名称			成因	特征	分布范围
中生界Mz	白垩系K	古新统—白垩系上统	公安寨组	K_2-E_1g	（5）单元层	白垩系—古近系岩层	（5-2-3）砂砾岩		杂色，泥砂质胶结，局部地区灰岩砾石胶结具有溶蚀现象，可能发育溶洞，分为强、中、微三种风化程度	—
							（5-2a）玄武岩		暗绿色、黑色，属火山岩，燕山期晚期构造产物，呈夹层状出露，厚度不大，具斑晶结构，斑晶由斜长石、普通辉石、橄榄石组成，常见气孔、杏仁构造，主要矿物成分为斜长石、普通辉石、橄榄石	主要分布于黄陂区、新洲区等地
	侏罗系J	下统	王龙滩组	T_3J_1w		侏罗系岩层	（5-2b）砂岩		厚层状不等粒和中—细粒石英杂砂岩、含碳泥质粉砂岩，夹泥岩、碳质页岩、薄煤层，具页状或薄片状层理，泥质胶结，抗风化能力弱，用硬物击打易裂成碎片	
	三叠系T	上统								
		中统	蒲圻组	T_2p		三叠系岩层	（5-3-1）粉砂岩		紫红色泥质粉砂岩、粉砂质泥岩夹黄绿色含钙粉砂岩，具页状或薄片状层理，泥质胶结，抗风化能力弱，用硬物击打易裂成碎片	主要分布于汉南区、蔡甸区、江夏区
			嘉陵江组	$T_{1\text{-}2}j$			（5-3-2）白云岩		浅灰、灰色中—厚层状白云岩夹“岩溶角砾岩”，局部为白云质灰岩	主要分布于汉南区、蔡甸区、江夏区等地
		下统	大冶组	T_1d			（5-3-3）灰岩		灰白、浅灰色，厚层状砂屑灰岩、鲕粒灰岩、白云质灰岩，中—厚层状，具溶蚀现象，溶洞较发育	汉口、汉阳、武昌近东西向条带分布
							（5-3-4）泥灰岩		灰白色，局部夹黄绿色页岩，钻孔见洞率较低	
古生界Pz	二叠系P	上统	大隆组	P_3d		二叠系岩层	（5-4-1）硅质岩		浅灰色—深灰色，强度高，裂隙发育，夹碳质页岩，局部夹灰白色页岩	汉口、汉阳、武昌均有分布
			龙潭组	P_3l			（5-4-2）粉砂质泥岩		灰黄色，中—厚层状构造，局部夹碳质页岩，偶夹杂砂岩	
		中统	孤峰组	P_2g			（5-4-3）硅质岩		灰色、浅灰色，薄层状，夹硅质泥岩	
			茅口组	P_2m			（5-4-4）灰岩		深灰色，中—厚层状，生物碎屑灰岩，燧石结核灰岩	主要分布于汉阳、汉口、武昌等地，呈北西西向条带分布
			栖霞组	P_2q			（5-4-5）灰岩		浅灰色，中—厚层状，生物碎屑灰岩，燧石结核灰岩	

续表

界	系	统	组	代号	地层编号及岩土名称			成因	特征	分布范围
古生界Pz	二叠系P	中统	梁山组	P_2l	（5）单元层		（5-4-6）碳质页岩		深灰色、灰黑色碳质页岩夹煤线，局部夹灰岩透镜体	
		下统	船山组	P_1c			（5-4-7）灰岩		浅灰色、灰色球粒灰岩，局部夹泥质灰岩	
	石炭系C	上统	黄龙组	C_2h		石炭系岩层	（5-5-1）灰岩		深灰色、灰色厚层状生物碎屑灰岩、白云质泥灰岩、块状泥灰岩	
			大埔组	$C_{1\text{-}2}d$			（5-5-2）白云岩		灰色，生物碎屑微晶白云岩、泥晶白云岩，局部底部为白云质角砾岩	
		下统	和州组	C_1h			（5-5-3）粉砂岩		灰黄色、灰绿色，中—厚层状，含菱铁矿结核，局部夹生物碎屑灰岩透镜体	
			高骊山组	C_1g			（5-5-4）粉砂质泥岩		浅黄色，含菱铁矿、铁锰结核结核，夹煤线	
	泥盆系D	上统	黄家蹬组	D_3h		泥盆系岩层	（5-6-1）砂岩		灰色，中—厚层状，局部含赤铁矿，局部夹石英砂岩	汉口、汉阳及武昌均有分布
		中统	云台观组	$D_{2\text{-}3}y$			（5-6-2）石英砂岩		灰黄色、浅灰白色，油脂光泽，强度高，局部底部含砾石	
	志留系S	下统	坟头组	S_1f		志留系岩层	（5-7-1）泥岩		灰绿色、黄褐色，粉砂质泥岩夹薄层状粉砂岩，具页状或薄片状层理，泥质胶结，抗风化能力弱，用硬物击打易裂成碎片	武汉分布较为广泛，武昌、汉口、汉阳均有分布，是主要的底座基岩
							（5-7-2）砂岩		青灰色、灰绿色、黄褐色，薄层细砂岩，具页状或薄片状层理，泥质胶结，抗风化能力弱，用硬物击打易裂成碎片	
新元古界	南华系Nh	下统	武当群	Nh_1w		武当群岩层	（5-8-1）片岩		灰白色，长石石英钠长片岩，片理构造发育、风化强烈	零星分布于新洲区双柳凤凰山一带
							（5-8a）凝灰岩		暗绿色、黑色，属火山岩，扬子期构造产物，呈夹层状出露，厚度不大，具碎屑、晶屑结构，含大量玄武岩、杏仁状玄武岩，含斜长石、普通辉石、橄榄石矿物	分布于黄陂区、新洲区等地

第四章

地 质 资 源

武汉市拥有丰富的地下水、地热能、地质文化、矿产、土壤等地质资源，它们是城市建设、发展的重要支撑资源。地下水主要作为常规水资源、应急（后备）水源地资源，还可作为浅层地热能资源利用。地热资源包括浅层地热能资源和中深层地热能资源，其中浅层地热能资源分布广泛，可通过地源热泵系统为建筑等提供制冷供暖；中深层地热能资源埋藏在地下深部，来源主要为地球深部的传导热，可通过地热水（温泉）和中深层地源热泵方式开发利用。地质文化资源包括地史资源、地理景观、生态环境资源、文化遗址、特色物产地等，是由内外动力地质作用形成、发展、演化并保留下来的地球历史的真实记录，是不可再生的地质自然遗产。矿产资源除煤矿和饮用天然矿泉水外，主要为非金属矿产，优势矿种是石英砂岩和灰岩矿。

第一节　地下水资源

武汉市地下水按含水介质类型主要可分为松散岩类孔隙水、碎屑岩裂隙孔隙水、碳酸盐岩岩溶裂隙水和碎屑岩类裂隙水和岩浆岩、变质岩类裂隙水五大类。

松散岩类孔隙水主要分布于长江、汉江一级阶地及河漫滩、心滩及山区或岗状平原的河谷、冲沟内，一级阶地前缘水量较丰富，往后缘方向水量逐渐减小；碎屑岩裂隙孔隙水主要分布于东西湖一带，富水性分为水量较丰富、中等和较贫乏三个富水等级；碳酸盐岩岩溶裂隙水赋存于下三叠统—中三叠统（嘉陵江组）、上石炭统—中二叠统（茅口组）及新元古界红安群七角山组大理岩岩溶裂隙中，富水性受岩性、断裂构造及岩溶发育程度控制而极不均一；岩浆岩、变质岩类裂隙水分布于黄陂区蔡店街和新洲区旧街一带，赋存于燕山期花岗岩、玄武岩等岩浆岩风化裂隙与构造裂隙中，变质岩裂隙水分布于武汉市北部，赋存于太古宇和元古宇的各类片麻岩、片岩等变质岩风化裂隙和构造裂隙中，泉流量小于 10 m^3/d；碎屑岩类裂隙水赋存于白垩系—古近系、上泥盆统—下石炭统、中二叠统—上二叠统碎屑岩裂隙中，水量较贫乏。

根据地下水资源赋存条件、水动力特征及补径排条件，武汉市水文地质单元可划分为汉口区（含汉口主城区、东西湖区）、武钢块段、徐家棚块段、白沙洲块段、天兴洲、东湖新技术开发区、汉阳区、武汉经济技术开发区、蔡甸区、汉南区、江夏区、黄陂区 12 个单元。

经计算，武汉市地下水允许开采量为 $21\,695.80\times10^4$ m^3/a（表 4.1）。

第二节　地热能资源

地热能是蕴藏在地球内部的天然能源，按照埋藏深度可以划分为浅层地热能（200 m 以浅）、中深层地热能（200～3 000 m）和深层地热能（3 000 m 以下）。与其他能源相比，地热能具有资源潜力大、无环境污染、不受天气影响、可就地持续利用等优势，是重要的可再生能源之一。目前武汉市已开发利用的地热能资源主要为浅层地热能。

表 4.1 武汉市主要含水岩组地下水资源量计算结果汇总表

单元名称	位置	含水岩组代号	含水层面积/km^2	允许开采量/（10^4 m^3/a）	开采模数/[10^4 m^3/（km^2·a）]	开采条件下补给量/（10^4 m^3/a）					补给模数/[10^4 m^3/（km^2·a）]
						越流补给	侧向径流补给	江水渗入补给	大气降雨入渗补给	补给量合计	
汉口区	汉口主城区、东西湖区	Q_h、Q_{p_3}、N	622.20	8 084.22	12.99	5 549.51	151.26	3 413.18		9 113.95	14.65
武钢块段		Q_h	79.49	2 414.74	30.38	1 283.23		1 390.20		2 673.43	33.63
徐家棚块段		Q_h	55.50	1 306.47	23.54	864.79		544.20		1 408.99	25.39
白沙洲块段	白沙洲	Q_h	41.00	868.03	21.17	522.65		409.44		932.09	22.73
	白沙洲—武汉工程大学—中医院一带	C—T	78.97	587.06	7.43				587.06	587.06	7.43
天兴洲		Q_h	16.52	2 624.90	158.89			955.49	1 669.31	2 624.80	158.89
东湖新技术开发区		C—T	254.19	1 889.65	7.43				1 889.65	1 889.65	7.43
汉阳区	鹦鹉洲—太子湖	C—T	16.68	134.56	8.07				134.56	134.56	8.07
武汉经济技术开发区		C—T	50.38	406.42	8.07				406.42	406.42	8.07
蔡甸区	闵家嘴—五星村—漳河口	Q_h	8.66	76.82	8.87	76.57				76.57	8.84
	齐联村—叶家咀—刘湾	C—T	85.27	646.43	7.58				646.43	646.43	7.58
汉南区	程家山	C—T	7.55	55.20	7.31				55.20	55.20	7.31
江夏区	郑店—田家湾—金家湾	C—T	200.81	919.31	4.58			0.00	919.31	919.31	4.58
黄陂区	武湖—天河机场	Q_h（N）	343.83	1 448.51	4.21	945.41	157.53	383.71		1 486.65	4.32
	连畈村—汪湾	C—T	26.02	233.48	8.97				233.48	233.48	8.97
合计				21 695.80		9 242.16	308.79	7 096.22	6 541.42	23 188.59	

一、浅层地热能资源

浅层地热能是蕴藏在浅层地表以下，200 m 范围内岩（土）体、地下水或地表水中，低于 25 ℃的低品位热能资源，主要采用地源热泵技术为建筑和居民提供制冷供暖和生活热水。目前仅武汉都市发展区完成了 1∶5 万浅层地热能资源调查与评价工作。

（一）浅层地热能资源条件

1. 浅层地热场特征

武汉都市发展区 120 m 深度内地温在 16～22.6℃，呈现出南高北低的总体趋势，局部存在地热异常。

垂直方向上，地下 120 m 范围内由浅至深，地温由低到高。地下约 15 m 至地表范围内温度变幅较大，其中 0～5 m 段温度变幅最大，5～15 m 段温度变幅逐渐减小，地下深度 15 m 以下，受季节气候影响较小。图 4.1 所示为常福 R5 地温监测孔温度变化图。

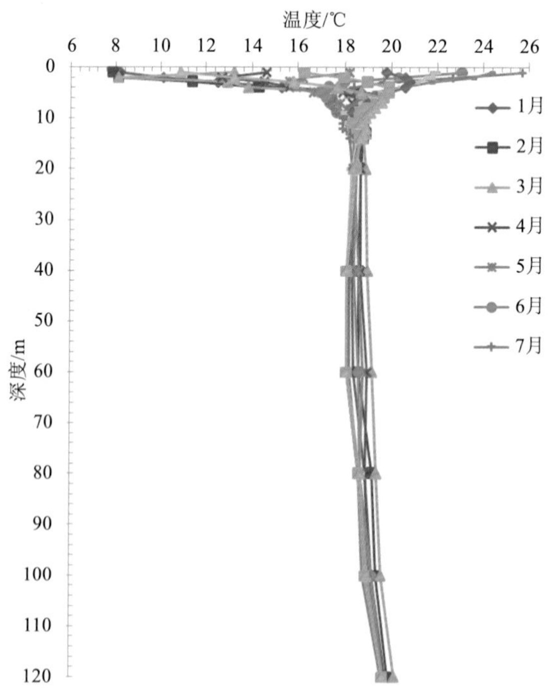

图 4.1　常福 R5 地温监测孔温度变化图

从地温场平面特征分析，浅层地温场受整体东西向构造格局和南北向气候分带共同影响，北部因靠近大别山，年平均气温稍低于南部，平均地温偏低 0.4℃；区内断陷盆地、构造断裂带、地下水活动带等地，地温产生局部变化（图 4.2）。

2. 浅层地质结构特征

武汉都市发展区浅部地层为剥蚀堆积、洪冲积成因的第四系黏性土、砂土层，深部基岩为古生代至新生代地层，岩性包括泥岩、砂岩、灰岩、页岩、硅质岩等。第四系覆盖地层较薄，除武昌区中南路、汉阳区黄金口古河道地段外，一般为 20～50 m，在低丘地段（如龟山、蛇山、珞珈山），基岩直接出露地表。

根据地层结构、岩相变化、空间展布，结合地貌特征，按浅层地热能利用条件，将地质结构分为剥蚀丘陵岩体类型区、剥蚀堆积平原土体类型区、堆积平原土体类型区三种类别（图 4.3）。

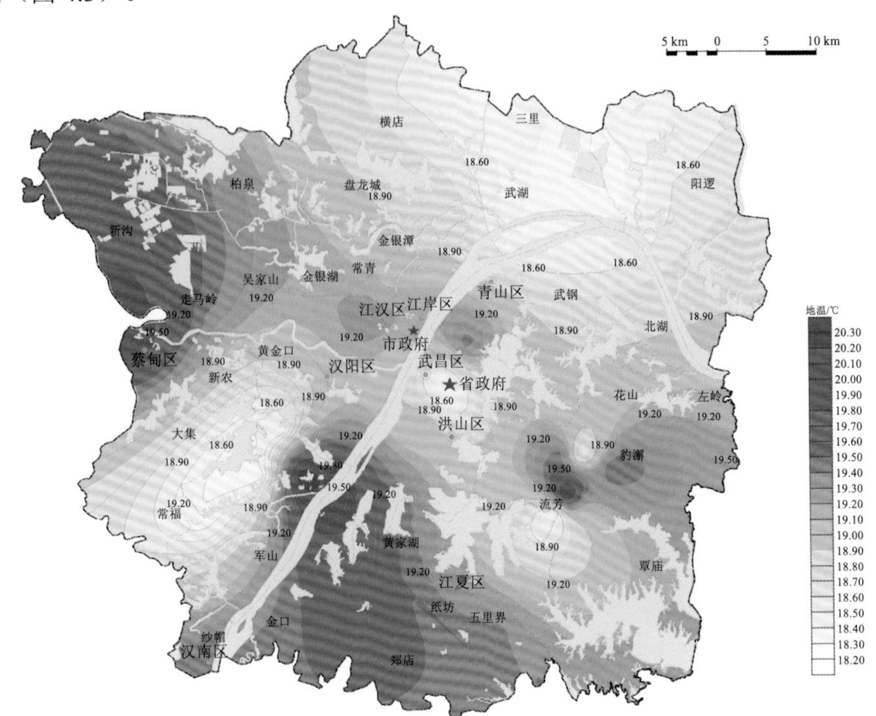

图 4.2 武汉都市发展区 120 m 平均地温等值线图

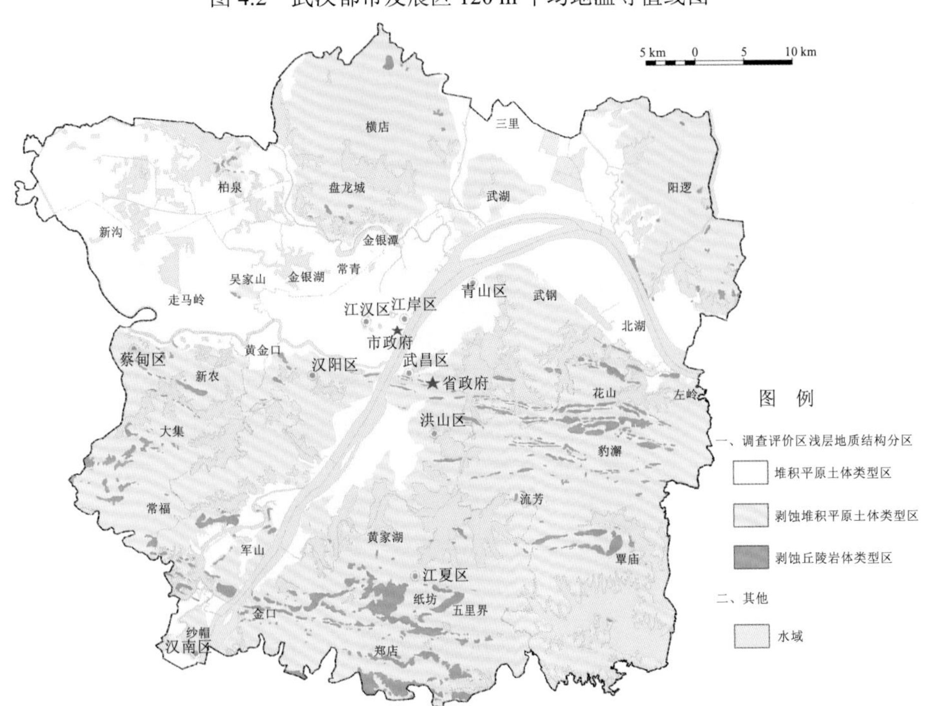

图 4.3 武汉都市发展区浅层地质结构分区图

3. 水文地质条件

武汉市地下水按含水介质类型主要可分为松散岩类孔隙水、碎屑岩裂隙孔隙水、碳酸盐岩岩溶裂隙水、碎屑岩类裂隙水和岩浆岩、变质岩类裂隙水五大类。其中松散岩类孔隙水在一级阶地前缘水量较丰富，碎屑岩裂隙孔隙水于东西湖一带局部富水性较丰富，碳酸盐岩岩溶裂隙水富水性受岩性、断裂构造及岩溶发育程度控制个别地段较丰富，上述3种类型的地下水具有浅层地热能开发利用的条件。

4. 岩（土）体热物性特征

武汉都市发展区地层情况多样，总体来看，土体比热容高于岩石，一般大于1.0 kJ/（kg·℃），且土体粒径越小，含水量越高，比热容一般越大，岩石中粉砂岩、砾岩比热容最大，页岩次之，灰岩、石英砂岩比热容较小，多小于1.0 kJ/（kg·℃）（图4.4）。黏性土的导热系数较小，一般小于2.0 W/（m·℃），砂土导热系数大于黏性土，一般大于2.0 W/（m·℃），灰岩、石英砂岩导热系数一般大于2.5 W/（m·℃）（图4.5）。

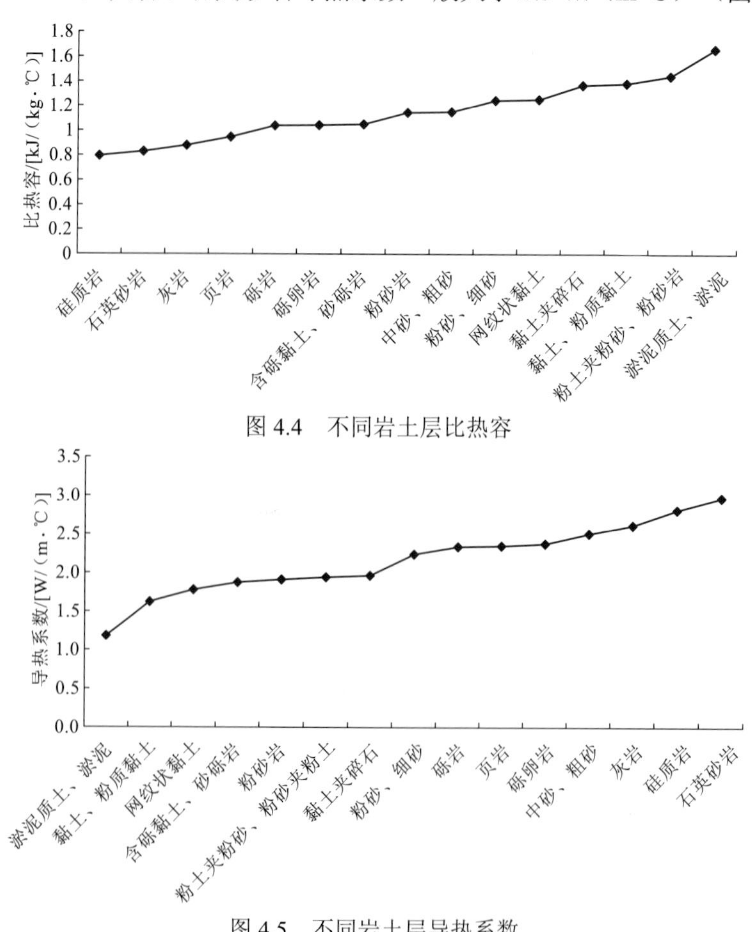

图4.4　不同岩土层比热容

图4.5　不同岩土层导热系数

5. 岩土热响应特征

武汉都市发展区制冷工况下换热孔换热量一般为50～65 W/m，供暖工况下换热量略低；总体而言，岩土层比热容越大、导热系数越大、换热地层中含水层厚度越厚，岩土层换热效率越高。

（二）浅层地热能资源适宜性区划

武汉市浅层地热资源分布广泛，根据开发利用地下换热系统形式，分为地下水地源热泵系统、地埋管地源热泵系统和地表水地源热泵系统三种类型。目前武汉都市发展区已完成浅层地热能资源调查与评价工作，都市发展区以外暂未进行浅层地热能开发利用适宜性区划及潜力评价。

1. 适宜性分区方法

采用层次分析法评价方法，评价地下水地源热泵适宜性时（图 4.6），目标层即为地下水地源热泵系统适宜性评价；属性层由地质及水文地质条件、地下水动力条件、地下水化学特征、开采能力及环境影响和施工成本组成；要素指标层包括含水层出水能力、含水层回灌能力、地下水位埋深、地下水位动态变化、地下水水质、地下水开采能力、地面沉降易发性、成井条件共 8 个要素；地埋管地源热泵系统适宜性评价（图 4.7），目标层即为地埋管地源热泵适宜性分区；属性层由地质条件、水文地质条件、地层换热能力和施工成本组成；要素指标层包括第四系厚度、浅层地质结构分区、有效含水层厚度、分层地下水水质、地层热扩散系数、地层每延米换热量和钻进条件。

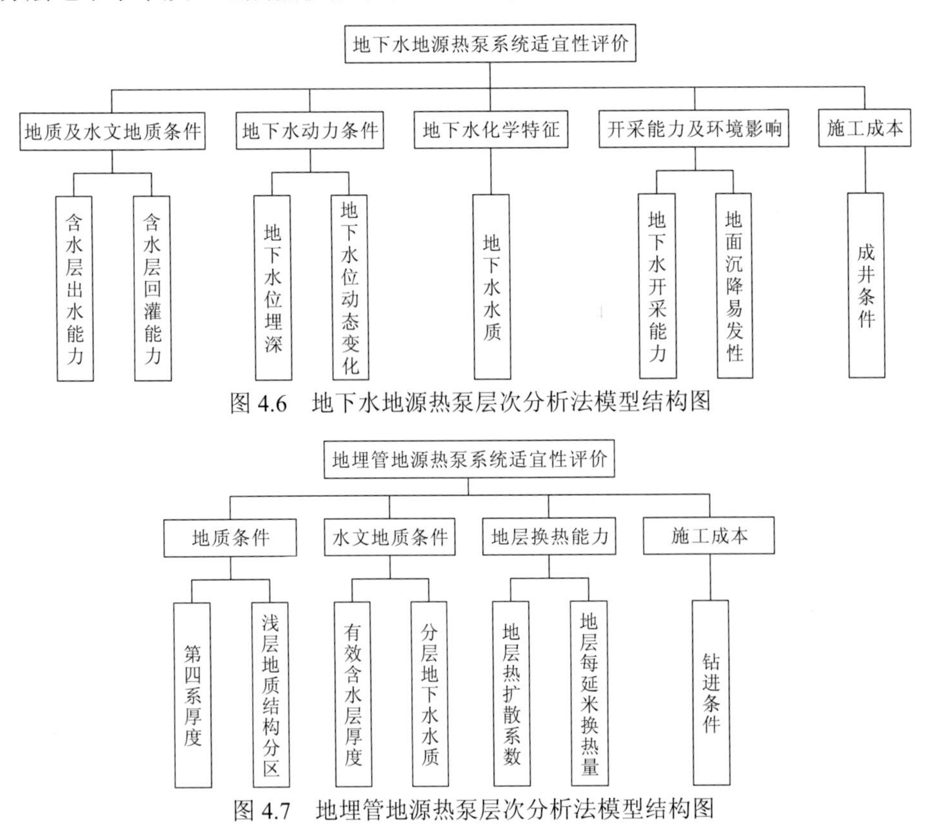

图 4.6　地下水地源热泵层次分析法模型结构图

图 4.7　地埋管地源热泵层次分析法模型结构图

根据评价结构模型，将要素指标分为不同区段，由专家打分，对评价体系中各层指标进行重要性对比，确定因子权重和要素指标赋值标准；将评价区内所有区域的各项要素根据评分标准表进行赋分，再采用综合指数法，对各项属性赋值与其相对应的权重值相乘，然后求和，即可得出各区域的适宜性评价得分，根据得分分布完成评价区内的适宜性分区。

2. 地下水地源热泵适宜性分区

地下水地源热泵适宜区位于长江、汉江一级阶地前缘至中缘地段，区内含水岩组富水性较好，水量达到丰富和较丰富等级，单井涌水量大于 1 000 m^3/d 或 500～1 000 m^3/d，含水层出水、回灌能力强，适宜利用地下水地源热泵。适宜性差区主要分为两类：一类是武汉市白沙洲地区、中南轧钢厂等地下水禁采区和汉南等地，该区抽水极易诱发岩溶地面塌陷；另一类是一级阶地后缘及隐伏岩溶上部为隔水层地区，其单井出水量小，开发利用成本较高（图 4.8）。

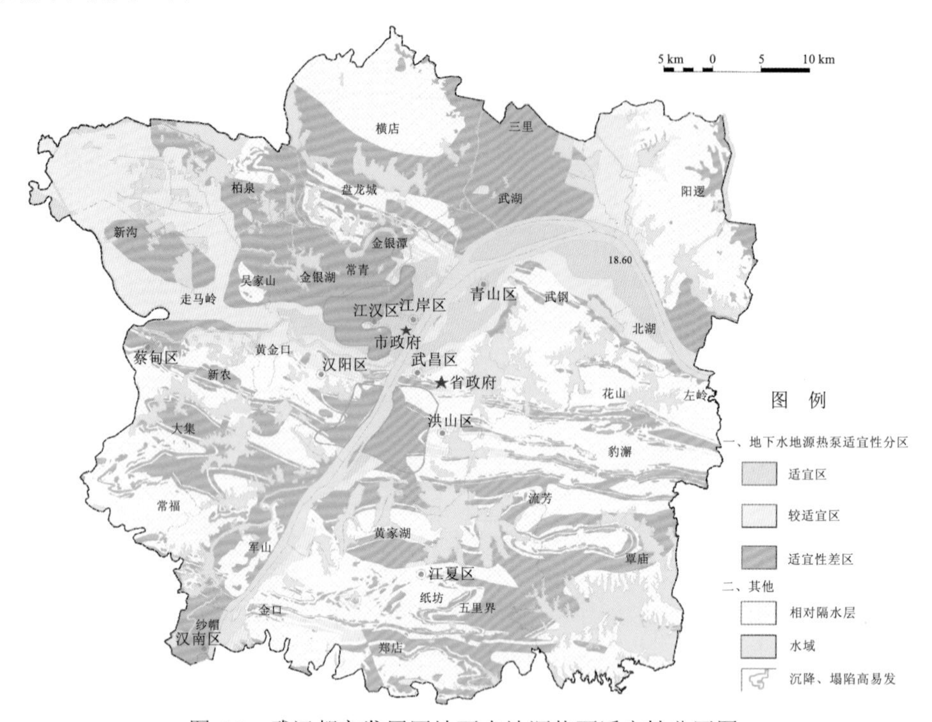

图 4.8　武汉都市发展区地下水地源热泵适宜性分区图

3. 地埋管地源热泵适宜性分区

武汉都市发展区基本都适宜地埋管地源热泵系统建设，武昌区白沙洲、汉阳区中南轧钢厂、汉南区纱帽局部地区由于近年来多次发生岩溶塌陷，适宜性差（图 4.9）。

4. 地表水地源热泵适宜性分区

武汉市湖泊总体较浅，湖面与湖底温度基本一致，与气温差异不大，且水体流动性较差，不适宜作为地表水地源热泵的冷热源。

长江、汉江水量丰富，江水温度在冬夏季与气温有一定温差，有利用潜力，而且长江优于汉江。

（三）浅层地热能资源可利用资源量

武汉都市发展区集中建设区范围内地下水地源热泵系统适宜区和较适宜区面积为 252.83 km^2，夏季制冷工况下换热功率为 2.67×10^5 kW，冬季供暖工况下换热功率为 1.33×10^5 kW，可利用资源量折合标准煤为 11.81×10^4 t。

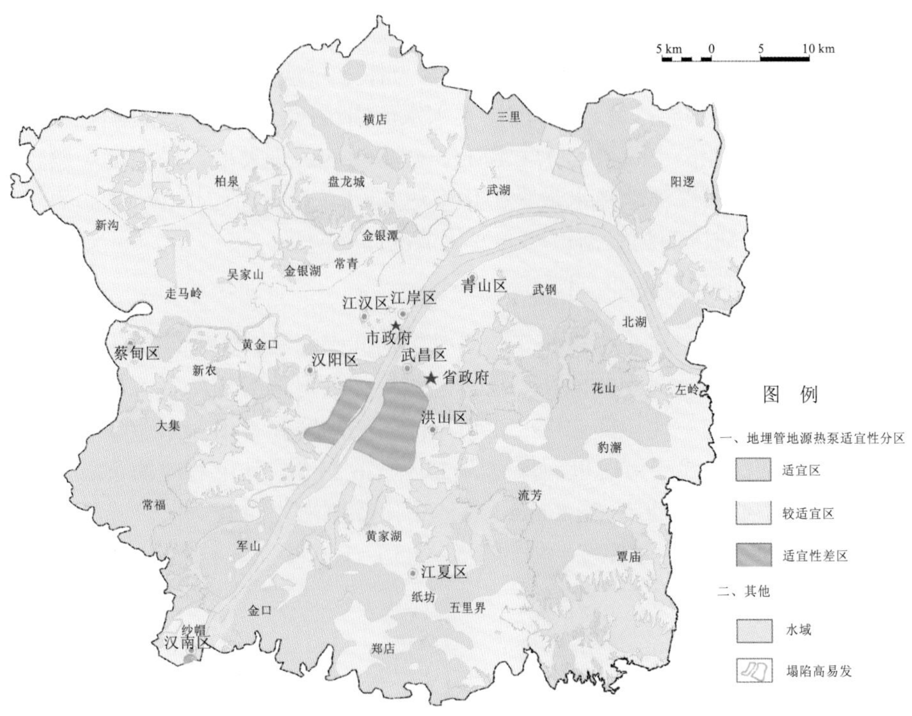

图 4.9　武汉都市发展区地埋管地源热泵适宜性分区图

武汉都市发展区集中建设区范围内地埋管地源热泵系统适宜区和较适宜区面积为 1 411.01 km^2，夏季制冷工况下换热功率为 5.65×10^7 kW，冬季供暖工况下换热功率为 4.85×10^7 kW，可利用资源量折合标准煤为 $2\,741.97\times10^4$ t。

现状条件下，长江全年可利用的浅层地热能资源量折合标准煤为 184×10^4 t，汉江全年可利用的浅层地热能资源量折合标准煤为 125×10^4 t。

二、中深层地热能资源

（一）中深层地热能资源条件

1. 区域地质和水文地质特征

武汉市跨及两个一级构造单元，以襄（樊）一广（济）深断裂为界，北部为秦岭—大别山造山带，主要出露有古元古代大别山岩群、新元古代红安岩群、武当（岩）群、中深变质岩；南部为扬子准地台，从志留系至古近系均有出露，根据现有中深层地热井资料显示，寒武—奥陶系地层埋藏深度一般大于 700 m。

襄广断裂以北的构造特征表现为一系列北西向向斜、背斜，并发育规模不等的北西、北北东向断裂；襄广断裂以南大多被第四系覆盖，志留系—三叠系构成了走向近东西向的线状褶皱，一般向斜窄、背斜宽，并发育北北东、北西西、北西向三组断裂。新生代以来的活动性断裂主要有襄广断裂、麻团断裂、英店断裂、长江断裂、天门河断裂、石首断裂等。同时，受襄广断裂和麻团断裂控制，发育有两个凹陷，即新洲凹陷和梁子湖凹陷。

武汉市深层地下水主要为寒武—奥陶系、石炭—二叠系灰岩、白云岩岩溶裂隙水，页岩、粉砂岩等为隔水层；深部地热水补径排特征目前缺少足够资料分析，推测主要由周边山区向区内补给，与周边盆地有水交换（互为补排），或沿长江断裂等构造带向长江、汉江或第四系、裂隙含水层排泄，总体深层热水水流滞缓；深部地热水水质有 SO_4-Ca·Mg、HCO_3-Ca、HCO_3-Ca-Mg、SO_4-HCO_3-Ca-Mg、Cl-SO_4-Na 等类型，矿化度一般较低，普遍为微咸水，目前发现深部地热水最大矿化度达 4 g/L（武昌街道口 W5 井，奥陶系灰岩水）；深部地热水因缺少实测数据，动态变化情况尚不明确。

2. 地热总体特征

武汉市在深部构造上属于中下扬子幔隆带中的武汉幔隆，莫霍面埋深为 28～29 km，向北及向南分别与桐柏—大别幔陷和幕阜幔陷相接。根据重磁场特征，由西至东大致划分为北西向展布的蔡甸—沌口隆起区、汉口—流芳凹陷区和青山—阳逻隆起区，且基底呈现西高东低的特征。武汉市居里面深度为 25.5～26.8 km，其中对应的黄陂区为居里面深凹陷区，凹陷中心深度约为 26.8 km。总体变化特征由北向南降低。武汉地区大地热流值为 42～54 mW/m^2，地温梯度一般为 1.5～2.5℃/100 m（图 4.10）。

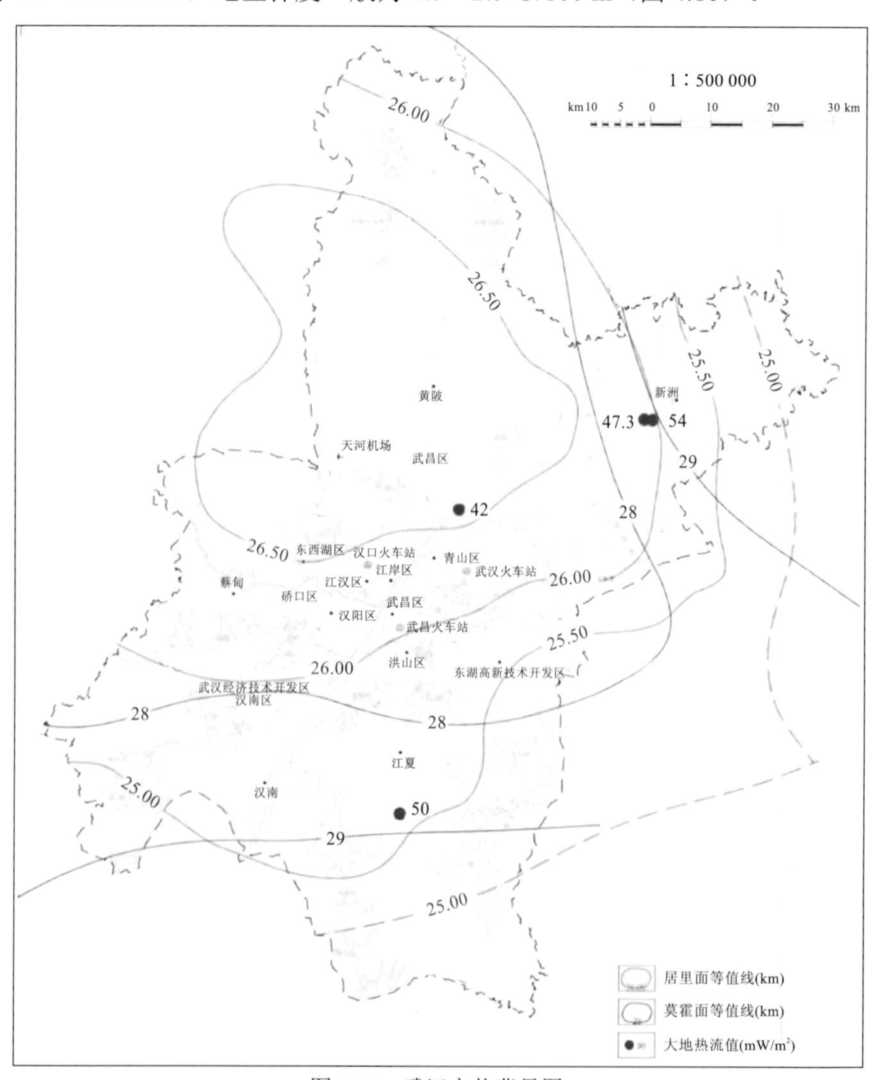

图 4.10　武汉市热背景图

武汉市经历多期构造运动，各期次岩浆岩活动，但多为大别期、扬子期、燕山期的岩浆活动，余热早已散失，不能构成岩浆热源。因此武汉市地热热源主要为地球深部的传导热，也有部分地壳岩石放射性衰变产生的热能，地热流体的温度取决于地温梯度和流体循环深度。

根据热储岩性，将武汉市热储分为三类，即碳酸盐岩热储、碎屑岩热储和变质岩热储。碳酸盐岩热储可分为石炭纪—二叠纪碳酸盐岩热储和寒武纪—奥陶纪碳酸盐岩热储，二者之间为巨厚的志留系，地热流体主要赋存于岩溶裂隙和断裂带中。碎屑岩热储岩性为白垩系—古近系公安寨组砾岩、砂岩，主要分布于襄广断裂以北的新洲凹陷，埋藏深度由北向南逐渐增大，南部深度超过 2 000 m，地热流体主要赋存于碎屑岩孔隙、裂隙和断裂破碎带中。变质岩热储岩性为元古代片岩、片麻岩，局部为大理岩，分布于襄广断裂以北的变质岩山区，地热流体主要赋存于构造裂隙带中。

武汉市热储盖层主要有志留系、上二叠统—侏罗系、白垩系—古近系。志留系由页岩、粉砂质泥岩、粉质页岩等组成，沉积厚度大（>700 m），分布稳定，是一套良好的隔水保温盖层，对寒武纪—奥陶纪碳酸盐岩热储中的地热流体起着保温作用；白垩系—古近系为一套中—厚层状粉砂质泥岩、粉砂岩、砂岩、砾岩，上部的粉砂质泥岩、粉砂岩对深部的砂岩、砾岩热储形成一定的保温作用；上二叠统—侏罗系主要为硅质岩、砂岩、灰岩、页岩，对梁子湖凹陷带的石炭纪—二叠纪碳酸盐岩热储起到保温作用。区内中部低丘区的石炭纪—二叠纪碳酸盐岩热储、北部山区的变质岩热储没有稳定的保温盖层。

武汉市可成为导热导水构造的断裂主要有：襄广断裂、团麻断裂，五通口—汤逊湖断裂等及其次级断裂。另外发育于碳酸盐岩中的裂隙岩溶系统是岩溶水运移、储存的主要通道，当其发育深度较深或受深大断裂控制时，将形成岩溶热储地热流体的主要导热、导水通道。

武汉市地热流体的补给来源主要为大气降水和少量的古沉积水。石炭纪—二叠纪碳酸盐岩热储的补给来源于大气降水，补给区主要位于向斜两翼的碳酸盐岩裸露区，大气降水通过裂隙岩溶系统或断裂入渗地下进行深循环形成地热流体，属近源补给；寒武纪—奥陶纪碳酸盐岩热储的补给来源主要为大气降水，少量为古沉积水。补给区一是位于大洪山区的碳酸盐岩裸露区，二是位于鄂东南低山丘陵区的碳酸盐岩裸露区，大气降水通过裂隙岩溶系统或断裂入渗地下进行深循环形成地热流体，属远源补给，其中前者已有部分资料佐证，后者还需验证。碎屑岩热储的补给来源于大气降水，一部分为北部山区的变质岩裂隙水向南侧补给进入碎屑岩含水层中，顺层或沿断裂带继续向南径流，随着深度的增加逐渐受热形成地热流体，属远源补给；另一部分为山前砾岩、砂岩出露区，大气降水通过裂隙、断裂入渗形成地下水，再向南径流形成地热流体，属近源补给。变质岩热储的补给来源于大气降水，补给区包括区内北部的低山区，补给区断裂发育，大气降水通过裂隙、断裂入渗并沿断裂带进行深循环形成地热流体，属近源补给。

（二）分区特征

依据地热赋存条件，将武汉市分为襄广断裂带区、西部盆山结合带区、南部凹陷带区、团麻断裂带区、北部山区、中部低丘区等区域，分述其特征及赋存模式。

1. 襄广断裂带区

襄广断裂带区主要受襄广断裂带控制，北部属新洲凹陷，以英店断裂为界，南至葛店向斜南翼，东西至武汉市界（图 4.11）。

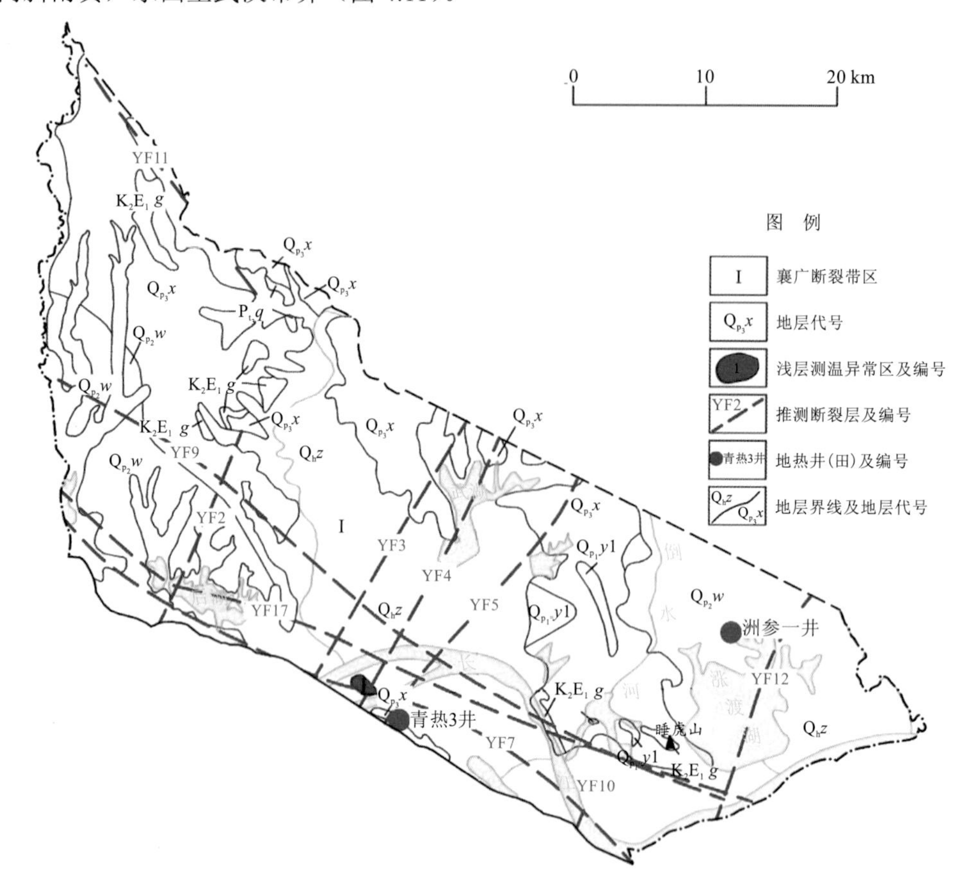

图 4.11 襄广断裂带区域地质图

襄广断裂带区的地热赋存模式总结为两种：沿襄广断裂带与葛店向斜交汇处为近源层状带状复合型，襄广断裂带以北新洲凹陷为深埋层状型。

（1）近源层状带状复合型：地热流体赋存于葛店向斜南翼的石炭纪—二叠纪碳酸盐岩裂隙岩溶中，热储大体沿襄广断裂带呈北西西向分布，热储层中的地热流体通过向斜南翼碳酸盐岩出露区接受大气降水补给，属近源补给，大气降水入渗沿襄广断裂带控制的裂隙岩溶向深部运移，径流过程中获取围岩的热量，形成地热流体，在北东向断裂与襄广断裂的交汇部位深部地热流体向上运移赋存于浅部并与浅部冷水混合，形成温度异常的地下水。

（2）深埋层状型：地热流体赋存于新洲凹陷深部的公安寨组砂岩、砂砾岩裂隙孔隙中，呈多层不连续分布，其间为透水性差的黏土岩阻隔，局部断裂破碎带、裂隙带富集，赋存于热储中的热水来源于山区变质岩裂隙水的侧向补给和山前大气降水入渗补给，地下水在径流过程中受岩温加热，向南随着热储埋藏深度的增大，温度逐渐升高，受襄广断裂带阻隔富集于断裂沿线，特别是多组断裂交汇带利于地热流体的富集，热储层埋藏深度达两千多米。

2. 西部盆山结合带区

西部盆山结合带区主要是指江汉盆地与武汉断褶区的结合部位，东以舵落口断裂为界，北以天门河断裂为界，南以石首断裂为界（图 4.12）。

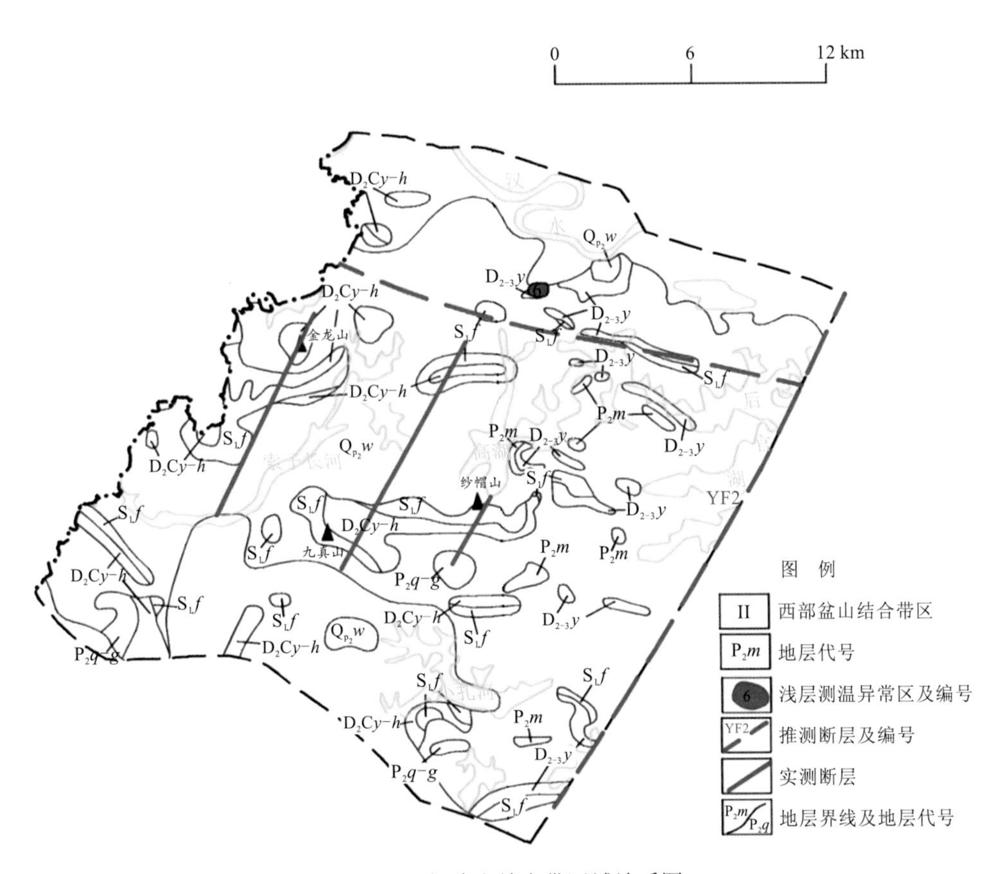

图 4.12 西部盆山结合带区域地质图

该区地热属远源深埋层状带状复合型。热储层为深埋于志留系之下的寒武纪—奥陶纪碳酸盐岩，埋深大于 1 000 m，局部地区超过 2 000 m，地热流体赋存于碳酸盐岩的裂隙岩溶或断裂破碎带中，分析认为热储中的地热流体为大洪山区的大气降水远源补给，补给区出露寒武纪—奥陶纪碳酸盐岩，断裂、裂隙岩溶发育，地下水主要沿深大断裂或发育于深部的裂隙岩溶系统向东穿越江汉盆地到达本区，蔡甸区索河地区地热井揭露了该热储层，水化学资料显示该处的地下水处于地下水系统的径流区，推测地下水仍会向东继续径流。

3. 南部凹陷带区

南部凹陷带区位于梁子湖凹陷与中部褶皱山地的交接地带，北至猫耳洞背斜南翼，南至武汉市界，东与团麻断裂带相接，西以舵落口断裂为界（图 4.13）。

该区地热属近源深埋层状带状复合型。热储层为石炭纪—二叠纪碳酸盐岩，热储埋深向南部凹陷中心逐渐增大，最深处可能超过 3 000 m，热储上覆地层为上二叠世—侏罗纪砂岩、泥岩、灰岩、硅质岩，为保温盖层，北部边界附近热储层出露于地表，接受

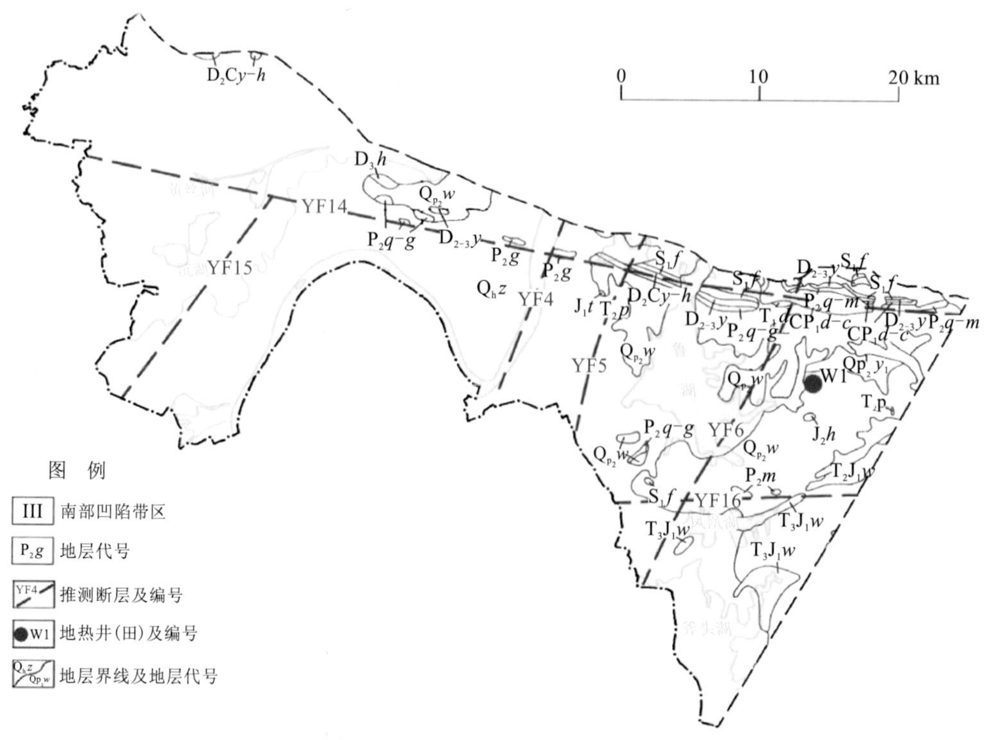

图 4.13　南部凹陷带区域地质图

大气降水补给，属近源补给。近源补给的地下水主要通过裂隙岩溶顺层向下运移，地下水温度随着深度的增加逐渐升高，深大断裂发育部位有助于岩溶通道的形成，加速了地下水向深部的运移过程。

4. 团麻断裂带区

团麻断裂带区主要受团麻断裂控制，北以襄广断裂为界，西以北西西向褶皱倾伏端为界，东、南至武汉市界（图 4.14）。

该区地热属近源层状带状复合型。热储层为石炭纪—二叠纪碳酸盐岩，位于近东西向褶皱东部倾伏端，大体由西向东倾伏，向斜倾伏端热储埋藏较深，补给区位于向斜两翼的石炭纪—二叠纪碳酸盐岩出露区或背斜倾伏端的碳酸盐岩出露区，属近源补给，来源于大气降水。大气降水通过裂隙岩溶通道或断裂破碎带入渗形成地下水，并向岩层倾伏方向径流，受团麻断裂带内的岩浆岩体阻隔，地下水在此富集并不断聚集热量形成地热田。

5. 北部山区

北部山区是指襄广断裂带以北黄陂、新洲地区（图 4.15）。

该区地热属近源浅埋带状型，新洲凹陷内为深埋层状型。北部山区深部地下水的活动局限于断裂带，没有明显的盖层，热储岩性主要为片岩、片麻岩，岩层本身裂隙率低，渗透性差，地热流体赋存于断裂破碎带或局部裂隙交会破碎带中，地下水在沿断裂带向深部径流过程中逐渐将分散在岩体中的热量加以吸收和积蓄，形成地热流体，多出现在断裂破碎带或两组不同方向断裂的交会部位，如蔡店乡源泉村泉水温度异常点，即为北

东向与北西向断裂的交会部位。地热流体的补给主要来源于大气降水，补给区主要为近源的低山区。

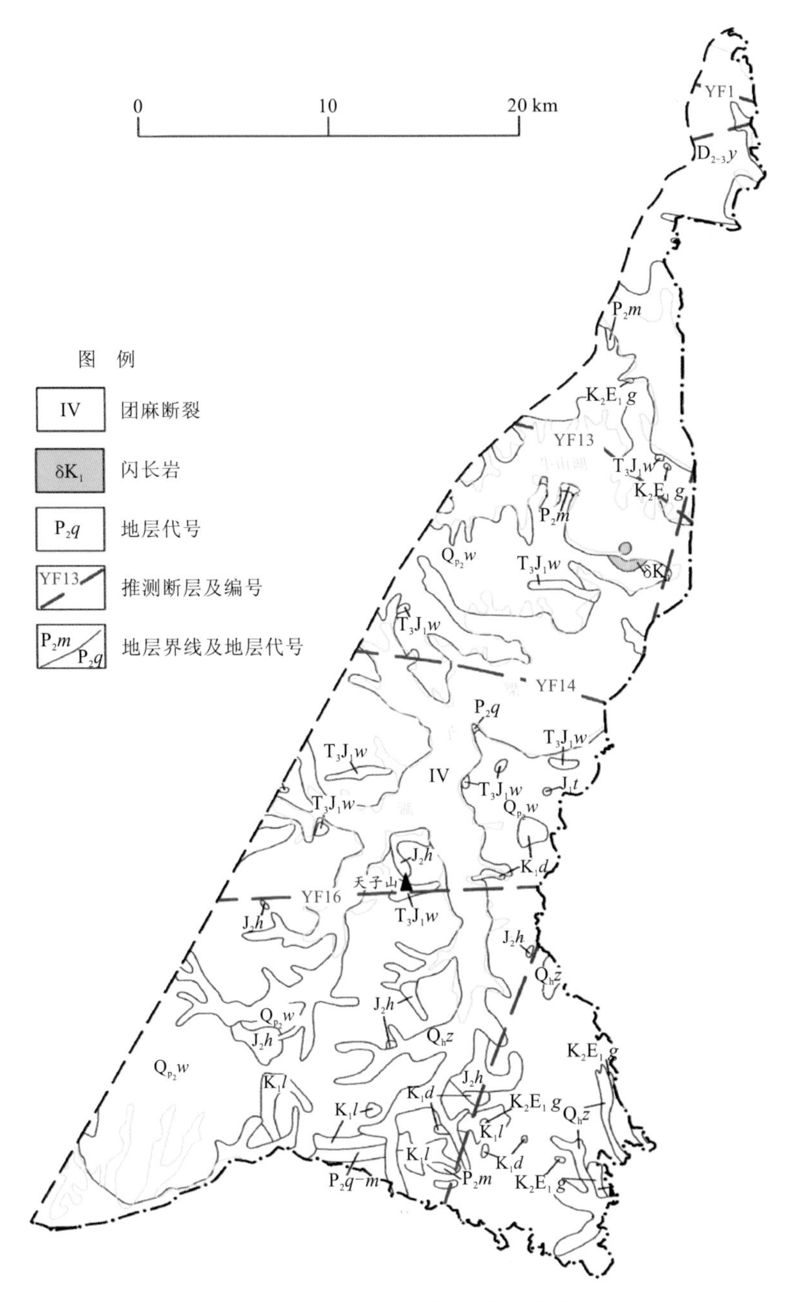

图 4.14 团麻断裂带区域地质图

6. 中部低丘区

中部低丘区北至葛店向斜南翼，南至猫耳洞背斜南翼，西以舵落口断裂为界，东与团麻断裂带相接（图 4.16）。

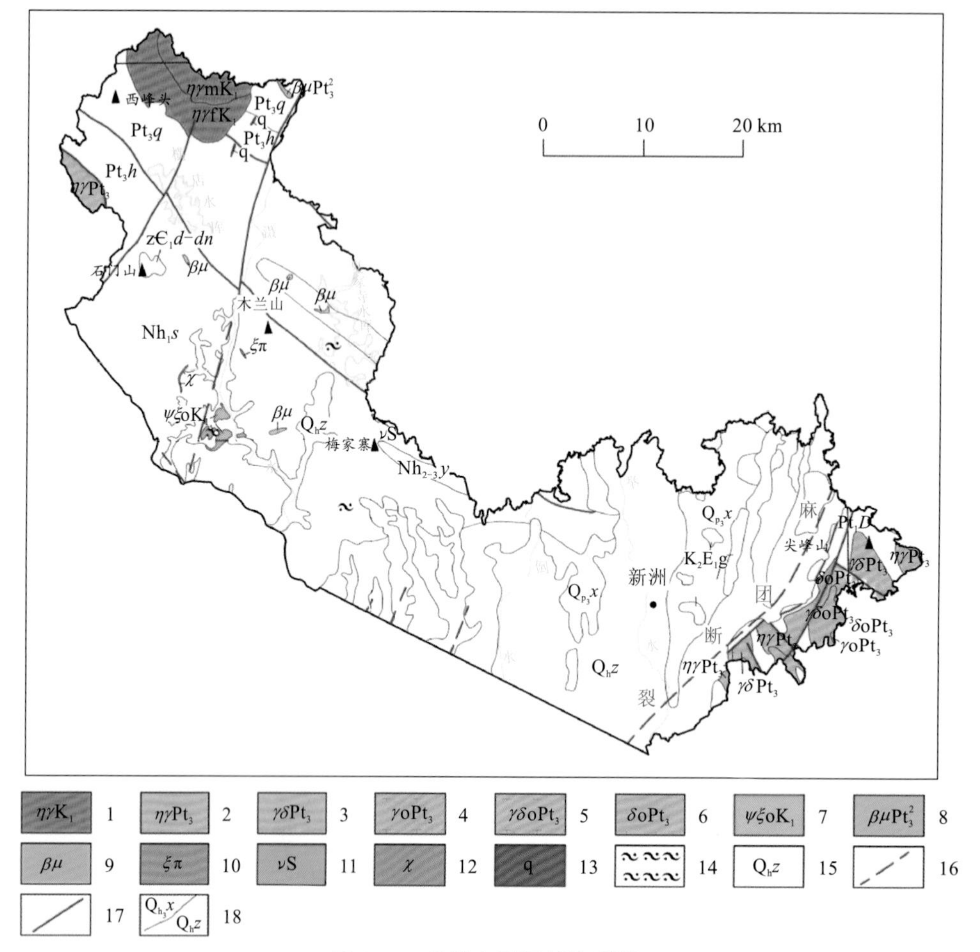

图 4.15　北部山区区域地质图

1. 二长花岗岩；2. 二长花岗岩；3. 花岗闪长岩；4. 斜长花岗岩；5. 英云闪长岩；6. 石英闪长岩；7. 角闪石英正长岩；8. 辉绿岩；9. 辉绿岩及辉绿玢岩；10. 正长斑岩；11. 辉长岩；12. 煌斑岩；13. 石英岩脉；14. 蓝闪（片）岩；15. 地层代号；16. 推测断层；17. 实测断层；18. 地层界线及地层代号

本区地热有两种类型：浅部为近源浅埋层状型，深部为深埋层状带状复合型。

（1）近源浅埋层状型：地热流体赋存于石炭纪—二叠纪碳酸盐岩的裂隙岩溶中，热储一般规模较小，呈点状分布于向斜与深大断裂的交会部位，地热流体的补给主要为同一向斜内的地下水，属近源补给，局部地区热储上部覆盖上二叠统、三叠系，具有一定的保温作用，热储层下部为志留纪页岩，透水性差，地下水循环深度受此限制，循环深度仅几百米，因此地热流体温度不高，如三门湖长山头地热田为此种情况。

（2）深埋层状带状复合型：热储层为深埋于志留系之下的寒武纪—奥陶纪碳酸盐岩，埋深大于 860 m，局部地区超过 2 000 m，地热流体赋存于碳酸盐岩的裂隙岩溶或断裂破碎带中，区外大洪山区、鄂东南地区同类型岩溶水很难径流进入本区，或仅有少量进入本区，使得区内地热流体很难获得外部补给，同时区内浅部的地下水难以通过巨厚的志留纪页岩下渗补给，因此该热储层内多为古封存水，如武五井在揭露热储层后喷出高矿化的氯化、硫酸钠型水，随着时间的延续水量迅速衰减。

图 4.16 中部低丘区区域地质图

（三）地热重点靶区

2019 年，“武汉多要素城市地质调查”实施了“中深层地热资源调查与研究项目”，在长江新区、中法生态城、蔡甸索河-张湾、江夏土地堂、沌口小军山、黄陂源泉村地区，划定地热重点勘查开发靶区 6 个（图 4.17），在重点靶区内开展了调查、勘探与评价，初步查明了各个重点靶区的地质构造特征、地热地质条件及地热异常特征等，圈定了地热异常点。

1. 蔡甸索河-张湾重点靶区

1）区域地质条件

蔡甸索河-张湾重点靶区大地构造位于扬子陆块区一级构造单元，为扬子陆块区下扬子陆块之鄂东南褶冲带，所处四级构造单元为武汉台地褶冲带。区内共推测有 9 条断层经过，其中 6 条北北东走向，3 条东南走向。

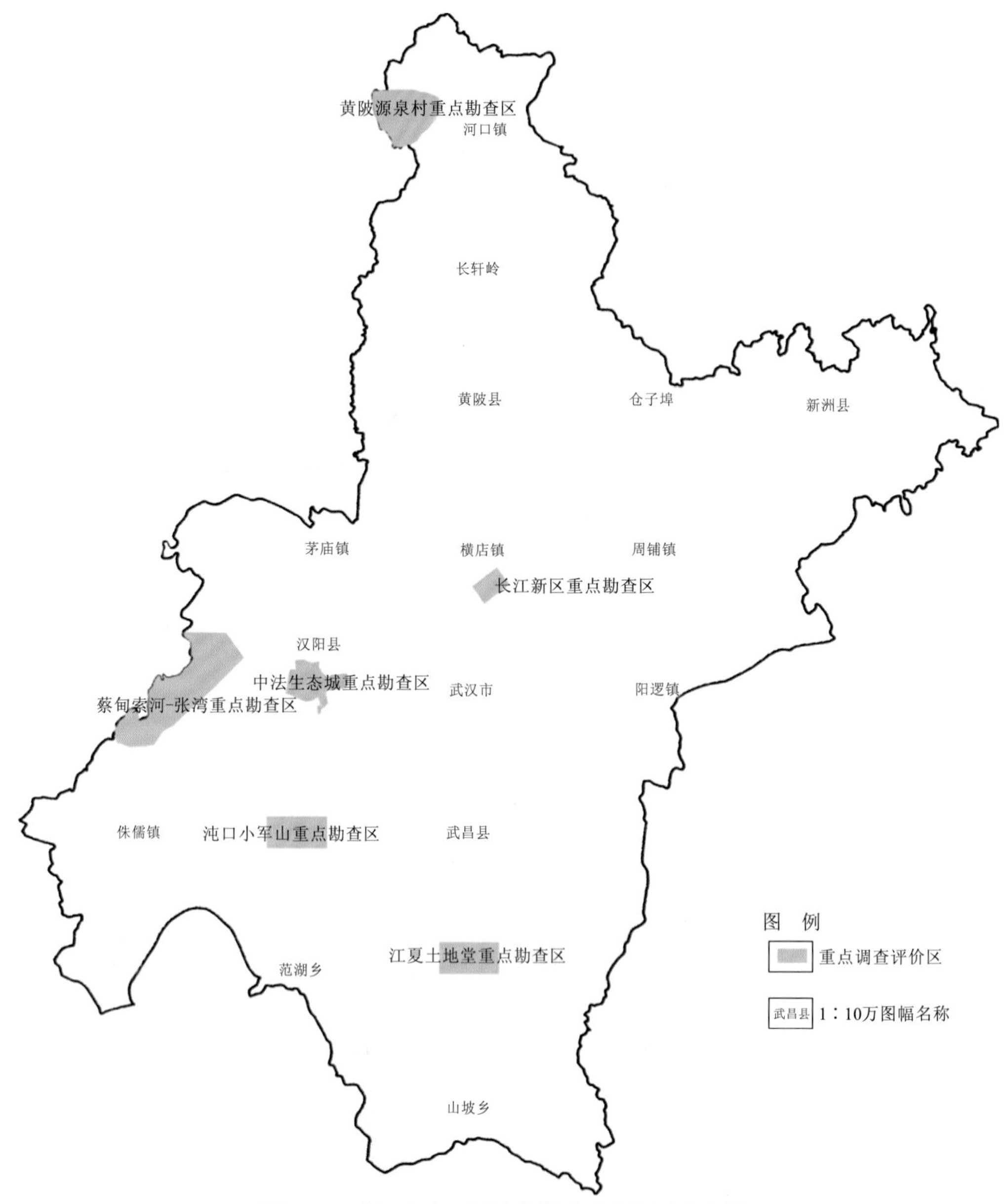

图 4.17　武汉市中深层地热勘查重点靶区分布图

2）地热地质条件

从地质结构基础条件分析，蔡甸索河-张湾重点靶区内浅部覆盖有厚度较大的志留纪泥岩、砂岩隔水层，厚度超过 700 m，是主要的地热热储盖层；其下深部奥陶纪—寒武纪白云岩、灰岩埋深为 700～2 000 m，地层温度较高，其中裂缝、溶隙、溶洞较发育，构成深部热（水）储层；蔡甸索河-张湾重点靶区内多期、多层次叠合的断裂系统和岩溶系统形成深层热水储运和循环通道。

3）地热异常特征

根据地质调查、物探测线解译结果及后续开发利用条件分析，推测地热资源有利区有多处（图 4.18），异常深度为 1100～1800 m，预测异常点处地热储层富水性较好。

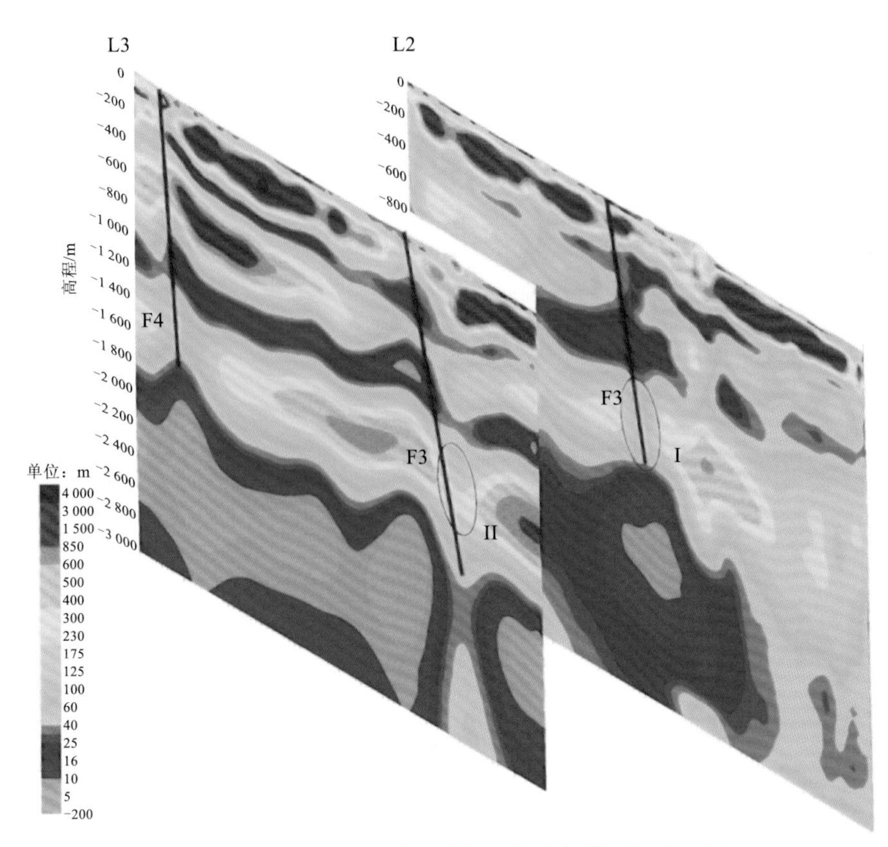

图 4.18　蔡甸索河-张湾重点靶区地热有利区剖面示意图

2. 中法生态城重点靶区

1）区域地质条件

中法生态城重点靶区属下扬子分区的大冶小区，志留纪到第四纪地层均有出露。第四系分布最广，石炭纪至三叠纪地层多出露于区内向斜构造核心位置，以灰岩为主；志留系、泥盆系多裸露地表形成低山及丘陵，泥盆系以石英砂岩为主，是周边山体主要出露的地层，该层位之下为志留纪泥岩，志留系总体较厚。据区域地质资料推测，深部发育奥陶系、寒武系等地层。

区内地质构造总体受大别造山带与扬子地块碰撞结合运动控制，具体位置处于江汉盆地向武汉“断凸”过渡的盆山结合带，断裂、褶皱发育，地质构造复杂，构造变形主要是印支—燕山期构造事件的结果，滨太平洋活动阶段造就了一系列断陷盆地。区内断层主要有北西向和北东向两组方向的断裂。

2）地热地质条件

中法生态城重点靶区浅部泥盆纪、志留纪的泥岩、砂岩、粉砂岩地层，厚度为 800～1 000 m，是较为理想的热储盖层；奥陶纪、寒武纪白云岩、灰岩地层厚度为 1 000～1 500 m，是较为理想的热储层，且该区构造较为发育，有较好的导热导水通道。同时，下部的震旦系灯影组地层埋深约为 2 800 m，也是较为理想的热储层。

通过分析认为，深部碳酸盐岩中裂缝、溶隙、溶洞较发育构成深部热（水）储层；多期、多层次叠合的断裂系统和岩溶系统形成深层热水储运和循环通道。

3）地热异常特征

根据地质调查、物探测线解译结果及后续开发利用条件分析，中法生态城重点靶区具有良好的盖、储、通地热条件的地热资源有利区有多处，异常深度为 1 100～1 800 m，预测异常点处地热储层富水性较好（图 4.19）。

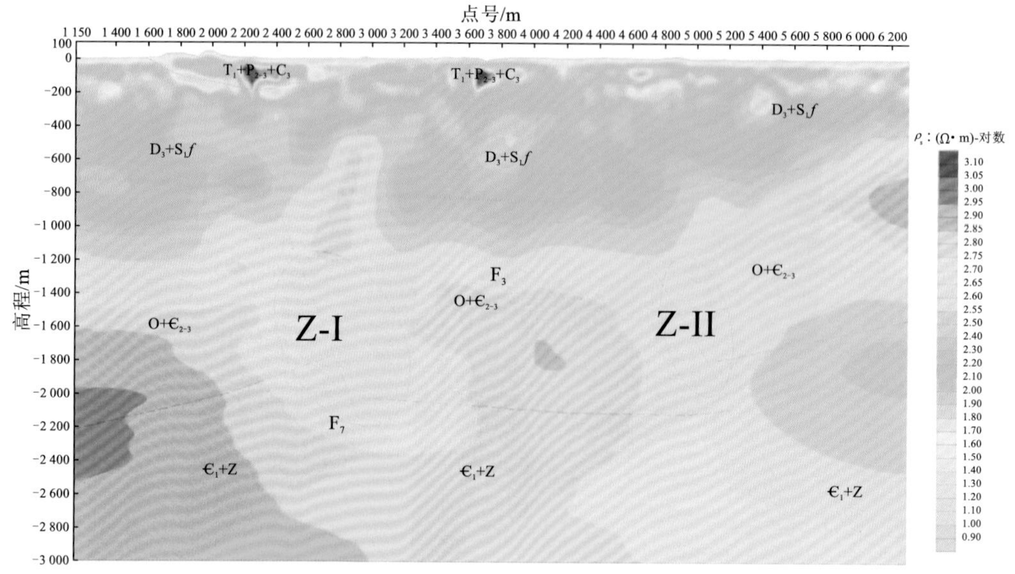

图 4.19　中法生态城重点靶区 I 线地热有利区剖面示意图

3. 黄陂源泉村重点靶区

1）区域地质条件

黄陂源泉村重点靶区在地层区划上隶属南秦岭—大别山地层区桐柏—大别山地层分区。调查区内主要出露岩层为中元古代地层和加里东期花岗岩。

该靶区位于襄广断裂以北的秦岭—大别造山带，是华北地台与扬子地台之间独立发育形成的活动带。经历多期多层次地质构造叠加改造，总体呈北西向，叠加北北东向构造，主体表现为韧性剪切构造，形成了近北西向的褶皱，断裂以北东向、北西向、近南北向为主，南北侧均有岩体侵入的构造格局。

2）地热地质条件

黄陂源泉村重点靶区内变质岩地层相对隔水，深部地下水的活动局限于断裂带。该类型地热具有热源、热储层和控热导热构造，没有明显的盖层。热储岩性主要为片岩、大理岩，岩层本身裂隙率低、渗透性很差，地热流体赋存于断裂破碎带或局部裂隙交会破碎带中，地下水在沿断裂带向深部径流过程中逐渐将分散在岩体中的热量加以吸收和积蓄，形成地热流体，出现在断裂破碎带或两组不同方向断裂的交会部位。蔡店乡源泉村泉水温度异常点，即为北东向与北西向断裂的交会部位。地热流体的补给主要来源于大气降水，补给区包括近源的低山区和远源的大别山区和桐柏山区，可称为混合源补给。地热流体的温度主要取决于参与对流循环的地下水量、循环深度及热背景，上述源泉村泉流量较大可能是泉水温度不高的一个因素。

3）地热异常特征

根据地质调查、物探测线解译结果分析，推断黄陂源泉村重点靶区深部地热有利区

段是断裂深部交会处（图 4.20），异常深度 1 000～1 500 m，预测地热储层富水性较好。

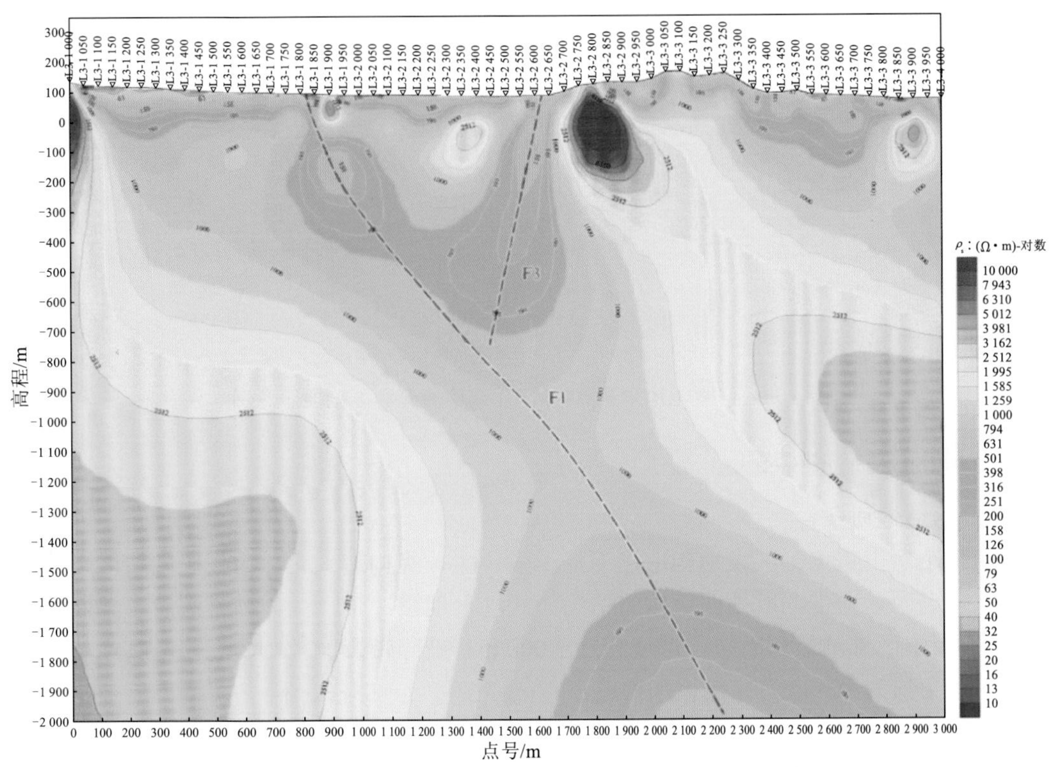

图 4.20　黄陂源泉村重点靶区 III 线地热有利区剖面示意图

4. 江夏土地堂重点靶区

1）区域地质条件

江夏土地堂重点靶区以发育与主期造山相关的晚三叠世—侏罗纪前陆盆地为特征，下伏沉积盖层发生挤压褶皱和发育逆冲断层，其后叠加了中生代岩浆活动。该区大地构造位于扬子陆块区一级构造单元，为扬子陆块区下扬子陆块之鄂东南褶冲带，所处四级构造单元为武汉台地褶冲带。区内共推测有 5 条大断裂，均穿过三叠纪—泥盆纪灰岩、白云岩地层，延伸深度超过 3 000 m。

2）地热地质条件

江夏土地堂重点靶区内侏罗纪泥岩、砂岩覆盖层厚度较大，武 1 井揭露厚度为 2 280 m，是主要的地热热储盖层；其下三叠世—泥盆纪白云岩、灰岩埋深 1 000～2 500 m，地层温度较高，其中裂缝、溶隙、溶洞较发育构成深部热（水）储层；靶区内多期、多层次叠合的断裂系统和岩溶系统形成深层热水储运和循环通道。结合工区地层岩性及物探电阻率断面图分析认为断裂破碎带富水，断裂破碎带上地下水赋存目标灰岩、白云岩岩层埋深 1 500～2 300 m，整体具有良好的盖、储、通地热条件。

3）地热异常特征

根据地质调查、物探测线解译结果及区域资料，江夏土地堂重点靶区地热资源有利区有 2 处，异常深度为 1 500～2 300 m，预测 2 处异常点处地热储层富水性为一般至较好（图 4.21）。

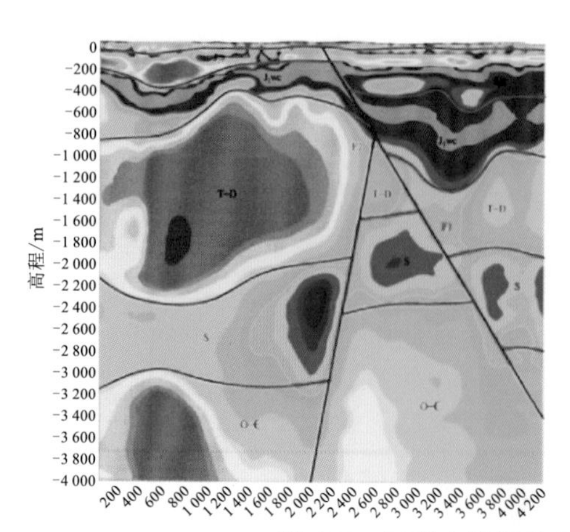

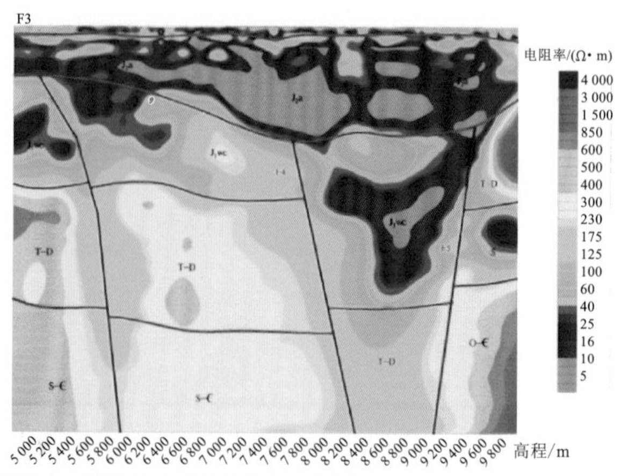

图 4.21　江夏土地堂重点靶区 III 线地热有利区剖面示意图

5. 沌口小军山重点靶区

1）区域地质条件

沌口小军山重点靶区大地构造位于扬子陆块区一级构造单元，为扬子陆块区下扬子陆块之鄂东南褶冲带，所处四级构造单元为武汉台地褶冲带。区内共推测有 5 条断裂，其中 F5 为本区推测最深断裂，深度超过 3 000 m，破碎带影响范围较宽，且其产状较为陡倾，倾角约为 80°，为控热控水构造。

2）地热地质条件

沌口小军山重点靶区存在厚度较大的志留纪泥岩覆盖区，地层厚度为 800～1 000 m，是主要的地热热储盖层；其下深部奥陶纪—寒武纪白云岩、灰岩埋深大于 1 000 m，地层温度较高，其中裂缝、溶隙、溶洞较发育构成深部热（水）储层；靶区内断裂系统和岩溶系统形成深层热水储运和循环通道。结合工区地层岩性及物探电阻率断面图分析认为 F5 断裂破碎带具有富水条件，该断裂穿过地下水赋存的灰岩、白云岩岩层，上覆志留纪泥岩、粉砂岩隔水盖层，西侧为东荆河，东侧为长江，具有较好的盖、储、通地热条件。

3）地热异常特征

根据地质调查、物探测线解译结果及区域资料，沌口小军山重点靶区地热资源有利区有 1 处，异常深度为 1 400～2 100 m，预测地热储层富水性一般（图 4.22）。

6. 长江新区重点靶区

根据以往地质调查、物探勘查成果综合显示，长江新区重点靶区地处襄广断裂影响带，南侧为武汉褶皱束，北侧为新洲盆地（武湖盆地），南侧地层为中—古生代地层，北部为新生代+古生代地层、底部为结晶基底，伴随多期岩浆岩活动，水文地质条件复杂，勘探难度大。根据区内 1 013 m 勘探钻孔及测井结果显示，深度达到 1 000 m 左右时，岩性主要为砂岩、玄武岩（底部见白云质砾岩），尚未揭穿盖层，地热异常明显，地温达到 49.3 ℃，地温梯度达 3 ℃/m，但富水性较差。

分析该区在襄广断裂主断裂和分支断裂强影响带深部砾岩、灰岩或白云岩、火山岩、变质岩层带潜在赋存有中深层地热。

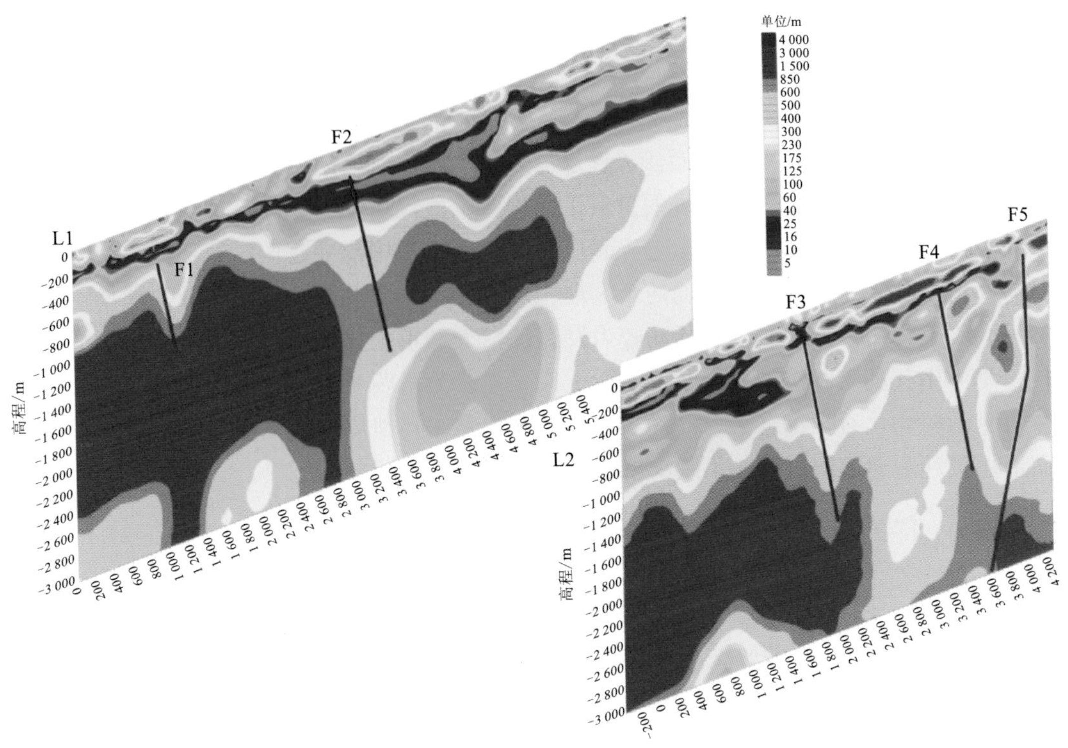

图 4.22 沌口小军山重点靶区地热有利区剖面示意图

第三节 地质文化资源

地质文化资源是“武汉市多要素城市地质调查示范”项目中一个新的“要素”，在全国城市地质工作中具有首创性和探索性，以利于城市地质工作向更广泛的领域拓展。

“地质文化”一词有狭义和广义之分，狭义的地质文化是指地质行业内的文化，包括以“三光荣，四特别”为代表的地质精神，以及各类文艺作品塑造出的地质人及地质行业的对外形象。而广义的地质文化是一个全新的概念，是伴随着地质工作供给侧结构性改革，地质工作“从山野走进城市”进程而发展起来的新方向。总结起来，传统地质工作以满足人民群众的物质生活需求作为工作的出发点和落脚点，特别是提供能源、矿产等各类工业产品；而创新型的地质工作不仅在物质生产领域有极大的拓展，而且更深入人们的精神层面，为人们提供美的享受、知识的培育、精神的洗礼和文明素养的熏陶。能够服务于上述目的的地质资源，都属于“地质文化资源”的范畴。

一、地质文化资源总体特征

武汉市地理位置得天独厚，地处江汉平原东部、长江中游。世界第三大河长江及其最大支流汉江横贯市境中央，将武汉中心城区一分为三，形成武汉三镇隔江鼎立的格局。市内江河纵横、湖港交织，水域面积占全市总面积的四分之一，构成滨江、滨湖的水域

生态环境。“大江大湖大武汉”已成为武汉市的城市名片和旅游品牌，铸就了武汉市“融会贯通、大气磅礴”的地理性格。

依托于此种地质地理环境，武汉的早期人类定居史、建城史与当代城市轮廓都与河流、湖泊等水资源存在紧密联系。“逐水而居”“趋水利，避水害”是武汉市典型的人居环境特征，各种历史文化遗址的背景条件构成了武汉市独特的地质文化。

此外，湖北省内重要的构造边界襄广断裂从武汉市中部穿越而过，将武汉市划分为具有不同演化历史、独具特色的两个大地构造单元，其中北部新洲、黄陂一隅属于南秦岭—大别造山带，岩浆—变质活动较为发育；南部城市主体属于扬子地台区，形成古生代—早中生代的海相沉积地层和中—新生代（主要为第四系）陆相地层，其中部分地层中可见动植物化石。综合来看，武汉市城市面貌是在其地质地理背景下逐步演化形成，而上述景观和遗迹同时构成了武汉市独特的地质文化资源。

（一）得天独厚的地质条件奠定了武汉城市文明的基础

1. 稳固的长江是武汉建城的先决条件

长江直接孕育了江城武汉，是武汉名副其实的“母亲河”。从文明早期即定居长江边的武汉先民，到三国时期依据长江天堑构筑的军事要塞，再到明清时期作为往来交通的商业重镇，直至当代担负起长江经济带腹地枢纽的超大型城市，长江一直在武汉的城市发展中扮演着举足轻重的角色。而决定武汉建城的先决条件，在于长江武汉段的稳定特性：在整个城市文明史以来，甚至在更早的近代地质历史时期，长江武汉段除了偶有的洪水泛滥，河道的变化仅在于河床宽窄、江心洲滩消长、河道位置小距离左右迁移等方面，而河道的总体展布方向在武汉段几乎是固定不变的。稳固的长江恰似母亲的臂弯，护佑了武汉这座城市的成长壮大。

长江武汉段河道形态及其稳固性有其深刻的地质背景。通过地质、地球物理学的调查研究，基本可以确定长江武汉段河道的展布主要受到两组断层的控制：一是沿北北东向展布的洪湖—嘉鱼—金口断裂，二是沿北西向展布的襄广断裂。前者又被称为“长江断裂”，它从武汉市中部穿过，与主城区内金口至天兴洲的长江河道展布方向一致；后者从武汉市北部黄陂、新洲一带穿过，主要控制了长江过阳逻后转向南东的河道方向。长江武汉段河道沿前者形成顺直河道，与后者交会时发生急剧转折，形成弯曲河道。天兴洲以东，河流出现明显摆动，可能与襄广断裂具有较宽的断裂带有关，但在区域上百余千米的范围内总体走向与断裂展布方向一致。这些断层破碎带发育的薄弱部位切开金口—大军山、龟山—蛇山间横亘的基岩，穿过石咀—沌口处下—中更新统堆积层，形成沿江的凹陷槽，从而为水道的联通创造了条件，而这些被切穿、成对出现的基岩山体在后期的演化中成为一座座矗立江边的“江矶”，也在客观上限制了河道的摆动。总之，断层构造背景下长江武汉段河道的稳固性是武汉城市得以存在和发展的先决条件。若非如此，很难想象武汉可以临伴长江延续发展数千年时光。

2. 河流阶地是武汉城市文明的载体

阶地是河流地质演化而成的一种重要地貌单元，同时又是武汉这一滨江大城地理

展布的主要载体。武汉市主城区即建筑于长江、汉水形成的各级阶地之上。自4500年前起，武汉的早期先民即选址于长江北岸香炉山的四级阶级之上建筑自己的家园，至3500年前左右的盘龙城则迁徙至地势更为开阔的三级阶地。而现今，武汉一级、二级阶地处于武汉市主城区范围，也已成为1 100万居民日常生活、工作的大舞台。对阶地的研究，既是回溯武汉地质历史的需要，也是回望武汉城市文明史和展望未来武汉发展空间的需要。

武汉最早的人类定居遗址之一——新洲香炉山遗址即位于长江四级阶地之上，遗址文化层位于全新统走马岭组残积层，下伏为更新统阳逻组砾石层，临近长江，直线距离不足1 km；地处长江四级阶地之上，海拔为50 m以上，高于周围地面（三级阶地）20 m左右，既满足生活取水方便，又避免长江水患。而被誉为武汉"城市之根"的盘龙城遗址则属于三级阶地垄岗地貌，三面临盘龙湖水域，海拔为30～34 m，较周边地势高，可以避免府河及湖泊水患，同时满足了饮用水源及捕鱼、交通等生活需要，还可以利用高地进行战略防御，体现了古人利用地理环境的智慧。此外，同样位于三级阶地的黄陂张西湾遗址是江汉平原地区规模最小的城址，前人研究认为，少量的定居人口之所以要筑城，很大程度上可能与防御府河水患有关。城垣外修建有大规模的壕沟，壕沟有一个出口与外界相通，能实现环壕水系的循环，起到补充水源和疏浚洪水的作用。

上述这些遗址大多与武汉长江、府河、湖泊等地理景观关系密切，体现了"趋水利、避水害"是影响武汉地区农业文明早期居民定居选址的决定性因素；此外，根据对武汉市史前各遗址的统计，发现由北部岗地向南部河湖平原区迁徙的趋势，这也与世界其他地区早期文明的发展规律相符，表明了武汉居民对地理环境的适应、改造是武汉城市发展的根本原因。

（二）大气磅礴的地貌景观塑造了武汉的城市风貌

1. 江河汇流构建了"两江四岸"的城市格局

武汉位于我国最大河流——长江的中游，长江自西南向西北穿越武汉市全境，并与其最大支流——汉水在汉阳南岸嘴附近呈"人"字形交汇，形成了武汉市"两江交汇、三镇鼎立"的代表性城市地理格局。两江交汇处的南岸嘴位于武汉市地理中心地带，是当之无愧的"武汉之眼"，更有人将其与德国莱茵河与莫塞河交汇处的"德国角"相比，称其为"中国角"。而且由于汉江、长江两河水色不同，造就出南岸嘴"泾渭分明"的水文地质景观。长江武汉段江面笔直开阔，两岸城市风光恢宏大气，是当之无愧的"城市主轴"。自武汉市提出建设"长江主轴"，立志将其打造成"世界级城市中轴文明景观带"以来，武汉沿江带就已成为引领整个城市景观建设、文明发展的中轴线。在该区段内，还点缀着 "龟蛇锁大江"、白沙洲、天兴洲等重要自然资源及晴川阁、汉阳树、鹦鹉洲等人文景观。可以说，以长江、汉江为核心的城市主轴景观带是武汉市最为重要的地质文化资源集中区。

2. "百湖之市"描绘了武汉的城市气韵

武汉是一座"因水而兴"的城市，市域范围内河流、湖泊等水体景观资源众多，历

史上曾有“百湖之市”的美誉。据统计，武汉市现存大小湖泊仍有166个，其中东湖、汤逊湖先后登顶中国第一大“城中湖”宝座。众多的湖泊，其成因类型多样，有壅塞湖、河谷沉溺湖、河间洼地湖、河流遗迹湖，不仅是长江、汉江武汉段河流演化的重要记录，其演化史也可以说是武汉市城市的发展史。

3. 丘陵绵延勾勒了武汉的城市骨架

与一般人印象中不同的是武汉实际也是一座“山城”。据统计，武汉市内低山、丘陵达466处，沿汉阳、蔡甸、洪山、江夏一线平行排列的近东西向绵延山丘，撑起了武汉城市的地理骨架和脉络。这些山丘有的蕴含丰富的人文底蕴，如珞珈山、喻家山、洪山、龟山、蛇山等；有的则在地学上独具特色，如汉阳区的锅顶山、武昌区的铁箕山等，是开展中小学生科普研学的理想地质文化资源。

（三）珍稀独特的地质遗迹记录了武汉沧桑的地质历史

武汉市北部黄陂木兰山一带属于我国中央造山带之桐柏—大别山高压—超高压变质带的组成部分，尤其是木兰山的蓝片岩剖面闻名世界，是研究板块俯冲—折返造山过程和大陆动力学的“天然野外实验室”，具有深刻的地学意义和背景。该剖面是1996年第30届国际地质大会科学考察路线的第一站。2005年9月，以该剖面为核心，建立了木兰山国家地质公园。

武汉中南部平原区第四纪冲积层、残丘基岩露头中偶有发现古生物化石，其中汉阳锅顶山—蛇山兰多维列世盔甲鱼—棘鱼化石、长江新生代堆积的新近纪被子植物、更新世古人类化石科学意义深远，具有进一步发掘研究潜力。尤其是首先发现并命名于汉阳、江夏等地的“汉阳鱼”“江夏鱼”化石，将“鱼类时代”前推至志留纪具有重要的科学作用，同时伴生的志留系坟头组腕足类、三叶虫等化石数量丰富，有学者据此研究命名了“坟头动物群”。而被誉为“中国被子植物的宝库”的阳逻砾石层硅化木化石群，还出产大量以“武汉”命名的植物品种，彰显了武汉在中国古植物研究中的重要地位。这些木化石植物类型的生长气候环境与现今武汉存在较大差异，大致相当于印度尼西亚、马来西亚等地炎热潮湿的气候环境，为研究武汉气候变迁具有重要价值。总之，这些地层剖面、古生物化石产地记录了武汉地区数亿年来沧海桑田的地史变迁，是具有较高科研、科普价值的地质文化资源。

二、地质文化资源类型及分布

由于目前尚无“地质文化资源”分类的相关规范标准，根据实际工作和武汉市资源特征，初步提出武汉市地质文化资源分类体系，按照“资源大类”和“资源亚类”进行划分，主要包括地史资源、地理景观资源、生态环境资源、文化遗址和地理标志产品产地五大类，共计73处（图4.23、表4.2），现分述如下。

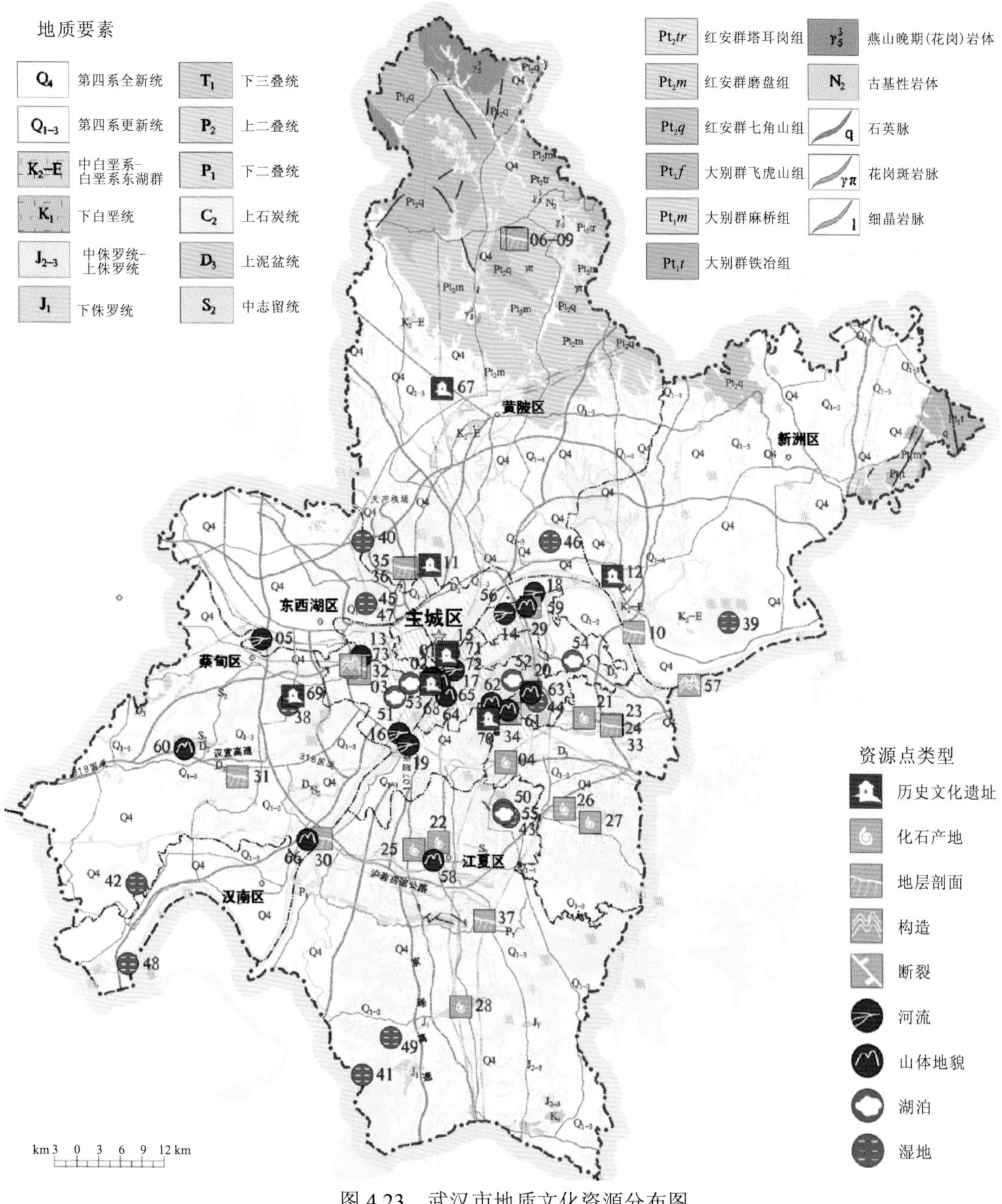

图 4.23 武汉市地质文化资源分布图

表 4.2 武汉市地质文化资源类型登记总表

序号	资源名称	资源点编号	行政区划	资源亚类	资源大类
1	两江汇流	WH001	汉阳区	河流地貌	地理景观资源
2	南岸嘴	WH002	汉阳区	河流地貌	
3	汉江蛇曲	WH005	蔡甸区	河流地貌	
4	武昌江滩	WH017	武昌区	河流地貌	
5	汉口江滩	WH015	江岸区	河流地貌	

续表

序号	资源名称	资源点编号	行政区划	资源亚类	资源大类
6	汉阳江滩	WH016	汉阳区	河流地貌	地理景观资源
7	青山江滩	WH014	青山区	河流地貌	
8	硚口江滩	WH013	硚口区	河流地貌	
9	白沙洲	WH019	洪山区	河流地貌	
10	天兴洲	WH018	青山区	河流地貌	
11	珞珈山	WH062	洪山区	山体地貌	
12	龟山	WH065	汉阳区	山体地貌	
13	蛇山	WH064	武昌区	山体地貌	
14	大军山	WH066	汉南区	山体地貌	
15	矶头山	WH059	青山区	山体地貌	
16	磨山	WH063	洪山区	山体地貌	
17	南望山	WH061	洪山区	山体地貌	
18	木兰山	WH043	黄陂区	山体地貌	
19	九真山	WH060	蔡甸区	山体地貌	
20	八分山（溶洞）	WH058	江夏区	山体地貌	
21	沉湖湿地	WH042	蔡甸区	湿地	生态环境资源
22	涨渡湖湿地	WH039	新洲区	湿地	
23	上涉湖湿地	WH049	江夏区	湿地	
24	安山湿地	WH041	江夏区	湿地	
25	藏龙岛湿地	WH043	江夏区	湿地	
26	东湖湿地	WH044	洪山区	湿地	
27	杜公湖湿地	WH045	东西湖区	湿地	
28	草湖湿地	WH046	黄陂区	湿地	
29	金银湖湿地	WH047	东西湖区	湿地	
30	后官湖湿地	WH038	蔡甸区	湿地	
31	五湖湿地	WH048	蔡甸区	湿地	
32	府河湿地	WH040	东西湖区	湿地	
33	东湖	WH052	东湖新技术开发区	湖泊	
34	梁子湖	WH050	江夏区	湖泊	
35	墨水湖	WH051	汉阳区	湖泊	
36	沙湖	WH054	武昌区	湖泊	
37	汤逊湖	WH055	江夏区	湖泊	
38	月湖	WH053	汉阳区	湖泊	

续表

序号	资源名称	资源点编号	行政区划	资源亚类	资源大类
39	盘龙城遗址	WH011	黄陂区	史前遗址	文化遗址
40	香炉山遗址	WH012	新洲区	史前遗址	
41	张西湾遗址	WH067	黄陂区	史前遗址	
42	禹功矶	WH068	洪山区	历史时期遗址	
43	马鞍山（子期墓）	WH069	蔡甸区	历史时期遗址	
44	卓刀泉	WH070	洪山区	历史时期遗址	
45	郊天坛	WH020	洪山区	历史时期遗址	
46	抗洪文化遗址	WH071	江岸区	历史时期遗址	
47	渡江文化遗址	WH072	江岸区	历史时期遗址	
48	木兰山双峰式火山岩剖面	WH009	黄陂区	地层剖面	地史资源
49	木兰山含蓝闪石片岩露头点	WH007	黄陂区	地层剖面	
50	木兰山含红帘石片岩露头点	WH008	黄陂区	地层剖面	
51	洪山区南望山志留系—泥盆系地层剖面	WH034	洪山区	地层剖面	
52	锅顶山下石炭统高骊山组地层剖面	WH032	汉阳区	地层剖面	
53	郭家村二叠系梁山组—栖霞组地层剖面	WH033	洪山区	地层剖面	
54	露甲山大埔组—孤峰组地层剖面	WH036	黄陂区	地层剖面	
55	灵山栖霞组—黄龙组地层剖面	WH037	江夏区	地层剖面	
56	盘龙城黄泥岗公安寨组地层剖面	WH035	黄陂区	地层剖面	
57	阳逻组砾石层及木化石产地	WH010	新洲区	地层剖面	
58	钢谷小区青山组风成沙剖面	WH029	青山区	地层剖面	
59	锅顶山坟头组汉阳鱼动物群	WH003	汉阳区	化石产地	
60	大长山二叠系—三叠系化石产地	WH021	洪山区	化石产地	
61	铁箕山志留系化石产地	WH004	洪山区	化石产地	
62	顶冠山二叠系化石产地	WH024	江夏区	化石产地	
63	凤凰山志留系化石产地	WH026	江夏区	化石产地	
64	龙泉山二叠系化石产地	WH027	江夏区	化石产地	
65	奓山中更新统王家店组地层剖面	WH031	蔡甸区	地层剖面	
66	蔡甸军山全新统走马岭组地层剖面	WH030	东西湖区	地层剖面	
67	八分山北化石点	WH022	江夏区	化石产地	
68	风灯山化石点	WH025	江夏区	化石产地	
69	仙人山化石点	WH028	江夏区	化石产地	
70	鲍家村北化石点	WH023	江夏区	化石产地	
71	白浒山襄—广断裂露头点	WH057	洪山区	构造	
72	米粮山泥盆系—志留系不整合面	WH073	汉阳区	构造	
73	天兴洲特色西瓜产地	WH056	青山区		地理标志产品产地

（一）地史资源

本次共调查地史资源类资源点 25 处，其中地层剖面亚类 13 处，包括南华纪变质岩剖面 3 处，古生代海相碎屑岩、碳酸盐岩地层剖面 5 处，新生代陆相地层剖面 5 处（主要为第四系剖面），基本涵盖了武汉市主要地层单位；古生物化石产地亚类 10 处，包括脊椎动物化石产地 1 处（鱼类）、海洋无脊椎动物化石产地 8 处、植物化石产地 1 处；构造亚类 2 处，包括断裂、不整合面各 1 处。

（二）地理景观资源

本次共调查地理景观类资源点 20 处，其中河流地貌 10 处，以长江边滩、心滩等为主；山体地貌 10 处，均为古生代基岩残丘地貌。

（三）生态环境资源

本次共调查生态环境类资源点 18 处，其中湿地 12 处，涵盖了武汉市主要的湿地自然保护区和湿地公园；湖泊 6 处，主要为武汉市内面积较大和知名度较高的湖泊。

（四）文化遗址

本次共调查文化遗址类资源点 9 处，其中史前遗址主要指新石器时期至金石并用期遗址 3 处；历史时期遗址 6 处，包括先秦时期 2 处、两汉三国时期 2 处、近现代 2 处。

（五）地理标志产品产地

本次仅调查地理标志产品产地类资源点 1 处，为天兴洲特色西瓜产地。

从空间分布特征来看，武汉市地质文化资源较多地分布于都市发展区范围内，其中河流景观在江岸区、江汉区、汉阳区等主城区发育较好，山体景观则主要分布于蔡甸区、江夏区等远城区；湖泊、湿地等生态环境资源除黄陂区较少以外，在其余各区分布较为均衡；地层剖面和化石产地等地史资源主要分布于北部的新洲区、黄陂区和南部的蔡甸区、江夏区等地；而文化遗址等也在黄陂区、新洲区等地较为集中。

三、地质文化资源价值评价

（一）评价因子

武汉市地质文化资源评价主要从地质文化资源的科学价值、文化价值、景观价值等方面进行评价（表 4.3）。

表 4.3　地质遗迹评价指标

评价指标	说明
科学价值	在地质、地学研究中的意义和价值
文化价值	在文化方面的影响范围与知名度
景观价值	景观开发情况和观赏性等

（1）科学价值：主要评价地质文化资源在典型性方面及对科学研究、地学教育、科学普及等的作用和价值。

（2）文化价值：主要评价地质文化资源在文化方面的影响范围与知名度。

（3）景观价值：主要从地质文化资源所处的自然地理环境、旅游景观等方面，评价其观赏性、优美性等。

地质文化资源的科学价值、文化价值和景观价值等指标是反映地质文化资源价值特征的重要组成部分，对地质文化资源的价值等级起决定性作用。不同指标的评价标准也各有侧重（表 4.4），评价结果是开展保护与合理利用规划建议的基本依据。

表 4.4　武汉市地质文化资源评价指标对应标准表

评价指标	界定标准	级别
科学价值	具有国际影响力的科研价值，在全球性的板块构造、环境变迁、生命演化方面具有重要地位	1
	国内地学研究的热点领域，在区域地层对比、环境和地貌演化等方面具有一定的研究价值	2
	除上述两级以外的其他资源	3
文化价值	代表武汉城市形象的文化类型，在全国范围内具有唯一性	1
	武汉市各区县的地域文化代表，在国内具有一定知名度	2
	除上述两级以外的其他资源	3
景观价值	4A 级以上景区或国家级以上地质公园或自然保护区	1
	一般景区或公园	2
	除上述两级以外的其他资源	3

（二）评价标准

在武汉市地质文化资源的科学价值、文化价值、景观价值评价的基础上，对武汉市地质文化资源点进行价值等级综合评价。评级方法如下。

科学价值、文化价值、景观价值三项评价指标，若其中一项指标达到 1 级或三项指标均达到 2 级，则该地质文化资源的综合评价等级为 1 级；若有两项指标达到 2 级，则该地质文化资源的综合评价等级为 2 级；除此以外的地质文化资源综合评价为 3 级。

（三）评价结果

通过综合评价，对武汉市 73 处地质文化资源点进行价值等级评定。武汉市地质文化资源点共有 1 级 8 处（约占 11%），2 级 27 处（约占 37%），3 级 38 处（约占 52%）（图 4.24）。

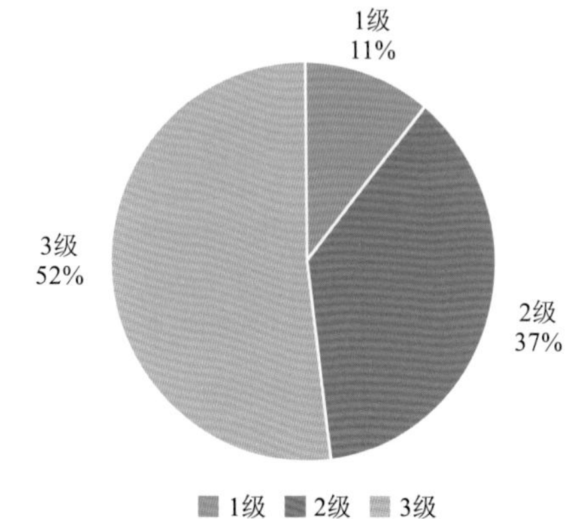

图 4.24　武汉市地质文化资源等级分布图

从地质文化资源大类上看（图 4.25），地理景观资源 20 处，地史资源 25 处，文化遗址 9 处，生态环境资源 18 处，地理标志产品产地 1 处。

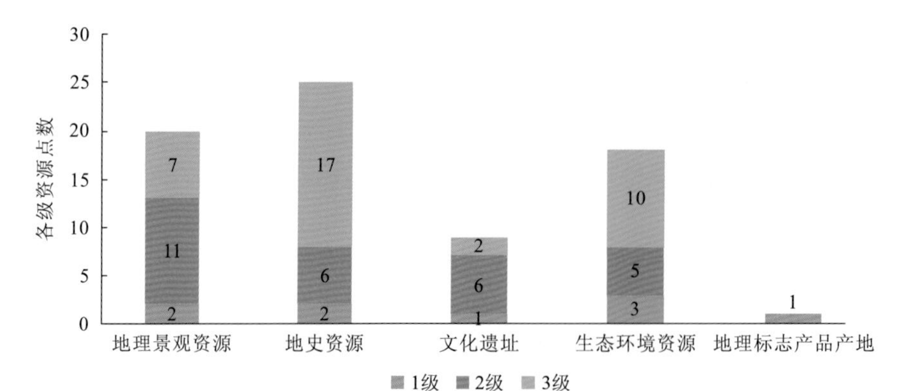

图 4.25　武汉市地质文化资源大类等级分布图

进一步考虑地质文化资源分级（表 4.5）。地理景观资源中，1 级地质文化资源点 2 处，2 级地质文化资源点 11 处，3 级地质文化资源点 7 处；地史资源中，1 级地质文化资源点 2 处，2 级地质文化资源点 6 处，3 级地质文化资源点 17 处；文化遗址中，1 级地质文化资源点 1 处，2 级地质文化资源点 6 处，3 级地质文化资源点 2 处；生态环境资源中，1 级地质文化资源点 3 处，2 级地质文化资源点 5 处，3 级地质文化资源点 10 处；地理标志产品产地中，3 级地质文化资源点 1 处。总体来说，1 级地质文化资源点主要分布在地理景观资源、地史资源、生态环境资源三类中，共约占 1 级地质文化资源点的 87.5%。总体来看，武汉市以河流、山体为主的地理景观资源，以湖泊、湿地为主的生态环境资源，价值高、开发潜力大，是武汉市地质文化资源的价值主体。

表 4.5　武汉市地质文化资源分类等级统计表

地质文化资源类型		等级数量			合计	
资源大类	资源亚类	1 级	2 级	3 级	73	
地理景观资源	山体地貌	0	7	3	10	20
	河流地貌	0	4	4	8	
	河流景观	2	0	0	2	
地史资源	地层剖面	1	3	9	13	25
	化石产地	1	1	8	10	
	构造	0	2	0	2	
文化遗址	史前遗址	1	2	0	3	9
	历史时期遗址	0	2	2	4	
	近现代遗址	0	2	0	2	
生态环境资源	湿地	2	4	6	12	18
	湖泊	1	1	4	6	
地理标志产品产地		0	0	1	1	1

第五章

生态地质环境

第一节　概　　述

地质环境是生态文明建设之基。1999年，中国科学院陈梦熊院士首次提出生态地质环境系统的概念，他强调地质环境系统、自然环境系统与社会经济系统三者之间相互影响、相互制约的紧密关系，并把三者之间错综复杂的演变机制，视作一个统一的动力系统，该系统主要以人类所处的地质环境为核心，研究人类生命系统、自然生态系统与社会生态系统之间的相互关系，概括地称为生态地质环境系统。

生态环境地质调查是近年来发展起来的一项新的基础性、公益性地质调查工作，目前正处在调查试点和研究总结阶段，行业技术要求仅出台了中国地质调查局颁布的试行版。生态环境地质调查是为合理开发利用矿产资源、土地资源、水资源等自然资源，为区域经济的可持续发展，为生态文明建设和生态环境保护提供基础地质资料而进行的一项基础性地质调查工作。它是在区域地质调查和区域水文地质普查的基础上，采用地质学、土壤学、地貌学、生态学及其他有关地球科学的方法和理论，调查人类和生物群体赖以生存的岩石圈、地下水圈和地表水圈。其主要对象是岩石、土壤、地下水和地表水、植被群落，以及其在自然和人类活动环境下发生变化的地球动力作用、地球化学作用和其他现代地质作用等。

生态环境地质调查的主要任务：一是基本查明调查区内的基础地质、水资源、土地资源、地质灾害、生物多样性等的存在状态、性质与特征；二是综合评价生态地质环境质量现状，分析变化趋势和对人类生存环境所产生的影响；三是在综合评价的基础上，提出土地资源、矿产资源、水资源等自然资源合理开发利用与生态地质环境保护的措施、建议等。

生态环境地质调查的主要工作内容：一是资料收集与综合整理；二是野外调查，包括基础地质、地貌与第四纪地质、水文地质、工程地质、环境地质、土地资源、植被群落与生物多样性、人类经济与工程活动、其他（如放射性生态、旅游和矿产资源状况等）；三是样品采集、实验测试、综合研究和数据库建立。

生态环境地质调查的技术要求：要突出3S技术在调查中的应用，要突出反映被调查对象的动态性，要突出揭示生态区域变化与地质环境变化之间的内在关系，为生态环境治理和保护提出切实可行的解决方案。

生态地质环境条件是指对生态系统有影响的地质环境条件的总称，主要包括地形地貌、地层岩性、成土母质、土壤、地下水、生物等地质环境要素。武汉市生态地质环境条件，除了第二篇第三章中阐述的地层、构造、地形地貌、气象水文、水文地质与工程地质条件外，本章将重点补充介绍湿地分布与变化、生物种群与分布特征、成土母质与土壤分布等内容。

第二节 生态地质环境条件

一、湿地分布与变化

武汉市河道纵横交错，湖泊星罗棋布，湿地资源丰富，享有“百湖之市”的美誉。截至目前，沉湖湿地被列入《国际重要湿地名录》（2013 年），梁子湖湿地被列入《中国重要湿地名录》。梁子湖是中国内陆十大淡水湖之一，在世界享有“化石型湖泊”“物种基因库”美誉，常年保持 II 类水质，为武汉市最洁净湖泊，在 2011 年全国重点湖泊生态安全调查与评估验收会上，获得“最安全”评价等级，居全国各湖生态安全之首。

武汉市湿地包括河流湿地、湖泊湿地、沼泽湿地等自然湿地和库塘、运河、输水河、水产养殖场等人工湿地。根据 2012 年全省第二次湿地资源调查结果及 2019 年武汉市的补充调查结果，全市湿地（0.08 km^2 以上）总面积为 1 691.11 km^2，湿地率为 19.48%。其中河流湿地为 468.38 km^2、湖泊湿地为 885.62 km^2、沼泽湿地为 29.81 km^2、人工湿地为 307.30 km^2。自然湿地（河流湿地、湖泊湿地、沼泽湿地）面积为 1 383.81 km^2，占湿地总面积的 81.83%；人工湿地面积为 307.30 km^2，占湿地总面积的 18.17%（表 5.1）。

表 5.1 武汉市湿地类型和面积统计表

湿地类	湿地型	面积/km^2	湿地型比例/%	湿地类面积/km^2	湿地类比例/%
河流湿地	永久性河流	441.15	26.09	468.38	27.70
	洪泛平原湿地	27.23	1.61		
湖泊湿地	永久性淡水湖	885.62	52.37	885.62	52.37
沼泽湿地	草本沼泽	29.81	1.76	29.81	1.76
人工湿地	库塘	110.12	6.51	307.30	18.17
	运河、输水河	12.28	0.73		
	水产养殖场	184.90	10.93		
合计		1 691.11	100.00	1 691.11	100.00

（一）分布特点

武汉市的湿地分布具有湖库相对集中且毗连成群的特点，分别受长江汉水干流和平原地貌的控制，以及临近交通干线与城市等特点（图 5.1）。

（1）所有湖泊湿地均属于江汉湖群，分布在长江、汉水两岸广阔的江汉平原上，以其干流河道为纽带呈半球状排列，湖泊之间联系紧密或有水道相通，洪水季节时相邻的大小湖泊连成一片，水退后各个子湖泊相对独立。

（2）河流湿地受长江水系的影响，形成以长江、汉江为轴线的向心水系。

（3）沼泽或沼泽化草甸在湖泊湿滩地中以草本沼泽分布为主。

图 5.1 武汉市湿地保护区分布图

（4）库塘在全市均有分布，大中型水库主要分布在江汉平原和长江、汉江间的岗地、丘陵和山区，其中长江以北分布较多。

（5）稻田类人工湿地则主要分布在江夏、新洲和蔡甸等新城区。

（二）变化趋势

“武汉市湿地生态环境地质调查”项目选取沉湖和汤逊湖两个不同类型的湖泊湿地，通过对不同年份（1980～2019 年）Landsat 卫星影像数据的遥感解译分析，可以大致了解不同时期的湿地面积、类型、土地利用、洪水期与枯水期湿地类型之间的相互转化等方面的变化趋势。

1. 湿地类型与面积

以沉湖为代表的郊野型湖泊，其湿地总面积以 2000 年为分水岭，之前因当地大力发展养殖业和湖泊沼泽化加剧，随人工湿地和沼泽湿地面积的增加而大幅增加，之后因《武汉市湖泊保护条例》的颁布实施，湿地总面积大幅下降后呈稳定态势[图 5.2、图 5.3（a）]。

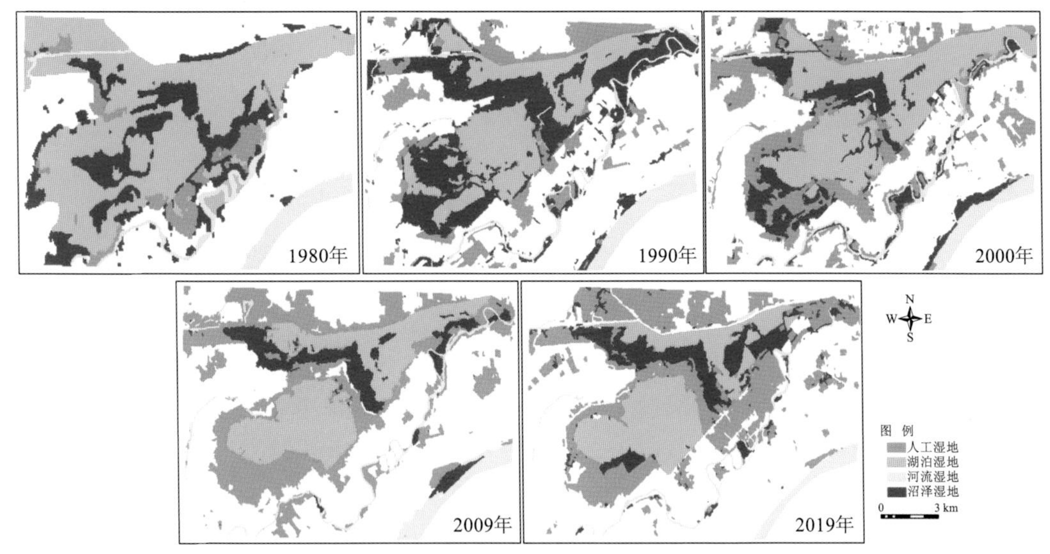

图 5.2 沉湖湿地类型变化遥感解译图

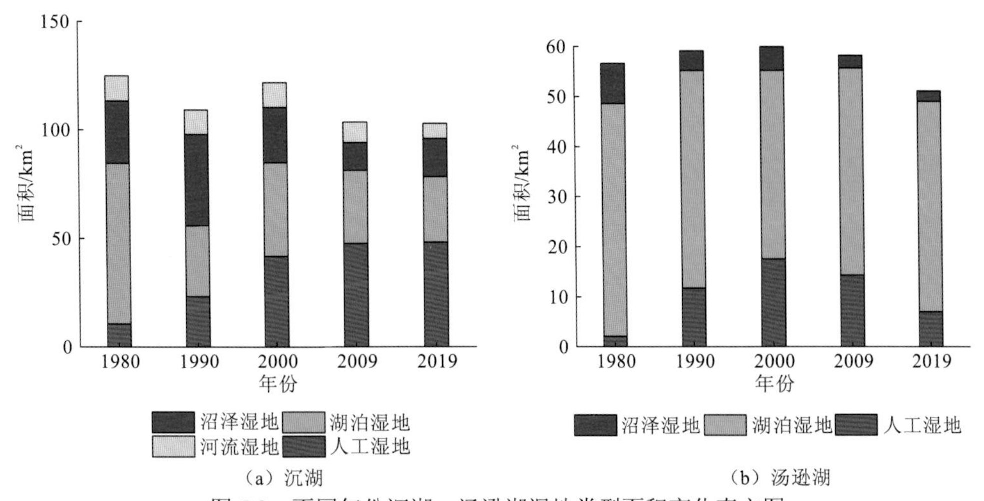

图 5.3 不同年份沉湖、汤逊湖湿地类型面积变化直方图

以汤逊湖为代表的城中型湖泊，2000 年前湖泊面积逐年减少而人工湿地面积相应增加，2000 年后汤逊湖周边城市化速度加快，人工湿地被转化为建设用地或湖泊，湖泊范

围趋于稳定，这与汤逊湖跻身为亚洲第一“城中湖”后社会各界广泛重视并加大了保护力度有关[图 5.3（b）、图 5.4]。

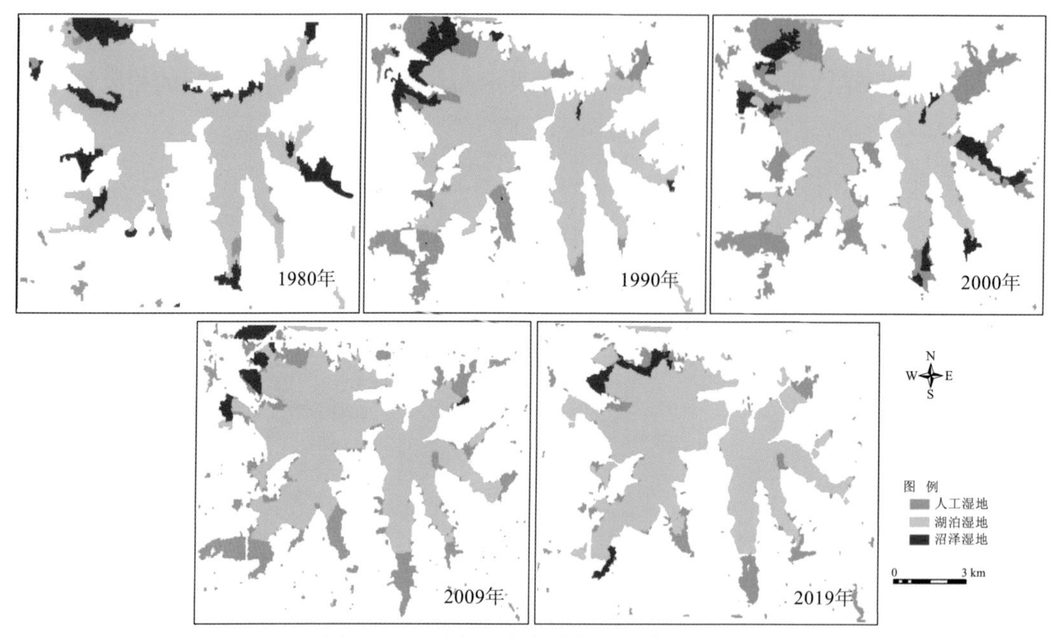

图 5.4　汤逊湖湿地类型变化遥感解译图

官方公布的数据显示，武汉全市湖泊数量已从 2002 年的 200 多个减少为现今的 166 个，湖泊急剧萎缩减少的 1 万亩（1 亩≈666.67 m^2）面积中非法填湖占到 46.7%。其中，消失最快的是主城区的湖泊，从 1949 年的 127 个湖泊锐减到 2001 年《武汉市湖泊保护条例》颁布前的 38 个，平均每两年消失近 3 个湖泊。现存的城中型湖泊面积也呈逐年锐减之势，比如沙湖面积从 1987 年的 7.7 km^2 减少至 2013 年的 2.4 km^2，南湖则从 1987 年的 14.59 km^2 减少至 2013 年的 7.4 km^2。逐渐被蚕食的湖泊变成武汉的“湖殇”。“填湖、盖楼，盖楼、填湖”，成为武汉市当时某些湖滨开发楼盘的一种恶性循环。为了保护湖泊，武汉已制定了 20 多个相关的地方性法规，并建立了“湖长”责任制，在城市发展规划层面，协调好湖泊可持续发展与城市建设之间的关系。

2. 土地利用

沉湖地区 1980～2019 年农用地面积逐年增加，在 2009～2019 年增量放缓，农用地易与人工湿地相互转化[图 5.5、图 5.6（a）]。

而汤逊湖地区居民地在 1980～2019 年一直呈逐年增长趋势，尤其是 2000～2009 年呈现几何级数增长，这与 1990 年后武汉市城镇化速度加快导致土地资源需求旺盛，人工湿地和植被覆盖区多被建筑用地占用有关[图 5.6（b）、图 5.7]。

3. 洪水期与枯水期湿地类型对比

从沉湖 1998 年、2016 年和 2020 年三个时间段的洪水期与枯水期对比结果来看，枯水期以沼泽湿地为主，在洪水期沼泽被洪水淹没形成湖泊，洪水过大时也会淹没部分人工湿地[图 5.8、图 5.9（a）]。

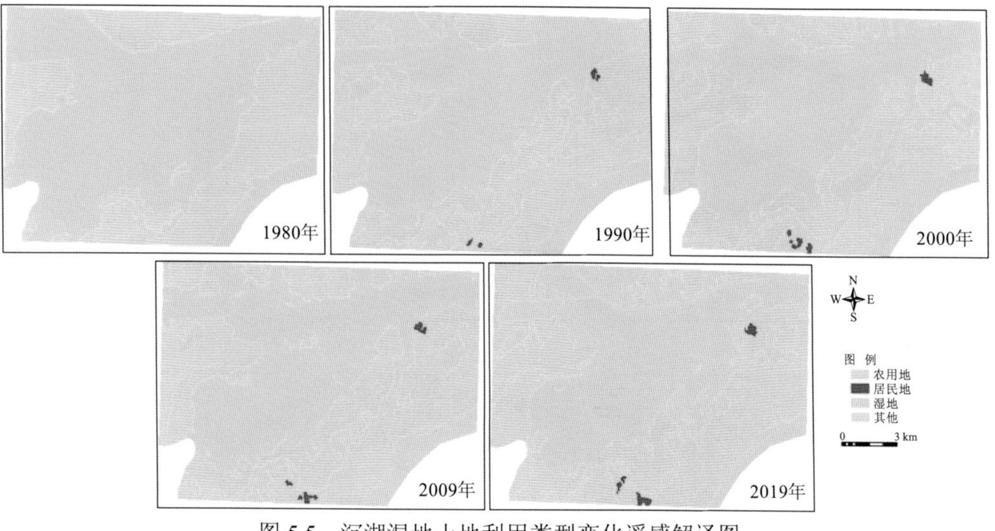

图 5.5　沉湖湿地土地利用类型变化遥感解译图

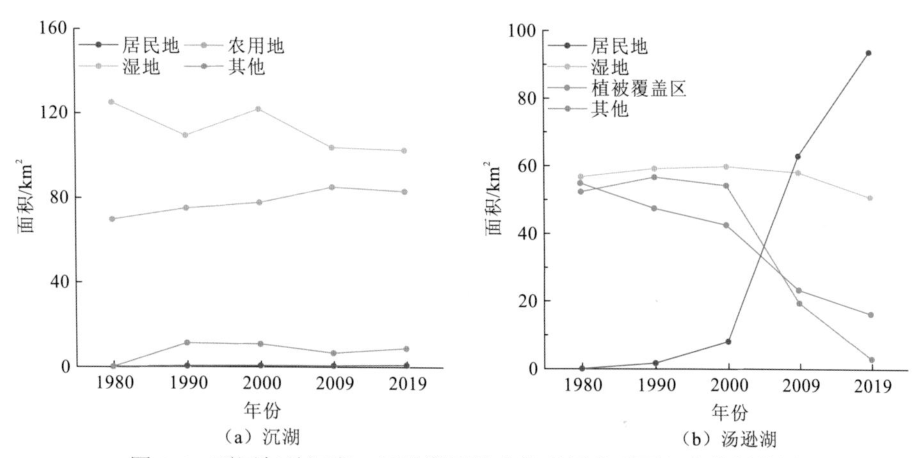

图 5.6　不同年份沉湖、汤逊湖湿地土地利用类型面积变化折线图

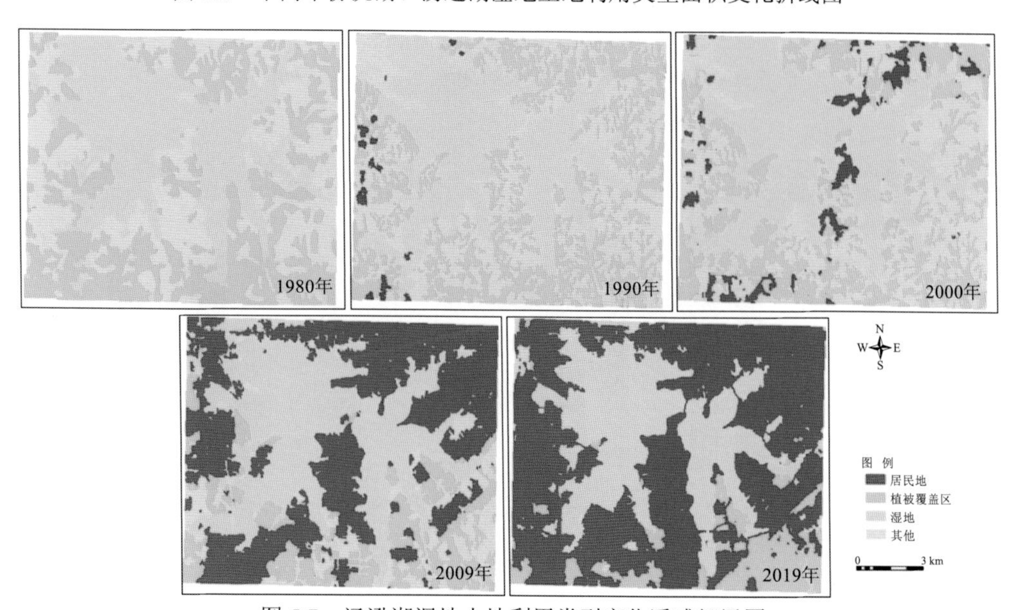

图 5.7　汤逊湖湿地土地利用类型变化遥感解译图

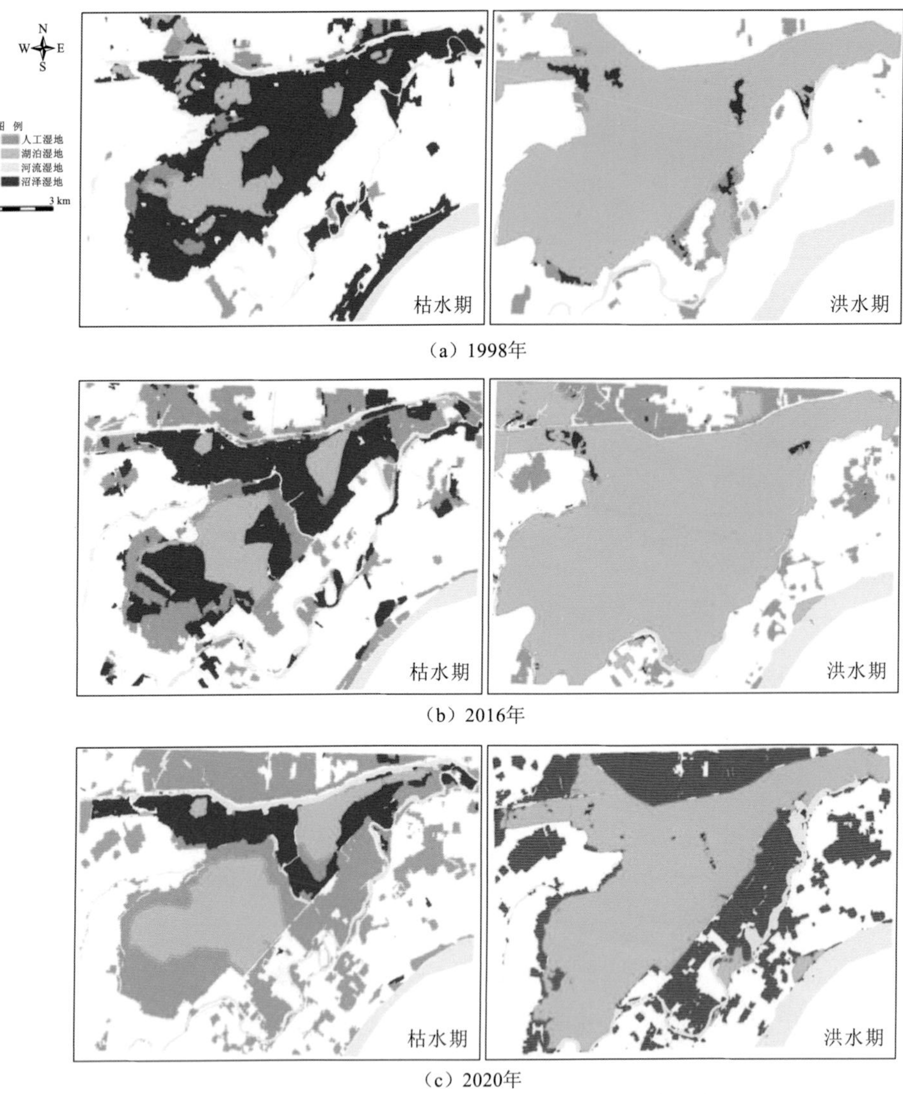

（a）1998年

（b）2016年

（c）2020年

图 5.8　沉湖枯水期和洪水期的湿地类型变化遥感解译图

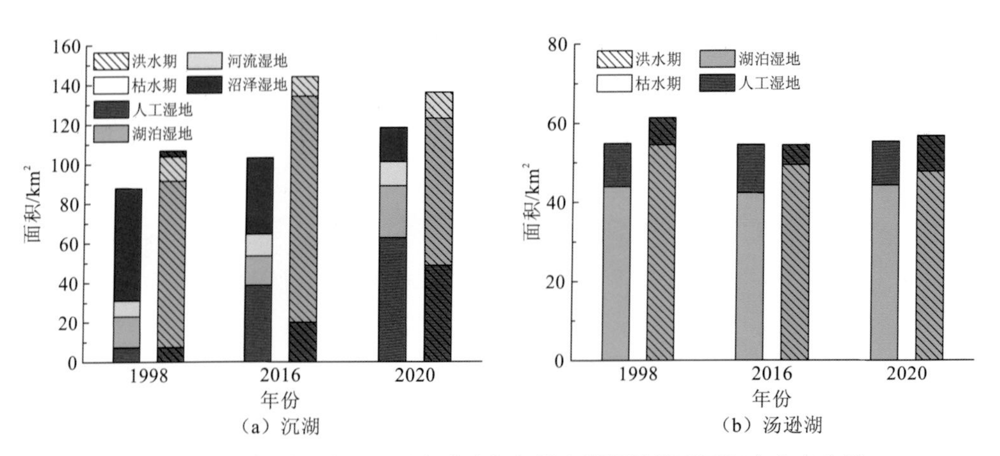

（a）沉湖　　（b）汤逊湖

图 5.9　不同年份沉湖、汤逊湖洪水期与枯水期湿地类型面积变化直方图

汤逊湖洪水期与枯水期湿地类型比较单一，人工湿地在洪水期减少，湖泊湿地在洪水期相应有所增加[图 5.9（b）、图 5.10]。

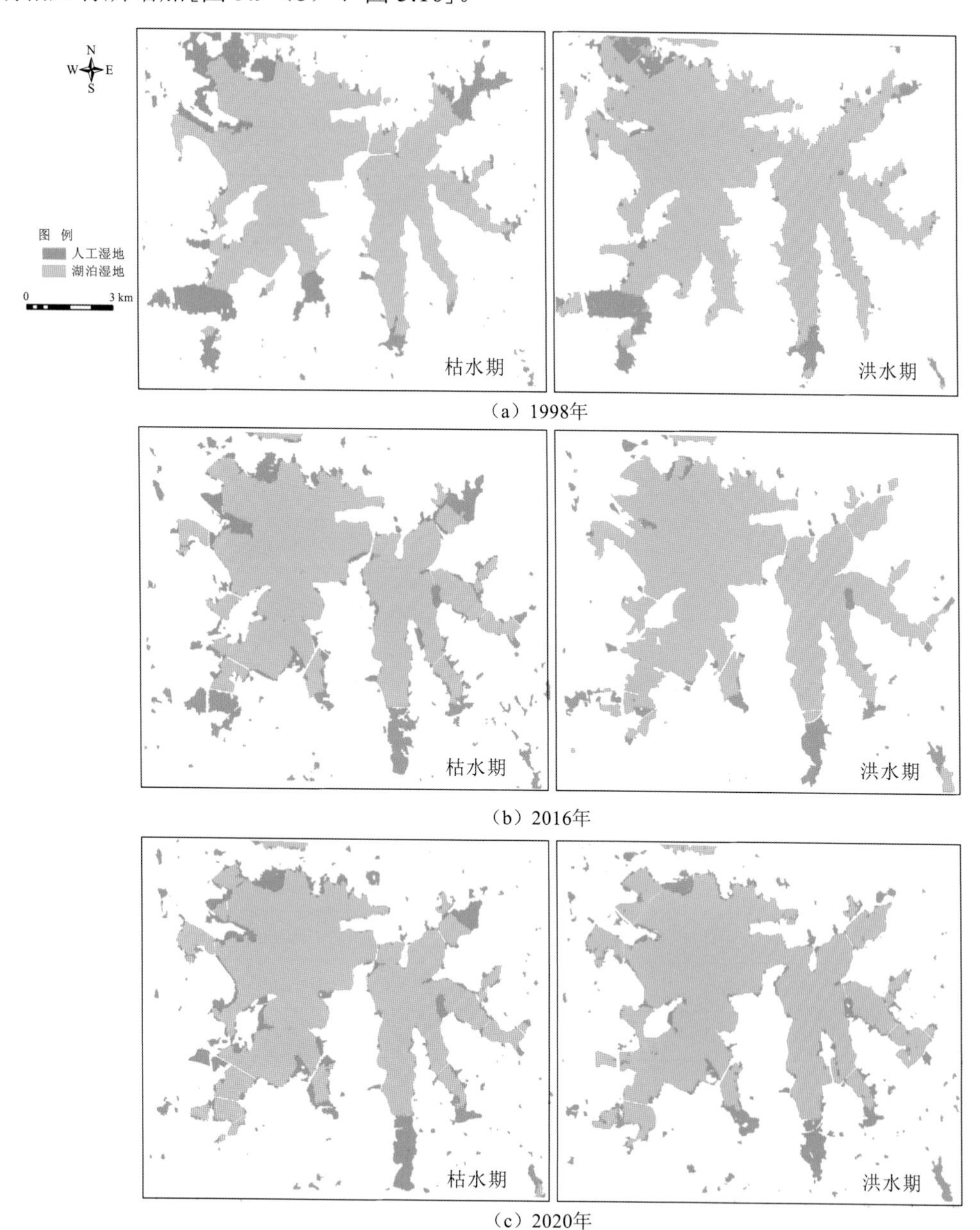

图 5.10 汤逊湖枯水期和洪水期的湿地类型变化遥感解译图

（三）保护现状

1. 湿地自然保护地分布与类型

根据武汉市园林和林业局、武汉市自然资源和规划局 2020 年 10 月提供的《武汉市自然保护地整合优化预案》，武汉市现有湿地自然保护地 16 处（表 5.2），主要分布在蔡甸区、江夏区、黄陂区、新洲区、武汉经济技术开发区（含汉南区）、东西湖区和东

湖生态旅游风景区，批文总面积为 429.00 km^2。

表 5.2　武汉市湿地自然保护地现状名录

类型	亚类	级别	名称	批复面积/km^2	行政区域
自然保护区	—	省级	沉湖省级湿地自然保护区	115.79	蔡甸区
			上涉湖省级湿地自然保护区	39.29	江夏区
		市级	草湖市级湿地自然保护区	11.48	黄陂区
			涨渡湖市级湿地自然保护区	80.54	新洲区
			武湖市级湿地自然保护区	32.93	武汉经济技术开发区
		小计	5 个：省级 2 个、市级 3 个	280.03	
自然公园	（一）湿地公园	国家级	东湖国家湿地公园	10.20	东湖风景区
			后官湖国家湿地公园	20.89	蔡甸区
			藏龙岛国家湿地公园	3.11	江夏区
			安山国家湿地公园	12.15	江夏区
			杜公湖国家湿地公园	2.89	东西湖区
		省级	索子长河省级湿地公园	21.31	蔡甸区
			桐湖省级湿地公园	6.78	蔡甸区
			猪洋海省级湿地公园	5.49	江夏区
			木兰花溪省级湿地公园	2.29	黄陂区
		小计	9 个：国家级 5 个、省级 4 个	85.11	
	（二）风景名胜区	国家级	东湖国家重点级风景名胜区	61.86	东湖风景区
		小计	1 个：国家级 1 个	61.86	
	（三）自然保护小区	省级	木兰湖白鹭自然保护小区	2.00	黄陂区
		小计	1 个：省级 1 个	2.00	
总计			16 个：国家级 6 个、省级 7 个、市级 3 个	429.00	

1）按类型划分的自然保护地

现有自然保护地 16 处，总面积 429.00 km^2。其中，自然保护区 5 处，总面积 280.03 km^2；自然公园 11 处，总面积 148.97 km^2（湿地公园 9 处 85.11 km^2、风景名胜区 1 处 61.86 km^2、自然保护小区 1 处 2 km^2）。

另外，还有国家级水产种植资源保护区 3 处 334.00 km^2（含跨市面积）、城市国家湿地公园 1 处 0.77 km^2（东西湖区金银湖国家城市湿地公园）。

2）按级别划分的自然保护地

武汉市湿地自然保护地包含国家级 6 个，面积为 111.10 km^2；省级 7 个，面积

192.95 km^2；市级 3 个，面积 124.95 km^2。

自然保护区：省级 2 个，面积为 155.08 km^2；市级 3 个，面积为 124.95 km^2。

自然公园：国家级 6 个，面积为 111.10 km^2；省级 5 个，面积为 37.87 km^2。自然公园又划分为以下 3 个亚类。

（1）湿地公园：国家级 5 个，49.24 km^2，省级 4 个，35.87 km^2；

（2）风景名胜区：国家级 1 个，61.86 km^2；

（3）自然保护小区：省级 1 个，2 km^2。

2. 湿地自然保护地存在的主要问题

（1）不同类型自然保护地交叉重叠。涉及自然保护地重叠的共 11 个，空间重叠面积达 166.26 km^2。其中省级自然保护区 1 个、国家级自然公园 3 个、省级自然公园 4 个、省级自然保护小区 3 个。自然保护区与自然保护区之间无重叠，但自然保护区与自然公园之间、自然公园与自然公园之间均有重叠。

（2）现有自然保护地内利益冲突严重。现有自然保护地内存在城镇建成区、村庄和人口、永久基本农田、成片集体人工商品林、矿业权、开发区、设施建筑、违法违规、部分自然保护地边界划分不合理等情况或现象。

（3）自然保护地尚存空缺。武汉市拥有 165 条河流、166 个湖泊、466 座山体，大体呈现出北峰南泽、东西向带状丘陵的地貌特征。具有“两轴、两环、六楔、多廊”的生态框架：以长江、汉江及东西向山系构成的“十”字形山水生态轴；以三环线防护林带及其沿线的中小型湖泊、公园为主体形成“线性”生态内环，以都市发展区外的生态农业区为主形成“片状”大生态外环；构建府河、武湖、大东湖、汤逊湖、青菱湖、后官湖水系 6 个大型放射形生态绿楔及连接六大生态绿楔、分隔各建设组团的多条生态隔离带。

武汉市自然保护地保护空缺主要表现为：郊野湖泊湿地保护力度不够，如梁子湖、斧头湖、鲁湖等；3 个市级湿地自然保护区级别低；缺乏国家级自然保护区等。

二、生物种群与分布特征

（一）植物

1. 总体面貌

武汉市植物区系属中亚热带常绿阔叶林向北亚热带落叶阔叶林过渡的地带。据统计，全市的蕨类和种子植物共有 106 科、607 属、1 066 种，兼具南方和北方植物区系成分。常绿阔叶林和落叶阔叶林组成的混交林是全市典型的植被类型。长江、汉水以南以樟树、毛竹、杉木、油茶、女贞、柑橘为代表；长江、汉水以北以马尾松、水杉、法桐、落羽杉、栎、柿、栗等树种为主，具流域分带性。

据有关资料显示，截至 2017 年，武汉市植物群落中，以禾本科、菊科、豆科植物种类最多。所有植物中，属湖北省本土植物居首，栽培植物和入侵植物次之。其中，本土植物出现物种种类最多的科是禾本科，栽培植物出现物种种类最多的科是豆科，入侵植物出现物种种类最多是菊科。出现频度较高的乔木有构树、桑树、香樟、苦楝、加杨、

旱柳，以绿化观赏植物居多；出现频度较高的灌木有小蜡、枸杞、红花檵木、月季、杜鹃、法国冬青、小叶女贞、海桐，也以绿化观赏植物居多；出现频度较高的草本植物有喜旱莲子草、小白酒草、狗牙根、葎草、狗尾草、马唐、牛筋草，入侵植物的频度最高，而本地植物的种类最多。出现频度较高的木质藤本植物中乌蔹莓最多，属极适生城市植物。

研究表明，远郊区乡村聚落的物种丰富度最高，近郊区次之，城中心最低。

植被覆盖率（指某一地域植物垂直投影面积与该地域面积的百分比）逐年稳步上升，表明武汉市的生态环境保护与建设初见成效。

半自然群落和人工群落类型上的差异对乔木层和草本层植物的影响要显著高于灌木层，且人工群落的乔木及灌木物种丰富度大于半自然群落，而草本层则小于半自然群落。5 种生境类型（宅旁、林缘、农田、沼湿地、撂荒地）对各层植物物种丰富度影响均为极显著，对草本层影响大于乔木层和灌木层，且乔木层和灌木层植物在林缘和宅旁的丰富度较高，而在农田、沼湿地及撂荒地乔木灌木较少，对草本植物生长养分竞争比较弱故不影响其生长，而在林缘乔木生长较好，宅旁人工干扰较强，故草本植物生长及传播受到明显抑制。乔木层和草本层丰富度指数在几种人为影响方式间的差异均显著，且灌木层、草本层 Shannon-Wiener 指数、Simpson 指数差异也极为显著，Pielou 指数在灌木层和草本层的差异显著。

人类影响的方式主要有车辆粉尘、耕作、建筑垃圾、践踏、生活垃圾、硬质铺装 6 种。乔木层物种丰富度在硬质铺装的影响下最高，在建筑垃圾的影响下最低，这是因为硬质铺装往往与人工绿化相结合，这样就会提高人为栽植乔木的概率，而建筑垃圾的影响对个体较小的灌木和草本更为严重；灌木层在践踏的影响下丰富度最高，在耕作的影响下最低；而草本层在以上几种方式下没有明显影响，物种丰富度最高，硬质铺装影响下最低。

2. 湿地植物

武汉市湿地植物区系较为贫乏，植物科属种数较少，多生长一些适应性较强的世界广布种类。据相关文献记载，武汉市共有湿地维管植物 82 科 231 属 408 种，其中包括粗梗水蕨、水蕨、野菱、莲 4 种国家 II 级保护野生植物。湿地植物优势种主要有芦苇、虉草、香蒲、菰、金鱼藻、狐尾藻、眼子菜、菹草、苦草、莲等。

葛继稳等（2003）将武汉市湿地水生植被初步划分为 4 个植被型、19 个群系。主要水生植物群系有芦苇群系、菰群系、莲群系、微齿眼子菜群系、金鱼藻群系、穗状狐尾藻群系等。

境内水域形成了以浮萍、凤眼莲、大薸、菱、水鳖、芡实等为主的浮水植物，以莲群系、水烛、菰、空心莲子草、芦苇等为主的挺水植物。河滩则形成了以虉草群系、狗牙根群系等为主的草丛湿地植物群落。大部分内湖受人为因素影响较大，植被组成较为单一，以莲藕为主。

按生物学分类划分，湿地植被以杨柳科、杉科、禾本科、香蒲科、苋科、睡莲科、浮萍科、雨久花科、天南星科、水鳖科等为主的植物群落构成。武汉市湿地植物可分为以下四类植被型组。

1）针叶林湿地植被型

针叶林湿地植被型：水杉群系、池杉群系。

2）阔叶林湿地植被型

阔叶林湿地植被型：垂柳群系、杨树群系。

3）草丛湿地植被型

禾草型湿地植被型：芦苇群系、菰群系、稗群系、虉草群系、狗牙根群系。
杂类草湿地植被型：狭叶香蒲（水烛）群系、水蓼群系。

4）浅水植物湿地植被型

漂浮植物型：浮萍群系、凤眼莲群系、大薸群系、水鳖群系。
浮叶植物型：菱群系、莲群系、空心莲子草群系、芡实群系。

（二）动物

武汉市动物资源种类繁多，有畜禽、水生、药用、毛皮羽用、害虫天敌、国家保护动物等动物资源。畜禽动物主要有猪、牛、鸡等 10 余种、70 多个品种。鱼类资源有 11 目、22 科、88 种，主要经济鱼类有草、青、鲢等 20 余种。“武昌鱼”（团头鲂）是经济名贵鱼种，在国际市场上享有较高的声誉。水禽有雁、鹳、鹈等 8 目、14 科、54 种。白鹳是国家一类保护的珍贵稀有水禽。特种经济水生物有白鱀豚、长江江豚、鳖等。白鱀豚是国家一级保护野生动物，长江江豚属国家二级保护野生动物。在野生动物资源中，毛皮兽类很少，主要是药用动物、农林害虫等。

湿地野生动物包括鱼类、两栖类、爬行类、鸟类和哺乳类。据葛继稳等初步统计，武汉市湿地野生脊椎动物共有 255 种。其中，鱼类 88 种，主要有青鱼、草鱼、鲢、鳙、鲤、鲫、鳊、鲂、鲴类、鲌类、鳡、鲇、黄颡鱼、鮠类、乌鳢、鳜鱼、黄鳝等；湿地两栖类 12 种，主要有黑斑侧褶蛙、湖北侧褶蛙、泽陆蛙、虎纹蛙、蟾蜍等；湿地爬行类 14 种，主要有鳖、大头乌龟、赤链蛇、黑眉锦蛇等；水禽 130 种，主要有雁鸭类、白鹭、夜鹭、东方白鹳、黑鹳、小天鹅等；湿地哺乳类 11 种，主要有长江江豚等。

目前，武汉市湿地中的国家重点保护野生动物计 28 种，其中有中华鲟、白鲟、达氏鲟、东方白鹳、黑鹳、中华秋沙鸭、白头鹤、白鹤、大鸨、白尾海鹏等国家一级保护野生动物 10 种，胭脂鱼、虎纹蛙、角䴙䴘、卷羽鹈鹕、黄嘴白鹭、海南鳽、彩鹳、白琵鹭、红胸黑雁、白额雁、小天鹅、大天鹅、疣鼻天鹅、鸳鸯、灰鹤、花田鸡、小杓鹬、小青脚鹬、长江江豚等国家二级保护野生动物 19 种。

三、成土母质与土壤分布

武汉市的土壤在地理上的分布既与生物气候条件相对应，具有明显的水平分带和垂直分带现象，也受地域性的地形、地质、水文等因素的制约，表现为中域和微域的分布规律。根据全国第二次土壤普查成果，武汉市土壤类型共有棕红壤、黄棕壤、潮土、沼泽土、水稻土、黄褐土和山地草甸土 7 个土类，其中黄褐土和山地草甸土仅为零星分布。地带性土壤以北部黄棕壤、南部棕红壤，以及中部长江、汉水两侧广泛分布的冲积型土类（主要为潮土）为特征，反映了本区由中亚热带向北亚热带的土壤过渡特点。各地带性土壤多与水稻土、沼泽土等组成不同的土壤组合，呈交错状分布（图 5.11）。

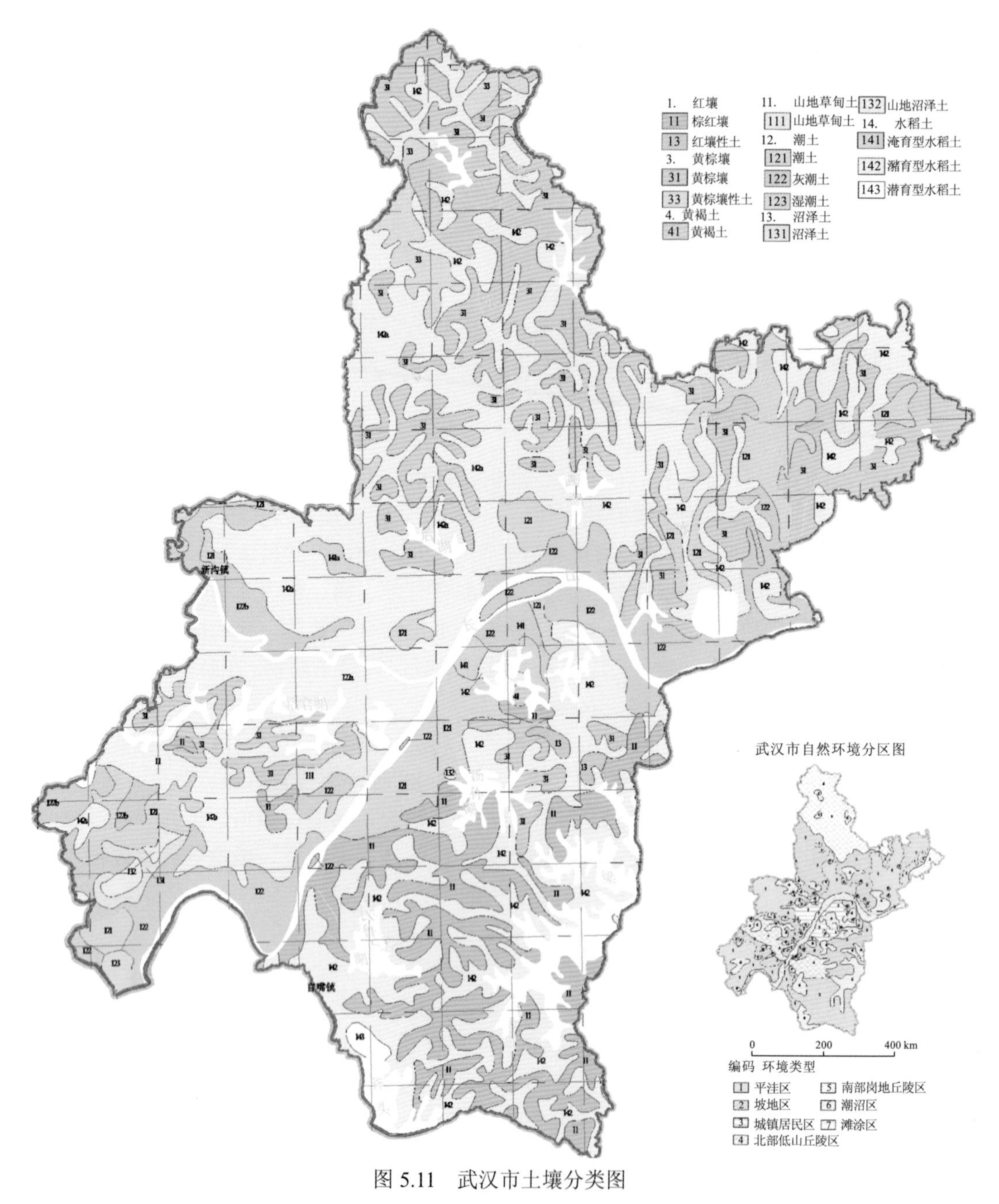

图 5.11　武汉市土壤分类图

各类土壤的具体分布状况及所对应的成土母质分述如下。

（一）棕红壤（代号 11）

棕红壤（代号 11）主要分布于长江以南垄岗地带，江北西部黄陵—夌山一带也有少量分布。成土母质分为两种：一种是第四纪中更新世由洪冲积形成的以网纹状红色黏土为代表的古红土型，另一种是古生界碳酸盐岩、富铁质的碎屑岩类。成土母质为古红土的棕红壤，土层深厚，可达 10～35 m，土壤呈棕红色，质地以黏壤—黏黏土为主，并有

显著的铁锰质淀积现象，通透性差。由古生界母质风化形成的棕红壤，厚度不稳定，一般含有一定的岩石碎块，表层耕作土疏松，犁底层密实。一般发育有完整的土壤剖面，上部淋溶层，下部淀积层。

（二）黄棕壤（代号 31）

黄棕壤（代号 31）分布于长江以北诸垄岗、丘陵地带，属北亚热带地带性土壤。按成土母质分为元古宇母岩风化型和第四纪晚更新世古红土型。前者分布于北部低山—丘陵地带的元古宇变质岩及酸性岩区，属母岩风化的残坡积或坡冲积成因类型，呈棕黄色，土层较薄，土质疏松，质地以粉壤为主，含较多硬沙，原生矿物含量较高，黏粒矿物含量较低。后者主要分布于北部垄岗地带，主要为晚更新统含铁锰质结核黏土，土壤呈黄棕色，土层深厚，以黏土为主，土质黏重。

由古红土形成的黄棕壤与棕红壤的类似之处在于也发育有完整的土壤剖面，上部淋溶层，下部淀积层，厚度较大，具典型的黏聚层特征。

（三）潮土（代号 12）

潮土（代号 12）集中分布于沿长江、汉水现代冲积区、湖冲积区，成土母质为现代冲积物或湖冲积物，潮土由此类松散堆积物长期经地下水活动形成。土质以砂土、粉砂土、粉壤土和壤土为主。

（四）红壤性土（代号 13）

红壤性土（代号 13）分布于现代湖泊、古湖泊周缘及其湿地区，古湖泊区多呈微域型分布，如武湖、东西湖等地。成土母质为全新统湖积物，由于这些地区地势低洼，常年积水，地下水位常小于 1 m。土壤质地变化不大，以灰黄色—青灰色黏土和青灰色淤泥为主。

（五）水稻土（代号 14）

水稻土（代号 14）作为人工土壤，凡水稻种植地区均有分布，与各地带型土壤呈交错状镶嵌分布态势，本区发育有三个亚类。

（1）淹育型水稻土（代号 141）局限分布在地势较高的坡地或岗地边缘，地下水位低，水源不足，成土母质为棕红壤和黄棕壤。表土层和心土层一般较薄，犁底层黏重紧实，透水性差，有明显的铁锈斑和铁锰质淀积层。

（2）潴育型水稻土（代号 142）为分布最广的水稻土类，土壤多为冲积或洪冲积物，耕作层和犁底层较淹育型水稻土厚，下部发育有较深的潜育层，土质湿软，青灰色，至心土层一般埋深为 60～100 cm。

（3）潜育型水稻土（代号 143）局限于湖泊边缘、河漫滩及沟谷等地势低洼处，成土母质以湖积物或冲积物为主，呈青灰色，潮湿松软，具有向沼泽土过渡的特征。

第三节　生态环境面临的主要地质问题

经系统梳理和综合分析认为，武汉市生态环境面临的主要地质问题包括水土流失、河流崩岸、环境污染及生物多样性减少等，而环境污染主要表现为土壤污染、水污染、大气污染、城市垃圾场和固体废弃物堆放等。废弃矿山同时面临着水土流失、水土污染等复合生态地质问题。

一、水土流失

水土流失的危害主要表现为冲毁土地、破坏良田，土壤遭剥蚀后肥力减退，给农业生态环境带来不利影响，生态失调导致旱涝灾害频发，严重的水土流失还可淤积水库和堵塞河道。武汉市水土流失具有大分散、小集中、范围广等特点。大分散主要表现为各区均有不同程度的水土流失；小集中主要表现在全市水土流失面积主要集中在新城区，是主城区的 10 倍以上；范围广主要表现在水土流失面积占全市土地总面积的比例较高，多年超过 10%，流失面积较大。

（一）水土流失面积变化分析

武汉市自 1996 年开始第一次水土流失遥感普查，截至 2018 年已分别在 1996 年、2000 年、2006 年、2010 年和 2016 年开展了 5 次遥感普查，2013 年开展第 1 次水土流失专项普查，2018 年采取水土流失动态监测，2019 年组织开展了水土流失重点防治区的水土流失动态监测工作。水土流失土壤侵蚀类型主要为水力侵蚀，按照水土流失强度可分为轻度、中度、强烈、极强烈和剧烈 5 个等级。

表 5.3 反映了 1996～2019 年武汉市水土流失面积的变化趋势，从中可以看出，武汉市水土流失强度较轻，可以通过系列合理的水土流失防治措施将轻度水土流失土地整治为可正常利用的非水土流失土地。1996～2006 年武汉市水土流失的面积不断增加，2006 年达到 1964.42 km^2 的峰值。其中，2000 年的水土流失面积较 1996 年增加了 52.39 km^2，变化率为 4.16%；2006 年的水土流失面积较 2000 年增加了 652.43 km^2，变化率高达 49.73%。武汉市人民政府意识到水土流失问题的严峻性后，陆续实施了小流域综合治理、退耕还林（草）、宜林荒山精准灭荒、“四荒”治理、封山育林、破损山体生态修复等工程建设，从而使水土流失逐年加剧的严峻形势得以缓解。2006～2016 年武汉市水土流失面积呈现明显下降的趋势，2010 年的水土流失面积较 2006 年减少了 436.23 km^2，变化率为−22.21%；2013 年专项普查获得的水土流失面积较 2010 年遥感普查数据减少了 445.95 km^2，变化率达−29.18%；2016 年遥感普查获得的水土流失面积较 2013 年专项普查数据减少了 155.10 km^2，变化率为−14.33%。

表 5.3 1996～2019 年武汉市水土流失面积对比表

调查时段			水土流失面积/km²						变化面积/km²	变化率/%
年份	调查方式		轻度	中度	强烈	极强烈	剧烈	合计		
1996	遥感普查	第 1 次	796.40	415.30	46.56	1.34	0.00	1 259.60	—	—
2000		第 2 次	785.89	414.03	110.46	1.61	0.00	1 311.99	52.39	4.16
2006		第 3 次	1 521.68	309.89	132.33	0.49	0.03	1 964.42	652.43	49.73
2010		第 4 次	1 100.42	294.79	130.51	1.92	0.55	1 528.19	-436.23	-22.21
2013	专项普查	第 1 次	459.70	313.69	208.80	98.57	1.48	1 082.24	-445.95	-29.18
2016	遥感普查	第 5 次	503.60	293.93	129.27	0.32	0.02	927.14	-155.10	-14.33
2018	动态监测	第 1 次	858.69	59.54	17.90	11.61	13.68	961.42	34.28	3.70
2019		第 2 次	680.28	48.89	9.99	1.73	0.20	741.09	-220.33	-22.92

据 2018 年武汉市水土流失面积动态监测结果可知，2018 年虽然较 2016 年的遥感普查水土流失面积增加了 34.28 km²，但以轻度水土流失为主，且水土流失强度中的轻度、强烈都较 2016 年减幅较大。虽然武汉市全市范围内水土流失面积自 2006 年以来，总体呈现下降趋势，但是部分区域的水土流失强度加剧，具体表现为极强烈和剧烈水土流失的面积增加，分别由 2010 年的 1.92 km² 和 0.55 km² 上升至 2013 年的 98.57 km² 和 1.48 km²，增加 96.65 km² 和 0.93 km²；后又由 2016 年的 0.32 km² 和 0.02 km² 上升至 2018 年的 11.61 km² 和 13.68 km²，分别增加 11.29 km² 和 13.66 km²，说明人为原因造成局部水土流失强度极强烈、剧烈的形势依然很严峻。而 2019 年第二次动态监测结果显示，较 2018 年不仅水土流失面积减少了 220.33 km²，强度也有显著降低。

（二）各区水土流失现状

湖北省水土流失动态监测显示，2018 年和 2019 年武汉市水土流失面积分别为 961.42 km² 和 741.09 km²，分别占全市土地面积的 11.22%和 8.65%。而各行政区的水土流失面积与所占土地面积的比值可以清晰反映出其水土流失问题的程度，比值越高说明区内水土流失问题越严重。2018 年武汉市主城区和新城区的水土流失面积分别占其土地面积的 8.36%和 11.58%，说明新城区的水土流失现象比主城区更为严重。主城区中，比值最大的是洪山区（10.50%），其次是汉阳区（9.62%），最小的是江汉区（2.37%）；新城区中，黄陂区的比值最高（18.01%），其他依次为江夏区（11.34%）、蔡甸区（9.49%）、新洲区（7.53%）、东西湖区（4.64%）、汉南区（3.24%）。

（三）水土流失成因分析

第一，武汉市地处华中地区，位于我国东部主要雨带的江淮梅雨带。近 50 年的降雨数据表明，武汉市各月平均降水量呈正态分布，雨季尤其是 6～8 月降雨较多且多为暴雨。集中的降雨为水土流失的发生提供了动力基础。

第二，武汉市低山丘陵区和垄岗平原区各占市域总面积的 12.3%和 42.6%，起伏的垄岗地貌为水土流失的发生提供了有利的地形条件。

第三，土壤抗冲性普遍较差。武汉市土壤类型以水稻土面积最大，其次是黄棕壤。南方湿热条件下发育的以棕红壤和黄棕壤为主的土体淋溶性较强，在多雨季节地面排水不畅的情况下，雨水向下渗透可将土内石灰质与其他可溶盐类溶解冲走，一些较难迁移的铁质氧化物与黏性土等被冲刷并沉积到土壤剖面的B层中，使得表土难以形成胶粒状物质，随着土壤黏性降低，抗蚀性变差。

第四，随着城市化进程中因采石和采矿对山体和植被的损坏，公路、桥梁的建设，房地产的开发，不合理的毁林开荒、围湖造田等人类活动的干预，造成城市地表硬化面积增大，植被覆盖度降低，遇强降雨天气极容诱发水土流失。

二、土壤污染

土壤污染物一般可划分为化学污染物、物理污染物、生物污染物和放射性污染物四类。表层土壤污染途径大体包括：①固体废物向土壤表面堆放和倾倒，其污染物直接进入土壤或渗出液进入土壤；②有害废水向土壤中渗透，其中最主要的是污水灌溉带来的土壤污染；③大气中的有害气体及飘尘沉降到地面进入土壤；④生产使用的农药、化肥造成农业面源污染。

近年来，针对武汉市表层土壤污染现状及土地质量地球化学评价的系统性调查工作始自1999年湖北江汉平原（试点区）多目标地球化学调查项目，工作比例尺为1∶25万，工作面积为8 800 km^2，共采集表层土壤单点样7 750件、组合样2 506件。“十二五”期间开展的武汉城市地质调查环境地质调查专项中设置了地球化学调查分项，工作比例尺为1∶5万，工作范围为武汉都市发展区，面积为3 469.02 km^2，共采集土壤样品3 470件。2014年，湖北省“金土地”工程——武汉市蔡甸区土地质量地球化学评价（一期）的工作项目，工作比例尺为1∶5万，工作面积为281.6 km^2，共采集土壤样品466件。2018年启动的武汉市多要素城市地质调查示范项目——长江沿岸带生态环境地质调查与评价和武汉市湿地生态环境地质调查2个专项，先后分别在长江新区调查区和垂直长江岸线各向外延伸1 km的长江沿岸带调查区及后官湖、汤逊湖和沉湖3个典型湖泊湿地调查区开展了土地质量地球化学调查，长江新区调查区工作比例尺为1∶2.5万，工作面积为550 km^2，采样9 414件；长江沿岸带调查区工作比例尺为1∶5万，工作面积为250 km^2，采样490件。后官湖、汤逊湖和沉湖3个典型湖泊湿地调查区工作比例尺为1∶5万，工作面积合计260 km^2，采样1 220件。从上述5个不同时期的工作来看，共采集表层土壤样品22 810件，调查面积越来越小但精度却越来越高，评价均使用了当时最新的国家标准（表5.4），说明土壤污染现状调查工作随着时间的推移精准性更强，且与城市发展需求的契合度更高。

表5.4　武汉市表层土壤污染调查数据来源信息表

时间	项目名称	资金来源	调查面积/精度	评价元素	使用国家标准
1999～2001年	湖北江汉平原（试点区）多目标地球化学调查项目	中央财政	全域：8 800 km^2/1∶25万	Cd、Hg、As、Cr、Cu、Zn、Pb、Ni、Sn、Ag、Sb、Bi、Mo、P、S、Se、N、C18种	《土壤环境质量标准》（GB 15618—1995）

续表

时间	项目名称	资金来源	调查面积/精度	评价元素	使用国家标准
2012～2015年	武汉城市地质调查环境地质调查专项	武汉市财政	都市发展区：3 469.02 km^2/1∶5万	Cd、Hg、As、Cr、Cu、Zn、Pb、Ni 8种及六六六、滴滴涕	《土壤环境质量标准》（GB 15618—2008）
2014～2015年	湖北省“金土地”工程——武汉市蔡甸区土地质量地球化学评价（一期）	湖北省财政	蔡甸区侏儒街、消泗乡两乡镇：281.6 km^2/1∶5万	Cd、Hg、As、Cr、Cu、Zn、Pb、Ni和环境指标层pH	《土壤环境质量标准》（GB 15618—2008）
2018～2020年	长江沿岸带生态环境地质调查与评价专项	武汉市财政	长江新区：550 km^2/1∶2.5万	Cd、Hg、As、Cr、Cu、Zn、Pb、Ni 8种	《土壤环境质量——农用地土壤污染风险管控标准（试行）》（GB 15618—2018）
			长江沿岸带地区：250 km^2/1∶5万		
2020～2021年	武汉市多要素城市地质调查示范项目——武汉市湿地生态环境地质调查专项	武汉市财政	后官湖湿地+汤逊湖湿地+沉湖湿地合计260 km^2/1∶5万	Cd、Hg、As、Cr、Cu、Zn、Pb、Ni 8种及多环芳烃	《土壤环境质量——农用地土壤污染风险管控标准（试行）》（GB 15618—2018）

（一）表层土壤污染现状

以下将按时间顺序分别介绍不同项目所取得的表层土壤污染现状评价结果。

1. 湖北江汉平原（试点区）多目标地球化学调查项目

评价结果显示，武汉市土壤表层近92.4%已受到化学物质的污染。但其中，有近一半的面积属于初始污染；轻度以上污染面积共计4 466.7 km^2，占全区面积的51.77%，极度污染面积仅占2.03%（表5.5，图5.12）。Cd和Hg为主要污染元素，其次为As、Pb和Cu。首次发现Cd沿长江冲积带颇具规模的天然富集性污染，且生物有效性通过土壤成熟度增加而增加，对长江冲积带内生态系统构成潜在威胁。

表5.5 武汉市表层土壤环境质量评价参数值表（2001年）

污染等级	描述	面积/km^2	占比/%
VII	极度污染	175.43	2.03
VI	重度污染	354.25	4.11
V	中度污染	748.70	8.68
IV	轻度污染	3 188.31	36.95
III	警戒区	3 506.62	40.64
II	清洁区	656.05	7.60
I	最清洁区	0.15	0.002

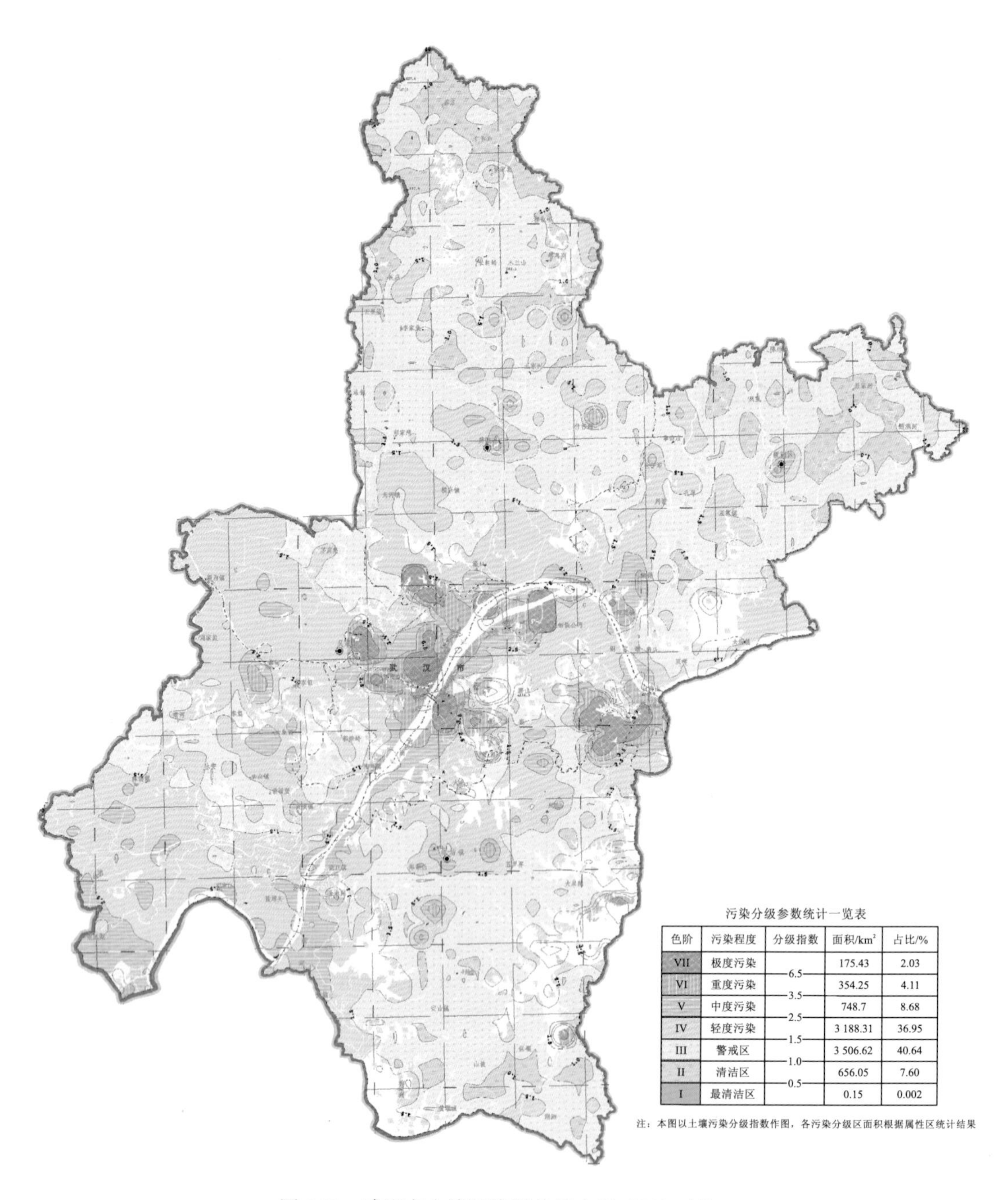

污染分级参数统计一览表

色阶	污染程度	分级指数	面积/km²	占比/%
VII	极度污染	6.5	175.43	2.03
VI	重度污染	3.5	354.25	4.11
V	中度污染	2.5	748.7	8.68
IV	轻度污染	1.5	3 188.31	36.95
III	警戒区	1.0	3 506.62	40.64
II	清洁区	0.5	656.05	7.60
I	最清洁区		0.15	0.002

注：本图以土壤污染分级指数作图，各污染分级区面积根据属性区统计结果

图 5.12　武汉市土壤污染现状综合图（2001 年）

从污染区分布上看，轻度以上污染区集中分布在长江、汉江冲积带工农业发达、人口稠密、经济活动频繁的地区，其中该带的农业种植区基本处于大面积轻度、局部中度污染状态，属于污染元素天然高背景和农业面源污染性质，其和其他地带存在的初始污染区相连形成广阔的低度污染域；城镇工业区则大体处于中度—重度—极度污染区，以武汉城区、葛店化工区污染最为显著，面积最大，强度最高。二者集中了 70%以上面积的中度污染区，100%的重度和极度污染区。新洲、黄陂、蔡甸、纸坊、阳逻等城镇则显示出小范围的中度污染。

2. 武汉城市地质调查环境地质调查专项

评价结果显示，Cd 和 Hg 仍然是污染最为严重的两个重金属元素。表层土壤有超过 3/4 的面积达到轻度污染及以上，重度、极度污染区仅占 1%（图 5.13，表 5.6）。从污染程度上看，主城区普遍高于新城区，不仅分布面积最大，而且污染程度最高；盘龙城、滠口、阳逻、光谷生物园、葛店等城镇则有小范围的重度以上综合污染区分布，调查区 70%的中度污染区及 100%的重度、极度污染区均分布于此。武汉市主城区内的老化工基地——汉口片区古田二路的原市染料厂、汉阳片区赫山的原市农药厂和武昌片区光谷的原市汽轮发电机厂号称江城“三大毒地”，以及武昌片区青山现代冶金化工基地内武钢集团和中韩石化武汉乙烯厂等所在区域均为最强污染源头所在。

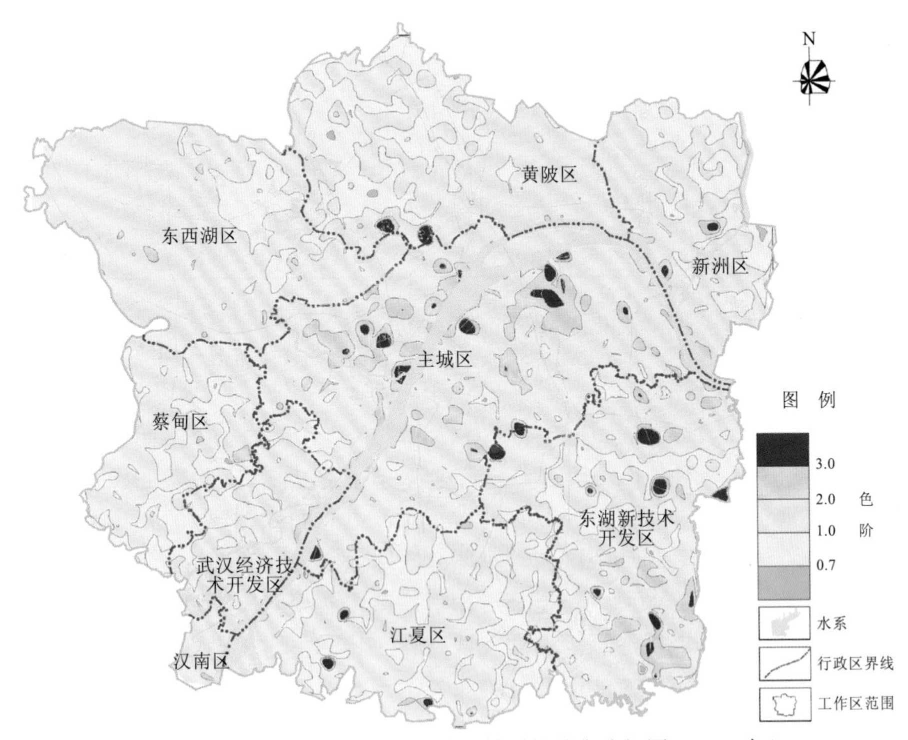

图 5.13 武汉都市发展区表层土壤环境质量综合分级图（2015 年）

表 5.6 武汉都市发展区表层土壤环境质量评价参数值表（2015 年）

污染等级	描述	面积/km^2	占比/%
五	极度污染	7.11	0.21
四	重度污染	27.94	0.80
三	中度污染	196.77	5.66
二	轻度污染	2 623.69	75.47
一	未污染	621.03	17.86

3. 武汉市蔡甸区土地质量地球化学评价（一期）

土壤环境地球化学等级划分结果显示，主要污染元素为 Cd，侏儒山街道主要以一等、二等和三等地即清洁区至轻度污染区为主，轻度污染区主要集中在新帮村、百赛村、管

岭村—黄金村一带；四等和五等中度至重度污染区很少且分布零散，位于阳湾村附近的一块林地。消泗乡是一等、二等和三等地即清洁区至轻度污染区，没有中度以上污染地区，消泗乡的尚清洁和轻度污染的地区几乎各自占到全乡面积的一半，说明该区土壤还是有大面积轻度污染，只是程度不严重。总体上，消泗乡轻度污染范围较侏儒山街道广，消泗乡除挖沟村、杨庄村—洪河村—三合村一带、沉湖及其北部沼泽地尚清洁，其他地方均有轻度污染（表 5.7，图 5.14）。

表 5.7　不同行政区污染综合指数面积统计表（2015 年）

指数范围	土壤分级	污染程度	侏儒山街道		消泗乡	
			面积/km^2	占比/%	面积/km^2	占比/%
≤0.7	一等	清洁	31.88	30.78	9.71	8.73
0.7～1.0	二等	尚清洁	41.98	40.54	52.93	47.59
1.0～2.0	三等	轻度污染	29.29	28.27	48.59	43.68
2.0～4.0	四等	中度污染	0.26	0.25	0	0
≥4.0	五等	重度污染	0.06	0.06	0	0

4. 长江沿岸带生态环境地质调查与评价专项

1）长江新区调查区

评价结果显示，长江新区土壤整体较为清洁，除 Cd 元素的无风险面积占比为 92.54% 外，其余均超过 99%，表明 Cd 元素的生态风险较高。整体上看，无风险面积为 499.77 km^2，占总面积的 90.60%；风险可控面积为 51.86 km^2，占总面积的 9.40%；风险较高的面积仅为 0.007 km^2。Cd 元素是造成区内土壤环境地球化学综合等级由无风险升为风险可控的最大影响因素，其次为 Cu 和 As 元素，但影响范围有限。风险可控以上区域除集中分布在武湖、柴泊湖和三里桥渔场等湖泊或堰塘外，其余主要在谌家矶街道和二道河村—红联村一线呈零星分布（表 5.8，图 5.15）。

表 5.8　土壤环境元素污染程度面积统计表（2020 年）

元素	无风险		风险可控		风险较高	
	面积/km^2	占比/%	面积/km^2	占比/%	面积/km^2	占比/%
As	547.48	99.24	4.16	0.75	0.001	0.001
Cd	510.51	92.54	41.13	7.46	0.006	0.001
Cr	551.63	99.99	0.004	0.01	0	0
Cu	547.16	99.18	4.50	0.82	0	0
Hg	551.53	99.98	0.10	0.02	0	0
Ni	551.64	100.00	0	0	0	0
Pb	551.27	99.93	0.37	0.07	0	0
Zn	551.09	99.90	0.55	0.10	0	0

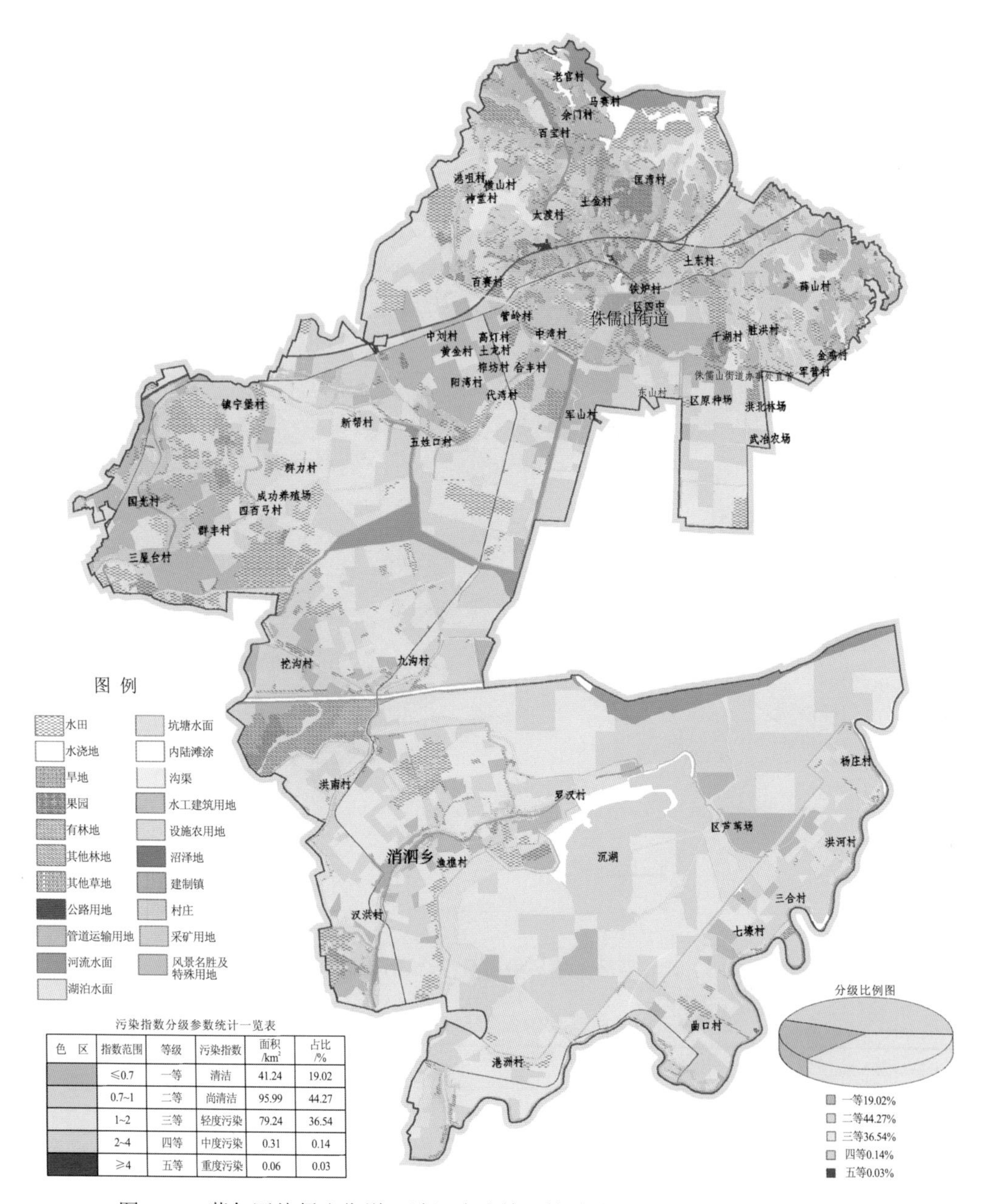

污染指数分级参数统计一览表

色　区	指数范围	等级	污染指数	面积/km^2	占比/%
	≤0.7	一等	清洁	41.24	19.02
	0.7~1	二等	尚清洁	95.99	44.27
	1~2	三等	轻度污染	79.24	36.54
	2~4	四等	中度污染	0.31	0.14
	≥4	五等	重度污染	0.06	0.03

图 5.14　蔡甸区侏儒山街道—消泗乡土壤环境地球化学综合等级图（2015 年）

2）长江沿岸带调查区

评价结果显示，主要污染元素为 Cd，Cu 和 Zn 次之。武汉市长江沿岸带表层土壤质量评级为优的区域，其面积为 285.82 km^2，占比达 89.79%，基本覆盖了沿江两岸 1 km 范围内的大部分地区。良好的区域面积为 20.64 km^2，占比为 6.48%，集中分布在汉南区、青山区、东湖新技术开发区沿岸带两侧。一般区域面积为 4.00 km^2，占比为 1.26%，零星分布于汉阳区、武昌区和东湖新技术开发区沿岸带。较差区域面积为 7.87 km^2，占评价区总面积的 2.47%，呈零散状分布于蔡甸区军山街附近沿岸带西侧、汉阳区两江汇流一带、青山化工区沿岸带两侧、新洲区阳逻街附近沿岸带东侧和左岭街附近沿岸带南侧（表 5.9，图 5.16）。

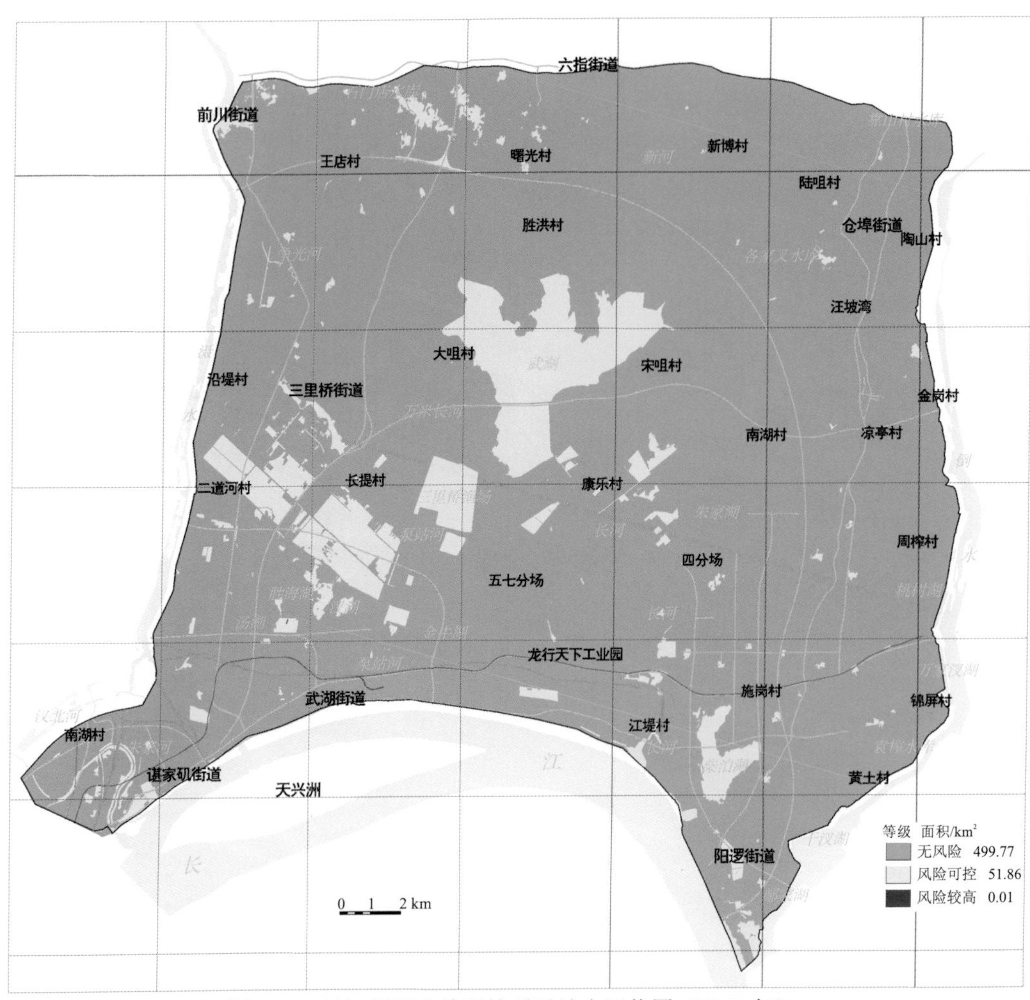

图 5.15 长江新区土壤环境质量综合评价图（2020 年）

表 5.9 土壤质量评价面积与占比表（2020 年）

污染等级	描述	面积/km^2	占比/%
较差	中度—重度污染	7.87	2.47
一般	轻度污染	4.00	1.26
良	轻微污染	20.64	6.48
优	未污染	285.82	89.79

5. 武汉市湿地生态环境地质调查

通过定量分析武汉市典型湖泊的表层沉积物和湖心沉积柱样品中的多环芳烃（polycyclic aromatic hydrocarbons，PAHs）含量，可从一个侧面反映出武汉市不同时期人类活动对湖泊生态环境的影响程度或污染等级及能源结构的转换状态。

1）汤逊湖多环芳烃浓度特征

汤逊湖表层沉积物 PAHs 浓度分布如图 5.17 所示，圈的面积大小表示浓度的高低。汤逊湖表层沉积物 PAHs 质量分数为 324.16～4923.82 ng/g，平均质量分数为 1432.19 ng/g。

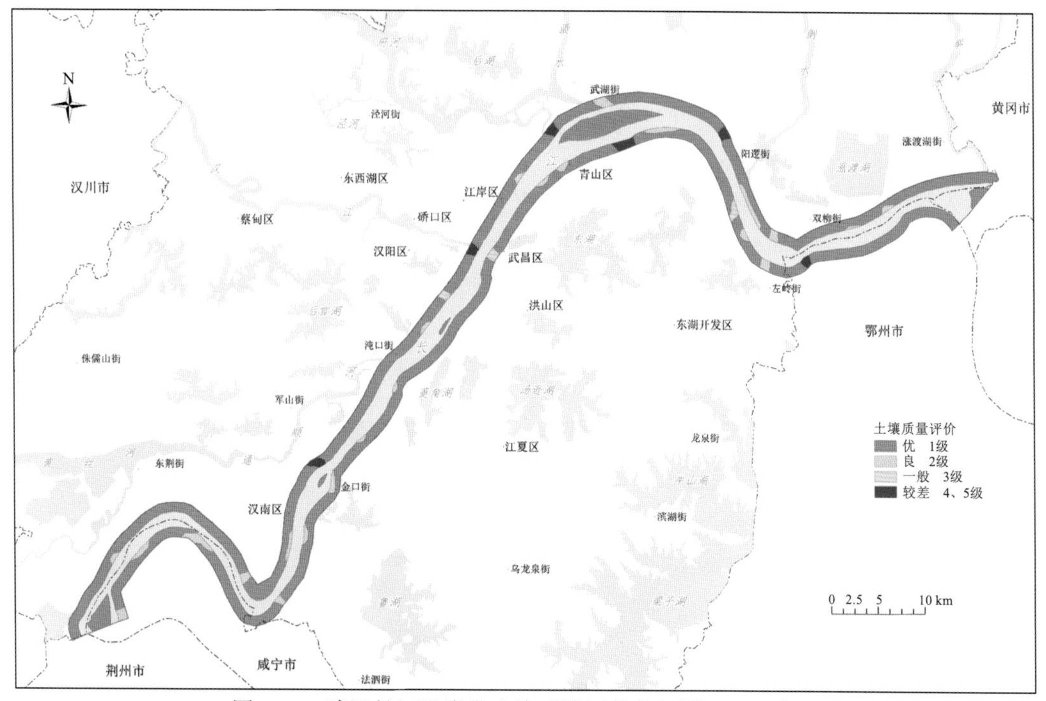

图 5.16　武汉长江沿岸带土壤质量评价分级图（2020 年）

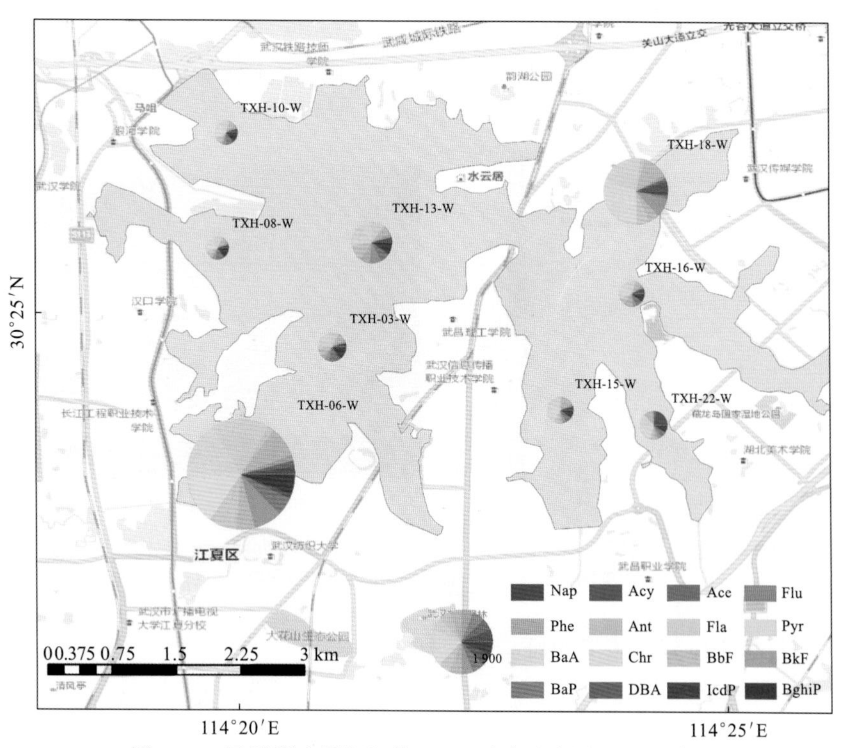

图 5.17　汤逊湖表层沉积物 PAHs 浓度分布图（2020 年）

外湖 PAHs 浓度略高于内湖，可能与外湖周围存在较多的住宅区和工业区有关。在内湖和外湖分别出现一个 PAHs 浓度异常高值，是因为周围存在生活排污口，污染物不断排入水体中，进而通过沉降作用富集在沉积物里。整体来看，PAHs 以中重环为主，

与化石能源的不完全燃烧及石油的泄漏有关。汤逊湖内湖湖心沉积柱 PAHs 浓度随深度的增加整体呈下降趋势（图 5.18），PAHs 质量分数为 30.23～731.80 ng/g，在顶部 30 cm 以上，PAHs 浓度较高，表明近些年受到人为影响的干扰较大。汤逊湖内湖湖心沉积柱 PAHs 浓度整体上以 4 环和 5 环为主，3 环占比整体逐渐降低，表明汤逊湖内湖的 PAHs 来源主要为煤的不完全燃烧和交通排放，生物质燃烧占比逐渐减小。汤逊湖外湖湖心沉积柱 PAHs 浓度随深度的增加整体呈下降趋势（图 5.19），PAHs 质量分数为 25.90～788.65 ng/g，在顶部 25 cm 以上，PAHs 浓度较高，表明近些年受到人为影响的干扰较大。汤逊湖外湖湖心沉积柱整体上先以 3 环和 4 环为主，后逐渐变为 4 环和 5 环，表明汤逊湖外湖的 PAHs 主要来源由生物质和煤的不完全燃烧转变为交通排放，可反映当地近些年来能源结构的转变。

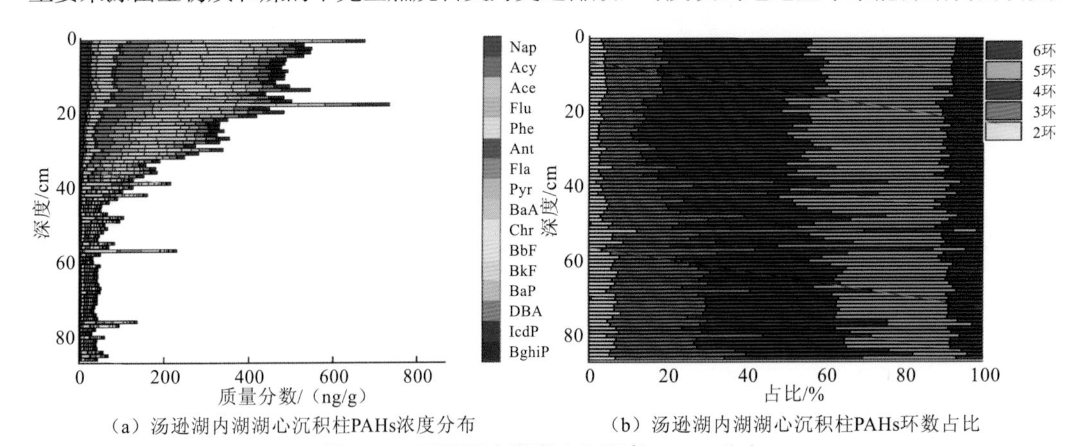

（a）汤逊湖内湖湖心沉积柱PAHs浓度分布　　（b）汤逊湖内湖湖心沉积柱PAHs环数占比

图 5.18　汤逊湖内湖湖心沉积柱 PAHs 分布

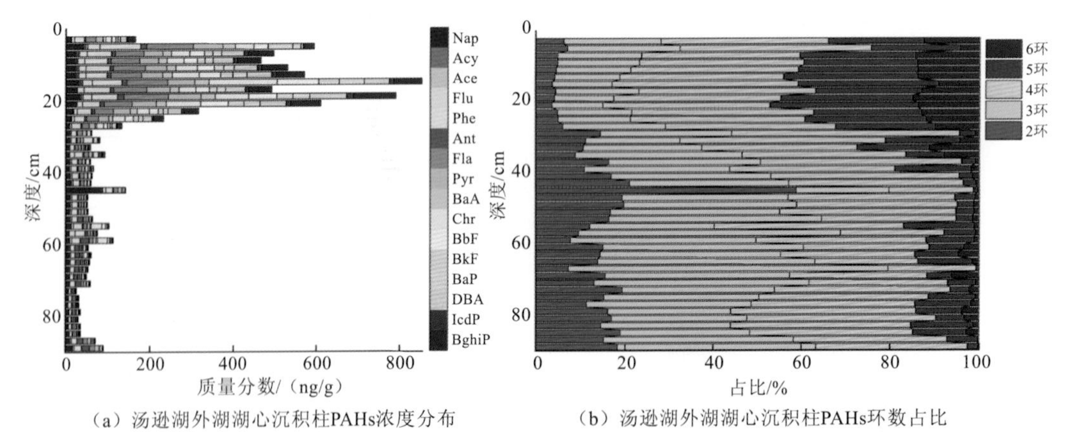

（a）汤逊湖外湖湖心沉积柱PAHs浓度分布　　（b）汤逊湖外湖湖心沉积柱PAHs环数占比

图 5.19　汤逊湖外湖湖心沉积柱 PAHs 分布

2）沉湖湿地多环芳烃浓度特征

沉湖表层沉积物 PAHs 浓度分布如图 5.20 所示，PAHs 质量分数为 46.52～234.84 ng/g，平均质量分数为（133.25±52.79）ng/g，远低于汤逊湖表层沉积物 PAHs 浓度，且分布较为均匀，这可能是因为沉湖作为湿地功能区，周边人口较少，管理措施到位，人为污染小。沉湖湖心沉积柱 PAHs 浓度随深度的增加整体呈先上升后下降的趋势（图 5.21），PAHs 质量分数为 53.54～491.55 ng/g，在顶部 25 cm 左右 PAHs 浓度出现峰值，之后逐渐下降，表明近些年受到人为影响的干扰减少。沉积柱整体上以 3 环和 4 环为主，5 环在 10～30 cm 处占比较高，表明虽然沉湖多年的 PAHs 来源为生物质和煤的不完全燃烧，但交通尾气的排放对沉湖的影响不容忽视。

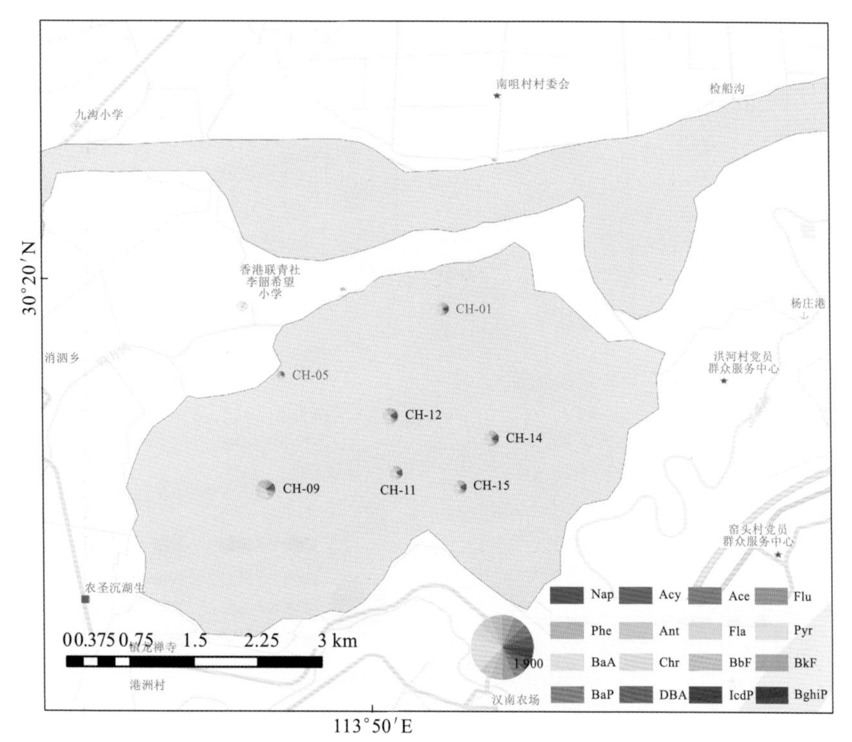

图 5.20 沉湖表层沉积物 PAHs 浓度分布图（2020 年）

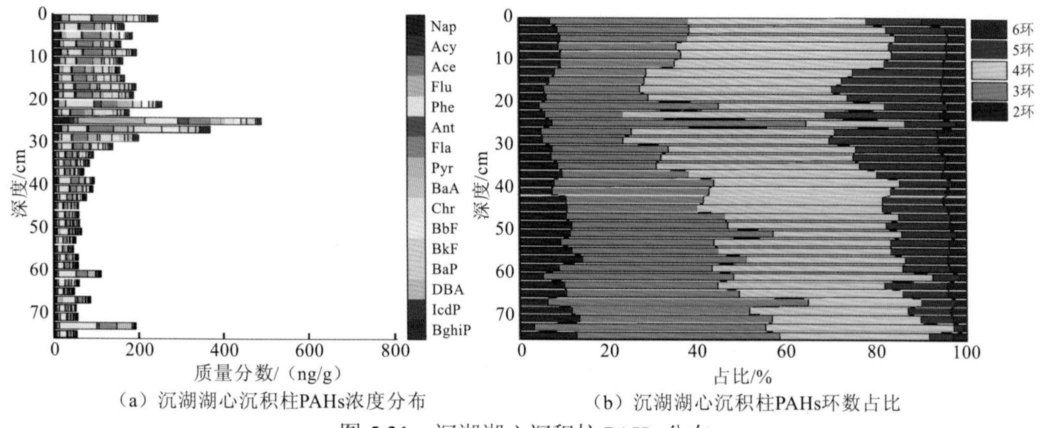

（a）沉湖湖心沉积柱PAHs浓度分布　（b）沉湖湖心沉积柱PAHs环数占比

图 5.21 沉湖湖心沉积柱 PAHs 分布

3）梁子湖多环芳烃浓度特征

梁子湖表层沉积物 PAHs 浓度分布如图 5.22 所示，PAHs 质量分数为 18.19～26.92 ng/g，平均质量分数为（22.95±3.46）ng/g，远低于汤逊湖和沉湖表层沉积物的平均浓度。梁子湖作为湖北省重点保护的湖泊之一，受人为活动干扰影响最小，其污染物浓度可作为武汉市湖泊湿地研究的背景值来处理。梁子湖湖心沉积柱 PAHs 浓度随深度的增加整体呈下降趋势（图 5.23），质量分数为 73.37～289.73 ng/g，在顶部 20 cm 以上，PAHs 浓度较高，表明近年来受到人为影响的较大干扰而呈现累积效应。梁子湖沉积柱整体上以

3 环和 4 环为主，近年来 5 环占比逐渐降低，表明梁子湖多年的 PAHs 来源主要为生物质和煤的不完全燃烧等，但交通排放带来的影响逐渐减少。

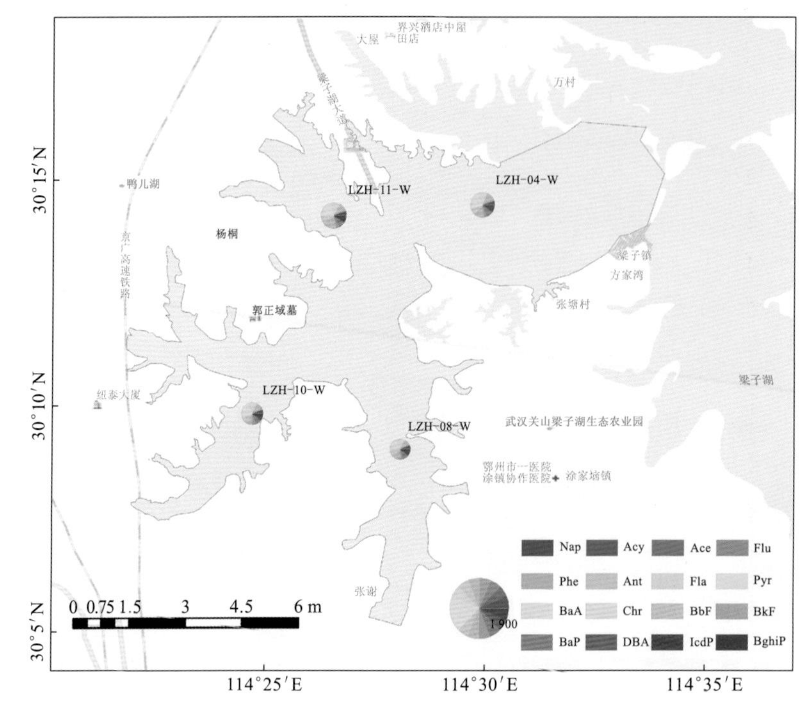

图 5.22　梁子湖西侧表层沉积物 PAHs 浓度分布图（2020 年）

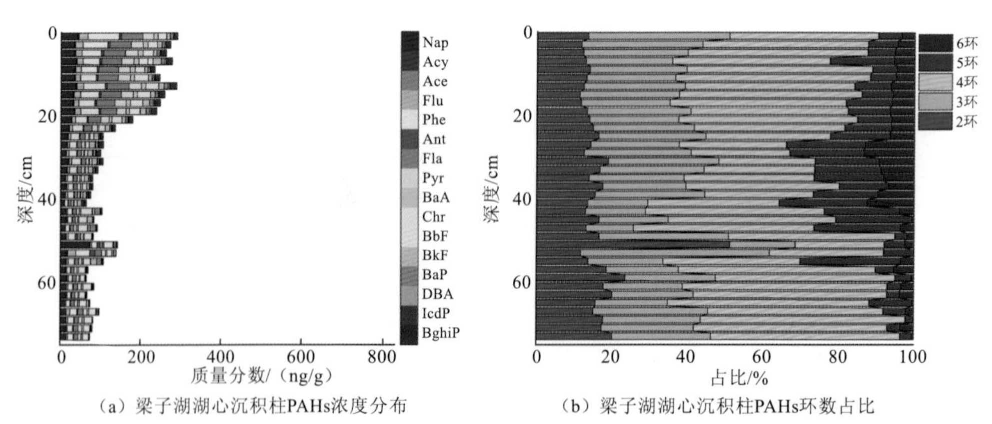

（a）梁子湖湖心沉积柱PAHs浓度分布　（b）梁子湖湖心沉积柱PAHs环数占比

图 5.23　梁子湖湖心沉积柱 PAHs 分布

综上所述，三个典型湖泊中的 PAHs 平均浓度大小依次为汤逊湖＞沉湖＞梁子湖，这可能和三个湖泊所处的地理位置及功能属性有关。汤逊湖作为武汉市最大的城中湖，周边人口密度大，工业区、生活区、商业区广泛分布，人类活动干扰较大，PAHs 的浓度最高；沉湖作为湿地功能区，周围人口较少，且位置偏僻，受交通排放干扰较小，污染物来源以生活物质和煤的燃烧为主；梁子湖作为湖北省水面面积第二、水体总量第一的淡水湖，长期受到保护，人为干扰影响最小。梁子湖和沉湖近年来 PAHs 的浓度相对稳定，而汤逊湖内湖 PAHs 的浓度仍有上升的趋势，需加强源头治理。三个湖泊在垂向 20～30 cm 处，均存在浓度上升的趋势，表明在此期间，人类活动强度较大，对生态环境造成了一定程度的污染。

（二）土壤污染趋势预测

未来的生态退化问题主要发生在大中城市，武汉可能成为湖北省主要生态退化城市之一，各类环境影响因子中有害、有毒污染物的不断聚积为其根本原因。湖北省人民政府和中国地质调查局共同出资完成的“湖北省汉江流域经济区农业地质调查项目”（2004～2011 年），使用区域生态地球化学调查数据，计算了武汉市主城区各类污染物的排放总量、年净输入量、环境容量及污染达到时间，结果显示，未来 15～20 年后武汉市主城区范围将不再有镉、汞、铅的一级土壤，50 年后镉、汞的三类土壤面积将扩大 4～8 倍，如图 5.24 所示，图中区块颜色越深（由绿到红）表示土壤环境质量级别越高、污染风险越大。而砷的污染风险则较小。

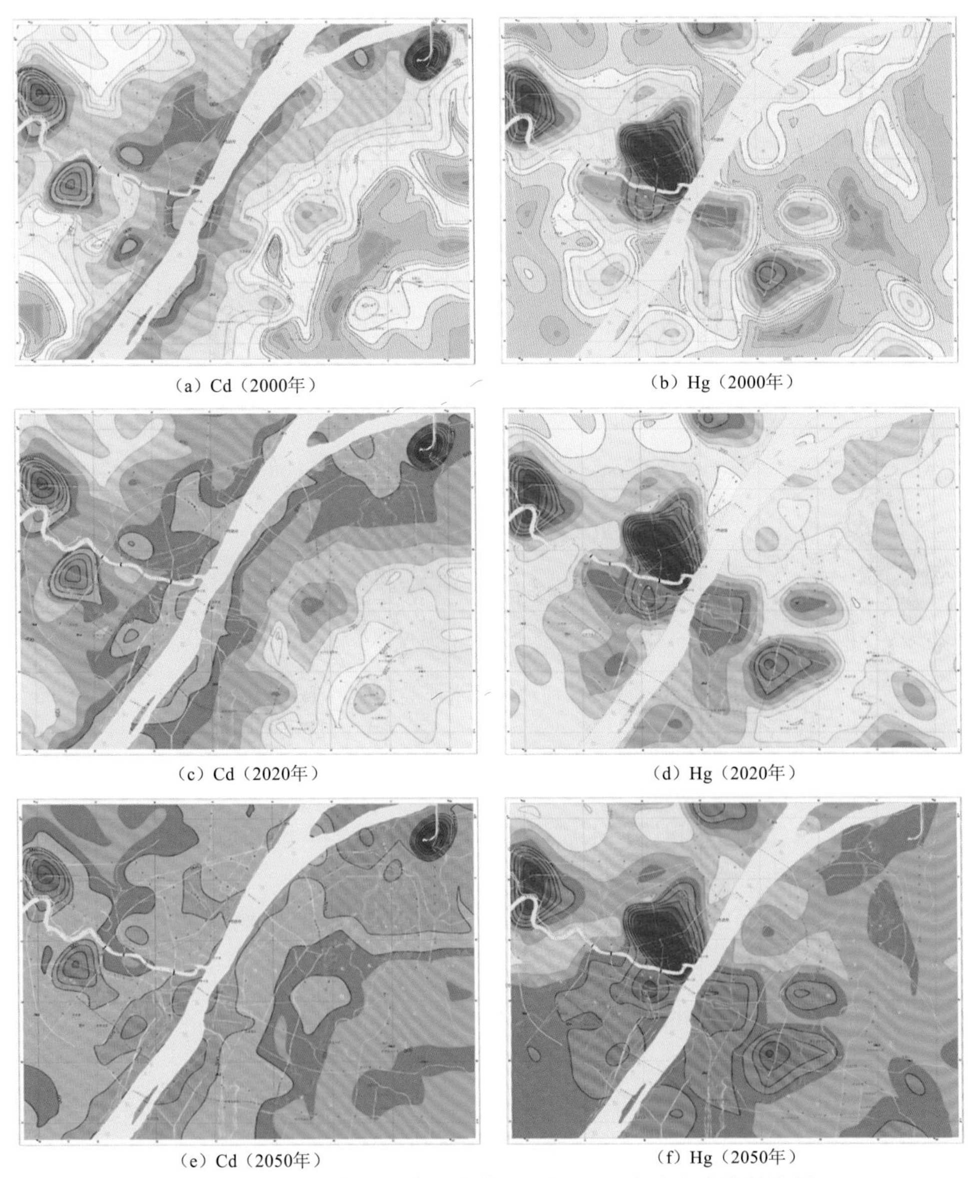

（a）Cd（2000年） （b）Hg（2000年）

（c）Cd（2020年） （d）Hg（2020年）

（e）Cd（2050年） （f）Hg（2050年）

图 5.24　武汉市主城区表层土壤 Cd 和 Hg 元素未来演化趋势图

图中色系由绿—黄—红，表示其浓度值递增

三、水污染

与上述表层土壤污染现状调查数据来源相同，进入 21 世纪以来的地球化学调查资料均显示，武汉市水体中既普遍存在镉、汞、铅、铜、锌、铬、镍等重金属污染，又存在磷、硒、硫、氮、碳、氟等非金属污染，且污染面积呈逐年扩大之势。水污染较严重的地段主要分布在人口稠密的城镇区和排污量较大的工矿区。比较而言，地表水污染较严重的河流有马影河、通顺河和府河等，污染较严重的湖泊主要分布在武汉经济技术开发区内。地下水污染主要呈点状分布，从宏观上看地表水污染严重的地方，地下水污染也相对严重，二者呈正相关关系。

（一）地表水污染

地表水污染现状可从武汉市生态环境局发布的《2019 年武汉市环境状况公报》和“长江沿岸带生态环境地质调查与评价”项目实际调查资料中对河流、湖泊的水质评价结论中查询。

1. 河流与港口水质

2019 年开展监测的 30 个河流断面中，11 个断面为 II 类水质，13 个断面为 III 类水质，5 个断面为 IV 类水质，1 个断面为 V 类水质。断面水质类别比例如图 5.25 所示。

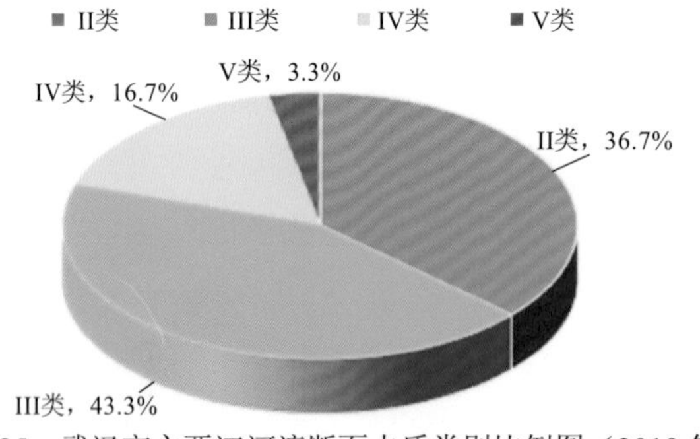

图 5.25　武汉市主要江河流断面水质类别比例图（2019 年）

长江和汉江均为 II 类水质。受污染河流水质符合 V 类标准的为马影河。27 个河流断面水质达标，达标率为 90%。不达标断面水质主要超标污染物为化学需氧量、生化需氧量和氨氮等。与 2018 年相比，水质优良（III 类及以上）的断面比例上升 4.1 个百分点，无劣 V 类水质断面。

2015～2019 年，全市水质优良（III 类及以上）的断面比例持续增加，劣 V 类断面比例明显减少。长江武汉段干流和汉江武汉段干流各项污染物年均浓度均稳定达标（图 5.26）。

2. 长江沿岸带水质

《武汉市长江沿岸带生态环境地质调查与评价报告》中对地表水水质的评价结果显示，I 类、II 类、III 类、IV 类、V 类、劣 V 类水分别占比为 0、33.90%、25.42%、13.56%、3.39%、23.73%（图 5.27）。对比水域功能类别，地表水总体达标率为 59.32%，超标项目为高锰酸盐指数、总磷、氟化物、汞、砷。

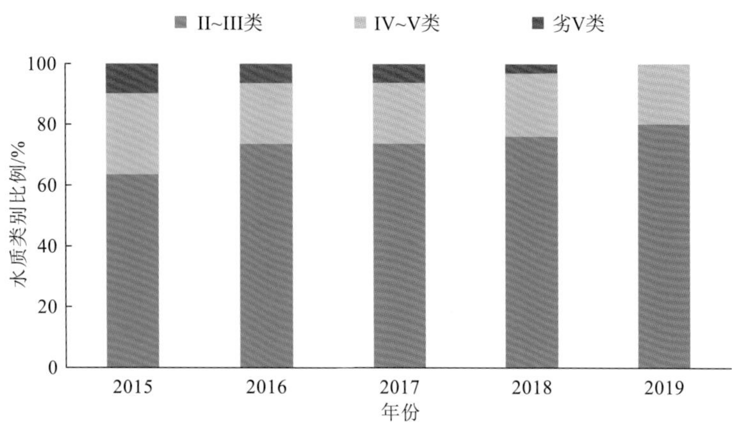

图 5.26 近五年主要河流断面水质类别比例变化图

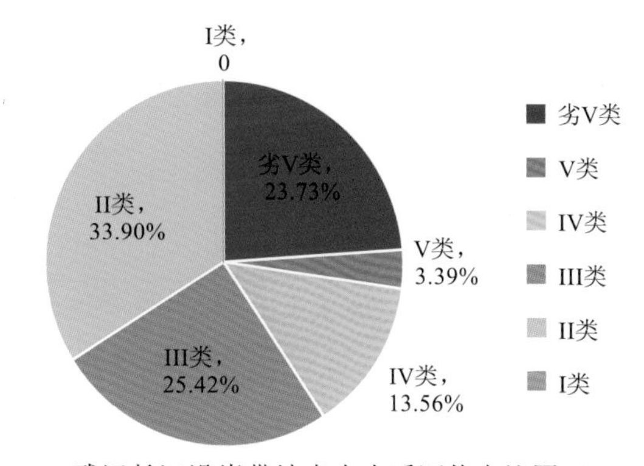

图 5.27 武汉长江沿岸带地表水水质评价占比图（2020 年）

从地表水质量评价角度看，整体上长江沿岸带南段水质略优于北段，无水质优良区域，良好、一般、较差区呈交错状分布（表 5.10，图 5.28）。长江干流、倒水河、长渠水质达标率普遍好于长江沿岸带其他地区，河流水质明显优于沟渠和湿地水质。从汉阳区南太子湖到新洲区阳逻街一带劣 V 类水质样点分布较多，超标项目以总磷、氟化物和汞为主，该段对应武汉市主城区和工业区，且多为城市内湖或连通水渠的入江口，受高强度人类活动造成的工业、农业及生活污染物不达标排放影响较大。

表 5.10 地表水质量评价面积与占比（2020 年）

地表水质量评价	面积/km^2	占沿岸带总面积的比例/%
优	0	0
良	21.69	37.77
一般	14.97	26.07
较差	20.77	36.16

3. 湖泊水质

2019 年全市开展水质监测的 163 个湖泊中，57 个湖泊为 V 类水质，占 35.0%；30 个湖泊为劣 V 类水质，占 18.4%。按照湖泊水环境功能区划类别评价，湖泊水质达标率为 33.9%。湖泊富营养状况评价结果显示，全市轻度富营养状态的湖泊占比最大，为

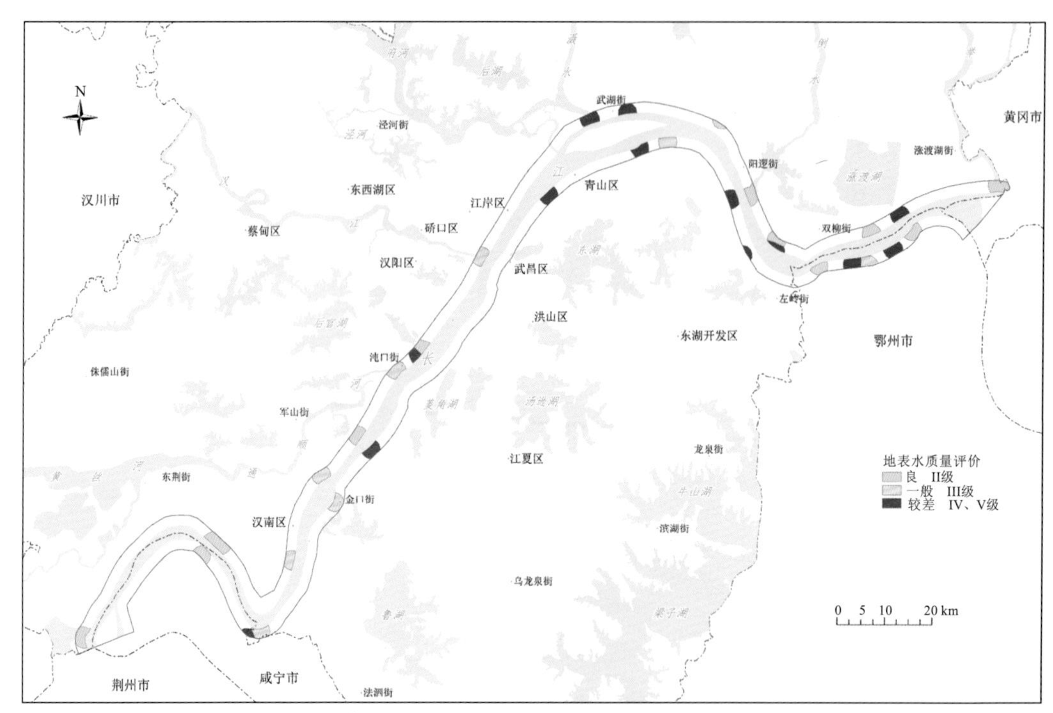

图 5.28 武汉长江沿岸带地表水质量分级图（2020 年）

48.5%，重度富营养状态的湖泊占比最小，为 4.3%。与 2018 年相比，39 个湖泊水质好转，18 个湖泊水质变差，102 个湖泊水质保持稳定。水质为劣 V 类的湖泊比例下降 10.6 个百分点。湖泊水质达标率上升 4.9 个百分点（图 5.29）。

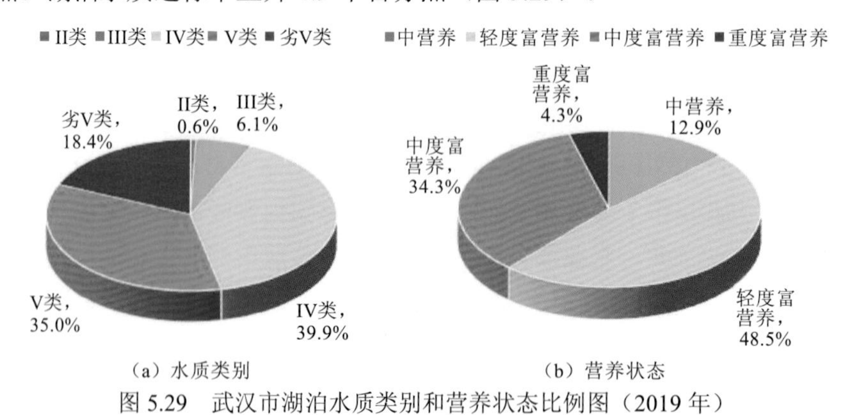

图 5.29 武汉市湖泊水质类别和营养状态比例图（2019 年）

受关注度较高的湖泊水质现状为：梁子湖 III 类，东湖、后官湖和武湖 IV 类，汤逊湖和沉湖 V 类。

2015～2019 年，水质为 II 类和 III 类的湖泊比例有所上升，劣 V 类湖泊比例明显下降，全市湖泊水质总体稳中趋好（图 5.30）。

湖泊水体的重金属污染主要发生在主城区及近郊湖泊中，地球化学图上显示从湖边向中心污染程度逐渐降低，说明污染物主要来源于生产、生活污水的排放。

通过对武汉市主城区主要湖泊底积物的取样分析结果表明，几乎所有湖泊均受到 N、P、S、C 的综合污染（表 5.11），尤以 P、S 的污染为甚。其中汉阳墨水湖、武昌东湖、

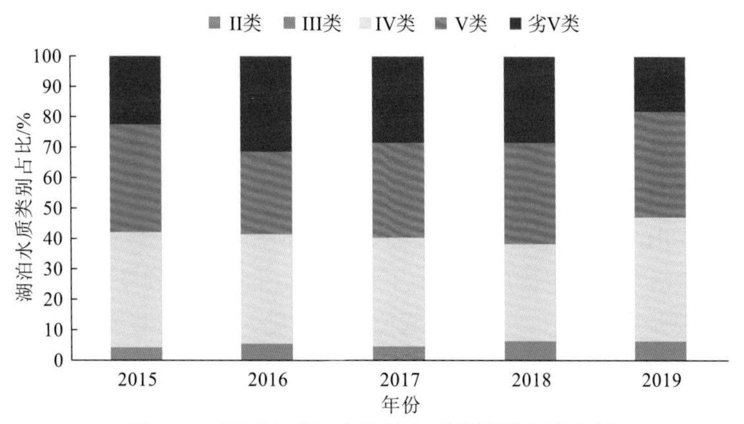

图 5.30　近五年武汉市湖泊水质类别比例变化图

沙湖、巡司河、汉口混家湖（磨海）的底积物中 P 质量分数均在 5 000 mg/kg 以上，最高达 11 503 mg/kg（磨海）；S 在墨水湖、东湖、南湖、混家湖（磨海）的底积物含量均为极高，其中墨水湖、东湖和混家湖（磨海）分别达 1.35%、1.02%和 2.27%。

表 5.11　武汉地区主要受污染湖泊情况一览表

湖泊名称	湖泊富营养化（氮、硫、磷、碳污染）					湖泊重金属污染				
	初始污染	轻度	中度	重度	极度	初始污染	轻度	中度	重度	极度
东湖	N	C		P	S			Pb、Cu	Cd、Hg	Zn、Sb
墨水湖	N			P	S			Hg、As、Cr	Cu、Pb、Sb	Cd、Zn
南湖	N、C	P		S		Cu、Cr、Sb	Zn、Pb、Mo	As	Hg、Cd、Se	
沙湖	N	C	S	P		Zn、Pb、Cu			Cd	Hg
磨海		N、C			P、S	Ni	Cu、Pb、Cr	Zn、As		Cd、Hg
汤逊湖	P、C	N	S			Zn、Pb、Cu、As	Hg、Cd			
牛山湖	N	S				Pb、Cu	Cd			
武钢北湖	N、S、P					Ni、Zn、Pb、Cu、Hg		Cd		
严东湖						Cu、Zn	Pb		Cd	Hg
严西湖	N	S、C				Pb	Hg、Cd			
后官湖	N、C			S			Cd			
涨渡湖	N			S、P		Cu、Zn、Pb	Cd	Hg		
后湖	S、C					As、Hg	Pb、Cd			
黄家湖		N		S		Zn、Pb、Cu、As、Hg	Cd			

注：引自《江汉流域经济区多目标地球化学调查报告》，2005 年。

（二）地下水污染

1. 污染源分类

点状污染主要由粪坑、渗井、垃圾堆放填埋场等引起，环境中排放的生活污染物和工业废弃物通过渗透、淋滤直接污染浅层地下水。

带状污染主要由污染河流、排污沟渠的地表水下渗引起，一般在集镇附近工业相对发达、工业废水和生活污水集中排放区，地下水水质污染严重，硬度普遍较高，水色浑浊。

面状污染主要是农业生产过程中普遍使用的化肥、农药随着灌溉用水、大气降水渗入地下，特别是污水灌溉对地下水造成的污染。

2. 污染指标

（1）重金属污染。地下水中的重金属浓度与相应土壤中的重金属含量有一定的关联度。武汉市浅层地下水的重金属污染元素主要为 Pb、Hg、Cr 等。

（2）富营养化。富营养化地表水中高含量的总磷、总氮使水库、湖泊藻类疯长、水华频发。这些富营养化水体和各大型化工厂周边的浅层地下水因水位过高，渗透力强，从而造成一定程度的污染。

（3）高锰酸钾指数。该指数是衡量水质的重要指标，生活饮用水中该指数过高可引发甲亢等多种疾病。本区高锰酸钾指数不仅受污染面积大，而且强度也高。

（4）硝酸盐和硫酸盐。本区浅层地下水中硝酸盐和硫酸盐浓度在一年各个季节中有所不同，与本地农业生产活动的大量氮肥施用有关，充分说明现代农业生产对地下水的污染是客观存在的。

（5）铁和锰（超标元素）。新城区农业用地以水田为主的耕作制度，以及环绕平原周边低丘岗地广泛分布的黄棕壤和棕红壤皆以铁锰质高自然背景含量为特征，Fe、Mn 离子在地下水中的超标率甚高。

3. 武汉都市发展区地下水质量综合评价

武汉都市发展区环境地质调查专项中设置的地下水环境监测专题，对调查区内的地下水监测孔水质开展了每年两期（枯水期和丰水期）共三年（2013～2015 年）的采样分析测试工作，水质评价结果显示，第四系全新统孔隙承压水水质大多数表现为极差和较差两级，以极差为主，占总样本数的 77.78%；第四系更新统孔隙承压水水质表现为极差、较差、良好、优良的分别占比 37.93%、20.69%、31.03%和 10.35%；碎屑岩类裂隙孔隙水质量分为优良、良好、较差和极差四级，分别占 11.54%、19.23%、38.46%、30.77%；碎屑岩类裂隙水均表现为较差和极差两级；碳酸盐岩类裂隙岩溶水水质枯水期分为优良、良好、较差和极差四级，分别占 37.5%、50.00%、12.50%、6.25%，丰水期分为良好、较差、极差三级，分别占 33.33%、26.67%、40.00%。而且通过对 2013～2015 年枯水期水质进行比较分析，2014 年枯水期水质总体好于 2013 年和 2015 年，水质整体变化趋势是先变好再变差。

都市发展区地下水质较差的原因主要是铁含量过高，其次是锰超标，少数水样出现总硬度、硝酸盐及亚硝酸盐超标，其他各项均符合饮用水水质标准。铁、锰含量高来自自然背景，可采用曝气、过滤等方法处理，处理过的水基本能符合饮用水水质标准；总

硬度高可采用过滤的方法处理。

4. 污染趋势

从图 5.31（图中点赋色为绿—黄—红，环境质量由好变差）可以看出，2006～2015年，地下水环境质量逐渐变差的趋势明显，与人类工程活动加剧导致含水层结构破坏有关。

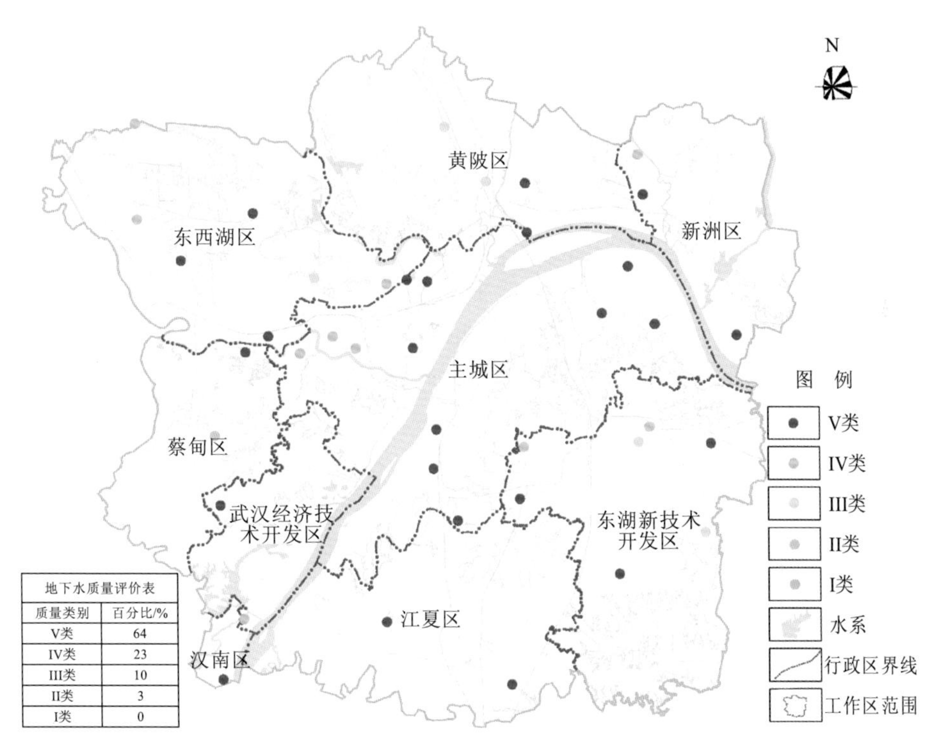

地下水质量评价表

质量类别	百分比/%
V类	64
IV类	23
III类	10
II类	3
I类	0

图 5.31 武汉都市发展区地下水综合环境质量评价对比图

四、河流崩岸

河流崩岸的危害性极大，长江外滩岸的崩失延伸会危及大堤基础的稳定安全，严重威胁河势稳定，影响航运畅通、岸线的保护与开发利用，情况严重的甚至会造成重大人员伤亡和财产损失。武汉历史上河流崩岸险情多发频发，成为影响生态环境和城市安全的重要因素。

（一）河岸基本特征

长江和汉江流经武汉市的长度分别为 150.5 km 和 62 km，第四纪晚更新世及全新世冲积层广泛分布于长江、汉江两岸，构成宽阔的河漫滩。晚更新统沿江形成内叠阶地，厚度大，碎屑物质成分复杂，来源多样，平面上有边滩、洪泛等类型，分布位置与河床迁移过程相吻合，有别于早—中更新世沉积物。受区域性活动断裂和地形地貌的控制，形成了长江武汉段簰洲湾—汉南之间的弧形河道、汉南—汉口之间的顺直河道、汉口—团风之间的弧形河道及总体呈东西向延展的汉江弯曲型河道。河岸稳定性随土体黏粒含量的增加而增大，随土体相对密度、岸坡角度、岸坡高度的增大而减小。

（二）河流崩岸分布

1. 武汉都市发展区河流崩岸分布

武汉市雄踞长江与汉江交汇处，江岸线长，受新构造运动和河水流态的影响，河道变迁摆动强烈，而岸坡以土质岸坡为主，主体结构多为黏性土—黏土质砂—粉细砂层等多层结构或者为黏土质砂—砂层，个别江段有更新统老黏土出露，一般呈互层关系，具多层结构。其土体凝聚力差、结构较松散、抗冲刷能力弱。因主泓贴岸，常年迎流顶冲，不断冲刷堤岸坡脚，造成堤外无漫滩缓冲保护。洪水期水动力增强且水位涨落幅度大，岸坡在江水冲刷侵蚀作用下，不断掏蚀坡脚土体，形成临空面，使土体稳定性降低、岸坡失稳而发生河流崩岸险情。

按照崩岸的形态特征可划分出窝崩（黏性土层较厚，深泓贴岸，弧形裂缝，崩滑面圆弧形）和条崩（黏性土层较薄，与岸线平行裂缝，崩滑面长条形）两种主要类型。

本次共调查河流崩岸点 47 处，其中东西湖区 10 处，黄陂区 8 处，青山区 6 处，汉阳区、蔡甸区和江夏区各 5 处，洪山区 4 处，武昌区 3 处，新洲区 1 处（图 5.32）。主要集中分布在长江和汉江岸坡，崩岸段总长 37.73 km（表 5.12），其次是府河分布有 8 处。此外大型渠道岸坡和少数湖岸等也有所分布。对于弯曲河段，在拐弯处的凹岸崩岸点分布较为普遍，如蔡甸区杨树湾汉江崩岸；对于直线形河段，在护岸不连续或河床沉积物发生变化的部位也有分布，如青山区新集石料码头长江崩岸；对于主流顶冲段，如存在突出于江岸的岩石山咀（“矶”）或能干扰水流方向的人工建筑（如丁坝），在这些“挑流砥柱”的下游，往往会发生窝崩，窝崩危害胜于条崩，如蔡甸区汉江城头山险段。

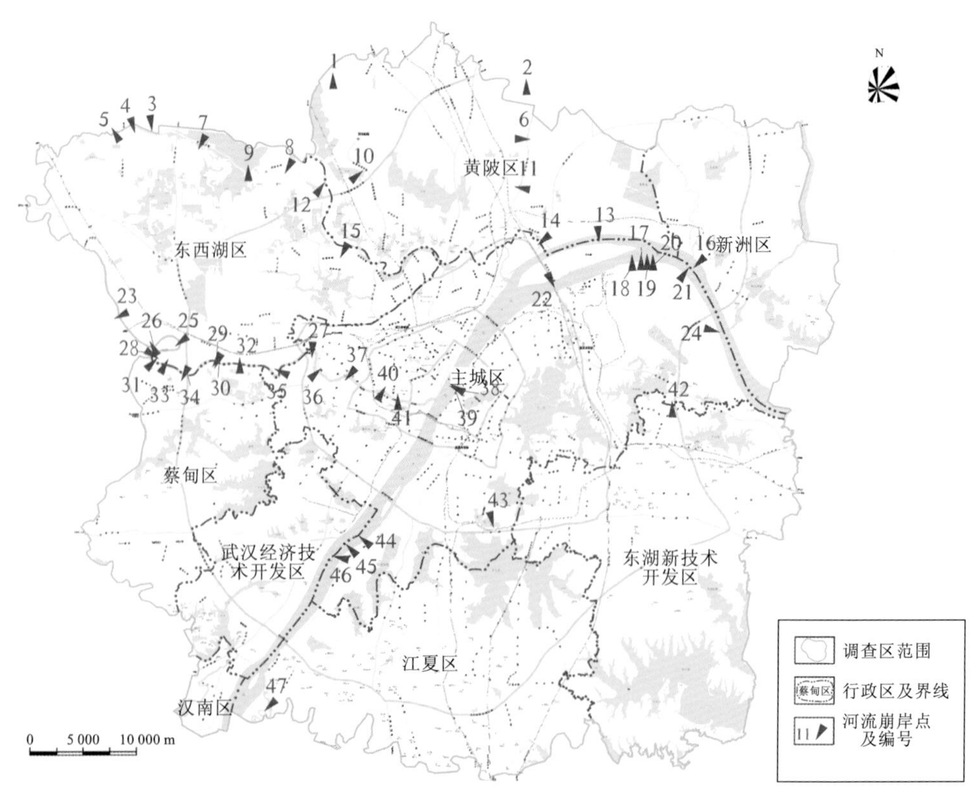

图 5.32　武汉都市发展区河流崩岸分布位置图（2015 年）

表 5.12 武汉都市发展区河流崩岸统计表（2015 年）

河流名称	行政区名	崩岸段数	长度/km
长江	主城区	6	29.520
	新洲区	3	7.000
	合计	9	36.520
汉江	主城区	3	0.614
	蔡甸区	1	0.600
	合计	4	1.214

2. 长江沿岸带河流崩岸分布

长江沿岸带生态环境地质调查与评价项目实地调查与收集河流崩岸点 23 处（图 5.33，表 5.13），大多分布在远城区，因为主城区的长江岸堤大多已得到工程治理，从自然土质大堤变为人工硬化的混凝土大堤，稳定性大大增强。目前调查的塌岸点大多也进行了施工加固，在治理过的塌岸大堤内侧均备有防汛石料堆场，以应对汛期可能出现的险情。

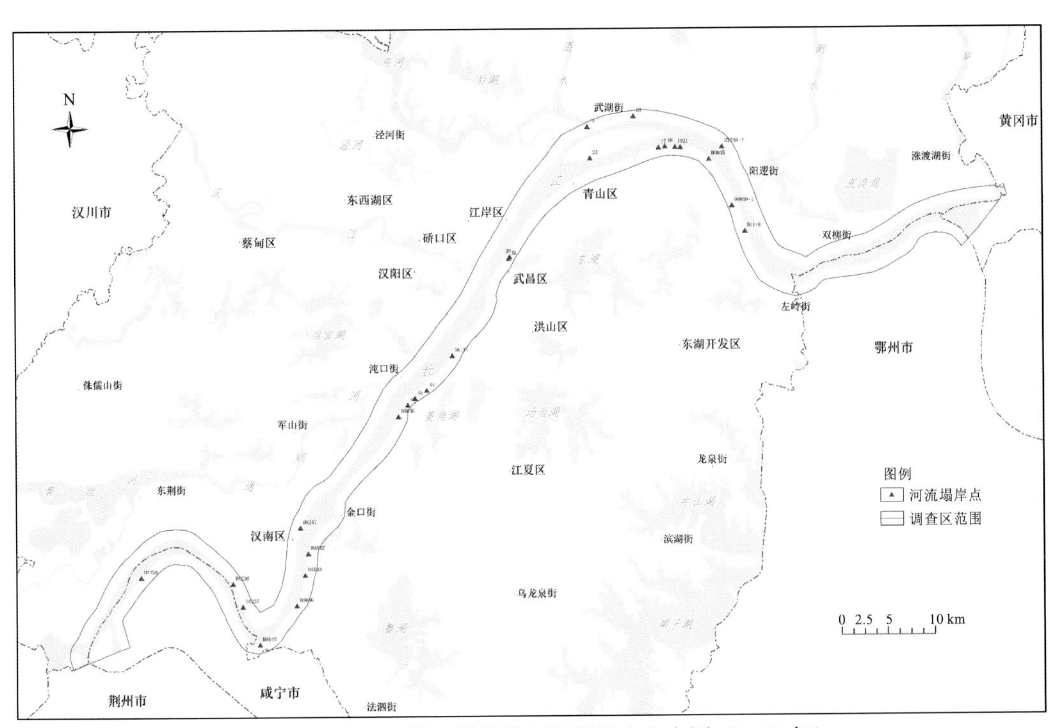

图 5.33 武汉市长江沿岸带河流崩岸点分布图（2020 年）

河流崩岸有 9 个发育在缓坡，坡度为 8°～30°；有 13 处发育在大堤的陡坡，坡度为 30°～70°。出露岩性均为第四系全新统走马岭组（Q_hz^{al}）冲积成因的砂土，大多被人工填土所覆盖，沿长江干堤一般都有防护林带分布。河流崩岸的规模较小，长度一般不超过 300 m，仅有 5 处达到 1 km，宽度一般为 3～10 m。

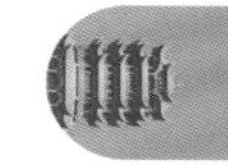

表 5.13　长江沿岸带河流崩岸特征一览表（2020 年）

序号	地质点号	位置			边坡类型	微地貌	地层岩性	植被覆盖	松散沉积物边坡	规模			深泓位置	坡度/（°）	坡向/（°）	侵蚀程度
		X坐标	Y坐标	高程/m						长/m	宽/m	高/m				
1	D1018	203075.79	3346660.42	25	自然	缓坡	Q_hz^{al}砂土、人工填土	白杨树	有人工护坡	80～100	10～30	10	近岸	15	345	严重
2	D3042	220577.10	3356664.26	28	人工	陡坡	Q_hz^{al}砂土、人工填土	白杨树	有人工护坡	1 500	20	5	贴岸	30	275	一般
3	D3045	215544.10	3347395.45	29	人工	陡坡	Q_hz^{al}砂土、混凝土	无	有人工护坡	357	20	10	近岸	45	350	一般
4	D1118	266381.90	3389191.44	23	人工	缓坡	Q_hz^{al}砂土、人工填土	白杨树	有人工护坡	20	1～2	8	近岸	19	330	一般
5	D1121	235744.37	3376683.34	22	人工	陡坡	Q_hz^{al}砂土、混凝土	白杨树	有人工护坡	300	25	7	贴岸	27	320	中等
6	D3035	230067.87	3370522.18	26	人工	陡坡	Q_hz^{al}砂土、人工填土	无	有人工护坡	300	6	3	贴岸	36	265	一般
7	D3043	220240.39	3354472.74	25	人工	陡坡	Q_hz^{al}砂土、人工填土	白杨树	有人工护坡	90	15	3	贴岸	32	270	中等
8	D3046	219380.32	3351393.53	23	人工	缓坡	Q_hz^{al}砂土、混凝土	白杨树	有人工护坡	1 900	8～10	6	贴岸	23	270	中等
9	D1228	203169.56	3354290.30	26	人工	缓坡	Q_hz^{al}砂土、人工填土	白杨树	有人工护坡	80	20	10	近岸	10	265	严重
10	D1236	212784.08	3353634.71	21	人工	缓坡	Q_hz^{al}砂土、人工填土	白杨树	有人工护坡	200～300	20～30	10	近岸	8	230	严重
11	D1237	213809.66	3351306.30	20	人工	缓坡	Q_hz^{al}砂土、人工填土	白杨树	有人工护坡	200	60	8	近岸	9	230	严重
12	D1241	219778.70	3359294.04	28	人工	缓坡	Q_hz^{al}砂土、人工填土	白杨树	无人工护坡	100	10	5～8	近岸	12	330	中等
13	D7505	230550.16	3372223.27	28	人工	陡坡	Q_hz^{al}黏土	草地	无人工护坡	200	5	10	贴岸			严重
14	D7506	231522.89	3372954.85	24	人工	缓坡	Q_hz^{al}砂土、混凝土	草地	有人工护坡	1 000	20	10	贴岸	35	0	严重
15	D7508	232777.36	3373566.50	20	人工	陡坡	Q_hz^{al}砂土	耕地	无人工护坡	100	10	6	贴岸	45	90	严重
16	38*	241494.00	3387035.00	23	人工	陡坡	Q_hz^{al}砂土	草地	有人工护坡	50	10	8	贴岸	30	300	严重
17	D8024	241548.17	3387058.92	21	人工	陡坡	Q_hz^{al}砂土、混凝土	建筑	有人工护坡	15	8	7	近岸	40	300	中等
18	D9147	250371.60	3396752.20	22	自然	陡坡	Q_hz^{al}砂土	草地	有人工护坡	100	5	1.5	近岸	11	180	一般
19	D1077	259336.2	3397857.92	21.9	自然	陡坡	Q_hz^{al}砂土	草地	无人工护坡	1 000	3	2	贴岸	70	10	严重
20	D1080	257954.16	3397904.63	19.9	人工	陡坡	Q_hz^{al}砂土、混凝土	白杨树	有人工护坡	300	3.5	2	贴岸	30	10	中等
21	D8535	259861.79	3397753.49	25.5	人工	陡坡	Q_hz^{al}砂土、黏土	草地	有人工护坡	200	2	5	贴岸	70	350	严重
22	D3017	262756.46	3396798.05	30.9	人工	缓坡	Q_hz^{al}砂土	草地	有人工护坡	1 000	5	3	近岸	25	45	中等
23	D3020	265055.23	3391666.13	25.6	人工	陡坡	Q_hz^{al}砂土	草地	有人工护坡	—	—	—	近岸	35	330	一般

注：38 代表“《武汉都市发展区环境地质专项调查总报告》中插图 2.57 武汉都市发展区河流崩岸分布位置图”中对应的编号。

从分布位置上，长江南岸较北岸更为发育，弯曲河段拐弯处的凹岸边滩分布更为普遍，其次是位于两个相邻河曲过渡段的顺直边滩。

（三）成因分析

河流崩岸的形成按基本因素可分为地质因素、河流及水动力因素、水文及气象因素、人类活动因素四类。调查区内具有潜在不稳定因素的堤坝多为土质结构疏松及土洞、孔穴发育的河段。崩岸发生的实质是近岸水流泥沙运动与河床等诸多因素相互作用的结果，崩岸又反作用于河床演变过程。砂性土岸坡崩塌一般发生在汛期，黏性土岸坡则发生在汛后迴水期。一般而言，水流流量、流速及顶冲角越大，水越深，则崩岸发生的频率和强度越大。

（1）地质因素对岸坡的变化起着决定作用，且岩（土）体性状及组成又至关重要，即岩质岸坡好于土质岸坡，土质岸坡中老黏土（即土体强度高的）又好于新近堆积黏性土（土体强度低的），而黏性土又好于粉土和砂土。土体结构的不同也影响岸坡的变形大小（强度）。单一结构黏性土好于双层或多层结构岸坡，更好于单一的砂性土岸坡，再者土的渗透性、不同的地下水类型、地下水与江水的补排关系都会导致静水压力及动水压力的变化，从而影响到岸坡的稳定性变化。

（2）河流及水动力因素也起着非常重要的作用。现今河流岸坡各种形态是经江水反复侵蚀堆积而塑造成型的，也可以说岸坡稳定的每一变化都是河流及水动力直接作用的结果，如区内岸崩大多因河流水势变化而导致岸坡稳定变化，再则岸崩多发生在河流的凹岸，水流顶冲加剧岸坡稳定变化。

（3）水流及气象因素中的流量大小、泥沙特性、水位高低、涨落幅度等变化也会影响河床的冲淤关系变化、洲滩变化、分流比变化，其结果是往往引起岸坡形态的改变或崩岸的发生。而降雨集中、周期较长、降雨增大（特别是暴雨期）都会导致河水量增大、水位抬高、地表水入渗量增大、土体强度降低等一系列变化，从而也导致岸坡稳定变化。洪水期江面宽阔、风大浪高也会使气象因素的影响加大，最终导致岸坡稳定变化，岸崩多发生在洪水期或汛期即是佐证。

（4）人类工程活动可直接改变岸坡的稳定程度，不当的人类活动方式如不当的开采河沙、边坡开挖、加载及植被破坏等，都将引起岸坡稳定恶化或直接造成失稳。

五、城市垃圾场

（一）分布位置

武汉市城市垃圾分为卫生填埋和焚烧两种处理方式。都市发展区环境地质调查专项工作过程中，共实地调查垃圾卫生填埋处理场 7 处和垃圾焚烧发电厂 5 处。垃圾卫生填埋处理场包括 2010 年前已经废止的汉阳区紫霞观、东西湖区金口、江岸区岱山、青山区北洋桥、东湖新技术开发区二妃山 5 处和 2013 年先后封场的阳逻开发区陈家冲和江夏区长山口 2 处。垃圾焚烧发电厂有东部的青山区星火村、南部的江夏区长山口、北部的黄陂区汉口北、中部的汉阳区锅顶山和西部的东西湖区新沟镇 5 处（图 5.34，表 5.14）。

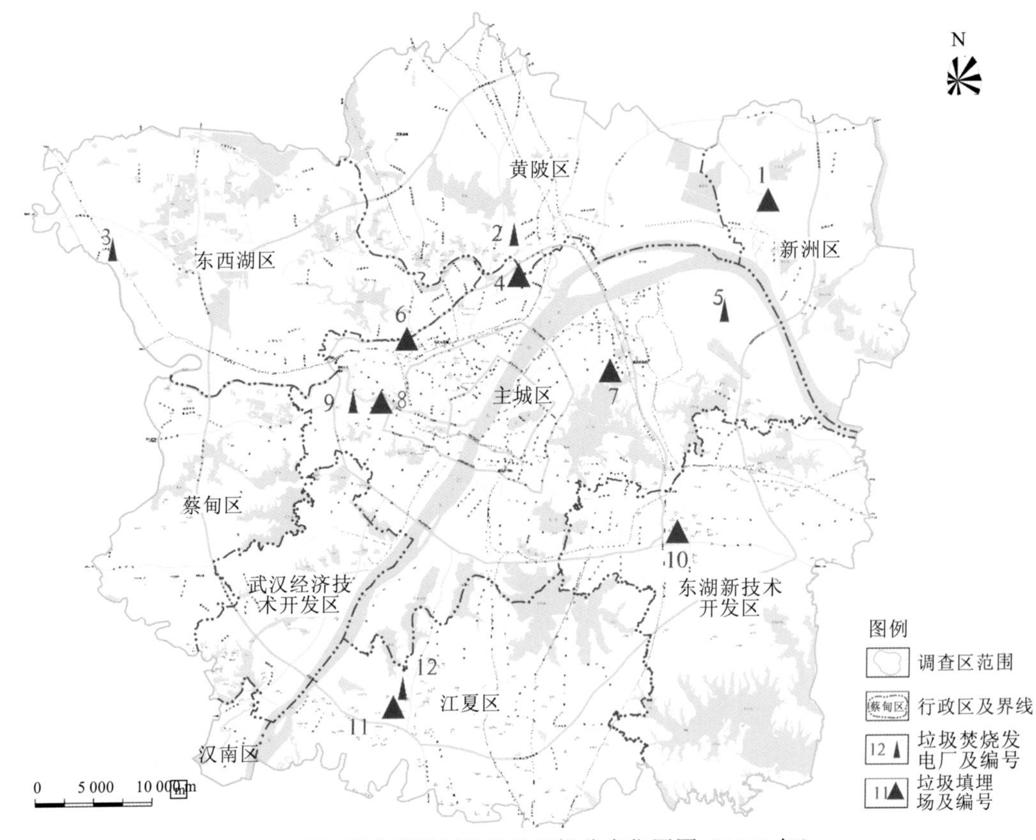

图 5.34 武汉都市发展区垃圾处理场分布位置图（2015 年）

（二）环境效应

城市垃圾场的环境效应主要表现在对附近地下水、地表水、土壤、大气 4 个方面的负面影响。

1. 对地下水的污染

由于垃圾卫生填埋处理场多利用废弃的开挖坑和天然沟谷，在降水淋滤和废物的生化降解作用下，垃圾中的有害有毒物质进入垃圾渗滤液，这种含有高浓度悬浮固态物和各种有机与无机成分混杂的渗滤液，在没有采取严密防护措施的情况下必然渗入地下，势必对浅层地下水造成污染，进而污染深层地下水且难于修复治理。

按照生活垃圾焚烧为主、水泥窑协同处置为辅、卫生填埋为保障的工艺路线，重点建设千子山、长山口、陈家冲三个循环经济产业园区，推进建筑垃圾消纳处置与资源化利用，支持一般工业固体废弃物资源化新技术、新设备、新产品应用，拓展资源化利用途径，提升资源化利用效率。

2. 对地表水的污染

含有有害有毒物质的垃圾渗滤液可直接或间接进入附近地表水体，对其造成污染。

表 5.14 武汉市垃圾处理场分布情况一览表（截至 2019 年 12 月）

序号	名称	位置	开工时间	试运行时间	封场时间	日处理垃圾/t	年发电量/MW	工艺	占地面积/亩	投资运营主体
1	星火垃圾焚烧发电厂（建成）	青山区八吉府街道星火村	2011 年 5 月	2013 年 10 月		1 000	24	炉排炉	86	武汉绿色动力再生能源有限公司
2	新沟垃圾焚烧发电厂（建成）	东西湖区新沟镇新沟八队	2009 年 12 月	2013 年 5 月		1 000	24	炉排炉	73	深圳能源环保有限公司
3	汉口北垃圾焚烧发电厂（建成）	黄陂区盘龙城开发区刘店村	2009 年 1 月	2010 年 12 月		2 000	50	流化床	86	浙江锦江集团
4	长山口垃圾焚烧发电厂（建成）	江夏区金港新区海口村	2008 年 12 月	2010 年 6 月		1 000	24	流化床	92	浙江锦江集团
5	锅顶山垃圾焚烧发电厂（建成）	汉阳区永丰街仙山村	2006 年 12 月	2012 年 12 月	2013 年 12 月	1 500	36	流化床	180	武汉博瑞环保能源公司
6	千子山循环经济产业园（在建）	蔡甸区常福千山村	2016 年			5 000			10 598	武汉环投集团
7	长山口循环经济产业园（在建）	江夏区金港新区海口村	2016 年			1 700			828	武汉环投集团
8	陈家冲循环经济产业园（在建）	新洲区阳逻街山河村	2014 年			500			984	武汉环投集团
9	陈家冲垃圾卫生填埋场（封场）	新洲区阳逻街山河村	2007 年 4 月		2013 年 6 月	2 000			984	
10	长山口垃圾卫生填埋场（封场）	江夏区金港新区海口村	2008 年 5 月		2013 年 7 月	2 100			825	
11	金口垃圾填埋场（废止）	东西湖区张公堤金口村	2000 年		2005 年 3 月	2 000			364	
12	岱山垃圾填埋场（废止）	江岸区张公堤岱家山村	1989 年		2007 年 10 月	1 600			350	市城管委
13	紫霞观垃圾填埋场（废止）	汉阳区汉水公园西	1992 年		2010 年	2 000			280	
14	北洋桥垃圾填埋场（废止）	青山区北洋桥路	1989 年		2010 年	800			559	
15	二妃山垃圾填埋场（废止）	东湖新技术开发区佛祖岭村	2003 年		2009 年 3 月	800			351	

3. 对土壤的污染

首先，垃圾渗滤液直接进入周边土壤，其中所含的有害成分经土壤的吸收和其他利用，在土壤中聚积，影响微生物的活动，从而改变土壤的性质与结构，提高土壤的腐蚀能力，导致土壤中生长的植物受到不同程度的影响；其次，垃圾中的固体废弃物本身和焚烧飞灰在密封、固化等处理措施不到位时，在季风或其他外力作用下漂浮运移，直接成为周边土壤的一部分，从而造成土壤污染；最后，垃圾中含有的化学品经填埋后可在土壤中存在数十年甚至上百年，加之其他有害元素和重金属对土壤的毒害作用，从而使耕地失去使用价值。

4. 对大气的污染

垃圾焚烧过程中产生的大量有毒有害废气和粉尘飘散在空中，可对周边几千米范围内的环境空气质量造成严重污染。垃圾填埋后有机物分解散发大量热量的同时，伴有大量氨气、硫化氢、甲烷等有害气体的产生，不仅给人们带来恶臭的感觉而且污染空气，若任其聚集还会引发火灾和爆炸的危害。

（三）污染途径与现状

1. 垃圾填埋处理场

垃圾填埋处理场主要表现为垃圾渗滤液污染，指标包括无机物（如氨氮、磷素、重金属等），有机物[如 COD（化学需氧量）、BOD（生化需氧量）和 TOC（总有机碳含量）等]和 POPS（持久性有机污染物）。

2006 年，“江汉流域经济区农业地质调查项目”在开展武汉市生活垃圾处理场污染异常查证时，放射状采集了表层土壤样品，分析结果显示：在堆积垃圾土中，污染物以 Hg、Cd、Pb、Cu 等重金属及 P、TOC 为主，在垃圾填埋场中心段富含有机质、腐殖质的垃圾土中均呈高含量富集，其含量为各相应城区表土平均值的 1.5～5 倍，TOC 含量更是高达 10 倍以上；而距垃圾填埋场 20～30 m 开始，各污染物含量指标大幅下降、已接近或低于表土中的平均含量值，除 Cd 外，其他重金属及有机污染物含量值与评价区自然背景值基本相当。说明在城市生态环境中，富集于生活、工业固体排放物中的有害重金属元素及有机污染物在表层土壤中的迁移、扩散效应及对土壤的污染程度仅局限于垃圾填埋场周边半径 20～30 m 的范围。

2010 年 7 月，陈家冲生活垃圾填埋场曾发生过污水不达标排放污染长河水质的事件。2013 年 1 月，长山口生活垃圾填埋场突发液体渗漏事故，垃圾场底部渗出大量酱油色污水，淹没了低洼地的大片农田，当时受损面积约 300 余亩。

2. 垃圾焚烧发电厂

垃圾焚烧发电厂主要污染途径为垃圾焚烧后产生的大量有害废气、灰渣和有毒粉尘向环境中不达标排放，尤其是垃圾燃烧排放物降温过程中经过 850～200 ℃温度区间时生成的二噁英，难于降解，被国际癌症研究中心列为一级致癌物，其毒性是砒霜的 900 倍或氰化钾的 1000 倍。研究证明，二噁英在飞灰中的残留量最高，一旦进入人体，可以损害多种器官和系统，并从此长期积蓄在人体内，最终致癌。

武汉都市发展区环境地质调查专项于 2013～2015 年重点开展了黄陂区汉口北垃圾焚烧发电厂飞灰堆放场污染现状的跟踪调查，采用土壤剖面法配合表、深层取样分析。结果表明：土壤垂直剖面 P6T1 和 P6T2 中的 Cr、Cd 和 Zn 元素的平均含量较高，是深层土壤中含量的数倍。土壤重金属元素 Cd、Hg、Pb、Cu、Zn 等在土壤层垂向上的分布特征是表层土壤中各元素的含量均高于深层土壤，说明土壤中的 Cd、Hg、Pb、Cu 等重金属污染主要与表层非自然形成的人为污染有关。

各环境区由于污染物质来源及浓度不同，使 Hg、Cd、Pb 等重金属在表层土壤中的蓄积量也具明显的差异，水平剖面样品 Hg、Cd、Pb、Cu、Zn 等高含量主要分布于飞灰堆放地附近（图 5.35）。

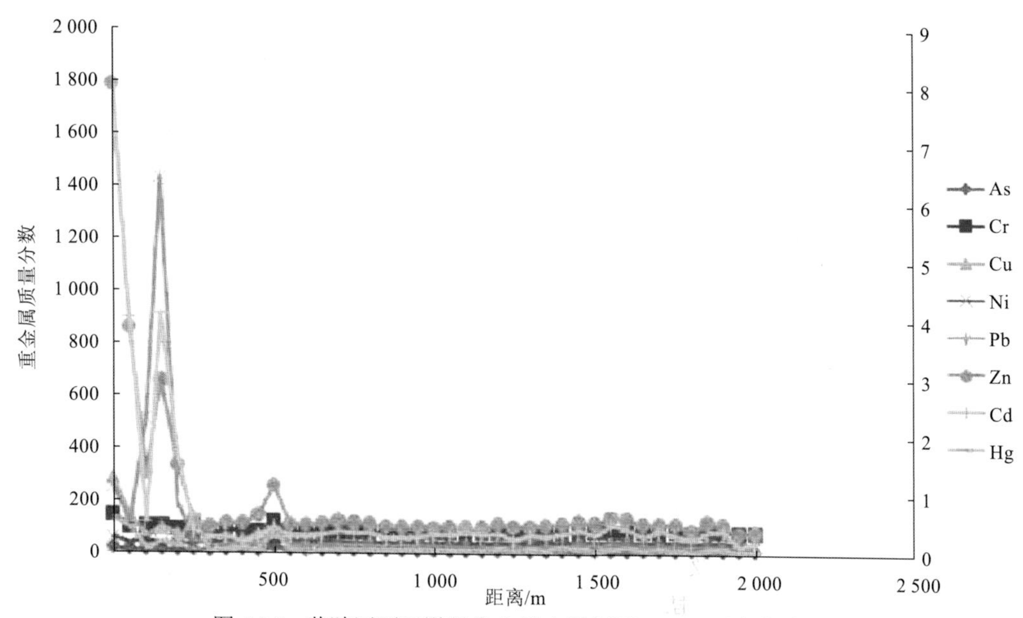

图 5.35 黄陂区滠口道贯泉土壤水平剖面（P6）元素曲线图

除 Cd、Hg 单位为 ng/g 外，其余均为μg/g

六、固体废弃物堆放

固体废弃物分为一般工业固体废弃物、工业危险废弃物、医疗废弃物和城市生活垃圾四类，固体废弃物具有随时间和空间变迁的相对性，提倡资源的再循环利用，增加社会与经济效益，减少废弃物处置的数量，以利于社会发展。

据武汉市生态环境局历年发布的《武汉市环境状况公报》报道，一般工业固体废弃物和工业危险废弃物的综合处置利用率基本保持在 99%左右的高水平。

（一）环境效应

一个城市的卫生文明程度与固体废弃物的收集、处理有关。特大城市武汉作为国家卫生城市和风景旅游城市，对固体废弃物的妥善处理是一项长期的、持久的、艰巨的任务，需要全社会群策群力，最大限度地减轻固体废弃物对环境的不良影响和破坏。

固体废弃物不加处理地任意堆放，不仅妨碍市容，而且影响城市卫生。固体废弃物对环境的污染与生活垃圾一样，主要包括对土壤、水体、大气三个载体的影响。

1. 对土壤的污染

固体废弃物堆放需要占用大量的土地。长期使用带有碎砖瓦砾的“垃圾肥”，土壤会严重“渣化”；未经处理的有害固体废弃物经风化、淋溶后，渗出的有毒物质进入土壤会杀死土壤中的微生物且破坏其生态平衡，改变土壤结构，导致土壤质量下降，破坏土壤的腐蚀分解能力，妨碍植物生长；有毒物质通过农作物的富集最终经食物链进入人体从而危害人类健康。

2. 对水体的污染

大量的固体废弃物直接向江、河、湖泊倾倒，不仅减少水域面积，而且淤塞航道；固体废弃物进入水体后使水质降低，对水生生物的繁殖生长和水资源的综合利用造成不利影响，污染严重的水域会导致生物死亡；甚至渗入地下含水层而导致地下水的污染。其污染物质主要包括有机污染物、重金属和其他有毒物质。

3. 对大气的污染

固体废弃物在收运、堆放过程中如果未进行密封处理，经风吹、雨淋、日晒、焚化等作用，会产生大量废气、粉尘；有些经发酵分解后产生有毒气体，包括甲烷、氨气，以及渗滤液中挥发性有机化合物产生的有毒性气体。这些尘粒和气体随风飞扬，恶臭四逸，造成大气污染，进入大气层降低能见度，还有暴发传染病的风险。长期堆放的工业固体废弃物有毒物质潜伏期较长，会造成长期威胁。

（二）武汉“围湖之殇”

固体废弃物直接倾倒于江、河、湖泊的后果，是减少水域面积、淤塞航道、污染环境。武汉市此类固体废弃物绝大多数属于建筑垃圾。

近些年来，伴随武汉市大拆大建的脚步，建筑垃圾产生量呈几何级数增长，如何消纳和处置这些建筑垃圾，是摆在城市建设和管理者面前一个非常棘手的现实问题。

建筑垃圾填湖问题由来已久。每年雨季遭受特大暴雨袭击后的武汉市，一夜之间便由“百湖之市”变成了“海”。有专家认为，武汉逢雨必涝，除了排水管网建设落后，一个重要的原因是大量湖泊被填。官方公布的数据显示，武汉市域内湖泊数量已从1949年的200多个减少为现今的166个，而非法填湖占到湖泊急剧萎缩减少的1万亩湖泊面积中的46.7%。其中，消失最快的是主城区的湖泊，从1949年的127个锐减到38个，平均每两年消失3个湖泊。若以湖泊平均深度1 m计算，被填占湖泊的蓄水容量，高达2.3×10^8 m^3，超出两个东湖的容积。

城市湖泊最主要的功能之一是调蓄水情，逐渐被蚕食的湖泊变成了武汉的“湖殇”。仅2013年武汉市湖泊管理局就对外公布了查处的20起违法填湖案例，填湖的严峻形势依然不容乐观（图5.36）。

图 5.36 汉阳三角湖一带填湖现象一隅（2015 年）

七、中心城区棕地

（一）棕地现状

武汉市是我国重要的老工业基地，1861 年汉口开埠通商及 1889 年张之洞调任湖广总督后大力推行的洋务运动，有力促进了武汉近代工业的兴起，1949 年以后武汉是我国中部地区钢铁、机械等重工业重点发展城市。

2008 年，武汉市人民政府发布《武汉市人民政府关于加快推进我市三环线内化工生产企业搬迁整治工作的意见》（武政〔2008〕50 号），截至 2015 年 5 月，三环线内化工企业已经全部停产，标志着武汉市“退二进三”工作关键的第一步已完成。经过多年的管控和土地资源再利用等措施，武汉市中心城区的棕地数量呈现逐步减少的趋势。

根据武汉市生态环境局污染普查名录和相关厂矿资料，截至 2019 年 11 月，武汉市棕地调查与评价项目共调查了中心城区疑似棕地 103 处，根据棕地定义及厂区现状，判定 18 处厂区不属于棕地范畴，满足棕地定义的棕地地块共计 85 处。

按行政区划分，青山区、汉阳区、江岸区、武昌区、硚口区和江夏区分别为 26 处、18 处、16 处、13 处、8 处和 4 处，占比如图 5.37 所示。

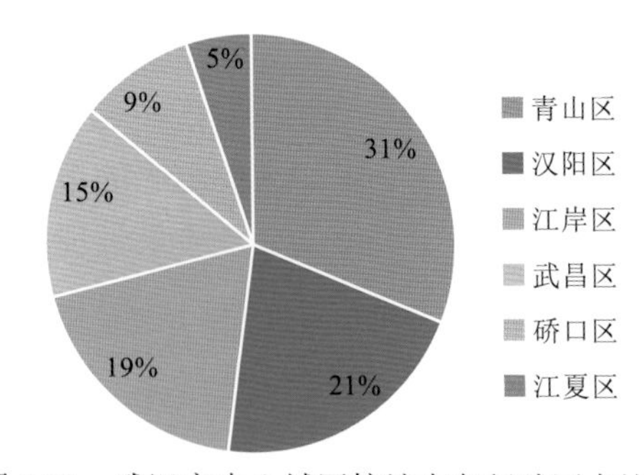

图 5.37 武汉市中心城区棕地在各行政区占比图

但按棕地所在的厂区现状，停产外租、闲置荒废（无历史构筑物、无人看管）和停产闲置（停产不久、有专人看守、原生产构筑物未拆除）的地块分别为 39 处、34 处和 12 处。

（二）棕地分类

按照污染源类型的分类标准来划分棕地污染类型，将武汉市中心城区棕地划分为物理型和化学型两大类。

（1）物理型棕地：由埋葬在地表之下的有害固体物质污染环境形成的棕地。

（2）化学型棕地：由化学物质引起的对人类、动植物造成的持续性和隐蔽性危害所形成的棕地。化学污染源又可进一步划分为无机污染为主、有机污染为主和无机污染与有机污染混合三种类型。

棕地类型占比及在各行政区的分布见图5.38和表5.15。

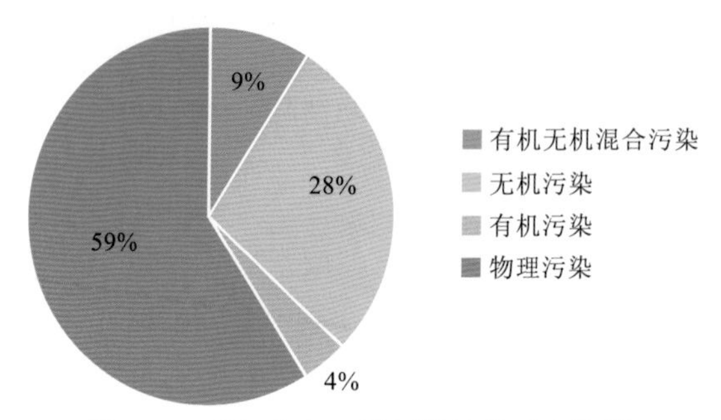

图5.38　武汉市中心城区棕地类型占比图

表5.15　武汉市中心城区棕地类型统计表　（单位：处）

污染类型	江岸区	汉阳区	武昌区	江夏区	青山区	硚口区	小计	疑似污染物
物理型污染	6	10	8	3	20	3	50	固废、工业垃圾
化学型污染	10	8	5	1	6	5	35	硫化物、石油烃
合计	16	18	13	4	26	8	85	

八、大气污染

大气干湿沉降物对环境的污染，其实质也是对水体和土壤的污染。根据武汉市生态环境局历年发布的《武汉市环境状况公报》整理的“十三五”期间环境空气质量、全市降水平均pH和降尘平均值数据（表5.16）可知，2015～2019年，空气质量优良天数逐年增加，重度污染天数逐年减少；随着酸雨样品检出率的下降，降雨的酸性逐年降低；全市降尘污染也是逐步减轻，表明武汉市环境空气质量呈现出稳中向好的趋势。

表5.16　武汉市“十三五”期间环境空气质量年对比表

年份	空气质量/天					降水平均	降尘平均值
	优	良	轻度污染	中度污染	重度污染	pH	/[t/（km^2·月）]
2015	33	159	124	30	19	5.81	8.37
2016	53	184	94	29	6	5.97	7.90
2017	61	194	86	17	7	6.20	7.53
2018	46	203	85	17	4	6.35	7.44
2019	41	204	103	15	2	6.09	7.21

从监测点的空间分布看，空气质量从好到坏的顺序依次为新城区＞主城区＞工业园区或武汉经济技术开发区，春季的主要污染因子为NO_2、CO、O_3、PM_{10}，夏季为NO_2、

SO_2、$PM_{2.5}$，秋季为 NO_2、$PM_{2.5}$、CO、O_3、PM_{10}，冬季为 NO_2、CO、O_3、$PM_{2.5}$、PM_{10}。

近年来，机动车尾气、工业废气排放及建筑扬尘构成了武汉市空气污染的主要来源，秸秆燃烧对空气质量的影响逐渐减小。

武汉市的烟尘污染主要由钢铁厂、化工厂、热电厂、垃圾焚烧发电厂[图 5.39（a）]、造纸厂、水泥厂和碳素制品厂等的锅炉燃煤、机动车尾气和周边农村秸秆燃烧排放所致，粉尘（扬尘）污染主要来自工地施工、道路交通、矿山选冶、房屋拆迁和大面积的工业开发建筑工地的任意排放；加之北方雾霾的扩散效应，都有可能成为武汉地区的雾霾源头[图 5.39（b）]。

（a）垃圾焚烧发电厂烟尘

（b）雾霾中的黄鹤楼

图 5.39　大气污染源案例图

第六章

地 质 灾 害

第一节 地质灾害概况

一、地质灾害主要类型与规模

武汉市地貌属鄂东南丘陵经江汉平原东缘向大别山南麓低山丘陵过渡地区，地势中间低平，南部丘陵、岗垄环抱，北部低山林立。北部低山区出露中元古界红安群变质岩，南部丘陵地带发育泥盆系—志留系沉积岩，为潜在的斜坡地质灾害易发区。中部平原区隐伏岩溶条带发育，为潜在的岩溶地面塌陷地质灾害易发区。

地形地貌、地层岩性与岩（土）体结构类型、地质构造、水文地质条件等是武汉市内地质灾害产生的形成条件，大气降水、人类工程活动等是地质灾害形成的诱发因素，不同因素对武汉市地质灾害的发生、发育、发展有着相应的影响，从而形成了武汉市同类地质灾害相对集中分布的特点。

截至 2020 年 1 月 13 日，武汉市地质灾害及隐患共计 125 处（表 6.1，图 6.1），主要类型为地面塌陷、滑坡、不稳定斜坡、崩塌，其中以不稳定斜坡最为发育，地面沉降和泥石流地质灾害数量较少。

表 6.1 武汉市地质灾害类型统计表

项目	崩塌	滑坡	不稳定斜坡	泥石流	地面塌陷	地面沉降	合计
数量/处	17	27	42	2	35	2	125
占比/%	13.60	21.60	33.60	1.60	28.00	1.60	100.00

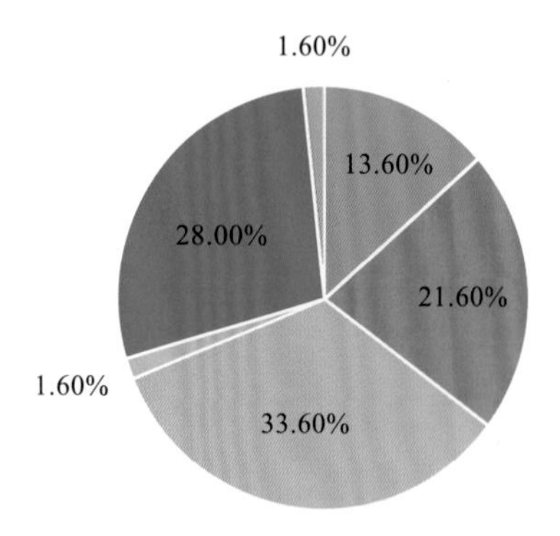

图 6.1 武汉市地质灾害类型饼状图

据统计，武汉市地质灾害以不稳定斜坡最多，共有 42 处，占总数的 33.60%，其次为地面塌陷、滑坡、崩塌地质灾害，发育总数分别为 35 处、27 处、17 处，占比分别为 28.00%、21.60%、13.60%，泥石流及地面沉降地质灾害数量最少，各有 2 处，占比分别为 1.60%、1.60%。

（一）地面塌陷

武汉市目前共发育地面塌陷 35 处，占全市地质灾害总数的 28.00%。武汉市地面塌陷发育规模以小型为主，目前共有小型地面塌陷 34 处、中型地面塌陷 1 处，占比分别为 97.14%、2.86%。中型塌陷为烽火村地面塌陷，发育有 22 个塌陷坑，塌陷坑总面积约为 10400 m^2，平均深度为 40 m。小型塌陷中，塌陷坑分布面积多小于 1000 m^2，平均面积为 918.98 m^2，深度一般小于 10 m，部分塌陷出现深度大于 20 m、面积超过 5000 m^2 的塌陷坑。

（二）滑坡

武汉市目前共发育滑坡 27 处，占全市地质灾害总数的 21.60%。滑坡按发育规模可分为小型、中型、大型、特大型四类。武汉市滑坡发育体积均小于 10×10^4 m^3，均属于小型滑坡。其中发育体积最大一处滑坡为青龙山林场八分山原黑沟矿区滑坡，体积约为 5.46×10^4 m^3；体积最小滑坡为汉阳区琴断口街七里庙社区赫山机械厂宿舍后山体滑坡，发育体积仅为 40 m^3。武汉市滑坡总体积约为 10.8515×10^4 m^3，平均体积为 0.4019×10^4 m^3。

（三）不稳定斜坡

武汉市共发育不稳定斜坡 42 处，占地质灾害总数的 33.60%。按不稳定地质灾害发育规模可分为小型、中型、大型、特大型四类。武汉市目前发育小型不稳定斜坡 41 处、中型不稳定斜坡 1 处，占比分别为 97.62%、2.38%，无大型或特大型不稳定斜坡发育。中型不稳定斜坡为黄陂区龙池堰湾不稳定斜坡，斜坡变形趋势为滑坡，体积为 5.9×10^4 m^3。

（四）崩塌

武汉市目前共发育崩塌 17 处，占全市地质灾害总数的 13.60%。按崩塌地质灾害发育规模可分为小型、中型、大型、特大型四类。武汉市目前发育小型崩塌 16 处、中型崩塌 1 处，无大型或特大型崩塌发育，多数崩塌体积小于 1×10^4 m^3。据调查，武汉市内发育的中型崩塌为蔡甸区原高官山矿区崩塌，崩塌危岩体体积约为 2×10^4 m^3；体积最小的崩塌为洪山区珞南街武汉理工大西社区马房山校区西苑 62 号边坡崩塌，崩塌总体积仅为 5 m^3。武汉市 17 处崩塌（含危岩体）体积总计 4.9303×10^4 m^3，平均体积为 0.29×10^4 m^3。

（五）地面沉降

武汉市地面沉降是目前武汉市在市内工程建设进程中不可忽视的一类地质灾害，地面沉降的主要表现为区域性下沉和局部下沉两种形式，可引起建筑物倾斜、拉张破坏，破坏地基的稳定性，给区内人们生产生活带来极大的影响。造成地面沉降的因素有很多，如地壳运动、江河水位上升下降均会引起地面沉降。武汉市地面沉降的主要原因与工程建设中地下水位大幅变动有密切关系。

2013 年以来，武汉市江岸区、江汉区、硚口区、武昌区、东西湖区共有 40 余个小区、单位相继发生了地面沉降，造成建筑物附属设施及市政道路不同程度开裂、下沉，

管道接头脱节等，特别是江岸区面积约为23.6 km^2的后湖区域沉降尤为明显。目前武汉市地面沉降除后湖地区具中型规模外，其他均为小型。

（六）泥石流

武汉市目前存在2处泥石流，占地质灾害总数的1.60%，一处为乌龙泉街新生活村泥石流，一处为新洲区徐古乡将军山村将军山顶峰泥石流。前者属于泥石流，松散物储量约为 16.2×10^4 m^3，规模为小型，目前处于发展期，易发性中等；后者属于水石流，松散物储量约为 7×10^4 m^3，规模为小型，目前处于发展期，易发性属于不易发。

从地质灾害发育规模看，武汉市地质灾害多数为小型地质灾害，共有122处，占地质灾害总数的97.60%，中型地质灾害共有3处，占比为2.40%，无大型或特大型地质灾害发育（表6.2，图6.2）。

表6.2　武汉市地质灾害规模统计表　　（单位：处）

规模	崩塌	滑坡	不稳定斜坡	泥石流	地面塌陷	地面沉降	合计
小型	16	27	41	2	34	2	122
中型	1	0	1	0	1	0	3
大型	0	0	0	0	0	0	0
特大型	0	0	0	0	0	0	0

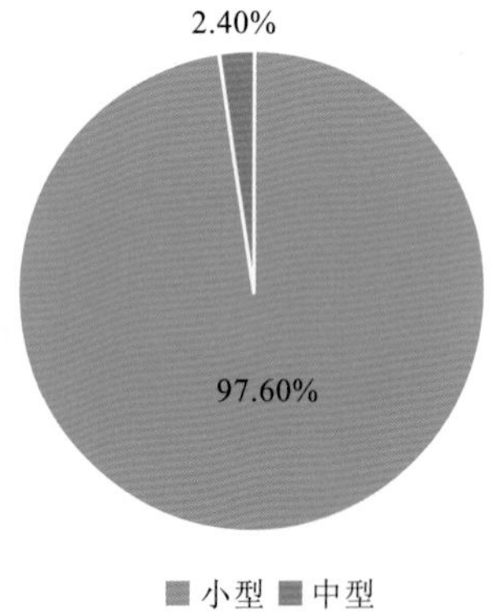

图6.2　武汉市地质灾害规模饼状图

二、地质灾害发育特征

武汉市主要为平原丘陵地貌，低山地貌范围较小。以襄广断裂为界，北部出露地层为前震旦系大别山群和红安群变质岩系，少量的古生界和中—新生界白垩系—古近系、第四系地层；南部出露地层有古生界志留系、泥盆系、石炭系、二叠系，中生界三叠系、侏罗系，中—新生界白垩系—古近系及大范围的第四系。受构造及长期的风化作用、地表水流侵蚀作用、地下水的影响，岩石裂隙发育、风化程度较强，隐伏岩溶发育，加之武汉市强烈的人类工程活动影响，均为地质灾害的发育提供了良好的条件。

（一）地质灾害规模

武汉市地质灾害规模小而危险程度高。武汉市地质灾害及隐患共 125 处，其中小型地质灾害 122 处，占地质灾害总数的 97.60%。崩塌、滑坡、泥石流、不稳定斜坡等地质灾害中有 92.78%体积小于 1×10^4 m^3，其中体积最大者为 5.9×10^4 m^3；地面塌陷中有仅有 2 处塌陷分布面积超过 10 000 m^2，其余地面塌陷面积多小于 500 m^2（图 6.3）。与此同时，地质灾害造成的损失较大，灾情等级、危险等级较为严重，地质灾害累计造成 4 人死亡、直接经济损失 7 070.7 万元，目前仍威胁人口 3 171 人、威胁财产 41 790 万元。

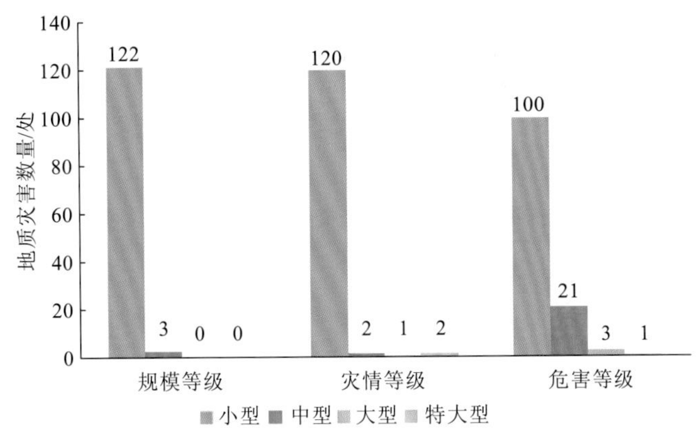

图 6.3　武汉市地质灾害发育规模、灾情、危害等级统计柱状图

（二）人类工程活动影响

武汉市地质灾害多数是受人类工程活动而形成或诱发的：17 处崩塌中受人工影响的有 14 处，占比 82.35%；27 处滑坡中由人为因素或综合因素影响的有 25 处，占比 92.59%；42 处不稳定斜坡中受人工影响的有 33 处，占比 78.57%；2 处泥石流中 1 处为修路遗弃碎石于沟谷，1 处为尾矿库堆积废渣，皆属于人为因素影响；35 处地面塌陷皆受人类工程活动的诱发，包括地面加载引起震动、基坑抽水导致地下水位下降等；2 处地面沉降均有地下水开采的历史；受到人类工程活动影响的地质灾害总计 111 处，占武汉市地质灾害总数的 88.80%。

（三）构造带地质灾害发育

活动性强的大构造和不同构造单元的交接带及深大断裂带附近，地质灾害常集中分布。在这些地区，构造运动强烈，断层、褶皱发育，差异升降活动明显，常形成大的断裂挤压破碎带等构造软弱带，致使地层、岩石破碎，稳定性降低，从而有利于滑坡、不稳定斜坡等地质灾害的产生。

当不同方向的两条或数条断层交会或相距较近时，构造应力的叠加影响，以及断裂活动的继承性和多期性特点，使得处于该地段的岩层遭受强烈破坏，岩石破碎，构造岩发育，岩体极不稳定。同时，由于这种断层交会带和影响带宽度大、裂隙发育、含水丰富，在风化作用及地下水的作用下，往往沿着断层破碎带产生一个明显的具有相当规模的软弱带，必然容易产生滑坡、不稳定斜坡、地面塌陷等地质灾害。

通过分析前期调查项目工作，武汉市地质灾害有 68.00%发育于距离断层构造 2 km 范围内，其中在烽火村一带，有烽火村地面塌陷、乔木湾地面塌陷、毛坦小学地面塌陷等 16 处地面塌陷分布于断层带附近，占地面塌陷总数的 59.26%。

三、地质灾害稳定性与危害程度

（一）地质灾害稳定性

纳入 2020 年隐患点管理的 71 处地质灾害点中，处于稳定状态的有 16 处、处于基本稳定状态的有 34 处、处于不稳定状态的有 21 处，占比分别为 22.53%、47.89%、29.58%（表 6.3）。从不稳定地质灾害分布数量来看，江夏区、新洲区数量最多，各有 6 处；从基本稳定地质灾害分布数量来看，黄陂区分布数量较多，共有 7 处。

表 6.3　武汉市地质灾害稳定性分级统计表　　（单位：处）

分区	现状稳定性			预测稳定性		
	稳定	基本稳定	不稳定	稳定	基本稳定	不稳定
硚口区	0	1	0	0	0	1
汉阳区	1	3	1	1	1	3
武昌区	2	3	0	2	2	1
青山区	0	2	0	0	2	0
洪山区	3	2	0	3	1	1
蔡甸区	0	4	4	0	1	7
江夏区	3	2	6	2	2	7
黄陂区	1	7	4	0	1	11
新洲区	2	2	6	0	2	8
东西湖区	2	2	0	2	1	1
汉南区	1	3	0	1	3	0
东湖生态旅游区	1	1	0	0	0	2
东湖风景区	0	2	0	0	2	0
合计	16	34	21	11	18	42

从不同类型的地质灾害现状稳定性来看，崩塌、滑坡、不稳定斜坡等地质灾害多处于基本稳定或不稳定状态，数量分别为 33 处（崩塌 5 处、滑坡 16 处、不稳定斜坡 12 处）、21 处（崩塌 7 处、滑坡 4 处、不稳定斜坡 10 处），处于稳定状态的崩塌、滑坡、不稳定斜坡地质灾害共有 3 处（崩塌 1 处、滑坡 1 处、不稳定斜坡 1 处），如表 6.4、图 6.4 所示。地面塌陷均处于稳定状态，地面塌陷发生后，一般采取即时回填的应急处置办法，地面塌陷未进一步发展。

表 6.4 武汉市各类型地质灾害稳定性分级统计表

地质灾害类型	现状稳定性			预测稳定性		
	稳定	基本稳定	不稳定	稳定	基本稳定	不稳定
崩塌	1	5	7	0	2	11
滑坡	1	16	4	0	10	11
不稳定斜坡	1	12	10	0	3	20
泥石流	1	1	0	0	2	0
地面塌陷	10	0	0	9	1	0
地面沉降	2	0	0	2	0	0
合计	16	34	21	11	18	42

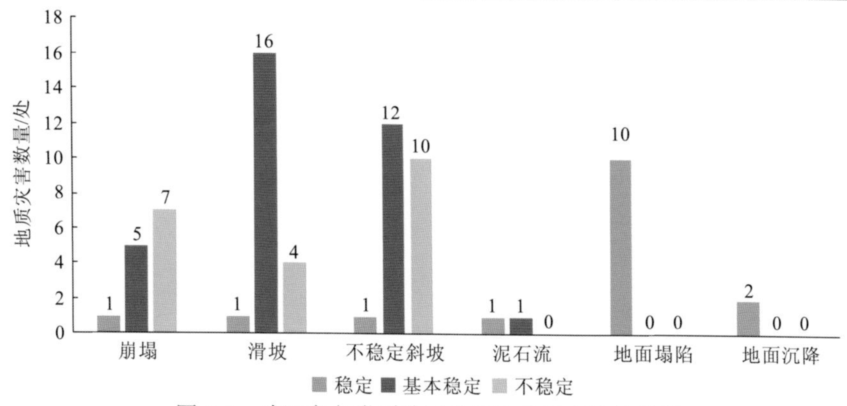

图 6.4 武汉市各类型地质灾害现状稳定性柱状图

纳入 2020 年隐患点管理的 71 处地质灾害点中，未来处于稳定状态的有 11 处、处于基本稳定状态的有 18 处、处于不稳定状态的有 42 处。未来黄陂区处于不稳定或基本稳定的地质灾害数量最多，共 12 处，其次为新洲区、江夏区、蔡甸区，分别有 10 处、9 处、8 处。

随着时间发展，崩塌、滑坡、泥石流稳定性逐渐下降，未来处于基本稳定或不稳定状态的地质灾害数量将持续加大（图 6.5），其中不稳定斜坡、滑坡稳定性下降程度较大，不稳定状态数量分别涨至 20 处、11 处；地面塌陷多数规模较小，塌陷坑填埋后稳定性较好，烽火村地面塌陷面积大，岩溶较为发育，有一定危险性。

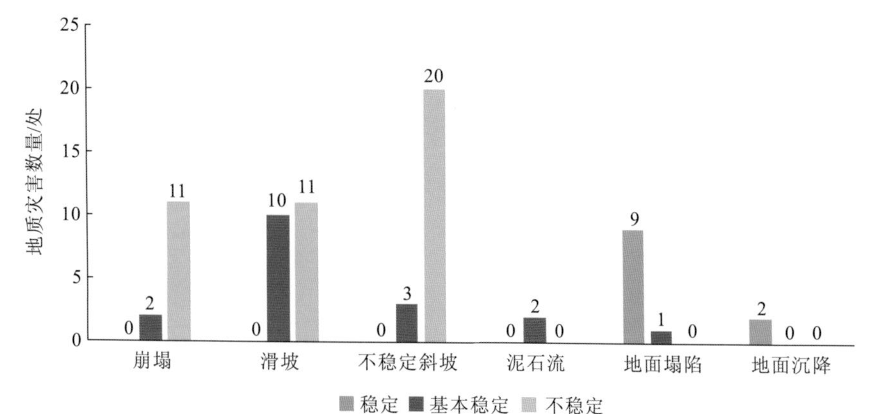

图 6.5 武汉市各类型地质灾害稳定性预测柱状图

（二）地质灾害危害程度

对已经造成经济损失的灾害点，依据武汉市物价水平和地质灾害经济损失评估标准表，核算每个已有灾害点的现状经济损失。经综合统计分析，武汉市地质灾害灾情等级中，小型 120 处、中型 2 处、大型 1 处、特大型 2 处（表 6.5），主要对居民民房及公路造成破坏，武汉市地质灾害已造成 4 人死亡，直接经济损失 7070.7 万元。

表 6.5　武汉市地质灾害灾情评估表

行政区	灾情等级				直接经济损失/万元	死亡人数/人
	小型	中型	大型	特大型		
硚口区	1	0	0	0	0	0
汉阳区	8	0	0	0	274	2
武昌区	12	0	0	1	3 525	0
青山区	2	0	0	0	0	0
洪山区	14	0	0	1	1 621	0
蔡甸区	9	0	0	0	32	0
江夏区	28	1	1	0	1 152	2
黄陂区	14	0	0	0	142.7	0
新洲区	14	0	0	0	9	0
东西湖区	4	0	0	0	0	0
汉南区	3	1	0	0	300	0
东湖新技术开发区	9	0	0	0	15	0
东湖风景区	2	0	0	0	0	0
合计	120	2	1	2	7 070.7	4

武汉市地质灾害危害程度中，小型 91 处、中型 26 处、大型 7 处、特大型 1 处，主要对坡脚建筑、公路道路等造成威胁，共计受地质灾害威胁累计财产 41 790 万元，威胁人口 3171 人，见表 6.6。

表 6.6　武汉市地质灾害危害程度评估表

行政区	危害程度				威胁财产/万元	威胁人口/人
	小型	中型	大型	特大型		
硚口区	1	0	0	0	500	84
汉阳区	4	4	0	0	5 870	119
武昌区	8	4	1	0	5 600	855
青山区	2	0	0	0	300	0
洪山区	11	1	3	0	6 360	839
蔡甸区	6	2	1	0	2 760	185
江夏区	26	2	2	0	10 020	700

续表

行政区	危害程度				威胁财产/万元	威胁人口/人
	小型	中型	大型	特大型		
黄陂区	3	10	0	1	4 770	267
新洲区	14	2	0	0	1 880	50
东西湖区	2	0	0	0	550	18
汉南区	3	1	0	0	1 060	44
东湖新技术开发区	9	0	0	0	1 570	10
东湖风景区	2	0	0	0	550	0
合计	91	26	7	1	41 790	3 171

四、地质灾害易发性分区

地质灾害易发程度是指在一定的地质环境条件和人类工程活动影响下，地质灾害发生可能性的难易程度。地质灾害易发性分区根据地质灾害形成发育的背景，如地质条件、自然地理条件和人类工程活动等因素，并参考地质灾害发育现状（如单位面积内灾害体个数），以定性、定量评价相结合予以确定。地质灾害综合易发性评价结合了岩溶地面塌陷易发性评价结果与斜坡地质灾害易发性评价结果，将二者的评价结果叠加形成最终的地质灾害综合易发性分区。

根据武汉市 1∶5 万岩溶塌陷调查和以往岩溶塌陷事件调查成果资料综合分析，影响岩溶地面塌陷易发性的因素主要包括岩溶条件、覆盖层条件、水文地质条件、已有塌陷点、构造条件等。已有塌陷点存在重复致塌的特征，在易发性评价中，还考虑以往塌陷点条件，将已有塌陷点作为影响因素评价指标，综合各因素建立岩溶地面塌陷易发性评价指标体系，如图 6.6 所示。

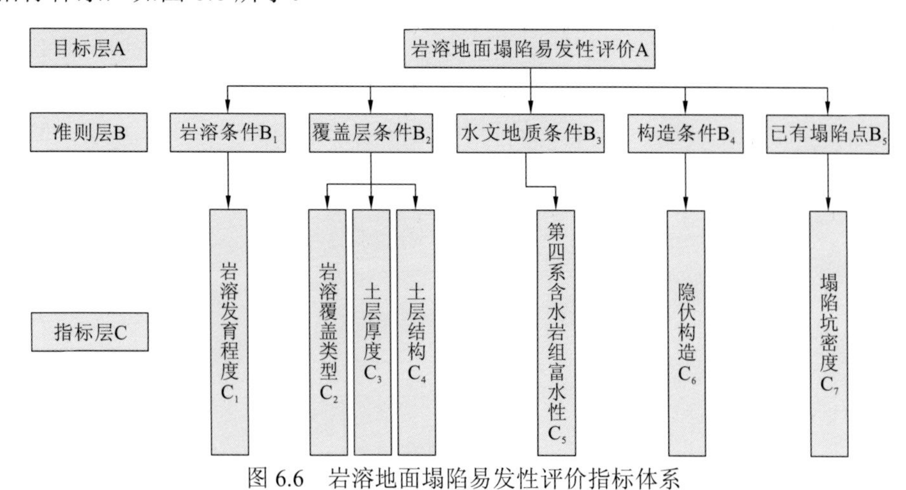

图 6.6 岩溶地面塌陷易发性评价指标体系

根据区域岩溶地面塌陷条件及影响因素分析，分别列出准则层和指标层的判断矩阵，见表 6.7、表 6.8。

表 6.7　B 层权重矩阵

项目	岩溶条件	覆盖层条件	水文地质条件	构造条件	已有塌陷点
岩溶条件	1	0.5	3	2	1
覆盖层条件	2	1	5	5	1
水文地质条件	0.333	0.2	1	2	0.5
构造条件	0.5	0.2	0.5	0.333	1
已有塌陷点	1	1	2	1	3
权重	0.211	0.368	0.102	0.076	0.243

注：CR = 0.034 < 0.1，满足一致性检验；λ_{max}= 5.153。

表 6.8　C_2—C_4 层权重矩阵

项目	岩溶覆盖类型	土层厚度	土层结构
岩溶覆盖类型	1	0.5	0.5
土层厚度	2	1	2
土层结构	2	0.5	1
权重	0.198	0.490	0.312

注：CR = 0.046 < 0.1，满足一致性检验；λ_{max}= 3.054。

B 层指标权重与 C 层指标权重相乘，可得到各评价因子的计算总权重，见表 6.9。

表 6.9　岩溶地面塌陷易发性评价指标权重

项目	岩溶发育程度	岩溶覆盖类型	土层厚度	土层结构	第四系含水岩组富水性	隐伏构造	塌陷坑密度
权重	0.211	0.073	0.180	0.115	0.102	0.076	0.243

斜坡地质灾害易发性评价指标体系建立在总结前人研究成果及滑坡发生机理基础之上，结合研究区实际情况及收集到的资料，选取工程地质岩类、山区断层、隐伏断层、坡高、坡度、坡向、沟谷切割深度作为滑坡易发性评价指标。其中，工程地质岩类属于地层岩性因素；坡高、坡度、坡向、沟谷切割深度属于地貌因素；山区断层、隐伏断层属于构造因素。综合各因素建立的区域斜坡地质灾害易发性指标体系，如图 6.7 所示。

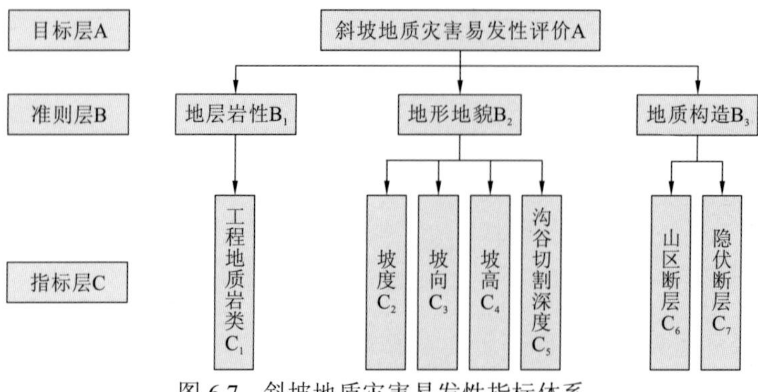

图 6.7　斜坡地质灾害易发性指标体系

根据区域崩滑地质灾害条件及影响因素分析，分别列出准则层和指标层的判断矩阵，见表6.10～表6.12。

表 6.10 B层权重矩阵

项目	地形地貌	地质构造	地层岩性
地形地貌	1	3	2
地质构造	0.333	1	0.5
地层岩性	0.5	2	1
权重	0.539	0.164	0.297

注：CR = 0.007 9 < 0.1，满足一致性检验；λ_{max}= 3.009 2。

表 6.11 C_2—C_5层权重矩阵

项目	坡度	坡向	坡高	沟谷切割深度
沟谷切割深度	1	5	2	2
坡向	0.2	1	0.333	0.5
坡高	0.5	3	1	0.5
坡度	0.5	2	2	1
权重	0.442	0.081	0.199	0.278

注：CR = 0.024 < 0.1，满足一致性检验；λ_{max}= 4.065。

表 6.12 C_6—C_7层权重矩阵

项目	隐伏断层	山区断层
隐伏断层	1	0.25
山区断层	4	1
权重	0.2	0.8

注：CR = 0 < 0.1，满足一致性检验；λ_{max}= 2。

通过计算，得到上述判断矩阵中同一层次相应元素对上一层次某元素相对重要性的排序权重，其值均小于0.1，满足一致性检验B层指标权重与C层指标权重相乘，可得到各评价因子的计算总权重值，见表6.13。

表 6.13 斜坡地质灾害易发性评价指标权重

项目	坡度	坡向	坡高	沟谷切割深度	隐伏断层	山区断层	工程地质岩类
权重	0.238	0.044	0.107	0.150	0.033	0.131	0.297

对岩溶地面塌陷和斜坡地质灾害易发性分区，采用就高级别原则进行图层空间叠加，并且通过综合考虑地质灾害形成的各种因素和地质灾害发育现状，基于易发区的定量计算结果，结合野外调查，将易发区划分为高易发区、中易发区、低易发区、极低易发区四大区。武汉市地质灾害综合易发性分区如图6.8所示。

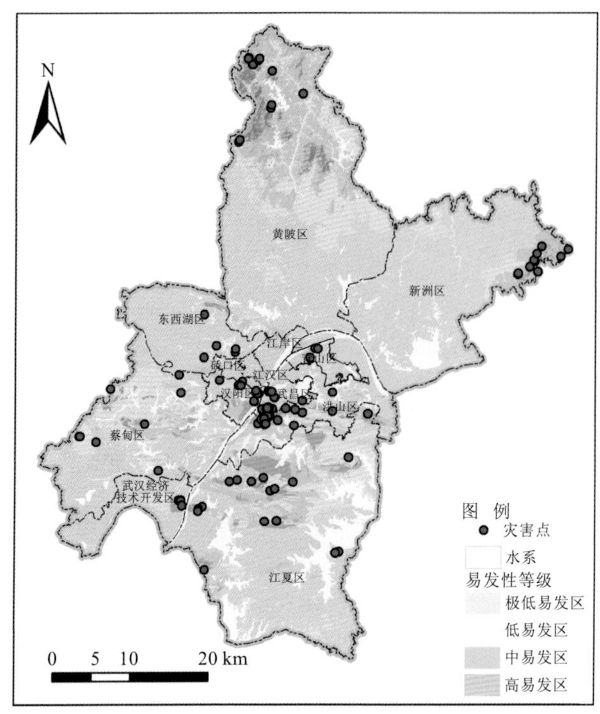

图 6.8 武汉市地质灾害综合易发性分区图

(一)高易发区

武汉市地质灾害高易发区面积为 460.43 km^2，占全区总面积的 5.37%。主要包括黄陂区清凉寨景区、云雾山景区、木兰山景区一带，新洲区刀楼寨-道观河风景区，东西湖区茅庙—黄花涝、盘龙湖至近长江谌家矶街西侧一带，长江大桥汉阳桥头—武昌蛇山一带、华中科技大学一带、严东湖南侧金鸡山周边区域，汉阳区江堤街—洪山区狮子山街一带，江夏区何家湖—五里界镇西部一带，东湖新技术开发区九峰街九峰村—左岭街大罗村、凤凰山南侧部分区域，蔡甸区九真山、索河镇西一带，大军山西侧、神山湖南侧区域一带，汉南区陡埠头—纱帽街—江夏区金水一村一带，以及江夏区法泗街长虹村一带。

(二)中易发区

武汉市地质灾害中易发区面积为 1070.64 km^2，占全区总面积的 12.49%。主要包括黄陂区蔡店—胡家田一带，丰荷山—夏新集以南一带，新洲区凤凰镇、旧街—柳河，汉阳慈惠街道—市财政学校、武昌凤凰山、大熊村—方家村—许店村等地，后官湖北部区域，墨水湖西南侧部分区域，檀树坳—枫树湾—珠山湖、汤逊湖周边区域、金口街—五里界南侧、五里界东侧，小奓湖南侧姚家咀、万湾一带，江夏区三门湖东侧部分区域和法泗街老桂子山及其周边区域，团墩湖西侧部分区域。

(三)低易发区

武汉市地质灾害低易发区面积为 1 578.15 km^2，占全区总面积的 18.42%。该区内包

括部分覆盖型岩溶区及所有埋藏型岩溶区和北侧黄陂区王家河镇—占家大湾、东北侧新洲区冯家畈—沙河、西侧蔡甸区索河镇—大集街、东侧东湖新技术开发区部分区域。区内人类工程活动一般，人口密度较低，人类工程活动多集中在坡脚宽缓地带，滑坡、崩塌等地质灾害发生可能性较小。

（四）极低易发区

武汉市地质灾害极低易发区面积为 5 459.78 km^2，占全区总面积的 63.72%。该区属于冲积平原地带，局部为岗地，地势平坦，未发育碳酸盐岩地层，一般不易发生地质灾害。

五、地质灾害危险性分区

地质灾害危险性评价的目的是了解灾害在外界诱因条件下发生的可能性，是在易发性评价的基础上，加上诱发因素。由于不同地质灾害的诱发因素不同，分别建立岩溶地面塌陷、斜坡地质灾害两套灾种危险性评价指标体系对岩溶地面塌陷和斜坡地质灾害危险性进行分区。

岩溶地面塌陷危险性评价是在易发性评价的基础上，加上诱发因素。根据层次分析法的基本原理，建立岩溶地面塌陷危险性评价梯阶层次结构体系（图 6.9）。目标层（A）为岩溶地面塌陷危险性评价。准则层（B）为危险性影响因素包括易发性评价（B_1）和人类工程活动（B_2）。指标层（C）为人类工程活动影响因素评价指标。D 层为指标层中道路指标 C_9 的进一步细化分层。

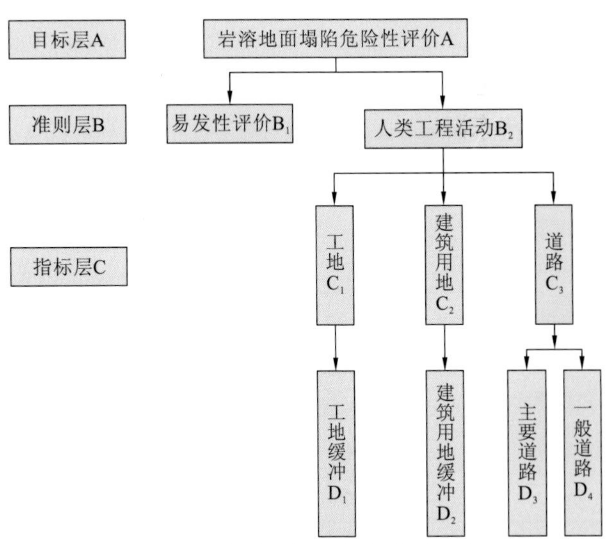

图 6.9　岩溶地面塌陷危险性评价体系

通过计算，得到上述判断矩阵中同一层次相应因素对上一层次某因素相对重要性的排序权重，其值均小于 0.1，满足一致性检验。C 层指标权重与 D 层指标权重相乘，可得到人类工程活动各因子的计算权重值，见表 6.14。A 层至 D 层指标权重相乘，可得到危险性评价各因子的计算权重值，见表 6.15。

表 6.14　人类工程活动评价指标权重

项目	指标			
C 层	工地	建筑用地	道路	
C 层权重	0.411	0.328	0.261	
D 层	工地缓冲	建筑用地缓冲	主要道路	一般道路
D 层权重	1.000	1.000	0.750	0.250
B 层单因子权重	0.411	0.328	0.196	0.065

表 6.15　岩溶地面塌陷危险性评价指标权重

项目	指标				
B 层	易发性评价	人类工程活动			
B 层权重	0.667	0.333			
C 层		工地	建筑用地	道路	
C 层权重		0.411	0.328	0.261	
D 层		工地缓冲	建筑用地缓冲	主要道路	一般道路
D 层权重		1.000	1.000	0.750	0.250
A 层单因子权重	0.667	0.137	0.109	0.065	0.022

斜坡地质灾害危险性评价中应针对不同降雨重现期下的斜坡灾害危险性评价，包括滑坡空间概率和时间概率的计算。其中空间概率是统计不同斜坡灾害易发性分区在该重现期下历史灾害点面积除以该分区下的总面积，时间概率则为各降雨重现期的倒数，从而得到不同降雨重现期条件下的斜坡灾害危险性结果，见表 6.16。

表 6.16　基于不同降雨重现期的研究区斜坡灾害危险性计算结果

分区	统计项	一年一遇	五年一遇	十年一遇	二十年一遇
	24 小时降雨量/mm	95	162	205	249
高易发区	分区诱发斜坡灾害面积/m^2	76 254	76 254	96 008.5	144 565.5
	分区总斜坡灾害面积/m^2	144 565.5	144 565.5	144 565.5	144 565.5
	分区面积/m^2	246 086 100	246 086 100	246 086 100	246 086 100
	空间概率	0.000 309 867	0.000 309 867	0.000 390 142	0.000 587 459
	时间概率	1.00	0.20	0.10	0.05
	危险性	0.000 309 867	0.000 061 973	0.000 039 014	0.000 029 373
中易发区	分区诱发斜坡灾害面积/m^2	180 705	184 177	186 580	188 500
	分区总斜坡灾害面积/m^2	188 500	188 500	188 500	188 500
	分区面积/m^2	742 876 200	742 876 200	742 876 200	742 876 200
	空间概率	0.000 243 250	0.000 247 924	0.000 251 159	0.000 253 743
	时间概率	1.00	0.20	0.10	0.05
	危险性	0.000 243 250	0.000 049 585	0.000 025 116	0.000 012 687

续表

分区	统计项	一年一遇	五年一遇	十年一遇	二十年一遇
	24 小时降雨量/mm	95	162	205	249
低易发区	分区诱发斜坡灾害面积/m^2	35 765	37 385	37 385	37 625
	分区总斜坡灾害面积/m^2	37 625	37 625	37 625	37 625
	分区面积/m^2	1 779 460 200	1 779 460 200	1 779 460 200	1 779 460 200
	空间概率	0.000 020 099	0.000 021 009	0.000 021 009	0.000 021 144
	时间概率	1.00	0.20	0.10	0.05
	危险性	0.000 020 099	0.000 004 202	0.000 002 101	0.000 001 057
极低易发区	分区诱发斜坡灾害面积/m^2	15 704	15 714	21 714	21 804
	分区总斜坡灾害面积/m^2	21 804	21 804	21 804	21 804
	分区面积/m^2	4 742 605 800	4 742 605 800	4 742 605 800	4 742 605 800
	空间概率	0.000 003 311	0.000 003 313	0.000 004 578	0.000 004 597
	时间概率	1.00	0.20	0.10	0.05
	危险性	0.000 003 311	0.000 000 663	0.000 000 458	0.000 000 230

结合岩溶地面塌陷危险性评价结果及斜坡地质灾害危险性评价结果，采用就高级别原则进行图层空间叠加，将危险性分区划分为高危险区、中危险区、低危险区和极低危险区四大区，分区结果如图 6.10 所示。

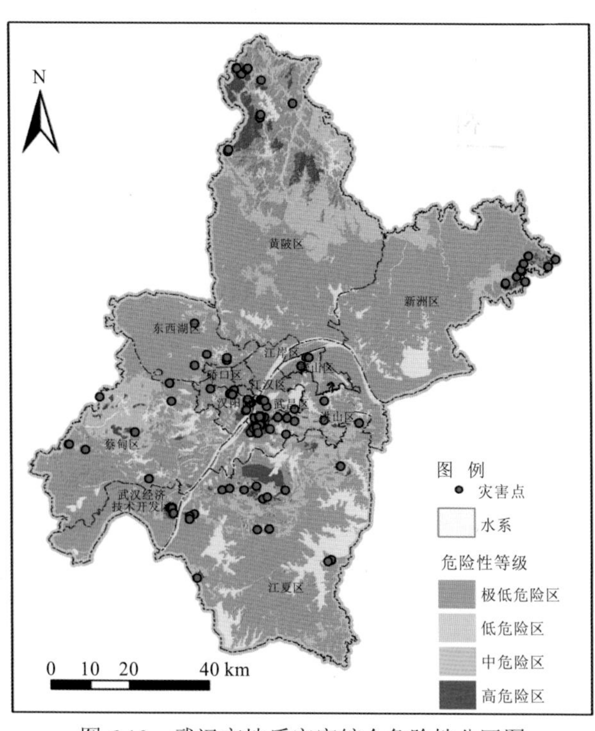

图 6.10 武汉市地质灾害综合危险性分区图

（一）高危险区

高危险区分布于黄陂区清凉寨景区、云雾山景区、木兰山景区一带，新洲区刀楼寨—道观河风景区，岩溶第二、三、四、六条带白沙洲、何家湖、纱帽街、金水村一带，面积约为 299.69 km^2，占全区面积的 3.50%。该区属地质灾害高易发区，区内人口相对集中，铁路线穿插，交通较发达，人类工程活动频繁，地质灾害严重威胁着居民和公路行人车辆的安全，危险性和潜在的威胁大。

（二）中危险区

中危险区分布于黄陂区蔡店—胡家田、新洲区凤凰镇、旧街—柳河、岩溶条带盘龙湖、谌家矶、珠山湖、汤逊湖南侧等地，面积约为 961.06 km^2，占全区面积的 11.20%。该区属地质灾害中易发区，该区土地利用类型以乡镇建设用地为主，人口较密，建设开发程度较高，交通较发达，人类工程活动较频繁，地质灾害主要对居民集中区和公路造成威胁，其威胁程度中等。

（三）低危险区

低危险区分布于黄陂区王家河镇—占家大湾、东北侧新洲区冯家畈—沙河、西侧蔡甸区索河镇—大集街、东侧东湖新技术开发区部分区域，面积约为 1 432.41 km^2，占全区面积的 16.67%。该区属地质灾害低易发区，区内人类工程活动较弱，居民点分散，人口密度小，以建房修路切坡为主，地质灾害威胁较小。

（四）极低危险区

极低危险区广泛分布于除高、中、低危险区以外的区域，主要为非岩溶区，面积为 5 892.83 km^2，占全区面积的 68.63%。属于冲积平原地带，局部为岗地，地势平坦，一般地质灾害危险性极低，但在残丘坡脚地带切坡建房、修路，可能引发小型滑坡；在局部地段分布有淤泥类软土，地基基础处置不当可能产生建（构）筑物不均匀沉降工程地质问题。

第二节　地质灾害成因分析

一、地形地貌与地质灾害

崩塌、滑坡、不稳定斜坡等斜坡地质灾害受到地形地貌发育的影响程度最大，地形地貌是斜坡地质灾害形成的基础，它在很大程度上决定了地质灾害能否形成及灾害类型、数量（密度）、规模。斜坡的几何形态决定着斜坡内应力的大小和分布，控制着斜坡的稳定性与变形破坏模式，不同类型的地质灾害具有不同的地形地貌条件。武汉市岩溶地面塌陷主要受到岩溶发育程度及地层结构的控制，受地形地貌的影响较小。

（一）地貌单元与地质灾害

据调查统计，不同地貌单元发育的地质灾害类型及数量如图 6.11、图 6.12 所示。平原

地貌单元地质灾害发育数量最多，共有地质灾害 97 处，占地质灾害总数的 77.60%；其次为丘陵地貌单元，总共发育地质灾害 17 处，占总数的 13.60%；低山地貌单元发育地质灾害数量最少，为 11 处，占总数的 8.80%。不同地质灾害类型与地貌单元有着较为显著的特征，地面塌陷地质灾害基本位于平原地貌区，滑坡、崩塌、泥石流、不稳定斜坡等地质灾害主要发育于平原、丘陵地貌带，低山地貌区发育数量较少，其原因为平原、丘陵地貌适合人类居住，建筑繁多、农田广布、水系发育，人类工程活动强烈，更易引发地质灾害。

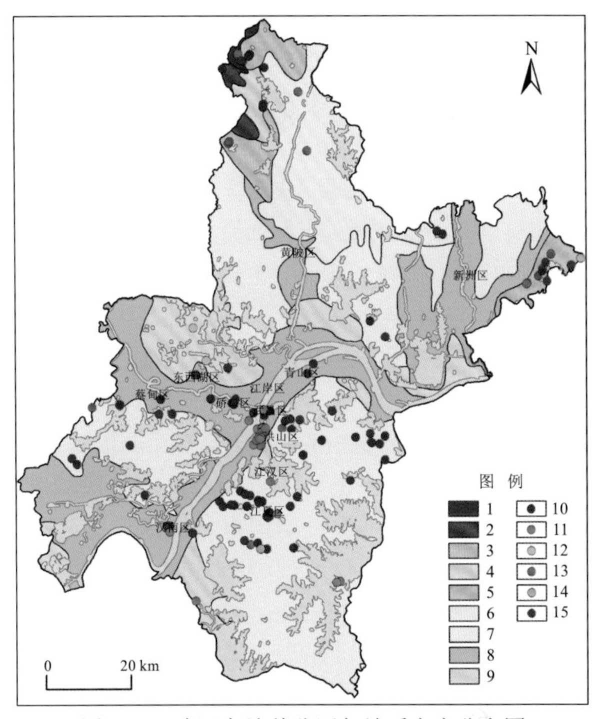

图 6.11 武汉市地貌分区与地质灾害分布图

1. 中等切割剥蚀—侵蚀低山；2. 中等切割溶蚀—侵蚀低山；3. 浅切割剥蚀—侵蚀低山；4. 浅切割溶蚀—侵蚀低山；5. 侵蚀—剥蚀高丘陵；6. 剥蚀低丘陵；7. 剥蚀堆积岗状平原；8. 冲积平缓平原；9. 湖积平原；10. 不稳定斜坡；11. 地面塌陷；12. 地面沉降；13. 崩塌；14. 泥石流；15. 滑坡

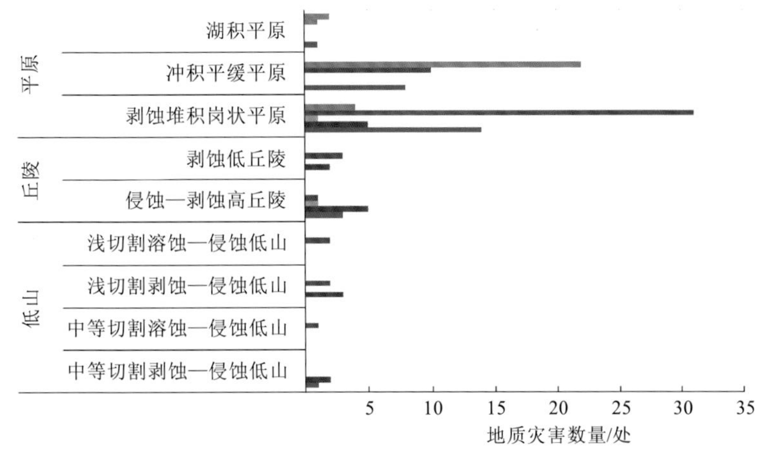

图 6.12 武汉市地质灾害分布按地貌单元统计柱状图

武汉市平原地貌分布面积约为 7 169.35 km²，占武汉市域面积的 83.67%，是武汉市分布面积最大的地貌单元，广泛分布于武汉市中部及南部地区，武汉市主城区、远城区东西湖区、蔡甸区、汉南区、江夏区、黄陂南部祁家湾、罗汉寺、蔡家窄、新洲城区、凤凰、李集一带皆属于平原地貌单元，发育地貌类型主要为剥蚀堆积岗状平原、冲积平缓平原、湖积平原地貌等。海拔为 18～45 m，整体地势北高南低，靠近河流处低远离河流处高，地形坡度平缓，偶有垄岗残丘发育，主要集中在武昌区东湖南岸珞珈山—喻家山一线，东湖新技术开发区花山、龙泉山一带，江夏区纸坊周边，蔡甸区索河、九真山景区一带，海拔一般为 100～260 m。区域内水系发育，湖泊水塘众多，中部城镇集中建设，周边村落零星分布，地质灾害主要集中在人类工程活动强烈地区。地灾类型以岩溶地面塌陷为主，武汉市 35 处地面塌陷分布于平原地貌区，其中 29 处岩溶地面塌陷位于长江一级阶地地带，地形平坦，地面高程为 19～23 m，上覆土层为第四系全新统冲积层，具上黏下砂的二元结构；2 处采空区塌陷和 3 处岩溶地面塌陷位于剥蚀堆积岗状平原地带，地形有一定起伏，地面高程为 24～30 m；1 处岩溶地面塌陷位于湖积平原地带。

武汉市低山地貌分布于黄陂区李家集—罗汉寺—王家河—蔡家榨以北地区，主要为木兰山风景名胜区范围，包括木兰山、云雾山、木兰天池、锦里沟、清凉寨、木兰古门等景区及周边村镇，面积约为 379.30 km²，占武汉市域面积的 4.43%。地形起伏，落差较大，河谷冲沟发育，海拔最大为 873.7 m（双峰尖），一般高程为 500～750 m，高差为 300～700 m，斜坡坡度一般为 35° 左右，局部河谷冲沟地段坡度可达 50°，在人类工程活动强烈的道路、房屋切坡处，有削坡过陡现象，矿区遗留开采面上，斜坡高耸，坡面近直立。区内地质构造较为发育，岩体节理裂隙发育，表层岩石风化强烈，坡度较小的斜坡面处第四系覆盖层厚度最大可达 1～2 m，陡坡处岩石一般呈中风化状，岩石受裂隙切割成整体块状。该处发育地质灾害以崩塌、不稳定斜坡、滑坡为主，发育地点基本位于居民集中区，乡县公路、旅游公路、矿区附近，主要受人类工程活动影响，引发、加剧了地质灾害的发生。

武汉市丘陵地貌区位于黄陂区北部，蔡店乡、姚家集镇、木兰乡、长轩岭镇、王家河镇一带，与黄陂低山地貌区接壤，面积约为 1 020.35 km²，占武汉市域面积的 11.91%。丘陵地貌地势略有起伏，海拔为 50～120 m，区内发育较多残丘垄岗，顶部呈浑圆状，高差为 20～70 m，斜坡坡度为 15°～30°，出露地层风化程度高，风化层厚度可达 3 m 左右，下伏基岩呈中—强风化状。区域内村庄分布较密集，多数村庄依垄岗而建，斜坡坡脚处切坡情况显著，风化层切坡较陡，易形成小型坍滑。

（二）斜坡坡度与地质灾害

从地质灾害发生数量来看，武汉市崩塌、滑坡、不稳定斜坡地质灾害主要发生在坡度大于 60° 的斜坡地带，其次为 40°～60° 的斜坡带；从地质灾害类型来看，一般大于 60° 以上的陡崖地带多形成崩塌地质灾害，而 25° 以上的陡坡地带通常形成滑坡、不稳定斜坡地质灾害，如图 6.13 所示。

武汉市内滑坡主要发育在坡度 25° 以上的斜坡地带，坡度 10°～25° 的斜坡地带也形成了一些滑坡，<10° 的斜坡处滑坡发育程度不强。坡度 25°～40° 的斜坡发育 9 处滑坡，

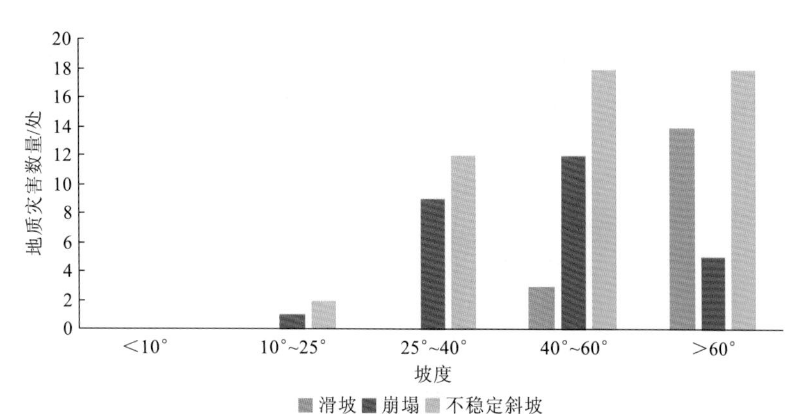

图 6.13 武汉市地质灾害按斜坡坡度统计柱状图

40°～60°的斜坡发育 12 处滑坡，>60°的斜坡发育 5 处滑坡，25°～60°的斜坡发育的滑坡数量随斜坡变陡而增加，坡度超过 60°后滑坡数量开始降低。

武汉市崩塌主要发生在坡度 40°以上的陡坡、陡崖地带，其中以坡度大于 60°的陡崖最为发育，共有 14 处崩塌发生于该类区域，占崩塌总数的 82.35%。陡坡、陡崖处一般具有良好的临空条件，斜坡表面土体覆盖层较薄，植被稀少，岩石出露，风化强烈，裂隙发育，为崩塌地质灾害的形成提供了良好条件。沿断裂构造发育的陡崖、房屋道路旁的高陡切坡、采石场遗留开采面、孤立山嘴或凹形陡坡均为崩塌形成的有利地形。

武汉市不稳定斜坡多发生在坡度 25°以上的斜坡处，10°～25°内有少量不稳定斜坡发育。根据坡度的差异，不稳定斜坡的破坏形式不同。一般坡度在 50°以下的不稳定斜坡表层强风化层及松散堆积体较厚，坡脚处人类工程活动较强烈，其破坏形式与滑坡类似，不稳定斜坡有向滑坡演变的趋势，该类不稳定斜坡共有 23 处，占比为 54.76%；坡度超过 60°后，不稳定斜坡基岩裸露，岩石受风化、剥蚀影响较强，其变形破坏形式与崩塌相同，该类不稳定斜坡共有 19 处，占比为 45.24%。

（三）斜坡坡形与地质灾害

武汉市 27 处滑坡中有 10 处发生于正向坡形中，其中凸形 8 处，占滑坡总数的 29.63%，直线形 2 处，占滑坡总数的 7.41%；17 处发生于负向坡形中，且斜坡坡形全部属于阶梯形，占滑坡总数的 62.96%。

17 处崩塌中有 6 处发生于正向坡形中，其中凸形 5 处，占崩塌总数的 29.41%，直线形 1 处，占崩塌总数的 5.88%；11 处发生于负向坡形中，且斜坡坡形全部属于阶梯形，占崩塌总数的 64.71%。

42 处不稳定斜坡中有 18 处发生于正向坡形中，其中凸形 11 处，占不稳定斜坡总数的 26.19%，直线形 7 处，占不稳定斜坡总数的 16.67%；24 处发生于负向坡形中，其中凹形 4 处，占不稳定斜坡总数的 9.50%，阶梯形 20 处，占不稳定斜坡总数的 47.62%（图 6.14）。

根据统计结果，武汉市滑坡多分布于阶梯形和凸形斜坡；不稳定斜坡在各类型斜坡中均有发育，其中阶梯形斜坡发育数量最多，其次为凸形斜坡；崩塌多分布于阶梯形斜坡，凸形和直线形斜坡发育数量较少。总体上阶梯形斜坡最易发生滑坡、崩塌、不稳定斜坡等灾害，其次为凸形斜坡，凹形斜坡发生灾害较少。综合分析原因为阶梯形斜坡局

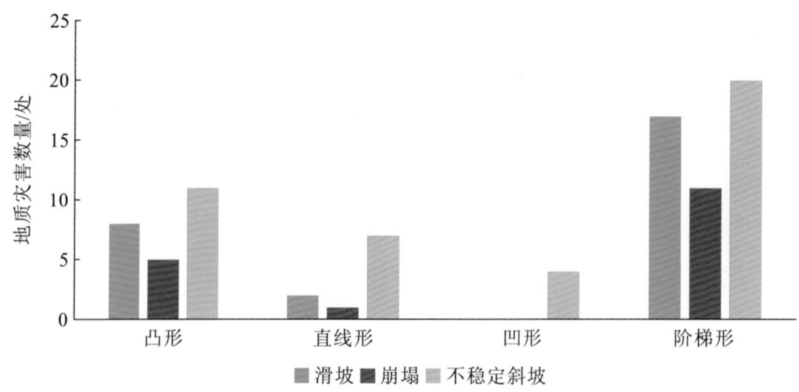

图 6.14　武汉市地质灾害按斜坡坡形统计柱状图

部存在平缓平台或坡度较小的地段，多见切坡建房、毁林造地等活动，总体上受人类工程活动影响强烈，易发生地质灾害。

（四）斜坡坡向与地质灾害

斜坡坡向影响斜坡表面不同的光照强度，山坡的小气候和水热等条件有着规律性差异，从而造成岩土体宏微观力学特性的改变。山区一般把朝南方向的坡称为阳坡，朝北方向的坡称为阴坡，广义上属于阴坡的为 NW、N、NE 坡向，属于阳坡的为 SE、S、SW 坡向。

武汉市崩塌、滑坡、不稳定斜坡地质灾害处于阴坡的有 36 处，处于阳坡的有 28 处，处于阴坡的地质灾害数量略多于阳坡（图 6.15）。造成此种现象的原因可能为：一是得益于阴坡受日照时间较短，气温与土温均较阳坡低，受风化、侵蚀和剥蚀作用相对强烈；二是阴坡比阳坡受日照时间短，阴坡地表降雨入渗后能更长时间地赋存于松散土类或基岩裂隙中，易沿岩土界面或强弱风化带形成潜在滑移面。

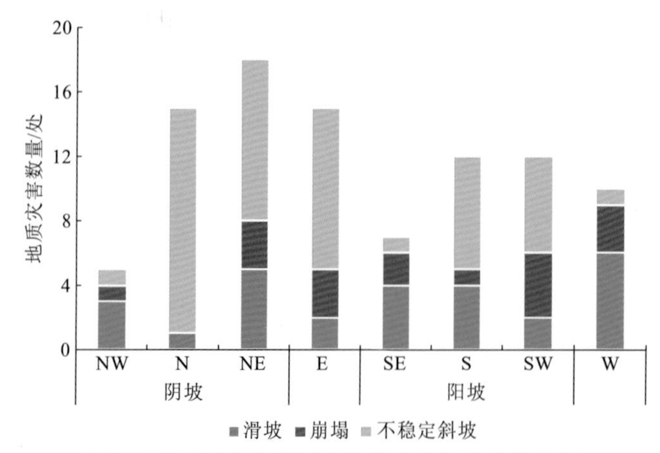

图 6.15　武汉市地质灾害按斜坡坡向统计柱状图

（五）斜坡坡高与地质灾害

斜坡的应力状态会随着坡高的变化而发生变化，在坡高不同部位形成不同的变形破坏方式。在相同坡度条件下，随坡高增大，斜坡自重增加，坡脚处剪应力增大，坡体安

全系数减小，可见斜坡坡高的高低也是影响地质灾害发育程度的一个重要因素。另一方面，随着斜坡坡高的变化，斜坡的环境条件也发生着变化。斜坡坡高较低时容易受到水流侵蚀及人类工程活动（削坡建房、开挖坡脚修建公路、修建基础设施等）的影响，多形成陡坡，发生崩塌及不稳定斜坡的概率比较高，而坡高较大的斜坡尚处于平衡调整阶段，在各沟谷不断下切侵蚀及其他作用综合影响下易失稳发生滑坡。

（六）发育高程与地质灾害

地质灾害发育高程不仅影响大量的生物物理参数和人类工程活动，对土壤特性也有显著影响。如图 6.16 所示，武汉市地质灾害主要集中于海拔小于 100 m 的地区，共 115 处，占地质灾害总数的 92%，其中海拔小于 50 m 的地质灾害有 86 处，海拔为 50～100 m 的地质灾害有 29 处；发育于海拔 100～250 m 的地质灾害共 6 处，占比 4.8%；发育于海拔 250～500 m 的地质灾害共 4 处，占比 3.2%；海拔 500 m 以上地区未发现地质灾害发育。

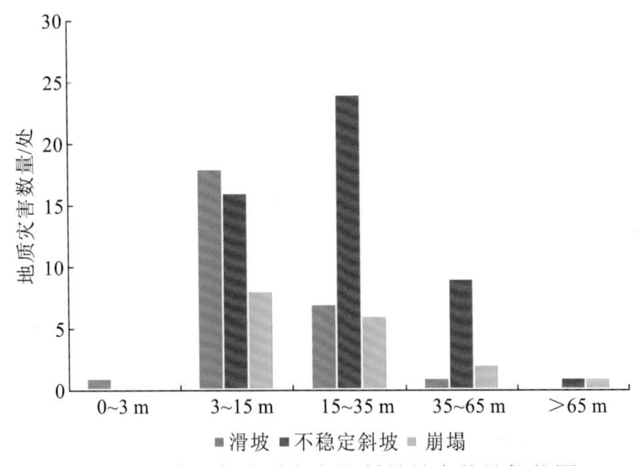

图 6.16　武汉市地质灾害按斜坡坡高统计柱状图

武汉市海拔小于 100 m 的地区面积大，占市域面积的 80%以上，且人类工程活动主要集中于海拔较低的平原地区，切坡现象较为普遍，局部地区对地下水有一定的开采，导致该区域地质灾害多发，其中尤以不稳定斜坡、地面塌陷最为突出。

二、地质构造与地质灾害

地质构造对地质灾害的形成发育有着重要的作用，主要表现为：一是造山运动形成地形地貌格局，控制地貌的形成发育，在构造运动上升区低山地貌带，山势险峻，沟谷深切，临空面发育，易于发生滑坡、不稳定斜坡等地质灾害；二是构造运动改变了岩土体的结构，使得地层出露，接受风化侵蚀，岩土体物理性质和力学强度发生改变，尤其在断裂带及其两侧，风化层厚，岩石破碎，裂隙发育，易发生地质灾害。

根据地质灾害与地质构造距离统计（表 6.17、图 6.17），距离构造<100 m 范围内地质灾害共有 7 处，占比为 5.60%；距离构造 100～500 m 范围内地质灾害共有 18 处，占比为 14.40%；距离构造 500～1 000 m 范围内地质灾害共有 29 处，占比为 23.20%；距离

构造 1 000～2 000 m 范围内地质灾害共有 33 处，占比为 26.40%；距离构造>2 000 m 范围内地质灾害共有 38 处，占比为 30.40%。

表 6.17　武汉市地质灾害按与构造距离统计表

与构造距离/m	崩塌	滑坡	不稳定斜坡	泥石流	地面塌陷	地面沉降	合计
＜100	1	2	2	0	2	0	7
100～500	1	1	7	0	9	0	18
500～1 000	5	6	7	0	11	0	29
1 000～2 000	8	7	12	0	6	0	33
＞2 000	2	11	14	2	7	2	38
合计	17	27	42	2	35	2	125

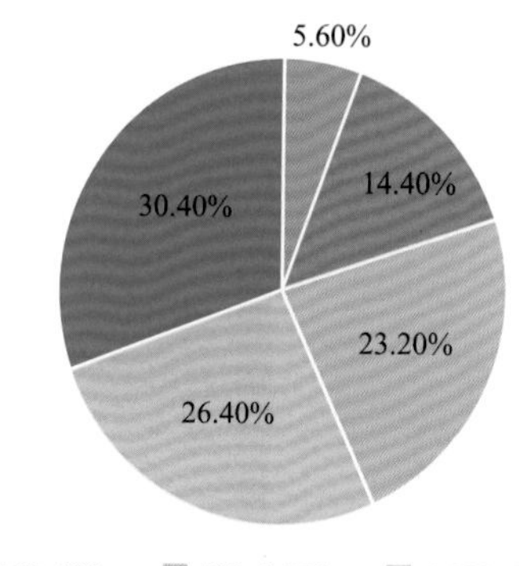

图 6.17　武汉市地质灾害按与构造距离饼状图

三、地层岩性及岩土体类型与地质灾害

（一）地层岩性及岩土体类型与滑坡

武汉市土质滑坡数量最多，达 19 处，占已滑坡总数的 70.37%。土质滑坡体物质多源于第四系残坡积和崩坡积物，岩性为填土、粉质黏土夹碎块石、碎石土等，通过对土质滑坡物质成分的统计，得出滑体物质成分以第四系残坡积粉质黏土夹碎石最为常见，占整个土质滑坡数量的 89.47%，其余土质滑坡滑体物质为人工填土，占比 10.53%。

武汉市岩质滑坡主要发育于泥盆系石英砂岩和中元古界红安群、大别山群片岩、片麻岩等。前者属于层状碎屑岩，节理裂隙发育，受人工开挖及风化影响易在裂隙发育较强处发生失稳滑动，同时软弱碎屑岩在构造作用及其他外力作用影响下，易顺层面、沿强弱风化接触带等形成潜在的滑动面或滑带，成为岩质滑坡的主控因素；后者为变质岩，呈片状构造，矿物成分包括云母、角闪石、绿泥石、石英等矿物，属于易受风化地层，在切坡处岩石裸露，长时间风化使岩石破碎、力学性质降低，从而发生滑动。

目前武汉市共发生 3 处岩质滑坡，在泥盆系、中元古界红安群、元古—太古界大别群地层处各发生 1 处，其中层状碎屑岩（D_3y）1 处、变质岩（Pt_2q、Ar_3Pt_1D）2 处。

武汉市内发育岩土混合滑坡 5 处，主要发育于上泥盆统云台观组石英砂岩中，共有 3 处，其次在二叠系、三叠系中各发育 1 处。

滑坡的产生与母岩岩性有十分密切的联系，母岩的结构、风化裂隙发育程度等因素直接影响滑坡体物质的构成。武汉市滑坡滑床主要发育于石英砂岩、硅质岩、灰岩、片岩、片麻岩等，从岩性及岩土体结构方面分析可知，石英砂岩和硅质岩裂隙发育，在矿山、公路等切坡处岩石破碎，结构完整性差，此外受断裂构造作用影响，部分区域断裂及节理裂隙较发育，不但造成了岩体的破碎，破坏了岩体的完整性，且常形成破碎软弱夹层，当斜坡结构为顺向坡时易沿层面或节理裂隙面发生滑动，滑床埋深主要受裂隙发育程度或软弱结构面发育的控制；灰岩出露面积较小，滑床一般受岩溶发育控制；片岩、片麻岩等变质岩滑坡，其滑床主要为风化程度较弱的地层，其上部岩层风化程度强烈，形成黏土质、砂土质的松散岩土体，力学性质低，在风化强弱交界处形成滑动面。

据调查统计，武汉市滑坡滑带中有 16 处控滑结构面为岩土接触面，占 59.27%；节理裂隙面 3 处，占 11.11%；片理或壁理面 4 处，占 14.81%；层内错动带 4 处，占比 14.81%。滑坡多为土质滑坡，残坡积的土质与下伏基岩存在明显力学性质差异，上部饱水的疏松土层与下部较密实土层间或下部基岩为相对隔水层时，接触界面容易形成饱水软土滑移带，摩擦力和黏聚力大为降低，故控滑结构面多为岩土接触面。

武汉市滑坡规模较小，从滑带土来看，土质滑坡一般在岩土接触面处有少量的粉质黏土夹碎石，从现场调查来看滑带土有时难以辨认，在岩质滑坡和岩土混合滑坡中滑带土发育不明显。

（二）地层岩性及岩土体类型与崩塌

武汉市发育崩塌有 17 处，主要类型为岩质崩塌，崩塌主要发育于碎屑岩、变质岩地层内。崩塌的形成主要受母岩裂隙控制显著，岩体发育的各类裂隙在地表浅部比较强烈，以至岩体很容易沿裂隙面发生破坏。

武汉市的崩塌母岩主要为石英砂岩、粉砂岩、片岩、片麻岩等。这些岩体易发性脆性变形，受构造裂隙或卸荷裂隙切割后岩体更加破碎，其形成的危岩体特征主要是陡峭岩体追踪构造裂隙开裂变形；而断裂构造形成的陡峭临空面，也使这些节理裂隙极其发育的岩体长期受到风化、剥蚀，最终在重力作用下形成崩塌。

上硬下软的岩性组合，容易发生崩塌或形成危岩体。由于抗风化能力的差异，下伏软弱岩层抗风化能力低，易产生退坡，使上部坚硬的岩体突出失去支撑，在重力作用下，被卸荷裂隙或构造裂隙切割为块状的岩体重心不稳而产生崩塌。

崩塌的产生往往是由于岩体内部多条软弱结构面综合作用的结果，而岩体软弱结构面的发育又与岩土体的类型和性状有很大的关系。石英砂岩等岩层易形成密度较大的风化裂隙，片岩、片麻岩等变质岩抗风化能力弱，往往容易发生拉裂式和倾倒式崩塌。

从岩体内结构面类型分析，多数的控制面为节理裂隙面，占到崩塌总数的 82.357%。由于武汉市的岩质崩塌多分布于坚硬至较坚硬的片岩岩组、中—厚层坚硬的碎屑岩岩组中，这些岩组中多存在易软化的夹层，长期的强烈风化、差异风化等因素使得节理裂隙

面较发育，一般发育两组以上的裂隙，如X型断裂的组合，或岩层层面与一组断裂的组合等，当两组结构面均外倾时，岩体较破碎；当结构面一组内倾而另一组外倾且外倾结构面倾角小于坡角时，边坡不稳定，而形成崩塌。

（三）地层岩性及岩土体类型与岩溶地面塌陷

岩溶地面塌陷是上覆土层与下伏可溶性岩共同破坏产生的结果，受地层岩性和地层结构影响明显（表6.18、表6.19）。武汉市80%以上的岩溶地面塌陷区，上覆盖层为第四系全新统松散冲积物，具河流相二元结构，上部为黏性土，下部为砂层。上部黏性土属中等压缩性土，潮湿，呈可塑—软塑状态，局部含有黑色铁锰质氧化物或灰白色螺壳。下部砂层厚多以粉细砂层为主，质纯，颗粒细，分选性较好，呈松散—中密饱和状。局部地段粉细砂层下部有碎石土层，局部地段粉细砂层夹有中砂、粗砂、卵砾石或粉土夹层。含碎石黏土层一般呈饱和状，碎石含量为30%～90%，粒径为20～70 mm，呈棱角状，分选性差，碎石间由黏性土充填，为相对隔水层。此外，部分塌陷分布于覆盖型和埋藏型岩溶区边界处，塌陷区内部分可溶岩埋藏于白垩系—古近系泥质粉砂岩之下，如陆家街、洪山区烽火村、洪山区青菱乡毛坦港及佳兆业·金域天下岩溶地面塌陷。陆家街地面塌陷（1988年）区内分布有白垩系—古近系泥岩，呈棕红色，泥质结构，块状构造，强度较低，厚度为0.6～5 m，局部有黄色斑点，层理不明显。洪山区烽火村岩溶地面塌陷（2009年）和洪山区青菱乡毛坦港岩溶地面塌陷（2013年）区内分布白垩系—古近系泥质粉砂岩，泥质粉砂岩呈褐红色，砂质结构，较为破碎，厚薄不均。此外，区内部分塌陷点碳酸盐岩上覆盖层为老黏土层和红黏土层，在含水率较低时，土体的承载力和抗剪强度较高；但是随着其含水率升高，其承载力和抗剪强度降低，并随含水率的升高，其降低越显著，当达到饱和时土体自稳能力差，此时会向溶洞溶隙内产生明显的变形位移，如江夏区鹏湖湾二期岩溶地面塌陷点（2014年）。

表6.18 武汉市碳酸盐岩特征一览表

地层		岩性特征				隐伏岩溶发育程度		
名称	代号	岩性	方解石含量/%	主要结构类型	粒径/mm	岩溶发育现象	线岩溶率/%	遇洞率/%
中二叠统栖霞组	P_2q	生物屑灰岩、含燧石结核灰岩	94～100	微粒镶嵌结构	0.1～2.5	岩溶发育强，发育有较大溶洞	6.57	57.1
下三叠统大冶组	T_1d	泥质灰岩、生物屑灰岩、石灰岩	70～95	隐晶质、泥质、微粒结构	0.005～0.03	岩溶现象较发育，溶蚀多沿裂隙发生，形成岩溶小沟及溶孔、溶隙。局部也发育溶洞	12.38	72.8
中石炭统黄龙组—大埔组	C_2h+d	白云岩、灰泥岩及生物碎屑灰岩	2～5	半自形—他形镶嵌结构	0.002～0.003 2	岩溶现象较为发育，主要发育小溶洞、溶隙，以及层面上显示的小溶坑	8.33	53.3

表 6.19　武汉市岩溶地质结构类型及基本特点

类型	亚类	模型图	结构特点	主要分布
I	①	黏性土 可溶岩	黏性土直接覆盖于可溶岩上；可发生土洞型塌陷	武汉市东部黄鹤楼以北、起义门、毛坦港巡司河以西一带及墨水湖南侧招商1872至四新社区一带；属于长江二级阶地和一级阶地后缘、剥蚀垄岗区
	②	黏性土 红层 可溶岩	黏性土+红层直接覆盖于可溶岩上；一般不会发生岩溶地面塌陷	武汉市东部巡司河以东、南部新港村一带、西南角汉阳纸厂—江永堤一带、西北部升官渡—招商 1872—四新社区一带；属于长江二级阶地和一级阶地后缘、剥蚀垄岗区
II	③	砂性土 黏性土 砂性土 红层 可溶岩	砂性土和可溶岩之间发育有厚度大于 1 m 的红层（红层+黏性土）；黏性土、红层破坏后可发生沙漏型塌陷或沙漏型—土洞型复合型塌陷	分布于江心洲（白沙洲）
	④	黏性土 砂性土 可溶岩	上部为黏性土，中部为砂性土，下部为可溶岩；可发生沙漏型塌陷或沙漏型—土洞型复合型塌陷	主要分布于武汉市中北部长江两岸，以西锦绣长江一带，以东陆家街—司法学校一带；属于长江一级阶地覆盖型岩溶区
	⑤	黏性土 砂性土 红层 可溶岩	上部为黏性土，中上部为砂性土，中下部为红层，下部为可溶岩；红层破坏后可发生沙漏型塌陷或沙漏型—土洞型复合型塌陷	主要分布于武汉市中部长江两岸，以西老关村—四新社区一带，以东长江紫都—烽火村和张家湾—毛坦港一带；属于长江一级阶地埋藏型岩溶区
	⑥	黏性土 砂性土 黏性土 可溶岩	上部为黏性土，中上部为砂性土，中下部为黏性土，下部为可溶岩；中下部黏性土破坏后可发生沙漏型塌陷或沙漏型—土洞型复合型塌陷	主要分布于武汉市中部长江西侧锦绣长江以西一带，以及东部余家湾车站一带；属于长江一级阶地可溶岩上部残积层分布区

续表

类型	亚类	模型图	结构特点	主要分布
II	⑦	黏性土 砂性土 黏性土 红层 可溶岩	上部为黏性土，中上部为砂性土，中下部为黏性土+红层，下部为可溶岩；中下部黏性土+红层破坏后可发生沙漏型塌陷或沙漏型—土洞型复合型塌陷	主要分布于武汉市中部长江两岸杨泗港大桥一带、余家湾车站以北一带及张家湾以西一带；属于长江一级阶地可溶岩上部残积层+红层分布区
III	⑧	软弱土 黏性土 可溶岩	软弱土和可溶岩之间夹有厚度大于 1 m 的黏性土；黏性土破坏后可发生泥流型塌陷	零星少量分布于招商 1872 一带；属于长江二级阶地
	⑨	软弱土 黏性土 红层 可溶岩	软弱土和可溶岩之间夹有厚度大于 1 m 的黏性土+红层；黏性土+红层破坏后可发生泥流型塌陷	主要分布于武汉市西北部北太子湖—江城大道一带及村一带；属于长江二级阶地红层分布区

武汉市岩溶地面塌陷点主要发生于上石炭统黄龙组—大埔组（C_2h+d）、下三叠统大冶组（T_1d）、中二叠统栖霞组（P_2q）灰岩、生物碎屑灰岩中，三组岩组中分别发育 2 处、24 处和 7 处岩溶地面塌陷。各岩组构造、结构、成分也不同，岩溶发育程度也有差异。

I 类地质结构：该类地质结构中，上部为黏性土或黏性土+红层，下部为可溶岩。主要分布于长江二级阶地、一级阶地后缘、剥蚀垄岗区域的可溶岩条带范围。典型代表区域为蛇山、起义门、巡司河以东一带，四新一带及江夏区中部岩溶条带区。

II 类地质结构：该类地质结构中，均有砂性土层。根据砂性土层上部、下部黏性土和红层的有无，进一步细分为③、④、⑤、⑥、⑦型地质结构，该类地质结构是武汉市岩溶地面塌陷的高发区域，分布面积最广。主要分布于白沙洲岩溶条带中部长江两岸西至江城大道、东至巡司河，青菱湖以北地带和新港村一带。地貌上属于长江一级阶地。

III 类地质结构：该类地质结构中，上部为软弱土，下部为可溶岩，中部为黏性土和红层，在外部因素诱发下，中部黏性土层和红层遭受破坏时，软弱土体流失导致地面塌陷，这种塌陷称为泥流型塌陷。总体上分布面积较小，主要分布于北太子湖—江城大道一带，地貌上属冲湖积平原区。

经统计分析，武汉市 33 处岩溶地面塌陷点中有 30 处岩溶地面塌陷为岩溶地质结构 II 类，占总体的 90.9%，其中：27 处为 II 类④型，2 处为 II 类⑤型，1 处为 II 类⑥型。3 处为岩溶地质结构 I 类，均为 I 类②型，分布于江夏区中北部。

典型塌陷点剖面如图 6.18～图 6.20 所示，岩溶地面塌陷结构特征见表 6.20。

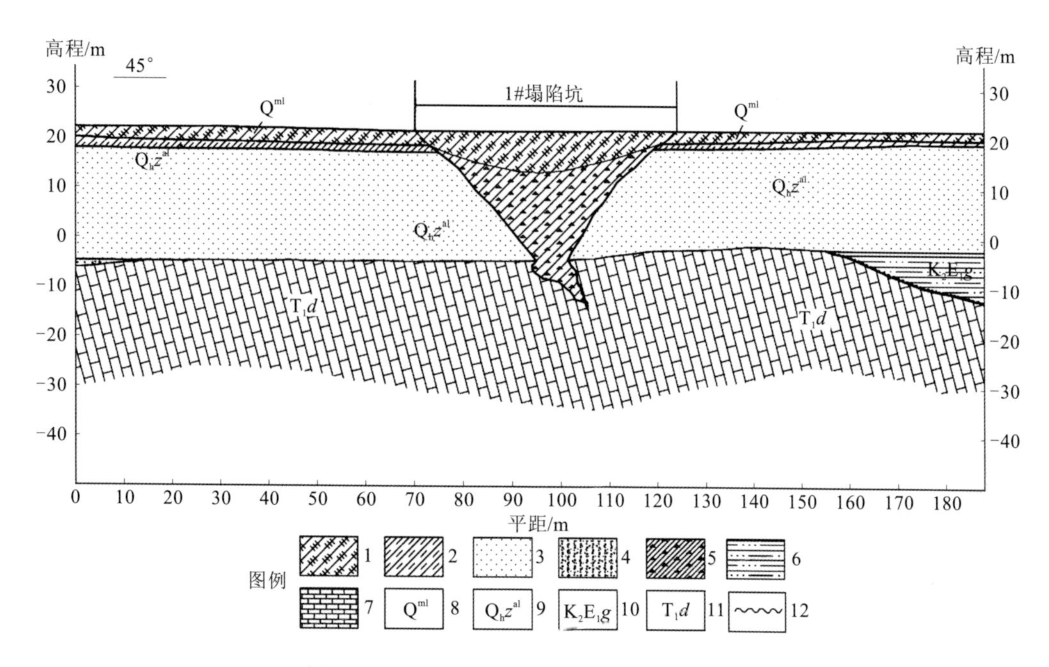

图 6.18 烽火村乔木湾岩溶地面塌陷剖面图

1. 杂填土；2. 粉质黏土；3. 粉细沙；4. 中粗砂夹卵砾石；5. 塌积物；6. 泥质粉砂岩；7. 灰岩；8. 第四系人工填土层；9. 第四系全新统走马岭组冲积层；10. 白垩系—古近系公安寨组；11. 下三叠统大冶组；12. 不整合接触线

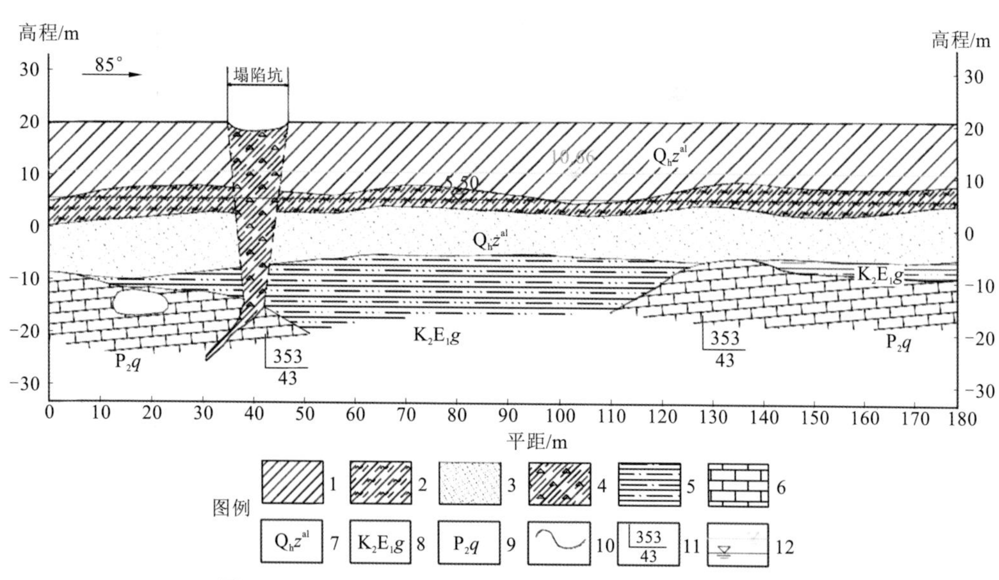

图 6.19 佳兆业·金域天下 3 期岩溶地面塌陷地质剖面图

1. 黏土；2. 淤泥质黏土；3. 粉细砂；4. 扰动土；5. 粉砂岩；6. 灰岩；7. 第四系全新统走马岭组冲积层；8. 白垩系—古近系公安寨组；9. 二叠系中统栖霞组；10. 地层界线；11. 岩层产状；12. 孔隙水/岩溶水水位高程

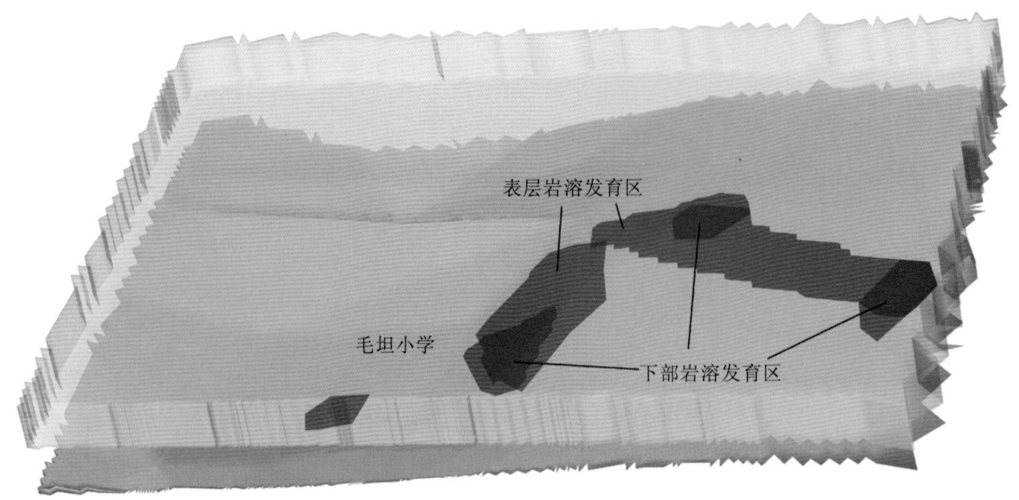

图 6.20　毛坦小学岩溶地面塌陷区岩溶分布三维形态示意图

表 6.20　武汉市岩溶地面塌陷结构特征

序号	发生时间	塌陷名称	位置	岩溶地质结构类型
1	1988.5.10	武汉汉立制冷科技公司地面塌陷	武昌区白沙洲街武汉汉立制冷科技公司/陆家街 89 号	④
2	1994.6.3	金水一村地面塌陷	江夏区金口街金水一村	④
3	1999.4.22	毛坦小学地面塌陷	洪山区青菱街毛坦村小学	④
4	2000.2.22	余家沟原司法学校地面塌陷	武昌区白沙洲街余家沟原司法学校	④
5	2000.4.6	烽火村地面塌陷	洪山区青菱街烽火村烽火装饰材料市场	⑤
6	2001.5.30	京广线 1241+070 地面塌陷	江夏区乌龙泉京广线 1241+070	④
7	2005.8.10	江南竹木大市场地面塌陷	洪山区青菱乡烽火村江南竹木大市场	④
8	2005.8.22	阮家巷地面塌陷	武昌区白沙洲阮家巷	④
9	2006.4.9	长江紫都花园北门地面塌陷	武昌区长江紫都花园北门	④
10	2008.2.29	陡埠村地面塌陷	汉南区纱帽街陡埠村	④
11	2009.11.24	白沙洲大道地面塌陷	洪山区白沙州大道与白沙二路交会处北东 135 m	④
12	2009.12.16	武泰闸白沙洲大道地面塌陷	武昌区白沙洲街武泰闸白沙洲大道	④
13	2009.12.22	白沙洲大道高架桥地面塌陷	洪山区青菱街烽火村张家湾白沙洲大道高架 Z118#墩	④
14	2009.6.10	武泰闸万隆广场地面塌陷	武昌区白沙洲街武泰闸万隆广场	⑥
15	2009.6.17	烽火村白沙洲大道地面塌陷	洪山区张家湾街烽火村白沙洲大道	④
16	2010.1.28	光霞村地面塌陷	洪山区青菱街光霞村 5 组	④
17	2010.4.18	烽火村准韵小区地面塌陷	洪山区青菱街烽火村准韵小区	④
18	2010.7.19	南湖变电站地面塌陷	洪山区青菱街张家湾南湖变电站	④
19	2011.12.12	民政学校地面塌陷	武昌区积玉桥街中山社区	④

续表

序号	发生时间	塌陷名称	位置	岩溶地质结构类型
20	2011.5.5	红旗欣居 B 区地面塌陷	洪山区红旗欣居 B 区	④
21	2012.11.2	农科所菜地地面塌陷	江夏区金水农场金水办事处农科所	④
22	2013.4.14	佳兆业金域天下 3 期地面塌陷	洪山区青菱街毛坦港佳兆业金域天下 3 期	④
23	2013.12.16	锦绣长江 3 期地面塌陷	汉阳区拦江路锦绣长江 3 期	④
24	2014.5.2	原江南新天地地面塌陷	文化大道江南新天地	②
25	2014.6.8	烽火村还建项目地面塌陷	洪山区张家湾烽火村项目 H10、H11 地块	⑤
26	2014.9.5	金水河两岸地面塌陷	法泗街八塘金村水河两组	④
27	2015.8.10	世贸锦绣长江三期地面塌陷	汉阳区鹦鹉大道世贸锦绣长江三期北面	④
28	2015.8.15	世贸锦绣长江北东地面塌陷	汉阳区建桥街世贸锦绣长江北东	④
29	2015.8.7	地铁 6 号线 K12+583 地面塌陷	汉阳区鹦鹉大道地铁 6 号线 K12+583	④
30	2016.2.25	明浒混凝土有限公司厂区地面塌陷	江夏区大桥新区红旗村武汉东方明浒混凝土有限公司	④
31	2017.5.23	保利新武昌地面塌陷	洪山区烽火村烽胜路	④
32	2018.3.16	实验中学地面塌陷	江夏区纸坊街林场社区青龙南路	②
33	2018.11.14	科技旅游城地面塌陷	江夏区纸坊街狮子山村恒大科技旅游城	②

（四）地层岩性与地面沉降

地面沉降发生于软土发育区，地表以下存在较厚的填土及软土是地面沉降发生的主要内因。软土是淤泥和淤泥质土的总称，一般指外观以灰色为主，天然孔隙比大于或等于 1.0，且天然含水率大于液限的一种软塑—流塑状态的细粒土。软土的生成环境及粒度、矿物组成和结构特征，决定了它必然具有高孔隙性和高含水量：淤泥一般呈欠压密状态，以至其孔隙比和天然含水率随埋藏深度的变化很小，因而土质特别松软；淤泥质土一般呈稍欠压密或正常压密状态，淤泥质土强度有所增大。淤泥和淤泥质土一般呈软塑状态，但当其结构一经扰动破坏，其强度就会剧烈降低甚至呈流动状态。

软土含水量高、孔隙比大，具有极大的压缩性，在地面加载、水文下降的情况下，土颗粒有效应力增大，颗粒位置重新排布，颗粒间空隙被填充，土体变致密，体积缩小，从而导致地表开始下降。

四、水与地质灾害

（一）水与斜坡地质灾害

1. 大气降水的影响

在相同的地质条件下，诱发地质灾害的主要因素表现为大气降水。降雨诱发滑坡，

有以下几种作用方式。

（1）对于边坡岩体，降雨起加载作用，可饱和岩体、增大容重，产生动静水压力。

（2）降雨侵蚀坡脚，破坏坡体，改变边坡结构。

（3）雨水渗入，弱化岩体，泥化软化滑带，黏土矿物的水化作用导致黏着力降低，甚至消失，降雨改变边坡力学性能。

（4）长期干湿交替导致岩土体开裂，产生了大量裂隙，增大了岩土体的渗透性，使更多的水渗入坡体，进一步恶化坡体状况。

（5）滑动体的渐进性破坏和渗透力的作用。尽管其力学作用非常复杂，但从滑坡诱发机制上可以概括为促进滑移面剪应力增大及促使抗剪强度降低。

武汉市斜坡地质灾害受降雨的影响较为明显。对于岩质斜坡，降雨主要是通过渗入岩石裂隙，产生静水压力促进斜坡失稳；对于土质斜坡，降雨通过斜坡表层土层下渗，在岩土接触面处顺基岩面径流，软化泥化结构面，降低抗剪强度。

2. 地下水的影响

地下水与地质灾害的形成关系，主要体现在软化岩土体，降低岩土体力学强度；增加坡体自重，增加下滑力和降低抗滑力。此外在部分条件下，地下水所形成的动静水压力也可以是形成地质灾害的重要动力来源。境内地下水对地质灾害的影响主要表现如下。

（1）由于斜坡中上层滞水或季节性地下水的存在，岩土体饱水，大大降低了岩土体的抗剪强度，增加了土体的重量，易诱发斜坡变形失稳形成滑坡（不稳定斜坡）地质灾害。

（2）在连阴雨过程中或大雨之后，降水下渗过程在隔水层受阻，使隔水层以上的岩土体含水率增大，由于土体含水率增大，降低了土体强度，也同样诱发斜坡变形失稳形成崩塌、滑坡（不稳定斜坡）地质灾害。

区内地质灾害主要发育于碎屑岩、变质岩和第四系松散岩地层中，由于斜坡中上层滞水的存在，土体中黏性物质膨胀，土体的力学性质发生变化，大大降低了土体的强度，增加了土体的重量，易诱发斜坡变形失稳。

（二）水与岩溶地面塌陷

武汉市岩溶地面塌陷的产生具有典型的地质模式，其中，水动力条件是诱发地面塌陷的重要因素，这些因素包括降雨及地表水入渗、地下水季节性波动、抽排地下水等，简单归纳为地表水与地下水的影响机制。

1. 地表水与岩溶地面塌陷

在第四系上部黏性土存在的天窗，砂性土直接出露地表接受降雨入渗的区域，以及裸露型岩溶分布的岩溶水补给区，降雨和地表水入渗后，在重力和水头差的作用下在含水层中运动，本身具有一定的能量，对含水介质产生推动运移的作用。其对土颗粒产生的渗透压力的大小主要取决于地下水具有的水头高度，加上其使土体湿润、饱和，增加了岩土体容重，改变了岩土体状态，使得岩土体强度降低，极易诱发岩溶地面塌陷。

降雨是岩溶地面塌陷发生的重要影响因素之一，武汉市多起岩溶地面塌陷的诱发因素都是降雨。降雨对岩溶地面塌陷的直接作用主要体现在两个方面：降雨入渗使上部土体饱水自重增加，物理力学性质降低；局部存在天窗时砂性土中降雨入渗后的渗流作用

对土体颗粒进行冲刷、携带、搬运，破坏了土体的稳定性。武汉市受降雨影响较大的岩溶地面塌陷点为长江紫都花园北门地面塌陷（2006年）。

地表水入渗主要表现为部分岩溶发育区除降雨外的其他地表水渗流、破裂管道中的水体下渗等，造成碳酸盐岩上部土体向岩溶裂隙中流失，形成空洞导致塌陷。

2. 地下水与岩溶地面塌陷

地下水的动力作用主要表现在地下水位季节性波动。根据水文资料，武汉市长江一级阶地地下水位年变幅可达 3 m，在靠近长江的一级阶地前缘，受长江水位影响，地下水位和流向变动更为明显。地下水位的频繁升降和流向的来回变动会引起地下水水力坡度的变化，导致地下水的冲刷、潜蚀能力发生相应的变化，产生渗透潜蚀作用；可以改变上覆土体的含水量、性状和强度，加速土体崩落；可以引起地下岩溶及土洞内压力交替变化，使周围岩石土体失稳，并导致渗压或真空吸蚀致塌作用。地下水位波动频率越高，岩溶地面塌陷越易产生。

武汉市大部分岩溶地面塌陷点分布于长江一级阶地，其地下水与长江水力联系极为密切，武汉市长江一级阶地第四系孔隙承压水在丰水期由长江向两岸径流，即接受长江水补给，枯水期由两岸向长江径流，即向长江排泄；裂隙岩溶水总体径流方向为沿岩溶条带由北东向南西径流，裸露型岩溶区为岩溶水最原始补给区，沿途接受相邻含水层补给。地下水接受补给并在含水层中运移，存在一定水头差，具有一定动能，导致地下水含水层中存在渗透压力，该渗透压力是地下水动力条件的根本。武汉市早期岩溶地面塌陷由于受人类工程活动影响较小，地下水波动为岩溶地面塌陷的主控诱发因素。典型代表为武汉汉立制冷科技公司地面塌陷（1988年）、毛坦小学地面塌陷（1999年）、余家沟原司法学校地面塌陷（2000年）、陡埠村地面塌陷（2008年）等。

（三）水与地面沉降

武汉市最近陆续发生的以后湖地区为代表的地面沉降，地下水位下降是主要外因，而造成地下水位下降的主要因素有：一是近几年，长江武汉段洪峰减少，洪峰水位降低，且高水位维持时间较短，大量减少了长江水的水量补给；二是近几年超深基坑（开挖深度进入砂层）相继开工，深井降水措施造成上层滞水流失、水位下降，引发地表填土及软土的固结沉降；三是近年来武汉地区降雨量也有所减少，地下水位随之降低。

然而，关于地下水位下降与地面沉降的关系问题，通过多年的工勘实践得出：其一，降水引起的地面沉降，主要发生在第四纪全新世含水层中；其二，超固结的“老黏土”中的含水层（Q_{p_3}及其以前），即使水位降幅很大也很少产生不良影响的地面沉降；其三，真正引起地面沉降的地层是被疏干的含水层及其相邻欠固结、可释水的部分地层即压缩层；其四，降水引起地面破坏性沉降的主要因素是沉降差，它由地下水降落漏斗的水力坡度和含水层厚度的明显变化（相变）两方面因素所决定。而降水引起的“固结沉降”和含水层未疏干而发生渗透破坏（流土、管涌、突涌）引起的地面沉陷、开裂是两种性质截然不同的变形现象，因为降水引起的“固结沉降”发生时具有缓变性、相对均匀性和可定量性，且渗透破坏不是固结沉降，流砂、管涌、突涌是含水层未被疏干的条件下

开挖产生的涌水、冒砂，地下水土流失造成地面大量沉陷，伴随地表开裂，其影响范围可达数十米至上百米。

五、人类工程活动与地质灾害

（一）人类工程活动对斜坡地质灾害的影响

1. 城镇建设与地质灾害

武汉是我国中部中心城市，城镇建设程度强烈，境内斜坡地带建房切坡现象明显，因而诱发诸多斜坡地质灾害。斜坡开挖后形成新的人工边坡，新边坡改变了斜坡（边坡）的应力状态，破坏了斜坡的原有应力平衡状态，同时，边坡下部因开挖失去了部分支撑，当剩余部分支撑不住上方推力时即发生滑坡。此外，一些临时人工边坡虽发生了上述变化，但还暂时保持稳定状态，当其他因素参与叠加作用时，原处于基本稳定的一些边坡即发生滑坡。如降雨或地表水入渗，造成岩土体重量显著增大，同时岩土体产生软化，降低了其摩擦力和黏聚力，使岩土体抗剪强度显著降低，在这些因素作用叠加下，新边坡即会产生滑动。

据调查统计，武汉市内因城镇建设引发或加剧的斜坡地质灾害有 52 处，占斜坡地质灾害总数的 56.52%。灾害较为集中，大部分为切坡建房形成的小规模滑坡。

2. 交通建设与地质灾害

武汉市交通发达，道路、铁路网密集，区内有 G4、G42、G45、G50、G70 等国家级高速公路，岱黄高速、汉蔡高速、武黄高速、汉孝高速等省内高速，内环线、二环线、三环线、四环线等城市环线，市区内街道、马路纵横交错，城市间由京广铁路、沪汉蓉铁路、京九铁路等铁路线路串联，这些交通建设过程中产生的大量切坡、填方、弃土堆载等破坏斜坡原始状态的作用引发或加剧了地质灾害的产生。

对于高速公路等国家级重大交通干线重大工程，因工程的重要性及一旦遭受地质灾害后潜在威胁重大的特点，工程建设部门地质灾害防治意识强，投入资金也较充裕，所以绝大多数地质灾害和地质灾害隐患点防治已采取了及时有效的工程防治措施。

国道、省道沿线除重大地质灾害采取工程防治外，其他地质灾害一般以监测为主。区级或乡村公路周边地质灾害主要采用监测预警方法，多数未采取工程防治措施。在已经发现的滑坡地段，常树立警示标识，提醒过往行人车辆注意地质灾害；一旦出现地质灾害（或险情），多采用应急抢险式疏通措施，很少有对灾害体进行综合防治。

这些交通建设过程中开挖坡体及放炮震动等人类工程活动使得坡体上形成坡度较陡的临空面、岩土体爆裂松动，如果不对开挖坡体形成的坡面采取锚固、坡面防护等可靠、有效的工程治理措施，坡面的岩土体经过长时间的暴露，风化程度加重，在降雨等因素促发下产生崩塌、滑坡的可能性大。

根据本次调查统计，区内沿主要交通干线或铁路发育斜坡地质灾害为 31 处，占斜坡地质灾害点总数的 32.98%，地质灾害多以切坡、坡脚开挖形成的临空面引起。

3. 矿山开采与地质灾害

武汉市历史上的矿业开发主要集中在江夏区、蔡甸区、新洲区，目前市区内矿区已全部关停。矿山开发规模总体较小，由此引发的地质灾害问题不太突出，主要为山体开采。区内与矿山活动相关的地质灾害隐患潜在破坏方式主要表现为以下几种。

（1）采矿形成的料石或弃渣沿沟谷或路边堆放，岩土体结构松散，稳定性较差，在地形坡度及汇水条件较好的情况下，易形成潜在滑坡，在沟谷条件良好的情况下，可能形成潜在不稳定斜坡。

（2）开挖形成岩质高陡边坡，使斜坡岩体受振动产生变形，改变山体应力状态，裸露基岩长期受风化、剥蚀作用影响，易形成潜在崩塌。

据统计武汉市内与山体开挖有密切联系的斜坡地质灾害有 5 处，占斜坡地质灾害总数的 5.32%。

另外，大规模植被的砍伐，使得山体、坡体失去保护，加上降雨的入渗而诱发地质灾害，水池、水渠、农业灌溉等易使水流渗入坡体，加大孔隙水压力，使土体饱水失稳而产生滑移变形。总之，人为因素直接或间接地诱发了部分地质灾害的发生，防治各种人为因素造成的地质灾害已刻不容缓，应及时配合恢复植被、退耕还林、水土保持工作，加强地质环境保护，在进行各项工程建设时，要时刻注意采取防范措施。

（二）人类工程活动对岩溶地面塌陷的影响

武汉市人类工程活动可以概括为道路工程、工业与民用建筑工程、地下工程和地下水开发 4 种。近年来，人类工程活动成为岩溶地面塌陷的主要触发因素，其对岩溶地质环境的影响是不可逆的，表现在：宏观上，施工产生振动，增加附加荷载，破坏上覆第四系的结构和力学性质；沟通上下含水层、抽排地下水增强地下水水力联系和地下水水位波动；破坏岩体结构，打通岩溶通道。微观上，从长远时间尺度来看，对岩土体的破坏增加了碳酸盐岩溶蚀面积和溶蚀速率，形成新的岩溶通道（表 6.21）。

表 6.21　建设项目类型对岩溶地质条件的作用方式

工程阶段	建设项目类型	施工（作用）方式
工程勘察	—	钻探、加载
工程施工	地上道路交通	钻探、桩基础施工
	房屋建筑	钻探、桩基础施工
	地下工程	土石方开挖、支护、地下工程明挖法、暗挖法及盾构施工
	地下水开发	钻探施工
工程运行	地上道路交通	加载、振动
	房屋建筑	加载
	地下工程	加载、振动
	地下水开发	抽排地下水

1. 抽排地下水

抽排地下水是对地下水系统的人为干预，通过改变地下水系统结构改变了水资源的自然分布状态。它破坏了含水层和隔水层介质的分布和原始应力状态，使天然的地下储水构造发生了改变，人为改变了地下水的渗流途径。大量抽排地下水使得地下水系统输出增多，改变了正常的水循环，破坏了水均衡。其对岩溶地质环境的影响表现在：①水头差致使向下的渗透力增强；②地下水位下降时，原来土层中受到的地下水浮托力消失，产生失托增荷效应；③地下水位下降时，岩溶空腔产生真空吸蚀效应。

地下水渗流场和水化学场的变化一般较缓慢，延迟效应较为突出，因而抽水井的位置、开采强度和抽水历时过程对渗流场、水化学场最终形态的塑造起着关键性的作用。

开始抽水时，地下水位快速下降，盖层受地下水的浮托力减小，颗粒密度增大，孔隙减小，自重力增加，水体流动，土体受到强烈的潜蚀作用破坏，盖层底部形成新的土洞；当地下水位下降至基岩面时，土体受到的浮力消失，土体重力增大到最大值，土洞扩展至盖层顶部，小规模的塌陷开始形成。地下水位下降到岩体内后，潜蚀作用和机械搬运作用加剧，洞隙充填的松散物质和上部坍落物质快速地向漏斗中心运移，沿主要宽大裂隙逐渐形成广泛的岩溶塌坑。另外，在相对密闭承压岩溶网络地下水中，水位降低到盖层底面以下，可在岩溶空隙中形成真空腔，空腔内形成负压，对土洞周边土体产生真空吸蚀作用，把盖层内细小土粒和水分等吸出来，使土洞周边土体结构疏松，加快剥蚀。真空吸蚀可加速土洞向塌陷发展，当土洞扩大到塌陷力超过极限抗塌力时发生塌陷。停抽后，地下水位迅速上升，储存于岩溶空腔中的气体受压形成正压力，挤压气体物质沿空穴上升，产生对土体的压力，对顶板盖层产生顶托作用，当水位上升幅度大而盖层较薄、顶托力超过盖层强度时，就可使盖层开裂破坏导致塌陷，严重时可能会产生气爆。如此反复作业，破坏了的土体又重复上述过程，使得周边的土体也受到破坏。大量的土体沿塌陷坑坍塌填入坑内，使得塌陷坑变大变浅。

武汉市抽排地下水多存在于为基坑开挖、地下工程建设等人类工程活动中，开采地下水的现象较少。

2. 岩溶顶板破坏、振动、重力（自重和荷载）

人类工程活动对岩溶地面塌陷的影响往往是多方面同时作用的，岩溶顶板破坏、振动、重力（自重和荷载）均很少单独作用于岩溶地质条件，一种人类工程活动发生时常伴随多个效应同时发生作用。

1）土石方开挖、支护

基坑土方开挖和支护等产生的机械破坏，破坏了岩土体完整性，降低了岩土体强度，人为地改变了上覆第四系盖层岩土体结构和应力状态，使得盖层变薄，打破了土洞顶部原有的应力平衡。经扰动的土体土颗粒黏聚力降低，土体极易破坏、流失。目前武汉市基坑大部分属于深基坑，开挖深度较大，对开挖区域岩土体结构和力学性质、含水层结构、地下水渗流场等影响较大。

由于地下工程埋深大，通常已深入基岩层，加之地铁、隧道等线路工程线路长、施

工面积大，较之基坑土方开挖和支护，地下工程施工对岩溶地质条件影响更大。破坏上覆第四系盖层、改变地下水渗流场、增强地下水水力联系、降低基岩层岩体结构和力学性质、增加碳酸盐岩溶蚀速率和面积及裂隙等岩溶通道，施工产生振动等诱发岩溶地面塌陷，这些影响在地下工程施工中得到集中体现。

2）钻探施工

对岩溶地质环境影响最大的主要为钻探施工，特别是在工程详勘阶段或者桩基施工前进行的超前钻施工，钻探布设密度极大，钻探施工深度基本揭穿灰岩岩溶发育层，极易诱发岩溶地面塌陷灾害。其基本作用机理是沟通了上下含水层水力联系，使得地下水潜蚀渗流作用增强，上部松散土体随水流运移到碳酸盐岩空隙中，这是土洞形成和发展的根本。

当上覆盖层具“上黏下砂”双层结构或“黏—砂—黏”三层结构的区域进行工程钻探施工时，未采取及时有效的防护措施，钻孔揭穿岩溶水含水层顶板后，第四系孔隙承压水与岩溶水连通，在水头差和孔内注浆双重作用下，上层土体随泥浆和地下水流入岩溶通道，土洞形成并不断扩大，最终产生塌陷。

近年来，随着武汉市工程建设规模的扩大，武汉市至少发生了9处因工程勘察钻探施工引发的岩溶地面塌陷地质灾害。如毛坦港佳兆业·金域天下3期工程，受工程勘察钻探施工影响产生岩溶地面塌陷。

3）桩基础施工

岩溶区一般采用的桩基础主要有钻孔桩、冲孔桩。因场地地下水动力条件的改变和施工冲击振动等影响，由桩基础施工引起的岩溶地面塌陷时有发生。

岩溶发育区溶沟、溶槽、基岩裂隙与溶洞、土洞相互连通，水文地质条件复杂，若施工不当，极易诱发地质灾害。如钻、冲孔桩施工过程中漏浆，将改变地下水动力条件，诱发塌陷；机械振动也可诱发岩溶地面塌陷。

南湖变电站岩溶地面塌陷，主要是由于附近白沙洲大道进行高架桥桩基施工，在进行大口径冲击成孔灌注桩施工时，引起振动导致岩溶通道重新连通，饱水的粉细砂在水位差的作用下，发生渗流潜蚀效应，最终引发岩溶地面塌陷灾害。

4）重力（加载）和振动

工程施工和运行阶段对岩溶地质条件产生影响的重要因素还有外部荷载和振动。

外部附加荷载主要有工业、建筑及交通运输和贮存物品等，外部加载对岩溶地面塌陷的影响主要表现是荷载的直接作用。荷载直接作用在土洞（溶洞）上面，增加了土洞的致塌力，一旦致塌力大于抗塌力后，就发生塌陷。振动一方面表现在施工期间工艺上（如桩基冲孔成孔时）产生的振动，另一方面主要是指工程施工和运行各种交通工具往返行驶时引起地面的振动。如白沙洲大道曾因重型货车振动而造成岩溶地面塌陷。调查研究表明，振动致塌主要发生在土洞、溶洞发育地区，主要是起到加速加快原有岩土体结构的破坏，进而导致塌陷。

第三节 典型地质灾害模型

一、典型岩溶地质灾害物理模型

在对武汉市现有资料收集分析的基础上，首先通过岩溶塌陷数值模拟，探索不同地质结构在不同致塌工况下的塌陷过程，以排除一些不甚敏感的致塌工况和选择代表性覆盖层组合结构，为后续物理模型试验提供先验信息。然后完成3种地质结构6种致塌工况下的9组物理模型试验，探索不同因素影响下岩溶塌陷的发育特征、成因机理和发生塌陷的临界条件，为岩溶塌陷监测及防治工作提供科学依据。

（一）岩溶塌陷数值模拟

首先通过数值模拟手段，建立5类覆盖层组合中发育不同规模土洞的几何模型，探索在岩溶水位波动工况、降雨入渗工况下土洞变形与塑性区特征，以排除一些不甚敏感的致塌工况和选择代表性覆盖层组合结构，并厘清不同致塌因素相对致塌效力，为后续物理模型试验提供先验信息。值得注意的是，孔隙水位快速波动对岩溶塌陷作用机理较为复杂，现有的数值模拟本构模型还不能较好地反映这种作用机理。对于动荷载在岩溶塌陷模拟需要用到动力学本构模型，模型边界条件的设置目前也是一个难点。因此对孔隙水位快速波动致塌工况和静/动力加载工况不做数值模拟研究，直接在后续物理模拟试验中进行。

完成189组岩溶水位波动工况和60组降雨入渗工况诱发岩溶塌陷数值模拟，得到如下结论。

（1）对于“黏—砂—黏”多层结构覆盖层中土洞在水位波动工况、岩溶水位波动工况、降雨入渗工况下的变形稳定性与砂性土占优双层结构中土洞变形稳定性规律基本一致，因此在“黏—砂—黏”多层结构中只要下部黏性土层被揭穿，后续岩溶塌陷发育规律或土洞稳定性变形规律与相近似的双层结构地层类似。

（2）各工况所造成的土洞变形规律的主要力学机理在于土洞周围的渗流场的渗流方向和大小，因此在实际监测过程中扰动土周围要多布置地下水水位或孔隙水压力监测点。

（3）土洞发育高度若达到整个覆盖层厚度的一半，则土洞在自重作用下就不能稳定，无须外界刺激。

（4）若要探索降雨入渗对岩溶塌陷的影响情况，不能只关注覆盖层的几何结构，还必须考虑上部黏性土层的渗透系数大小。实际中多数地面已经硬化，渗透系数极小，降雨难以直接入渗到地层内部引起塌陷。

（5）地下水的潜蚀效应伴随土洞发生—发展—失稳塌陷全过程，数值模拟不考虑土洞演化的动态过程有所欠缺。鉴于此，后续开展物理模型试验则为了在数值模拟得到的一些基本认识基础上，进一步开展对岩溶塌陷灾害全过程中水文与力学上的响应量监测，为岩溶塌陷监测预警提供试验数据支撑。

（二）岩溶水位波动诱发塌陷模型试验

武汉市在二元结构地层中发生岩溶塌陷数量最多，受沉积规律影响，不同地段二元结构黏砂层厚比不同，其渗流场和应力应变场相差较大。因此，岩溶塌陷物理模型试验中盖层将设置砂性土层厚度占优（对应烽火村岩溶塌陷实例）、无优势黏砂层厚比（对应余家沟原司法学校岩溶塌陷实例）、黏性土层厚度占优（对应毛坦港岩溶塌陷实例）三种结构。

1. 砂性土层厚度占优盖层结构岩溶水位波动致塌工况

1）以烽火村岩溶塌陷为典型实例物理模型试验

砂性土层厚度占优盖层结构对应的典型塌陷实例为洪山区青菱乡烽火村岩溶塌陷。根据实例盖层结构和地下水位特征，概化地质模型为黏性土（粉质黏土）层厚为 3 m，砂性土（粉细砂）层厚为 23 m 的盖层结构，以及孔隙水位埋深为 1.5 m，初始岩溶水位埋深与孔隙水位一致。考虑模型试验主箱最大可填埋深度为 60 cm，选择 1∶50 的几何相似比来填筑盖层物理模型，得到总厚度为 52 cm 的模型盖层，其中黏性土层厚 6 cm，砂性土层厚 46 cm，孔隙水位埋深为 3 cm（图 6.21）。

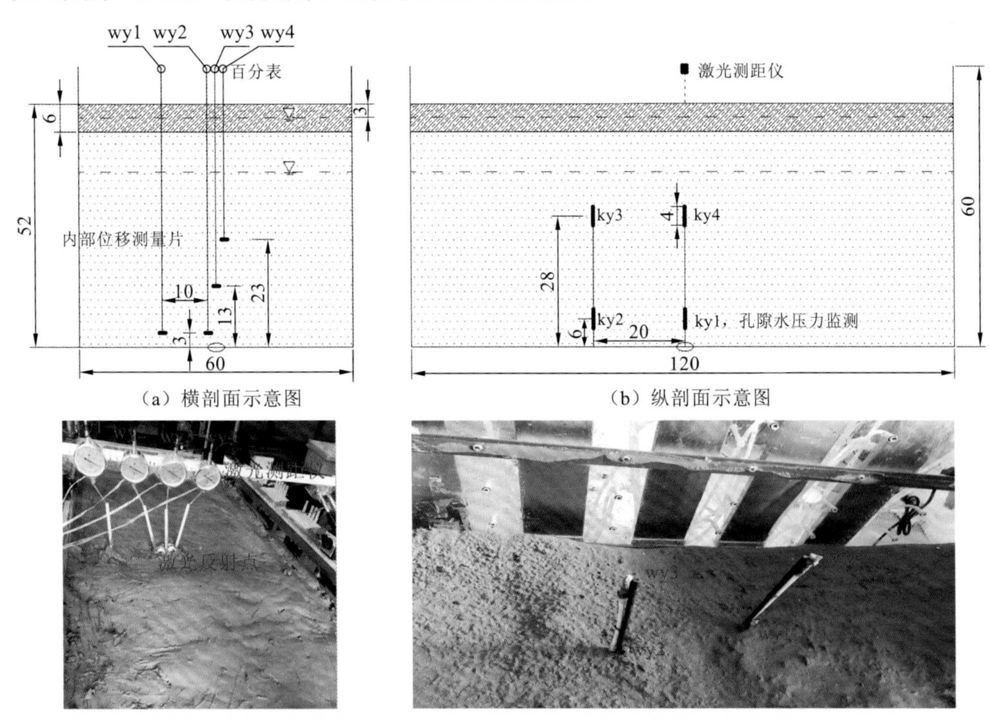

（a）横剖面示意图　（b）纵剖面示意图

（c）内部位移和地表激光沉降监测　（d）孔隙水压力监测布置

图 6.21　砂性土层厚度占优盖层结构模型试验监测布置（单位：cm）

总共布置 4 处孔隙水压力监测，其中 ky1 和 ky2 代表高度为 6 cm 处的孔隙水压力，而 ky3 和 ky4 代表高度为 28 cm 处的孔隙水压力。另布置 4 处位移监测（wy1～wy4）。

本组模型试验主要目的在于探索岩溶水位波动造成覆盖型岩溶塌陷的机理，从而获取监测预警阈值，考虑到实际孔隙水位波动幅度相对岩溶水位波动较小，因此采用控制变量法，保持岩溶水位升降过程中孔隙水位始终处于初始状态。岩溶水位主要是调控水

位下降速率（降速）和水位下降幅度（降幅）两个指标，其总体变动思路为从低降幅和低降速逐渐扩大到高降幅和高降速，从而方便寻求塌陷水位变动阈值。

2）砂性土层厚度占优盖层塌陷监测预警阈值

根据该类型地层结构塌陷水位控制方案、试验监测数据、塌陷试验现象及塌陷演化模式分析，拟对砂性土层厚度占优盖层结构岩溶塌陷不同监测指标提出相应的监测位置和预警阈值，通过实验监测预警阈值总结见表 6.22。

表 6.22　砂性土层厚度占优盖层结构岩溶塌陷监测预警阈值表

适用地层结构	例如，黏砂层厚比 1∶5，总厚 26 m	
适用致塌工况	区域承压孔隙水位相对稳定，岩溶水位波动	
监测指标	监测部位	预警阈值
岩溶水位降幅	裂隙或溶隙密集发育部位	6.0 m
孔隙水压力瞬时降幅	砂层下部（距基岩面 2 m）	20 kPa
	砂层中部（距基岩面 13 m）	20 kPa
孔隙水压力瞬时降速	砂层下部（距基岩面 2 m）	10 kPa/min
	砂层中部（距基岩面 13 m）	6.5 kPa /min
孔隙压力短期增幅	砂层中部（距基岩面 13 m）	17 kPa
地表沉降下沉速率	地表	3.33 mm/min
土压力	黏土层与砂土层交界处	骤降

2. 无优势黏砂层厚比盖层结构岩溶水位波动致塌工况

1）以涂家沟司法学校塌陷为典型实例模型试验

无优势黏砂层厚比盖层结构对应的典型塌陷实例为武昌区涂家沟司法学校岩溶塌陷。根据实例盖层结构和地下水位特征，概化工程地质模型为黏性土（粉质黏土）层厚为 10 m，砂性土（粉细砂）层厚为 15 m 的盖层结构，以及孔隙水位埋深为 3 m，初始岩溶水位埋深与孔隙水位一致。选择 1∶50 的几何相似比来填筑盖层物理模型，得到总厚度为 50 cm 的模型盖层，其中黏性土层厚 20 cm，砂性土层厚 30 cm，孔隙水位埋深为 6 cm。

2）无优势黏砂层厚比盖层塌陷监测预警阈值

根据无优势黏砂层厚比盖层结构岩溶塌陷物理模型所揭示的塌陷演化机理，可以提出两级塌陷预警阈值，可对应于不同警戒级别的用途。例如，塌陷演化进入土洞扩展演化阶段时，可对应于橙色警戒（二级预警阈值）；而当进入临界塌陷阶段时，可对应红色警戒（一级预警阈值）。以下将从岩溶水位、孔隙水压力、地表沉降三个定量预警指标和土压力、黏土底板变形定性预警指标提出相应两级监测预警阈值，通过实验监测预警阈值总结见表 6.23。

表 6.23 无优势黏砂层厚比盖层结构岩溶塌陷两级监测预警阈值表

适用地层结构	例如，黏砂层厚比 2∶3，总厚 25 m	
适用致塌工况	区域承压孔隙水位相对稳定，岩溶水位波动	
二级监测预警阈值（橙色预警）		
监测指标	监测部位	预警阈值
岩溶水位降幅	裂隙或溶隙密集发育部位	8.0 m
孔隙水压力瞬时降幅	砂层下部（距基岩面 2 m）	11.5 kPa
孔隙水压力瞬时降速	砂层下部（距基岩面 2 m）	3.5 kPa/min
地表沉降累计量	地表	0.25 m
黏土层底板变形	光纤或多点位移计竖向穿过黏土层布置	变形速率降低
地表沉降速率	地表	0.93 mm/min
土压力	黏砂土层交界或黏土层中下部	骤降（可立即恢复）
一级监测预警阈值（红色预警）		
监测指标	监测部位	预警阈值
岩溶水位降幅	裂隙或溶隙密集发育部位	14.0 m
孔隙水压力瞬时降幅	砂层下部（距基岩面 2 m）	30 kPa
孔隙水压力瞬时降速	砂层下部（距基岩面 2 m）	5 kPa/min
地表沉降累计量	地表	0.5 m
黏土层底板变形	光纤或多点位移计竖向穿过黏土层布置	变形速率降低
地表沉降速率	地表	4 mm/min
土压力	黏砂土层交界或黏土层中下部	骤降（可立即恢复）

3. 黏性土层厚度占优盖层结构岩溶水位波动致塌工况

1）以毛坦港塌陷为典型实例模型试验

黏性土层厚度占优盖层结构对应的典型塌陷实例为青菱乡毛坦港覆盖型岩溶塌陷。根据该实例盖层结构和地下水位特征，概化工程地质模型为黏性土（粉质黏土）层厚为 21 m，砂性土（粉细砂）层厚为 4 m 的盖层结构，以及孔隙水位埋深为 2 m，初始岩溶水位埋深与孔隙水位一致。选择 1∶60 的几何相似比来填筑盖层物理模型，得到总厚度为 42 cm 的模型盖层，其中黏性土层厚 35 cm，砂性土层厚 7 cm，孔隙水位埋深为 3 cm。

2）黏性土层厚度占优盖层塌陷监测预警阈值

根据前述模型试验分析可知，虽然在该二元结构地层类型情况下，单纯岩溶水位波动工况难以造成最终的岩溶塌陷，但对促发盖层内土洞发育的临界水动力条件仍可作为预警阈值，通过实验监测预警阈值总结见表 6.24。

表 6.24　黏性土层厚度占优二元结构盖层岩溶塌陷监测预警阈值表

适用地层结构	例如，黏砂层厚比 5∶1，总厚 25 m	
适用致塌工况	区域承压孔隙水位相对稳定，岩溶水位波动	
监测指标	监测部位	预警阈值
岩溶水位降幅	裂隙或溶隙密集发育部位	19.2 m
岩溶水位降速	裂隙或溶隙密集发育部位	0.6 m/s
孔隙压力降幅	砂层下部（距基岩面 3.6 m）	84 kPa
土压力	黏土层与砂土层交界处	骤降

（三）孔隙水位波动诱发塌陷模型试验

1. 江水位升降导致孔隙水位波动工况

根据武汉市二元结构地层中发育塌陷空间分布位置可知，许多塌陷点都位于江（河）两岸，因此本节将对江（河）水位的季节性波动引起孔隙水位波动对岩溶塌陷的影响进行物理模型试验研究。对比前面三种不同地层结构类型的塌陷易发性来看，砂性土层厚度占优结构地层最容易塌陷，且根据河流沉积规律，越靠近江边，砂性土层厚度越占优。为了将模型箱的空间发挥最大化，以获取最大的孔隙水位变幅，填筑盖层总厚度为 60 cm（等于主箱总厚度，几何相似比为 1∶43），其中 0.5 m 厚砂层、0.1 m 厚黏性土层，初始孔隙水位为 52 cm，岩溶水位保持 48 cm。

由于江水位的波动，盖层内孔隙水压力随之周期性波动，结合土压力监测情况可知，在江水位波动过程中即使波动幅度已达到最大波动幅度，但仍然没有出现孔隙水压力和土压力突变、分异等现象，说明覆盖层内部结构完整，并未扰动，该组试验并没出现最终塌陷。

2. 桩基施工或钻探引发孔隙水位快速波动工况

1）以法泗街金水河两岸岩溶塌陷为典型实例模型试验

冲击成孔过程中重锤的反复上下提落或者钻探施工过程中提钻和下钻过程都会引起周围地层孔隙水压力波动，以 2014 年 9 月 5 日武汉市江夏区法泗街金水河两岸岩溶地面塌陷为实例，探索孔隙水位快速波动对诱发岩溶塌陷的成灾机理。该实例是在桥梁桩基冲击成孔过程诱发形成的，其冲击荷载作用将单独进行一组物理模型试验。根据法泗街金水河两岸岩溶地面塌陷实例盖层结构和地下水位特征，概化工程地质模型为黏性土（粉质黏土）层厚为 8 m，砂性土（粉细砂）层厚为 15 m 的盖层结构，以及孔隙水位埋深为 1.5 m，岩溶水位比孔隙水位低 3 m。按 1∶50 的几何相似比来填筑盖层物理模型，得到总厚度为 46 cm 的模型盖层，其中黏性土层厚 16 cm，砂性土层厚 30 cm，孔隙水位埋深为 3 cm，岩溶水位比孔隙水位低 6 cm。

布设黏土层变形监测和孔隙水压力监测。考虑前面试验过程所用的激光测距仪测量数据离散性较大，因此换成电阻式位移计（图 6.22）。

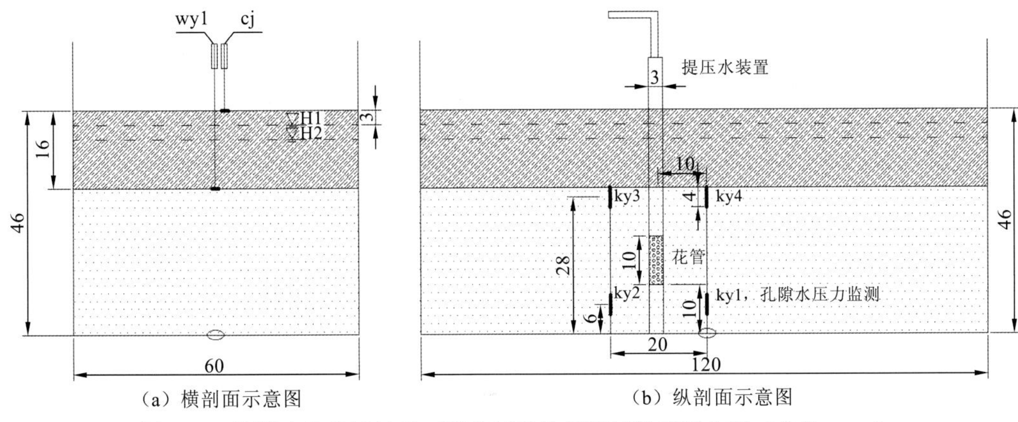

（a）横剖面示意图　（b）纵剖面示意图

图 6.22 孔隙水位快速波动工况盖层结构模型试验监测布置（单位：cm）

本组模型试验主要目的在于探索施工引起孔隙水位（或孔隙水压力）快速波动从而造成覆盖型岩溶塌陷的机理并获取监测预警阈值，因此采用控制变量法保持主箱水槽代表的环境孔隙水位与溶腔内岩溶水位始终处于初始状态。桩基施工或钻探过程引起周围孔隙水压力波动可通过制作的提压水装置，在直径为 3 cm 的 PVC 管下部开 10 cm 长的花管段，外部再包裹细目铁丝网防止砂颗粒进入。提水与压水组合形成一次往复，且提水与压水速率相等。为了寻找孔隙水压力波动预警阈值，按低波幅低波速到高波幅高波速共分三个阶段的提水与压水方案：①提压水幅度为 10 cm，速率为 1 cm/s；②提压水幅度为 10 cm，速率为 3.33 cm/s；③提压水幅度为 20～30 cm，速率为 3.33 cm/s。

2）孔隙水位快速波动监测预警阈值

根据模型试验分析可知，虽然在该二元结构地层类型情况下，单纯岩溶水位波动工况难以造成最终的岩溶塌陷，但对促发盖层内土洞发育的临界水动力条件仍可作为预警阈值，通过实验监测预警阈值总结见表 6.25。

表 6.25 孔隙水位快速波动工况二元结构盖层岩溶地面塌陷监测预警阈值表

适用地层结构	例如，黏砂层厚比 1∶2，总厚 23 m	
适用致塌工况	区域承压孔隙水位与岩溶水位相对稳定，桩基施工或钻探引起局部孔隙水位快速波动	
监测指标	监测部位	预警阈值
孔隙压力波动次数	砂层顶部（距基岩面 13 m）且距离钻孔或桩基水平距离 5 m	5
孔隙压力下降幅度	砂层顶部（距基岩面 13 m）且距离钻孔或桩基水平距离 5 m	40 kPa
地表沉降	距离钻孔或桩基水平距离 5 m 的地表	6.25 mm/min

（四）冲击荷载作用诱发岩溶塌陷模型试验

1. 模型试验过程及塌陷机理

按 1∶50 几何相似比填筑模型，砂层 30 cm，黏土层 16 cm，孔隙水位埋深为 3 cm，岩溶水位比孔隙水位低 6 cm。冲孔桩施工平面位置选择距离岩溶开口 10 cm（图 6.23）。

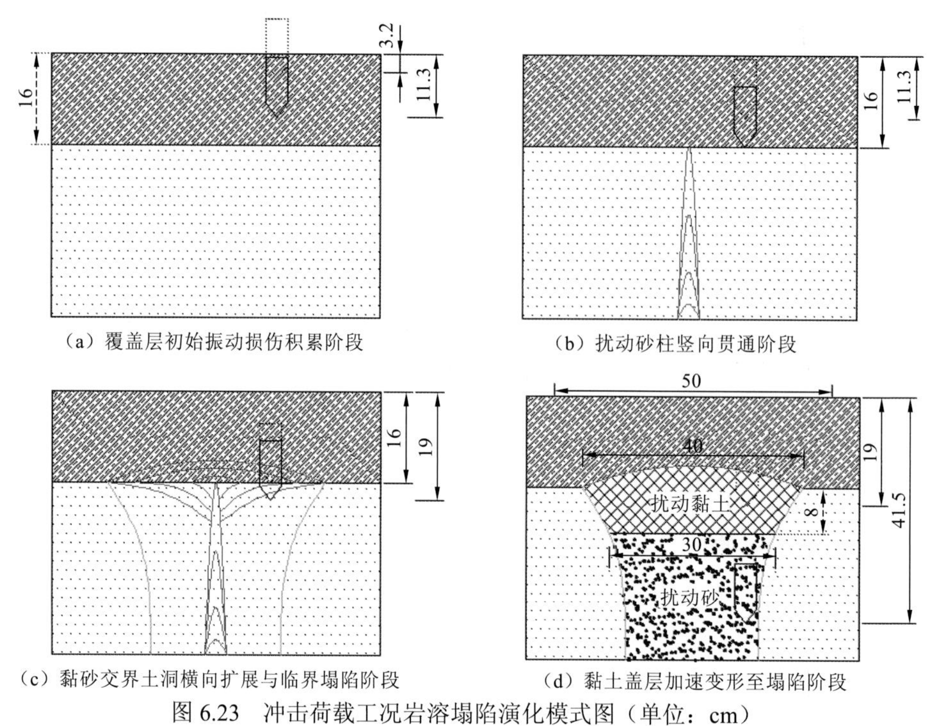

（a）覆盖层初始振动损伤积累阶段　（b）扰动砂柱竖向贯通阶段

（c）黏砂交界土洞横向扩展与临界塌陷阶段　（d）黏土盖层加速变形至塌陷阶段

图 6.23　冲击荷载工况岩溶塌陷演化模式图（单位：cm）

2. 监测预警阈值

冲击荷载作用下二元结构岩溶地面塌陷物理模型试验所揭示的塌陷演化机理，主要预警阶段为在黏砂交界土洞横向扩展与临界塌陷阶段。根据该阶段冲锤入土速率、孔隙水压力、地表沉降提出相应的监测预警阈值，将上述监测预警阈值总结见表 6.26。

表 6.26　冲击荷载工况二元结构盖层岩溶地面塌陷监测预警阈值表

适用地层结构	例如，黏砂层厚比 1∶2，总厚 23 m	
适用致塌工况	区域承压孔隙水位与岩溶水位相对稳定，冲击振动荷载诱发塌陷	
监测指标	监测部位	预警阈值
冲锤入土速率	桩基冲锤	23 cm/min
孔隙水压力同振波幅	砂层顶部（距基岩面 14 m）且距离桩基水平距离 5 m	13 kPa
地表沉降速率	距离桩基水平距离 5 m 的地表	7.65 mm/min

（五）真空负压吸蚀诱发单一老黏土岩溶塌陷模型试验

1. 试验过程

按照 1∶20 的几何相似比确定老黏土层厚为 25 cm，为了可以直观地观察盖层在真空吸蚀作用下的土洞成洞过程，老黏土只填满模型箱的二分之一，模型箱中间采用透明有机玻璃板隔开，且靠近下漏管道（即模拟岩溶管道）。透明有机玻璃板中标记 5 cm×5 cm 方格网，作为土洞形貌特征发展演化的坐标参照。形成真空负压的方法是通过快速抽取下部水箱中的水来形成负压，主要调控方法为控制单次抽取时间，每次抽水

时间为 20 s，停止 5 s 继续抽水，直到副箱水位低于规定某个刻度后，打开排气阀，给副箱中加满水，然后重复开始抽水过程，以此往复直至地表塌陷。

如图 6.24 所示，在模型填筑之前在黏土层底板布设土压力传感器和气压传感器。其中在岩溶开口部位布设气压传感器（fy1）监测岩溶空腔负压变化情况，土压力传感器（ty1）监测岩溶开口附近土压力，而 fy2 和 ty2 距离岩溶开口部位如图 6.24（a）所示。而地表位移监测部位则在模型最可能发生地表塌陷的正中心，如图 6.24（b）所示。

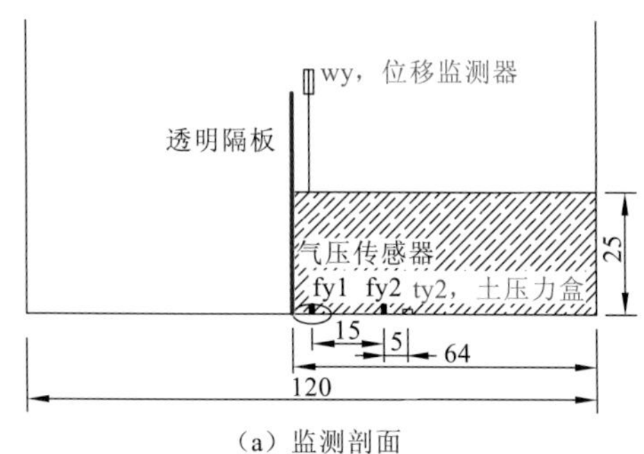

（a）监测剖面

（b）监测传感器布置

图 6.24 模型试验监测布置图（单位：cm）

2. 数值模拟分析

为了能够更好地针对真空负压吸蚀工况下的塌陷情况进行分析，选择进行二维的数值模拟分析。按实际原型尺寸进行建模，即黏土层厚度为 5 m，基岩为 4 m，为尽量避免边界效应长度取 3 倍黏土层厚度。盖层中按物理模型试验观测的土洞高跨比设置为洞宽 6 m、高 4 m。本次模拟考虑的荷载为岩土体自身的重力及真空吸蚀力，真空吸蚀力等效为在土洞上部施加向下的均布荷载。边界条件的设定为：模型侧面限制水平方向的移动，底面限制垂直方向的移动，顶面为自由地表。

本次模拟中，在模型上表面的中心点共布置了 19 个位移监测点来记录地表的位移值，在 0～4 m 范围内以 1 m 的间隔布置了 4 个监测点，在 4～8 m 范围内以 0.4 m 的间隔布置了 11 个监测点，在 8～12 m 范围内以 1 m 的间隔布置了 4 个监测点。

通过读取在模型上方布置的监测点数据可知地表的沉降情况，为了更好地分析地面塌陷现象，将这些数据进行线性拟合，结果如图 6.25 所示。

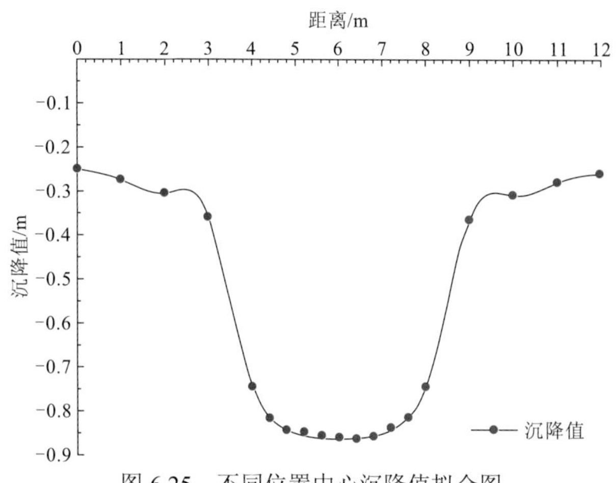

图 6.25 不同位置中心沉降值拟合图

如图 6.25 所示，地表沉降拟合曲线总体呈狭窄陡降的抛物线，与物理模型试验现象基本吻合，且地表中心最大沉降值为 0.86 m，与物理模型试验所得的最终塌陷后地表下沉 4 cm 按 1∶20 相似比换算后结果 0.8 m 接近。

3. 监测预警阈值

根据前述物理模型试验结果可知，负压吸蚀致塌机理主要包含两方面：一是在负压吸蚀力作用下土拱形成机理，二是土拱稳定性评价。以下分别采用数值模拟方法和极限平衡原理予以模拟研究。

根据真空负压吸蚀作用下单一黏土层结构岩溶地面塌陷物理模型试验所揭示的塌陷演化机理，主要从临界土拱厚跨比、抽吸负压、地表沉降位移三方面提出相应的监测预警阈值。通过实验后监测预警阈值总结见表 6.27。

表 6.27　真空负压吸蚀工况单一老黏土结构地面塌陷监测预警阈值表

适用地层结构	例如，单一老黏土层	
适用致塌工况	无外荷载作用下，邻近地区快速大量抽排岩溶水形成真空吸蚀作用诱发塌陷	
监测指标	监测手段或部位	预警阈值
临界土拱厚跨比	物探查明土洞规模，判定土拱厚度和跨度	1∶6
地表沉降值	地表	24 cm
抽吸负压	岩溶空腔气压	3 倍标准大气压

（六）列车振动诱发老黏土覆盖层塌陷模型试验

武汉市公路、铁路系统发达，列车运行过程中轮毂对轨道撞击形成周期性的振动不可避免地对路基下附近既有土洞稳定性产生影响。以武汉市江夏区乌龙泉岩溶地面塌陷为例，虽然矿区长期大排量抽水引起负压吸蚀作用是土洞形成到最终塌陷的主导因素，该塌陷实例附近的京九线列车长期运行仍可能是诱发塌陷的因素之一。研究列车振动对土洞稳定性影响机制，进而为老黏土覆盖层岩溶区列车线路附近地面塌陷监测预警提供指导。

1. 模型试验过程

考虑周期性振动模型试验过程中边界反射效应对试验结果的干扰影响，因此采用长宽高为 2.6 m×1.6 m×1.1 m 的模型箱。该模型试验不考虑地下水作用。模拟列车振动荷载加载装置由激振器、信号发生器、功率放大器及固定支架 4 部分组成。信号发生器提供激振器所要的激励信号源，信号发生器提供的激励信号主要是包含特定频率成分和作用时间的电压信号，一般能量很小，无法直接推动激振器，必须经过功率放大器进行功率放大后转换为具有足够能量的电信号，驱动激振器工作。可以通过调整功率放大器上的电流旋钮手动调控振幅大小，以及通过与信号发生器相连的相关软件来控制激振器振动时的波形及振动频率。

模型试验监测布置如图 6.26 所示，包含土压力监测、地表沉降、地表倾斜监测和振动监测 4 部分。位移只监测土洞正上方地表，而土压力监测则环绕土洞布置，共 7 处，

平均每处距离土洞壁 10 cm。其中 sp5 监测水平向土压力，其他 6 处土压力则监测竖直向土压力。实心黑色方块代表振动监测部位，共 4 处。地表倾斜监测在地表靠近土洞位置处布置。

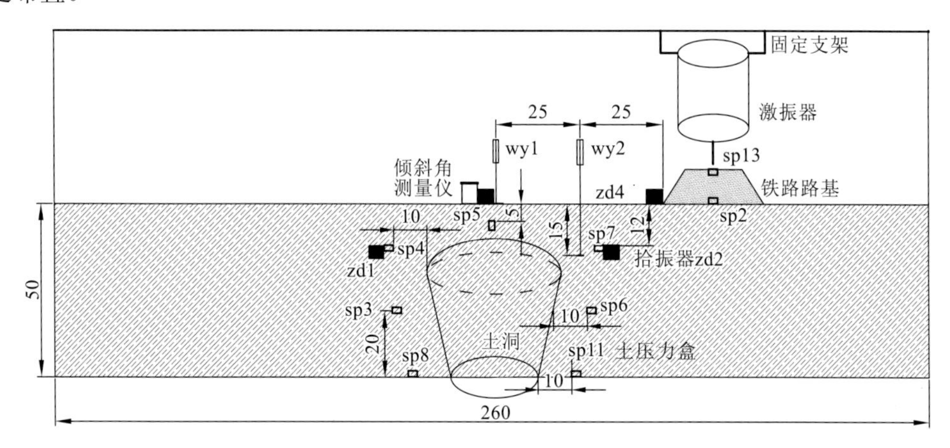

图 6.26 列车振动荷载工况岩溶塌陷监测装置示意图（单位：cm）

根据乌龙泉岩溶塌陷实例盖层结构，概化工程地质模型为黏性土（老黏土）层厚 5 m，本实验相似比为 1∶10，即要填筑 50 cm 厚老黏土。该工况实验不考虑地下水对岩溶塌陷造成的影响。填筑盖层前，先将削至土洞形状的泡沫块放在模型箱底板开口处。开始实验时，从模型箱下方开口将泡沫块掏至合适大小。然后开始填筑土层，待盖层填筑完毕后，在土体表面距土洞 50 cm 处放置一上宽 17 cm、下宽 30 cm、长 50 cm、高 10 cm 的梯形钢槽，在其中填满粗砂以模拟铁路路基，在路基上方架设列车荷载加载装置。

2. 监测预警阈值

通过实验监测预警阈值总结见表 6.28。

表 6.28 列车振动荷载工况单一盖层岩溶地面塌陷监测预警阈值表

适用地层结构	单一老黏土层	
适用致塌工况	列车振动荷载诱发既有土洞失稳塌陷	
监测指标	监测部位	预警阈值
水平土压力变化速率	土洞顶板中心位置处	0.006 3 kPa/min
竖向土压力变化速率	背离振源一侧土洞洞肩	0.56 kPa/min
地表沉降速率	地表	1.00 mm/min

（七）含红黏土盖层岩溶区地面塌陷模型试验

1. 物理模型试验

根据鹏湖湾二期岩溶塌陷实例盖层结构和地下水位特征，概化盖层工程地质模型为上部老黏土层厚 14 m、下部红黏土层厚 4 m 的覆盖层结构，以及岩溶水位在基岩面上下波动幅度最大幅度为 5 m。选择 1∶60 的几何相似比来填筑盖层物理模型，得到总厚度

为 30 cm 的模型盖层，其中老黏性土层厚 23.3 cm，红黏土层厚 6.7 cm。模型箱被上下一分为二，上部堆覆盖层土层，下部模拟充水的岩溶溶腔，通过向其注水和排水控制岩溶水位在基岩面附近波动，按几何相似比换算后波动幅度为 8.3 cm。

根据该塌陷实例的诱发因素，依次设置两种诱发工况：一种是岩溶水位在基岩面附近上下波动导致岩溶开口附近红黏土软化掉块；另一种是在老黏土层内开挖深度为 10 cm 的方形坑槽（代表实际开挖深度为 6 m 基坑）后，在坑槽内逐级加载砝码直到坑槽内出现大量裂缝。如图 6.27 所示，在模型内布置水压力传感器，其中 ky2 监测溶腔内水压，ky1 和 ky3 初始埋设在红黏土内，同时监测地表沉降位移。

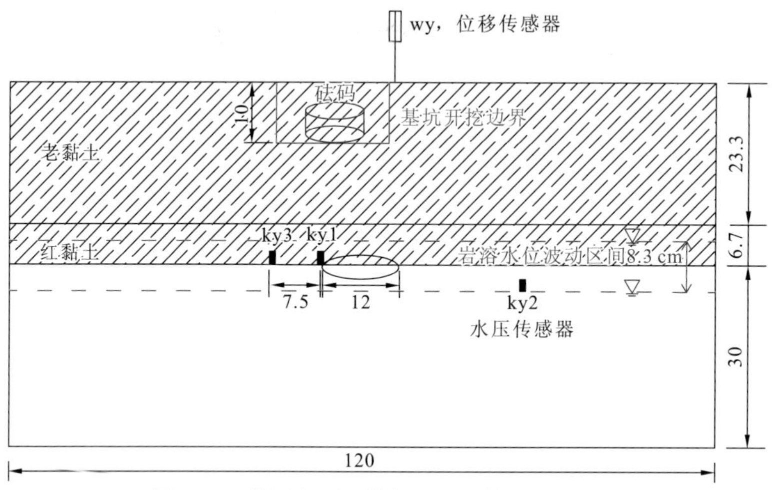

图 6.27　监测布置及模拟工况（单位：cm）

2. 数值模型试验

为揭示鹏湖湾岩溶塌陷变形破坏演化过程中应力应变特征，概化出如图 6.28 所示岩溶塌陷地质模型。该岩溶塌陷实际塌陷现象主要表现在建筑物筏板基础靠近钻孔 ZK3 一角，随后持续变形破坏引发钻机下陷等灾难性事故。

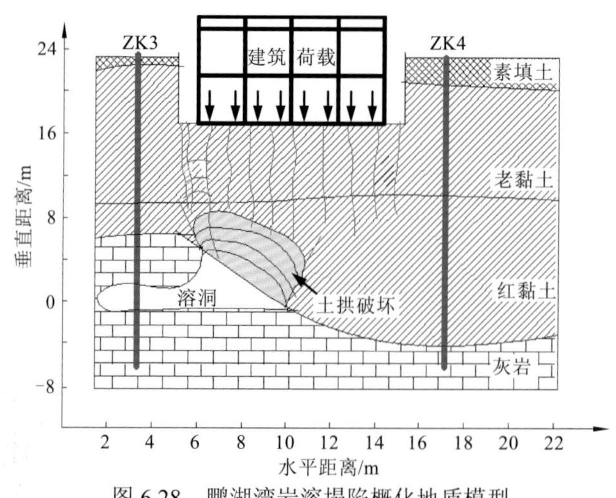

图 6.28　鹏湖湾岩溶塌陷概化地质模型

结合物理模型实验及数值模拟结果，可知在该地层结构下，若没有地表静荷载，仅凭红黏土剥蚀成洞则不会出现基坑内塌陷现象。

二、典型边坡地质灾害数值模型

（一）张家大湾 19 号屋后岩质边坡滑坡

张家大湾 19 号屋后岩质边坡滑坡纵长为 20～25 m，横宽为 40～50 m，平均厚度约为 5 m，规模约为 5 600 m^3，滑坡主滑方向为 190°，整体坡度约为 50°。滑体物质为强风化片麻岩，以碎裂结构为主，块石块径为 0.5～4 m，局部架空；下伏完整基岩为中元古界红安群片麻岩，岩层产状 165°∠50°，中风化，岩体较完整，主要裂隙有两条：①280°∠80°，裂隙面闭合，延伸长为 2～4 m，密度为 2～4 条/m；②200°∠65°，裂隙面闭合，延伸长为 1～4 m，密度为 1～3 条/m。滑坡受倾向坡外的近似圆弧状的风化分界裂隙面控制，共经历初始形成、自然风化、蠕滑变形及整体破坏 4 个阶段。为揭示蠕滑—拉裂型岩质滑坡变形破坏机理，以该滑坡为典型案例，基于 3DEC 离散元软件再现其所经历的 4 个过程，并分析其成因机理。

1. 计算方案

滑坡前缘因修路建房形成平台，平台内侧形成临空面，在不利结构面组合及重力作用下，斜坡岩体向临空方向变形，在斜坡顶部产生拉应力集中区域，形成拉张裂缝，同时在后期降雨入渗和风化作用下，裂缝不断向下溶蚀加深加宽，最终与底部完全贯通，形成了滑坡后缘边界。同时，在后期雨水侵蚀作用下，岩体和节理面的力学参数也不断弱化，最终达到并越过临界值，发生整体失稳。本次模拟分 4 个步骤对滑体物理力学参数及结构面物理力学参数进行弱化，模拟滑坡的形成和变形破坏演化过程。

2. 物理力学参数选取

结合该滑坡已有的治理工程设计相关资料，综合选取计算参数，实际模型介质的物理力学参数见表 6.29、表 6.30。

表 6.29　3DEC 计算模型滑体物理力学参数

岩层类型	密度/（kg/m^3）	内聚力/MPa	内摩擦角/（°）	抗拉强度/MPa	弹性模量/GPa	泊松比
片麻岩（天然）	2 720	5	40	5	50	0.2
片麻岩（降雨）	2 720	3	35	4	30	0.2

表 6.30　3DEC 计算模型结构面物理力学参数

结构面	内聚力/MPa	内摩擦角/（°）	抗拉强度/MPa	法向刚度/GPa	切向刚度/GPa
层面	1	28	0.6	10	2
节理	0.1	20	0	2	1

3. 计算结果分析

1）初始应力场 、位移场形成

初始应力场的获得是通过将各层岩体力学参数调高足够多数量级，计算至满足默认最大不平衡力或者稳定状态结束计算，本次在初始条件下计算 20 000 步后基本达到稳定状态。最小主应力云图（图 6.29）显示，初始条件下，斜坡岩体在重力作用下内部应力不断调整，最小主应力随着深度增加而增大，在坡面附近小主应力数值最大，平行坡面，最大压应力达 0.3 MPa。图 6.30 为初始条件下斜坡位移场云图，在自重应力下，斜坡由底部至顶部、由前缘至后缘位移逐渐增大，最大位移量为 0.03 mm。

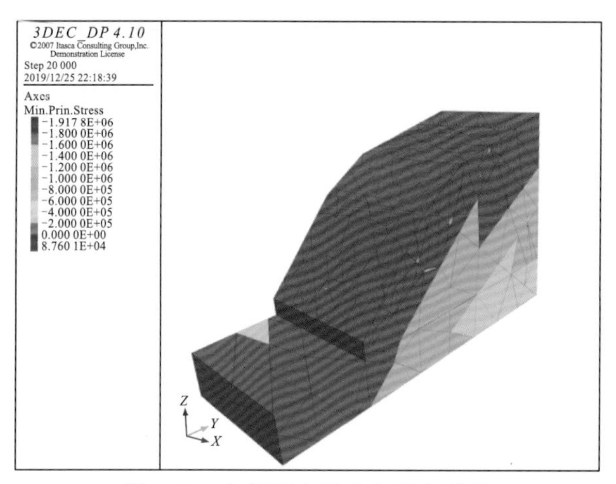

图 6.29　主剖面上最小主应力云图

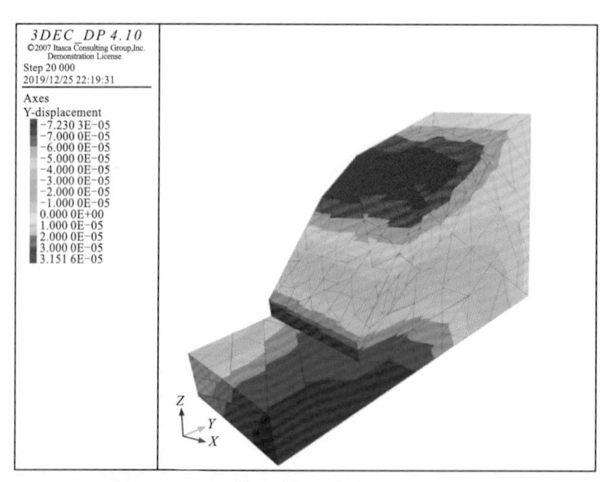

图 6.30　初始条件下斜坡位移场云图

2）阶段 I

在初始应力场下，对岩体和结构面赋值天然状态下的材料参数，进行天然条件下崩塌体变形破坏的模拟，持续计算至 35 000 步停止。在天然条件下，岩体中的节理和裂隙成为岩体变形破坏的薄弱点，在自重应力场下，岩体在节理裂隙部位发生压缩变形和剪切位错，随变形的发展应力逐渐转移和调整，最终达到平衡。由图 6.31 可知，天然状态下滑带处于挤压扩展阶段，滑坡并未出现整体性滑动，而滑体竖向位移相比于初始条件

有所增长，由坡脚及后缘向中部逐渐增大，最大值位于滑坡中部约 7 cm，初步显示出蠕滑—拉裂变形的特征。

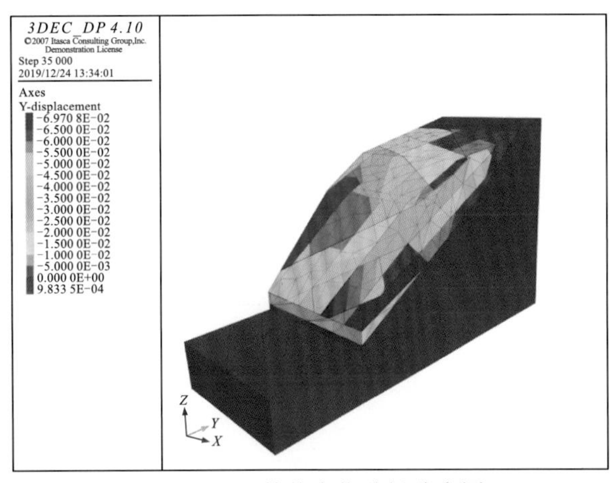

图 6.31　天然状态位移场分布图

3）阶段 II

在长期的降雨入渗和地下水作用下，水对岩体及结构面产生侵蚀弱化作用，使得二者力学强度不断降低，进一步增大了滑体的变形破坏程度。对滑坡所涉及区域的岩体力学参数乘以 50%～75%的折减系数，对其物理参数进行相应的降低，再经过 55 000 步计算达到如图 6.32 所示的状态。对岩体力学参数弱化后，坡内应力集中减少，后缘裂隙向下贯通，滑坡后缘出现明显下错陡坎，滑体基本成为独立的岩块在自重作用下开始变形破坏，且逐步展现出拉裂溃散的效果。滑坡在此阶段发生了较大程度的变形，拉裂滑块最大位移达 3.6 m，同时在后缘岩层发生层间错动，沿后缘裂隙向下滑移量达 0.75～1.0 m，滑坡处于等速变形状态。

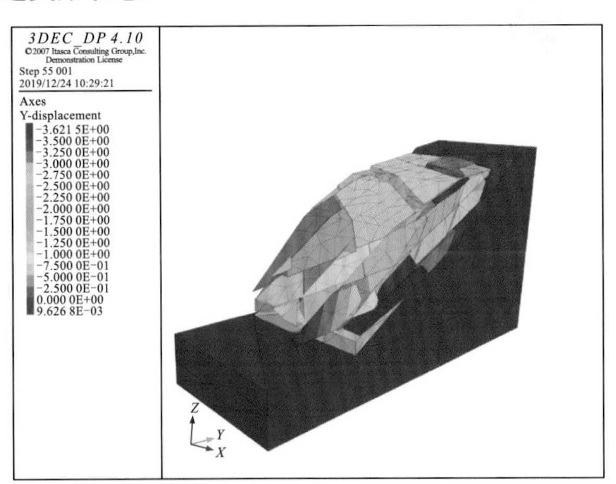

图 6.32　降雨状态位移场云图

4）阶段 III

经过降雨岩体参数弱化后，结构面抗剪强度不断降低，完全贯通后滑坡进入整体剧滑阶段。在此阶段，岩体力学参数在上一阶段基础上进一步折减，实现对岩体的弱化，

计算至 104 500 步。从图 6.33 可看出，滑坡明显呈整体破坏，且滑体拉裂溃散呈块状，最大块体竖向位移量达 11.56 m，后缘下错高度约为 2 m，前缘大部分滑体已冲至建房平台处，与实际变形情况相符。

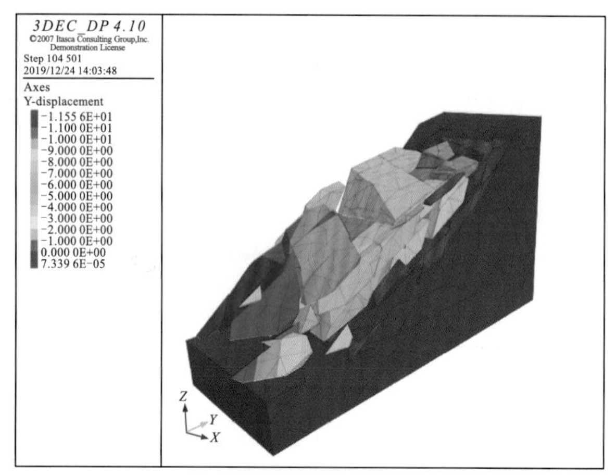

图 6.33　整体剧滑状态位移场云图

结果表明，该滑坡为典型蠕滑—拉裂型岩质滑坡，其分阶段滑动及拉裂溃散的特点主要受风化分界裂隙面贯通情况控制。

（二）锦里沟景区大门出口双侧边坡崩塌

崩塌所在边坡由中元古界红安群七角山组上段（Pt_2q^1）纳长石英片岩组成，片理产状为 195°∠64°，坡长约为 40 m、高为 15 m，坡面约为 60°，局部外凸，崩塌临空面坡度达 80°～85°，坡向为 0°，为逆向结构边坡。崩塌坡脚高程约为 165 m，坡顶高程约为 178 m，相对高差约为 13 m，宽约为 10 m，厚为 1～2 m，总方量约为 130 m^3，主崩方向为 355°，为小型岩质崩塌。崩塌体主要受 3 组节理裂隙切割：①7°∠45°，密度为 1～2 条/m，凹凸不平，可见长度约 4.5 m，张开 2～20 mm，无充填；②66°∠85°，密度为 2～4 条/m，裂面较平直，可见长度约为 0.8 m，闭合；③160°∠46°，密度为 4～6 条/m，裂面较平直，可见长度约为 0.6 m，闭合。斜坡赤平投影图如图 6.34 所示。

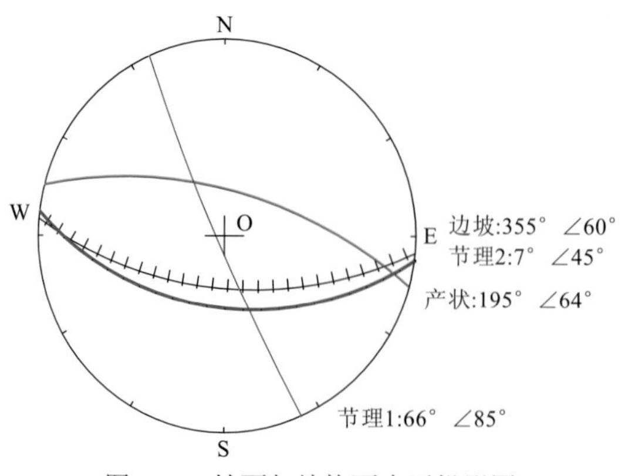

图 6.34　坡面与结构面赤平投影图

由赤平投影图可知，崩塌所在边坡发育一组 7° ∠45° 的控制性结构面，该结构面从坡面上剪出，且二者倾向基本一致，加之岩层面与一组竖向裂隙将岩体切割为块状，形成沿平面滑动的有利结构，使边坡稳定性降低。

为揭示平面滑移型崩塌的变形破坏机理，以该崩塌为典型案例，基于 3DEC 离散元软件再现其变形破坏过程，并分析其成因机理。模型建立、计算方案及参数选取方法均与上节相同，将崩塌形成过程分为初始应力场、位移场形成、主控结构面风化、滑移崩塌三个阶段进行分析。

1. 初始应力场、位移场形成

初始应力场的获得是通过将各层岩体力学参数调高足够多数量级，计算至满足默认最大不平衡力或者稳定状态结束计算，本次在初始条件下计算 20 000 步后基本达到稳定状态。最小主应力云图（图 6.35）显示，初始条件下，边坡岩体在重力作用下内部应力不断调整，最小主应力随着深度增加而增大，在坡底部数值最大，为 0.37 MPa。图 6.36 为初始条件下斜坡位移场云图，在自重应力下，边坡坡脚处出现顺主崩方向的位移，量值约为 0.02 mm，而坡顶则出现相反方向的位移趋势。

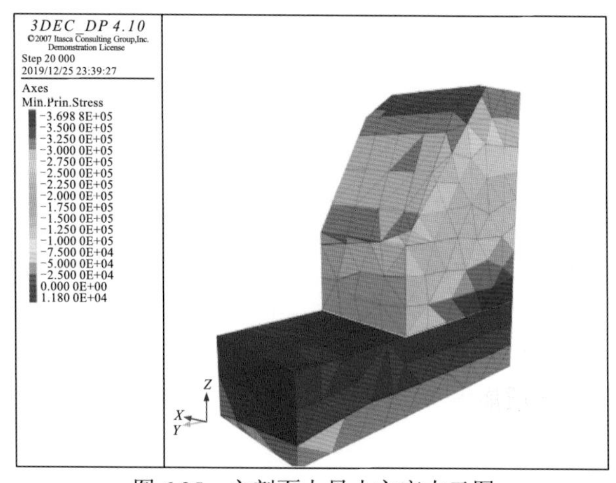

图 6.35　主剖面上最小主应力云图

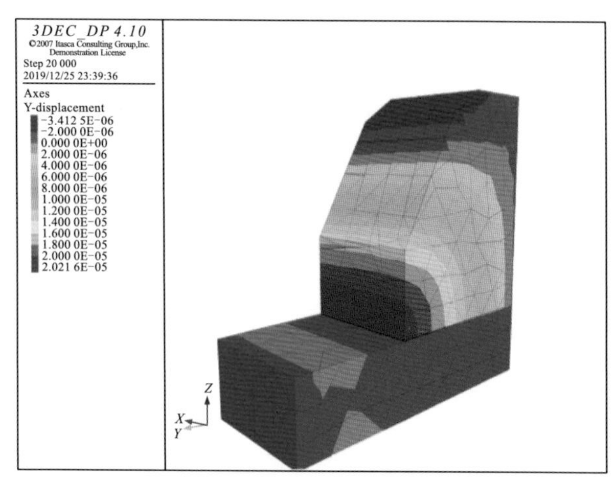

图 6.36　初始条件下斜坡位移场云图

2. 主控结构面风化

在长期的风化作用影响下，岩体纵向与主控裂隙不断扩展，切割程度加深，进一步破坏了边坡完整性。经过 35 000 步计算达到如图 6.37 所示的状态。崩塌在此阶段发生了较小程度的变形，以后部拉裂下错为主，致使后部形成宽为 0.18～0.2 m 的裂缝，且中部岩块最大位移量达 0.3 m，表明崩塌体随着主控结构面强度的弱化有整体滑移崩塌的趋势。

3. 滑移崩塌

该阶段主控结构面完全贯通，崩塌体沿其发生滑移破坏（图 6.38），待岩块剪出坡外时，因块体规模差异呈现散落状，其中部分出现翻转或倾倒现象。至岩块落地时最大位移量为 7.6 m，与实际状况相符。

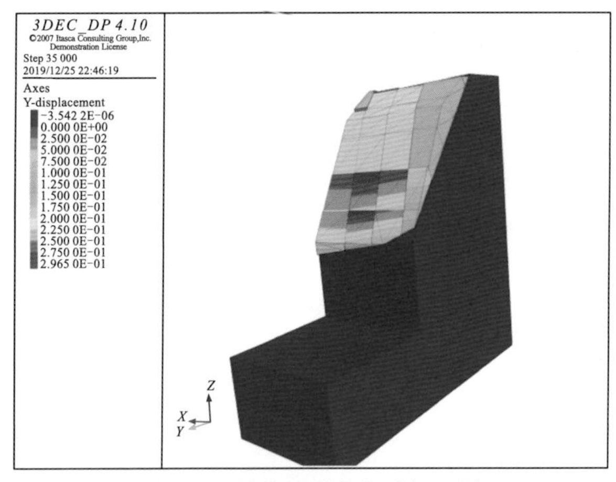

图 6.37　结构面弱化位移场云图

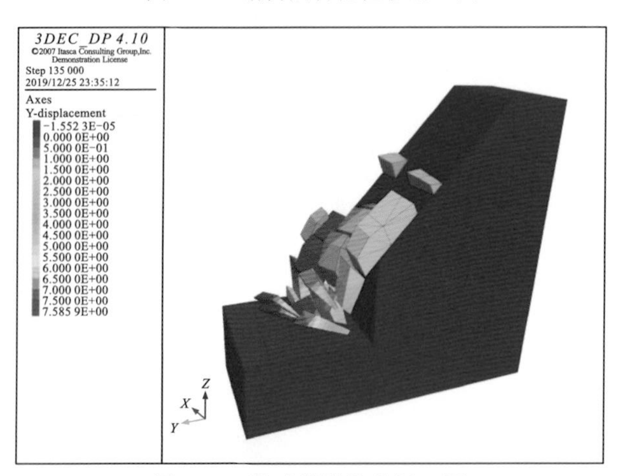

图 6.38　滑动崩塌位移场云图

结果表明，该崩塌为典型的平面滑移型崩塌，该类崩塌的变形受中倾坡外结构面控制。

（三）云雾山风景区紫云阁后山崩塌

崩塌位于黄陂区李家集街木兰云雾山风景区内，其所在边坡为由中元古界红安群片麻岩组成的陡坡，片麻理产状为 89°∠60°，坡长约为 50 m，高为 10 m，坡度约为 85°，

坡向为 90°，为顺向结构边坡。崩塌坡脚高程约为 105 m，坡顶高程约为 130 m，相对高差约为 25 m，宽约为 40 m，厚约为 2 m，总方量约为 2000 m^3，主崩方向为 90°，为小型岩质崩塌。崩塌体主要受 2 组节理裂隙切割：①170° ∠78°，密度为 5 条/m，光滑平直，可见长度为 5～6 m，闭合；②27° ∠69°，密度为 2～3 条/m，裂面较平直，可见长度约为 3 m，闭合。由赤平投影（图 6.39）可知，崩塌所在边坡发育的两组结构面 170° ∠78° 与 27° ∠69° 在岩体中相向交割，空间上呈现出“V”形结构特征，且两结构面交线方向指向临空面方向，致使受切割岩体成为楔形块体，极易沿交线方向滑移崩落。

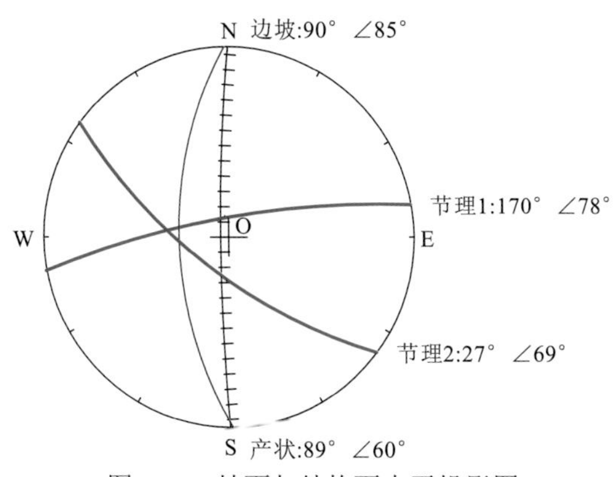

图 6.39 坡面与结构面赤平投影图

如图 6.40 所示，两组相向结构面切割形成的楔形体，起初便存在延交线向外滑动的趋势，在“V”形结构面力学强度不断弱化的前提下，楔形体竖向位移持续增大，待其完全贯通后，岩块滑移崩落并逐步在空中解散（图 6.41），所达最大位移为 17.12 m，随后堆积于坡脚处，与实际特征相符。

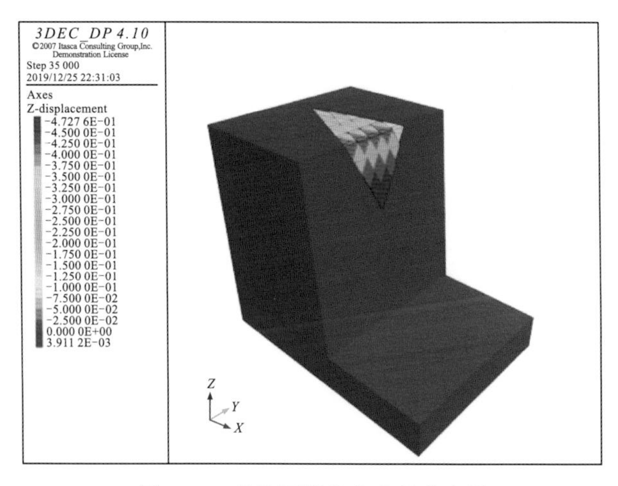

图 6.40 结构面弱化位移场分布图

由此可见，该崩塌为典型的楔形切割型崩塌，其变形受两组相向发育且交线外倾的结构面控制。

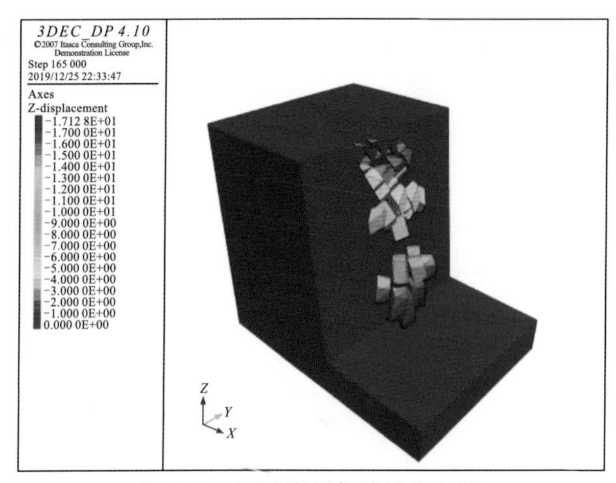

图 6.41　滑动崩塌位移场分布图

第三篇

武汉地质环境保护与利用

第七章

国土空间开发利用

第一节　概　　述

地下空间资源作为新型城市空间资源，其在集约利用土地、缓解交通及环境矛盾、实现城市和谐发展中的重要作用在逐渐被认识并加以利用。城市发展对地下空间的需求日益迫切，主要表现在发展用地不足、交通矛盾突出、市政设施落后、灾害威胁严重等方面。充分利用地下空间可以扩大城市的空间容量，提高城市的集约程度，消除城市人车混杂的局面，改善城市的生态环境，提高人们生活的环境质量和生活便利性。

工程建设是城市国土空间开发最常见的一种形式，随着城市数量、规模和现代化程度不断增加，日益突出的城市地质环境问题、地质资源的不合理开发及人类工程活动直接或间接地制约了城市的可持续发展，城市建设所涉及的工程问题和地质环境工程问题日趋复杂严重化。在区域规划和城市的选址中需要对建设区的场地有一个充分的认识，评价工程建设场地对工程建设的适应性。通过对建设场地的地质条件和地质环境科学地分析，对建设场地进行合理的评价，才能够达到合理规划、开发利用的目的。

大力推进生态文明建设，合理开发国土空间，优化国土空间开发格局，是关乎国土生态安全、保障可持续发展的重要战略。随着人口的增长、城市化进程的加快，高强度的开发和产业布局不尽合理，部分地区的经济社会发展与国土空间资源之间的矛盾日益凸显，表现为建设用地紧张、土地退化、生态破坏等问题日益突出。开展国土空间开发利用适宜性评价，科学指导国土空间科学开发、合理布局、高效利用、有序管理，能有效保障空间规划的科学性和合理性，也是实现区域协调发展和可持续发展的重要基础和前提。

目前武汉市正处于城市加速发展的历史时期，进行绿色生态城市建设关键在于科学合理地利用国土空间。开展国土空间开发利用适宜性评价有利于实现上下部空间利用的和谐统一，生态保护、农业生产、城镇建设的合理布局既是城市绿色可持续发展的要求，也是实现城市空间开发利用综合效益最大化的有效途径。

第二节　制约国土空间开发的关键地质问题

武汉市地形地貌条件优越；土壤、水、地温能等地质资源丰富；地壳稳定性好，地震活动少，发生地质灾害的可能性低；地质环境总体较好，适合大规模的城市建设。即便如此，武汉市仍存在多种制约国土空间开发的地质问题，主要包括 4 个方面：深大断裂、岩溶地面塌陷、工程建设中的工程地质问题及地质环境污染破坏。在规划建设过程中应充分考虑这些制约国土空间开发的地质问题，趋利避害，提高国土空间开发的经济、社会和环境效益。

一、深大断裂

对武汉城市建设有潜在影响的深大断裂主要有三条：襄广断裂、团麻断裂和长江断裂，它们控制着武汉的地形地貌，影响武汉地壳稳定性。襄广断裂沿后湖以南—谌家矶—白沙洲一带，近东南走向，控制了孝感—长江埠和武汉以东长江第四纪槽地的形成，襄广断裂带沿线发生过多次破坏性地震，距今较近的一次地震为2006年随州三里岗4.7级地震；团麻断裂沿麻城—新洲—梁子湖一带，南北走向，控制了麻城—新洲断陷盆地的形成，第四纪时期断裂继承性复活，主要表现为伸展构造背景下的隆升作用；长江断裂大致沿长江展布，走向北东30°，第四纪以来控制着长江槽谷的生成发展，地貌上断裂控制了两岸的升降关系，近代沿断裂带有地震发生。深大断裂带沿线，地壳稳定性较差，岩体较破碎，不利于工程建设，影响沿线国土空间开发。

二、岩溶地面塌陷

岩溶地面塌陷是武汉市典型地质灾害之一，也是危险性最大的地质灾害，主要分布于岩溶强烈发育区、河床两侧如沿江一带及地形低洼地段、地下水降落漏斗中心附近。岩溶地面塌陷会引起地面下沉、开裂甚至塌陷地震，毁坏影响范围内的建筑设施，威胁人民生命财产安全。岩溶洞隙是岩溶地面塌陷产生的基础，一定厚度的松散盖层是塌陷的主要组成部分，易于改变的岩溶地下水动力条件是主要动力因素。武汉市的岩溶地面塌陷多数受到抽排地下水，土石方开挖、支护，钻探、桩基施工等人类工程活动诱发。岩溶地面塌陷问题对岩溶地区的工程建设影响深远，不仅增加工程建设成本，更会影响建筑物的安全。

三、工程建设中的工程地质问题

软土沉降造成地基变形及地下水对地下工程建设的影响是武汉市工程建设中两个重要的工程地质问题。

淤泥、淤泥质土等软土含水量高、孔隙比大、强度低、渗透性差，工程施工容易产生变形沉降，对地基稳定性不利，影响城市基础设施、城市防汛设施、长距离线性工程、房屋建筑等的结构和运营安全。武汉市软土主要为陆相沉积，分布于汉口、武昌、汉南等地沿江、沿河一级阶地及湖泊周边地段，厚度一般为4～10 m，局部可达20 m以上，其中，软土大于 10 m 地段有：东吴大道与九通路交叉处、竹叶海公园、长丰大道与古田一路交叉处、汉口火车站—后湖金桥大道、汉口北三环线周边、月湖桥周边少部分地段、江城大道与三环线交叉处周边、沙湖周边、阳逻港等。在软土地区开展工程建设，应查明场地工程地质条件，选择合适的基础形式并进行地基处理，增加基础的刚度和强度等，防止沉降变形，特别是防患不均匀沉降对建筑物造成破坏。

武汉市地下水丰富，主要埋藏于在沿江一带的第四系砂砾层中，埋深浅、水量大，容易引发突涌、管涌、流砂流土等现象。地下水是国土空间的重要环境影响物质和生态

系统物质，地下水对深基坑、地下隧道、地下硐室等地下工程开挖和施工维护都有不利的影响。当土层地下水位较高时，地下工程施工及后期运营必须加强支护并辅以降水或隔水措施，水位高、水量大，降水及隔水设施难度大、成本高。当基础底面位于地下水位以下会产生浮力，对建筑基础底板造成破坏，甚至会导致建筑物整体失稳，因此在地下水位较高的地区开发独立地下建筑时，必须采取抗浮处理措施。

四、地质环境污染破坏

地质环境污染主要包括水污染和土壤污染，直接利用未经修复的污染场地可能存在健康和生态隐患，甚至发生污染事故，如2006年赫山农药厂地块中毒事件。场地土层中所含的易迁移污染物质进入地下水循环，也可能导致污染范围扩大，引发严重后果，因此地质环境污染问题与国土空间开发利用息息相关。武汉市地表水污染较为严重，但地下水质量尚好。由于地表水和地下水的连通性，地表水污染常引起地下水污染，表现为地下水污染呈现点状污染和局部的面状污染。土壤污染主要分布在主城区及沿江一带，污染情况主要为镉、汞、砷、铜等超标。水土污染问题严重制约着国土空间开发，尤其是农业生产开发。

除此之外，矿山地质环境破坏也是制约武汉国土空间开发的一个地质环境问题，20世纪80年代以来，就近采石取土、劈山修路盛行，在助力城市建设的同时，武汉众多山体被破坏、伤痕累累、满目疮痍。2006年以来，武汉陆续关停了辖区内所有采矿企业，并从2013年起进行全域破损山体修复集中攻坚，投入十多亿资金进行破损山体修复，截至2019年底，累计完成75座破损山体修复，基本完成武汉市破损山体的修复工作，矿山地质环境得到有效改善。

第三节　国土空间开发利用适宜性评价

一、地下空间开发利用适宜性评价

地下空间开发利用是解决城市环境污染、资源短缺、交通拥堵等城市病的有效手段之一，合理地开发利用地下空间有利于城市健康发展。21世纪是人类开发利用地下空间的世纪，然而当前主要停留在单一功能、无序化、局部区域被动式相对粗放开发阶段，难以实现当代城市的可持续发展。地下空间的开发利用是一种高成本、不可逆的建设活动，城市地下空间资源更是宝贵的有限资源，规划失误和反复拆建必然造成巨大的浪费，充分利用地下空间需要科学系统地制订规划。在开发利用地下空间时应全面考量其适宜性，实现综合开发效益最大化。

由于地下空间资源位置特殊，地下空间资源质量除受所处的地质环境的影响外，还受已建地上及地下设施、自身地理位置、开发利用成本等因素影响。因此，科学、全面、合理的适宜性评价方法对城市地下空间开发利用而言，其重要性不言而喻。只有综合考虑地质、空间、资源和社会经济效益等诸多因素的评价方法才能科学地服务于城市地下

空间规划。

通过地下空间资源质量评估分级，掌握城市地下空间质量状况，为地下空间开发难度和成本控制提供参考，为重要地下工程的选址提供依据，指导城市地下空间的科学开发利用；通过地下空间开发利用适宜性评价，进行地下空间开发利用适宜性分区，可有效地服务于城市地下空间规划，有利于实现城市地下空间开发利用综合效益最大化。

（一）评价指标体系

1. 地下空间资源质量

地下空间资源质量的主要影响因素包括开发利用深度、适宜性分区、岩土体工程特性、水文地质条件、不良地质作用与地质灾害、特殊性岩土、地形地貌共七大类（图 7.1）。

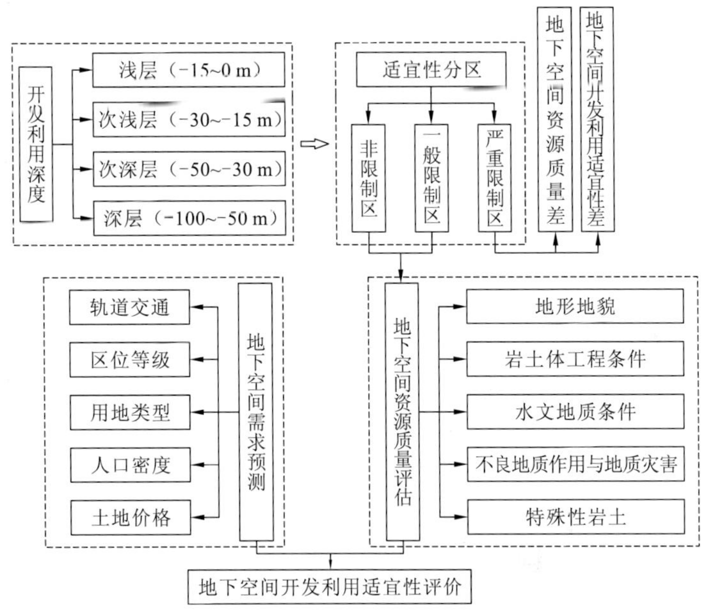

图 7.1 地下空间开发利用适宜性评价技术路线图

（1）开发利用深度。深度越大，地质条件的可利用难度系数、地下工程施工和使用成本相应提高，地下空间质量水平相应降低。城市地下空间利用遵循分层利用、由浅入深的原则。根据《城市地下空间规划标准》（GB/T 51358—2019）将地下空间划分为浅层（−15～0 m）、次浅层（−30～−15 m）、次深层（−50～−30 m）和深层（−50～−100 m）4 层。

（2）适宜性分区。现有的地面及地下设施对片区地下空间影响较大，影响程度与现有建（构）筑物特征有关，一般高层及超高层建筑、地铁、市政高架等大型房屋建筑及市政基础设施对地下空间开发利用影响更大，而低层建筑、厂房、道路、广场、绿地等对地下空间开发利用的影响较小。在考虑城市建设现状影响时，要针对不同开发深度依次划分现有建（构）筑物的影响程度。

（3）岩土体工程特性。岩土体是地下空间的环境物质和载体，直接影响地下空间资源开发的难易程度，对地下工程的整体安全性和经济性至关重要。岩土体工程条件对地下空间资源质量的影响主要体现在三个方面：①岩土体软硬程度影响地下空间开挖施工方法和作业效率，用岩土施工工程等级指标表示；②岩土体的工程地质特征、结构形态

和完整程度常决定地下空间围岩稳定性，对地下空间支护措施和安全性影响较大，用围岩稳定性指标表示；③除关注围岩稳定性外，地下工程还应考虑地基稳定性，地下工程地基条件决定基础形式及基础埋置深度，用地基稳定性指标表示。其中，岩土施工工程等级和围岩稳定性可参照《城市轨道交通岩土工程勘察规范》（GB 50307—2012）附录 F 和附录 E 进行分级。

（4）水文地质条件。地下水是地层空间的重要环境影响物质，地下水位埋深、地下水类型、富水性、腐蚀性及地下水的补给等对地下空间规划和布局及开发利用有重要影响。其中地下水富水性常与地下水类型有关，因此，评价可选取影响比较大的地下水位埋深、含水层涌水量、地下水腐蚀性和地下水补给作为水文地质条件的 4 个二级指标。

（5）不良地质作用与地质灾害。《岩土工程勘察规范》（GB 50021—2009）将不良地质作用与地质灾害分为岩溶、滑坡、危岩和崩塌、泥石流、采空区、地面沉降、场地和地基的地震效应、活动断裂八大类。评价过程中应选择评估区内可能存在的不良地质作用与地质灾害作为地下空间资源质量评价指标。其中：滑坡、危岩和崩塌、泥石流、地面沉降、岩溶及采空区等地质灾害可参照《地质灾害危险性评估规范》（DZT 0286—2015）进行；场地和地基的地震效应可参照《建筑抗震设计规范》（GB 5011—2011），根据场地类型和抗震设防烈度综合确定。此外，城市内涝也是当下重要的城市灾害问题，在地下空间资源评价过程中也应予以考虑。

（6）特殊性岩土。《岩土工程勘察规范》（GB 50021—2009）将特殊性岩土分为湿陷性土、软土、填土、红黏土等十类，其中武汉地区分布较广且对地下空间开发利用影响较大的有软土、填土、膨胀土、红黏土、污染土等，场区内的特殊性岩土地区，常因对其处理不当而引发工程地质问题或地质灾害。如填土结构松散、质地不均、压缩性高；软土强度低、压缩性高，具有一定的触变性和流变性。当以填土、软土作为基础持力层或持力层下卧层时，容易产生沉降变形，尤其是不均匀沉降；老黏土浸水和脱水表现出膨胀和收缩特性，当以老黏土作为基础持力层或下卧层时，可能引起差异沉降而造成地基变形灾害，还可能造成钻孔桩缩径、桩基间产生变形差等问题，导致建筑物变形开裂。因此，特殊性岩土的存在对地下空间的开发利用有一定的不良影响，影响程度与特殊性土的类型和厚度有关。

（7）地形地貌。地面坡度和高程是地形的主要指标，对城市建设用地布局和工程建设难易程度有重要影响，而且当海拔较低时，地表排水能力较差，洪涝风险显著提高。一般地，在丘陵、垄岗较发育地区，地下空间资源评估应重点考虑地形地貌对地下空间开发利用的影响。

2. 地下空间需求预测

地下空间需求主要受地下空间开发的价值效应控制，可从轨道交通、区位等级、用地类型、人口密度、土地价格等方面考虑（图 7.1）。

（1）轨道交通。以轨道交通为核心的城市地下空间开发是当前地下空间开发利用的主流模式。地铁是城市地下空间开发利用的主干轴，地铁网串联起各个地铁站，且易于在站点周边形成大型地下综合体，大幅提升区域地下空间的综合价值，离地铁站点越近，地下空间开发价值越大。地铁对地下空间需求的影响常用离地铁站点距离来分级。

（2）区位等级。城市中心或副中心地区，由于规划容积率高，对地下空间的需求通常高于周边地区，区位等级较高；除此之外，城市流通性较高的公共空间，如商业中心、文化中心、行政中心等，对地下空间的需求较强烈，地下空间开发利用产生的社会经济效益显著，区位等级也要高于周边地区。

（3）用地类型。不同用地类型适宜建设的地下设施不同，对地下空间需求也不同。一般地，商业金融用地、行政办公用地、文化娱乐休闲用地和城市道路、广场用地、城市绿地对地下空间的需求要高于其他用地类型。不同用地类型对地下空间开发的需求参照表 7.1 确定。

表 7.1　用地类型对地下空间需求影响分级

用地类型	功能类型	需求等级
城市道路、广场用地	市政综合管廊、地下人行通道、地下商业、地下停车、地铁等	一级
商业金融用地、行政办公用地、城市绿地、文化娱乐休闲用地	地下商业、地下停车、地下娱乐设施、地下仓储、地下展厅等	二级
高密度居住用地、医疗卫生、文教体用地、市政公用设施用地	地下停车、地下仓储、地下物流等	三级
低密度居住用地、工业及仓储用地、生态防护绿地	地下仓储、地下物流、地下停车等	四级
生态绿地、林地、陆域水面、中心城镇用地	地下仓储、地下人防设施等	五级

（4）人口密度。人口快速增长造成城市用地紧张，城市空间拥挤，城市设施高负荷运转，城市中出现住房紧张、资源短缺、交通拥堵、教育与医疗保障压力过大等问题，严重影响城市居民的生活质量。地下空间科学合理的开发利用可提高城市土地利用效率，有效缓解人口迅速增长带来的用地紧张问题，人口密度过大就对地下空间的开发利用带来了需求。一般而言，人口密度越高，其地下空间需求也越大。

（5）土地价格。城市土地价格是用地性质、区位条件、交通条件、基础设施条件、自然环境条件等诸多因素综合作用的结果，这些因素综合反映了城市内部在建设中土地空间区位和开发利用效益的地域差异。这种差异，不仅体现在土地经济利用效益上，而且体现在生态和社会效益上，城市土地价格很大程度上影响着城市地下空间开发的规模和强度。

（二）评价方法

地下空间开发利用的适宜性必须具备两个条件：①资源质量适宜——地下空间资源质量优良，工程限制性因素少，开发难度小；②开发需求适宜——地下空间开发需求强烈，开发利用地下空间的环境、经济、社会效益显著。地下空间资源质量评估应以资源利用的战略性、前瞻性与长效性为基础，按照对资源的影响和利用导向确定评估要素；地下空间需求预测应以城市规划为基础，以地下空间开发利用的需求和价值为导向确定评估要素。城市地下空间利用遵循“分层利用、由浅入深”的原则，可划分为浅层（−15～0 m）、次浅层（−30～−15 m）、次深层（−50～−30 m）、深层（−50 m 以下）4 层。

地下空间资源质量和开发需求分别反映了现实和潜在的供给和需求，按情况将二者

联系起来，共同表示地下空间开发利用的适宜性，且适宜性与资源质量和开发需求正相关，其表达式为开发需求与资源质量的线性函数：

$$S = D \cdot Q \tag{7.1}$$

式中：S 为地下空间开发利用适宜性；D 为地下空间开发需求；Q 为地下空间资源质量。

（三）地下空间开发利用适宜性评价——以长江新区为例

1. 长江新区基本概况

（1）地质环境概况。长江新区南抵长江，北达 G318 公路，西临滠水，东至倒水，总面积约为 550 km^2。区内地势平坦，起伏较小，受长江影响，沿江一带水文地质条件较复杂。区内基岩埋深普遍低于 40 m，部分地区基岩直接出露，西北侧发育有片麻岩，西南侧局部地区发育有碳酸盐岩，其他区域主要为砂岩。盖层主要为黏性土和砂土，除西南侧盖层厚度较大以外，其余地区普遍小于 20 m。区内发育有襄广断裂和长江断裂，走向分别为北西向和北东向，第四纪以来未发现明显活动迹象。区内部分地下空间资源已被开发，包括地铁、高层建筑桩基及地下室、地下商场、市政高架桩基、人防工程等，主要受影响区域为南部谌家矶—阳逻一带。

（2）城市规划概况。长江新区是规划建设的新区，根据长江新区总体规划，区内拟打造城市合作区、国际总部区、科学研发区、滨江商务区、服务展示区、港口自贸区、共享创新区、文化体验区、湖泊生态示范区九大片区，规划城市建设用地面积不超过35%。长江新区拟规划地铁 10 号线、25 号线和 27 号线三条快速轨道交通，规划 14 号线、18 号线、20 号线、21 号线、22 号线、23 号线共 6 条普通轨道交通，形成多层次轨道交通系统，其中 1 号线和 21 号线已建成并投入使用。

2. 地下空间资源质量评价

目前，“GIS+多指标综合评价”的方法是地下空间开发利用适宜性评价的主流方法，其中尤以层次分析法最为常见，其表达式为

$$Q = \alpha\beta\sum_{i=1}^{n}\omega_i x_i \tag{7.2}$$

式中：α 为开发深度修正系数（表 7.2）；β 为已建（构）筑物修正系数（表 7.3）；ω_i 为通过层次分析法确定的指标 i 的权重；x_i 为参照相关规范、经验对指标 i 的赋值；Q 为地下空间资源质量。

表 7.2　开发深度修正系数表

参数	严重限制区	一般限制区	非限制区
α	0	0.8	1.0

表 7.3　已建（构）筑物修正系数表

参数	（0，−15 m]	（−15 m，−30 m]	（−30 m，−50 m]	（−50 m，−100 m]
β	1.0	0.85	0.70	0.5

地下空间资源质量评价主要涉及一些影响工程建设的因素，一般包括地形地貌、岩土体工程条件、水文地质条件、不良地质作用与地质灾害、特殊性岩土等地质环境因素，

除此之外，开发深度和已建地下构筑物对地下空间资源质量也有重要影响（图 7.2）。由于地质环境因素具有复杂性和地域特色，评价中应充分结合当地实际情况，选择有代表性的影响因素作为评价指标。主要流程如下。

（1）采用层次分析法确定各地质环境指标权重（表 7.4）。

（2）参照相关规范和经验进行指标分级量化（表 7.5），计算 Q 值。

（3）根据开发深度和已建地下构筑物条件对 Q 值进行修正。

（4）根据 Q 值确定地下空间资源质量等级（表 7.6）。

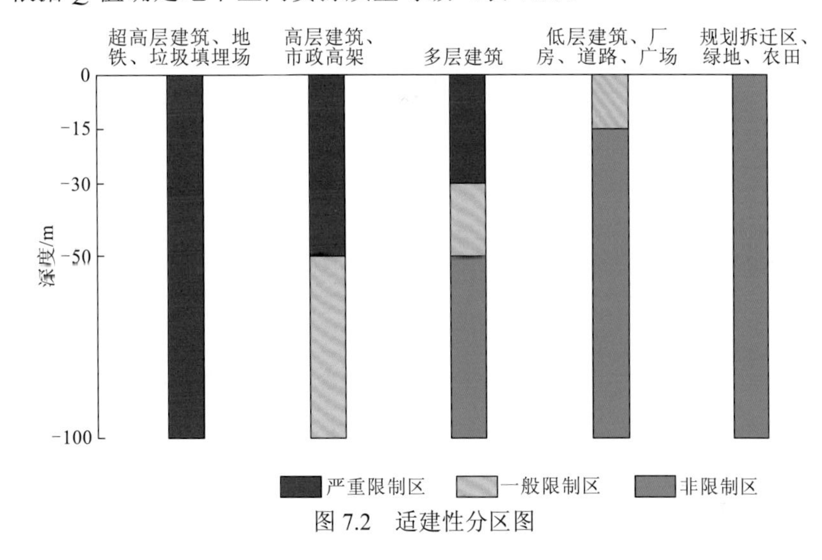

图 7.2 适建性分区图

表 7.4 地质环境指标权重汇总表

一级指标	一级指标权重	二级指标	二级指标权重	最终权重
岩土体工程条件（A_1）	0.333 3	岩土体可挖性（A_{11}）	0.297 0	0.099 0
		围岩稳定性（A_{12}）	0.539 6	0.179 8
		地基稳定性（A_{13}）	0.163 4	0.054 5
水文地质条件（A_2）	0.333 3	地下水位埋深（A_{21}）	0.297 6	0.099 2
		含水层涌水量（A_{22}）	0.523 2	0.174 4
		地下水腐蚀性（A_{23}）	0.057 0	0.019 0
		地下水补给（A_{24}）	0.122 2	0.040 7
不良地质作用与地质灾害（A_3）	0.166 7	岩溶（A_{31}）	0.463 6	0.077 3
		地面沉降（A_{32}）	0.272 2	0.045 4
		地质构造（A_{33}）	0.141 2	0.023 6
		场地及地基地震效应（A_{34}）	0.122 9	0.020 5
特殊性岩土（A_4）	0.166 7	软土（A_{41}）	0.669 4	0.111 6
		填土（A_{42}）	0.242 6	0.040 4
		膨胀土（A_{43}）	0.087 9	0.014 7

注：一级、二级指标的权重计算结果均通过一致性检验。

表 7.5 地下空间资源质量指标体系及分级

一级指标	二级指标	分级依据	划分等级
岩土体工程特性	岩土体可挖性	岩土施工工程等级	六级
	围岩稳定性	隧道围岩等级	六级
	地基稳定性	根据地基承载力在厚度上的加权平均值	四级
水文地质条件	地下水位埋深	地下水埋置深度	四级
	含水层涌水量	含水层厚度与地表高程的比值	四级
	地下水腐蚀性	地下水对混凝土结构的腐蚀性等级	四级
	地下水补给	根据场地成因类别划分为一级阶地、二级阶地、湖积相、其他成因区 4 种类别	四级
不良地质作用与地质灾害	岩溶	可溶岩分布区和非可溶岩分布区	二级
	地面沉降	划分为地面沉降重点防控区、一般防控区和非防控区 3 个等级	三级
	地质构造	次深层、深层断裂影响区，浅层、次浅层断裂影响区，非影响区	三级
	场地及地基地震效应	根据场地类型和地震设防烈度综合确定	四级
特殊性岩土	软土	目标层软土厚度	四级
	填土	目标层填土厚度	四级
	膨胀土	目标层膨胀土厚度	四级

注：①隧道围岩等级和岩土施工工程等级分别参照《城市轨道交通岩土工程勘察规范》(GB 50307—2012）确定。

②地下水腐蚀性参照《岩土工程勘察规范》(GB 50021—2001）确定。

③地面沉降分区参照《武汉市深厚软土区域市政与建筑工程地面沉降防控技术导则》，且地面沉降主要影响浅层、次浅层及次深层地下空间，对深层地下空间影响较小。

④一般地，地表高程越低，地下水承压性越高，含水层涌水量可根据含水层厚度和地表高程的比值综合确定。

表 7.6 地下空间资源质量等级表

项目	Q 值范围			
	[0，0.25）	[0.25，0.5）	[0.5，0.75）	[0.75，1]
质量等级	差	较差	较好	好

3. 开发需求评价

地下空间需求主要受地下空间开发利用的价值效益控制，一般与轨道交通、区位等级、用地类型、人口密度、土地价格等方面有关。对城市规划新区而言，人口密度和土地价格变化较大，以当前情况评价不够妥当。因此，长江新区地下空间开发需求评估可从用地类型、区位等级和轨道交通三方面予以考虑，以地下空间潜在开发价值将不同的用地类型划分为 5 类，见表 7.7。

表 7.7 用地类型分类

编号	用地性质类型
①	行政办公用地、商业金融用地、文化娱乐休闲中心
②	对外交通用地、道路广场用地、公共绿地
③	高密度居住用地、市政公用设施用地、文教体卫用地
④	低密度居住用地、工业用地、仓储用地、生产防护用地、林地/山体、陆域水面
⑤	生态绿地、独立工矿用地、中心镇用地

基于用地类型评价结果的区位等级和轨道交通修正的评价方法，其主要流程如下。

（1）根据用地类型确定 5 个需求等级。

（2）根据区位等级进行修正。

（3）根据轨道交通再次修正。

（4）需求等级综合分区。

该方法并未考虑地下空间的深度效应，根据国内外规划经验，地下空间的功能规划不仅与地下空间开发利用深度有关，更直接受地表用地类型控制。因此，以规划功能为桥梁，可搭建起用地类型的地下空间需求排序（表 7.8）。

表 7.8 深度与规划设施对照表

分层	主要规划设施类别	用地类型需求排序
浅层（-15～0 m）	地下市政管网、人行通道、商场、停车场等配套居民生活设施	①②③④⑤
次浅层（-30～-15 m）	地下商场、停车场、地下公路、地铁等市政交通设施	
次深层（-50～-30 m）	地下公路、地铁等市政交通设施、深隧污水系统、地下物流	②④⑤③①
深层（-50 m 以下）	深隧污水系统、地下物流、地下弹药库、储油库等	

地下空间建设《上海宣言》指出，地下空间的开发利用应构建以轨道交通（地铁）为骨架的城市交通体系，提高地块连通性，加大重点区域地下空间的互联互通。因此，高优势度区位和近地铁站点范围均可提高地下空间的开发需求，修正方式见表 7.9、表 7.10。修正过程中，需求等级已达一级的不再提升等级，需求等级为五级的也不再下降等级（表 7.11）。

表 7.9 区位优势度划分表

等级	用地类型	修正
一级	服务展示区、滨江商务区、科学研发区	升一级
二级	共享创新区、港口自贸区、国际总部区、城市合作区、文化体验区	不变
三级	发展备用地、湖泊生态示范区建设用地范围、非建设用地	降一级

表 7.10　轨道交通站点修正参照表

等级	用地类型	修正
一级	地下换乘站 500 m 范围	升两级
二级	地下换乘站 500～1 000 m 范围、地下一般站 500 m 范围	升一级
三级	其余区域	不变

表 7.11　开发需求分级与取值

参数	一级	二级	三级	四级	五级
取值	0.9	0.7	0.5	0.3	0.1

4. 评价结果及分析

1）评价结果

通过上述方法，分别开展长江新区地下空间资源质量评估、地下空间需求评价（图 7.3），在此基础上进行地下空间开发利用适宜性评价，得到适宜性值 S，并根据 S 值进行适宜性等级划分，见表 7.12。

表 7.12　地下空间资源质量等级划分表

项目	S 值范围			
	[0，0.25）	[0.25，0.5）	[0.5，0.75）	[0.75，1]
适宜性等级	适宜性差	适宜性较差	适宜性较好	适宜性好

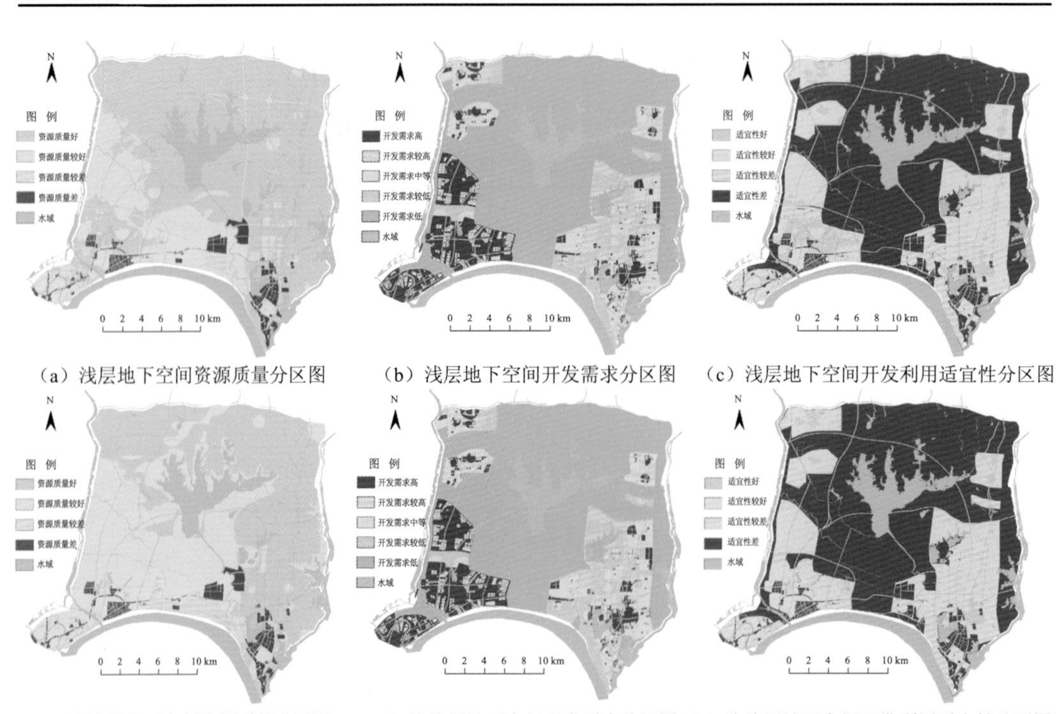

（a）浅层地下空间资源质量分区图　（b）浅层地下空间开发需求分区图　（c）浅层地下空间开发利用适宜性分区图

（d）次浅层地下空间资源质量分区图　（e）次浅层地下空间开发需求分区图　（f）次浅层地下空间开发利用适宜性分区图

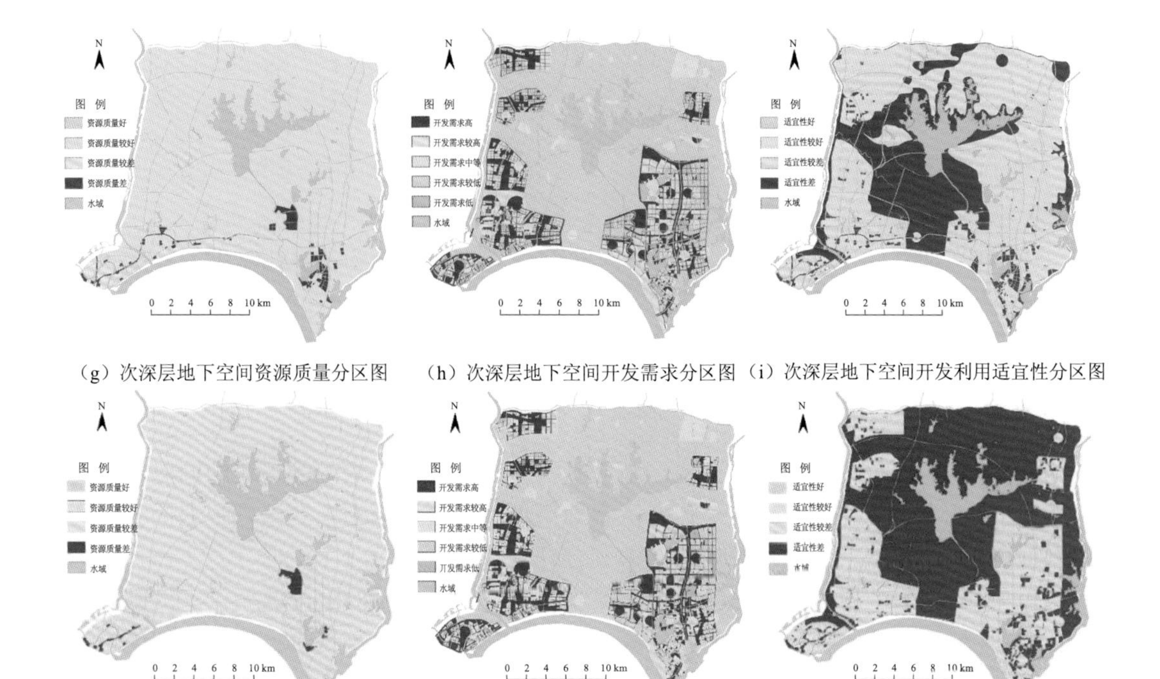

（g）次深层地下空间资源质量分区图　（h）次深层地下空间开发需求分区图　（i）次深层地下空间开发利用适宜性分区图

（j）深层地下空间资源质量分区图　（k）深层地下空间开发需求分区图　（l）深层地下空间开发利用适宜性分区图

图 7.3　长江新区地下空间开发利用适宜性评价成果图

2）分析

（1）资源质量。从资源质量来看，地下空间资源质量总体上满足“浅层＞次浅层＞次深层＞深层”，且西南侧地下空间资源质量总体劣于其他区域，质量差区主要分布于阳逻及谌家矶—汉口北地区。主要原因有三方面：一是谌家矶—汉口北地区地质环境较复杂，岩土体工程性质较差；二是南部沿江一带工程建设强度较大，地下空间资源质量受已建（构）筑物的扰动较大；三是开发深度越大，地下空间开发难度也越大，质量也就越差。

评估区幸福湾—沙口沿江一带发育有软土和可溶岩，加之地下水丰富，地下空间开发利用可能发生突涌、基坑（硐室）失稳、岩溶塌陷、不均匀沉降等地质灾害或工程地质问题，地下工程应做好场地勘察工作，选择合适的支护、排水设施，保证施工质量，降低不良地质作用带来的工程风险。除此之外，在已建（构）筑物下进行地下工程设计施工时，应考虑拟建设施对现有工程影响所带来的风险，做好相应环境影响评价和防护措施。

（2）开发需求。从开发需求来看，长江新区起步区范围内各规划功能区的浅层、次浅层地下空间总体高于其他区域，尤其是在轨道交通站点周边，开发需求强烈；次深层、深层地下空间需求大的区域主要位于对外交通用地、道路广场用地、公共绿地及轨道交通站点周边。

（3）适宜性。地下空间开发利用适宜性好和适宜性较好区，应充分开发、科学开发，以更低的成本创造更高的社会经济效益；地下空间开发利用适宜性较差的地区，开发潜力较小，应根据需求适当开发；地下空间开发利用适宜性差的地区，尽量不予开发，当

必须开发利用时，应查明该区域的限制性因素，评价开发利用的可行性，在此基础上谨慎开发。

二、工程建设适宜性评价

工程建设适宜性评价的目的是根据发展的要求，对可能作为发展用地的自然环境条件及其工程技术上的可能性与经济性，进行综合质量评定，以确定用地的建设适宜程度，为改善人居环境、合理选择发展用地提供依据，为长江新区总体规划编制工作服务。

（一）划分评定单元

在充分收集评定区工程地质、地形地貌、水文气象、自然生态等资料的同时，对资料缺乏地段补充调查和勘查。在对评定区自然条件和人为影响因素等基础资料的分析和工程地质分区的基础上，按有关规范要求划分评定单元。

同一单元内影响用地评定的环境要素基本一致。评定单元的划分遵循以下原则。

（1）依据地貌单元、工程地质单元分区及水系界线、洪水淹没线、特殊价值生态区界线等划分评定单元。

（2）具有强震区断裂、不良地质作用等特殊属性的城乡用地，按其影响范围单独划分评定单元。

（二）评定的主要内容和原则

对可能作为发展用地的自然环境条件及其工程技术上的可能性与经济性，进行综合质量评定，以确定用地的建设适宜程度，为合理选择城市发展用地、保障城市人居环境的安全和规划编制提供依据。

（1）用地评定的主要内容包括：对可能（拟）作为城市发展的用地，根据其自然环境条件，提出用地评定的适宜性分析及分类定级的技术成果。

（2）因地制宜，结合自然环境条件及人为影响因素，重点分析与评定影响突出的主导环境要素和关联性强的环境要素，综合评定城市用地的建设适宜性，并应遵守下列基本原则：①现场调查与资料分析相结合、定性分析与定量计算相结合的原则；②优化城乡生态环境、可持续发展的原则，规避自然灾害，保障城市用地的安全性，评定用地的适宜性，提高人居环境质量；③适当考虑人为影响因素的原则，接受人类社会活动在城市建设用地上已形成的特殊情况、现象及国家政策规定等人为因素的影响。

（三）评定指标体系

评定指标体系的指标类型应分为：基本指标和特殊指标两部分。基本指标是指在自然环境条件和人为因素影响方面的基本条件和普遍存在的共性因素，即在工程地质、地形地貌、水文气象、生态、人为影响 5 个层面上的基本条件和共性因素。特殊指标是在自然环境条件和人为因素影响两个方面个别存在的，尤其是对城市建设用地的安全性影响突出的限制条件和特殊因素，即在工程地质、地形地貌、水文气象、生态、人为影响

5 个层面上个别存在的限制条件和特殊因素。特殊指标是对城市建设用地影响突出的主导环境要素。

评定指标体系的各指标类型由一级指标和二级指标两级构成。一级指标为控制指标，二级指标为表述明细指标。评定指标的定性分级与定量分值，符合下列规定。

（1）特殊指标的定性分级按其对长江新区用地适宜性的影响程度分为“严重影响级”“较重影响级”“一般影响级”三级，其相应的定量分值依次为“10 分”“5 分”“2 分”；特殊指标的定量分值以小者为优。

（2）基本指标的定性分级按其对长江新区用地适宜性的影响程度分为“适宜级”“较适宜级”“适宜性差级”“不适宜级”四级，其相应的定量分值依次为“10 分”“6 分”“3 分”“1 分”；基本指标定量分值以大者为优。

（四）评定方法

1. 评价原则

按《城乡用地评定标准》（CJJ 132—2009）的规范法，即采用定性分析与定量计算相结合的方法。

（1）定性分析评定方法，采用以评定单元涉及的特殊指标对城市用地适宜性影响程度——“严重影响级”“较重影响级”“一般影响级”进行“分级定性”，具体划分用地的评定等级类别为：I，特殊指标至少出现一个“严重影响级”（10 分）的二级指标，即划定为不可建设用地；II，特殊指标未出现“严重影响级”（10 分）的二级指标，至少出现一个“较重影响级”（5 分）的二级指标，即划定为不宜建设用地；III，特殊指标未出现“严重影响级”（10 分）及“较重影响级”（5 分）的二级指标，至少出现一个“一般影响级”（2 分）的二级指标，即划定为可建设用地。

（2）城乡用地的定量计算评定方法，采用基本指标多因子分级加权指数和法与特殊指标多因子分级综合影响系数法。其计算公式如下：

$$P = K\sum_{i=1}^{m}\omega_i X_i \tag{7.3}$$

式中：P 为评定单元综合评定分值；K 为特殊指标综合影响系数；m 为基本指标因子数；ω_i 为第 i 项基本指标计算权重；X_i 为第 i 项基本指标分级赋分值。

2. 评价依据

（1）城乡用地评定划分必须确定城乡用地评定单元的工程建设适宜性等级类别；其工程建设适宜性等级类别应分为下列四类。

I 类，适宜建设用地。自然条件好，场地适宜工程建设，不需要或采取简单的（一般的）工程措施即可适应城乡建设要求，没有生态及人为因素影响限制用地。

II 类，较适宜建设用地。自然条件较好，场地较适宜工程建设，需采取工程措施，条件改善后方能适应城乡建设要求，没有生态及人为因素影响限制的用地。

III 类，适宜性差建设用地。场地工程建设适宜性差，必须采取特定的工程措施后才能适应城乡建设要求，或具有较强的生态和人为因素影响限制的用地。

IV 类，不适宜建设用地。场地工程建设适宜性很差，完全或基本不能适应城乡建设

要求，或具有很强的生态和人为因素影响限制的用地。

（2）城乡用地工程建设适宜性等级及用地评定特征，应符合表 7.13 的规定。

表 7.13 城乡用地工程建设适宜性等级与用地评定特征表

类别等级	工程建设适宜性	用地评定特征		
		场地稳定性	工程措施程度	人为影响因素的限制程度
I 类	适宜	稳定	不需要或稍微处理	可忽略不计
II 类	较适宜	稳定性较差	需简单处理	一般影响
III 类	适宜性差	稳定性差	特定处理	较重影响
IV 类	不适宜	不稳定	无法处理	严重影响

（3）以评定单元的用地评定分值划分用地评定的等级类别，应符合表 7.14 的规定。

表 7.14 定量计算评定的等级标准

类别等级	工程建设适宜性	评定单元的综合定量计算分值（分）
I 类	适宜	$P \geqslant 60$
II 类	较适宜	$60 > P \geqslant 30$
III 类	适宜性差	$30 > P \geqslant 10$
IV 类	不适宜	$P < 10$

3. 评价流程

城市地质环境调查与评价应充分收集和利用现有研究区区域自然环境条件和人为影响因素的基础资料，并对采用的基础资料进行可靠性评估。当所收集的工程地质资料不足时，采取现场调查，并对钻孔资料不满足有关要求的区域，进行补充勘查、测试及试验，以满足城市地质环境调查与评价的基本要求。

（五）工程建设适宜性评价——以长江新区为例

根据上述评价流程，以长江新区为例，开展工程建设适宜性评价，具体流程如下。

（1）划分评价单元，确定特殊指标综合影响系数。根据工程地质分区，将长江新区划分为 $I_1 \sim I_3$、$II_1 \sim II_3$、III 共 7 个评价单元，分别评价各单元的工程建设适宜性，并确定各评价单元的综合影响系数 K（表 7.15）。

表 7.15 评价单元划分及综合影响系数

评价单元		影响程度说明	综合影响系数 K
I	I_1	分布在基岩区，目前不存在对场地工程建设适宜性限制的影响因素	1.0
	I_2	分布在老黏性土区，目前不存在对场地工程建设适宜的限制的影响因素	1.0
	I_3	分布在一般黏性土区，下伏局部为老黏性土。按不存在对场地工程建设适宜性限制的影响因素考虑	1.0

续表

评价单元		影响程度说明	综合影响系数 K
II	II_1	主要分布在一般黏性土区，本区下伏基岩为可溶岩，可溶岩以白云质为主，岩溶发育程度为不发育—微发育，至今尚未发生岩溶地面塌陷地质灾害，属于一般影响	0.5
	II_2	老黏性土和隐伏老黏性土区，其上部可能存在一般黏性土，本区下伏基岩为可溶岩，不合理工程建设可能引发岩溶地面塌陷地质灾害，在工程建设中采取适当的措施可以限制或避免其影响，属一般影响	0.5
	II_3	深厚软土区，软土综合厚度≥6 m，其上部可能存在一般黏性土，其下部可能存在老黏性土，基岩为非可溶岩，属于一般影响	0.5
III		深厚软土区，软土综合厚度≥6 m，本区下伏基岩为可溶岩，受自然或人为因素影响而引发地面塌陷的可能性较大，在工程建设中采取适当的措施可以限制或避免其影响，但处理费用较高，属于较重影响	0.2

（2）确定评价指标体系及权重，计算工程建设适宜性得分。根据《城乡用地评定标准》（CJJ 132—2009），工程建设适宜性评价包括工程地质、地形、水文气象、自然生态、人为影响 5 个一级指标和若干个二级指标，指标权重确定采用专家会议法，量化标准及权重大小见表 7.16。

表 7.16 指标量化标准及权重

一级指标	二级指标	定量标准				权重
		不适宜级（1 分）	适宜性差级（3 分）	较适宜级（6 分）	适宜级（10 分）	
工程地质	地震设防烈度	≥IX 度区	IX 度区	VIII、VII 度区	≤VI 度区	0.6
	岩土类型	浮泥、深厚填土、松散饱和粉细砂	极软岩石、粉土	较软岩石、密实砂土、硬塑黏性土	较硬、坚硬岩石，卵、砾石，中密砂土	0.6
	地基承载力*	＜70 kPa	120 kPa	200 kPa	＞250 kPa	0.9
	地下水埋深*	＜1.0 m	1.5 m	2.5 m	≥3.0 m	0.3
	地下水腐蚀性	严重腐蚀	强腐蚀	中等腐蚀	弱腐蚀	0.3
	地下水水质	V 类	IV 类	III 类	I、II 类	0.3
地形	地形形态	非常复杂地形、破碎很不完整	复杂地形，地形分割较严重、不完整	比较复杂地形、地形较完整	简单地形、地形完整	1.2
	地面坡向	北	西北、东北	东、西	南、东南、西南	0.4
	地面坡度	≥50°	（25°，50°]	（10°，25°]	≤10°	0.4
水文气象	地表水水质	五级	四级	三级	一、二级	1.5
	洪水淹没程度	场地标高低于设防洪（潮）标高≥1.0 m	场地标高低于设防洪（潮）标高＜1.0 m，≥0.5 m	场地标高低于设防洪（潮）标高＜0.5 m	场地标高高于设防洪（潮）标高	0.5
	最大冻土深度*	＞3.5 m	3.0 m	2.0 m	≤1.0 m	0.25
	污染风向区位	高污染可能区位	较高污染可能区位	低污染可能区位	无污染可能区位	0.25

续表

一级指标	二级指标	定量标准				权重
		不适宜级（1 分）	适宜性差级（3 分）	较适宜级（6 分）	适宜级（10 分）	
自然生态	生物多样性	稀少单一	一般	较丰富	丰富	0.4
	土壤质量	I 类	II 类	III 类	低于 III 类	0.3
	植被覆盖度*	＜10%	25%	35%	＞45%	0.3
人为影响	土地使用强度	高	较高	一般	低	0.75
	工程设施强度	设施密度大，对用地分割强	设施密度较大，对用地分割较强	设施密度较小，对用地分割较小	设施密度小，对用地无分割	0.75

注：① 表中未列入而需列入的基本指标，其定量标准应按本表的规定比照确定。

② 标注*的指标其定量分值可采用插入法求得。

下面以 I_2 区为例，计算 I_2 区的工程建设适宜性，根据表 7.15 可知，此时 K 取 1.0，计算 $P=67.8>60$，参照表 7.14，工程建设适宜性等级属“适宜”，见表 7.17。

表 7.17　I_2 区工程建设适宜性计算表

一级指标	二级指标	定量标准				权重	分值
		不适宜级（1 分）	适宜性差级（3 分）	较适宜级（6 分）	适宜级（10 分）	(ω_i)	(X_i)
工程地质	地震设防烈度	≥IX 度区	IX 度区	VIII、VII 度区	≤VI 度区	0.6	10
	岩土类型	浮泥、深厚填土、松散饱和粉细砂	极软岩石、粉土	较软岩石、密实砂土、硬塑黏性土	较硬、坚硬岩石，卵、砾石，中密砂土	0.6	3
	地基承载力	＜70 kPa	120 kPa	200 kPa	＞250 kPa	0.9	3
	地下水埋深	＜1.0 m	1.5 m	2.5 m	≥3.0 m	0.3	6
	地下水腐蚀性	严重腐蚀	强腐蚀	中等腐蚀	弱腐蚀	0.3	10
	地下水水质	V 类	IV 类	III 类	I、II 类	0.3	10
地形	地形形态	非常复杂地形、破碎很不完整	复杂地形，地形分割较严重、不完整	比较复杂地形、地形较完整	简单地形、地形完整	1.2	10
	地面坡向	北	西北、东北	东、西	南、东南、西南	0.4	10
	地面坡度	≥50°	(25°，50°]	(10°，25°]	≤10°	0.4	10
水文气象	地表水水质	五级	四级	三级	一、二级	1.5	6
	洪水淹没程度	场地标高低于设防洪（潮）标高≥1.0 m	场地标高低于设防洪（潮）标高＜1.0 m，≥0.5 m	场地标高低于设防洪（潮）标高＜0.5 m	场地标高高于设防洪（潮）标高	0.5	10
	最大冻土深度	＞3.5 m	3.0 m	2.0 m	≤1.0 m	0.25	10
	污染风向区位	高污染可能区位	较高污染可能区位	低污染可能区位	无污染可能区位	0.25	10
自然生态	生物多样性	稀少单一	一般	较丰富	丰富	0.4	6
	土壤质量	I 类	II 类	III 类	低于 III 类	0.3	6
	植被覆盖度*	＜10%	25%	35%	＞45%	0.3	6

续表

一级指标	二级指标	定量标准				权重（ω_i）	分值（X_i）
		不适宜级（1分）	适宜性差级（3分）	较适宜级（6分）	适宜级（10分）		
人为影响	土地使用强度	高	较高	一般	低	0.75	3
	工程设施强度	设施密度大、对用地分割强	设施密度较大、对用地分割较强	设施密度较小、对用地分割较小	设施密度小、对用地无分割	0.75	3
定量计算分值 P		$P=K\sum_{i=1}^{m}\omega_i\cdot X_i$				67.8	

同上，依次计算出其他分区工程建设适宜性分值见表 7.18。

表 7.18　工程建设适宜性计算结果及适宜性等级

项目	I_1	I_2	I_3	II_1	II_2	II_3	III
分值 P	71.1	67.8	65.1	31.8	34.05	35.35	13.69
适宜性	适宜	适宜	适宜	较适宜	较适宜	较适宜	适宜性差

（3）评价成果分析，提出对工程建设及城乡规划的建议。

综上，将评价成果绘制成图（图 7.4），并将各分区地质环境特点、工程建设适宜性及对城乡规划的建议汇总，见表 7.19。

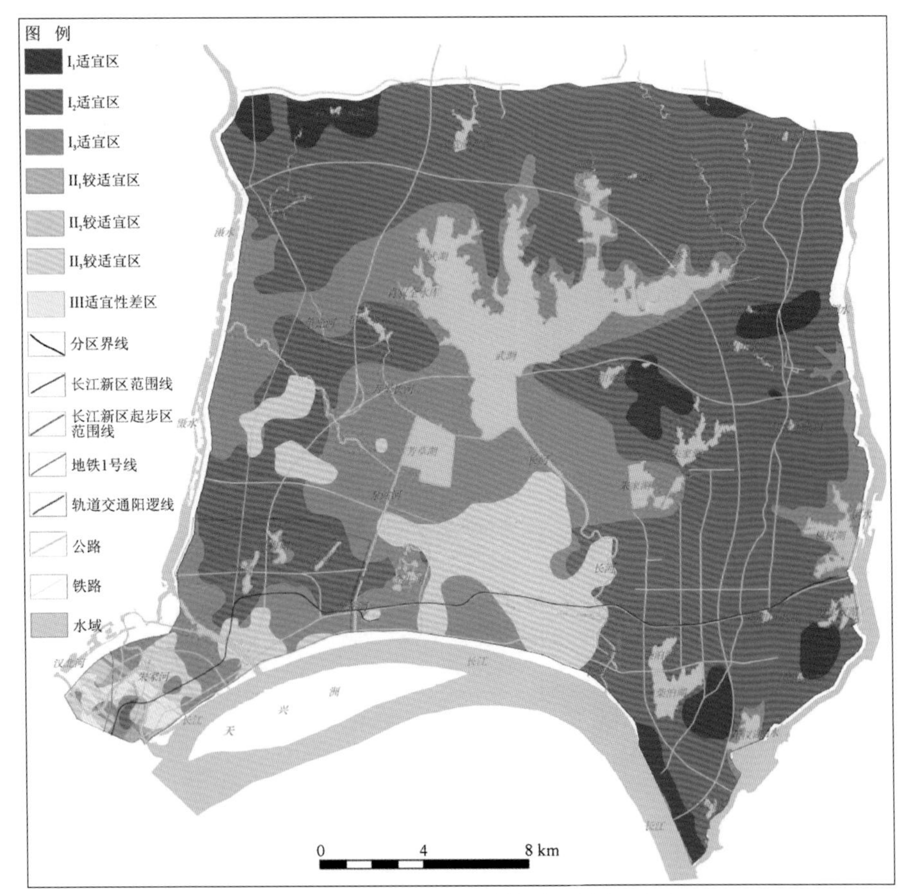

图 7.4　长江新区工程建设适宜性分区图

表 7.19　工程建设适宜性综合评价表

分区代号		工程建设适宜性	地质环境质量	地质环境特点	各类工程建设适宜性	对城乡规划的建议	占工作区面积百分比/%
I	I_1	适宜	优	基岩区	可规划布置各类建筑物。高层建筑可采用天然基础或桩基础，中低层建筑可采用天然地基或复合地基。适宜建设市政设施	规划工程建设项目时，宜做好场地工程地质条件调查工作	4.66
	I_2	适宜	优	老黏性土区，老黏性土埋深≤5 m	可规划布置各类建筑物。高层建筑宜采用桩基础，中低层建筑可采用天然地基或复合地基。适宜建设市政设施	规划工程建设项目时，宜做好场地工程地质条件调查工作	54.02
	I_3	适宜	优	一般黏性土区，下伏局部为老黏性，老黏性土埋深＞5 m	可规划布置各类建筑物。高层建筑宜采用桩基础，中低层建筑可采用天然地基或复合地基。适宜建设市政设施	规划工程建设项目时，宜做好场地工程地质条件调查工作和地质灾害危险性评估工作	31.81
II	II_1	较适宜	良	上部为一般黏性土区，下伏基岩为可溶岩，可溶岩以白云质为主，岩溶发育程度不发育—微发育，至今尚未发生岩溶地面塌陷地质灾害	可规划布置各类建筑物。一般黏性土区地段高层建筑宜采用桩基础，中低层建筑一般采用复合地基或桩基。采用嵌岩桩时应采用稳定灰岩作为持力层。较适宜兴建地下工程及市政设施	规划工程建设项目时，应做好场地工程地质条件调查工作和地质灾害危险性评估工作	0.22
	II_2	较适宜	良	老黏性土区和隐伏老黏性土，本区下伏基岩为可溶岩，不合理工程建设可能引发岩溶地面塌陷地质灾害	可规划布置各类建筑物。一般优先考虑采用天然地基，嵌岩桩时应采用稳定灰岩作为持力层，并不宜采用振冲方式成孔。较适宜兴建地下工程及市政设施。基坑需采用有效的边坡支护和地下水控制措施，且费用一般较低	规划工程建设项目时，应做好场地工程地质条件调查工作和地质灾害危险性评估工作	0.30
	II_3	较适宜	良	深厚软土区，软土综合厚度≥6 m，下伏局部为老黏性土	可规划布置各类建筑物。高层建筑宜采用桩基础，中低层建筑可采用桩基础或复合地基。基坑需采取有效的边坡支护和地下水控制措施，且费用一般较高。较适宜兴建地下工程和市政设施	规划工程建设项目时，应做好场地工程地质条件调查工作和地质灾害危险性评估工作	8.46
III		适宜性差	中	深厚软土区，软土综合厚度≥6 m，下伏基岩为可溶岩，不合理工程建设可能引发岩溶地面塌陷地质灾害	可规划布置各类建筑物。采用嵌岩桩时应采用稳定灰岩作为持力层，并不宜采用振冲方式成孔。基坑需采用有效的边坡支护和地下水控制措施，且费用一般较高。地表需进行长期软土地面沉降监测	规划工程建设项目时，应做好场地工程地质条件调查工作和地质灾害危险性评估工作	0.53

三、国土空间开发利用适宜性评价结果

土地不仅为人类的生存提供食物，还为人类的发展提供空间，但是现在人与自然、人与土地之间存在亟待解决的问题，优化国土空间格局便是解决这些问题的关键所在，重要的是推进生态文明建设。国土空间适宜性评价是开展国土空间优化研究的重要基础，围绕长江新区国土空间适宜性评价的目标，在生态约束、农业生产保障、建设发展潜力三方面基础上，合理安排生产、生活、生态三生空间，进行生态保护重要性、农业生产适宜性、城镇建设适宜性的划分，并将其结果作为划定自然生态空间的依据。以长江新区为例，评价国土空间开发的适宜性等级，分为三个部分，即生态适宜性、建设适宜性和农业适宜性。评价过程如下。

（1）分析问题，构建评价指标体系。

（2）结合层次分析法，确定指标 i 的权重 ω_i。

（3）采用专家打分法，对指标 i 进行量化，量化值为 x_i。

（4）将各指标进行加权叠加，计算适宜性得分 y，计算表达式如下：

$$y=\sum_{i=1}^{n}\omega_i X_i \tag{7.4}$$

（5）根据 y 值确定适宜性等级，绘制适宜性分区图。

（一）生态保护重要性评价

在充分考虑生态安全的基础上，引入土地覆被类型、水源影响度、生态保护现状 3 个指标来反映长江新区的生态环境。

（1）土地覆被类型：以长江新区内土地利用现状为基础，根据长江新区土地利用现状特点及基本农田保护区情况，将不同用地类型对生态保护的贡献值量化反映到评价单元上，划分为 3 个等级：城镇、工矿用地及农村居民点赋值为 1，一般耕地、园地、草地赋值为 2，林地、水域、保护地、未利用地赋值为 3，以此体现长江新区土地利用现状的生态空间布局情况。

（2）水源影响度：水是重要的自然资源，维系着地球上所有的动植物及人类的生存。长江新区水系包括长江、滠水河、倒水河、朱家河、武湖、胜海湖、汤湖、项家汊。靠近这些水源的区域应具备良好的生态环境，强化水流域系统的污染防控，因此从土地利用现状数据中提取河流和水源涵养地，并进行缓冲区分析，水源向外的缓冲距离越小，水源保护等级越高，水环境、水资源的目标适宜性越高，将长江新区水源影响评价因子参考水源保护区范围划分为 5 个等级，即水源 300 m 缓冲区内赋值为 3，300～500 m 赋值为 2，500～800 m 赋值为 1。

（3）生态保护现状：长江新区拥有丰富的自然资源，根据最新的长江新区规划，本区内要建设武湖滨江生态公园、朱家河生态廊道、汤湖胜海湖湿地，考虑长江新区生态保护实际工作的开展，能有效衔接土地利用空间管制及其他相关规划，提升评价结果的现实性，故将现有保护区规划成果纳入指标体系。结合长江新区规划，将规划水域范围划定为生态保护区。

结合层次分析法确定各指标权重，综合指标量化结果见表 7.20。

表 7.20　生态保护重要性指标权重及量化值

指标层	类型	量化值	权重
土地覆被类型	林地、水域、保护地、未利用地	3	0.18
	一般耕地、园地、草地	2	
	城镇、工矿用地及农村居民点	1	
	其他地区	0	
水源影响度	水源 300 m 内	3	0.35
	水源（300 m，500 m]范围	2	
	水源（500 m，800 m]范围	1	
	其他地区	0	
生态保护现状	生态保护区范围内	3	0.47
	生态保护区（0，50 m]范围	2	
	生态保护区（50，100 m]范围	1	
	其他地区	0	

最后，计算生态保护重要性 y 值，划分为极重要区、重要区和一般区（图 7.5），划分标准见表 7.21。

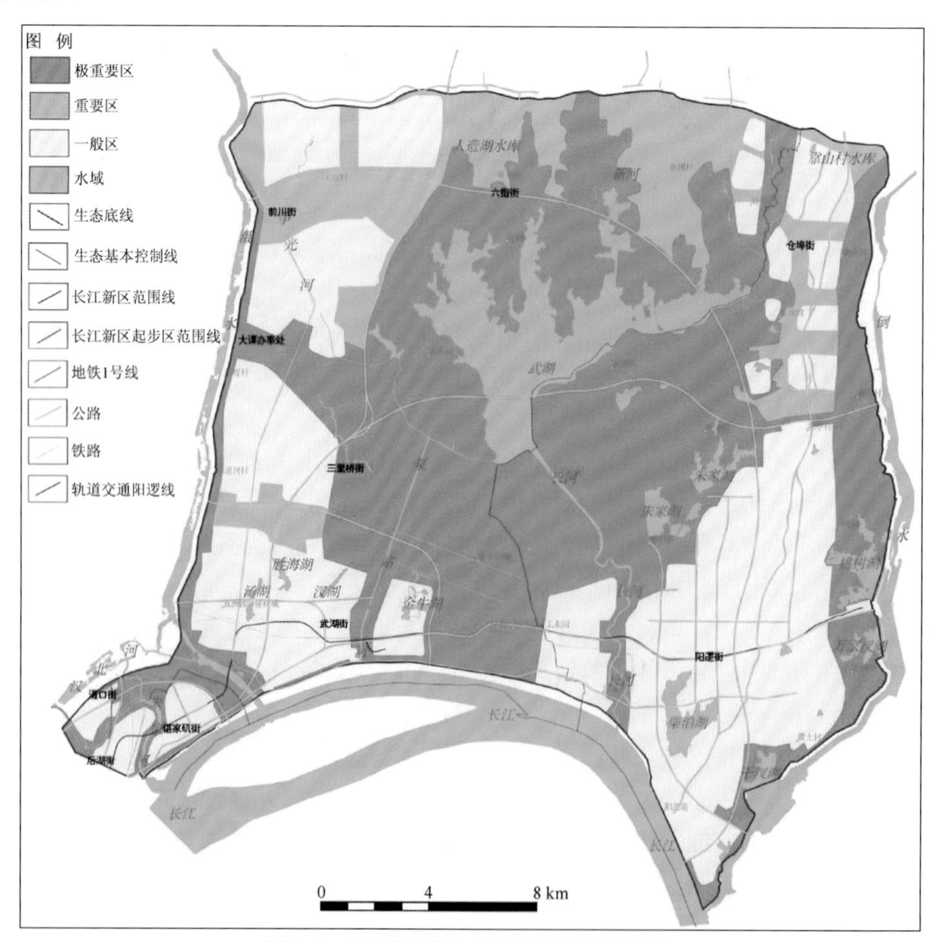

图 7.5　长江新区生态保护重要性区划图

表 7.21 生态保护重要性等级划分表

项目	$y\in[0,1]$	$y\in(1,2]$	$y\in(2,3]$
生态保护重要性等级	一般区	重要区	极重要区

（二）农业生产适宜性评价

在充分考虑农业生产保障的基础上，引入农用地分类、土地质量两个指标来反映长江新区的农业生产情况，从评价指标本身特性出发，结合长江新区实际情况及数据处理的可行性，采用分级阈值划分的方法确定评价指标的分值，表达不同程度的农业生产适宜性。

（1）农用地分类：一般农田、基本农田提供农业生产保障，价值较大，林地、园地、草地植被条件好，生态服务价值大。在这些范围内，农业适宜性依次降低，根据长江新区土地利用现状和永久基本农田划定成果数据，数据叠加并按照农用地类型，划分为两等并进行指标量化，即基本农田赋值为 3，一般农田赋值为 2，其他农用地赋值为 1，非农用地赋值为 0。

（2）土地质量：长江新区地形以平原为主，农业用地较少且分布不连片，结合长江新区土壤质量调查的相关数据，本区内存在若干处土壤重金属污染区，达到轻度污染程度。依据长江新区土壤 As、Cd、Cr、Cu、Hg、Ni、Pb、Zn 元素含量及 pH，参照《土壤环境质量标准》（GB 15618—1995）中 As、Cd、Cr、Cu、Hg、Ni、Pb、Zn 元素分级标准，采用综合环境质量指数对长江新区土壤环境质量进行评价，将土壤质量分为：I 类区、II 类区、III 类区和超 III 类区，分别赋值为 3、2、1、0（图 7.6）。评价过程及结果参照前文“长江新区土壤环境评价”部分内容。

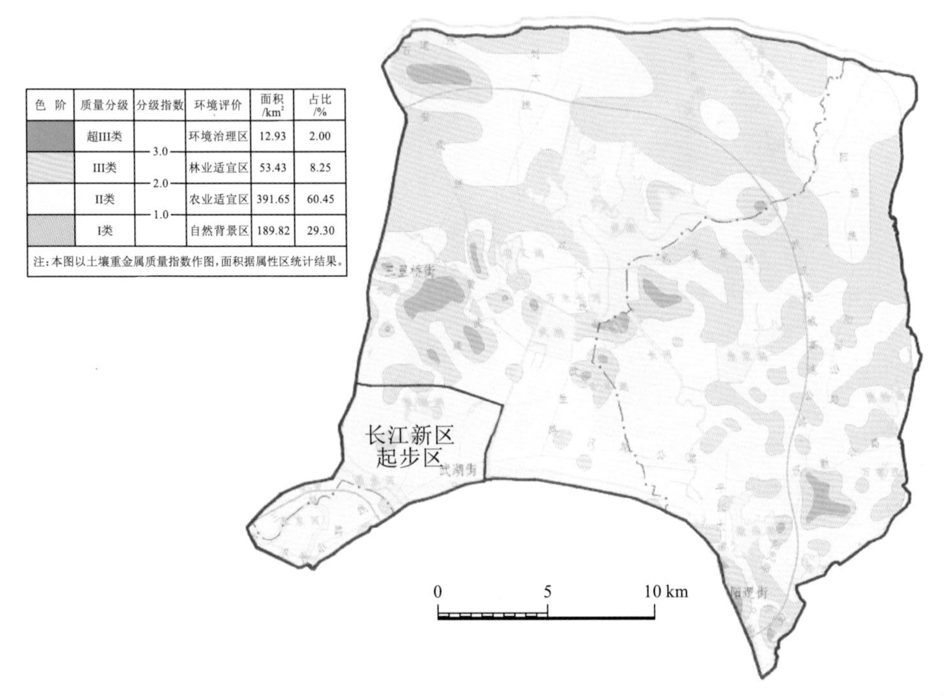

图 7.6 长江新区土壤环境质量评价分级图

结合层次分析法确定各指标权重，综合指标量化结果见表 7.22。

表 7.22　农业生产适宜性指标权重及量化值

指标层	类型	量化值	权重
农用地分类	基本农田	3	0.32
	—般农田	2	
	其他农用地	1	
	非农用地	0	
土地质量	I 类区	3	0.68
	II 类区	2	
	III 类区	1	
	超 III 类区	0	

最后，计算农业生产适宜性 y 值，划分为适宜区、一般适宜区和不适宜区（图 7.7），划分标准见表 7.23。

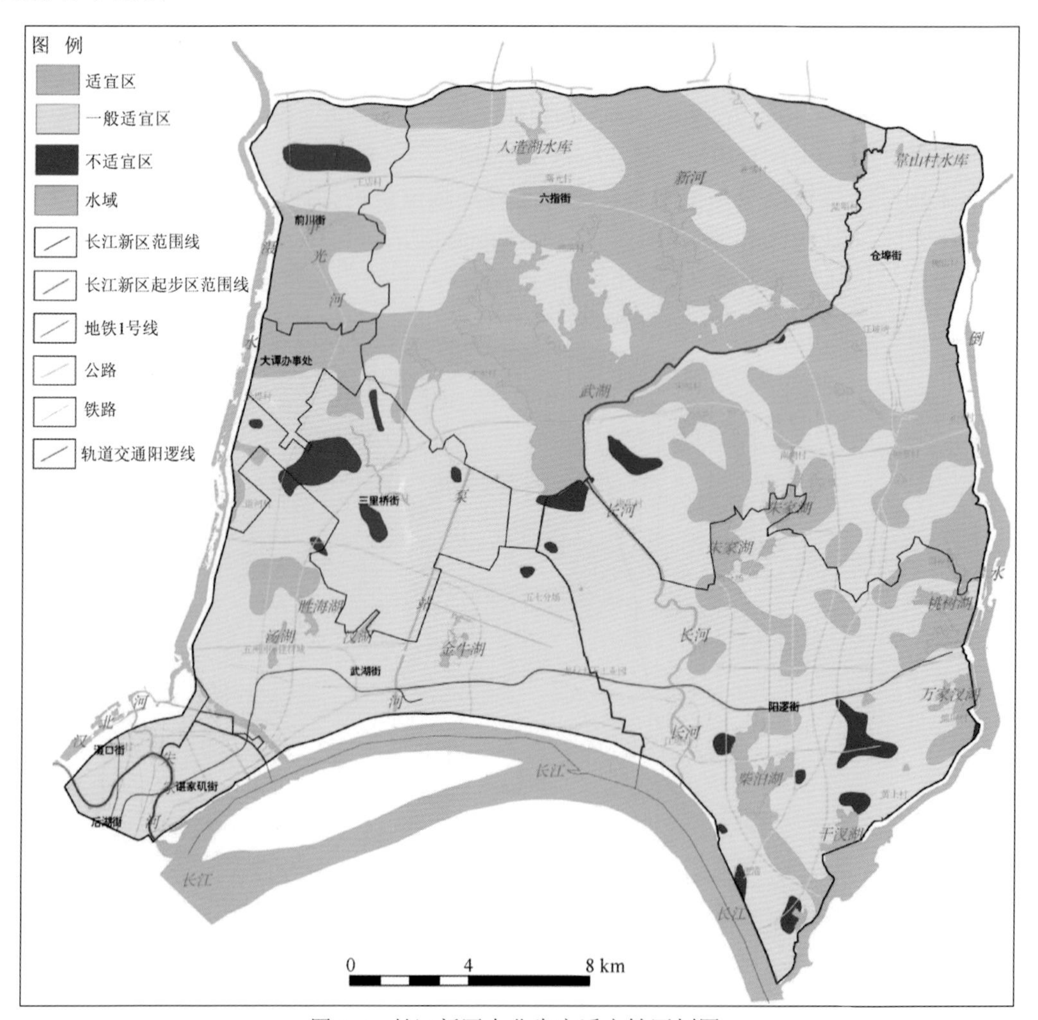

图 7.7　长江新区农业生产适宜性区划图

表 7.23 农业生产适宜性等级划分表

项目	$y\in[0,1]$	$y\in(1,2]$	$y\in(2,3]$
农业生产适宜性等级	不适宜区	一般适宜区	适宜区

（三）城镇建设适宜性评价

结合长江新区实际情况及数据处理的可行性，引入地形起伏度、地质灾害、路网密度、已建区 4 个指标来反映长江新区的建设发展潜力，从评价指标本身特性出发，采用分级阈值划分的方法确定评价指标的分值，表达不同程度的建设适宜性。

（1）地形起伏度：地形起伏度是指一定区域内，最高点海拔与最低点海拔之差，是描述一个区域内地形特征的宏观性指标，以及表示结构面在延伸方向的表面起伏程度的一个指标。起伏度越小，说明地形越平坦，开发利用难度就越小；起伏度越大，地形越崎岖，开发利用难度就越大。地形坡度在 0°～5° 的赋值为 2，5°～10° 的赋值为 1。

（2）地质灾害：地质灾害不仅威胁人类的生产和生活，也制约经济建设的开展，长江新区的地质灾害主要为隐伏岩溶和软土地面沉降，主要分布在西南部的南湖—幸福湾一带。根据长江新区地质灾害的类型和情况，本次将该区地质灾害易发程度划分为不易发区、低易发区、中易发区三个等级，因此，将矢量化《长江新区地质灾害易发程度分区图》得到的数据，利用 ArcGIS 赋值量化指标并栅格化至评价单元，其中不易发区赋值为 2，低-中易发区赋值为 1。

（3）路网密度：路网密度指一定区域内所有道路总长度与区域总面积之比，单位为 km/km^2。路网密度表现了一个地区的交通运输水平，路网密度越大表示交通优势越明显，区域发展潜力越强。根据长江新区交通分布情况，从地理底图中提取交通线状数据，进行路网密度计算分析，将交通评价因子划分为两个等级并进行标准量化，即路网密度 $\geq 2\ km/km^2$ 赋值为 2，$<2\ km/km^2$ 赋值为 1。

（4）已建区：目前长江新区已经形成了基本的城镇体系，因此选取已建区作为评价因子，以体现城镇对建设发展潜力的影响。距已建区越远，可达性和便利程度越低，开发潜力的合理性越弱，根据长江新区建成区的范围和长江新区的整体状况，在土地利用现状中提取已建区进行缓冲区分析，并将其标准量化，其中：建成区赋值为 2，非建成区赋值为 1。

结合层次分析法确定各指标权重（表 7.24、表 7.25），综合指标量化结果见图 7.8。

表 7.24 城镇建设适宜性指标权重及量化值

指标层	类型	量化值	权重
地形起伏度	0°～5°	2	0.12
	5°～10°	1	
地质灾害	不易发区	2	0.40
	低-中易发区	1	

续表

指标层	类型	量化值	权重
路网密度	≥2 km/km^2	2	0.27
	<2 km/km^2	1	
已建区	建成区	2	0.21
	非建成区	1	

表 7.25　城镇建设适宜性等级划分表

项目	$y=2$	$y=1$
城镇建设适宜性等级	适宜	一般适宜

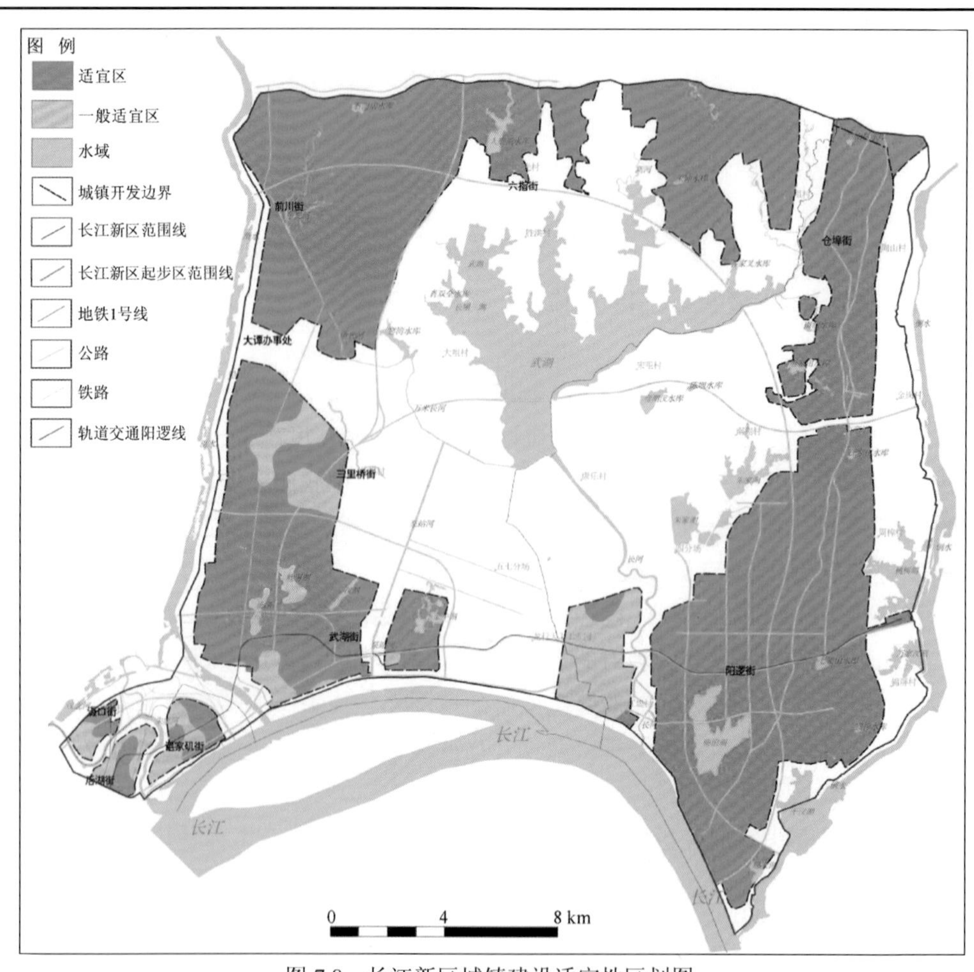

图 7.8　长江新区城镇建设适宜性区划图

（四）评价结果分析

1. 生态保护重要性

根据《武汉市基本生态控制线管理条例》和《湖北省生态红线划定方案》，武湖属于

江汉平原的重要湖泊湿地，主要生态功能为生物多样性维护和洪水调蓄。为推进基本生态控制线的精细化管理，依据《武汉长江新城总体规划（2017—2035年）》，将武湖周边水体界线内划为生态保护区，形成南北中央生态轴线，两翼廊道横穿武湖为东西轴线，构建“十”字形的整体生态框架，打造蓝绿交织的生态网络。

根据评价规范，在没有最新数据的情况下，以往省级及市级权威结果可作为本次评价结果，依据生态系统服务功能重要性和生态脆弱性集成获得生态保护重要性等级，本次评价总面积为553.86 km^2，其中生态保护极重要区位于武湖周边、滠水河东侧、倒水河东侧及朱家河周边，面积达293.55 km^2，占比为53.00%；生态保护重要区主要位于前川街以东、六指街、仓埠街一点，面积为68.55 km^2，占比为12.38%；生态保护一般区主要为规划的城镇建设范围内，而一般区的范围线也为本区内的生态底线，面积为191.76 km^2，占比为34.62%。

2. 农业生产适宜性

结合本区特点，区内坡度、降雨量及气象灾害等指标因差异较小，对农业生产的影响程度基本无影响，因此重点考虑土壤质量情况，根据短板理论，其中土壤超III类地区可直接划为农业生产不适宜区。总体来看，长江新区内农业生产适宜性等级共分为3类，其中适宜区主要位于武湖周边，面积为149.84 km^2，占比为27.01%，其原生生态环境较好，土壤质量环境容量高，适用于优质农产品、集中式生活饮用水水源地、茶园、渔业等；一般适宜区面积分布较广，面积为390.53 km^2，占比为70.42%，适用于一般农田、蔬菜地、茶园、果园、牧场、林地；不适宜区零星分布于前川街道东侧、三里桥街道南侧及阳逻一带，面积为14.21 km^2，占比为2.57%，属于土壤超III类地区，不适宜作物生长，需及时进行环境治理（表7.26）。

表7.26　长江新区各街道农业生产适宜性评级结果汇总表

项目	适宜区		一般适宜区		不适宜区	
	面积/km^2	占比/%	面积/km^2	占比/%	面积/km^2	占比/%
谌家矶街	—	—	7.84	100.00	—	—
后湖街	—	—	4.74	100.00	—	—
滠口街	—	—	5.28	100.00	—	—
武湖街	3.02	4.23	67.79	95.08	0.49	0.69
三里桥街	1.68	3.99	36.7	87.09	3.76	8.92
大谭办事处	6.07	63.76	3.42	35.92	0.03	0.32
前川街	11.42	40.13	14.83	52.11	2.21	7.76
六指街	70.39	44.32	88.16	55.51	0.26	0.17
阳逻街	15.63	13.19	96.54	81.48	6.32	5.33
仓埠街	41.63	38.55	65.23	60.40	1.14	1.05
合计	149.84	27.01	390.53	70.42	14.21	2.57

3. 城镇建设适宜性

根据评价规范，在生态保护极重要区以外的区域开展城镇建设适宜性评价，综合地质安全、人口、经济、区位等要素，本次评价面积为260.31 km^2，因区内无水资源短缺、地形坡度大于25°、海拔过高、地质灾害危险性极高的区域，因此本区内不存在城镇建设不适宜区。通过综合评价，长江新区内城镇建设适宜区分布较广，面积达238.29 km^2，占评价面积的91.54%，区内总体岩土性质较稳定，场地稳定，现状地质灾害不发育，环境工程地质条件简单，适宜工程建设施工。城镇建设一般适宜区主要分布在南湖村—幸福湾—谌家矶街、武湖街西侧、三里桥街南侧及长江北岸军民村一带，面积达22.02 km^2，占评价面积的8.46%，该区内普遍发育深厚软土，且在南湖、谌家矶一带下伏发育可溶岩，至今未发育岩溶地面塌陷地质灾害，但不合理工程建设可能引发岩溶地面塌陷地质灾害，因此建议在中深层地下空间开发过程中要加强防范。

第四节　国土空间开发利用分区与管控建议

一、国土空间开发利用分区建议

综合武汉市自然景观、优质耕地、地热、地下水等资源和岩溶塌陷、软土沉降、活动断裂等地质环境问题，提出武汉市国土空间开发利用综合建议分区，具体分区建议如下。

（1）富硒耕地分布区。武汉市富硒耕地面积排名前几位的行政区依次为江夏区、东西湖区、蔡甸区、东湖开发区。其中蔡甸区西南部消泗乡、东西湖区西部新沟镇—辛冲街、江夏区西部金口街—法泗街等区域富硒土壤集中连片。区内耕地有益元素含量高，尤其硒含量丰富。

（2）岩溶塌陷防范区。武汉地区存在6个走向NWW—SEE、各自相对独立的碳酸盐岩条带，即天兴洲条带、大桥条带、白沙洲条带、沌口条带、军山条带和汉南条带。尤其是白沙洲条带，其岩溶塌陷发育，易发程度高，风险大，潜在危害较大。该条带附近已经发生多起地面塌陷，塌陷不仅给工程建设带来重大的影响，而且造成巨大的经济损失。

（3）软土沉降防范区。该区主要位于武汉市汉口地区，以及武昌区、青山区沿江，分布广。软土沉降具有长期性、缓慢性、不均性等特点，对区内浅基础工程威胁较大。

（4）活动断裂防范区。初步查明区内主要发育襄广断裂。襄广断裂是扬子板块与大别造山带的分界断裂。晚更新世以来在湖北境内的多处均有活动，但是在武汉市内还没有记录。仍需提高警惕，加强地震监测。

（5）崩塌滑坡防范区。初步查明区内主要发育襄广断裂。襄广断裂是扬子板块与大别造山带的分界断裂。晚更新世以来在湖北境内的多处均有活动，但是在武汉市内还没有记录，仍需提高警惕，加强地震监测。

二、国土空间开发利用管控建议

（1）加强地质遗迹、自然生态、水源地等重要资源的保护，合理规划开发利用，重点打造集度假、休闲、旅游、科普于一体的地质公园。

（2）加强耕地保护，严格红线控制，在蔡甸区、江夏区、汉南区等富硒耕地集中连片分布区打造富硒特色农产品基地。

（3）加强岩溶塌陷、软土地面沉降、断裂活动性调查研究，开展危险性评价和风险性评估，建立监测预警网络。在防范区内的城镇规划与重大工程规划建设，应加强岩溶塌陷防治，做好软基处理，避免跨越活动断裂。

第八章

地下水资源开发利用

第一节 概 述

如前所述，武汉市地下水划分为松散岩类孔隙水、碎屑岩类裂隙孔隙水、碎屑岩类裂隙水、岩浆岩—变质岩类风化裂隙水和碳酸盐岩裂隙岩溶水5种地下水类型，含水岩组可分为第四系全新统孔隙潜水含水岩组、新近系裂隙孔隙承压含水岩组、中—下三叠统裂隙岩溶含水岩组等9个含水岩组，其中第四系孔隙承压含水岩组、新近系裂隙孔隙承压含水岩组、中二叠统—上石炭统裂隙岩溶含水岩组3个含水岩组具集中供水意义。

武汉市可划分为汉口（主城区及东西湖区）、武钢块段、徐家棚块段等12个水文地质单元，其中汉口（含东西湖）、黄陂区、武钢块段的含水层面积位列前三，武汉市地下水允许开采总量为21 695.80×10^4 m^3/a，排名前三的水文地质单元依次为汉口（含东西湖）、天兴洲、武钢块段。

下面将从地下水开采现状，中心城区与新城区地下水开发利用、地下水水源地保护对策等方面介绍地下水资源的开发利用问题。

第二节 地下水开采现状

武汉市地表水资源尤其是客水资源较为丰富，形成了以地表水水源为重点的水资源利用格局。2020年，武汉全市供水总量为33.86×10^8 m^3，其中地下水供水量为0.05×10^8 m^3，仅占总用水量的0.1%。

近年来，技术日益成熟的地下水地源热泵系统应用，对城市的节能和环保发挥了积极的作用，同时也提高了武汉市地下水资源的利用率。武汉市地下水由于水温年变幅小、水质基本符合地下水地源热泵用水要求，在地下水地源热泵空调系统的应用推广中起到了重要作用。随着武汉市中心城区工业外迁，地下水地源热泵系统已成为地下水的主要利用途径。

一、地下水开采基本情况

武汉市开采地下水最早始于20世纪50年代，主要开采全新统孔隙承压水、上更新统孔隙承压水和碳酸盐岩裂隙水。

武汉市多年平均地下水资源量为11.01×10^8 m^3，其中平原区多年平均地下水资源量为9.64×10^8 m^3，山丘区多年平均地下水资源量为1.67×10^8 m^3，山丘区与平原区地下水的重复计算量为0.3×10^8 m^3。2020年全市地下水资源量为16.90×10^8 m^3，比上年偏多82.3%，比多年平均偏多53.5%，地下水模数为19.90×10^4 m^3/a。多年来，武汉市地下水供水量逐渐减少，自2017年起，全市地下水取水量均小于0.06×10^8 m^3。

经统计，目前武汉市地下水开采井为141眼，开采井主要集中在汉口城区的江汉、江岸二区，其中江汉区地下水开采井密度最大，达到1.03眼/km^2。中心城区地下水地源热泵工程年均取用地下水为899×10^4 m^3，取水井为89眼，占中心城区地下水开采

井的 56%（表 8.1）。中心城区地下水热源井主要分布在江岸区、江汉区（图 8.1）。

表 8.1　武汉市中心城区各行政区年均地下水地源热泵井开采量统计表

行政区	开采量/10^4 m^3			开采井数/眼		
	合计	地下水热源井	其他	合计	地下水热源井	其他
汉阳区	188	0	188	14	0	14
硚口区	143	53	90	16	6	10
江汉区	309	309	0	33	33	0
江岸区	375	354	21	45	36	9
武昌区	148	116	32	12	10	2
洪山区	183	0	183	27	0	27
青山区	67	67	0	4	4	0
合计	1413	899	514	151	89	62

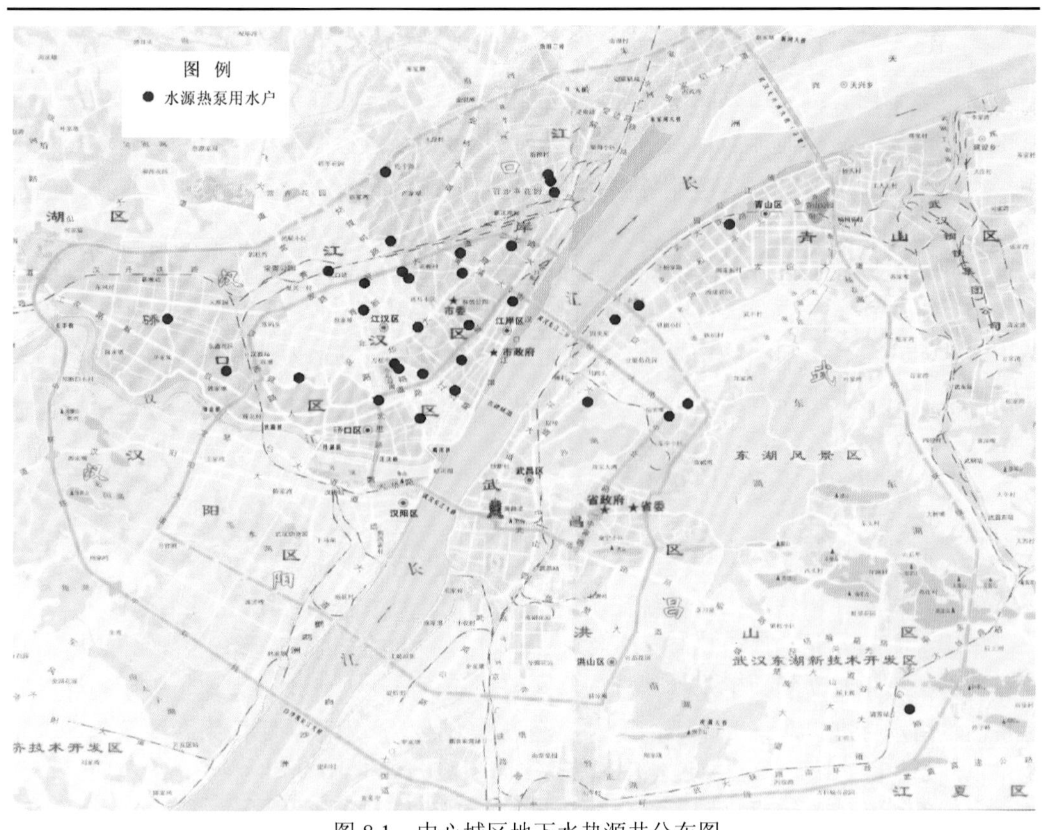

图 8.1　中心城区地下水热源井分布图

二、地下水开采形式

武汉市地下水的开采形式均为井采，按取水井特点分为管井和简易民井（手压井）两种，按取水设备则有机井和手压井两种基本类型，井深根据含水层的埋藏深浅、取水目的而定。

（1）管井。管井是中心城区比较常见的一类开采井，多为工矿企业和乡镇一级自来水厂所采用，一般由专业施工队伍采用水井钻或其他钻孔成井。主要开采松散岩类孔隙水、碎屑岩类裂隙孔隙水及碳酸盐岩裂隙岩溶水。井深一般为 30～60 m 或 70～90 m，最深可达 150 m；井径一般为 200～600 mm，管径为 150～350 mm，井管材料为铸铁管和钢管，含水层下置过滤器，管壁和井壁之间环状间隙为 70～100 mm，除碳酸盐岩裂隙岩溶含水层不围填砾料外，其他含水层段投砾石过滤，上覆隔水层段投黏土球止水。管井一般采用深井泵、深井潜水泵、离心泵三种类型。一般深井泵、深井潜水泵的开采量较大，泵量为 30～80 m^3/h，主要是为工矿企业和乡镇水厂供水，离心泵泵量较小，泵量为 10～20 m^3/h，主要为村组水厂供水。

（2）简易民井（手压井）。手压井在郊区农村被广泛采用，井深一般为 10～15 m，最深可达 40 m 以上。主要开采第四系全新统和中更新统孔隙潜水，井径一般为 110 mm，井管材料为塑料管，滤管为扎眼胶管，外包尼龙网，填砾为粗砂。井的取水设备是根据需水量、井径大小、地下水位埋深而确定。手压井开采量最小，只用于农村家庭生活供水。

（3）地下水供水形式。供水形式分为集中供水和分散供水，按地下水处理情况又可分为直接供水和经处理后供水两种形式。集中供水和分散供水相对于生活供水而言，乡镇一级自来水厂及村组一级的机井都属集中供水范畴。不同之处在于乡镇一级自来水厂可以满足近万人的需要；而村组一级开采机井一般满足数百人需要。此外乡镇一级自来水厂在供水之前采用曝气、过滤等措施进行除铁处理，而村组一级一般采用直接供水形式。武汉市大多乡镇（农场）采用深井、高塔形式集中供水。至于数目众多、分布广泛的手压井一般以户为单位，随需随取，属分散式供水。城区工业用水主要集中于钢铁、纺织、化工、饮料、酿酒等行业。据调查，采用地下水的企业百余家，地下水主要用于地下水地源热泵、冷却，其次是饮料行业用水。冷却对地下水质没有特殊要求，采用直接供水形式，其他则需对地下水做一定工序的处理。

三、地下水供水现状

中心城区位于长江、汉江交汇处，地表水资源和地下水资源丰富，供水方式为公共供水工程和自备井相结合，目前统计年均开采地下水为 865.70×10^4 m^3。

新城区除新洲北部低山丘陵区、黄陂北部外，绝大部分地区地表水资源较丰富，且赋存有集中供水意义的地下水资源。新城区内变质岩风化裂隙水、岩溶水水质较好，满足生活饮用水标准，对于要求不高的农田灌溉、工业生产用水，第四系孔隙承压水也完全可以满足。目前统计新城区近年平均开采地下水为 198×10^4 m^3，主要开采第四系全新统砂、砂砾石孔隙承压水、新近系裂隙孔隙水、碳酸盐岩裂隙岩溶水。

第三节　武汉市地下水资源开发利用规划

一、中心城区

中心城区是都市发展区的核心，以调整优化为主，重点培育和提升城市服务功能，

集中发展金融商贸、行政管理、科教文化、信息咨询、旅游休闲等服务业，强化高新技术产业和先进制造业，成为我国中部地区的现代服务中心。此外，武汉市将外迁中心城区传统工业，适当保留江岸堤角、江汉现代、硚口汉正街、汉阳黄金口、武昌白沙洲、青山工人村等都市工业园，发展无污染、高就业、高附加值的劳动密集型产业。东部新城建设拟在青山区建立北湖新城，依托阳逻长江大桥，形成武汉重型工业发展区。

中心城区均处于滨江地区，地表水资源丰富，长江和汉江是城区用水的主要取用水源。地下水地源热泵中央空调工程、汉阳百威国际啤酒有限公司啤酒酿造、纺织、重型工业的生产等，都需要用到地下水。中心城区地下水水温年变幅小，少数含对人体有益的微量元素，完全符合地下水地源热泵空调用水、工业冷却用水和啤酒酿造用水的水质要求。因此，做好中心城区地下水开发利用规划，可以缓解地表水供水压力，有助于解决水资源供需矛盾。

（一）需水量预测

根据《武汉市水资源综合规划》汉口片 2030 年总需水量为 3.96×10^8 m^3，其中，第二产业需水量逐渐下降，第三产业需水量增加最快，生活需水量小幅增加。

汉阳片 2030 年总需水量为 3.04×10^8 m^3，第二产业需水量增加最快，其次是生活需水量。

武昌片 2030 年总需水量（不含火电工业取水量）为 7.39×10^8 m^3（农业用水 90%保证率）。除农业需水外，其他各项需水量呈上升趋势，第三产业需水量增长最快。农业灌溉需水量下降很快，2030 年 95%保证率下农业需水量不到 0.50×10^8 m^3。由于一批大型企业和高用水企业分布在武昌片青山区，以及未来北湖地区工业发展，武昌片工业用水自备率很高，自建取水设施供水量很大，约占全部供水量（不含火电）的 30%。

2030 年规划年地下水需求量为 0.2961×10^8 m^3，远小于地下水可开采量，需水量与供水量相比，供大于求，尤其作为城区辅助用水的地下水，可保障城区第三产业和工业近中远期规划发展需要。

（二）开发利用规划

1. 开发利用方案

武汉市中心城区供水以地表水资源为主、地下水资源为辅。对于要求较高的生活用水，地质灾害易发区的裂隙岩溶水，水质良好，水量较丰富，基本达到生活饮用水水源的标准；对于要求不高的工业生产和冷却用水，全新统孔隙承压水已能满足水量要求；对于啤酒酿造使用的地下水，水中铁、锰含量较高，需经除铁锰工艺后方可利用，其处理工艺简单、造价经济，便于操作；对于地下水地源热泵系统地下水用水水质，结合区域水质资料与《武汉市地源热泵系统工程技术实施细则（试行）》中地下水地源热泵用地下水参考标准进行对比，项目水质基本符合标准要求，一般情况下仅含砂量、总硬度、铁锰离子和矿化度超过标准值，需除铁锰、软化处理达标后，方可进入地下水地源热泵机组。建议在水系统中加装旋流除砂器以避免砂子对机组和管网的磨损，在地下水循环管路中安装水处理仪器或采用板式换热器间接换热的方式，从而解决水质问题。

按照前述规划原则及方法，结合各开发利用区的发展需要，根据《武汉市地下水资源开发利用与保护规划》，2030年新增开采量为$658\times10^4\ m^3/a$，新增井数为46眼。

2. 管井布局与设计

根据含水岩组赋存条件及水理特性对管井布局进行规划。武汉市中心城区地下水开发区，一般宜采用永久性垂直管井作取水构筑物，规划的管井井深根据含水岩组条件可分为两种：开发区为第四系松散岩类孔隙承压含水岩组，底板埋深为22.4～65.39 m，管井深度一般为30～60 m；保护区为碳酸盐岩裂隙岩溶含水岩组，管井深度一般应控制在100～150 m。基于武汉市之前开发利用地下水已在局部地段造成地下水降落漏斗、地面塌陷，因此管井的井距，应根据各区含水岩组的水文地质特性分别对待。据区内抽水试验资料计算得出的影响半径，开发区第四系松散岩类孔隙承压含水岩组各管井井距，一般应大于500 m；保护区碳酸盐岩裂隙岩溶含水岩组中开采井距应大于1 000 m。

开发区第四系松散岩类孔隙承压含水岩组中，开采井宜采用水井钻或回转钻机凿井，管径为220～300 mm，下置钢制骨架包网缠丝过滤器，开采井过滤器建议下置到底部粗颗粒粗砂和砂（卵）石层中，并且保证孔壁四周有滤水砾石填充，厚度不小于75 mm。若水量要求不大，可在上部的粉细砂层部位安置实管，以防涌沙现象，若水量要求较大，对上部粉细砂层的投砾工艺一定要严格把关，投砾粒径应为 1.0～1.5 mm。保护区碳酸盐岩裂隙岩溶含水岩组中，宜采用回转钻机钻进，井径为150～250 mm，一般不下置过滤器，仅在岩溶发育及裂隙发育段下置圆孔过滤器，以防垮孔和堵塞。抽水设备宜采用深井泵及深井潜水泵。

3. 地下水地源热泵系统井孔的设置

中心城区内新建地下水地源热泵系统井应结合该地区开采现状和规划期内地下水可利用资源量。地下水地源热泵系统必须采取可靠回灌措施，确保置换冷量或热量后的地下水全部回灌到同一含水层，并不得对地下水资源造成浪费及污染。系统投入运行后，应对抽水量、回灌量及其水质进行定期监测。根据监测情况可以补充地下水水源，调节水位，维持储量平衡；可以采用回灌储能，提供冷热源，如冬灌夏用，夏灌冬用；也可以保持含水层水头压力，防止地面沉降。

根据水文地质勘察资料，地下水地源热泵系统井孔除应满足前文所述管井要求外，还应符合地下水地源热泵系统的特殊要求。

（1）地下水供水管、回灌管不得与市政管道连接。地下水供水管不得与市政管道连接是为了避免污染市政供水和使用自来水取热；地下水回灌管不得与市政管道连接，是为了避免回灌水排入下水道，保护水资源不被浪费。

（2）抽水井与回灌井宜能相互转换，以利于开采、洗井、岩土体和含水层的热平衡，其间应设排气装置，避免将空气带入含水层。

（3）抽水管和回灌管上均应设置水样采集口及监测口，方便对地下水进行定期检测。

（4）热源井数目应满足持续出水量和完全回灌的需求，为了保证取出的地下水100%回灌入含水层，一般抽水井与回灌井比例不小于1∶2。

（5）热源井位的设置应避开有污染的地面或地层。热源井井口应严格封闭，井内装置应使用对地下水无污染的材料。

（6）热源井井口处应设检查井。井口之上若有构筑物，应留有检修用的足够高度或在构筑物上留有检修口。

（7）热源井井深应大于变温带深度。

二、新城区

新城区是城市空间拓展的重点区域，依托对外交通走廊组群式发展，重点布局工业、居住、对外交通、仓储等功能，承担疏散主城区人口、转移区域农业人口的职能，成为具有相对独立性、综合配套完善的功能新区。联动发展薛峰、军山、走马岭、金银湖、黄金口、横店、武湖、黄家湖、青菱、郑店、金口、流芳、五里界 13 个新城组团。

新城区公共供水系统主要取用长江、汉江及本地河流、湖泊、水库等地表水资源，城镇生活、农田灌溉用水多以公共供水工程为主。新洲北部低山丘陵区、黄陂北部公共供水工程不能到达的区域，农村生活供水主要依靠分散式地下水供水方式，新城区工业用水也以自备井居多。开发利用地下水，对缓解新城区地表水供水压力较大、解决水资源供需矛盾具有重要意义。因此，应合理调度地表水资源，加强地下水开采利用，满足新城区城镇生活、工业用水，农村生活及农田灌溉用水需求。

（一）需水量预测

新城区现状农业用水需求量大，特别干旱年（P=95%），江夏、蔡甸、黄陂、新洲等区缺水最为严重。黄陂区工业及城镇生活用水、供水能力与需水量较接近，但现状供水能力明显偏低。

据统计，武汉市新城区农村饮用水不安全人口有 226 万人，随着大力发展公共供水系统，农村居民依靠分散取水设施供水的人口不断减少，2030 年以后，分散供水的人口更少，其供水量可不考虑。

由于灌溉定额缓慢下降和灌溉水利用系数较大幅度提高，在灌溉面积维持不变但种植结构调整条件下，预计农业需水量呈减少趋势，特别干旱年（90%灌溉保证率）农业需水量 2030 年为 $12.87\times10^{8}\ m^{3}$。

2030 年规划年地下水需求量为 $0.300\,6\times10^{8}\ m^{3}$，远小于地下水可开采量，因此，新城区地下水供给农业用水、城镇生活用水及少量工业用水是有充分保证的。

（二）开发利用规划

1. 开发利用方案

武汉市新城区供水以地表水资源为主、地下水资源为辅。结合各区供水需求及水文地质条件，依照地下水功能区划分区，2030 年新增开采量为 $316\times10^{4}\ m^{3}/a$，新增井数为 62 眼。

2. 管井布局与设计

武汉市新城区新洲、黄陂武湖应急水源地，涨渡湖湿地生态脆弱区，东西湖应急水

源地及刘店—径河一带含水岩组主要为第四系全新统及更新统孔隙承压含水岩组，管井深度一般为 30～60 m，下置钢质骨架包网缠丝过滤器，管径为 220～300 mm，围填砾料，厚度不小于 75 mm，抽水设备宜采用深井类型泵。

黄陂区内含水岩组主要为新近系裂隙孔隙承压含水岩组，宜用水井钻或回转钻机凿井，凿井时需注意取心观测和电测深，以便确定含水层的分布和过滤器的下置深度。井深一般为 30～100 m，下置钢管过滤器，管径为 200～250 mm，填砾，抽水设备选深井泵为宜，泵流量采用 18～36 m^3/h 为宜。

汉阳—蔡甸、江夏及刘店—径河一带含水岩组主要为碳酸盐岩裂隙岩溶含水岩组，宜采用回转钻机钻进，井深为 60～200 m，井径为 150～250 mm，一般不必全孔下置过滤器，仅在岩溶发育部位及裂隙发育段下置圆孔过滤器，以防跨孔和堵塞，抽水设备宜采用深井泵及深井潜水泵。

黄陂水源涵养区含水岩组主要为变质岩风化裂隙含水岩组，分布广，水量弱，均一性差，大部分地区适宜人工挖凿凿井，口径大于 600 mm，井深一般为 10 m 左右，宜分散式农户用水，用泵提式或手压式。但在局部构造带或强风化带，钻孔涌水较大，可钻井取水。

管井的井距应根据各区含水岩组的水文地质特性分别对待。第四系孔隙承压含水岩组各管井井距，一般应大于 500 m；裂隙孔隙承压含水岩组中开采井距应大于 800 m；碳酸盐岩裂隙岩溶含水岩组中开采井距应大于 1 000 m。

第四节　应急供水水源地

地下水应急供水水源地，是指在遭遇水质污染突发事件、特枯年或连续干旱年等情况下，为解决城镇生产及生活用水的燃眉之急而采用一种非常规的、有一定开采周期的临时性供水水源地。如可动用地下水的储量、在一定约束条件下环境损失的换取量、需一年或多年补给的疏干量及经政府协调改变原供水方向的水源地供水量等。

一、应急供水水源地的选取原则

结合武汉市的实际情况，提出如下应急供水水源地选取原则。

（1）具有地下水水源地的特征（储量、供水能力及水质等）。

（2）具有较强的地下水调节能力。在一定时期内，允许按一定的地质环境约束条件动用地下水储存量。

（3）具有较强的恢复能力。应急供水后，在一定的时间内，通过天然和人工补给，恢复地下水水位。

（4）在可解决应急供水需求的情况下，应急供水水源地应尽量选择距离城市或重要工业区位置近、供水条件便利的水源地或富水地段，并同时考虑行政区划。

（5）具有经济可行性。

二、应急供水水源地的确定

根据应急供水水源地的选取原则，结合武汉都市发展区城市规划与建设、现有地下水开采井等实际情况，确定东西湖、黄陂武湖、武钢、徐家棚、白沙洲及汉阳6个应急供水水源地，面积分别为 374.52 km^2、186.86 km^2、70.18 km^2、47.09 km^2、30.5 km^2、22.98 km^2，分布范围见图8.2。

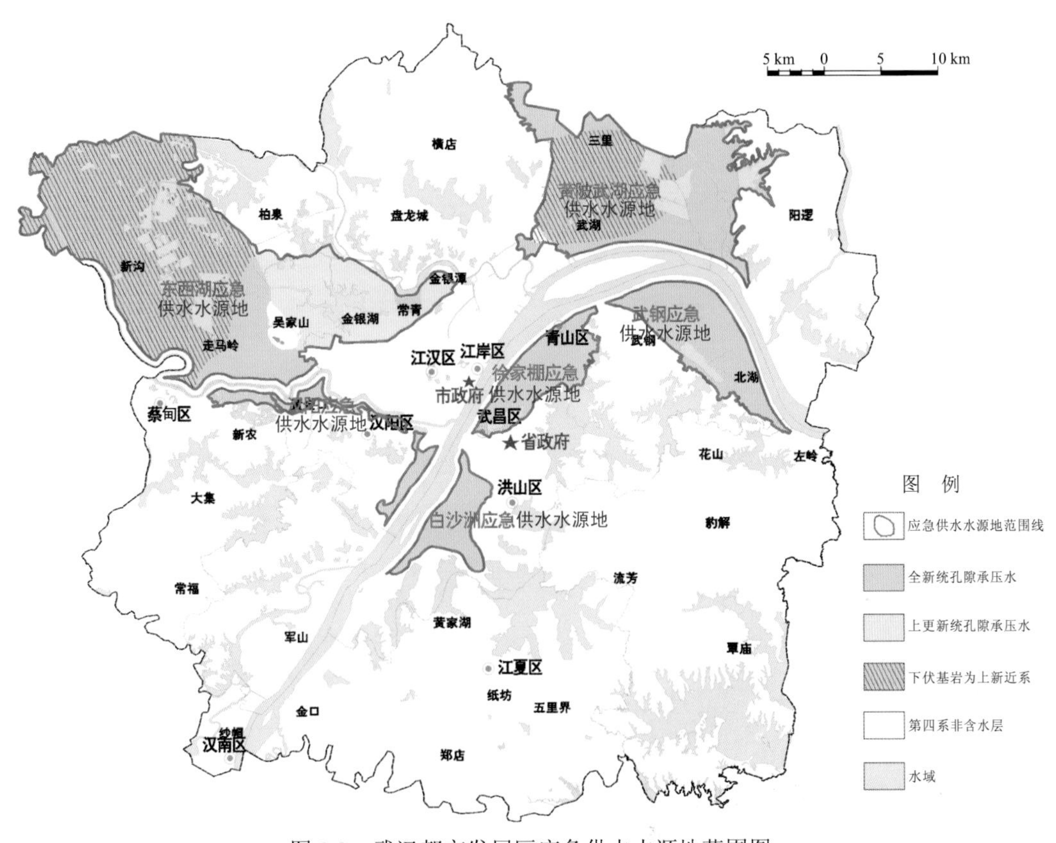

图8.2　武汉都市发展区应急供水水源地范围图

（一）东西湖走马岭、辛安渡应急供水水源地

武汉市东西湖应急供水水源地位于武汉市东西湖区走马岭、辛安渡一带，行政区划隶属武汉市东西湖区，面积为 374.52 km^2。该区紧邻武汉市汉口中心城区，地下水开发利用程度不高。

该应急供水水源地主要含水岩组为第四系全新统（Q_h）、上更新统（Q_{p_3}）孔隙承压含水岩组，含水岩组厚 4.94～50.31 m，顶板埋深为 8.04～40.31 m。上部覆盖全新统孔隙潜水含水岩组，局部地段下伏新近系裂隙孔隙承压含水岩组。

该应急供水水源地主要地下水类型为第四系全新统孔隙承压水，单井涌水量一般大于 500 m^3/d，水量较丰富—丰富，局部地段（走马岭地区）为 10～500 m^3/d，水量较贫乏—中等（图8.3）。

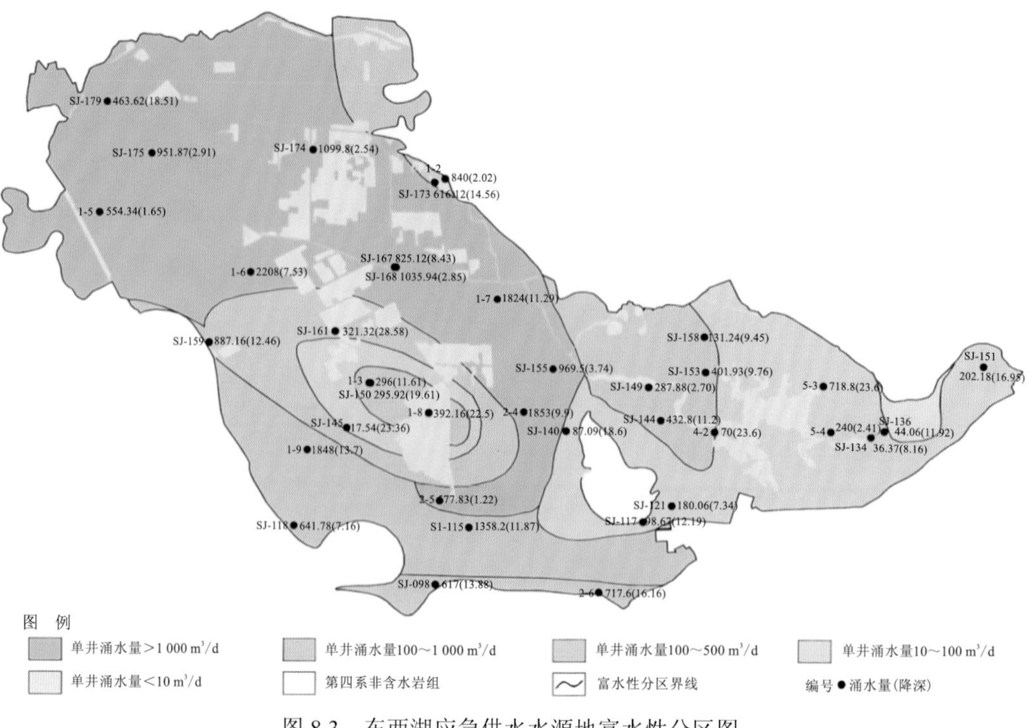

图 8.3　东西湖应急供水水源地富水性分区图

区域第四系全新统孔隙承压水主要超标元素有总硬度、氨氮、亚硝酸盐、铁和锰，需经过处理后方可使用；上更新统孔隙承压水和新近系裂隙承压水水质较好，大部分为 I 级和 II 级，可直接使用。

（二）黄陂武湖应急供水水源地

黄陂武湖应急供水水源地位于黄陂区武湖农场—武汉生物工程学院一带，行政区涉及武汉市黄陂区和新洲区，紧邻武汉市中心城区，面积为 186.86 km^2。以往当地居民零星开采地下水作为饮用水，现基本停止开采。

该应急供水水源地主要含水岩组为第四系全新统、上更新统孔隙承压含水岩组。上部覆盖全新统孔隙潜水含水岩组，局部地段下伏新近系裂隙孔隙承压含水岩组。

该应急供水水源地主要地下水类型为第四系全新统孔隙承压水、上更新统孔隙承压水和新近系裂隙孔隙水，单井涌水量分别为 240～1 960 m^3/d、7.847 m^3/d 和 256.61～486 m^3/d，全新统孔隙承压水水量中等—丰富，上更新统孔隙承压水水量极贫乏，新近系裂隙孔隙水水量中等，相比而言，全新统孔隙承压水水量更具开采价值，在应急条件下也可以开采利用新近系裂隙孔隙水（图 8.4）。

该区域第四系全新统孔隙承压水主要超标元素有总硬度、铁和锰，需经过处理后方可使用；上更新统孔隙承压水和新近系裂隙承压水水质较好，大部分为 I 级和 II 级，可直接使用。

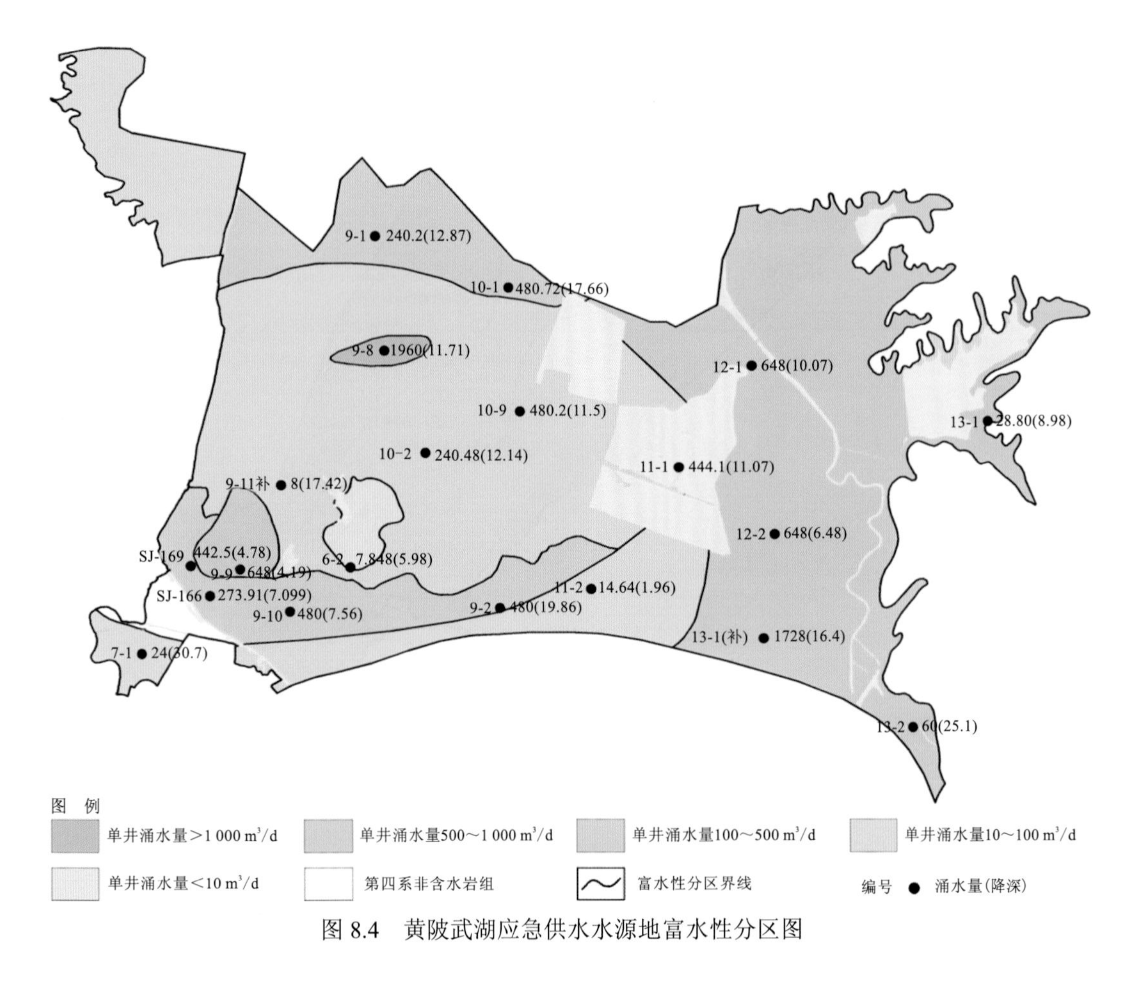

图 8.4 黄陂武湖应急供水水源地富水性分区图

（三）武钢应急供水水源地

武钢应急供水水源地位于青山区东侧的长江一级阶地，呈北西—南东向延伸，似弓形向北东突出，面积为 70.18 km^2。长江弧形河段围绕其边缘，形成已知水位边界，其西南与青山—白浒山一带丘陵岗地相邻，是其隔水边界。

该应急供水水源地地表为全新统冲积层，下伏有相对隔水的白垩系—古近系红砂岩，局部为凝灰岩。全新统底具河流相沉积二元结构：上部为冲积、冲湖积的粉砂、粉质黏土、黏土等细粒沉积层，赋存松散岩类孔隙潜水；下部为冲积砂层（卵）石层，具松散岩类孔隙承压水。

第四系全新统孔隙承压含水岩组是本区供水的主要含水岩组，其富水性从阶地前缘到后缘有规律的变化，形成不同的富水地段（图 8.5）。阶地前缘地带单井涌水量>1 000 m^3/d，为水量丰富区；阶地中部单井涌水量为 500～1 000 m^3/d，为水量较丰富区；阶地后缘单井涌水量为 100～500 m^3/d，为水量中等级。

该区域第四系全新统孔隙承压水主要超标元素是锰，其次是铁、硫酸盐、硝酸盐及亚硝酸盐，需经过处理后方可使用。

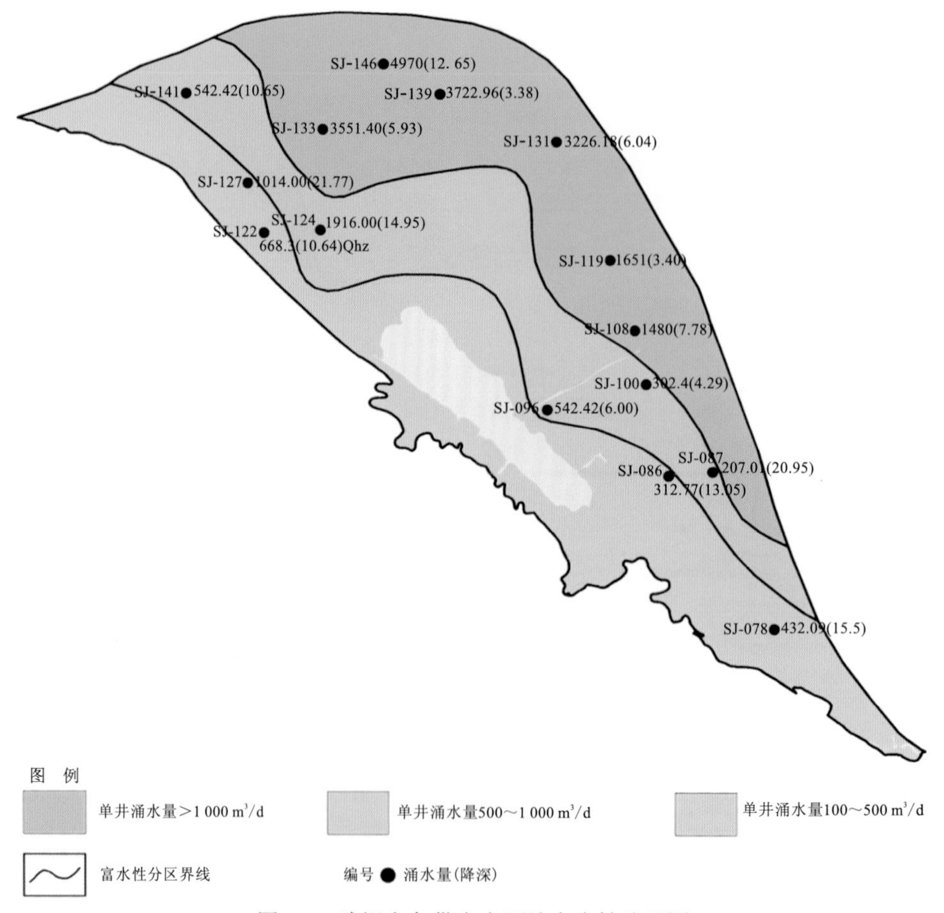

图 8.5 武钢应急供水水源地富水性分区图

（四）徐家棚应急供水水源地

徐家棚应急供水水源地位于武昌徐家棚—红钢城一带一级阶地，面积为 47.09 km^2。该应急供水水源地北西临长江，形成已知水位边界；南东与中更新统红色黏土构成的岗地相接，形成隔水边界。

区内地表为全新统堆积物，具河流相沉积二元结构特征：上部为黏土、粉质黏土、粉砂土等；下部为砂、砂砾石层，赋存全新统孔隙承压水。

全新统孔隙承压含水岩组是本区的主要含水岩组，岩性自上而下由细变粗，由粉砂逐渐过渡为细砂、中砂，部分钻孔见砾石层。含水岩组富水性中等—丰富（图 8.6）。

该区域第四系全新统孔隙承压水主要超标元素是铁、锰，其次是硝酸盐和亚硝酸盐，需经过处理后方可使用。

（五）白沙洲应急供水水源地

白沙洲应急供水水源地位于武昌白沙洲一带长江一级阶地，面积为 30.5 km^2。其西邻长江，形成已知水位边界；南部和东部（石咀—青菱寺—武泰闸一线）由中更新统红色黏土和全新统湖积黏土构成隔水边界。

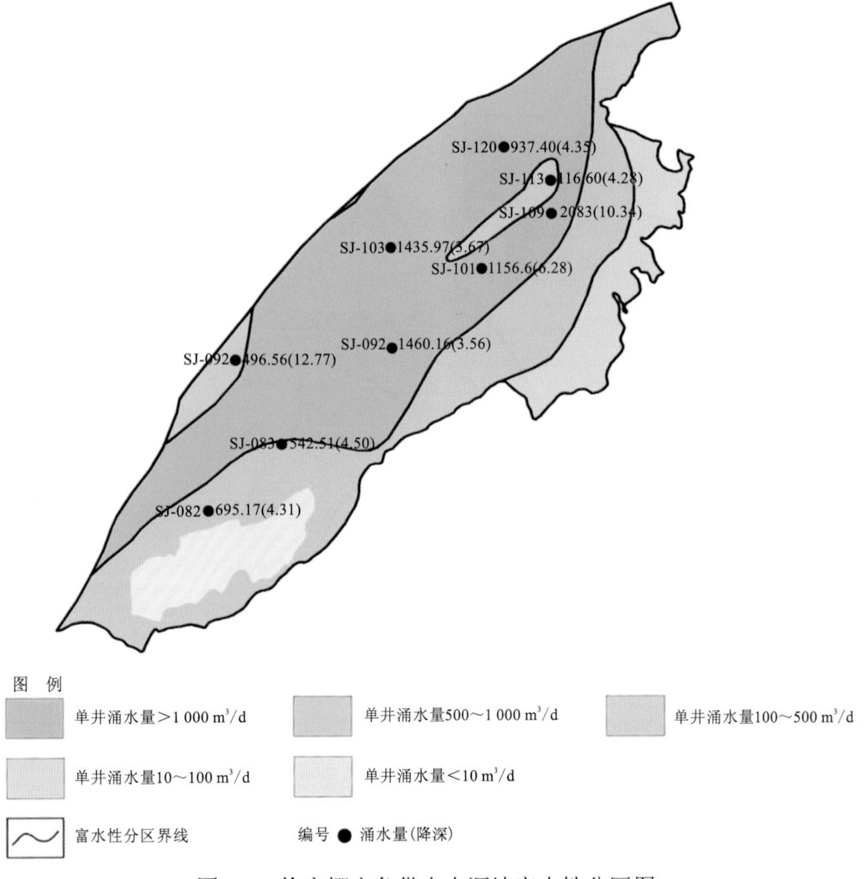

图 8.6 徐家棚应急供水水源地富水性分区图

区内地表覆盖全新统冲积、冲湖积物，深部潜伏白垩系—古近系红砂岩或三叠系碳酸盐岩。全新统具河流沉积相二元结构特征：上部为冲积、冲湖积的粉砂土、粉质黏土、黏土等，赋存全新统孔隙潜水；下部为松散的冲积砂和砂砾石层，其中赋存全新统孔隙承压水，为本区地下水供水的主要含水岩组。深部埋藏的基岩，受地质构造制约，各地段所见地层岩性不一。南部张家湾—青菱寺一带，为相对隔水的白垩系—古近系红砂岩；北部湖北船厂、陆家街一带是中—下三叠统嘉陵江组碳酸盐岩。南部赋存全新统孔隙潜水及孔隙承压水，而北部则有孔隙潜水、孔隙承压水、裂隙岩溶水三种地下水。

该应急供水水源地从阶地前缘至后缘，单井涌水量逐渐较小，地下水富水性呈现由丰富到中等的变化规律（图 8.7）。

该区域第四系全新统孔隙承压水主要超标元素是铁、锰，其次是亚硝酸盐局部超标，需经过处理后方可使用。

（六）汉阳应急供水水源地

汉阳应急供水水源地位于汉阳区、蔡甸区汉江和长江的一级阶地上，面积为 22.98 km^2。东临长江，北依汉江，构成该应急供水水源地已知水位边界。西南边为中更新统红色黏土构成的岗地，岗地之间的红色黏土上覆有不厚的全系统淤泥质黏土的湖积平原，形成应急供水水源地西南边的隔水边界。

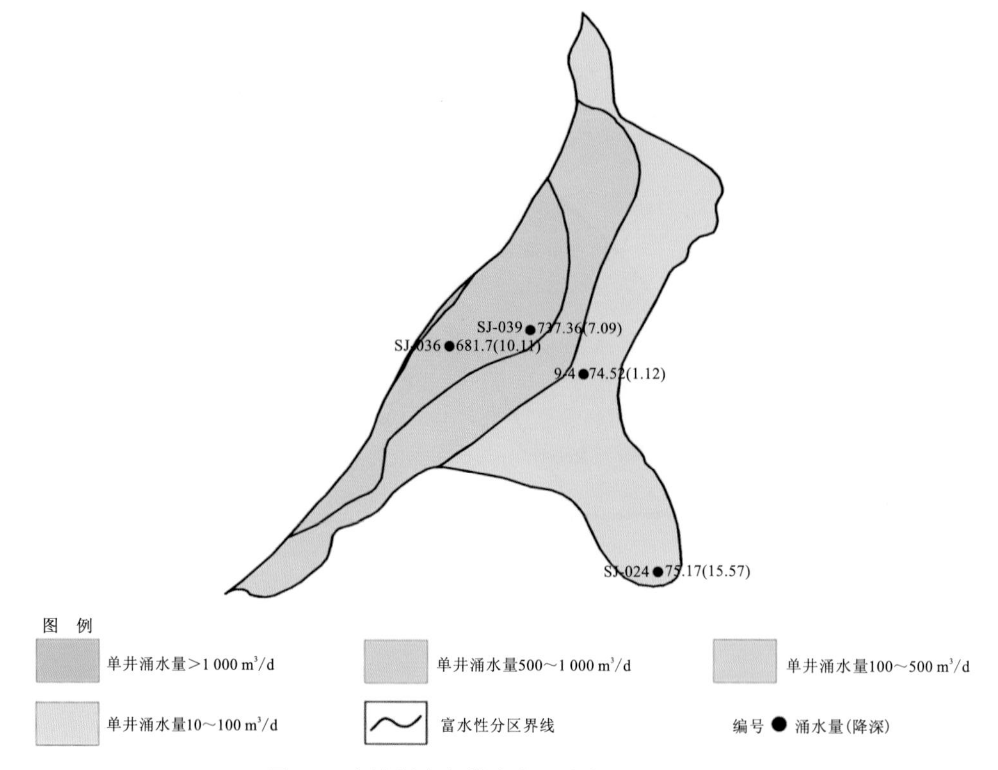

图 8.7　白沙洲应急供水水源地富水性分区图

该应急供水水源地地表为全新统冲积物，其下多由志留系页岩形成隔水底板。在鹦鹉洲则下伏有碳酸盐岩裂隙岩溶含水岩组。全新统具河流相沉积二元结构特征，上部为粉质黏土、黏土，赋存全新统孔隙潜水；下部为冲积的砂、砂砾石层，构成全新统孔隙承压含水岩组。全新统孔隙承压含水岩组是该应急供水水源地的主要含水岩组，主要分布在鹦鹉洲，呈宽约 1～2 km 的北北东向新月状，而在汉江边则呈 600～1000 km 狭窄条带展布，仅黄金口一带为 9 km^2 的面积性分布。

第四系全新统孔隙承压水是该应急供水水源地的主要地下水类型，区内富水性分为丰富和中等两个部分（图 8.8）。地下水水量丰富区主要位于鹦鹉洲临江一带及蔡甸区靠近汉江一带，单井涌水量>1 000 m^3/d；其他区域均为地下水水量中等级区，单井涌水量为 100～500 m^3/d。

该区域第四系全新统孔隙承压水主要超标元素是铁、锰，其次是亚硝酸盐局部超标，需经过处理后方可使用。

三、应急供水水源地开采潜力分析

（一）地下水开采潜力评价分析原则

地下水开采潜力分析，按《县（市）区域水文地质调查基本要求》进行。对于开采潜力指数 $P>1.2$ 的区域，按表 8.2 划分开采潜力区。

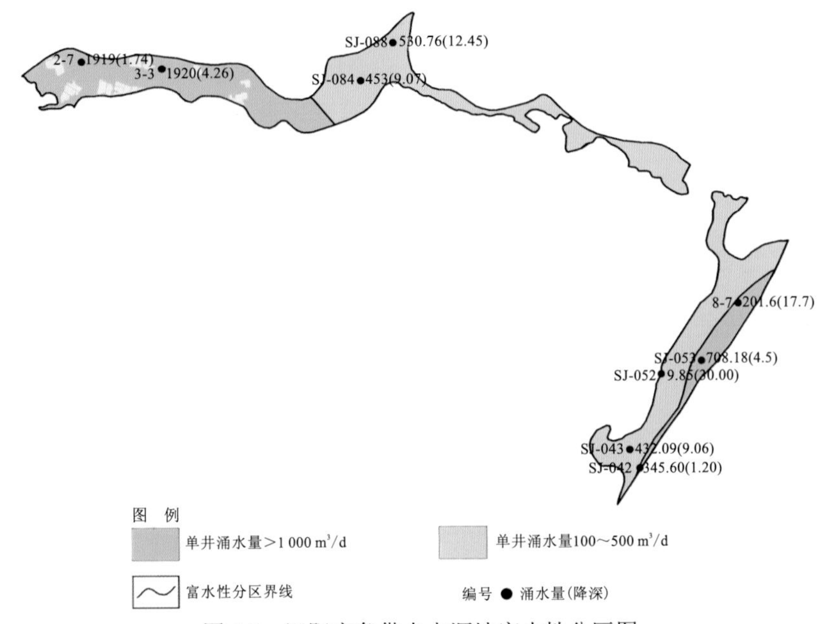

图 8.8 汉阳应急供水水源地富水性分区图

表 8.2 地下水开采潜力划分标准

开采潜力	可增加允许开采量/[10^4 m^3/（km^2·a）]	备注
潜力较小	<10	可增加允许开采量＝单位面积允许开采量－单位面积地下水已开采量
潜力中等	10～20	
潜力较大	>20	

（二）地下水开采潜力评价分析结果

武汉都市发展区应急供水水源地允许开采量为 11 508.83×10^4 m^3/a，现状开采量为 49.4×10^4 m^3/a，可增加允许开采量为 146.04×10^4 m^3/（km^2·a）。区内的地下水开采潜力按各应急供水水源地进行统计计算，见表 8.3。

表 8.3 武汉都市发展区应急供水水源地地下水开采潜力一览表

应急地下水源地名称	面积/km^2	允许开采量/（10^4 m^3/a）	已开采量/（10^4 m^3/a）	开采潜力指数（P）	可增允许开采量/[10^4 m^3/(km^2·a)]	潜力分区
东西湖走马岭、辛安渡应急供水水源地	374.52	4 404.36	14.7	299.62	11.72	中等
黄陂武湖应急供水水源地	186.86	1 917.18	0	>1.2	10.26	中等
武钢应急供水水源地	70.18	2 255.59	0	>1.2	32.14	较大
徐家棚应急供水水源地	47.09	1 228.11	0	>1.2	26.08	较大
白沙洲应急供水水源地	30.5	666.73	34.7	19.21	20.72	较大
汉阳应急供水水源地	22.98	1 036.86	0	>1.2	45.12	较大
合计	732.13	11 508.83	49.4	—	146.04	—

注：开采潜力指数＝允许开采量/已开采量。

从表 8.3 可以看出，武汉都市发展区 6 个应急供水水源地开采潜力指数均大于 1.2，其中东西湖走马岭、辛安渡应急供水水源地和黄陂武湖应急供水水源地可增加允许开采量均为 $10\times10^4\sim20\times10^4\ m^3/(km^2\cdot a)$，为中等开采潜力区；武钢应急供水水源地、徐家棚应急供水水源地、白沙洲应急供水水源地及汉阳应急供水水源地可增加允许开采量均大于 $20\times10^4\ m^3/(km^2\cdot a)$，为较大开采潜力区。

（三）应急分析

按照《城市居民生活用水量标准》（GB/T 50331—2002）中的用水定额，每人每天为 0.18 m^3，武汉市东西湖走马岭、辛安渡应急供水水源地允许开采量为 $4404.36\times10^4\ m^3/a$，紧急时期该水源地水资源量每天可供约 67.04 万人使用；黄陂武湖应急供水水源地允许开采量为 $1917.18\times10^4\ m^3/a$，紧急时期该水源地水资源量每天可供约 29.18 万人使用；武钢应急供水水源地允许开采量为 $2255.59\times10^4\ m^3/a$，紧急时期该水源地水资源量每天可供约 34.33 万人使用；徐家棚应急供水水源地允许开采量为 $1228.11\times10^4\ m^3/a$，紧急时期该水源地水资源量每天可供约 18.69 万人使用；白沙洲应急供水水源地允许开采量为 $666.73\times10^4\ m^3/a$，紧急时期该水源地水资源量每天可供约 10.15 万人使用；汉阳应急供水水源地允许开采量为 $1036.86\times10^4\ m^3/a$，紧急时期该水源地水资源量每天可供约 15.78 万人使用。6 个应急供水水源地每天可供约 175.17 万人使用。

根据官方公布的信息，2019 年末 2020 年初武汉市常住人口为 1121.20 万人，划定的 6 个应急供水水源地远远不能满足整个武汉市的应急需求，因此应在新城区加强应急供水水源地的勘查，圈定新的应急供水水源地。

第五节　地下水水源地保护对策

根据地下水功能分区规划目标，提出地下水开发、利用、管理与保护的相关工程措施和非工程措施。

一、工程措施

（一）保护区地下水保护规划

武汉市地下水保护区主要包括地质灾害易发区、水源涵养区和湿地生态脆弱区，保护区地下水应限制开采，限制开采量依据地下水可开采量而定。

（1）地质灾害易发区。根据各区水文地质条件及供需状况，所有地质灾害易发区均为地下水限采区。对于地下水开采量超过限采量的地区，根据供需，逐步控制地下水开采，压缩地下水开采量，使规划期末地下水开采量保持在限制开采量之内；对于地下水尚有一定开采潜力的地区，可适当加大地下水的开采，但总的趋势是在 2030 年前逐步减少地下水的开采量。

（2）湿地生态脆弱区。涨渡湖湿地生态脆弱区，地下水限制开采量为 $824\times10^4\ m^3/a$，现状年地下水开采量为 $108\times10^4\ m^3/a$。由于供需矛盾突出，允许适当增加地下水开采量；

预计至2030年，停止保护区内对地下水的开采，涵养水源，保护湿地生态环境良性发展。沉湖自然保护区生态脆弱区，地下水限制开采量为683×10^4 m^3/a，现状地下水开采量仅为5×10^4 m^3/a。可停止该区内的地下水开采，涵养湿地生态水源。

（二）地下水水质保护

1. 城市供水水源地的保护

水源地保护工程是在水源保护区建立隔离防护、综合整治、修复保护体系。

（1）隔离防护。在保护区边界设立物理或生物隔离设施，防止人类活动等对水源地保护和管理的干扰，拦截污染物直接进入水源保护区。

（2）综合整治。对保护区内现有点源、面源、内源、线源等各类污染源采取综合治理措施，对直接进入保护区的污染源采取分流、截污及入河、入渗控制等工程措施，阻隔污染物直接进入水源地水体。

（3）修复保护。采取生物和生态工程技术，对湖库型水源保护区的湖库周边湿地、环库岸生态和植被进行修复和保护，营造水源地良性生态系统。

2. 农村分散式供水水源地的保护

随着我国农村社会经济的快速发展，农村供水方式不断改进，目前逐步开始建设小区集中供水系统。但由于处理能力和技术等方面的原因，农村地区的供水主要受天然水质好坏的影响。因此，重在保护水源。

（1）卫生安全。农村分散式供水井周边应禁止垃圾、粪便堆放和畜禽活动。一般地，离井和垃圾堆或者厕所的距离不应小于50 m，并尽可能保持井在垃圾场上游方向。

（2）井口。注意井口封闭性。井台口应高出地面50 cm以上，避免雨季地表污染水流的流入。对于洪泛区的农村地区，不仅要提高井口高度，还要有井口密封装置，避免洪水污染井水和地下水。

3. 地下水污染预防

（1）城市规划设计时，应考虑地下水水源的保护，特别要考虑城市建设布局与地下水源的补给区的关系，补给区是最薄弱的地带，往往地表黏土盖层较薄，污染物最容易通过这一范围进入水源，在规划设计时，应使厂矿远离此区。

（2）废弃井封井。对于勘探孔或废弃的开采井，应及时回填封孔，防止人为因素造成地下水污染，同时，部分停用井可改造成为观测井。

（3）控制污染源，解决工业污染，使企业污废水长期稳定达标排放。通过企业技术改造，改进工艺流程，推进工业企业清洁生产，大量采用国内外先进的工艺、设备，淘汰落后的设备和工艺，真正把生产产品的物耗、能耗大幅度降下来，把单位产品的排污量降低到最少，对一时无法利用的废水、废渣等排放物进行无害化处理，使废弃物达到国家排放标准。

（4）污水集中处理。保护地表水体，保证其不受污染，应严格控制排入长江、汉江等河流及内湖的工业废水及生活污水的排放标准，同时解决污染物排放无序问题，做到先处理再排放。建设污水处理厂和配套管网改造，将生活污水和达标后的工业废水进行

集中处理，使处理后的水质达到国家地表水Ⅴ类水质标准，并逐步深度化处理，实现污水资源化。

（5）控制化肥农药污染。化肥、农药造成的面污染，具有分布面广、排放量多、随机性强的特点，治理难度大，控制面污染源是一项长期的工作，要从源头做起。通过加强对肥料质量的监督管理，禁用劣质化肥，增施有机肥，推广生物防治技术、物理防治技术消灭农作物病虫害，少用或不用农药，达到减少农药污染的目的。

二、非工程措施

（一）水资源保护监测规划

1. 地下水监测网现状

（1）地下水监测基本情况。武汉都市发展区监测网共有监测孔 80 个，其中人工监测孔为 54 个，自动监测孔为 26 个。

（2）监测方式。监测方式分为自动监测和人工监测两种，其中自动监测为 26 孔，人工监测为 54 孔，人工监测方式分为自观与委托观测。

（3）观测频率。人工监测孔监测频率枯水期及平水期为 10 日一观，每月 10 日、20 日、30 日（2 月为 28 日）进行观测；自动监测孔每日自动传输数据两次；丰水期（7 月、8 月、9 月）适当加密观测，监测频率一般为 5 日一观，每月 5 日、10 日、15 日、20 日、25 日、30 日（2 月为 28 日）进行观测。

2. 地下水水质监测点建设

武汉都市发展区水质监测采样分别在枯水期（11 月～次年 1 月）和丰水期（6～8 月）进行，对不同含水岩组内地下水、地表水采样分析，另选取枯水期部分水样进行有机污染分析和饮用水分析。

3. 监测分析项目

监测分析项目主要包括全分析、微量元素分析、专项分析、重金属分析、地下水污染综合分析及饮用水分析 6 项。

（1）全分析：K^+、Na^+、Ca^{2+}、Mg^{2+}、NH_4^+、Al^{3+}、Cl^-、SO_4^{2-}、HCO_3^-、CO_3^{2-}、NO_3^-、NO_2^-、可溶性 SiO_2、pH、游离 CO_2、生物需氧量、总硬度、暂时硬度、永久硬度、负硬度、总碱度、固形物共 22 项。

（2）微量元素分析：Fe、Mn、As、F 共 4 项。

（3）专项分析：酚、氰 2 项（仅部分控制点）。

（4）重金属分析：镉、汞、铅、钡、钴、镍、铬、铜、锌、砷（类金属）共 10 项；

（5）地下水污染综合分析：除上述全分析和重金属分析项目外，加入有机污染组分分析，包括卤代烃、氯代苯类、单环芳烃、有机氯农药（六六六、滴滴涕总量及衍生物）、多环芳烃（苯并[a]芘）。

（6）饮用水分析：在水质全分析的基础上，加上 8 项常规菌类卫生指标。

4. 地下水监测网规划方案

地下水的监测包括水位、水温、水量和水质的监测。根据地下水功能区保护目标和要求，地下水动态监测网重点对开发区和保护区进行监测。中心城区分散式地下水开发利用区，每 100 km^2 不少于 5 个监测点；保护区中的各地下水二级功能区，地下水水位、水文、水量和水质监测点的布设密度，每 100 km^2 不少于 1 个。

（1）水量监测。水量的监测主要针对中心城区主要取水用户，安装在线流量监测系统，以便实时掌控地下水开采量，防止地下水超采。中心城区新建取水用户，在取水前均需安装在线流量监测系统。新城区取水用户逐步安装在线流量监测系统。

（2）观测孔修复。完成武汉市内淤堵的观测孔清淤工作，对其他长观孔进行逐步排查，及时处理淤堵观测孔，从而保证地下水监测工作的顺利进行。地下水开发区或超采区如有停用的水井，在水井保存良好、位置适宜的情况下，可将其改造为观测孔。

（3）新建监测点。综合监测点包括水位、水温和水质监测。近期新建的地下水综合监测点，可监测汉口、徐家棚、武昌、白沙洲、汉阳分散式地下水开发利用区及武昌地质灾害易发区共 6 个区；中期（～2025 年）新建的地下水综合监测点，主要监测武钢分散式地下水开发利用区、黄陂、刘店—径河、汉阳—蔡甸及江夏地质灾害易发区共 5 个区；远期（～2035 年）新建的地下水综合监测点，主要监测新洲、黄陂分散式地下水开发利用区，黄陂水源涵养区，汉南储备区，涨渡湖、沉湖生态脆弱区及东西湖应急供水水源区共 7 个区。

主城区地下水位监测点逐步实现自动监测，新城区地下水监测主要采用人工监测的方式，水位监测频率为 6 次/月。水质监测采用人工监测，水质监测频率为 2 次/年，丰枯期各一次。

（4）地下水资源监测数据库和监测信息管理系统平台建设。地下水资源监测数据库是整个系统运行的重点，它负责接收各类监测数据，同时为信息管理系统提供数据支撑。地下水资源监测信息管理系统是在地下水主要多源空间数据库的基础上，按行政区划单元实现基于分布式、可视化的数据采集、数据管理、网络化信息处理、交换、传输等功能，能够为地下水资源分析、评价提供重要信息支持平台。客户端可以查询有权限的数据，且可以生成并打印报表，导入导出数据，对数据库更新、删除、增加记录操作。

在规划近期完成地下水监测系统数据库和地下水资源监测信息系统管理平台的建设，将已有地下水监测资料录入地下水监测系统；规划中远期逐步完成新建地下水监测点监测资料的录入，实现地下水资源监测数据库的及时更新，充分发挥地下水资源监测信息管理系统的作用。

（二）地下水资源管理措施

（1）严格执行地下水管理办法。严格贯彻执行国务院 2021 年 9 月 15 日颁发的《地下水管理条例》和 2006 年 2 月 21 日颁发的《取水许可和水资源费征收管理条例》及水资源论证制度，全面实行用水计量、计划供水、定额管理、总量控制；制定行业用水标准，加快淘汰高耗水、高污染产业；加强对特殊行业的用水管理。贯彻执行《武汉市城市节约用水条例》，实施节水奖惩制度，建立社会节水监督网络，加大节水执法检查力度；

制定再生水利用、雨洪水利用、回灌水等管理条例和标准；保证全市地下水资源合理开发利用，改善地下水水质，实现水资源的可持续开发利用。

（2）完善地下水管理制度。建立市、区、乡镇三级取水计量管理部门年度考核制度，用水大户节水责任落实制度，用水实时监测和超量用水预警制度，发布特殊行业用水管理政策。严格落实特殊用水行业和高耗水行业的节水措施。落实地下水地源热泵系统建设和运行管理的相关规定，严格实施地下水 100%回灌。

（3）完善地下水管理体制。武汉市一直致力于“水患”治理，水资源意识相对淡薄，尽管在权属管理上明确水行政主管问题的职责，但在《中华人民共和国水法》指导下的法规体系并不健全，社会水资源意识和水资源管理并未得到强化，在地下水的管理问题上更显混乱，甚至可以说并未实现真正意义上的“一龙制水”目标。因此，必须从法规与体制着手，再下功夫，为水资源管理提供有力支持。应尽快完善地下水开发利用管理相关法律，严格执行《武汉市地下水资源区划》，使武汉市地下水开发利用管理工作进入规范化轨道。

（4）加大节水宣传力度。加强农村地区宣传力度，推广取水计量模式，逐步转变农村地区传统的取用水观念。研究制定农业灌溉、绿化用水的取水计量管理模式及运行维护管理方案，切实做到在农村地区的取水计量管理工作可以有法可依、有法可用。

（5）合理规划污染源排放点。城市建设必须充分考虑水文地质条件，全面规划，合理布局。排放污水和废水的地点和途径要严格选择。新建和扩建的供水水源地，应尽可能选择在地下水的上游补给区；易造成污染的厂矿，如石油、化工、合金电镀、冶炼等企业，应尽可能远离地下水水源地。

（6）完善深基坑排水系统管理。深基坑排水由于在历时上具有短暂性，目前武汉市水务部门并未对此制定具体要求。深基坑排水由于其大量连续性抽水，很容易引起局部地面沉降或建筑物变形，同时抽取的大量地下水基本上直接排入下水道，造成地下水资源的浪费。随着城建工程的增加，深基坑排水量将越来越多，水务部门应制定相关政策，对深基坑排水进行统一管理，对抽取的地下水进行计量收费，对引起地面变形的基坑排水适时控制。

第九章

地热能资源开发利用

第一节 概 述

地热能是蕴藏在地球内部的热能，是一种清洁低碳、分布广泛、资源丰富、安全优质的可再生能源。地热能开发利用具有供能持续稳定、高效循环利用、可再生的特点，可减少温室气体排发，改善生态环境，在清洁能源中占有重要地位。合理开发利用地热能，实现清洁供暖，是缓解当前过度依赖化石能源供热，对资源环境造成压力的有效解决方案，不仅对调整能源结构、节能减排、改善环境具有重要意义，而且对培育新兴产业具有显著的拉动效应，是促进生态文明建设的重要举措。利用地热水，因地制宜地发展地热旅游开发，建设各具特色、分布合理、配套服务完善的温泉小镇及旅游、休闲度假、养老园区，具有较大的市场空间，同时在蔬菜大棚、规模种植养殖、工业利用等方面，也存在巨大的冷、热资源需求。

目前武汉市完成了浅层地热能资源勘查，在建筑制冷供暖等方面得到了广泛应用；实施了重点区域中深层地热资源勘查，开发利用工作在稳步推进中。经过多年发展，初步形成了地热勘查、设计、施工、运营、相关产品制造、研发、投资和利用监管体系。本章主要阐释地热能资源开发利用潜力、现状和开发利用对策等，并结合蔡甸区索河中深层地热勘查项目，介绍武汉地区中深层地热勘查打井选址、勘查、评价方法和技术，该项目采用多项先进技术，在多方指导、合作下，在武汉首次钻获出水量超过 2 000 m^3/d、井口出水温度超过 50 ℃的优质珍稀地热资源，取得较好效果。

第二节 浅层地热能资源开发利用

一、浅层地热能资源可开发利用潜力

在武汉都市发展区集中建设区范围内，采用地下水地源热泵系统，浅层地热能资源利用总潜力为夏季可制冷面积为 $333\times10^4\ m^2$，冬季可供暖面积为 $229\times10^4\ m^2$，相对来说，长江、汉江一级阶地松散岩类孔隙承压水资源量较丰富，可利用潜力较大（图 9.1）。

采用地埋管地源热泵系统，浅层地热能资源利用总潜力为：夏季可制冷面积 $7.11\times10^8\ m^2$，冬季可供暖面积 $8.37\times10^8\ m^2$，可利用潜力巨大（图 9.2）。

长江、汉江河道采用地表水地源热泵，夏季可制冷总面积为 $9053\times10^4\ m^2$，冬季可供暖总面积为 $7445\times10^4\ m^2$；其中长江、汉江单点夏季可制冷面积为 $73\times10^4\ m^2$，冬季可供暖面积为 $60\times10^4\ m^2$。

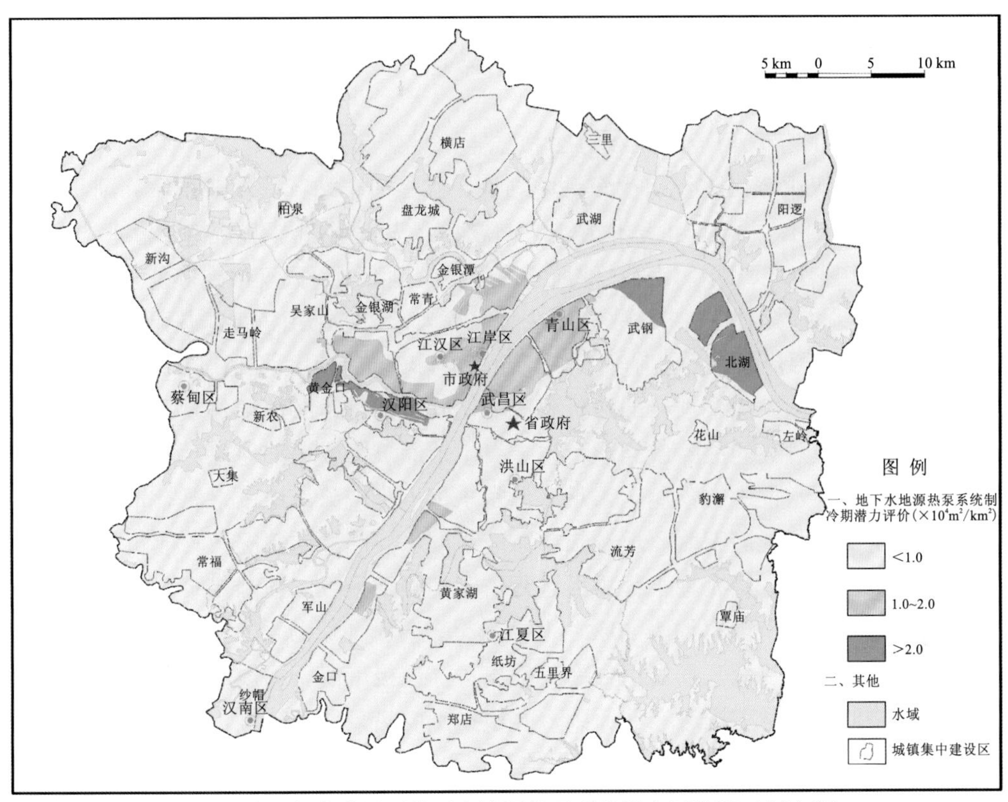

图 9.1　武汉都市发展区地下水地源热泵系统潜力评价图（制冷期）

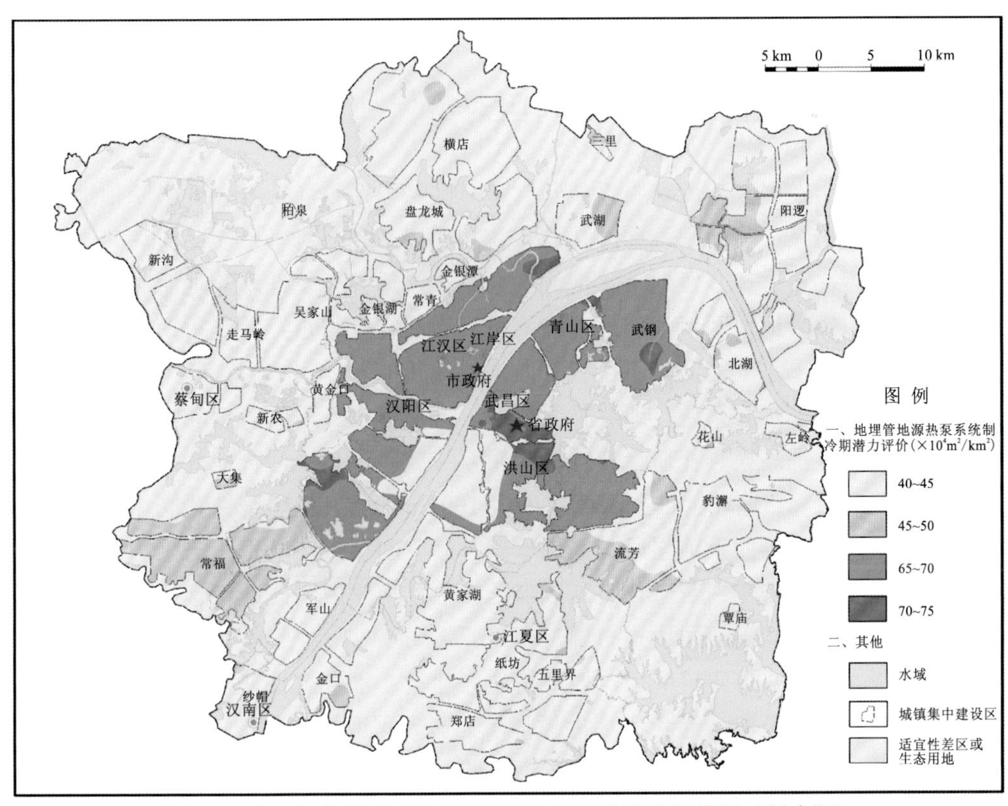

图 9.2　武汉都市发展区地埋管地源热泵系统潜力评价图（制冷期）

二、浅层地热能资源开发利用现状

武汉市自2000年汉口凌云集团办公楼地下水地源热泵项目建设、使用以来，截至2020年，已有武汉火车站、汉口火车站主站房、武昌火车站、武汉杂技厅、湖北大学、武汉塔子湖体育中心、武汉市美术馆、中南剧场、湖北省图书馆新馆、湖北省自然资源厅大楼、百步亭小区、朗诗国际、津航小区、奥山世纪城、武汉市委办公大楼、武汉市民之家、武汉国际博览中心、中法生态城规划馆等大量建筑采用了地源热泵系统，汉口滨江二七片区江水地源热泵工程正在建设中，全市实际建筑应用面积超过1 200×10^4 m^3。

根据对已建成地源热泵项目的运行状况的调研，武汉地区地源热泵系统运行基本正常，到目前未出现过大的故障或问题，也未发生地面沉降或塌陷现象。武汉建筑节能监测中心定期对地下水位进行监测，未见有异常水位下降现象，地下水温、水质无明显异常。典型建筑的沉降观测表明，地源热泵系统在取水并回灌的情况下，建筑物及地面沉降均在正常范围之内。从典型工程项目运行监测实测结果看，地源热泵系统比空气源热泵能效高出近40%，节能率约为30%，节能效果显著。

武汉市在浅层地热能开发利用方面，提出了“积极审慎，因地制宜，科学利用，依法依规，严格监管，稳步推进”的原则，并根据不同热泵技术特点，确定了“积极发展地埋管地源热泵，适度发展地下（表）水地源热泵”的发展方针。从近年应用情况来看，项目越来越多、规模越来越大、类型越来越多样、技术水平逐渐进步、管理更加规范、市场认知程度在提高，总体处于稳步推进和加速发展的阶段。

三、浅层地热能资源开发利用对策

根据武汉都市发展区地源热泵系统适宜性分区特点，长江、汉江一级阶地地区，开发地下水地源热泵系统与地埋管地源热泵系统相比更适宜；对于长江、汉江两岸广大的低垄岗平原地段，不适宜开发地下水地源热泵系统，适宜开发地埋管地源热泵系统；一级阶地后缘至二级阶地地区，浅层地热能开发利用适宜性较差；武汉市白沙洲地区、中南轧钢厂等地属地下水禁采区，不适宜开发浅层地热能。

对于地埋管地源热泵系统，通过技术创新、产业建设、质量管理和规模化发展，逐步降低建设成本，提高换热孔质量和地源热泵系统效率，是地埋管地源热泵系统应用发展的主要途径和目标。地埋管钻孔深度以60～100 m为宜，地埋管钻孔回填料换热性能不得低于原地层，在第四系地层段可采用原浆、砂浆回填，在基岩段需采用水泥系浆料回填，回填需足量、密实、及时补浆，以保证换热孔换热效率；地埋管换热间距不宜太小，地埋管布置时不能采用团块式布置。

开展地下水地源热泵建筑应用，要严格遵守建设、水资源管理程序和制度，统一规划，合理布局，加强监测，避免破坏地质环境。必须采取措施使地下水100%回灌入同一含水层，并不得引发地质灾害；同时合理布置抽水井、回灌井，避免热贯通现象。设计、建设地下水地源热泵项目时必须采用高效可行的水处理工艺、装置，并加强热源井

运行维护，以保护水资源、防止地质灾害、提高系统寿命和运行能效。

江水源及污水源热泵应用要因地制宜，只有在合适的场合、合适的条件下应用才会有良好的经济效益和节能效果。在应用上，考虑各种因素影响，宜单点大规模集中利用，采用复合系统，与其他能源结合利用，以降低建设运行成本，同时关注、解决影响应用的各方面不利因素。

地源热泵项目应加强投资经济性分析，包括初投资、运行维护费用、投资回收期等经济性分析。地下水及地埋管地源热泵项目设计时应将地下换热能力变化与系统逐时负荷进行对比，调整设计、运行策略，制订方案，调节使用地下换热器，保障温度场均衡、协调，提高浅层地热能利用水平与效率。项目运行阶段，应加强地温场运行监测，作为系统运行优化调节的依据。对已发现运行效率过低、达不到设计要求和使用效果的地埋管项目，应加以诊断，进行改良，积累经验。

随着绿色生态建设要求和南方供暖需求增大，地源热泵系统项目逐渐增多，应建设浅层地热能开发利用监测与管理平台，开展浅层地热能开发利用动态监测，对地温、水温、水质动态变化、能耗、能效等进行监测，作为地源热泵设计、运行参数调整和浅层地热能开发利用管理的依据，促进浅层地热能资源高效、安全、可靠利用。

第三节 中深层地热能资源开发利用

一、中深层地热能资源可开发利用潜力

武汉市占城市总面积约60%的中部及南部扬子地台区地下深处“古潜山”广布，其间襄广断裂、洪湖—湘阴断裂等深大断裂切割深度达数十千米，可成为地热导热导水通道和储水空间；北部大别山区受构造控制，也具备形成地热的条件，具备较好的深部探热找热条件。

二、中深层地热能资源开发利用现状

武汉市中深层地热资源目前设置的地热矿权有5处、投放3处，由于多方面原因，实际开发利用较少。但近年来，随着政策、技术、装备的发展，国家、地方政府加大了地质、地热勘探力度，找热理论更加成熟，勘探装备更加先进，勘探技术更加精细，勘探深度显著加深，隐藏在地下深处的地热资源逐渐被发现、揭露。

1971年武昌街道口地区武昌商业干校球场凿出的一眼37.75℃低温钻孔（武5井），终孔深度为2270 m；2011年，武汉江夏区五里界镇介子山庄钻凿了一口井深为1500 m的探采结合井，在380～520 m深度测温为31℃，终孔孔底温度为53.6℃；2014年底，江夏区三门湖地区施工了一口地热井，钻孔深度为800 m，水温为28℃，水量为2000 m^3/d，含水层为石炭系—二叠系；2019年，武汉市自然资源与规划局在长江新区起步区1013 m深度发现49.3℃地热异常。

近年来，依托“武汉市多要素城市地质调查示范”项目，开展了武汉市中深层地热调查和勘探示范工作。2019 年，实施了中深层地热资源调查与研究项目，在武汉长江新区、中法生态城、蔡甸索河、武昌土地堂、武汉经济技术开发区、黄陂区蔡店街源泉村等地区，划定地热重点勘查开发靶区 6 个，发现地热异常点 18 处。2020 年，部署实施了中深层地热勘查示范项目，在蔡甸区索河街施工了一口地热示范井，示范井深度为 1 880.02 m，日出水量为 2 069 m^3，出水温度为 50.2 ℃。水中富含矿物质及微量元素，偏硅酸质量浓度为 35.15 mg/L，达到“矿水浓度”；锶质量浓度为 12.20 mg/L，氟质量浓度为 3.31 mg/L，达到“命名矿水浓度”。

与此同时，东西湖区柏泉、黄陂区蔡店利用省地勘基金，正在开展地热勘查及钻探工作；蔡甸区索河地热小镇的建设规划建议已经引起蔡甸区政府和有关企业的重视。但武汉市中深层地热资源均未被开发利用。

三、中深层地热能资源开发利用对策

随着城市发展对各类资源的需求不断增长，地热资源作为可再生利用的绿色资源，越来越受到重视。武汉地区地热供暖需求大，需要持续加大地热勘查开发力度，查明区域地质结构、地热赋存条件和特征。建议加强基础地质、地热找矿理论、找矿方法研究，开展区域地质构造、地热成因、地热水补径排、地热能综合利用、地热勘探技术、地热钻探技术、地热集中供暖制冷与多能互补利用研究工作，解决地热资源开发利用关键技术难题。

从地热基础条件和利用需求的角度出发，建议开展武汉市地热整装勘查工作，对武汉市初步拟定的 6 大地热整装勘查区（带）、13 个重点勘查单元、25 处重点勘查区，根据勘查进度，分年度勘查并设置矿权。

在综合勘查评价基础上，编制提交“十四五”地热能开发利用区划、规划和矿业权规划等，并纳入省级、国家级矿产规划、可再生能源规划、旅游规划中。适时布置、调研、起草、报批地热资源开发利用管理政策、制度条例，有序投放矿权，推进地热资源依法、有序管理。

第四节　典型中深层地热勘查

2020 年，武汉市多要素城市地质调查部署实施了中深层地热勘查示范项目，该项目开展了井位论证、钻探、现场试验与测试、地热资源评价等工作，在蔡甸区索河街成功实施了索河-01 地热井，取得了武汉地区地热资源勘查重大突破。

项目井位论证中综合运用遥感、地质调查、水文地质调查、地热调查、多手段物探（广域电磁法、音频大地电磁法、可控源音频大地电磁法、谐振）、地球化学勘探、综合分析等方法，开展地热勘查和井位比选，确定钻井井位，设计井身结构，编制钻探施工

组织设计；组织开展钻探施工，并在钻探阶段开展简易水文观测、实时动态监测、岩屑（岩心）录井、钻探取心、实时测斜、物探测井、热储识别、下管固井止水、洗井、采能试验（抽水试验）和样品采集（岩样、水样）与测试等工作；根据钻探及试验结果，计算评价地热资源量、地热流体质量、经济与环境影响等，提出地热资源开发利用建议与环保措施。

一、井位论证

（一）勘查工作情况

2017～2019 年，湖北省地质局下属武汉水文地质工程地质大队、地质环境总站、地质调查院、地球物理勘探大队在蔡甸索河地区进行了地热调查、勘探、研究，经多次专家论证，该地区存在地热异常点，具备较好的地热成矿条件。按专家组要求，为进一步查明区域构造，确定钻井井位，进一步收集了相关地质资料，布置了地质调查、物探、化探等工作。

地质调查工作范围覆盖张湾—索河地区（包括官桥村、李集村、群益村等），以地表出露的地层和构造为调查对象，通过多次野外现场调查、分析，基本查清工作区内地层发育情况和构造形迹情况，结合区域资料初步分析研究区的地质构造演化过程。

采用广域电磁法测量、音频大地电磁法测量、谐振勘探等物探勘查方法，克服干扰并进行相互验证，以提高探测精度。通过对物探资料的解译，划分探查剖面垂向各电性层，分析构造特征。

为准确确定勘查区地质构造情况，找准断裂带位置、走向，指导地热勘探井定位，采用氡气测量的化学勘探方法。通过测氡数据整理分析，圈定氡气异常区段（点），结合物探和地质结果，综合分析隐伏断裂的走向和性质。

井位论证阶段完成地热地质调查面积为 20 km^2，化探（测氡）测线 7 条 342 点，大功率广域电磁法 4 条测线 276 点，谐振 2 条测线 52 点。

（二）勘查主要成果

勘查区位于扬子地台北缘，属于武汉台褶带区。经历了加里东期、印支期、燕山期及喜山期多期构造活动、形成了一系列性质较复杂、产状较陡的断裂构造系统及轴面近直立的宽缓型褶皱系统（图 9.3）。

勘查区西部是大洪山褶冲带，地表出露范围广、厚度较大的古生界碳酸盐岩沉积；中间隔着沉降较大的江汉盆地，沉积了厚层的新生代沉积物；勘查区地表出露基岩主要为二叠纪、石炭纪、泥盆纪、志留纪的灰岩、硅质岩、砂岩、泥岩，深部为奥陶纪、寒武纪的灰岩、白云岩、泥岩等。

根据地质调查、物探、化探成果，确定勘查区内 10 处地热异常点（表 9.1）。

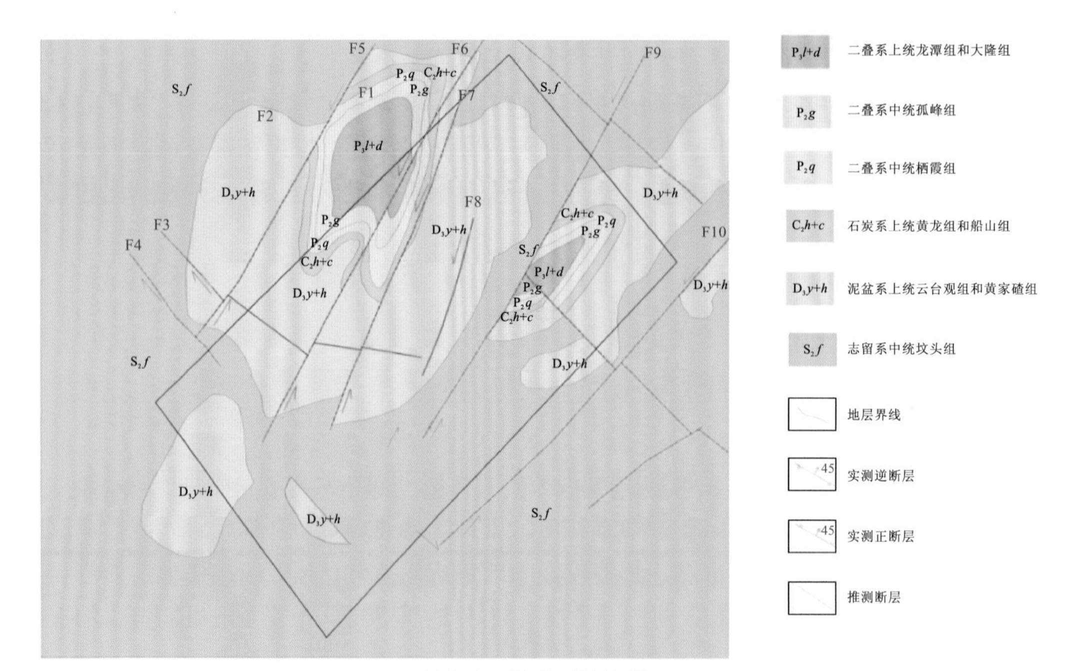

图 9.3 勘查区地质图

表 9.1 地热异常点特征表

推测地热有利区编号	所处剖面	所处地层及岩性	相关地质构造
①	GY02	O-€白云岩、灰岩	F1 断裂、F10 断裂
	GY11		
②	GY03	O-€白云岩、灰岩	F1 断裂、F9 断裂
③	GY01	O-€白云岩、灰岩	F3 断裂、F9 断裂
④	GY04	O-€白云岩、灰岩	F4 断裂
⑤	GY09	O-€白云岩、灰岩	F1 断裂
⑥	GY10	O-€白云岩、灰岩	F2 断裂、F7 断裂
⑦	谐 L02	O-€白云岩、灰岩	F2 断裂、F7 断裂
⑧	GY11	O-€白云岩、灰岩	F4 断裂、F9 断裂
⑨	GY11	O-€白云岩、灰岩	F3 断裂、F9 断裂
⑩	GY11	O-€白云岩、灰岩	F1 断裂、F10 断裂

（三）井位优选

综合分析 10 个地热异常点地热地质、钻探施工、开发利用条件，10 号异常点位于多条断裂交会点，深部灰岩白云岩岩石在应力作用下破碎（含水后电阻率低），易成为深部地热水储水、导水、导热空间（通道），灰岩储层本身及岩溶通道系统可以最大限度地外联、储导地热水，同时足够的深度保证了热储（热水）温度，可以满足温泉开发利用需要，且施工作业场地便利，符合矿权设置条件，距周边旅游景区、拟建区近，最终选定 10 号异常点为钻井井位，实施示范井索河-01 井钻探（图 9.4）。

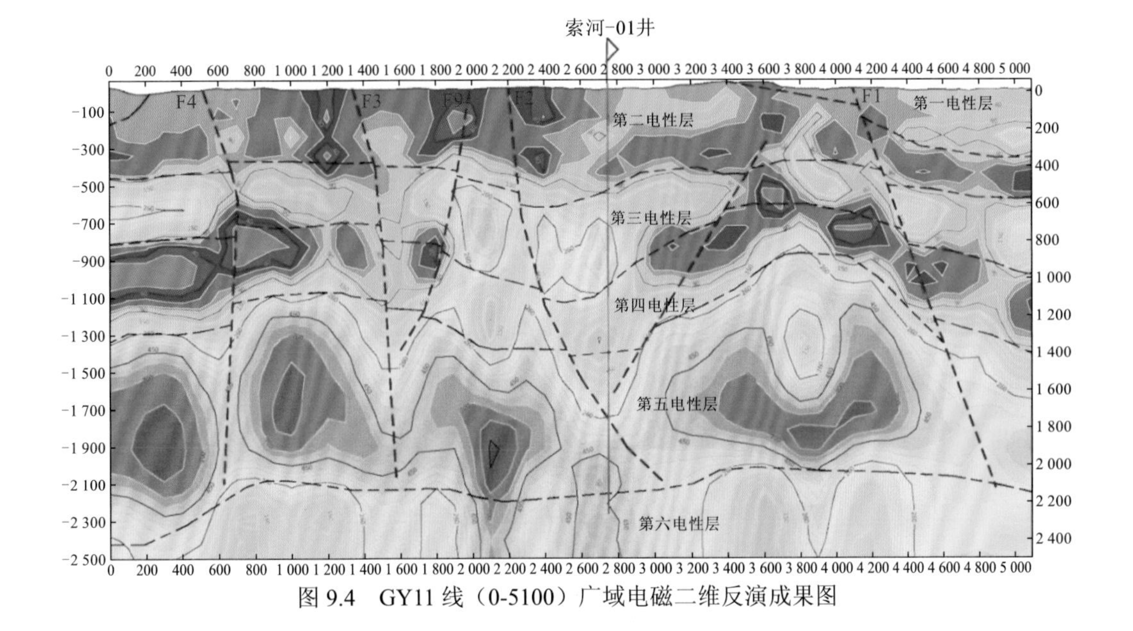

图 9.4　GY11 线（0-5100）广域电磁二维反演成果图

二、地热钻探与试验测试

在井位论证的基础上，编制钻探施工组织设计，按设计要求结合钻遇实际情况，在钻探阶段开展简易水文观测、实时动态监测、岩屑（岩心）录井、钻探取芯、实时测斜、物探测井、热储识别、下管固井止水、洗井、采能试验（抽水试验）和样品采集（岩样、水样）与测试等工作。

（一）钻探施工

选用 ZJ-20 钻机，开孔ϕ444.5 mm 开钻至 47.26 m，下至ϕ377 mm 一开套管；采用ϕ311.1 mm 钻至 505.89 m，下至ϕ244.5 mm 二开套管；采用ϕ216 mm 钻至 1 661.13 m，下至ϕ177.8 mm 二开套管；采用ϕ153 mm PDC 钻头清水顶漏钻进至 1 880.02 m。钻进过程严格控制孔斜，每 100 m 测斜 1 次，孔斜满足设计和规范要求（图 9.5）。

（二）钻探取屑取心

索河-01 地热井全孔采集了岩屑样品，采取间距为 5m，同时为了准确判断揭露地层情况及掌握地层相关性质，全孔完成分段钻探取心 5 段（图 9.6）。

（三）岩屑岩心成分检测

采用 X 荧光光谱分析仪对岩屑岩心进行成分分析。统计分析岩屑样中三种主要元素（镁、硅、钙）含量占比随地层深度的变化情况，结果显示在 765 m 附近硅元素占比显著下降，镁、钙元素占比显著上升，反映出 765 m 附近地层岩性发生变化，与岩屑录井结果基本一致（图 9.7）。

图 9.5　索河-01 地热井钻探施工现场

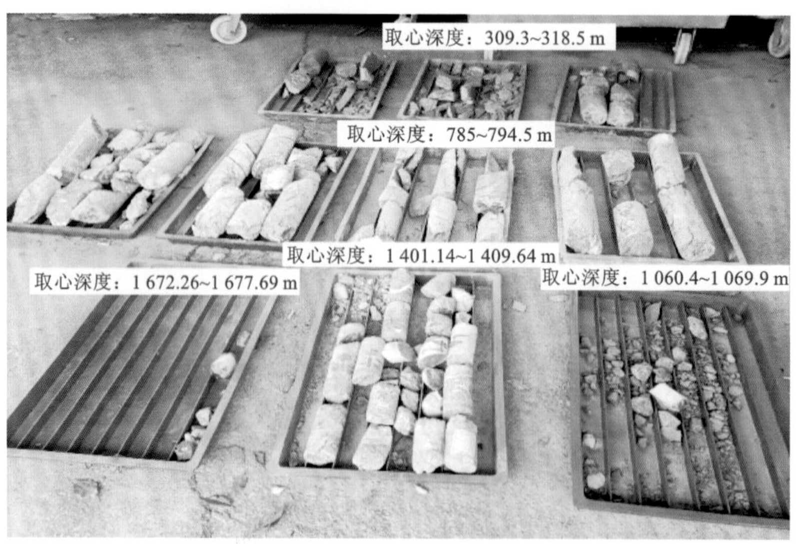

图 9.6　索河-01 地热井岩心

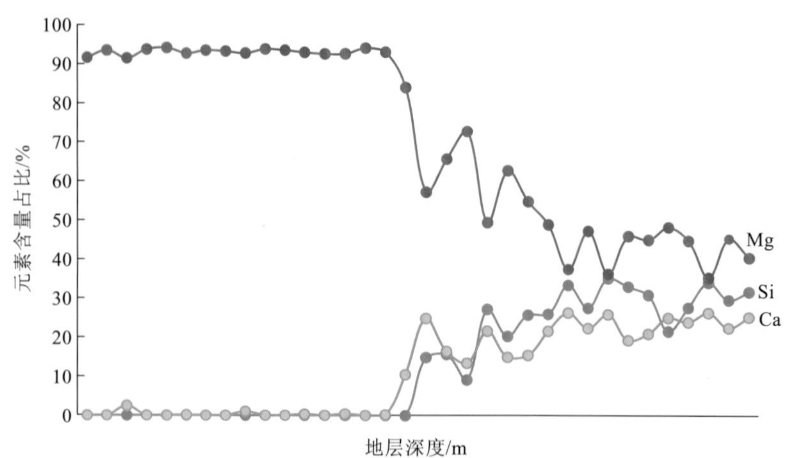

图 9.7　索河-01 地热井岩屑成分占比图

（四）物探测井

根据现场地质特征和设计要求，物探测井参数包括补偿声波、双侧向电阻率、视电阻率、电导率、自然伽马、自然电位、井径、井斜、方位、井温、固井质量检测等，取得各层物性、电性参数，实测地温，划分出含水层段，指导固井、成井施工作业（图 9.8）。

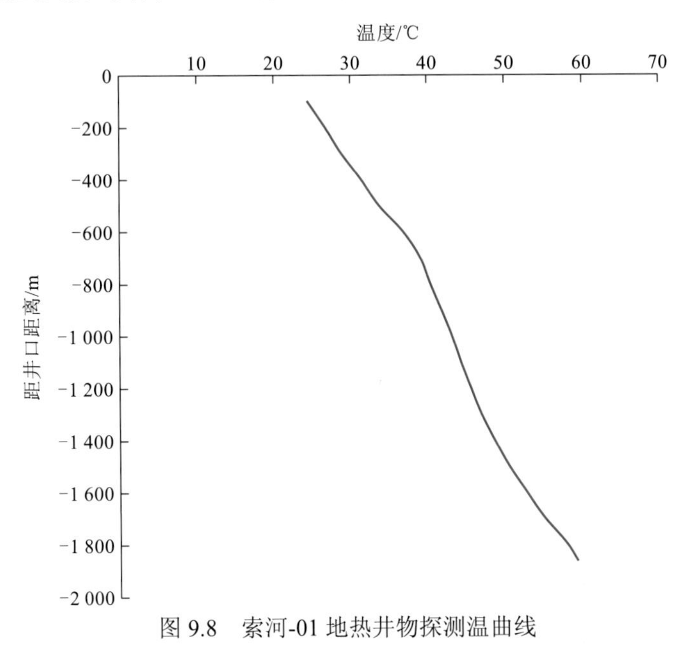

图 9.8　索河-01 地热井物探测温曲线

（五）热储综合识别

采用自主研发的多指标热储综合识别技术，准确地识别热储层位，确定井管下置方案，指导钻探施工，保证成井质量和效果（图 9.9）。

（六）下管止水固井

全孔完成三开的下管止水固井工作，井身结构详见图 9.10。

（七）洗井

洗井采用喷射洗井结合深井潜水泵间断性抽水洗井的方式。首先用清水置换井筒内泥浆，使用旋转喷射洗井工具，水嘴压降 2 MPa，从井底向上清洗井壁，上提钻具速度不超过 1 m/min，利用工具产生的清水扰动作用，清除在钻探过程中孔壁上黏结的泥皮。主要含水层井段适当增加喷射次数。最后利用深井潜水泵进行间断性抽水，排除孔内浑水直至水清砂净。

（八）抽水试验

抽水试验采用单孔稳定流方法，抽水设备为额定流量 80 m^3/h 的深井潜水泵，采用变频控制流量，水泵下至深度 115 m，水位测量使用全自动水位计，水位精确到 0.01 m，

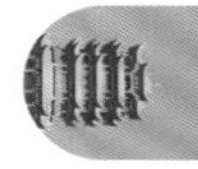

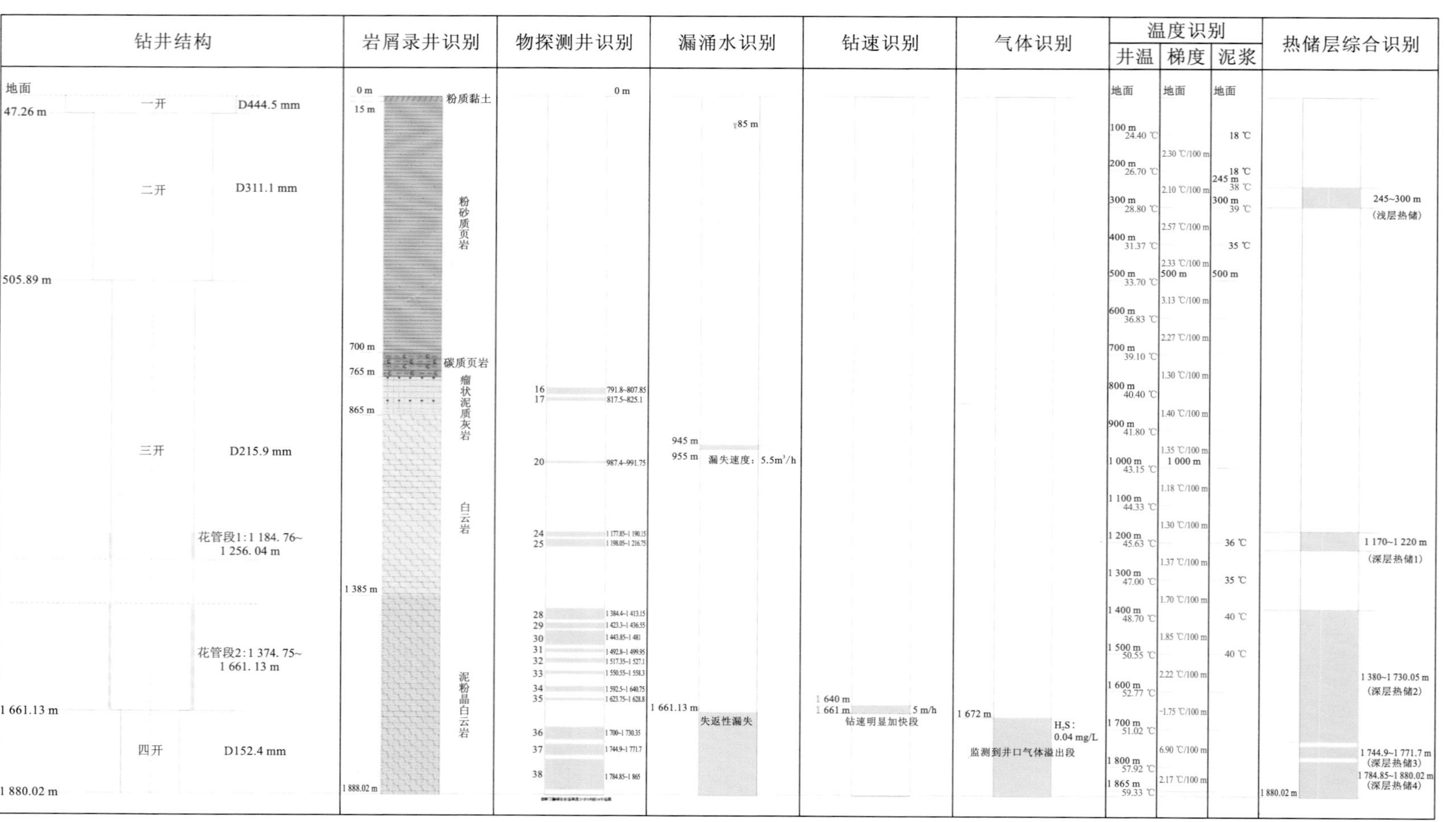

图 9.9 索河-01地热井多指标热储综合识别成果图

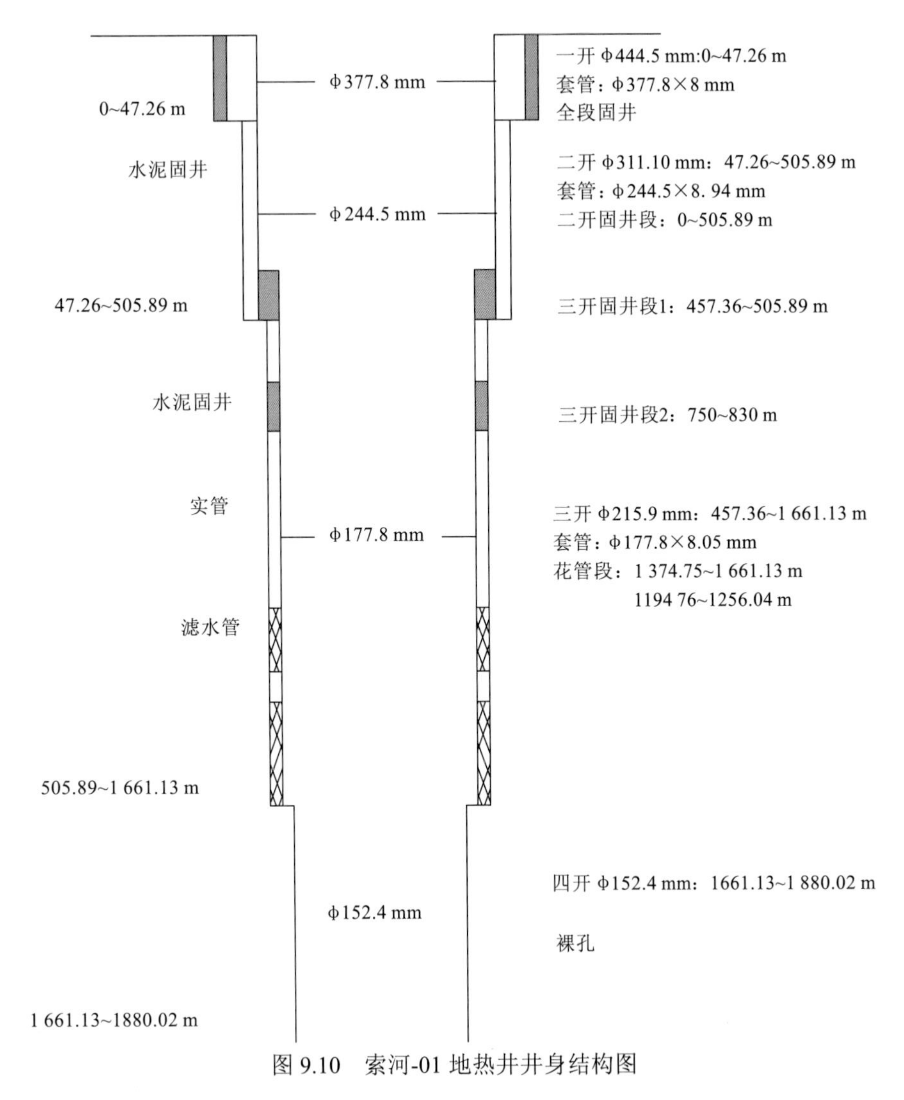

图 9.10　索河-01 地热井井身结构图

涌水量测量采用三角堰测流。停止抽水后，水位恢复观测时间约为 29 h。抽水试验结果：静止水位埋深为 17.38 m，水位降深分别为 4.32 m、2.72 m、1.70 m，相应的出水量分别为 2 068.68 m^3/d、1 320.00 m^3/d，864.01 m^3/d，井口出水温度为 50.2 ℃，含水层综合渗透系数为 2.99 m/d，最大降深单位涌水量为 5.54 L/（s·m），按单孔单位涌水量划分，该井属于极强富水性井。

（九）样品采集与测试

岩屑（岩心）样检测内容包括岩矿测试、真电导率测试等；水质样品检测内容包括主要水质全分析、微量元素和主要同位素分析等。

（十）揭露地层

索河-01 地热井揭露地层依次为 0～15 m 的第四纪粉质黏土，15～700 m 的志留系坟头组粉砂质页岩、700～765 m 的龙马溪组碳质页岩，765～865 m 的奥陶系南津关组—

宝塔组泥灰岩，865～1 385 m 的寒武系娄山关组白云岩，1 385 m 至终孔井深的寒武系覃家庙组泥粉晶质夹硅质白云岩（图 9.11）。

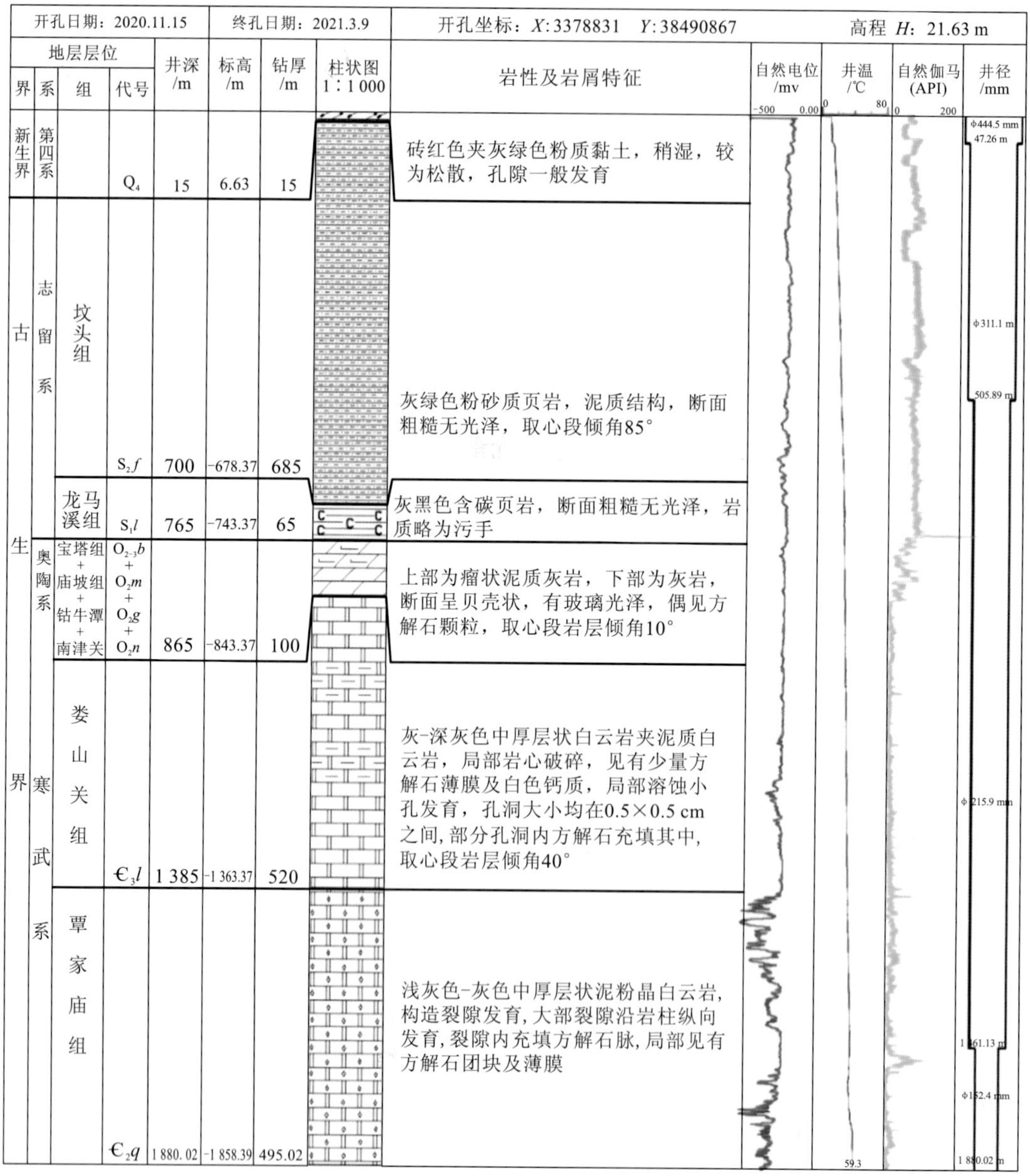

开孔日期：2020.11.15				终孔日期：2021.3.9			开孔坐标：X:3378831 Y:38490867				高程 H：21.63 m	
地层层位				井深/m	标高/m	钻厚/m	柱状图 1：1 000	岩性及岩屑特征	自然电位/mv（-500～0.00）	井温/℃（0～80）	自然伽马(API)（0～200）	井径/mm
界	系	组	代号									
新生界	第四系		Q_4	15	6.63	15		砖红色夹灰绿色粉质黏土，稍湿，较为松散，孔隙一般发育				Φ444.5 mm 47.26 m
古生界	志留系	坟头组	S_2f	700	-678.37	685		灰绿色粉砂质页岩，泥质结构，断面粗糙无光泽，取心段倾角85°				Φ311.1 m 505.89 m
		龙马溪组	S_1l	765	-743.37	65		灰黑色含碳页岩，断面粗糙无光泽，岩质略为污手				
	奥陶系	宝塔组+庙坡组+牯牛潭+南津关	$O_{2-3}b$+O_2m+O_2g+O_2n	865	-843.37	100		上部为瘤状泥质灰岩，下部为灰岩，断面呈贝壳状，有玻璃光泽，偶见方解石颗粒，取心段岩层倾角10°				
	寒武系	娄山关组	$Є_3l$	1 385	-1 363.37	520		灰-深灰色中厚层状白云岩夹泥质白云岩，局部岩心破碎，见有少量方解石薄膜及白色钙质，局部溶蚀小孔发育，孔洞大小均在0.5×0.5 cm之间，部分孔洞内方解石充填其中，取心段岩层倾角40°				Φ215.9 mm
		覃家庙组	$Є_2q$	1 880.02	-1 858.39	495.02		浅灰色-灰色中厚层状泥粉晶白云岩，构造裂隙发育，大部裂隙沿岩柱纵向发育，裂隙内充填方解石脉，局部见有方解石团块及薄膜		59.3		1 461.13 m Φ152.4 mm 1 880.02 m

图 9.11　索河-01 地热井钻孔柱状图

三、地热资源评价

（一）地热资源量评价

根据项目现场抽水试验数据、调查资料和钻探成果，综合场地含水层特性、水力性质与成孔深度，取三个试段计算的平均值，作为含水层渗透系数。该井含水层的渗透系

数为 2.99 m/d、单位涌水量为 5.68 L/（s·m），按单孔单位涌水量划分，该井属于极强富水性井。

索河-01 地热井热储层岩性为碳酸盐岩，有效热储层厚度为 167.34 m。根据最大降深值 2 倍估算单井可开采量，索河-01 地热井单井产热量为 8.84×10^5 MJ/d，单井地热产能为 10.24 MW。

根据《地热资源地质勘查规范》（GB/T 11615—2010）地热储量划分标准，按地热单井评价计算结果，索河-01 地热井目前可采规模有望达到“中型”地热田，为开采较经济、较适宜开采的地热资源。

（二）地热流体质量评价

索河-01 地热井水样全分析及微量元素检测结果显示，pH 值为 7.04，总硬度为 1 987.04 mg/L，溶解性总固体质量浓度为 2.87 g/L，该井地下水化学类型为硫酸钙镁型（SO_4—Ca·Mg）；地热水中富含矿物质及微量元素，偏硅酸质量浓度为 33.67 mg/L，达到“矿水浓度”，锶质量浓度为 11.70 mg/L、氟质量浓度为 3.41 mg/L，达到“命名矿水浓度”；按温泉泉质评定标准可认定为优质珍稀温泉，具备良好的温泉洗浴、疗养价值；索河-01 地热井地热流体总体上具微腐蚀性，在后期开发利用过程中要做好防腐蚀措施；地热流体碳酸钙结垢趋势轻微，后续在开发利用过程中适当进行除垢处理即可。

（三）经济与环境影响评价

索河-01 地热井单井产热量为 2.75×10^5 MJ/d，单井地热水按开采 1 年计，可节省燃煤量 3 412.08 t；减排量分别为二氧化碳（CO_2）减排 8 141.22 t/a、二氧化硫（SO_2）减排 58.01 t/a、氮氧化物（NO_x）减排 20.47t/a、悬浮质粉尘减排 27.30 t/a、煤灰渣减排 341.21 t/a。根据地热资源利用的各项减排量计算结果，按试验开采量允许开采 50 年计，则可节省的污染治理费用为 4 915 万元。

根据对索河-01 地热井的水化学检测结果，该井地热水中非凝气体 CO_2 质量浓度为 7.99 mg/L，不会对大气造成污染；后续对该井（或该区）进行地热水开采利用过程中，应加强对地热水利用后排放取样检测，严格按照《污水综合排放标准》（GB 8978—1996）进行污水处理达标，并将水温度降到 25 ℃以下才可以排放，避免造成环境污染；索河-01 地热井地热水采自 1 640 m 以下古生界热储层，上覆较厚的热储盖层（超 700 m），对该井进行地热水的开采，引起地面塌陷或沉降等地质灾害的可能性小，建议后续在开采利用过程中开展适量的监测工作。

（四）开发利用建议

根据索河-01 地热井实际出水情况结合水质检测结果，地热水中富含矿物质和微量元素，具有很好的理疗效果；参照《地热资源地质勘查规范》地热资源温度利用分级标准，对索河-01 地热井的地热资源开发主要可用于理疗、休闲洗浴等康养产业。结合索河街—张湾地区特色，依托周边旅游资源，可打造高端温泉旅游度假区。

（五）环境保护措施

随着索河地区地热资源的开发利用及旅游产业的大力发展，必然引起区内游客数量的增加、游客逗留时间的延长和旅游活动的增加，同时将会增加索河地区的环境承受压力，应配套做好林地环境、水体环境、大气环境、噪声环境、动植物保护等生态环境保护。

第十章

地质文化资源保护与开发

第一节 概 述

具有重要科学价值和观赏价值的地质文化资源是科学研究和科普教育的重要标本和教材，是旅游风景名胜的资源基础。地质文化资源的保护与开发潜力是其固有价值的一种外在体现，它能够搭建起地质科学与社会大众之间沟通的纽带，把原本冷僻深奥的科学内容以通俗易懂的形式呈现在大众面前，使地质能够为人们平常生活所用。随着国民文化素质和生活水平的不断提高，地质文化资源的经济、社会、环境价值不断得以彰显，已成为可供人们物质、精神双重享受的资源，而且是可以永续利用的资源。

国内外保护地质文化资源的手段和方法中，普遍推荐且行之有效的方法主要有两种。第一种是建立地质资源保护区，通过划定有限的区域，按照国家发布的有关法规，以行政手段实现保护，根据《中华人民共和国自然保护区条例》的规定，除经批准可以对保护区内的缓冲区和实验区进行科学研究外，一般情况下不允许开展旅游活动，并限制当地居民在保护区内从事生产经营活动。保护区建立以后，需要政府提供一定资金的支持，以维护保护区的正常运转和保护设施的建设。第二种是建立地质公园。建立地质公园不仅可以实现成片保护地质遗迹的目的，而且可以通过开发，实现对保护区资金的筹集，加快和促进当地旅游经济的发展，同时解决保护区内居民就业及生产经营方面的问题。

然而，具体到武汉这样的特大型和人口密集型城市，上述两种方法在落实上都存在一定的困难：一是城市土地资源稀缺，寄望划拨出大面积的土地建设保护区和地质公园并不现实；二是与城市原有规划的衔接也有难度。因此，武汉市地质文化资源的保护与开发工作，必须要融入城市总体布局，充分结合地质资源所在地的实际情况进行布局。

武汉市地质文化资源数量多、类型全，包括地史资源、生态环境资源、地理景观资源和文化遗址等，如点点明珠散布在武汉的山水之间，其中大量资源已融入武汉市的城市建设、环境保护和旅游开发当中，成为整个城市文明不可分割的一部分。这其中，重要的地理景观和生态资源，如山体、湖泊和湿地等，已通过地方立法的方式得到了相当妥善的保护，如武汉市政府先后颁布的《武汉市湿地自然保护区条例》(2009.11.18)、《武汉市山体保护办法》(2014.7.7)、《武汉市湖泊保护总体规划》(2018.10.25) 等，成为护佑武汉市包括地质文化资源在内的自然生态健康发展的强力保障；而其他一些资源也在城市景观和旅游产业中发挥着重要的基础作用，如著名的蛇山、东湖、木兰山已建成5A级旅游景区，姚家山、九真山、清凉寨、锦里沟、九峰山、后官湖等是红色旅游或休闲旅游景区，金银湖、安山、杜公湖、藏龙岛、沉湖、涨渡湖、府河等湿地公园，青龙山、嵩阳山、将军山等森林公园等。值得一提的是，20世纪90年代湖北省地质局开展的“鄂北高压-超高压变质带调查”和1996年国际地质大会期间组织的专题考察，帮助木兰山提高了国际知名度和影响力，继而成功申报成为国家地质公园，对木兰山乃至整个黄陂地区的旅游开发起到重要的推动作用。

城市的快速发展同时也给地质文化资源的保护与利用带来了机遇和挑战：如施工建设的挖掘、建筑物的压盖、城市山体复绿的覆盖等，如处理不当，都有可能导致具有科研、科普价值的地质遗迹消失。为此，“武汉市多要素城市地质调查示范”项目相继部

署开展了“武汉市地质文化资源调查”和“武汉市地质遗迹资源保护与利用示范”两个子项目，其中前者重在资源摸底，搞清楚武汉市内有哪些地质资源值得保护，需要保护；后者则重在落地和示范，将资源潜力转化为实实在在的地质遗迹保护工程和科普园地。“武汉市地质遗迹资源保护与利用示范”主要开展了两项工作：一是对在城市开发建设过程中受到极大威胁，资源价值高，即对濒危、珍贵的地质文化资源开展抢救性保护，特别是结合武汉市近年来开展的破损山体复绿工程，提出保留一部分地质露头，进行合理的景观提升和改造，既凸显地质遗迹资源价值，又丰富景观内涵，为武汉市乃至湖北省内山体整治工程提供参考样本；二是对散布于市区内的其他地质文化资源，将其融入武汉的成熟景区，与生态环境保护和文旅产品开发结合起来，打造有别于一般休憩体验的地学科普园地，使广大市民看得见、摸得着、学得到，真正实现地质文化资源的利用价值，真正融入武汉的市民生活和城市风脉。

第二节 武汉市地质文化资源调查

一、项目概况

“武汉市地质文化资源调查”是“武汉市多要素城市地质调查示范（2019 年度）”的一个子项目。通过对武汉市现有地质、地理、旅游、文化等相关资料的系统分析，初步掌握武汉市各类地质文化资源的分布状况、类型、规模及发育的地质背景，拟定出重要地质文化资源名录。在此基础上开展野外调查。其中，对一般区开展 1∶5 万地质文化资源调查；对重点区开展 1∶1 万地质文化资源调查。面上调查的目的是了解武汉市一般地质文化资源的空间分布、形态特征、规模、控制因素、形成条件、周边环境、保护现状等。通过部署调查路线，连续观察和记录描述地质文化资源特征，调查地质文化资源的位置、范围、面积、交通地理、环境质量、遭受破坏与面临威胁、保护管理状况等信息。此外，专门针对长江主轴—长江新区连片、东湖—磨山连片、沉湖国际重要湿地和木兰山 4 个重点区开展重点调查，重点调查中充分利用“武汉市城市地质调查（基岩地质调查专项）”“武汉市城市地质调查（第四纪地质调查与研究专项）”等成果资料，掌握武汉市主要断层（含隐伏断层）的展布范围、断层性质、产状等基本特征，限定主干断层在武汉市通过的位置，初步判断基岩构造与长江河道的空间位置关系，了解东湖周边地质、第四纪地层的沉积类型和分布等相关信息，基于所掌握的资料阐述地质文化资源的成因机理，提炼其科学文化内涵。

通过历时一年半的工作，完成了武汉市都市发展区、蔡甸区、汉南区、新洲区、江夏区、黄陂区等地的地质文化资源面上调查，调查了两江汇流、南岸嘴、龟山、蛇山、知音湖、马鞍山、阳逻硅化木产地等地质文化资源 73 处，查明了资源所在位置、分布范围、保护与利用现状，对上述资源进行了地质文化类型的划分，开展了景观资源的成因分析；完成了长江主轴—长江新区、知音湖—马鞍山、东湖—磨山、沉湖湿地 4 处重点区的地质文化专项调查，查明了武汉市重要地质文化资源的形成机理、演化过程与科学文化意义。

二、调查成果

（一）武汉市基岩地层剖面、第四纪地层剖面调查

对1∶20万武汉市幅，1∶5万汉阳县、武汉市等6幅区域地质调查实测的汉阳区锅顶山下石炭统高骊山组地层剖面、汉阳区锅顶山上泥盆统云台观组—黄家蹬组地层剖面、东湖新区郭家村孤峰组—龙潭组地层剖面、洪山区花山茶厂下石炭统高骊山组—和州组地层剖面、江夏区灵山栖霞组—黄龙组地层剖面、江夏区灵山石炭系和州组—船山组实测剖面、洪山区鼓架山云台观组—高骊山组地层剖面等10条基岩地层剖面，以及武汉市新洲区阳逻香炉山下更新统阳逻组、蔡甸奓山镇中更新统王家店组实测剖面、青山区青山港上更新统青山组和汉南区军山汽渡全新统走马岭组等第四系地层剖面进行实地调查。基本查明了武汉市地层剖面类资源的保存现状，了解了武汉市地质构造、沉积环境的科学价值和意义，对具有重要价值、面临严重威胁的地层剖面建议加强保护；对保存、出露情况较好的剖面提出初步的开发利用设想。

调查表明，武汉市地层剖面的保存现状一般，破坏的主要有两类情况：一是对基岩裸露山体的复绿工程、修建休闲公园等，导致地层剖面被覆盖，如东湖高新区的长岭山志留系—泥盆系地层剖面、青山区“青山组”风成砂剖面等；二是采石场开采或城市开发建设破坏，导致地层剖面残破不全、消失或被废石覆盖，如新洲区阳逻组“阳逻砾石层”剖面、江夏区灵山石炭系—二叠系剖面等。目前，武汉市内可见较完整的古生代地层剖面仅有南望山、锅顶山、龙泉山等少数几处，特别是在长江新生代环境演化方面具有重要科学价值的更新统“阳逻砾石层”“青山沙层”剖面，经本次调查均面临消失的风险，亟待加强保护。

（二）古生物化石资源调查

本次工作在汉阳锅顶山查明了2处化石地点及产出层位，并再次发现“锅顶山汉阳鱼”头部等化石5件、“中华棘鱼”鳍棘化石3件，不仅为这两类古生物化石增添了新的实证材料，更重要的是表明锅顶山地区作为“汉阳鱼”的命名地，目前仍埋藏着数量较为丰富的化石资源。锅顶山地区现已建立锅顶山公园，有栈道方便步行抵达剖面，将化石科普资源与自然风光相结合，有望打造出武汉市一处独特的旅游目的地。此外，本次工作还在东湖高新区铁箕山，江夏区凤凰山、风灯山、八分山的志留系坟头组地层中发现了大量三叶虫、腕足类、双壳类等化石，表明武汉市志留系地层中化石资源十分丰富，与汉阳鱼伴生的大量生物类型共同组成了学者提出的“汉阳鱼动物群”，具有重要的古地理、地层和生物演化等科学意义，建议武汉市进一步开展志留系化石产地的保护、研究和开发利用工作。在江夏区鲍家村、龙泉山、顶冠山等二叠系碳酸盐岩地层中发现了大量化石，化石主要产于二叠系栖霞组和船山组，化石类型包括三叶虫，腕足类、腹足类、珊瑚、蜓及苔藓虫等。二叠系船山组和栖霞组的灰岩和丰富的化石组合，反映了2.6亿年前左右武汉市处于开阔台地的浅海环境，十分适宜生物生存。上述化石产地，结合碳酸盐岩特有的岩溶地貌现象，也适合开发作为科学科普考察资源点。在江夏区仙人山的侏罗系陆相褐色页岩中发现了大量的植物化石，反映了武汉经过早中生代的造山

事件，已完成了由海洋到陆地环境的转变，地表植物丰富，堪称远古植物园。

（三）长江武汉段地质构造背景调查

通过系统分析武汉地区 1∶20 万、1∶5 万区域地质调查和武汉市物探、基岩地质调查成果资料，掌握与长江武汉段河流展布、湖泊分布有关的地质构造情况，特别是对控制长江河槽走向的武汉—洪湖断裂、襄樊—广济断裂进行了野外露头调查。

武汉—洪湖断裂是省内一系列北北东向断裂的一部分，该断裂通过武汉，切穿泥盆系—下三叠统地层，断层形成的构造软弱带控制了长江武汉段主体北北东向槽谷的生成和发展。该断层在武汉境内主要隐伏于地下，本次工作未能发现地表露头，依据前人物探资料对断裂性质、规模进行了了解。

襄樊—广济断裂带是省内规模宏大的区域性大断裂，前人基本限定了襄樊—广济断裂在武汉市的展布位于白浒镇至陶家大湖之间的区域，其方向控制了长江武汉段由北北东转向南西的方向。本次工作在长江南岸白浒镇一带发现了襄樊—广济断裂的地表露头 1 处，见到宽达 30 余米的断裂破碎带露头，沿营盘山北面展布。该露头的发现进一步证实了襄樊—广济断裂在武汉市的出露，同时露头点内构造现象较为丰富，是实地观测区域断层现象的良好野外实习点。

（四）长江、汉水武汉段地理景观调查

对长江武汉段阶地、心滩等沉积地貌进行调查。通过对前人资料的综合研究，结合野外实地调查，了解长江一至四级阶地在武汉市的大致分布范围、高程、阶地类型、第四系地层特征等。在武汉市范围内主要分布着四级阶地，高程从 22 m 左右至 65 m 左右。其中一级阶地分布于长江、汉江沿岸的广大地域，主要由全新统走马岭组砂性土、砾石层组成；二级阶地分布范围小，主要位于东西湖与青山，属于晚更新统青山组砂、粉沙质土层；三级阶地位于一级阶地外围与剥蚀残丘之间，属于更新统王家店组黏性土；四级阶地分布局限，主要位于阳逻一带，为更新统阳逻组砾石、含砾黏土层。一、二级阶地涵盖了武汉市建成区的主要范围，其中汉口城区主要为一级阶地，汉阳、武昌城区含较大面积的二、三级阶地，在一级阶地长江、汉江沿岸修建了江滩公园等景观设施，而三、四级阶地是武汉市早期文化遗址所在地。

本次工作还调查了汉江蔡甸段蛇曲、牛轭湖等地质景观，并结合遥感影像、地质图等资料综合分析，了解了汉江武汉段地貌演化的基本特征，相对于长江河道稳定、平直的特征，汉水则在江汉平原区发育蛇曲型河道，并在历史上多次改道、截弯取直，河道经历了多次变迁，最近的改道发生于明代成化年间，汉江河道由龟山以南转向龟山以北汇入长江。汉水的动态迁移是造成汉口平原区地貌，影响汉口城市发展的重要因素。

（五）湖泊、湿地生态环境现状调查

本次工作重点开展了武汉市沉湖国际重要湿地、涨渡湖湿地自然保护区、武湖湿地自然保护区、金银湖湿地公园、后官湖湿地公园和东湖、沙湖、月湖等湖泊湿地的调查工作，查明了上述湖泊、湿地的环境现状，通过资料分析，划分了武汉市湖泊、湿地的

成因类型，了解百湖之市、湿地之城地理风貌的形成机理。

综合调查表明，武汉市地表水资源丰富，“百湖之市、湿地之城”的美誉名副其实。目前，武汉市湖泊、湿地保护现状较好，各湖泊、湿地大部分竖立了界桩，部分划定了三线一路保护规划，少量修建了湖岸绿道，较好地扭转了数十年前武汉市湖泊湿地资源大量减少、破坏的趋势。

（六）武汉市早期文化遗址调查

在武汉市早期文化遗址调查方面，主要对新洲区香炉山遗址、黄陂区盘龙城遗址、黄陂区张西湾遗址、东西湖区码头谭遗址等形成的地学背景要素开展了调查工作。

上述武汉市史前文化遗址的调查表明，武汉市历史文化悠久，最早的人类活动遗迹为发现于长江纱帽段长江冲积层中的更新世“汉阳人”头骨化石，成规模的人类定居遗址主要有黄陂区盘龙城遗址、新洲区阳逻香炉山遗址等，随着近年来黄陂武昌放鹰台、黄陂西张湾、东西湖马投潭等遗址的陆续发现，“武汉”的历史长度被一再改写，而这些遗址大多与武汉长江、府河、湖泊等地理景观关系密切，体现了“趋水利、避水害”是影响武汉地区农业文明早期居民定居选址的决定性因素，而“水”也一直是影响武汉市人居环境、人地关系最重要的地学因素。此外，根据对武汉市史前各遗址的统计，表现出由北部岗地向南部河湖平原区迁徙的趋势，这也与世界其他地区早期文明的发展规律相符，表明武汉居民对地理环境的适应、改造是武汉城市发展的根本原因。

三、地质文化资源类型

本次工作初步拟定了一套地质文化资源分类体系，按照“资源大类”和“资源亚类”进行分类命名，其中资源大类主要包括以下五类。

（1）地史资源：主要指与地学科研、科普工作相关，反映某地地质历史演化的各类岩石、地层、化石等资源。

（2）地理景观：主要指与旅游观光相关，或者用于城市对外形象宣传的各类自然地理景观。

（3）生态环境资源：特指反映某地生态环境状况的自然资源（该类资源一般不用于旅游观光），在武汉市主要包括各类保护性湖泊和湿地，其他地区尚包括森林、草地等资源。

（4）文化遗址：主要指人类文明活动产生的各类遗址所在地及其周边的地质、地理环境。

（5）地理标志产品产地：主要指与当地土壤、水文等地学条件相关的地理标志产品产地。

在大类以下，进一步划分“地质文化资源亚类”，亚类的划分是在参考《地质遗迹调查规范》基础上，根据武汉市实际情况进行了删减、修改和补充。《地质遗迹调查规范》将地质遗迹划分为三个大类、十三个类和四十六个亚类。其中海岸地貌、冰川地貌、火山地貌、侵入岩体剖面等在武汉市不发育，而地貌景观在武汉市地质文化资源中占有主体地位。从武汉市地质实际出发，本次编制了“武汉市地质文化资源分类表（表 10.1）”，

将武汉市地质文化资源暂归为 5 个大类和 12 个亚类。

表 10.1　武汉市地质文化资源分类表（暂行）

大类（I）	亚类（III）
地史资源	地层剖面
	构造
	化石产地
	矿业遗址（含矿山修复治理现场）
地理景观资源	山体地貌（含溶洞）
	河流地貌
	泉、瀑布
生态环境资源	湖泊
	湿地
文化遗址	史前遗址
	历史时期遗址
地理标志产品产地	特色物产地

根据本次工作拟定的“武汉市地质文化资源分类体系”，按照“资源大类”和“资源亚类”对本次调查的 73 处资源点进行分类命名。

（一）地史资源

地史资源类资源点共 25 处，其中地层剖面亚类 13 处，包括南华纪变质岩剖面 3 处，古生代海相碎屑岩、碳酸盐岩地层剖面 5 处，新生代陆相地层剖面 5 处（主要为第四系剖面），基本涵盖了武汉市主要地层单位；古生物化石产地亚类 10 处，包括脊椎动物化石产地 1 处（鱼类）、海洋无脊椎动物动物化石产地 8 处、植物化石产地 1 处；构造亚类 2 处，包括断裂、不整合面各 1 处。

（二）地理景观资源

地理景观类资源点共 20 处，其中河流地貌 10 处，以长江边滩、心滩等为主；山体地貌 10 处，均为古生代基岩残丘地貌。

（三）生态环境资源

生态环境资源类资源点共 18 处，其中湿地 12 处，涵盖了武汉市主要的湿地自然保护区和湿地公园；湖泊 6 处，主要为武汉市内面积相对较大和知名度较高的湖泊。

（四）文化遗址

文化遗址类资源点共 9 处；其中史前遗址主要指新石器时期至金石并用期遗址 3 处；历史时期遗址 6 处，包括先秦时期 2 处、两汉三国时期 2 处、近现代 2 处。

（五）地理标志产品产地

地理标志产品产地类资源点1处，为天兴洲特色西瓜产地。

武汉市地质文化资源分布如图4.23所示，具体的资源点情况参见第二篇第四章第四节相关内容。

第三节　武汉市地质遗迹保护

2019年，“武汉市多要素城市地质调查示范”启动中深层地热资源调查与研究项目，在索河地热勘查过程中，对其周边地质遗迹资源一并进行了调查研究，查明典型地层剖面一处，并根据调查情况开展相应的地质遗迹资源保护工程建设。

一、保护工程基本情况

该地质遗迹资源保护工程位于蔡甸区索河镇，本区构造位于索河褶皱带侏儒向斜近轴部地区。该区由于早期矿山开采挖掘，地层出露良好，采坑中央的崖壁可见明显地层出露且现象显著，主要为泥盆系云台观组地层，其底部是浅灰白色石英砾岩，中部是灰白色石英砂岩，上部是紫红色粉砂岩、泥岩，其间夹有暗红色泥岩。其下伏地层为志留系坟头组黄绿色页岩、泥页岩、泥质砂岩、灰黑色粉砂岩，总体表现为一向北西倾斜的单斜构造，倾角较平缓，未见区域性大断裂分布发育，仅在矿区中部见有几条性质不明的断裂，断裂以北西向为主，断裂规模小，常为第四系所掩盖。节理、裂隙构造相对较发育。层系之间界限明显，紫红色的底砾岩、含砾石英砂岩与灰白色的石英砂岩互层出露，由于岩石风化色的差异，形成紫红-暗红-土黄-黄白-灰白等多种颜色交织的地层剖面，是良好的地质遗迹剖面观测点。

2020年，该区域纳入“长江干支流沿线废弃露天矿山生态修复治理工程”，开展了生态修复治理工作。矿区南侧采坑，东西宽约为100 m，采坑中央深约为12 m。“武汉市多要素城市地质调查示范”项目协调相关方对该矿坑剖面予以保留，并推进开展地质遗迹保护工程。

二、保护工程资源价值

（1）根据中国地质调查局《地质遗迹调查规范》分类，此处出露的典型地层剖面属于基础地质——地层剖面——层型（典型剖面）。

（2）此处剖面中出露的泥盆系底砾岩对认识湖北地区晚古生代古环境有一定科学意义。

（3）平整的断面、开阔的视野、典型的岩性特征，明显的地质现象，让该处地质遗迹成为理想中的地质学科普点，具备很强的科普价值；此外，多种颜色相互交织，在阴雨天水汽较足时，由于光线的折射，颜色更加绚丽，具有较强的美学价值。

三、保护工程建设

为有效保护珍贵的地质遗迹资源，“武汉市多要素城市地质调查示范”项目组积极协调“长江干支流沿线废弃露天矿山生态修复治理工程”项目组，对该剖面进行生态修复留白，并对该地质遗迹资源进行保护工程建设。

（1）边坡按矿山恢复治理进行绿植防护，中央典型地层出露区建设一条长约 60 m 的栈道，南北两侧采用 5～6 级台阶与边坡相连，便于大众前往观看具有丰富地质遗迹内涵和美学价值的地层剖面。典型地质剖面保护现状如图 10.1 所示。

图 10.1　典型地质剖面保护现状图

（2）坑底则放弃回填，适当平整后建设地质遗迹资源科普解说牌（图 10.2），向大众科普地质遗迹资源基本地质知识。

（3）矿坑地势最低处，顺势而为，建成环境优美的人工湖，进一步提升该地质遗迹资源点的美学观赏性。图 10.3 为地质遗迹资源点整体景观。

图 10.2　典型地质剖面科普解说牌

图 10.3　地质遗迹资源点整体景观

目前，此处地质遗迹资源保护工程环境优美，地质科学气息浓厚，是较好的地质遗迹观察点。

第四节　武汉市地质遗迹资源开发利用

“武汉市地质遗迹资源保护与利用示范”隶属于“武汉市多要素城市地质调查示范”的一个子项目，其目标在于统筹武汉市城市景观构建与地质遗迹保护之间的关系，以地质资源的综合利用达到增强武汉市地质文化魅力的目标，以多元化的形式全面展示武汉市经典地质文化内涵，填补武汉市地质遗迹资源在重大工程与项目中的利用空白，为武汉市的地质环境整治、景观建设与科学文化结合工作发挥示范作用。

利用资料收集结合实地核查，项目最终遴选出汉阳龟山作为该示范工程的落地点，并在龟山及周边开展地质遗迹详查工作，查明龟山地区的地层、岩性、构造等基本地质情况，以及地质遗迹资源的分布、规模、数量、形态、物质组成和组合关系，评价其科学价值与美学价值；在此基础上，结合其周边现状环境特征，已有公共资源、文化资源，开展地质遗迹资源保护与利用示范工程设计、施工和布展建设，打造出武汉市首处地质遗迹资源保护与利用示范展示工程，并提出该区域地质遗迹资源总体保护与利用规划建议，为远期将其整体打造为典型示范的地质科普类城市公园发挥长远效应提供基础。

一、示范工程选址

“武汉市地质遗迹资源保护与利用示范”项目示范点的选取，以达到直观科普地质遗迹相关知识为目的。地质对城市建设和经济社会发展起着基础和支撑作用，但大众了解较少，对地质遗迹开展研究和科普，可以让大众对地质有更直观的感受，挖掘景观的地质科学内涵。深入发掘地质遗迹的科学文化内涵，增强景观的科学性；促进地质科普与旅游融合发展。发挥武汉地质遗迹资源优势，将地质遗迹资源合理利用融入武汉市经济社会高质量发展中，将地质科普培育成旅游经济中的重要组成部分。

通过系统梳理武汉地质遗迹资源，在对武汉市地质遗迹资源的科学价值、文化价值、景观价值开展系统评价的基础上，结合资源点周边文旅发展、基础设施建设等，选取：①锅顶山“汉阳鱼化石”产地、洪山“洪山鱼化石”产地——地史资源类，作为武汉市典型古生物的化石产地进行打造，展示生命演化的奥秘；②盘龙城遗址——历史文化遗址类，在武汉现有的历史文化遗址保护与建设的基础上，从地质内涵与现象、科学价值的角度，开展地质遗迹科普建设工作；③龟山——地理景观类，以武汉经典地理景观为切入点，在现有景观的基础上充分挖掘地质内涵，开展科普展示工程建设，让游客在观光的同时，了解景观的地质科学内涵，以地质文化渲染打造深度游。

通过龟山与其他几处备选点的对比分析，得出龟山具有的优势：①龟山历史悠久，有着丰富的自然和人文景观；②龟山及周边区域汇集了武汉市长江、湖泊和低山丘陵等经典的地貌景观，是展现大武汉的最佳地点；③龟山交通区位好，步道等各类配套基础设施完善，且有着一定的游客量基础，具备良好的建设地质遗迹科普园的条件；④现有的龟山旅游以三国文化、红色文化等为主，缺少展示龟山地质内涵的内容，增添地学元素是对龟山旅游体验的提升。基于上述理由，最终选择龟山作为“武汉市地质遗迹资源保护与利用示范”落地项目。图 10.4 为龟山地质科普园。

图 10.4 龟山地质科普园

二、示范工程建设主题

龟山位于武汉市汉阳城北，为武汉市名胜古迹较多的三山之一。龟山风景区在历史上就是有名的游览胜地。龟山前临大江，北带汉水，西背月湖、南濒莲花湖，威武盘踞，和武昌蛇山夹江对峙，“万里长江第一桥”的武汉长江大桥即位于龟山和蛇山之间。龟山地质内涵丰富，长江与湖泊之间的生成演化关系，长江与桥梁工程选址之间的科学联系，丘陵与长江之间在地质构造方面的控制因素、山体与桥梁基础之间的逻辑联系等，都具有深刻的地学知识背景，是将地质知识融入武汉城市血脉的最佳切入点。通过对龟山及周边地质遗迹资源价值的系统分析，最终明确龟山地质遗迹资源保护与利用示范工程的主题为：探秘龟山地质的奇遇之旅，俯瞰两江一湖的城市阳台。

三、示范工程建设

在主题框架下，龟山地质科普园内共布设了两条主要的展示逻辑线。

主线——探秘大美龟山：以龟山景区南门进入，驾车至蝴蝶泉停车场，以蝴蝶泉为起点，途经张公眺望台、大别摩崖石刻、屈原望郢台、拂云亭等，全程约为 2 km，设置 5 个关键节点。包括：①龟山的形成，龟山山峰质地坚硬的岩石，是 4 亿年前在滨海环境下沉积的砂岩；②龟山与汉阳，龟山千百年来一直屹立不变，而其旁边的汉水河道几经变迁，形成了汉阴汉阳之变；③龟蛇对峙，龟蛇雄踞大江两岸，东西对峙，形成龟蛇锁大江之势；④一桥飞架南北，万里长江第一桥选址龟蛇两山，天堑变通途。

支线——穿越时光的印记：新增龟山旅游亮点，融入新的元素，以稀有的实体地质古生物化石吸引游客驻足，打造武汉市乃至省内首个实体古生物化石室外展示长廊，带领游客穿越亿万年的地质时光。包括：①地质演化年代涂鸦；②从亿万年前时光中走来的古生物化石长廊；③武汉建城史重大历史事件记。

表 10.2 为龟山地质科普园关键节点，图 10.5 为龟山地质科普园展示效果图。

表 10.2　龟山地质科普园关键节点

主题	序号	节点	主要展示内容
探秘大美龟山	1	蝴蝶泉	总述武汉与龟山
	2	大别摩崖石刻	龟山的形成
	3	张公眺望台	龟山与汉阳
	4	屈原望郢台	龟蛇对峙
	5	拂云亭	一桥飞架南北
武汉地质演化	6	状元厅以上台阶	地质演化年代涂鸦
	7	状元厅以下台阶	古生物化石长廊
	8	状元厅以下台阶	武汉建城史重大历史事件记

图 10.5　龟山地质科普园展示效果图

第五节　武汉市地质文化资源保护与利用工作的展望

武汉市地质文化资源的保护与开发利用，是以全面贯彻落实科学发展观、保护自然生态与地质环境为根本出发点，通过建立地质文化资源保护和合理利用的科学管理体系，促进地质文化资源保护、地学知识普及、旅游经济发展。

一、武汉市地质文化资源保护与开发工作的目标

（1）增强武汉市自然文化魅力，服务国家中心城市建设。武汉市是湖北省省会、中部地区和长江流域经济带重要的特大型城市，目前正朝着建成“国家中心城市”目标阔步迈进，其丰富的自然资源和厚重的文化底蕴是支撑起国家中心的重要软实力。我国现有的各大中心城市如北京、上海、广州等，都有各自代表性的城市地理格局，如北京的“中轴线”、上海的外滩、广州的珠江新城等。武汉市相对于它们，在城市地理风貌和文化资源构建方面尚存在不小差距，亟须迎头赶上，应通过编制《武汉市地质文化资源保护与开发利用规划》，深度发掘地质地理文化内涵，增强武汉市自然文化魅力，提升城市竞争软实力。

（2）促进自然资源保护与合理利用，推动生态绿色健康可持续发展。党的十八大以来，党中央、国务院就加强生态文明建设做出了一系列重大部署和决策。习近平总书记视察湖北时，在武汉主持召开了“深入推动长江经济带发展座谈会”，并发表重要讲话，提出长江经济带的未来发展要坚持“共抓大保护、不搞大开发”的基本原则。

武汉市委、市政府认真贯彻中央精神，积极推动生态大武汉建设，先后出台了《武汉市基本生态控制线管理条例》《武汉市山体保护办法》《武汉市湖泊保护条例》等地方性法规，积极实施了原采石场破损山体的生态修复、湖泊“三线一路”保护规划、“六湖连通”等重大工程。在开展武汉市地质文化资源调查的基础上，提出武汉市地质文化资源保护与开发利用规划，把武汉市的绿水青山保护好、规划好、利用好，是推动武汉市自然资源有序利用和绿色可持续发展的重要举措。

（3）发挥资源优势，助推旅游产业和城乡协调发展。2018年，国务院办公厅印发《关于促进全域旅游发展的指导意见》，提出实现全域宜居、宜业、宜游的旅游发展新目标，将旅游与城市发展、城乡发展结合起来，在城市全域范围内开发更多适宜短途游、自驾游等旅游新业态的中小型景点，使旅游成为人民群众日常生活的一部分和日常消费习惯的一部分。对武汉市地质文化资源提出保护与开发利用规划，有助于发挥资源优势，助推旅游产业和城乡协调发展。

二、武汉市湖泊与湿地保护的成功案例

（一）四大水网系统

武汉水生态文明建设的总体目标是经过 30 年左右的努力，将武汉市打造成全国水生态文明建设的典范，其中到2017年入河湖污染物排放量得到有效削减；到2020年，河湖水系连通格局初步形成，四片生态水网的重点区域基本连通，受损河湖得到初步修复，基本消除劣V类水质水体；到2030年，四片生态水网基本实现江湖相济、水网相连的健康水网格局，全面消除内涝隐患，城市内涝防治体系基本形成；到2049年，武汉形成“江宁河美，岸定湖清、供优排畅、湖城交融”的现代滨水文明城市。

根据规划，武汉市将着力打造“一核、两轴、四片、百湖”水生态建设总体格局。“一核”指打造中心城区为水生态文明建设核心区，突出示范与带动作用。“两轴”指依托长江、汉江两条生态轴带，强化水网骨架与水系综合功能。“四片”是指构建黄陂—新洲片、汉口—东西湖片、汉阳—蔡甸片、武昌—江夏片四片生态水网，全面提升区域水资源环境承载能力。“百湖”则是要全面保护武汉市域范围内166个湖泊，构建国内最大的城市湖泊生态湿地群。

（二）湖泊、港渠污染治理

2012 年，武汉市政府通过《武汉市主城区污水全收集全处理五年行动计划》，在 5 年内新建1 035 km排水管网，新改、扩建污水处理厂等，实现三镇湖泊不再纳污。2019

年，武汉市通过《武汉市河湖流域水环境“三清”行动方案》，提出将以南湖、北湖、汤逊湖和黄孝河、机场河、巡司河治理为示范，全面铺开全市河湖流域水环境治理“清源、清管、清流”行动；到2021年，武汉全市河湖流域水质下降趋势得到有效遏制，劣V类水体基本消除；再经过几年努力，武汉全市河湖流域水污染得到根本遏制，河湖水质基本达标，河湖生态环境显著改善。

各项调查表明，影响武汉河湖水体健康的根子在岸上，生产生活污水管网错接入市政雨水管。仅南湖周边37 km^2汇水区域，就排查出混错接点164处，其中社区内部管道混接点占比95.8%。“清源”即对河湖流域范围内影响河湖生态的各类污染源进行清理整治；“清管”即对排水管网存在的问题进行清理整治，提升污水收集、处理效能；“清流”指对河湖水体自身污染进行清理整治，促进河湖水环境持续改善。“三清”行动方案提出，将坚持“岸上、管网、水中”同步治理，源头、中途、末端“三管齐下”；清理整治范围为全市河流、湖泊和港渠，当前重点是南湖、北湖、汤逊湖和黄孝河、机场河、巡司河。最终实现全市水环境污染因素全查清，整改全落实，管控机制全链接。

（三）“三线一路”规划

2014年武汉市通过了《武汉市新城区部分湖泊“三线一路”保护规划》，明晰了23个湖泊的蓝线、绿线、灰线和环湖道路规划。23个湖泊分布在蔡甸区、黄陂区、汉南区、东湖新技术开发区、新洲区、江夏区。根据划定的“三线一路”，规划湖泊水域保护面积10 918.4 hm^2、环湖绿化用地面积8 912.3 hm^2、湖泊外围控制面积4 662.1 hm^2、环湖道路总长283.2 km。

此前，武汉市已完成中心城区40个湖泊“三线一路”的规划。“三线一路”等于为湖泊穿上了一件“保护衫”。武汉市将对各区的绩效考核实行“违法填湖一票否决制”，而“三线一路”就是认定违法填湖的基础依据。

近年来武汉打造六大生态绿楔，东湖作为绿楔之一进行了生态修复工程，启动东湖国家湿地公园保护与恢复工程，实施“三线一路”保护规划。东湖不断优化景区环境和设施，通过规划绿道将各景区串联起来，并不断挖掘东湖文化，丰富文化底蕴。实施大东湖生态水网构建工程，即武昌六湖连通，是通过渠、港将东湖、沙湖、杨春湖、严东湖、严西湖连通，并与长江连通，实现江湖相通、引江灌湖，构建生态水网湿地群。目前连接沙湖和东湖的明渠——楚河工程已经完成，滨河景观带绿树成荫、步移景换，实现了一叶轻舟穿城走巷，畅游东湖沙湖，饱览城市美景。另外，因楚河的出现而衍生出汉街，汉街是商业、流行时尚、武汉文化、传统与现代建筑和谐统一的载体，楚河就是贯穿汉街的灵魂，楚河汉街的完美结合，绘就了现代版“清明上河图”，也是江河湖保护治理与利用的成功典范。

（四）“国际湿地城市”创建

武汉市被称作“湿地之城”，是我国内陆湿地资源最丰富的特大城市之一。湿地面

积 16.27 万 hm^2（自然湿地面积 11.3 万 hm^2，人工湿地面积 4.97 万 hm^2），占市域面积的 18.9%，居全球内陆城市前三位。湿地中动植物资源也十分丰富，据统计，栖息野生动物 413 种，其中有国家重点保护野生动物 38 种，此处还生长着湿地高等维管束植物 408 种。2019 年 6 月 26 日，瑞士日内瓦国际湿地公约第 57 次常委会决定：2021 年第十四届《湿地公约》缔约方大会将在中国武汉举办。为进一步加强湿地保护与修复，创建国际湿地城市，武汉市人民政府下发关于印发《武汉市创建国际湿地城市工作方案》的通知。方案明确了工作目标，即到 2021 年底，全市湿地面积不低于 16.24 万 hm^2，湿地面积占全市面积的比例达到 18.9%以上，湿地保护率提高到 50%以上，进一步加强湿地保护与修复，维护湿地生物多样性，全面达到国际湿地城市认证各项指标，成功创建国际湿地城市。

三、武汉市地质文化资源保护与开发工作的任务

（1）开展武汉市地质文化资源原位保护示范工程建设。开展濒危地质文化资源保护示范工程建设，逐步形成集保护、科普、城市建设为一体的地质文化资源保护圈，建成一批具有特色的地质文化资源保护基地。

（2）推进武汉地质文化资源科普转化和合理利用。一是发挥旅游在科普中的独特优势，依托武汉已有的文娱休闲旅游项目，建设具有特色、主题鲜明、寓教于乐的地质文化旅游精品路线。针对自然山水、历史人文、新业态等各类景区的资源禀赋和区位特点，科学、合理、有序地打造独具特色的地质文化旅游产品，探索推出更多的地质猎奇、地质探险、研学教育、科普体验等产品，推动地质文化衍生品向旅游特色产品转化。二是根据不同区域地质文化资源特点，结合地域文化特色，建设集科学性、趣味性、休闲性于一体的地质文化科普研学项目。充分结合中、小学教学大纲，形成以湖北省地质博物馆等室内场馆和成熟景区为主要场地，以现场参观教学、互动游戏和动手实验为主要手段，以徒步登山、野外露营、科学考察为主要形式的研学项目。

（3）促进地质文化与城市发展相融合。围绕武汉的产业布局、特色旅游品牌，深入挖掘已有旅游景区的地质元素，推动地质文化旅游与全域旅游、城市建设相融合，进一步丰富现有旅游景区的地质文化内涵，提升旅游景区独有或特有的地域文化品质，为全域旅游、乡村旅游发展提供新动力。

一是利用现有旅游景区，充分挖掘地质文化内涵，开展地质文化旅游路线建设、科普解说标示系统建设，开展导游员（讲解员）的地质知识培训，编制内容丰富、形式生动的科普宣传材料，寓科普教育于游览、寓知识传播于休闲，大力提升武汉市旅游景区的科学品位，让游客在观光游的同时，了解景观的地质科学内涵与美学特征，以地质文化渲染打造深度游。

二是结合城市山体整治工程，打造具有地学特色的街角公园。结合武汉市目前正在开展的破损山体修复工程、“口袋公园”建设工程等项目，通过对山体地质资源的充分掌握和发掘，进行精细化的景观设计和功能设计，既满足城市绿化、美化的需要，又尽

可能保留地层、岩石的原生面貌，配之以适当的科普设施建设，建成具有地学资源特色的小型公园，打造城市科学文化新亮点。

三是讲好武汉江湖故事，擦亮武汉“水文化”名片。两江汇流是武汉的城市之魂，目前尚保留有大量沙洲、边滩、阶地、蛇曲河道、牛轭湖等河流地貌景观，对了解长江、汉水演化、武汉城市变迁具有重要价值。结合武汉市江滩公园景观建设，通过矿物岩石、古生物化石、观赏石、地质模型、室外地质互动设备、标识标牌等的展示与建设，打造地质内涵、文化底蕴兼而有之的休闲文化场所。通过江滩公园的地质主题打造，营造地质文化氛围，让武汉市民在休闲娱乐的同时，感知地质资源的魅力。

第十一章

生态地质环境保护与修复

第一节 概 述

党的十八大以来，我国把生态文明建设作为统筹推进“五位一体”总体布局和协调推进“四个全面”战略布局的重要内容，生态文明建设和生态环境保护制度体系加快形成，全面节约资源及两型社会建设有效推进，大气、水、土壤污染防治行动计划深入实施，生态系统保护和修复重大工程进展顺利，生态文明建设成效显著，美丽中国建设迈出重要步伐。同时要看到，我国生态文明建设和生态环境保护面临不少困难和挑战，主要表现为经济社会发展同生态环境保护的矛盾仍然突出，资源环境承载能力已经接近上限，重污染天气、黑臭水体、垃圾围城、生态破坏等问题时有发生。这些问题，成为经济社会可持续发展的瓶颈和明显短板。

武汉市生态环境局发布的《2020年全市生态环境工作要点》提出，“以习近平新时代中国特色社会主义思想为指导，全面学习贯彻党的十九大和十九届二中、三中、四中全会精神，深入学习贯彻习近平生态文明思想和习近平总书记视察湖北重要讲话精神，按照党中央、国务院和省委、省政府决策部署，以及市委、市政府和上级生态环境部门工作要求，坚持以改善生态环境质量为核心，统筹推进新冠肺炎疫情防控、经济社会发展、生态环境保护，坚定不移打好蓝天、碧水、净土三大战役，坚持不懈做好生态修复、环境保护、绿色发展三篇文章，加快提升生态环境治理体系和治理能力现代化水平，协同推动经济高质量发展和生态环境高水平保护，为我市加快建设国家中心城市和新一线城市、全面建成小康社会提供有力的生态环境保障。”

本章将从城市生态环境质量评价入手，分别介绍区域生态地质分区评价和重点地区生态地质脆弱性评价的指标体系，武汉都市发展区和长江沿岸带生态地质环境质量评价方法、工作流程及评价结果，湖泊湿地生态健康评价指标体系的建立及典型湖泊的评价结果，中心城区典型棕地土地质量评价结果。在此基础上，提出诸如生态环境保护问题、强化水资源利用、长江沿岸带和湖泊湿地生态保护与修复及棕地污染治理与修复等系列对策或建议。

第二节 生态环境质量评价

作为生态地质学的一个崭新领域，城市生态环境质量评价无现存的行业标准，而中国地质调查局于2019年颁布的《生态地质调查技术要求（1∶50 000）（试行）》（DD 2019-09）尚处于试行阶段。

一、区域生态地质分区评价

采用GIS技术，通过网格或矢量格式图层叠合的方式开展区域生态地质分区评价，一般调查区网格单元设定为500 m×500 m，重点调查区网格单元以100 m×100 m为宜。

武汉市的生态地质分区评价指标体系详见表 11.1。评价工作一般包括准备、系统分析、设计、综合评价和调控 5 个阶段。

表 11.1　区域生态地质分区评价指标体系表

<table>
<tr><th colspan="2">生态地质环境评价指标</th><th>受其影响的生态因子</th><th>评价指标对生态因子的影响</th></tr>
<tr><td rowspan="27">土壤环境</td><td rowspan="5">土壤质地</td><td>温度因子</td><td>不同质地的土壤热容量、导热率不同</td></tr>
<tr><td>大气因子</td><td>不同质地的土壤通透性、气体成分含量不同</td></tr>
<tr><td>水因子</td><td>通过渗透性、吸附性毛细压力产生影响</td></tr>
<tr><td>盐分因子</td><td>通过影响土壤对水分的吸附力进而影响水分的蒸发</td></tr>
<tr><td>空间因子</td><td>不同质地的土壤其密度与硬度不同</td></tr>
<tr><td rowspan="4">土壤结构</td><td>温度因子</td><td>不同结构的土壤热容量不同</td></tr>
<tr><td>水因子</td><td>影响土的渗透性</td></tr>
<tr><td>大气因子</td><td>影响土的通透性</td></tr>
<tr><td>空间因子</td><td>影响土的孔隙率与硬度</td></tr>
<tr><td rowspan="2">土壤有机质含量</td><td>水因子</td><td>影响土壤对水的吸附能力，改善土壤结构</td></tr>
<tr><td>盐分因子</td><td>提供养分，影响阳离子代换、土壤缓冲性</td></tr>
<tr><td>土壤含盐量</td><td>盐分因子</td><td>本身就是盐分因子</td></tr>
<tr><td>土壤软硬程度</td><td>空间因子</td><td>影响空间的有效性</td></tr>
<tr><td rowspan="3">土壤有效厚度</td><td>温度因子</td><td>土壤厚度对土壤热容量、导热率产生影响</td></tr>
<tr><td>空间因子</td><td>本身就是空间因子</td></tr>
<tr><td>水因子</td><td>土壤越厚，重力水下渗时被吸附的就越多</td></tr>
<tr><td rowspan="3">土壤温度</td><td>温度因子</td><td>本身就是温度因子</td></tr>
<tr><td>盐分因子</td><td>影响无机盐的溶解度、可溶态离子的活性</td></tr>
<tr><td>水分因子</td><td>影响水分的运动及其存在形式</td></tr>
<tr><td>土壤 pH</td><td>盐分因子</td><td>决定了植物对不同盐分的吸收能力和生物酶活性</td></tr>
<tr><td rowspan="2">土壤污染程度</td><td>盐分因子</td><td>毒害作用</td></tr>
<tr><td>辐射因子</td><td>放射性污染物</td></tr>
<tr><td rowspan="2">土壤侵蚀程度</td><td>盐分因子</td><td>使盐分流失</td></tr>
<tr><td>空间因子</td><td>减小土壤厚度，破坏土壤结构</td></tr>
</table>

续表

生态地质环境评价指标		受其影响的生态因子	评价指标对生态因子的影响
地下水环境	土壤水含量	温度因子	是土壤导热率与热容量的最重要的影响因素
		水因子	本身就是水因子
		盐分因子	影响土壤盐分浓度和 pH
		大气因子	影响土壤的通透性
	地下水水位	水因子	影响土壤饱和度（即土壤水含量）
		温度因子	改变土壤水含量，影响土壤热容量和导热率
		盐分因子	影响土壤水含量，进而影响土壤盐分含量
		大气因子	改变土壤水含量，影响土壤通透性
	地下水矿化度	盐分因子	随着水分运动上升到土壤表层，影响土壤含盐量
	地下水水温	温度因子	影响土壤温度
岩石环境	岩石类型	温度因子	岩石位于土壤下，热容量大，是土壤的调温库
		水因子	不同类型的岩石渗透性不同
		盐分因子	影响土壤类型，进而影响土壤盐分组成；对流经或储存于该岩石层中的地下水的盐分组成产生影响；直接为生存于裸岩区的植物提供盐分
		空间因子	不同类型的岩石其硬度不同
	岩石结构	水因子	岩石破碎程度与裂隙发育程度影响其渗透性
		盐分因子	岩石破碎程度影响盐分的流失与易吸收性
		大气因子	岩石破碎程度与裂隙发育程度影响岩石通透性
		空间因子	岩石破碎程度与裂隙发育程度影响裸岩区植物生存空间的有效性
地貌形态	斜坡坡向	光因子	不同坡向所受光辐射强度与时间长短不同
		温度因子	通过对光因子的影响，进而影响温度分布
		水因子	通过对光因子的影响，进而影响水分蒸发强度
	斜坡坡度	水因子	影响地表径流流速，进而影响其入渗强度，使地下水埋深不同
		盐分因子	影响水力坡度和地下水埋深，进而影响盐分分布
		空间因子	影响地表侵蚀强度和突发性地质灾害频率、强度
	地貌形态	温度因子	改变局部气候，影响气温与地温
		水因子	影响水的汇集区与排泄途径；改变局部气候，影响降雨量与蒸发量
		盐分因子	影响地下水埋深与水盐补排（以盆地最显著）
		大气因子	影响风力与风向及大气循环
	高程	光因子	影响光质与光强
		温度因子	直接作用
		水因子	影响降雨与地下水位

续表

生态地质环境评价指标		受其影响的生态因子	评价指标对生态因子的影响
生态地质问题	突发地质灾害	空间因子	对植物的毁灭性作用
	内动力地质作用	温度因子	地质构造异常（地热、温泉）
		盐分因子	对水盐的作用等
		大气因子	空气物质组成成分的改变

二、重点地区生态地质脆弱性评价

在区域生态地质评价分区基础上，对武汉市长江新区、中法生态城、湖泊湿地等重点地区开展生态地质脆弱性评价。综合自然—社会—经济复合生态系统，从自然与人类相互作用关系入手，综合选定评价指标，采用定性—定量的模型方法进行。

生态地质脆弱性评价指标体系详见表 11.2。通过构建生态地质脆弱性评价模型，综合各评价指标对生态地质脆弱性的影响，可以计算得到生态地质脆弱性指数，以量化的形式反映区域生态地质脆弱性状况。可采用层次分析法、空间主成分分析法、模糊综合评价法等。生态地质脆弱性划分为微度脆弱、轻度脆弱、中度脆弱、重度脆弱和极度脆弱 5 个等级。

表 11.2　生态地质脆弱性评价指标体系表

指标			属性
生态地质环境脆弱性	压力（P）	人口密度	负
		人均 GDP	正
		万元 GDP 能耗	负
		万元 GDP 的 COD 排放强度	负
		万元 GDP 的 SO_2 排放强度	负
		噪声污染	负
		废水排放量	负
		工业固体废物产生量	负
	状态（S）	人均水资源量	正
		人均公园绿地面积	正
		人均拥有道路面积	正
		平均气温	负
		平均降水量	正
		地质灾害风险大小	负
		耕地面积比重	正
		湿地面积比重	正
		植被发育程度	正

续表

指标			属性
生态地质环境脆弱性	响应（R）	污水处理率	正
		工业固废综合利用率	正
		工业废水排放达标率	正
		森林覆盖率	正
		公众参与生态建设水平	正
		城市绿化覆盖率	正

三、都市发展区地质环境质量评价

都市发展区地质环境质量评价，采用综合指数评价法和基于 GIS 矢量单元评价法两种方法，此处重点介绍基于 GIS 矢量单元评价法。

（一）评价原则

地质环境质量评价，是基于对原生地质环境条件和次生环境地质问题的综合评价手段。一个地区的地质环境条件越复杂、牵涉的环境地质问题越多且强度越大，则说明该地区的地质环境质量越差。为此，武汉都市发展区地质环境质量评价的原则如下。

（1）以已经发生或可能发生的环境地质问题及其强度作为评价的基础。

（2）地质环境质量是由各子系统的质量组成的，各子系统的质量好坏会直接影响评价单元内的总体质量。

（3）各子系统的环境地质问题多少、强度大小直接影响整体地质环境质量的好坏，但各子系统的质量对整体地质环境质量的贡献不一，它们的大小取决于对地质环境质量的影响程度。通过建立评价指标体系，计算各指标权重，然后加权叠加。

（4）根据环境地质问题现状，对评价结果进行必要的人工干预和矫正。

（二）评价方法

以往的环境地质定量评价分析方法多为基于栅格运算的模糊综合评价法，是将矢量数据人为的划分为若干标准的栅格单元进行分析，评价单元的误差除了原始录入的矢量数据的误差，在矢量数据划分为栅格时也会引入误差，评价的结果往往不够精确，需要反复调整来确定。因此，为了提高评价的精度，本次拟采用基于 GIS 矢量单元法进行评价，即直接在单一要素矢量图的基础上进行多层空间数据的叠加运算，得到的评价单元表现为实际的空间属性边界。

（1）根据评价目的，确定影响评价对象的因子要素，建立多层次评价指标体系。

（2）权系数的确定。权系数采用层次分析法确定，根据选定的因子，确定相互重要性，建立判断矩阵，计算个体因子权重。

（3）GIS 作为分析工具，根据基础资料数据编制各因子矢量图，并对各单因子的矢量图进行必要的处理。

（4）对各因子矢量图进行矢量空间叠加运算，运用模糊综合评价法，将得出的叠加图进行聚类处理，得到综合评价图。

（三）评价步骤

1. 建立评价指标体系

目前武汉都市发展区内存在的环境地质问题主要涉及岩溶地面塌陷、地面沉降、崩塌、滑坡、不稳定斜坡、河湖塌岸、表层土壤污染、地表水污染、地下水污染和地下水降落漏斗、城市固废、大气污染等方面，分别对应于地质灾害、土环境、水环境和大气环境 4 个子系统，其中环境地质问题中的地质灾害子系统可直接利用地质灾害易发程度分区成果，表层土壤污染可直接利用地球化学调查分项的土壤质量评价成果。据此，通过层次分析法，建立评价指标体系，如图 11.1 所示。

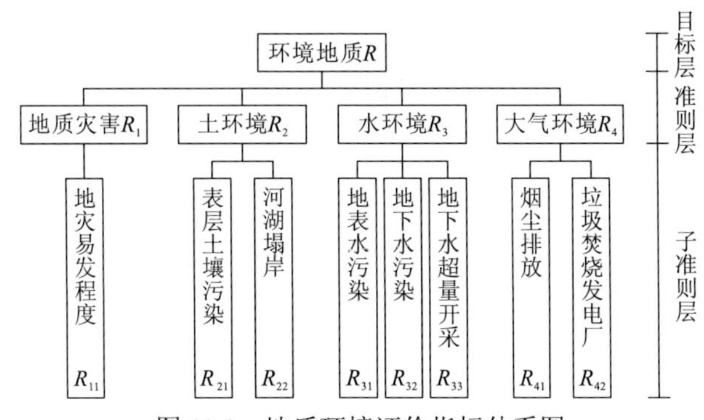

图 11.1 地质环境评价指标体系图

2. 构建评价指标的比较矩阵

根据地质环境影响因素分析，由专家经验确定指标之间相对重要性的定量关系（以列为序）构建子准则层的比较矩阵，见表 11.3。

表 11.3 比较矩阵表

R	R_{11}	R_{21}	R_{22}	R_{31}	R_{32}	R_{33}	R_{41}	R_{42}
R_{11}	1	2	5	3	5	5	7	2
R_{21}	1/2	1	5	2	3	4	1/2	2
R_{22}	1/5	1/5	1	1/4	1/3	1/4	1/3	1/4
R_{31}	1/3	2	5	1	2	3	5	1
R_{32}	1/3	1/2	5	2	1	3	5	1/3
R_{33}	1/5	1/3	4	1/3	1/2	1	3	1/3
R_{41}	1/7	1/5	1/3	1/4	1/4	1/3	1	1/5
R_{42}	1/2	2	5	3	4	4	7	1

3. 计算权重

根据表 11.3，确定用于层次分析法的子准则层的比较矩阵，计算 8 个指标的权重并

进行一致性检验。计算结果见表 11.4。

表 11.4　指标权重计算结果表

项目	地灾易发程度（R_{11}）	表层土壤污染（R_{21}）	河湖塌岸（R_{22}）	地表水污染（R_{31}）	地下水污染（R_{32}）	地下水超量开采（R_{33}）	烟尘排放（R_{41}）	垃圾焚烧发电厂（R_{42}）
权重	0.193 4	0.168 9	0.060 4	0.122 3	0.122 2	0.100 4	0.073 6	0.158 8

4. 基本指标等级划分

采用信息量法及模糊评价法，对基本指标进行等级划分，结果见表 11.5。

表 11.5　基本指标等级划分表

准则层	子准则层	基本风险因素的等级划分		
		较差区	中等区	较好区
		单因子环境地质问题		
		0.5	0.3	0.1
地质灾害	地灾易发程度	易发区	中等易发区	低、非易发区
土环境	表层土壤污染	极度及重度污染	中度污染	轻微污染、无污染
	河湖崩岸	崩岸密集	崩岸中等密集	崩岸少或无
水环境	地表水污染	劣 V、V 类	IV 类	III 类及以上
	地下水污染	V 类	IV 类	III 类及以上
	地下水超量开采	超量开采区	次超量开采区	正常开采区
大气环境	烟尘排放	>10 处/km^2	5～10 处/km^2	0～5 处/km^2
	垃圾焚烧发电厂	发电厂周边 1～2 km 以内	发电厂周边 2～4 km 以内	发电厂周边>4 km

5. 质量等级确定

定义“环境地质 R”为一概率事件，概率分布服从伯努利概型。针对选取的 8 个指标，每一次环境地质问题出现的概率计算，都相当于进行了 8 次伯努利试验，每次试验结果只有两种——“有”和“无”，取出现环境地质问题的概率依次为 0.50、0.30、0.10，建立环境地质问题的概率计算模型：

$$P(R)=1-(1-p_i)n \qquad (i=1,\ 2,\ 3) \tag{11.1}$$

式中：n 为伯努利试验的次数，n 取 8；p_i 为给定的不同地质环境等级区出现环境地质问题的概率；$P(R)$为区域内某地点出现环境地质问题的概率，其含义是 8 个因子中至少有 1 个环境地质问题出现。

对环境地质问题概率的等级划分，据此有如下结果。

（1）较差区：$P(R)=99.61\%$。

（2）中等区：$P(R)=94.24\%$。

（3）较好区：$P(R)=56.95\%$。

对以上 3 种临界情况的概率进行调整，最终确定环境地质问题概率等级标准如下：

（1）较差区：$P(R)\in[0.95,\ 1.00)$。

（2）中等区：$P(R) \in [0.57, 0.95)$。

（3）较好区：$P(R) \in [0.1, 0.57)$。

6. 矢量图的编制及叠加分析

根据各指标权重及环境地质问题概率，编制矢量图件并赋属性，然后利用 MapGIS 软件的空间分析功能进行“区对区相交分析”。根据叠加结果，再进行聚类处理后成图。

7. 叠加矢量图的矫正

结合环境地质问题现状，经过图面验证及矫正后按照集中连片的原则编制环境地质图。

所有参与评价指标见图 11.2，将武汉都市发展区划分为较好、中等和较差三个环境地质区，面积占比见图 11.3，网格化图见图 11.4。

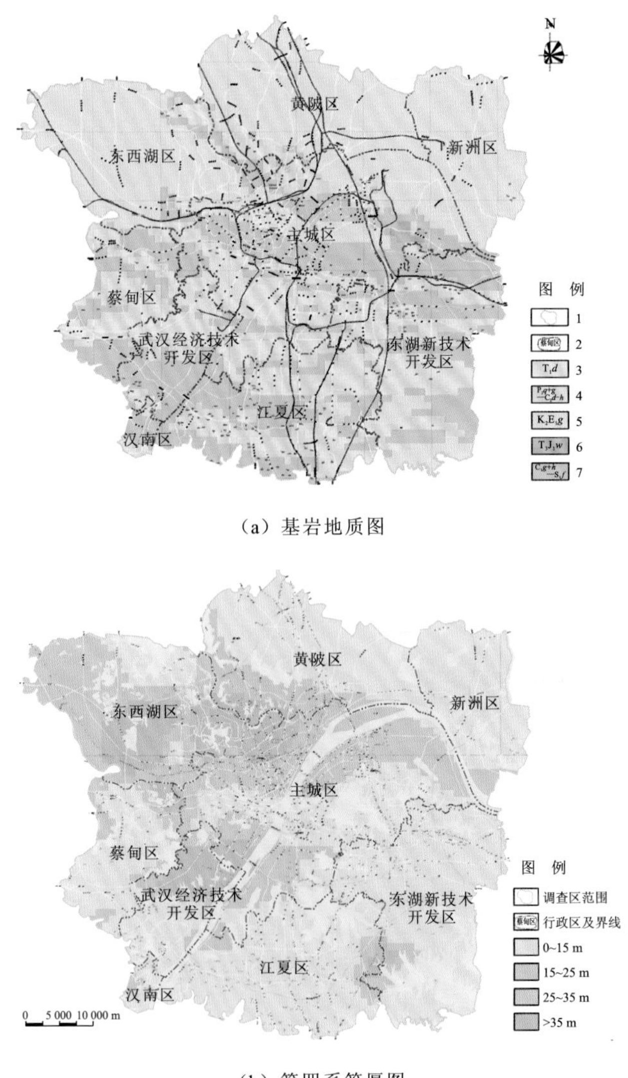

（a）基岩地质图

（b）第四系等厚图

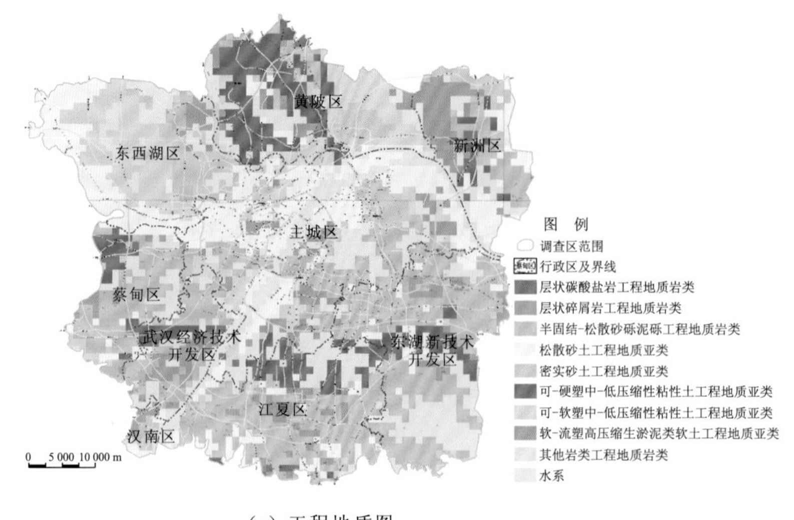

（c）工程地质图

（d）构造纲要图

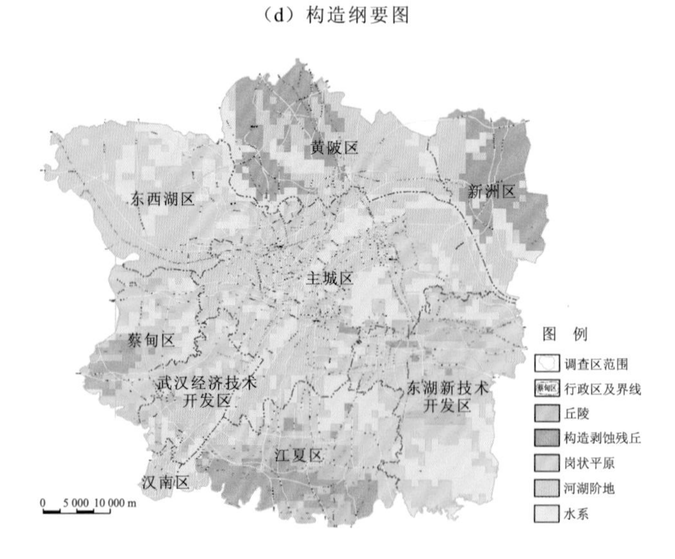

（e）地形地貌图

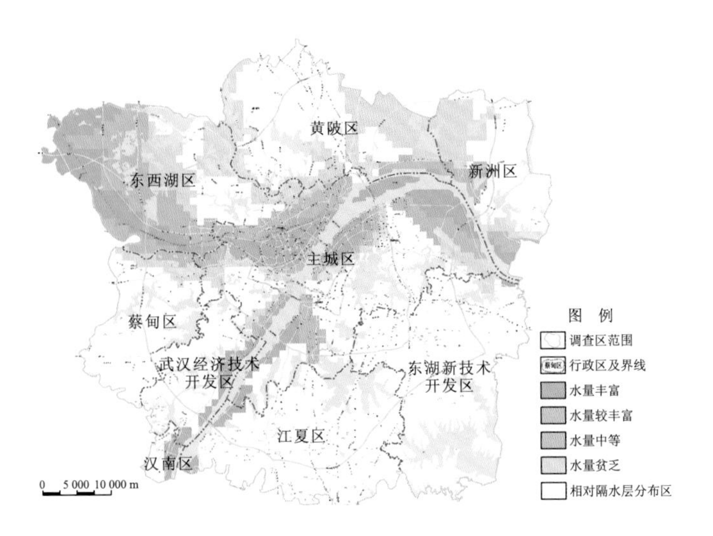

（f）地下水涌水量图

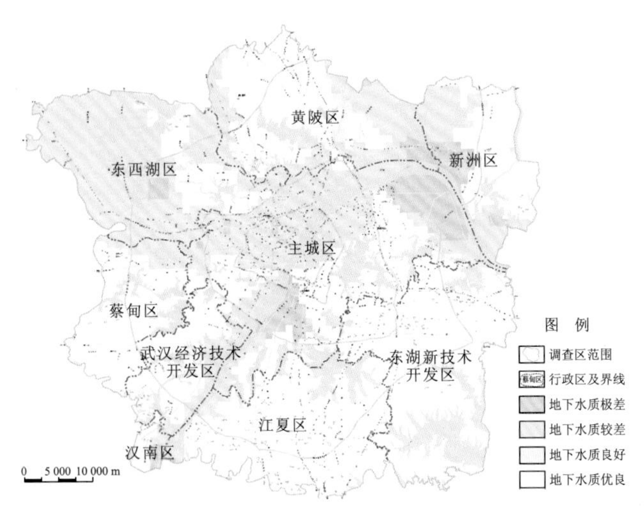

（g）地下水质量图

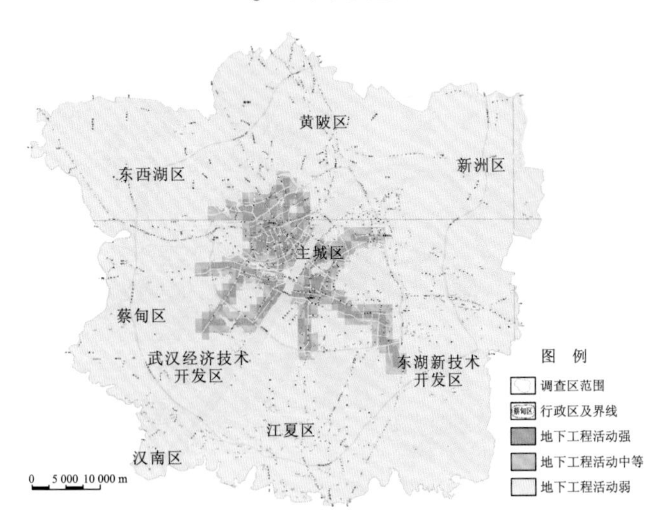

（h）地下水活动强度图

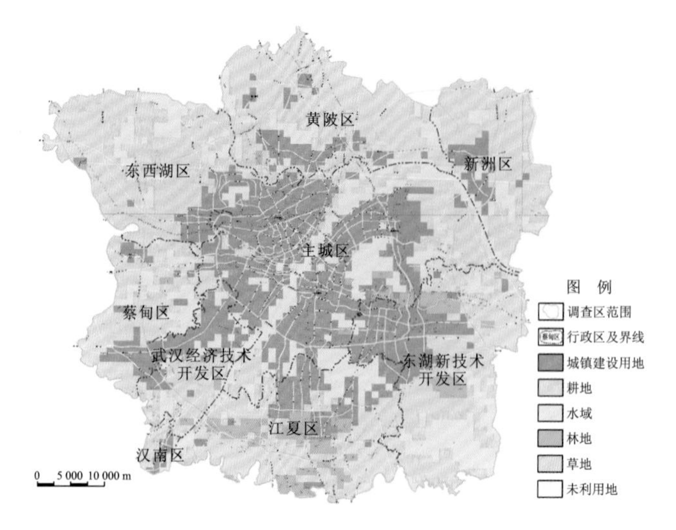

（i）土地利用现状图

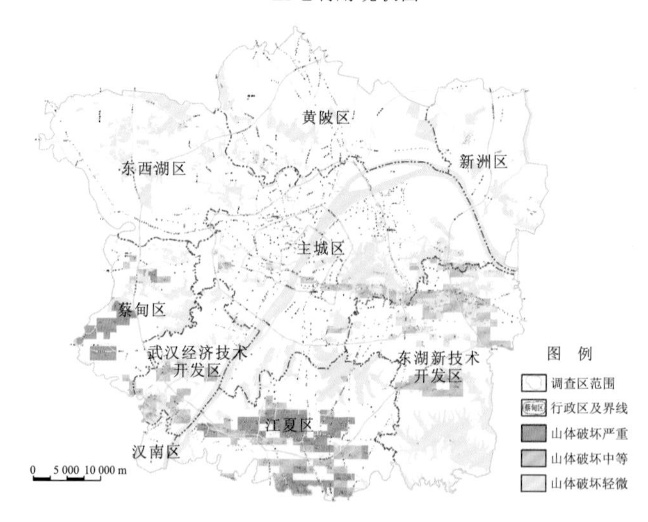

（j）山体变化图

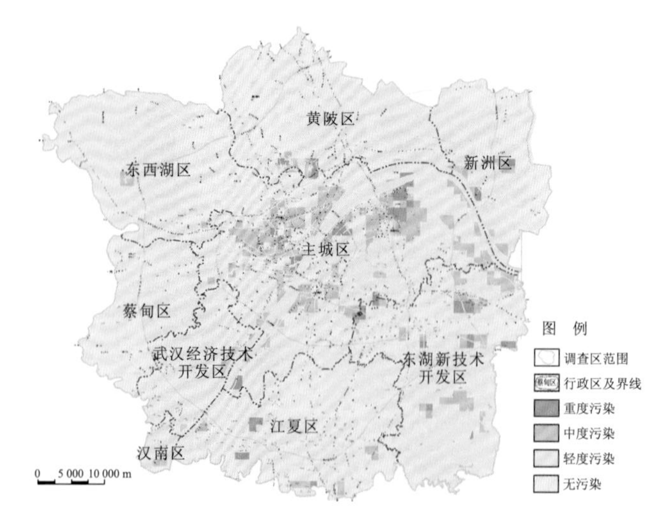

（k）表层土壤污染图

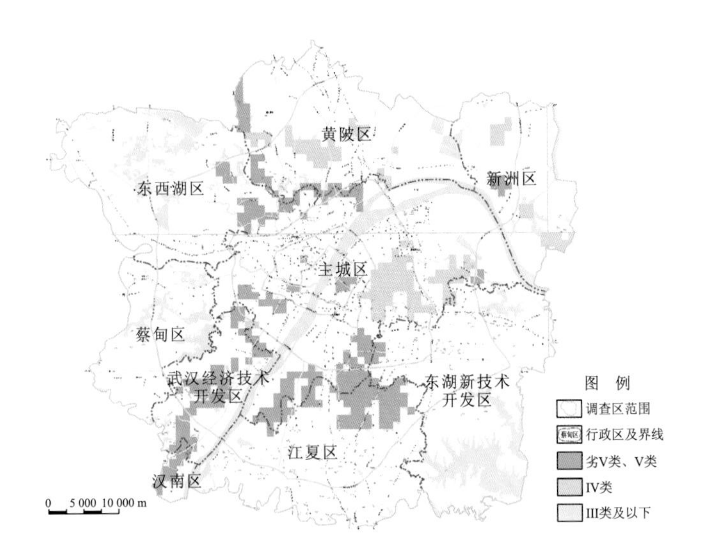

(l) 地表水污染图

图 11.2　地质环境质量评价选用指标汇总图

（a）基岩地质图：1 为调查区范围；2 为行政区及界线地；3 为三叠系大冶组；4 为二叠系栖霞组和孤峰组至石炭系大埔组和黄龙组之间地层；5 为白垩系—古近系公安寨组；6 为三叠系—侏罗系王龙滩组；7 为石炭系高骊山组和和州组至志留系坟头组之间地层

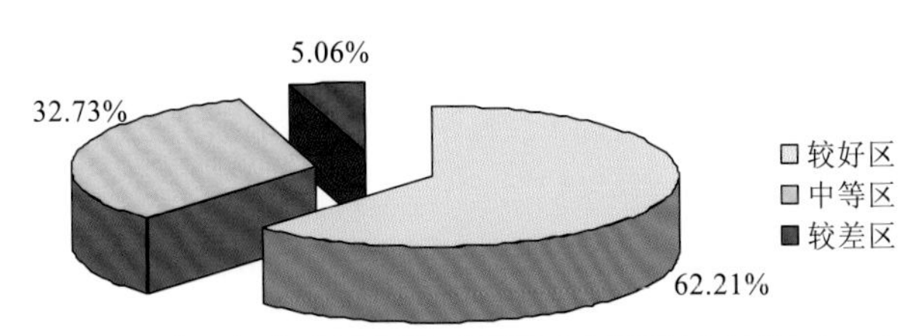

图 11.3　武汉都市发展区地质环境分区面积占比图（M2）

（四）评价结果

对比发现，综合指数法的评价指标侧重于地形地貌、岩土体结构和地下水资源量等环境地质背景条件，而矢量单元法的评价指标则侧重于地质灾害易发程度、土壤、水体和大气污染风险要素，虽然地质环境质量较好区、中等区和较差区的分布面积不十分接近，尤其是中等区的面积差距较大，但相对敏感的地质环境质量较差区分布位置和范围的吻合度最高，说明两种评价方法均抓住了重点：地质环境质量的好坏不仅取决于自然的环境地质背景条件，也与人类的工程活动息息相关。

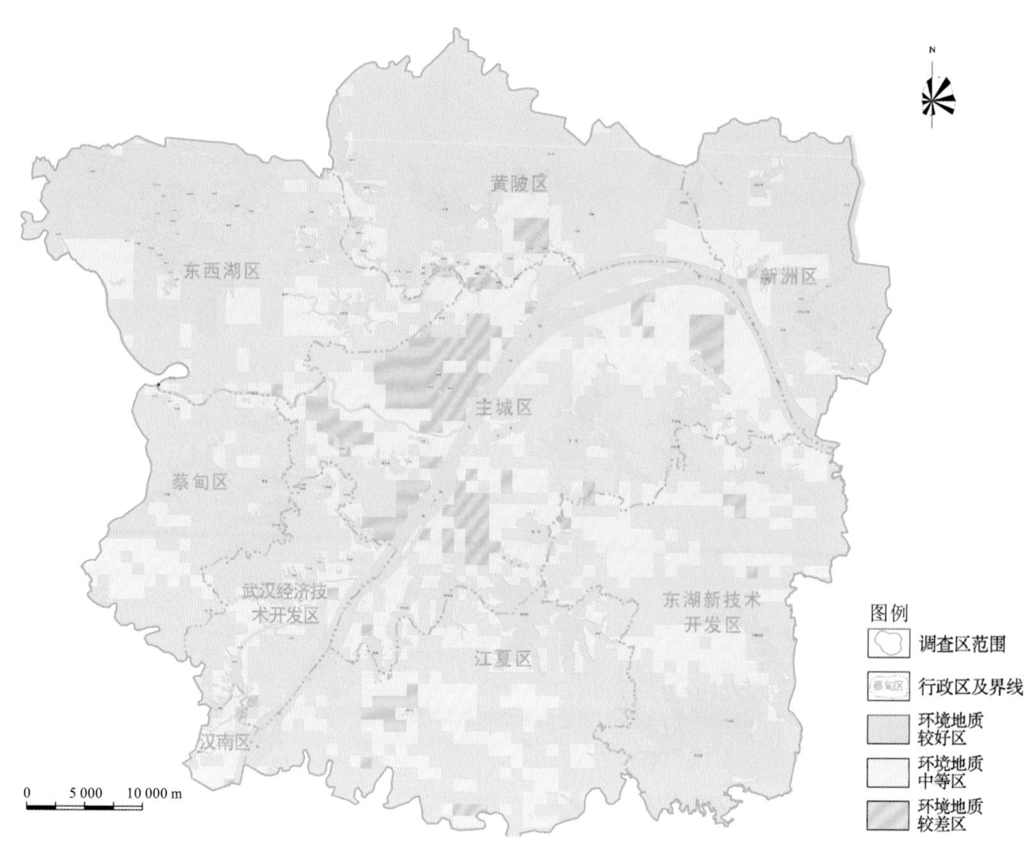

图 11.4 武汉都市发展区地质环境分区网格图

地质环境质量分区图的优化编制方法：以矢量单元法做出的地质环境分区网格图为基础，充分考虑地形地貌单元和岩土体结构类型，按照集中连片的原则，将网格化色块图概化勾绘出较好、中等和较差三级区域。中等区和较差区又各自细分为 5 个亚区，亚区划分以突出主要环境地质问题为前提，环境地质问题直接参与亚区命名。

最终评价结果为：地质环境质量较好区、中等区和较差区的面积分别为 2 252.72 km^2、1 038.13 km^2、178.17 km^2，分别占全区总面积的 64.94%、29.92%和 5.14%（图 11.5、图 11.6，表 11.6）。

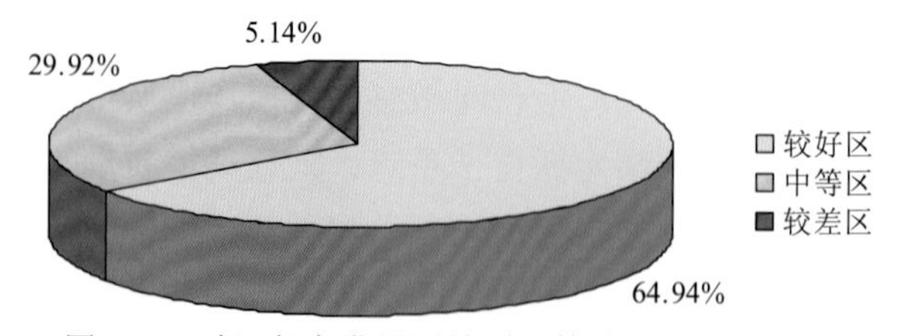

图 11.5 武汉都市发展区地质环境分区面积占比图

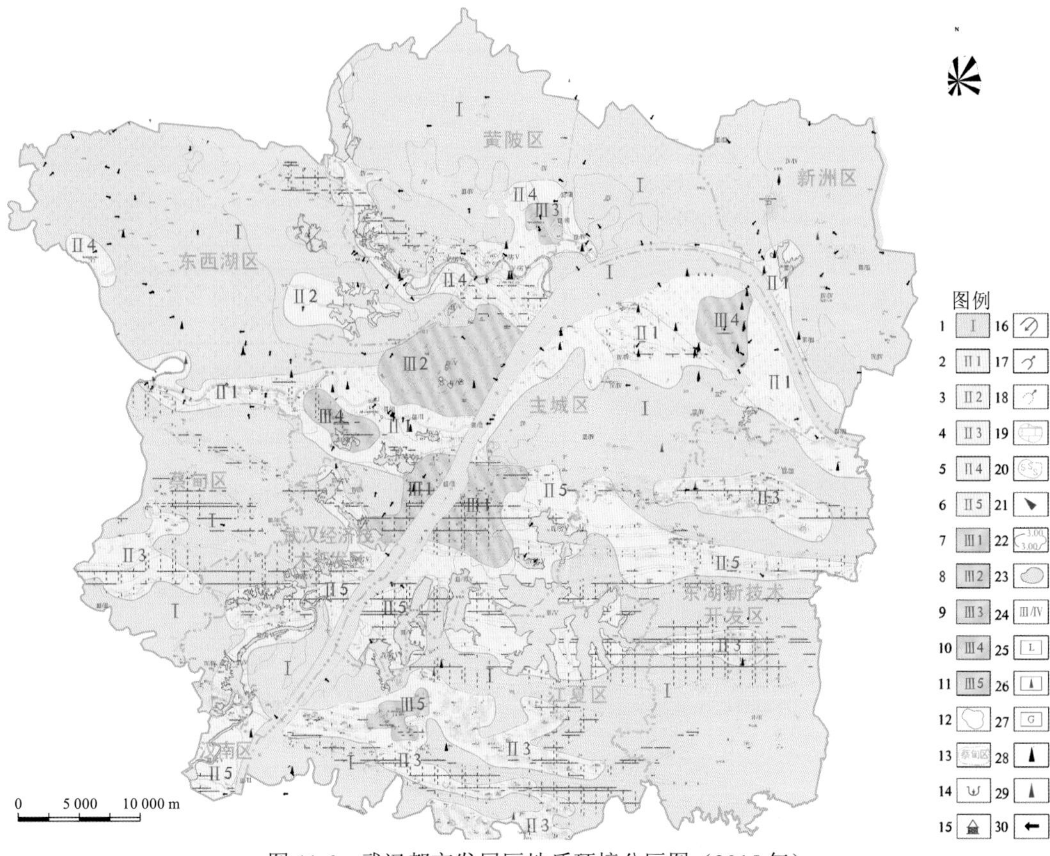

图 11.6　武汉都市发展区地质环境分区图（2015 年）

1. 地质环境质量较好区；2. 河湖崩岸、软土与水土污染地质环境质量中等亚区；3. 地下水降落漏斗地质环境质量中等亚区；4. 崩塌、滑坡与隐伏岩溶地质环境质量中等亚区；5. 水土污染与软土地质环境质量中等亚区；6. 隐伏岩溶与水土污染地质环境质量中等亚区；7. 岩溶地面塌陷地质环境质量较差亚区；8. 软土地面沉降地质环境质量较差亚区；9. 地下水降落漏斗与水土污染地质环境质量较差亚区；10. 水土污染地质环境质量较差亚区；11. 崩塌、滑坡与水土污染地质环境质量较差亚区；12. 调查区范围；13. 行政区界线；14. 岩溶地面塌陷点；15. 软土地面沉降点；16. 崩塌点；17. 滑坡点；18. 不稳定斜坡点；19. 隐伏岩溶条带；20. 软土分布范围；21. 河流崩岸点；22. 土壤综合污染指数等值线；23. 水体；24. 分区界线；25. 垃圾焚烧发电厂；26. 垃圾填埋场；27. 固体废弃物堆放场；28. 烟尘污染点；29. 粉尘污染点；30. 排污渠

表 11.6　武汉都市发展区地质环境质量分区评价结果表（2015 年）

环境地质区		环境地质亚区		面积/km^2	分布位置
区名	编号	亚区名	编号		
地质环境质量较好区	I	地质环境质量较好亚区	I	2 252.72	除去中等区和较差区之外的其他广阔区域，主要有东西湖区、黄陂区和新洲区大部
地质环境质量中等区	II	河湖崩岸、软土与水土污染地质环境质量中等亚区	II_1	262.35	汉江两岸和长江右岸青山区、新洲区阳逻街道
		地下水降落漏斗地质环境质量中等亚区	II_2	29.50	东西湖啤酒厂周边

续表

环境地质区		环境地质亚区		面积/km^2	分布位置
区名	编号	亚区名	编号		
地质环境质量中等区	II	崩塌、滑坡与隐伏岩溶地质环境质量中等亚区	II_3	233.97	新城区丘陵区矿产开采地段
		水土污染与软土地质环境质量中等亚区	II_4	129.21	东西湖区新沟街道和府河流域
		隐伏岩溶与水土污染地质环境质量中等亚区	II_5	383.10	武汉市南部白沙洲和沌口两个隐伏岩溶条带的主体部分
地质环境质量较差区	III	岩溶地面塌陷地质环境质量较差亚区	III_1	56.93	鹦鹉洲—白沙洲沿江一级阶地
		软土地面沉降地质环境质量较差亚区	III_2	65.59	汉口火车站至后湖地区
		地下水降落漏斗与水土污染地质环境质量较差亚区	III_3	8.30	黄陂区滠口街道
		水土污染地质环境质量较差亚区	III_4	35.94	汉阳区锅顶山和青山区星火两座垃圾焚烧发电厂周边
		崩塌、滑坡与水土污染地质环境质量较差亚区	III_5	11.31	江夏区长山口垃圾焚烧发电厂和卫生填埋场周边

四、长江沿岸带生态地质环境评价

（一）评价指标体系

采用层次分析法构建一个生态地质环境评价指标体系框架，包括目标层（评价目标）—准则层（关键要素和关键因子）—指标层（递进的评价指标）3 个层次（图 11.7）。

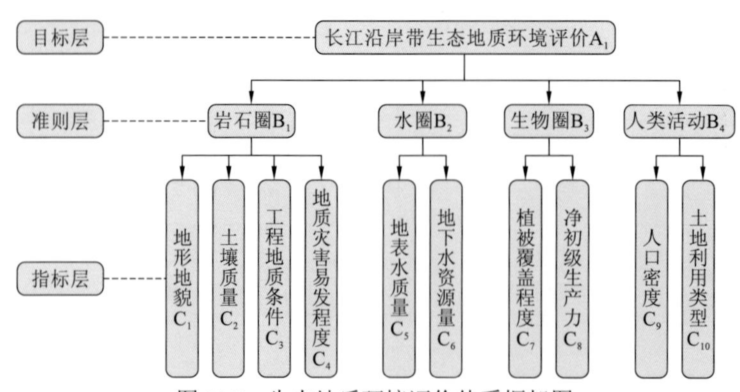

图 11.7　生态地质环境评价体系框架图

目标层：单一目标层，即评价生态地质环境质量现状。

准则层：不仅包括自然地理环境要素，也要考虑人类活动对生态系统施加的影响。准则层包括岩石圈、水圈、生物圈及人类活动。

指标层：根据长江沿岸带生态地质背景条件，同时考虑资料的完备程度和可利用性，选取地形地貌、土壤质量、地质灾害易发程度、地下水资源量等10个指标。

（二）评价指标分级标准

由于选取的评价指标既有定量化指标，如植被覆盖程度及地下水资源量等，也有如地质灾害易发程度、土地利用类型等定性描述的指标，无法直接将上述指标进行综合比较。故本次采用分级打分的方法，数值范围为0～10，按照“优”“良”“一般”“较差”4个等级将各指标层统一打分赋值，通过对各指标层赋值进行综合处理，最终获取综合评价分区结果（表11.7）。

表11.7　评价指标分级标准

目标层	准则层	指标层	评价指标分级标准			
			优	良	一般	较差
长江沿岸带生态地质环境评价	岩石圈	地形地貌	冲积平原	剥蚀堆积岗地	丘陵	低山
		土壤质量	1级	2级	3级	4级、5级
		工程地质条件	坚硬岩	次坚硬岩	较软岩	松散土体
		地质灾害易发程度	非易发区	低易发区	中易发区	高易发区
	水圈	地表水质量	I、II	III	IV	V、劣V
		地下水资源量	>1 000 t/d	500～1 000 t/d	<500 t/d	非含水层
	生物圈	植被覆盖程度	>60%	30%～60%	10%～30%	0～10%
		净初级生产力	>60%	30%～60%	10%～30%	0～10%
	人类活动	人口密度	<1 000 人/km^2	1 000～10 000 人/km^2	10 000～20 000 人/km^2	>20 000/km^2
		土地利用类型	林地、水体	草地、耕地	未利用地	建筑用地
分级赋值			10	7	4	1
分级标准			$7<P\leqslant10$	$5<P\leqslant7$	$3<P\leqslant5$	$0<P\leqslant3$

（三）评价指标权重确定

依据层次分析法原理，依次构建指标层对准则层的判断矩阵，并进行各指标权重的计算，结果见表11.8～表11.12。

表 11.8　B_1、B_2、B_3、B_4 相对于 A 的判断矩阵及权重值表

A	B_1	B_2	B_3	B_4	P_i	$\overline{W_i}$	W_A	λ_{max}
B_1	1	2	3	2	12	1.861 2	0.423 2	4.243 0
B_2	1/2	1	2	1	1	1.000 0	0.227 4	
B_3	1/3	1/2	1	1/2	0.083 3	0.537 2	0.122 1	
B_4	1/2	1	2	1	1	1.000 0	0.227 4	

注：CI=0.081 0，RI=0.90，CR=0.090 0<0.1。

表 11.9　C_1、C_2、C_3、C_4 相对于 B_1 的判断矩阵及权重值表

B_1	C_1	C_2	C_3	C_4	P_i	$\overline{W_i}$	W_A	λ_{max}
C_1	1	1/2	1/3	1/4	0.041 7	0.451 9	0.095 3	4.162 8
C_2	2	1	1/2	1/3	0.333 3	0.759 8	0.160 3	
C_3	3	2	1	1/2	3	1.316 1	0.277 6	
C_4	4	3	2	1	24	2.213 4	0.466 8	

注：CI=0.054 3，RI=0.90，CR=0.060 3<0.1。

表 11.10　C_5、C_6 相对于 B_2 的判断矩阵及权重值表

B_2	C_5	C_6	P_i	$\overline{W_i}$	W_A	λ_{max}
C_5	1	1	1	1	0.5	2
C_6	1	1	1	1	0.5	

注：CI=0，RI=0，CR=0<0.1。

表 11.11　C_7、C_8 相对于 B_3 的判断矩阵及权重值表

B_3	C_7	C_8	P_i	$\overline{W_i}$	W_A	λ_{max}
C_7	1	1	1	1	0.5	2
C_8	1	1	1	1	0.5	

注：CI=0，RI=0，CR=0<0.1。

表 11.12　C_9、C_{10} 相对于 B_4 的判断矩阵及权重值表

B_4	C_9	C_{10}	P_i	$\overline{W_i}$	W_A	λ_{max}
C_9	1	3	3	1.732 1	0.750 0	2
C_{10}	1/3	1	0.333 3	0.577 3	0.250 0	

注：CI=0，RI=0，CR=0<0.1。

（四）评价过程

（1）以构建的生态地质环境评价数据库为基础，基于 GIS 中的空间分析技术，对长江沿岸带生态地质环境评价总目标下的 4 个准则层、10 个指标层，按照由低级指标层到高级指标层的顺序，分别进行包括缓冲区分析、叠加分析、属性数据编辑与运算等多种

相应的数据处理，逐个得出上述 10 个指标层的单项评价结果图。

（2）然后应用 GIS 空间分析软件中的联合工具对各准则层下的相关指标图层进行叠加，再利用字段计算器对叠加生成的图层运用线性加权模型进行计算，最后依照分级标准利用图层属性对数据进行分级，得出上述 4 个准则层的评价结果图。

（3）同理对上述 4 个准则图层进行叠加、计算和分级，最终得出长江沿岸带生态地质环境评价图（图 11.8）和面积占比（表 11.13）。

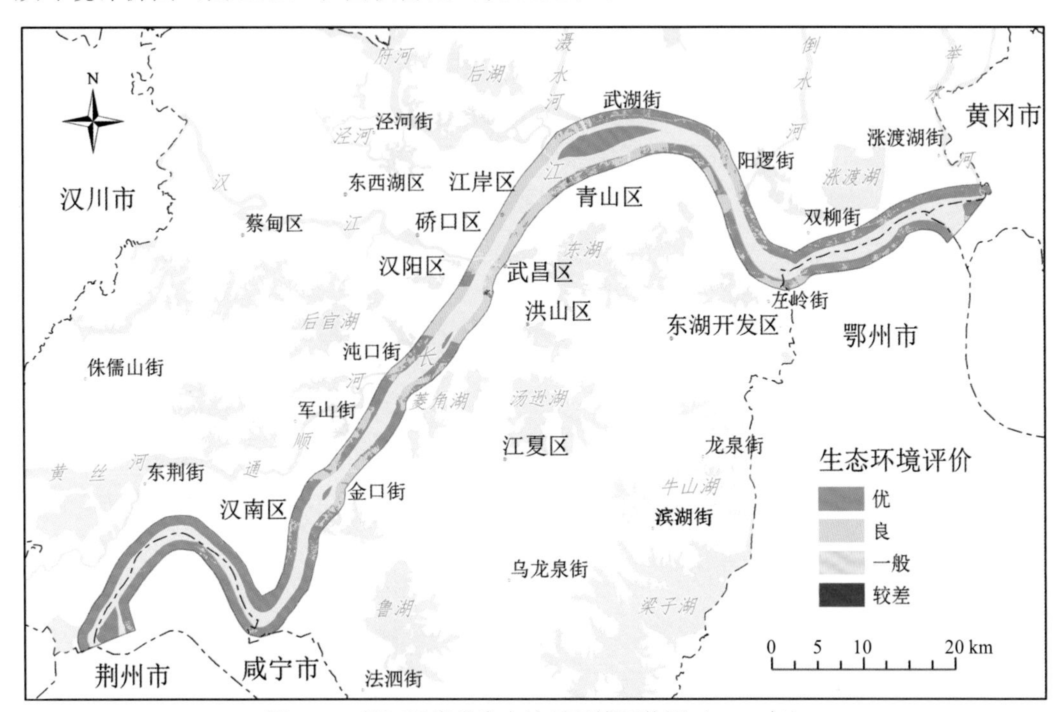

图 11.8　长江沿岸带生态地质环境评价图（2020 年）

表 11.13　长江沿岸带生态地质环境评价面积占比表（2020 年）

生态环境地质评价	面积/km^2	占长江沿岸带总面积的百分比/%
优	217.74	68.40
良	91.33	28.69
一般	8.18	2.57
较差	1.08	0.34

（五）评价结果

由上述图表可见，优和良区域占比超过 97%，只有主城区存在一般和较差区域，表明武汉市长江沿岸带的生态地质环境总体较好。

优区基本覆盖了汉南区、蔡甸区、新洲区沿岸带的大部分地区，以及江夏区、东湖新技术开发区、汉阳区、黄陂区沿岸带的部分地区。

良区集中分布于沿岸带中段主城区大部，此外武汉经济技术开发区军山街道、江夏区金口街、新洲区阳逻街和东湖新技术开发区左岭街附近沿岸带也有不连续分布。

一般区和较差区主要分布于武昌区、江汉区和江夏区金口街，主要影响因素为以建设用地为主、水土质量较差、人口密度较大、地下水资源量相对不足。

五、典型湖泊湿地生态系统健康评价

湿地生态系统健康是随着20世纪80年代“生态系统健康”概念的兴起而逐渐成为研究热点的。湿地生态系统健康评价涵盖了湿地生态系统状况评估、湿地生态系统服务功能的整体性和系统性，以及湿地生态系统与人类社会和经济系统之间的关系。

以下内容来源于2021年4月结题的“武汉市湿地生态环境地质调查”和“武汉市典型湿地环境评价及其与城市生态圈关系研究”2个项目成果，前者调查对象为汤逊湖、后官湖和沉湖，而后者的评价对象则为汤逊湖、沉湖和梁子湖。

（一）评价指标体系

遵从综合性和系统性、科学性和可操作性、代表性、因地制宜4条原则，构建湖泊湿地生态系统健康评价指标体系。

科学选取评价指标是湿地生态系统健康评价的基础，最初的评价指标集中在生物、化学指标上（水、沉积物和有机物的化学组成，物种组成和多样性，生态系统生物量和生产率等），后来逐渐加入了物理指标、压力指标，并将社会经济因素也考虑在内，使健康评价的指标体系不断完善。

马仁广（2016）从湿地发生学的原理出发，以湿地水、土壤和植被三要素为主线，综合考虑景观格局变化及社会经济、人类活动的影响。评价指标的选取以突出科学性、逻辑性、可操作性、可测量性和可报告性为原则，具体为：①显示出自然和时间变化；②对状态变化高度响应；③可重复测量；④指标明确，避免模棱两可；⑤指标获取经济易行；⑥具有区域适应性；⑦与生物学相关；⑧采用简单常用的观察参数；⑨对生态系统无破坏性；⑩结果能汇总，以便非专业人士理解。

“武汉市典型湿地环境评价及其与城市生态圈关系研究”项目在此基础上，结合武汉市湖泊湿地的特点，构建了包括水环境指标、沉积物指标、生物指标、景观指标、社会指标共5个一级指标、13个二级指标的体系（表11.14）。

表11.14　武汉市湖泊湿地生态健康评价指标体系表

目标层	一级指标B	二级指标C	指标意义及选取说明
湿地生态系统健康程度A	水环境指标B_1	湖泊常规指标C_1	湖泊水质表征水环境质量，直接反映湖泊湿地的受污染状况，间接反映湿地的净化能力，以此来评价湿地生态系统内部组织的功能状况和系统活力
		湖水重金属含量C_2	重金属具有来源广、隐蔽性、毒性强、易富集及生物不可降解的性质，重金属含量也是水环境污染评价的重要指标，能够反映水体受重金属污染的程度，进而影响湖泊的生态功能和人体健康
		湖水PAHs含量C_3	PAHs是一种环境污染物，具有致癌性，可在生物链富集。水体中PAHs含量可以指示湖水中有机污染物的程度，以此来评价湖泊的水污染状况

续表

目标层	一级指标 B	二级指标 C	指标意义及选取说明
湿地生态系统健康程度 A	水环境指标 B_1	水资源量 C_4	湿地在淡水循环中发挥着重大作用，没有湿地就没有水。湿地资源最直接的产出是水，湿地在维护水资源的水质与水量安全方面发挥着重要作用。因此，湿地水资源量是评价湿地生态效益的重要指标之一
	沉积物指标 B_2	底泥重金属含量 C_5	湖泊底泥作为重金属污染物的一个有效汇集库，积累了许多重金属污染物，这些污染物不易被微生物分解，且在一定的物理、化学和生物作用下可释放到上层水体中，使底泥成为一个非常重要的次生污染源。底泥中重金属污染物的含量是评价湖泊生态系统健康及其潜在生态危害风险的重要指标之一
		底泥 PAHs 含量 C_6	PAHs 主要通过大气沉降和降雨过程到达地球表面，并通过地表径流等面源污染的方式造成环境污染。底泥中 PAHs 含量能有效指示湖泊湿地的有效毒害性风险，是评价其生态危害风险的重要指标
	生物指标 B_3	生物多样性 C_7	生物多样性是指生命有机体及其赖以生存的生态综合体的多样化和变异性。湿地是自然界富有生物多样性和较高生产力的生态系统，是许多野生物种的重要繁殖地和觅食地，在保护生物多样性方面发挥了重要作用。从物种多样性的角度评价湿地的生物多样性特征，能反映湿地实际或潜在支持和保护自然生态系统与生态过程、支持人类活动和保护生命财产的能力，是湿地生态系统健康的重要特征之一
		外来物种入侵度 C_8	生物入侵是全球变化的重要组成部分，会导致入侵地区生物多样性减少、生物均匀化和生态系统及其功能的退化，致使原有群落或生态系统优势种、物理特征、营养循环及生产力等基本特征及整个生态系统的结构和功能发生改变，造成重大经济损失。湿地生态系统敏感而脆弱，极易被外来生物入侵。外来物种入侵度表征湿地生态系统受到外来物种干扰的程度，间接反映了湿地生态系统组织和功能的状态
	景观指标 B_4	湿地面积变化率 C_9	湿地面积变化是湿地生态环境变化的直接结果，是湿地健康状况的直观表现。湿地面积变化率以现有湿地面积占前一年同时期湿地面积的百分比来表示，可以反映湿地的动态变化，便于分析影响因素，对湿地资源的合理开发和保护具有极为重要的意义
		土地利用强度 C_{10}	区域土地利用及其结构变化不仅能够改变自然湿地景观组成，而且能改变景观要素之间的生态过程，进而影响湿地景观格局和功能。土地利用强度用影响湿地生态系统维持自然状态的土地利用方式的面积与研究区土地总面积的百分比来表征人类活动和自然界的各种扰动变化对湿地生态系统的压力
	社会指标 B_5	人口密度 C_{11}	人类活动对湿地生态系统的结构和功能的实现存在潜在威胁，人口密度表征湿地系统所受的人口压力，间接反映人类活动强度，是湿地生态系统健康状况的胁迫指标
		人均 GDP C_{12}	GDP 衡量人们物质生活水平，反映社会经济发展的程度，表征人类社会对湿地生态系统结构和功能的潜在压力
		湿地保护意识 C_{13}	湿地保护意识表征湿地相关知识在民众中的普及程度，间接反映主管部门对湿地认知的宣传程度和湿地保护的重视程度，是湿地生态系统健康的响应指标，能够反映人类社会对维护和改善湿地生态系统状态的资金投入、科技水平及管理能力

以上指标可以分为极小型指标和极大型指标两类。对于极小型指标，取值越小，状态越优；相反，极大型指标取值越大，状态越优。水环境指标（B_1）和沉积物指标（B_2）数据来源主要为实地调查，生物指标（B_3）、景观指标（B_4）和社会指标（B_5）数据来源主要为遥感解译与统计资料。

（二）评价结果

通过确定指标权重和指数分级计算，得出各单项二级指标的评价结果，然后分别对沉湖、汤逊湖和梁子湖 3 个典型湖泊的一级指标进行比较分析，得到其水环境（图 11.9～图 11.11），沉积物（图 11.12～图 11.14），生物、景观、社会指标等评价结果（表 11.15）。

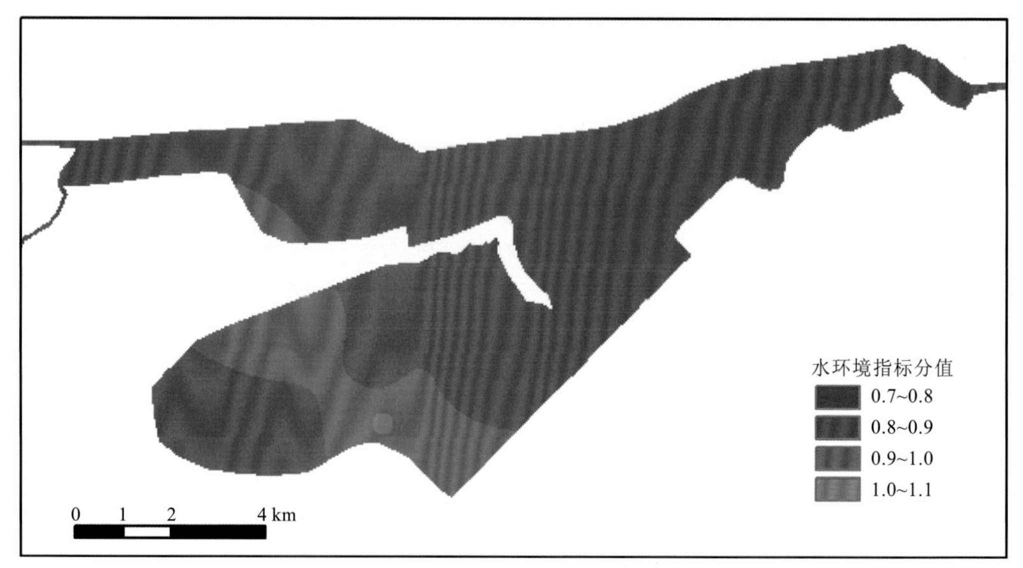

图 11.9　沉湖水环境指标评价图

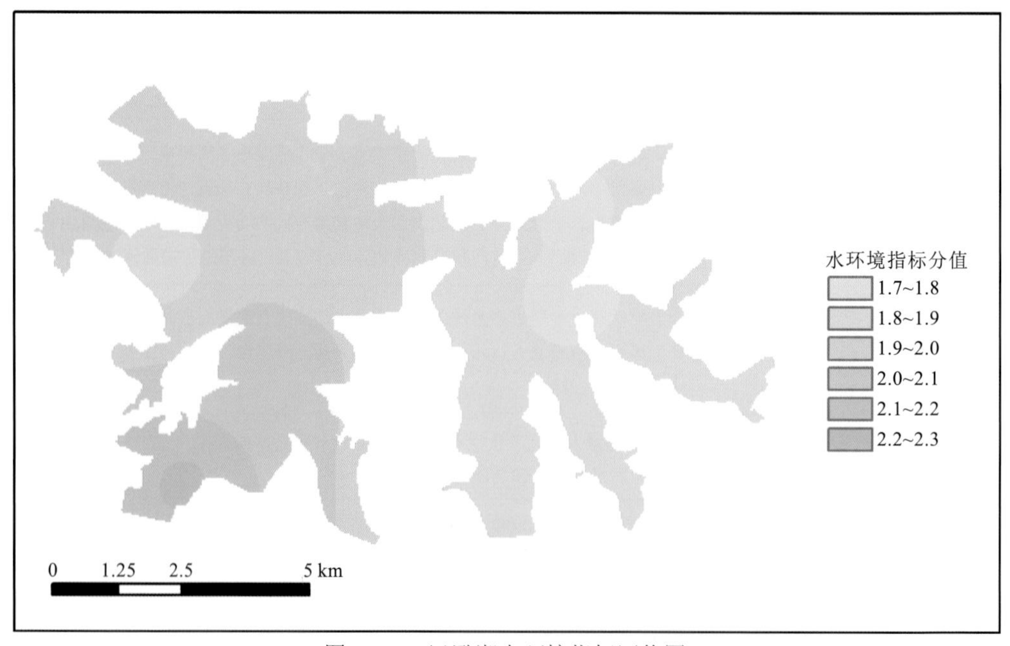

图 11.10　汤逊湖水环境指标评价图

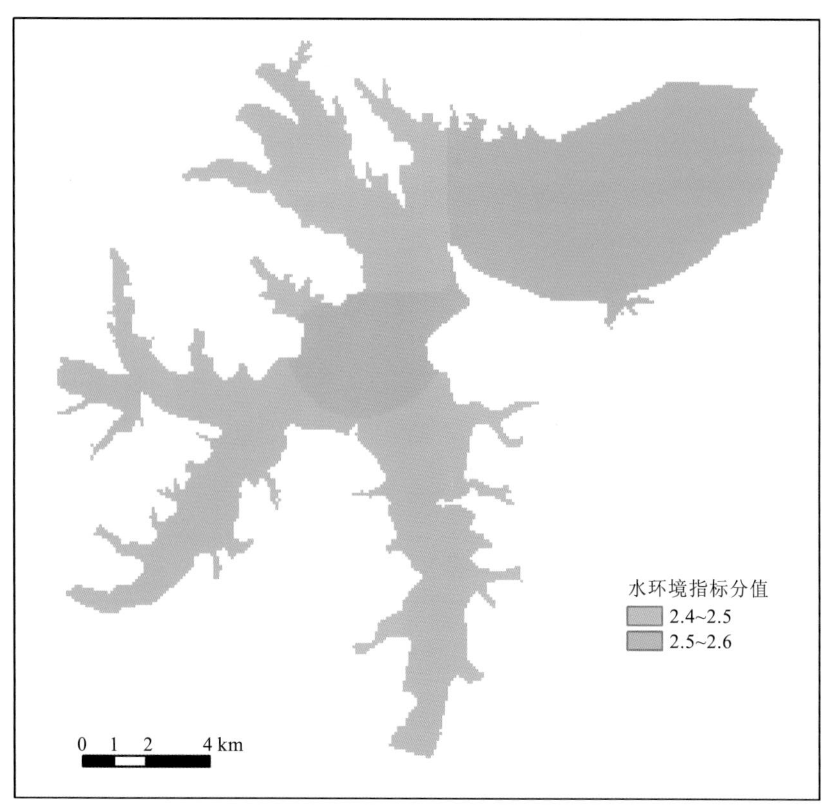

图 11.11　梁子湖水环境指标评价图

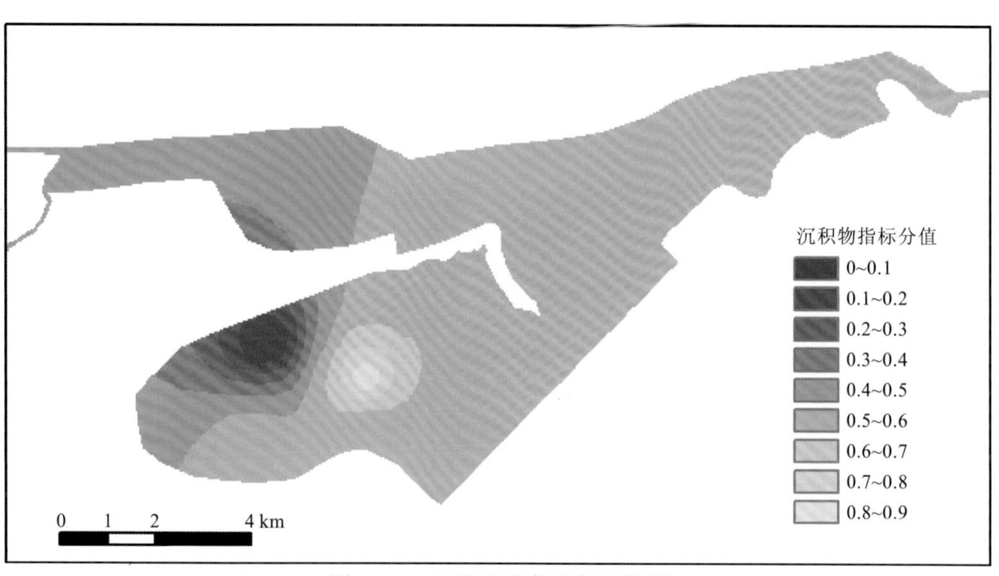

图 11.12　沉湖沉积物指标评价图

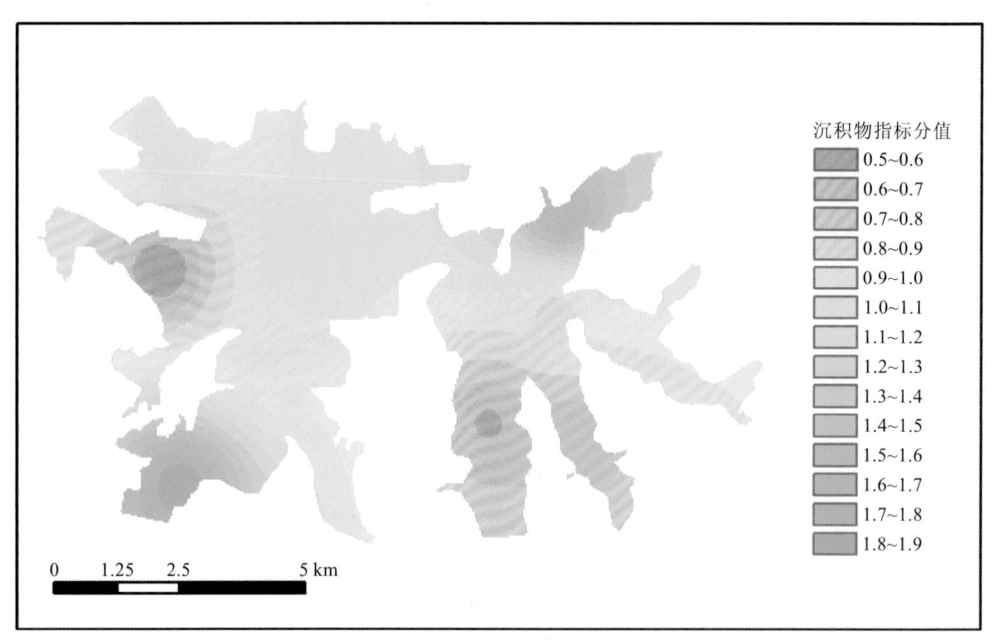

图 11.13　汤逊湖沉积物指标评价图

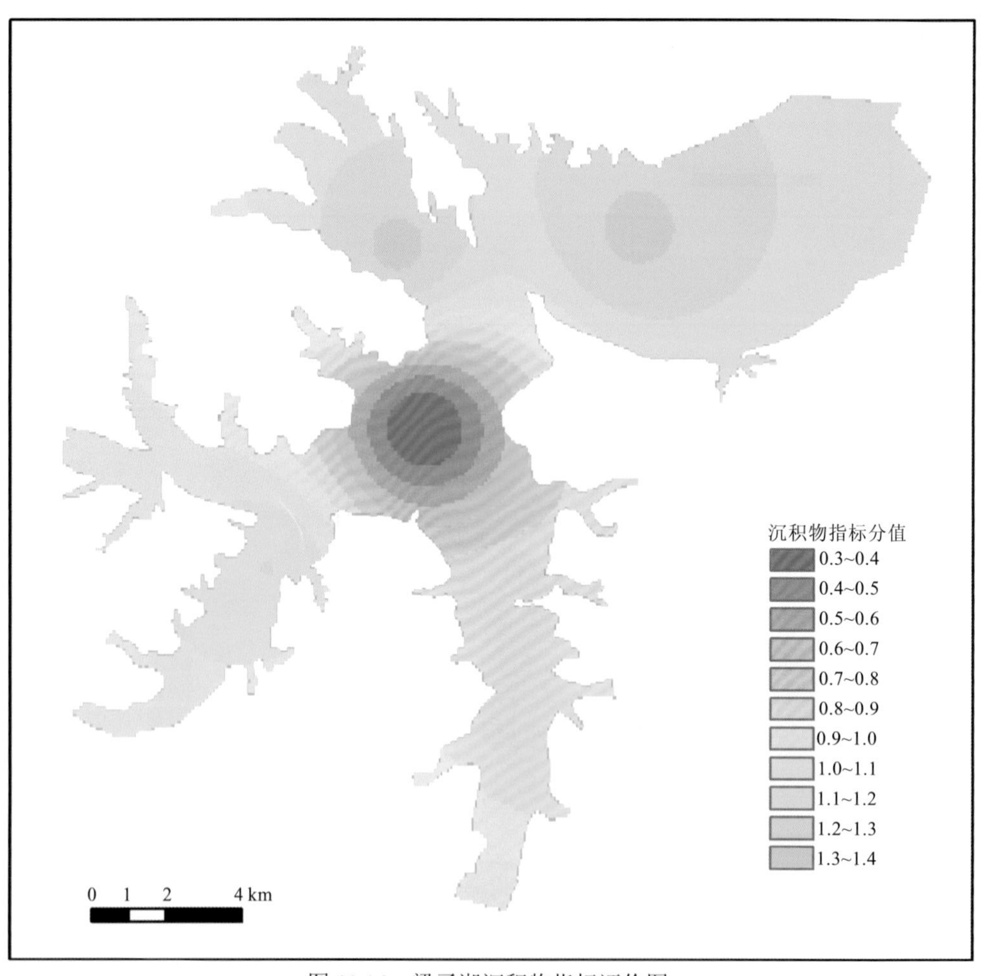

图 11.14　梁子湖沉积物指标评价图

表 11.15　沉湖、汤逊湖和梁子湖生物、景观、社会指标评价结果表

评价指标		指标权重	归一化得分			加权得分		
			沉湖	汤逊湖	梁子湖	沉湖	汤逊湖	梁子湖
生物指标	生物多样性	0.202	10	0	6.25	2.02	0	1.26
	外来物种入侵度	0.041	7.98	7.85	7.90	0.33	0.32	0.32
	合计	0.243	—	—	—	2.35	0.32	1.58
景观指标	湿地面积变化率	0.037	6.2，10	10	—	1.54e—3，0.37	0.41	—
	土地利用强度	0.075	3.62	2.55	—	0.15	0.10	—
	合计	0.112	—	—	—	0.15，0.52	0.51	—
社会指标	人口密度	0.022	8.13	0	1.85	0.33	0	0.08
	人均 GDP	0.014	1.51	0	0	0.06	0	0
	湿地保护意识	0.086	6.04	6.04	6.04	0.25	0.25	0.25
	合计	0.122	—	—	—	0.64	0.25	0.33

水环境方面：3 个湖泊湿地水质都未达到目标水质要求，TN、TP 是主要的超标污染物。其中汤逊湖和梁子湖 TN 超标率达 100%，沉湖超标率为 85.71%；而 3 个湖泊所有点位 TP 均未达到标准要求。汤逊湖 TN 和 TP 浓度最大值出现在排污口附近，表明生活污水的排放是造成汤逊湖 TP 和 TN 超标的重要原因。除 F^- 和 NH_4^+ 外，其余水溶性离子含量都很低。汤逊湖 NH_4^+ 超标率最高（33.33%）。NH_4^+ 最高浓度出现在沉湖，且沉湖溶解氧含量和氧化还原电位都较低，主要与鱼类养殖过程中饲料和肥料等物质的长期使用有关。

沉积物方面：从重金属污染空间分布来看，汤逊湖主要集中在湖心和湖滨区域；梁子湖主要集中在湖心和西南角湖汊；沉湖主要集中在湖心。湖泊周围密集的人群活动是导致湖周污染程度较高的重要原因。从重金属污染特征来看，汤逊湖、梁子湖和沉湖均受到 Cd 污染并且 Cd 污染均处于重度潜在生态风险水平，Cd 污染和综合生态风险强度均表现为梁子湖>汤逊湖>沉湖。在 PAHs 含量方面，汤逊湖西南、东北及湖心处存在一定潜在生态风险，梁子湖和沉湖表层沉积物中 PAHs 潜在生态风险发生概率较小。其中汤逊湖存在风险的 PAHs 单体较多，梁子湖沉积物中部分 PAHs 单体需防范增长，沉湖生态风险最小。

由评价结果可知，梁子湖水环境指标综合得分最高，其次为汤逊湖，最低为沉湖；沉积物指标综合得分汤逊湖最高，其次为梁子湖和沉湖，表明 3 个湖泊相比较，梁子湖水环境较好，而汤逊湖和梁子湖湿地的表层沉积物超标状况较沉湖为好。

生物指标得分沉湖＞梁子湖＞汤逊湖，景观指标得分沉湖与汤逊湖相当，社会指标得分沉湖＞梁子湖＞汤逊湖，主要是由于沉湖和梁子湖湿地周边保持着相对原始的湿地状态，而汤逊湖作为武汉城市湿地，周边已大面积高强度开发建设，湿地受人类活动影响较大。

湿地生态系统健康由综合健康指数（index of comprehensive health，ICH）表示，综合水环境、沉积物、生物、景观和社会指标，计算得到湿地综合健康指数是所有标准化

后的二级指标值的加权和。根据湿地生态系统综合健康指数的分值，将湿地生态系统健康分为好、中、差三个等级（表 11.16），湿地生态系统健康评价的最终结果表示湿地生态系统健康等级，辅以对应健康等级的描述性文字。

表 11.16　湿地生态系统健康评价等级表

等级	分值	健康状况
好	[7，10]	湿地生态系统功能完善，系统稳定且活力很强，湿地景观保持良好的自然景观，系统活力极强，外界压力小
中	（3，7）	湿地生态系统结构较为完整，具有一定的系统活力，可发挥基本的生态功能，外界存在一定压力，湿地景观发生了一定的变化，部分功能退化，已有少量的生态异常出现
差	[0，3]	湿地生态系统结构不完整、不合理，系统不稳定，外界压力大，湿地景观受到很大破坏，结构破碎，活力较低，系统功能退化严重

通过指标叠加得到沉湖和汤逊湖湿地综合健康指数分布图（图 11.15、图 11.16）。由评价结果可知，沉湖和汤逊湖湿地生态系统综合健康指数范围分别为[4.23，4.95]和[3.79，5.48]，健康级别均为“中”。结果表明，沉湖整体综合健康指数范围变化较小，整个湿地健康状况较为统一；而汤逊湖相对沉湖而言，湿地综合健康指数变化范围较大，局部地区存在健康指数较低的情况。沉湖和汤逊湖湿地水环境和沉积物质量总体良好，但存在一定污染，有充足的水源，湿地面积维持稳定；其周边居民湿地意识也较高；湿地生物多样性较高；目前生态系统较为稳定，但因人类活动影响，生态系统健康有长期衰退的风险。

从沉湖湿地综合健康指数分布图（图 11.15）可以看出，沉湖湿地 3 个子湖中，张家大湖及沉湖部分区域综合健康指数较低，这主要是由于该区域水环境指标中 PAHs 致癌风险较高，同时此区域主要为湖泊湿地，湿地面积变化率较大，导致综合得分偏低，因此该区域需加强水体有机污染防治与湿地面积变化控制。

图 11.15　沉湖湿地综合健康指数分布图

汤逊湖西南部及东北部湖汊综合健康指数偏低（图 11.16），结合不同指标得分情况分析，可知主要是由于此区域水体 PAHs 致癌风险、沉积物重金属潜在生态风险和 PAHs 生态风险较高，因此为保障湿地生态系统健康状况，应格外注重对汤逊湖湿地水体和沉积物重金属及有机污染的防治。

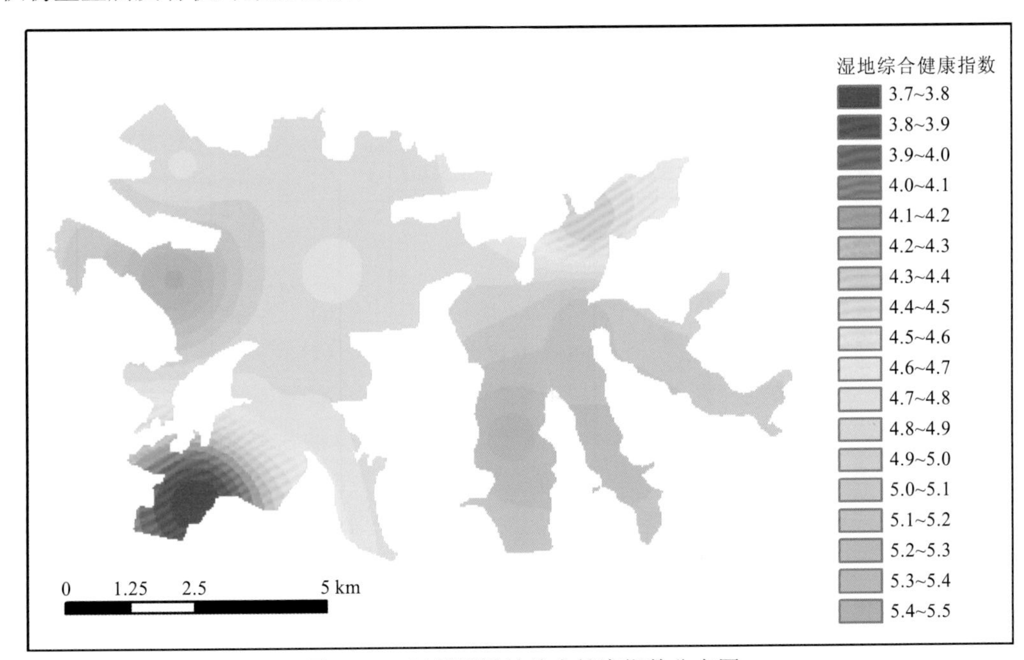

图 11.16 汤逊湖湿地综合健康指数分布图

综合评价结果表明，沉湖和汤逊湖湿地面临着不同的湿地健康问题。沉湖水环境和沉积物质量状况差于汤逊湖，但由于其周边开发建设情况较少，湿地内人口密度远低于汤逊湖，受人类活动影响较小，仍保持着相对原始的湿地状态，湿地生物多样性高于汤逊湖；汤逊湖湿地位于武汉城区，周边开发建设强度较大，人口密度较高，目前湿地内原始岸带较少，整体已经固化处理，受人类活动影响较大，生物多样性较低，湖汊众多，部分湖汊受人类活动影响较严重，其湿地综合健康指数较低。

六、典型棕地质量评价

武汉市棕地调查与评价项目选取武汉市中心城区武汉铝厂、武汉汽车发动机厂和武昌焦化厂 3 个具有代表性的重点污染行业退役地块开展污染详查，地块基本信息见表 11.17。通过地面调查、浅钻分层取样、高密度电阻率法及土壤、地表水和地下水等配套样品采集等工作方法，依据《土壤环境质量标准 建设用地土壤污染风险管控标准（试行）》（GB 36600—2019）I 类和 II 类用地标准风险筛选值、《地表水环境质量标准》（GB 3838—2002）、《地下水质量标准》（GB/T 14848—2017），对上述 3 个典型棕地的水土环境质量进行评价。

表 11.17 典型棕地地块基本信息表

企业名称	地址	坐标	面积/km²	所属行业	主要产品	污染类型
武汉铝厂	江岸区谌家矶大道 21 号	30° 40′22.08″N 114° 21′42.62″E	0.104	有色金属冶炼及压延加工业—常用有色金属冶炼	铝锭冶炼加工、铝合金冶炼、铝型材加工	无机污染
武汉汽车发动机厂	江岸区解放大道 2777 号	30° 39′53.23″N 114° 20′16.64″E	0.038	汽车制造业—汽车用发动机制造	汽车发动机及其零部件	无机污染
武昌焦化厂	武昌区白沙洲八坦路 263 号	30° 29′41.14″N 114° 16′35.29″E	0.177	石油、煤炭及其他燃料加工业—煤炭加工炼焦	焦炭、民用煤气、高新防水涂料、焦油	有机污染

（一）武汉铝厂

厂区位于长江一级阶地，地势平坦开阔。地层结构由上而下为杂填土层（Q^{ml}）—第四系全新统走马岭组冲积（Q_hz^{al}）+第四系上更新统洪冲积（$Q_{p_3}{}^{al+pl}$）粉质黏土层—上石炭统黄龙组（C_2h）灰岩层。杂填土层厚 1～2 m，较松散，具有一定的透水性，赋存少量孔隙水；粉质黏土层厚约为 6 m，透水性较差，赋存极少量孔隙水，水位在地表以下 0.18～6 m，平均水位埋深为 4.5 m；下伏基岩赋存碳酸盐岩裂隙岩溶水。

本次调查共施钻 31 孔，采集土壤样品 129 个、地表水样 4 组、地下水样 5 组。评价结论如下。

（1）土壤环境质量。受原有生产工艺过程的影响，有 47.3%的土壤样品污染指数大于 1，表明土壤环境已受到污染，其中达重度污染的占 3%，中度污染的有 6%。所有土壤样品中重金属含量均没有超过标准风险筛选值，但 Cu、As、Hg、Mn、Pb 的含量均超过厂区周边土壤重金属含量背景值，且厂区内有 62.8%的样品 F 含量超过厂区背景值，有 93%取自 8 m 深度的土壤样品在土壤理化性质发生变化时出现 F 含量富集现象，表明厂区内土壤理化性质可影响到 F 的垂向迁移能力及分布特征（图 11.17），土壤中存在 F 元素向深层土壤或地下水迁移的风险。

（2）地表水质量。铝厂西南侧的朱家河上下游（LC-SW-1 和 LC-SW-2）和场地东侧池塘（LC-SW-4）地表水质量均符合 I 类水质标准，仅场地南侧（LC-SW-3）为 II 类水质，其主要超标元素为 F^-，平均质量浓度为 1.22 mg/L。推测为生产车间电解铝过程中产生的含氟废气低空排放后随降雨沉降至池塘中所致。

（3）地下水质量。综合分析铝厂地下水水质属于 V 类，推测应与铝厂污染物下渗有关。

（4）物探新技术应用。物探成果显示布设在厂区内的两条测线在剖面上均有低阻层，而厂区外的测线在剖面上未见低阻层，表明厂区内土壤中重金属含量较高，与对应深度点位的重金属元素含量测试结果吻合，表明高密度电阻率法用于探测土壤中重金属元素的污染情况较为可行。

（二）武汉汽车发动机厂

厂区位于长江一级阶地，地势平坦开阔。地层结构和水文地质条件与武汉铝厂基本一致，区别在于下伏基岩为下三叠统大冶组（T_1d）灰岩，杂填土和粉质黏土分别厚 2～3 m、5～6 m。

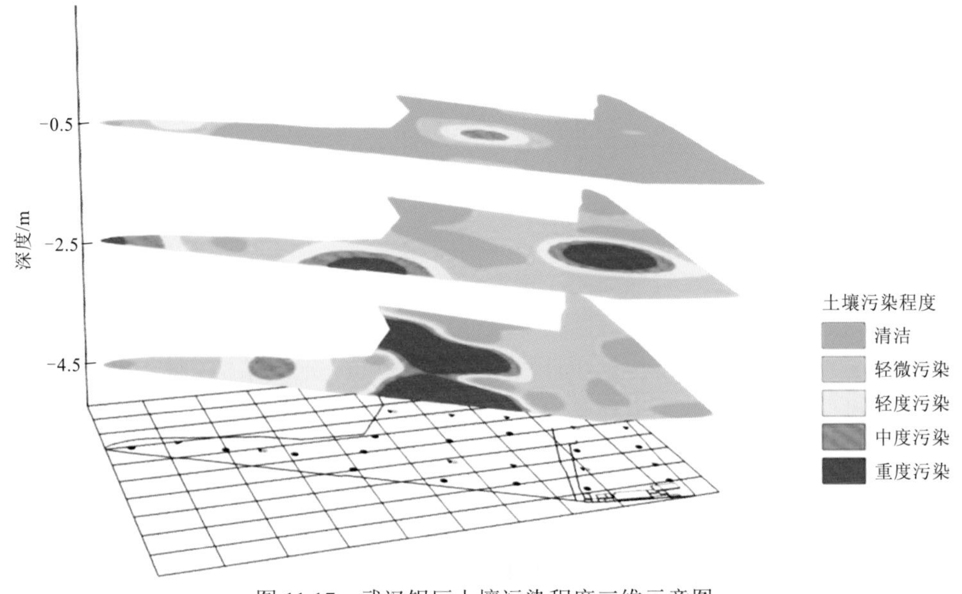

图 11.17 武汉铝厂土壤污染程度三维示意图

本次调查共施钻 10 孔，采集土壤样品 34 个、地表水样 1 组、地下水样 3 组。评价结论如下。

（1）土壤环境质量。土壤环境受到原生产活动的影响，有 1 个土壤样品的 As 质量分数达到 80.97 mg/kg，超过建设用地 II 类用地风险筛选值 35%，其他污染物均未超过限制标准；且有 51.3%的重金属污染物含量超过厂区周边背景值，As、Cd、Cu、Pb、Hg、Zn、Mn、Ni 和总石油烃的含量超标率分别为 80%、50%、80%、3.3%、23.33%、33.3%、10%、76.7%、23.3%，不同采样深度的污染程度如图 11.18 所示。

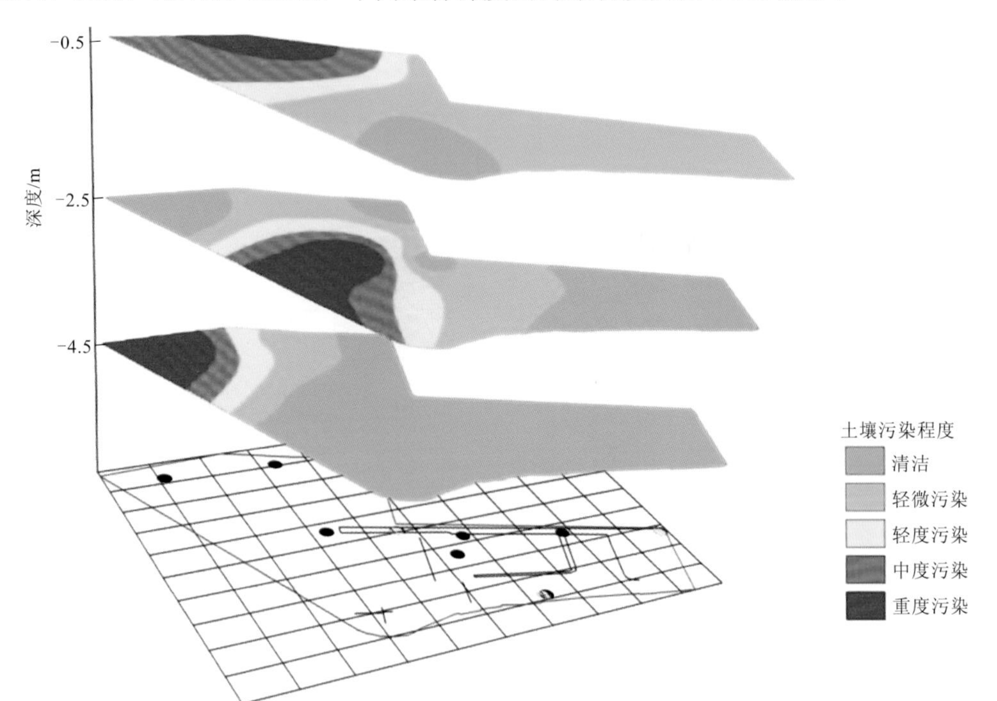

图 11.18 武汉汽车发动机厂土壤污染程度三维示意图

（2）地表水质量。汽车发动机厂东侧朱家河（FDJ-SW-1）地表水符合 I 类水质，表明朱家河水质基本不受原汽车发动机厂生产排放的影响。

（3）地下水质量。综合分析，汽车发动机厂内地下水为 IV—V 类水质，推测应与原厂污染物下渗有关联。

（三）武昌焦化厂

武昌焦化厂全称为武汉钢铁集团江南燃气热力有限责任公司，由炼焦车间、焦油加工车间、老粗苯车间、厂区水处理区及煤炭储运区等组成。

厂区位于长江一级阶地，与长江直线距离为 937 m。地层结构和水文地质条件与武汉汽车发动机厂相同，松散堆积物厚度为 25～40 m。

本次调查共施钻 76 孔，采集土壤样品 229 个、地表水样 2 组、地下水样 5 组。评价结论如下。

（1）土壤环境质量。重金属在土壤中有明显累积趋势，其中 11%的土壤样品 Pb、Sb 含量超过建设用地 II 类用地风险筛选值，超标率分别为 0.44%、14%，且随土壤深度的增加呈现先增后减的趋势（图 11.19）。

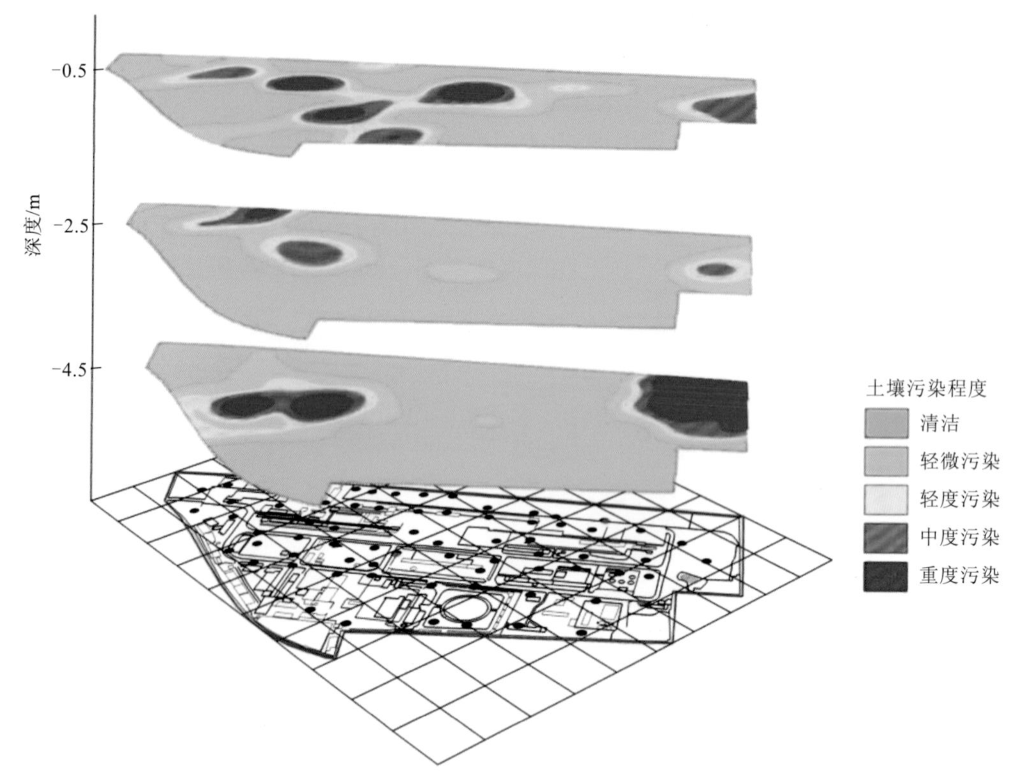

图 11.19　武昌焦化厂土壤污染程度三维示意图

氰化物、Pb、Sb 含量超过 I 类用地风险筛选值，不满足居民用地对污染物的要求；所有土样中均检测出 16 种目标 PAHs，ΣPAHs 质量分数为 97.74～1 100 502.77 ng/g，平均值为 41 667.3 ng/g，表明焦化厂区内的土壤环境质量已受到原有生产过程的影响。

（2）地表水质量。武昌焦化厂区内的池塘（SW-01）和北侧的长江（SW-02）水质

均符合Ⅰ类标准，综合质量符合Ⅰ类水质；表明焦化厂化工生产活动对附近长江水质并无负面影响。

（3）地下水质量。综合分析武昌焦化厂地下水属于Ⅴ类水质，推测应与原厂污染物下渗有关。

第三节 生态地质环境保护与修复对策

一、长江沿岸带生态地质环境保护与修复对策

长江沿岸带不同地段的生态环境地质条件和经济发展程度不同，其各自面临的具体生态环境地质问题也不尽相同，归纳起来，主要包括河流崩岸及水、土环境质量问题，生态地质环境保护与修复建议也围绕其展开。

（一）河流崩岸修复对策

因为长江沿岸带大多数地区都是冲积平原地貌，岩性是第四系走马岭组的粉砂土、砂土，结构松散，抗流水冲刷能力较弱。长江汛期，因为江水长期浸泡、冲刷，在长江主流一侧较容易发生河流崩岸，会严重影响大堤的安全。根据长江沿岸带调查发现的河流崩岸点及易发地段，建议进行工程治理的河流崩岸易发地段见表11.18。

表11.18 河流崩岸治理地段一览表

序号	地理位置	所属岸带	长度/km	地层	岩性
1	武汉市汉南区邓南街	长江左岸	1.08	Q_hz^{al}	粉砂土、砂土
2	武汉市汉南区纱帽街	长江左岸	1.17	Q_hz^{al}	粉砂土、砂土
3	武汉市汉南区纱帽街	长江左岸	1.10	Q_hz^{al}	粉砂土、砂土
4	武汉市江夏区金港新区	长江右岸	0.76	Q_hz^{al}	粉砂土、砂土
5	武汉市江夏区金口街	长江右岸	0.94	Q_hz^{al}	粉砂土、砂土
6	武汉市洪山区天兴乡	天兴洲	2.65	Q_hz^{al}	粉砂土、砂土
7	武汉市洪山区八吉府街	长江右岸	0.78	Q_hz^{al}	粉砂土、砂土
8	武汉市新洲区双柳街	长江左岸	0.87	Q_hz^{al}	粉砂土、砂土
总计			9.35		

建议工程治理的河流崩岸点有8处，具体位置见图11.20。在汉南区有3处，长度分别为1.08 km、1.17 km、1.10 km，发育在长江左岸弯曲河道地段，属于江水主流侵蚀一侧，地层为走马岭组，岩性为粉砂土、砂土。

江夏区金口近有2处，长度分别为0.76 km、0.94 km，发育在长江右岸平直河道段（图11.21），属于江水主流侵蚀一侧，地层为走马岭组，岩性为粉砂土、砂土。

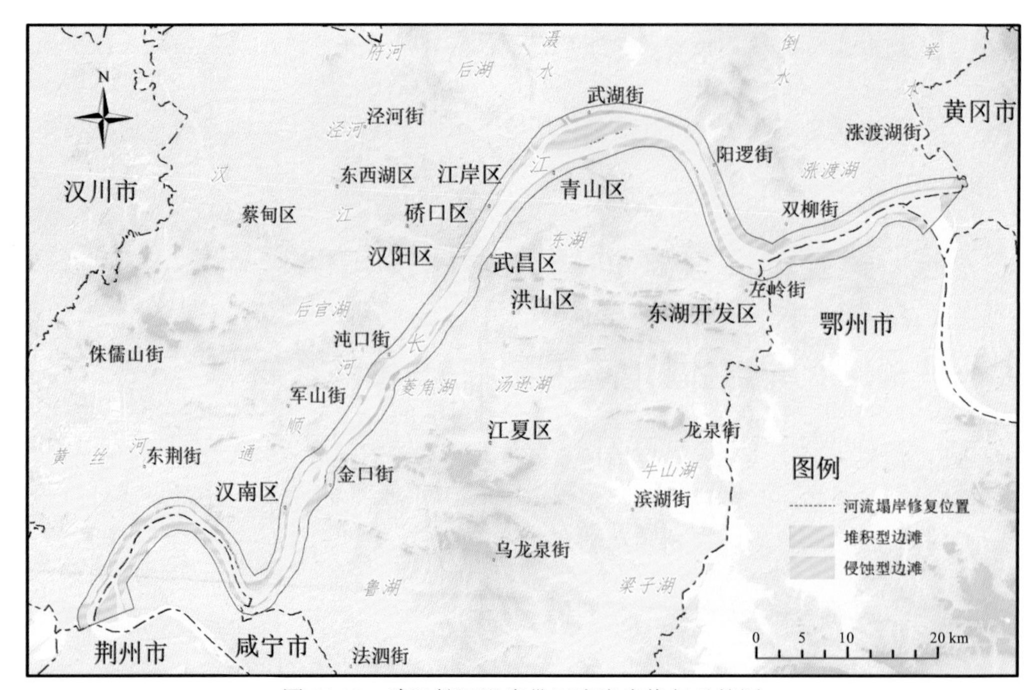

图 11.20　武汉长江沿岸带河流崩岸修复对策图

天兴洲的右岸被流水冲刷严重，属于侵蚀边滩。需要进行塌岸工程治理的长度为 2.65 km（图 11.22）。地层为走马岭组，岩性为粉砂土、砂土。

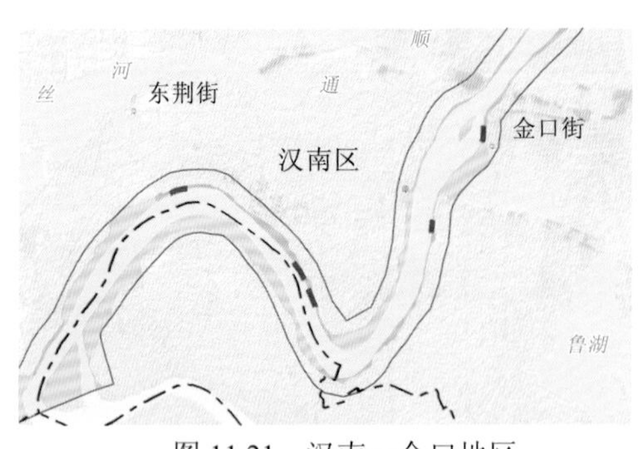

图 11.21　汉南—金口地区

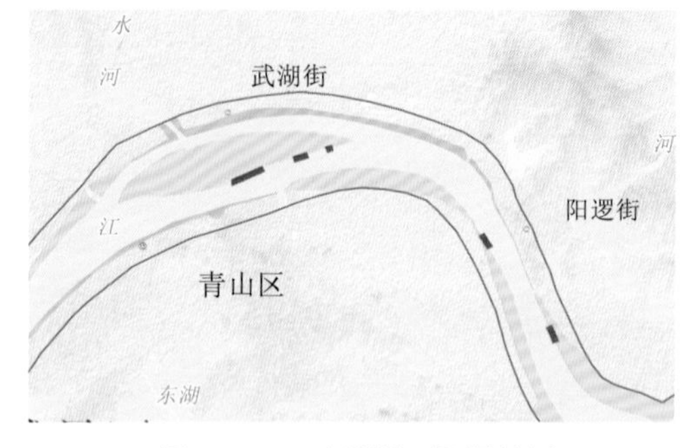

图 11.22　天兴洲—阳逻地区

洪山区八吉府街有 1 处，长度为 0.78 km，位于长江右岸的弯曲河道处，属于长江水流侵蚀一侧。地层为走马岭组，岩性为粉砂土、砂土。

新洲区双柳街有 1 处，长度为 0.87 km，位于长江左岸的平直河段，属于长江主流侵蚀一侧。地层为走马岭组，岩性为粉砂土、砂土。

（二）土壤污染修复对策

长江沿岸带调查区绝大多数的土壤质量均为未污染状态，但调查发现了 5 处重度污染点（图 11.23），分别位于蔡甸区大军山、汉阳区龟山、江岸区谌家矶、阳逻武汉港和青山区武钢集团，总面积为 6.88 km^2，占沿岸带调查总面积的 2.16%；中度污染点 1 处，位于华容区葛店镇白浒村，面积为 0.98 km^2，占沿岸带面积的 0.31%。主要的重金属超标元素为 Cu、Zn、Cd、Pb（表 11.19）。因此建议对以上 6 处污染场地进行详细的

异常查证工作，以查明污染源、污染场地的规模、污染元素的种类和含量，为下一步修复治理打下基础。

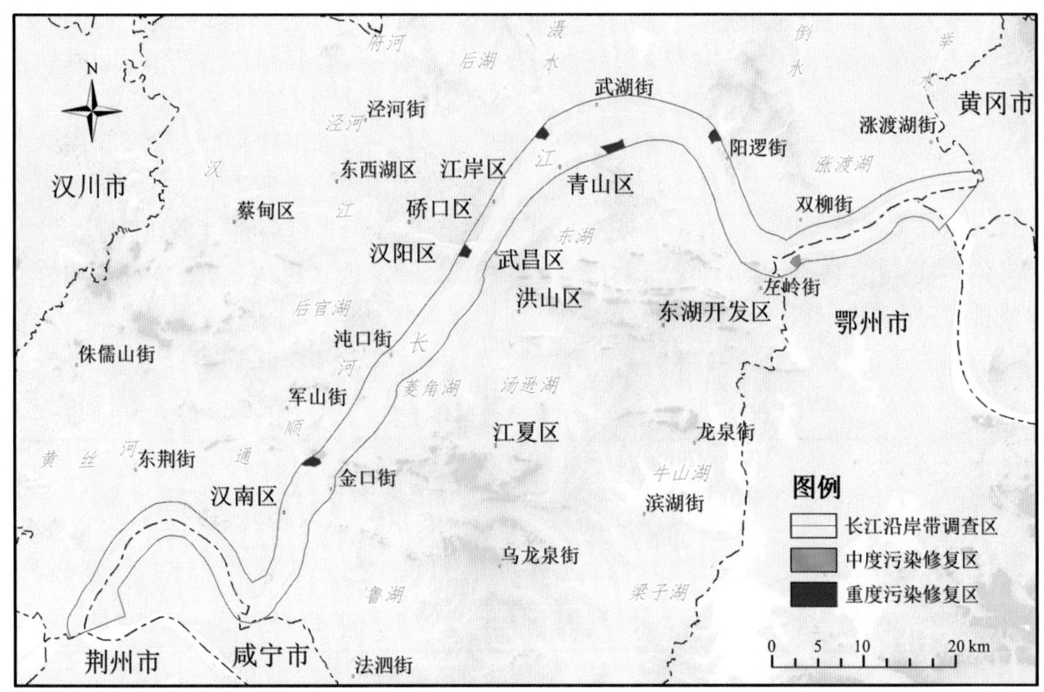

图 11.23　武汉长江沿岸带土壤污染修复对策图

表 11.19　土壤污染修复区对策建议表

序号	地理位置	污染程度	污染元素质量分数	面积/km^2	修复对策
1	蔡甸区大军山	重度污染	Cu 为 305 μg/g	1.34	进行场地修复
2	汉阳区龟山	重度污染	Zn 为 2 998 μg/g，Cd 为 26 μg/g	1.14	进行场地修复
3	江岸区谌家矶	重度污染	Cu 为 728 μg/g	1.21	进行场地修复
4	阳逻武汉港	重度污染	Zn 为 1 578 μg/g	1.23	进行场地修复
5	青山区武钢集团	重度污染	Zn 为 4 804 μg/g，Cd 为 8.93 μg/g	1.97	进行场地修复
6	华容区葛店镇白浒村	中度污染	Cd 为 2.68 μg/g	0.98	进行场地修复

（三）长江边滩生态修复对策

目前，武汉市的长江边滩大致可以分为四类。第一类是港口、码头，在沿岸带的长度约为 29.70 km，边滩大部分固化处理，极大地改变了边滩的生态环境。第二类是江滩公园式的开发利用，在沿岸带长度约为 38.08 km，通过人工改造，最大限度地保持了边滩的生态功能。此外可以为人类提供生态休闲场所。第三类是种植防护林和开垦耕地，其中防护林长度约为 93.48 km，沿岸带开垦为耕地的长度约为 87.05 km，主要位于远城区的一些长江边滩，因为农业种植的需求，被开垦为耕地。第四类是人类改造较少的自然边滩，长度约为 34.46 km。

根据长江大保护的要求，结合长江沿岸带目前的生态环境现状及调查评价结果，在此提出以下建议。

第一类港口、码头，应合理规划，减少对沿岸带的占地。废弃的码头应进行生态修复。

第二类江滩公园式的开发模式最好，但是资金需求极大，目前已经基本完成主城区的边滩开发，长江新区作为新开发地区应配套实施武湖江滩的治理工程。

第三类开垦为耕地的长江边滩，调查发现农业种植活动对沿岸带的土地质量影响不大，耕种主要影响地表水质及生物的多样性。对于簰洲湾、叶家洲等大片开垦为耕地的区域，可保持耕地现状。如有生态保护的相关规划，可再行改变用地类型。但是，对于通顺河口及青山武钢至白浒山一带的边滩，应考虑退耕，恢复沼泽湿地、河流湿地的生态功能。

具体的建议生态修复区有三处，其基本情况见表 11.20 和图 11.24。

表 11.20　生态修复区建议表

分类	位置	面积/km^2	长度/km
沼泽湿地生态修复区	通顺河与长江交汇口	2.68	2.80
武湖江滩生态建设区	武湖长江边滩	5.08	13.53
河流湿地生态修复区	青山武钢至白浒山	10.64	18.69

图 11.24　武汉长江沿岸带生态修复对策图

（1）沼泽湿地生态修复区。沼泽湿地位于通顺河与长江的交汇口，面积为 2.68 km^2。原本为沼泽湿地，后大部分区域被开垦为耕地。沼泽湿地是一种重要的湿地类型，为了保护生态环境，保持生物多样性，建议停止农业耕种，恢复沼泽湿地的生态系统。

（2）武湖江滩生态建设区。武湖长江岸带长为 5.08 km，面积约为 5 km^2，属于长江的弯曲河道，由于受天兴洲的影响，侵蚀作用较弱，此处边滩宽度可达 300～400 m。边滩上以往进行的是无统一规划的农业耕种，但随着长江新区规划建设的帷幕拉开，对武

湖地区的长江岸带的建设也应同步进行。建议及时退耕，拆除违章建筑，按照江滩公园模式对武湖长江边滩进行整体设计，既可保护边滩的生态环境，又能给人民群众提供生态休闲的场所。

（3）河流湿地生态修复区。青山区武钢至白浒山的长江岸带长度约为 10.64 km，面积为 18.69 km^2。此处长江边滩有部分被开垦为耕地，部分修建为码头。建议退耕还林还草，拆除废弃的码头，配合长江大保护植树造林工程，种植池杉、水杉、柳树等树木。此处紧邻青山化工区，工业废水必须经过处理达标后方可排放。

（四）长江新区农业施肥及种植建议

长江新区土壤地球化学特征显示 B、Co、Cu、Mn、Mo、Se、V 等元素含量丰富，K、Zn、有机质等含量较丰富，N、P 含量较缺乏，北部酸性土壤分布较广。长江新区农业施肥及种植建议如下。

（1）全区普遍增施氮肥和磷肥以确保土壤肥力。

（2）除三里桥街道—武湖—龙兴天下工业园一带外，其余地区尚需增施钾肥（图 11.25）。

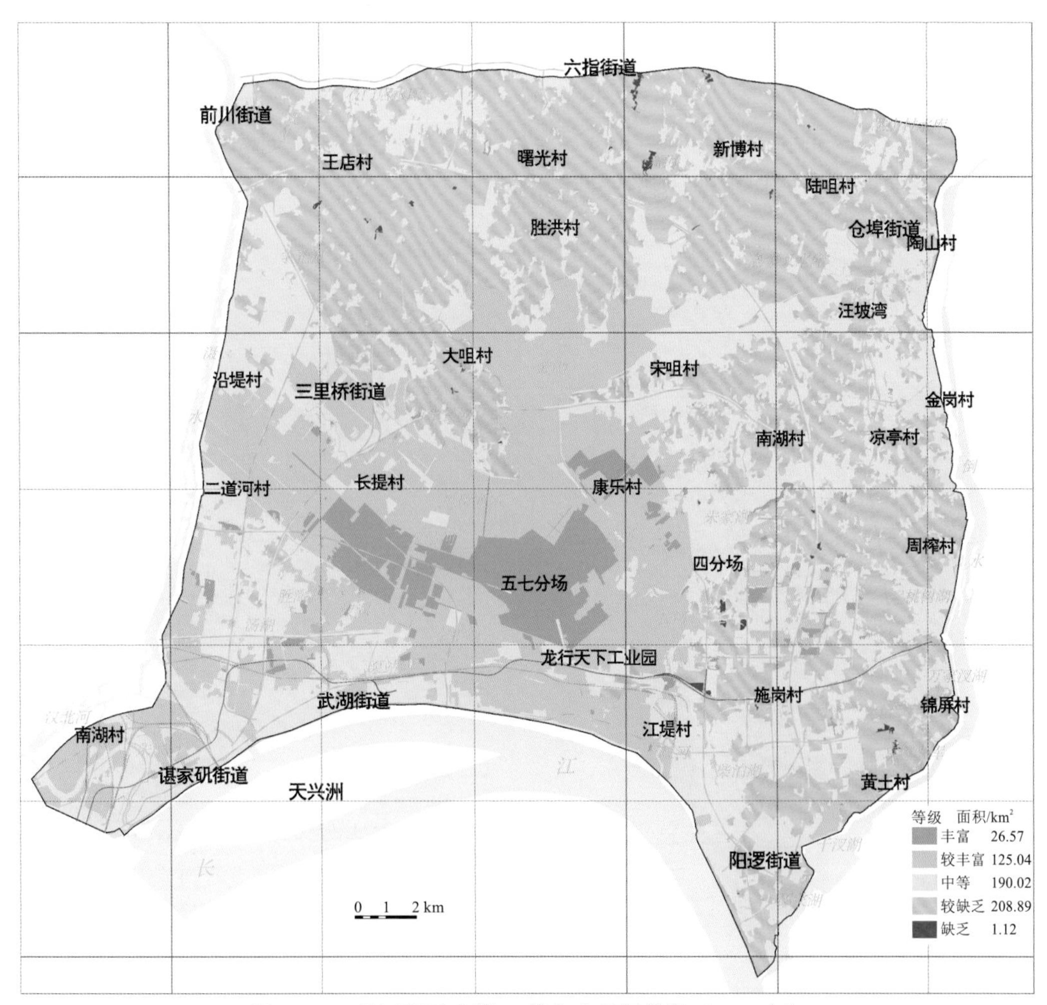

图 11.25 长江新区土壤 K 养分分级评价图（2020 年）

（3）禁止对土地的掠夺式利用及秸秆焚烧等行为，鼓励秸秆还田，降低污染。灌溉水田晚稻可以适当留高稻茬，冬季推广种植绿肥作物。

（4）酸性土壤改良建议。①施用石灰。秋收后，把地里的秸秆杂草收拾干净，亩撒生石灰 100 kg，翻耕，钯匀。②熏制火粪。火粪呈碱性，含钾较多，有调节土壤酸碱度和补钾的作用。③尽量施用有机肥。有机肥有极大的缓冲性，有调节土壤酸碱度的作用，长期施用，可以平衡酸碱，培肥地力。④精准施肥。按土壤及作物需求进行测土配方施肥，降低化肥的施用量，能有效防治土壤酸化。施用氮肥时，选择碳酸氢铵效果显著。

（五）长江新区土地利用规划建议

根据长江新区土地质量地球化学调查成果，针对现有规划，提出如下优化建议。

（1）白水湖村—红联村一线（图 11.26 地块①），存在大范围 Cd 超标风险，建议调整为商业用地和居住用地，合并至三里基础科研区。

（2）新堤村一带（图 11.26 地块②），属区内少有的环境无风险且营养较高地力区，且现规划为商业用地、居住用地，未包含成熟商业区，建议调整为基本农田或无公害蔬菜产地。

（3）新生村一带（图 11.26 地块③），存在小范围 Cd 超标风险，建议由农林用地、乡镇建设用地调整为居住用地或其他建设用地。

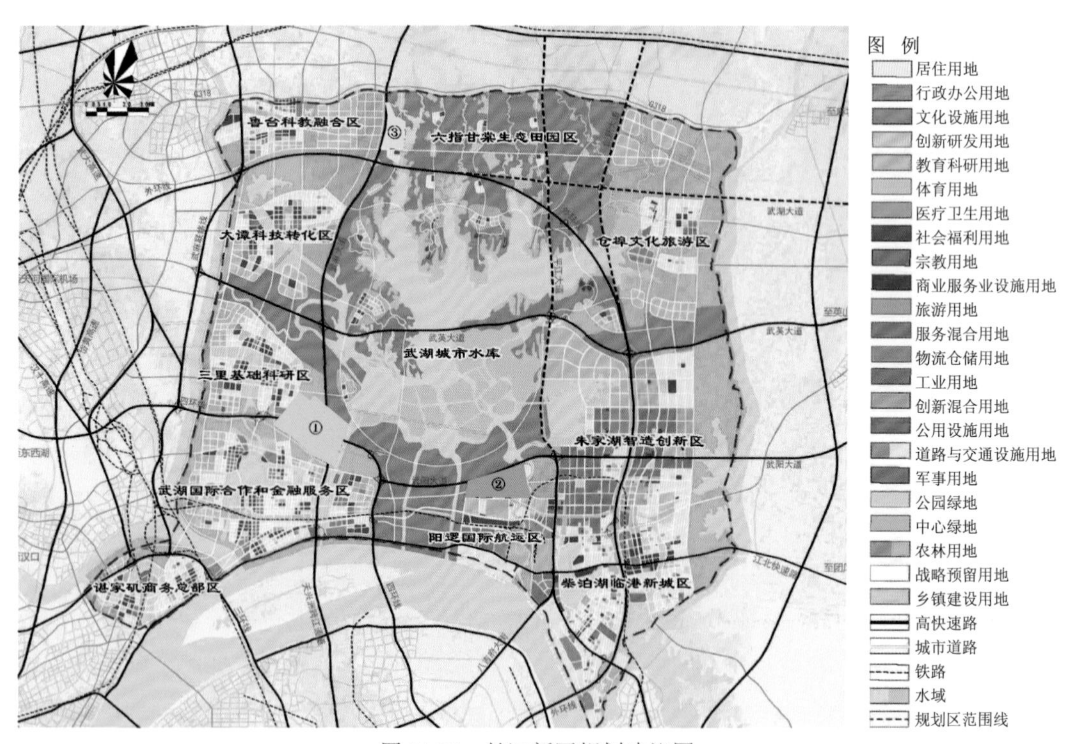

图 11.26　长江新区规划建议图

二、湿地生态地质环境保护与修复对策

（一）湿地及周边用地规划对策

湿地对维护生物多样性、丰富城市景观、调节城市生态环境都有重要意义，但城市湿地受开发建设的负面影响较大，特别是对周边建设用地的控制面临着诸多难题。

湿地作为一个复杂的生态系统，破坏容易修复难，不当的建设行为可能会阻断湿地水动态平衡通道、切断生态廊道、破坏景观视线等，对湿地生态系统造成不可逆的破坏。基于此，提出以下湿地及周边用地规划建议。

（1）正确处理湿地保护与周边开发的关系。面对资源约束趋紧、环境污染严重、生态系统退化的严峻形势，湿地资源弥足珍贵。从湿地系统整体性考虑，湿地资源要保护，湿地周边建设用地也要控制。湿地周边建设用地开发要以湿地资源保护为前提和基础，一味追逐经济利益的做法将损毁宝贵的城市湿地资源。

（2）加强湿地的生态机理研究。在湿地周边开发建设之前，要做好湿地保护工作，需要对湿地生态系统构成、水动态机制、湿地鸟类迁徙规律、生态廊道、小气候影响等进行研究，为湿地周边的建设用地控制提供依据与要求。

（3）保障湿地生态功能完整性。在湿地生态机理研究的基础上，各项开发建设要以保护湿地生态功能完整性为前提，禁止阻断水循环通道，防止阻断生态廊道，防止阻隔生物迁徙通道。

（4）严格控制湿地周边的建设用地。一是控制建设用地的布局，预留生态廊道、水系通道、景观视廊，防止建设引发湿地功能的退化；二是通过景观视线分析，控制建设用地的建筑高度，防止对湿地自然景观的过度破坏；三是控制建设用地的开发强度，防止湿地周边聚集过多的人口，给湿地保护带来压力。

（5）增强湿地及周边景观风貌的协调性。如建筑的色彩、风格、体量、高度等要与湿地自然景观相协调。

（6）加强历史文化的关联性。湿地是承载诗意的地方，也往往是一个地方历史上诗词歌赋抒写的对象和地方历史记忆的组成部分。湿地周边的建设用地规划需要充分挖掘这些历史文化渊源，创造出富有历史文化内涵的特色景观，并串联起周边其他历史文化资源。

（7）整合农村居民点。将零星散乱的农村居民点集中整合，达到集中居住、提升环境的目的，居民点集中整合有利于节约基础设施配套成本，有利于集中管理、处理污染物排放，减少环境污染。

（二）湿地污染治理对策

武汉市面临的湖泊萎缩、水体污染及富营养化、生态功能退化等一系列生态问题严重影响了经济社会的可持续发展和流域附近居民的正常生活。查明湿地的污染状况，对其污染来源、迁移规律进行分析，提出针对性强具可操作性的保护和修复建议，是开展湿地生态地质环境调查评价与科学研究的意义所在。

（1）遵循湖泊生态完整性和连续性的原则，针对湖泊生态系统特点，依据生态演替和生态位原理，在选择适宜的先锋植物的基础上，通过人工动植物群落建造和调控，利

用湖泊的自我修复能力来恢复湖泊生态系统功能。在生物多样性退化较为严重、自我恢复能力弱、自然恢复难度较大的区域，应合理配置动植物群落在退化生态系统中的布局，实现人工优化调控，当动植物群落发展到具有良好自我恢复力后封湖养护。同时，应根据当地水文地质条件，尽量选用具有高生产力和高经济价值的本地物种。

（2）遵循湿地生态演变规律，利用 3S 技术跟踪湿地资源及污染趋势变化，完善湿地资源数据库，加快实时监测设备的推广应用，增强湿地防疫防灾技术能力，推广先进湿地生态恢复和治理技术，探索湿地循环经济模式，改进湿地保护规划与涉湿工程的环境评价方法。

（三）湿地系统水循环及水保护建议

湿地是流域水资源和水循环的重要组成部分，其水文功能对保持流域生态系统健康和区域生态环境良好质量具有重要作用。

随着对湿地生态系统功能认识的深入，保护湿地已经从较为单纯的为保护水禽栖息地为目的，上升到为保证人类可持续生存和发展为目标。其中实现对淡水资源的可持续利用更是成为重要的方向。而保证湿地充分发挥调蓄洪水、净化水质、补给地下水等方面的作用显得更为迫切。因此认为，采取将湿地保护和合理利用与流域治理相结合的综合管理模式是行之有效的方法。

为了保护好湿地生态系统，充分利用好湿地的水文功能，实现可持续发展，对流域湿地保护管理提出如下对策和建议。

（1）加强法治建设，运用法律手段保护湿地和流域的生态环境，促进湿地资源合理利用。

（2）合理配置水资源，满足湿地生态环境需水的要求。主要包括充分挖掘当地水资源潜力，加强节约用水，在流域内或跨流域合理调配水源，保证湿地生态用水。

（3）制定合理的湿地生态用水费用标准，同时加大财政补助力度，确保生态用水单位用得起、用得足。

（4）注重发挥湿地的水文功能，人工防（排）洪与自然消（纳）洪双管齐下，构筑流域综合防洪体系。

（5）遵循流域生态学观点，加强流域的自然湿地恢复和重建工程，避免或减少可能对湿地造成破坏的人为活动。

（6）合理增设湿地类型自然保护区或保护地，同时加强流域内现有湿地自然保护区的有效管理。

（7）加强科学研究，为合理利用水资源和保护好湿地提供科学依据。同时开展科普教育，提高公众的湿地保护意识。

（四）湿地生态系统健康与城市发展规划建议

开展湖泊生态健康监测与评价，掌握湖泊水质现状与变化规律，是查找湖泊污染源从而开展湖泊治理的前提和基础。目前湖北省湖泊健康评估基本方法和技术标准还处于探索阶段，亟须开展相关技术方法的研究和试点，加快建立湖泊健康评估基本方法和技术标准，建立健全湖泊岸线、水文、水环境、水生态的监测体系和监测信息协商共享机

制，全方位强化湖泊监管。

武汉的众多湖泊是江河频繁洪泛、河道交替演变形成的自然生态系统，在调蓄、交通、供水和水生资源提供等方面发挥了重要作用。在制定城市发展规划时，以改善人居环境为目的，将人文景观与自然景观有机结合，将山体、湖泊的保护与城市用地布局和空间扩张相结合，充分保护和合理利用自然山水环境资源，突出两江交汇、气势恢宏的城市空间形象，彰显山水城市特色。从市民休闲需要出发，整治湖泊环境，还绿以湖，还路以湖，再造岸线，提供公共绿化、休闲、观光场所。将湖泊保护与城市用地布局和空间扩展结合起来，精心规划、严格保护、合理利用，加强郊区土地利用的规划和管理，严格控制和合理引导环湖地区的开发建设活动，保护城市的生态走廊。

三、城区生态地质环境保护对策

（一）城市规划

武汉市作为我国中部唯一的国家中心城市，其城市的发展方向必须以围绕长江大保护国家战略为前提。

（1）实行经济社会发展与生态环境保护同步发展的模式。未来武汉城市圈的发展，不是若干个城镇的自由组合，而是依据中心城市定位，集中产能，按照生态优先绿色发展的理念分配资源。真正建立起向外辐射的各种服务体系，保持武汉金融、商服、工业、交通枢纽的中心地位，凸显武汉自身巨大的经济活力和区域辐射带动能力。

关于工业布局的问题，建议一改原有的多点式发展模式，体现组团优势效应，将一些高污染高能耗的工业项目如钢铁、电力、石化、医药、印染、造纸等规划在新城区一隅集中发展，按最严格的环保条例和现代化要求同时建厂和环保设施，让工业真正走上一条良性发展的道路。

（2）注重维护生态环境的健康状态，一些环境友好的新城组团不宜再发展高污染企业，建议适度发展无污染的清洁企业如电子、物流、服装、食品加工等，实行高污染企业集中、洁净工业分散的工业发展模式。

（二）土壤修复

武汉市主城区积淀了武汉城市发展的全部历史，其人口之密集，经济之活跃，彰显武汉城市的蓬勃活力，但城市的粗放型发展所带来的负面效应是环境污染和资源承载力下降。“江汉流域经济区农业地质调查项目”成果显示，无论武昌老城，还是汉口老埠，均可划分出与城区规模相当的重金属元素及有机污染物（多环芳烃）的表层土壤污染区，由于污染基数偏大，人口过于密集，人类活动所产生的工业污染物、生活污染物、大气干湿降尘污染物仍然积累性地对土壤造成新的污染。因此，城区的土壤修复作为一项长期艰巨的工作需要不断推进。根据城区土壤污染源的差异，建议采取不同的修复措施。

（1）工业区。尤其烟尘工业区如汉口古田工业区、汉阳钢铁厂、武汉重型机械厂、武汉农药厂等，是重金属、多环芳烃污染最为严重的地区，因地处城市核心地带，波及

的范围较广。对于此类污染大户，在搬迁后的厂区原土上，可用搬运的新土加以整体覆盖，依靠土壤本身缓慢的自净能力消除土壤污染。但老厂搬迁之后建议不作为商品房开发利用，以免造成对居民健康的伤害。

按照武汉城市规划，青山武钢区将建成钢铁精品基地。虽然与一般工艺生产的钢铁相比，生产精品钢的污染物排放较少，但历次土地质量地球化学调查结果均显示，所排放的烟尘、SO_2和NO_2浓度均处于较高水平，因此，青山区出现的局部性污染仍然较为严重，武汉环境空气中污染物浓度的最大值往往出现在此区域。此外青山区尚有发电厂、炼油厂，都是烟尘污染大户，虽不能搬迁，但必须从设备改造上下功夫，尽可能减少烟尘排放。

（2）商服—居民区。在主城区大面积分布商服—居民区，历史积淀下来的污染物十分严重，如汉口大夹街淀积汞量大于 49 mg/kg（2005 年实测数据）。在 20 世纪老城改造中多采取新土覆盖的办法解决土壤污染问题，即通过覆盖污染原土，以求土壤自净。同时建议，老城区新建过程中，要最大限度地扩大绿化面积，绿化植物最好选择那些喜 Cd、Hg、Pb、Sb 等的品种，一是通过根部吸收，二可以通过叶面吸收气化的 Hg、Pb 及有机污染物气体。

（三）污水治理

2015 年，武汉全市污水排放总量为9.24×10^8 t，基数很大。无论保护武汉城区自身还是保护环绕武汉城市的江河与湖泊水体，都需要加强污水治理。建议建设污水处理厂，让污水经处理后达标进入江河、湖泊，同时加大对偷排企业的处罚力度，足额收取排污企业的生态补偿费。

（四）湖泊生态修复

武汉城区的众多湖泊，本是城市生态系统的一大亮点，但由于改革开放前疏于保护，也给城市生态带来了负面影响。调查显示，武汉湖泊多为纳污湖泊，无休止地接受武汉城市工业废水、生活污水，大部分湖泊为 V 类、劣 V 类水质。维护武汉城区湖泊水体清洁是武汉中心城市生态建设的一项重大任务，在此提出对湖泊水体的具体修复方案。

（1）截污。拦截生活污水、工业废水进入湖泊，尤其东湖、墨水湖、汤逊湖、梁子湖、沙湖等几个观赏休闲性湖泊。建议随着老城区改造埋设专一污水下水管道，送入污水处理厂净化处理后方可排入湖泊。

（2）通湖连江。武汉湖泊均为洼地湖泊，接受洼地周边雨水甚至废水、污水，在城市规模较小时自净能力大于污染能力，但当城市规模扩大时，其自净能力远远消解不了汇入的大量污染物，存在潜在生态风险。建议加大相邻湖泊的连通力度，引长江水汇入武昌城区各湖泊，引汉江水连通汉阳城区至蔡甸一带的湖泊，使湖水成为一汪活水，才可增大自净能力。这是避免武汉湖泊出现生态风险的最佳方案。

（3）湖底淤泥疏浚。本方案已在东湖施行多年。依据对武汉城区湖泊的底泥调查，大量重金属超标十倍数以上，重金属在底泥与上部水体之间的循环交换，也对上部水体形成污染。清除底泥将大大减少底泥中重金属及有机污染物的释放，延缓上部水体的污

染。除东湖之外，尚有汉口的金银湖、汉阳的墨水湖、南太子湖、武昌的南湖、沙湖均属污染严重的湖泊，建议及早安排清淤疏浚。

四、关于强化水资源利用的对策

（一）还湖扩湖

武汉市未来水资源的减少主要是客水资源的减少，但武汉市降水资源并不会发生颠覆性的改变,如何充分利用460亿t/a的大气降水资源?武汉市内湖泊星罗棋布,素有“水袋子”之称，为了充分发挥“水袋子”功能，建议尽可能地恢复原来湖泊功能，储积雨水，将之大部分主动装进“水袋子”里，以缓解平原的用水之忧。可由水利部门制定详细的还湖扩湖规划，分期分批实施。

（二）通湖连江

中华人民共和国成立以来，曾有一段时间进行过围湖造田运动，又有一段时间掀起过围湖造塘发展水产养殖业的热潮，武汉市湖泊的急剧萎缩退化多由此引起。未来可开发湖泊成为天然水资源的储备库，除储存大气降水外，还可借助已经实施的引江济汉工程，将长江来水装进武汉的“水袋子”里。在长江丰水期多调节水量补充部分湖泊，以充分满足武汉市水资源的利用。

五、棕地治理修复建议

（一）棕地土壤污染修复技术

目前国内的土壤修复技术主要包括异位、原位和生物修复技术三大类。不同修复技术其适用性和周期成本均不同，详见表11.21。

（二）典型场地棕地治理修复技术比选

1. 武汉铝厂氟污染土壤修复技术比选

根据现场调查及收集的资料显示，本场地以前是从事铝制品加工的。而氟化物是电解铝行业主要的、重要的污染物。根据钻探取样分析，该场地的土壤污染土方量约为9.18万m^3。

吸附是土壤积累氟的一种重要方式，土壤中铁铝氧化物胶体和土壤腐殖质是氟的主要吸附剂，对氟离子的吸附主要是通过与黏土矿物和土壤腐殖质上的氢氧根离子发生交换实现，对金属—氟络合物阳离子的吸附则主要通过与黏土矿物或土壤腐殖质上的阳离子交换实现。基于土壤中氟的赋存形态及水-土系统中氟发生的主要化学反应，开发出氟污染土壤修复技术。目前，氟污染土壤修复技术研究主要包括化学固定修复技术、化学淋洗技术、电动修复技术和植物修复技术，表11.22列出了各修复技术的优缺点。

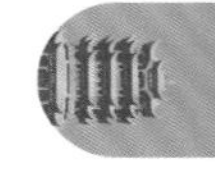

表 11.21　土壤污染修复技术一览表

序号	名称	适用性	原理	修复周期及参考成本	成熟程度
1	异位固化/稳定化技术	适用于污染土壤，可处理金属类、石棉、放射性物质、腐蚀性无机物、氰化物及砷化物等无机物；农药/除草剂、石油或多环芳烃类、多氯联苯类及二噁英等有机化合物。不适用于挥发性有机化合物和以污染物总量为验收目标的项目。当添加较多的固化/稳定剂时，对土壤的增容效应较大，会显著增加后续土壤处置费用	向污染土壤中添加固化/稳定剂，经充分混合，使其与污染介质、污染物发生物理、化学作用，将污染土壤固封为结构完整的具有低渗透系数的固化体，或将污染物转化成化学性质不活泼形态，降低污染物在环境中的迁移和扩散	日处理能力通常为 100～1 200 m^3。国内处理成本一般为 500～1 500 元/m^3	国内有较多工程应用
2	异位化学氧化/还原技术	适用于污染土壤，其中，化学氧化可处理石油烃、BTEX（苯系物，包括苯、甲苯、乙苯、二甲苯等）、酚类、MTBE（甲基叔丁基醚）、含氯有机溶剂、多环芳烃、农药等大部分有机物；化学还原可处理重金属类（如六价铬）和氯代有机物等。异位化学氧化不适用于重金属污染土壤的修复，对吸附性强、水溶性差的有机污染物应考虑必要的增溶、脱附方式；异位化学还原不适用于石油烃污染物的处理	向污染土壤添加氧化剂或还原剂，通过氧化或还原作用，使土壤中的污染物转化为无毒或相对毒性较小的物质。常见的氧化剂包括高锰酸盐、过氧化氢、芬顿试剂、过硫酸盐和臭氧。常见的还原剂包括连二亚硫酸钠、亚硫酸氢钠、硫酸亚铁、多硫化钙、二价铁、零价铁等	处理周期较短，一般为数周到数月。国内处理成本一般为 500～1 500 元/m^3	国外已经形成了较完善的技术体系，应用广泛 国内发展较快，已有工程应用
3	异位热脱附技术	适用于污染土壤，可处理挥发及半挥发性有机污染物（如石油烃、农药、多氯联苯）和汞。不适用于无机物污染土壤（汞除外），也不适用于腐蚀性有机物、活性氧化剂和还原剂含量较高的土壤	通过直接或间接加热，将污染土壤加热至目标污染物的沸点以上，通过控制系统温度和物料停留时间有选择地促使污染物气化挥发，使目标污染物与土壤颗粒分离、去除	处理周期为几周到几年。国内处理成本为 600～2 000 元/t	国外已广泛应用于工程实践 国内已有少量工程应用
4	异位土壤洗脱技术	适用于污染土壤，可处理重金属及半挥发性有机污染物、难挥发性有机污染物。不宜用于土壤细粒（黏/粉粒）含量高于 25%的土壤	采用物理分离或增效洗脱等手段，通过添加水或合适的增效剂，分离重污染土壤组分或使污染物从土壤相转移到液相，并有效地减少污染土壤的处理量，实现减量化。洗脱系统废水应处理去除污染物后回用或达标排放	处理周期为 3～12 个月。国内处理成本为 600～3 000 元/m^3	美国、加拿大、欧洲及日本等已有较多的应用案例 国内已有工程案例

续表

序号	名称	适用性	原理	修复周期及参考成本	成熟程度
5	水泥窑协同处置技术	适用于污染土壤，可处理有机污染物及重金属。不宜用于汞、砷、铅等污染较重的土壤，由于水泥生产对进料中氯、硫等元素的含量有限值要求，在使用该技术时需慎重确定污染土壤的添加量	利用水泥回转窑内的高温、气体长时间停留、热容量大、热稳定性好、碱性环境、无废渣排放等特点，在生产水泥熟料的同时，焚烧固化处理污染土壤	处理周期与水泥生产线的生产能力及污染土壤添加量相关，添加量一般低于水泥熟料量的4%。国内的应用成本为800～1 000元/m^3	国外发展较成熟，广泛应用于危险废物处理，但应用于污染土壤处理相对较少 国内已有工程应用
6	原位固化/稳定化技术	适用于污染土壤，可处理金属类、石棉、放射性物质、腐蚀性无机物、氰化物及砷化物等无机物；农药/除草剂、石油或多环芳烃类、多氯联苯类及二噁英等有机化合物。不宜用于挥发性有机化合物，不适用于以控制污染物总量为验收目标的项目	通过一定的机械力在原位向污染介质中添加固化/稳定剂，在充分混合的基础上，使其与污染介质、污染物发生物理、化学作用，将污染土壤固封为结构完整的具有低渗透系数的固化体，或将污染物转化成化学性质不活泼形态，降低污染物在环境中的迁移和扩散	处理周期一般为3～6个月。根据美国国家环境保护局数据显示，应用于浅层污染介质处理成本为50～80美元/m^3，应用于深层处理成本为195～330美元/m^3	国外已经形成了较完善的技术体系，应用广泛 国内处于中试阶段
7	原位化学氧化/还原技术	适用于污染土壤和地下水，其中，化学氧化可处理石油烃、BTEX（苯系物，包括苯、甲苯、乙苯、二甲苯等）、酚类、MTBE（甲基叔丁基醚）、含氯有机溶剂、多环芳烃、农药等大部分有机物；化学还原可处理重金属类（如六价铬）和氯代有机物等。受腐殖酸含量、还原性金属含量、土壤渗透性、pH变化影响较大	通过向土壤或地下水的污染区域注入氧化剂或还原剂，通过氧化或还原作用，使土壤或地下水中的污染物转化为无毒或相对毒性较小的物质。常见的氧化剂包括高锰酸盐、过氧化氢、芬顿试剂、过硫酸盐和臭氧。常见的还原剂包括硫化氢、连二亚硫酸钠、亚硫酸氢钠、硫酸亚铁、多硫化钙、二价铁、零价铁等	清理污染源区的速度相对较快，通常需要3～24个月的时间，美国使用该技术修复地下水处理成本约为123美元/m^3	国外已经形成了较完善的技术体系，应用广泛 国内发展较快，已有工程应用
8	土壤植物修复技术	适用于污染土壤，可处理重金属（如镉、铅、镍、铜、锌、钴、锰、铬、汞等）及特定的有机污染物（如石油烃、五氯酚、多环芳烃等）	利用植物进行提取、根际滤除、挥发和固定等方式移除、转变和破坏土壤中的污染物质，使污染土壤恢复其正常功能	处理周期需3～8年。国内的工程应用成本为100～400元/t	国外应用广泛 国内已有工程应用，常用于重金属污染土壤修复

续表

序号	名称	适用性	原理	修复周期及参考成本	成熟程度
9	土壤阻隔填埋技术	适用于重金属、有机物及重金属有机物复合污染土壤的阻隔填埋。不宜用于污染物水溶性强或渗透率高的污染土壤，不适用于地质活动频繁和地下水水位较高的地区	将污染土壤或经过治理后的土壤置于防渗阻隔填埋场内，或通过敷设阻隔层阻断土壤中污染物迁移扩散的途径，使污染土壤与四周环境隔离，避免污染物与人体接触和随土壤水迁移进而对人体和周围环境造成危害	处理周期较短。国内处理成本为300～800元/m³	国外的应用广泛，技术成熟 国内已有较多工程应用
10	生物堆技术	适用于污染土壤，可处理石油烃等易生物降解的有机物。不适用于重金属、难降解有机污染物污染土壤的修复，黏土类污染土壤修复效果较差	对污染土壤堆体采取人工强化措施，促进土壤中具备降解特定污染物能力的土著微生物或外源微生物的生长，降解土壤中的污染物	处理周期一般为1～6个月。国内的工程应用成本为300～400元/m³	国内已有处理石油烃污染土壤及油泥的工程应用案例
11	多相抽提技术	适用于污染土壤和地下水，可处理易挥发、易流动的NAPL（非水相液体，如汽油、柴油、有机溶剂等）。不宜用于渗透性差或者地下水水位变动较大的场地	通过真空提取手段，抽取地下污染区域的土壤气体、地下水和浮油等到地面进行相分离及处理	通常需要1～24个月的时间。国内修复成本约为400元/kg NAPL	技术成熟，在国外应用广泛 国内已有少量工程应用
12	原位生物通风技术	适用于非饱和带污染土壤，可处理挥发性、半挥发性有机物。不适用于重金属、难降解有机物污染土壤的修复，不宜用于黏土等渗透系数较小的污染土壤修复	通过向土壤中供给空气或氧气，依靠微生物的好氧活动，促进污染物降解；同时利用土壤中的压力梯度促使挥发性有机物及降解产物流向抽气井，被抽提去除。可通过注入热空气、营养液、外源高效降解菌剂的方法对污染物去除效果进行强化	处理周期为6～24个月。根据国外处理经验，处理成本为13～27美元/m³	国外应用广泛 国内尚处于中试阶段

表 11.22 氟污染土壤修复技术优缺点

修复技术	优点	缺点	修复土方量/m^3	修复单价/（元/t）	修复成本(土壤密度取1.8，单价取中间值）/万元
化学钝化	修复效率高、成本低	氟仍存在于土壤中，环境改变可能存在再次污染风险	9 829	600～1 500	185.7
化学淋洗	修复效率高	修复成本高		1 500～2 000	305.2
电动修复	修复效率高、对低渗透的黏土和淤泥土有较好效果	修复成本高		300～600	79.6
植物修复	修复成本低、无二次污染	修复效率低		100～400	44

经各修复技术所需的工程量、经济、技术条件要求及武汉铝厂的污染物的污染程度和范围等多方面因素综合考虑后，建议武汉铝厂后期土壤修复工程使用阻隔填埋法。

2. 武汉汽车发动机厂重金属污染修复技术比选

汽车发动机厂机加工车间主要负责缸体、缸盖、曲轴、连杆的机械加工，在切、削等环节产生废乳化液、废清洗液，清洗过程产生清洗废水等，这些废水的不合理排放及油类物质在使用过程中发生“跑、冒、滴、漏”均是土壤重金属污染的重要来源。而所有机加工工艺中产生的废金属渣的堆积可能引起土壤 As 污染。

土壤重金属污染具有隐蔽性、长期性、不可逆性的特点。污染土壤的修复十分困难，不仅经济投入大，技术上也有难度，修复周期也很长。重金属污染物在土壤中移动性小，不易随水淋滤，不为微生物降解，通过食物链进入人体后，在体内富集，严重威胁人类生命安全，所以对重金属污染土壤的修复显得尤为迫切。

土壤修复途径主要有以下两种。

（1）改变重金属在土壤中的存在形态，使其固定，降低其在环境中的迁移性和生物可利用性，即稳定化。

（2）从土壤中去除重金属，使其存留浓度接近或达到背景值，即去（除）污化。主要的处理方法包括客土、换土法，化学淋洗法，生物修复法，玻璃化修复法，原位/异位化学淋洗法，各技术优缺点对比见表 11.23。

表 11.23 重金属污染土壤修复技术优缺点

修复技术	优点	缺点	修复土方量/m^3	修复单价/（元/t）	修复成本（土壤密度取1.8，单价取中间值）/万元
客土、换土法	效率较好	成本高，污染土壤最后还需处理	1 051	1 500～1 800	31.2
化学淋洗法	修复周期短、工艺简单	成本高、破坏土壤性质、产生二次污染		1 500～2 000	33.1
生物修复法	效率高、成本低、不产生二次污染	对土壤环境要求高		600～1 000	15.8
玻璃化修复法	固定效果好	但对土壤性质破坏大、修复成本高		1 400～1 800	31.6

经各修复技术所需的工程量、经济、技术条件要求及武汉汽车发动机厂的污染物的污染程度和范围等多方面因素综合考虑后，建议武汉汽车发动机厂后期土壤修复工程使用客土法。

3. 武昌焦化厂多环芳烃污染修复技术比选

焦化污染场地中最普遍的污染物便是多环芳烃，在炼焦企业的焦炭生产工段、冷鼓电捕工段、洗脱苯工段、硫铵工段、脱硫工段、污水处理站和油库等多处工段都会在运作中产生多环芳烃类污染物，大多数多环芳烃不易挥发，也很难被土壤中的土著微生物所降解。绝大多数的多环芳烃在环境中不是单独存在，它们往往是两个或更多的多环芳烃的混合物，性质都比较稳定。一般来说，低分子量的多环芳烃如萘、苊、苊烯等降解相对较快，高分子量的多环芳烃如荧蒽、苯并[a]蒽、屈、苯并[a]芘和蒽等则很难降解，会长期存在于土壤中，由于其毒性、生物蓄积性和半挥发性且能在环境中持久存在，而被列入典型持久性有机污染物，为国际上优先控制的重点污染物。

多环芳烃主要的 16 种化合物为萘、苊烯、苊、芴、菲、蒽、荧蒽、芘、苯并[a]蒽、屈、苯并[b]荧蒽、苯并[k]荧蒽、苯并[a]芘、茚并[1,2,3-cd]芘、二苯并[a，h]蒽和苯并[g，h，i]芘，其中毒性最大的是苯并[a]芘、苯并[b]荧蒽、苯并[k]荧蒽、茚并[1，2，3-cd]芘和苯并[g，h，i]芘，其他毒性较低或微毒。多环芳烃对生物及人类的毒害主要是参与机体的代谢作用，大部分多环芳烃类污染物具有致癌、致畸和致基因突变的三致作用。多环芳烃类对眼睛、皮肤、黏膜和上呼吸道有刺激性。高浓度致溶血性贫血及肝、肾损害。长期接触可见头痛、乏力、睡眠不佳、易兴奋、食欲减退、白细胞增加、血沉增速等。表 11.24 为焦化厂有机物污染土壤修复技术方法优缺点对比。

表 11.24　有机污染土壤修复技术方法优缺点

修复技术	优点	缺点	修复土方量/m^3	修复单价/（元/t）	修复成本(土壤密度取 1.8，单价取中间值）/万元
异位热脱附/热裂解	应用范围广，能够处理所有有机和部分无机物、运行效率高、能量利用率高	设备成本高、设备适用性不强、运行费用昂贵	24 591	600～2 000	575.4
生物堆	修复成本较低	对土壤环境的要求较高		300～400	154.9
原位/异位化学氧化/还原	效果好、易操作、治理深度不受限制	修复成本高、可能存在氧化剂污染		500～1 500	442.6

经各修复技术所需的工程量、经济、技术条件要求及武昌焦化厂的污染物的污染程度和范围等多方面因素综合考虑后，建议武昌焦化厂后期土壤修复工程使用原位/异位化学氧化/还原法。

（三）武汉市棕地治理修复技术对策建议

通过对武汉市及国内外已开展的土壤修复技术进行分析，对各棕地特征污染物及污染可能性、场地污染类型、场地所在区域环境现状、修复成本和修复周期等因素综合评

估后得出治理修复建议如下。

（1）针对主要污染物为重金属的场地修复，建议采用水泥窑协同焚烧处置和安全异地填埋处置。

（2）针对主要污染物为石油烃的场地修复，建议采用微生物修复技术。

（3）针对主要污染物为难降解的有机污染物的场地修复，建议采用焚烧处理或化学还原/生物氧化联合修复技术。

（4）针对主要污染物为氟化物、氰化物等无机污染物的场地修复，建议采用阻隔填埋修复技术。

第十二章

地质灾害防治与地质环境监测体系建设

第一节 概 述

截至2020年，武汉市地质灾害及隐患共计125处，主要类型为崩塌、滑坡、不稳定斜坡、地面塌陷，其中以不稳定斜坡最为发育。武汉市共计地质灾害灾情有小型120处、中型2处、大型1处、特大型2处。

武汉市全面推进地质灾害防治“四位一体”网格化管理，不断提升地质灾害调查、监测预警、综合治理和应急处置“四大体系”建设，防灾减灾能力得到持续提升。

2012～2015年，武汉市市区两级财政共投入1.08亿元，开展了都市发展区城市地质调查工作，对都市发展区进行了专项地质灾害调查评价。2018～2022年，武汉市联合中国地质调查局针对“空间、资源、环境、灾害”全面启动多要素城市地质调查示范。多项区域性基础调查为地质灾害防治工作部署和防治规划提供基础数据支撑。

武汉市通过探索购买社会服务的模式，实现了专业队伍全覆盖，“群测群防”逐步向“群专结合”转变，搭建地质灾害气象风险预警预报系统，及时发布预警信息，建立了地面沉降、地下水监测和岩溶监测示范区，专业监测迈出实质性的一步。武汉市高度重视信息化建设，搭建地质灾害防治网格化信息平台，开发地质灾害巡查微信小程序，管理部门实时掌握防灾动态。

对于地质灾害管理，武汉市人民政府成立了地质灾害防治“四位一体”网格化工作领导小组，将地质灾害防治纳入各区人民政府绩效考核，各区人民政府在辖区逐一分解防灾任务，并层层压实责任。

第二节 地质灾害防控措施

一、地质灾害防治分区

结合武汉市地质灾害发育现状、危险性区划，采用定性和半定量方法将地质灾害防治规划分为重点防治区、次重点防治区和一般防治区3个大区及12个亚区。其中：重点防治区含5个亚区，总面积为379.36 km^2，占全市总面积的4.4%；次重点防治区含6个亚区，总面积为1 623.36 km^2，占全区总面积的18.9%；一般防治区含1个亚区，总面积为5 538.36 km^2，占全市总面积的64.6%，以上面积均不含水域面积。各区分布情况和基本特征如图12.1所示。

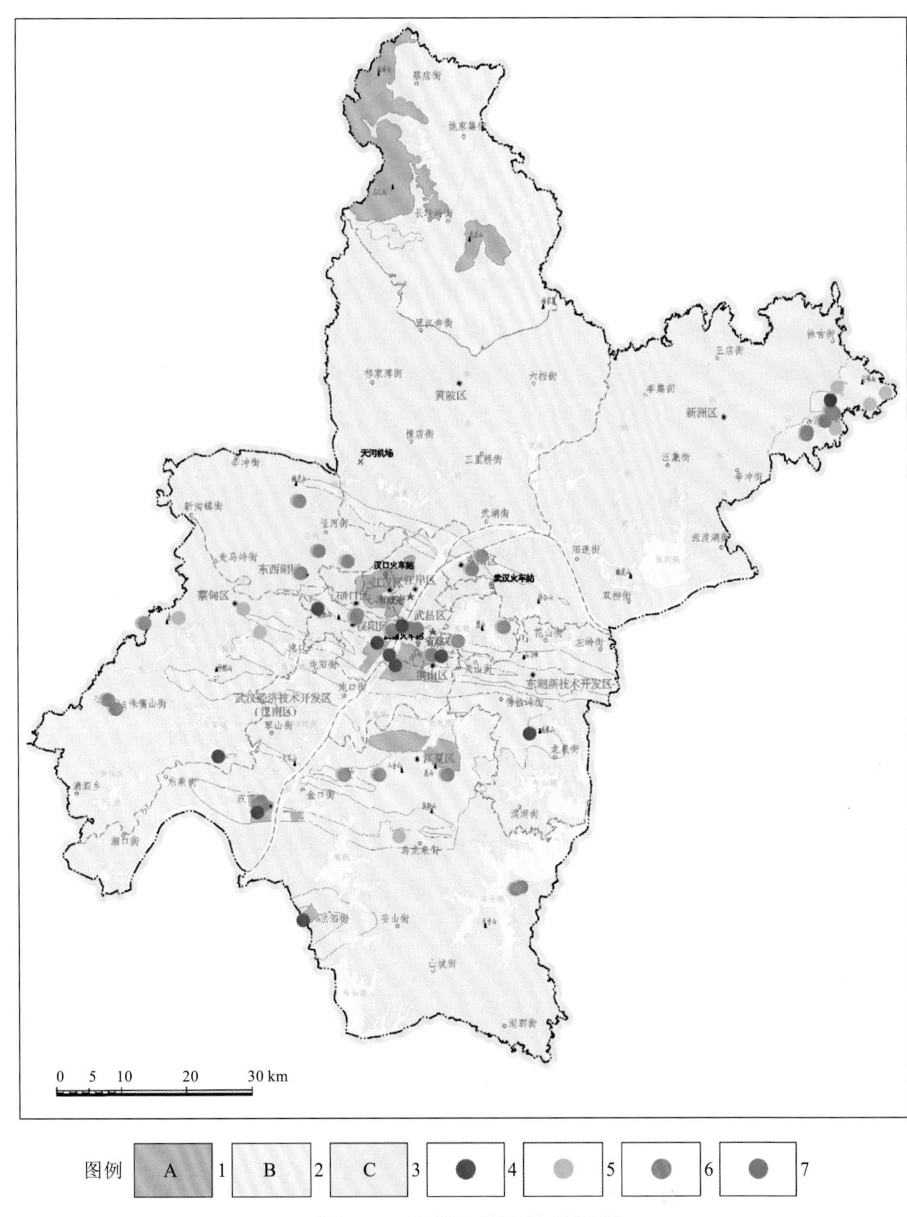

图 12.1　武汉风险防治分区图

1. 重点防治区；2. 次重点防治区；3. 一般防治区；4. 重点防治点；5. 一般防治点；6. 远期防治点；7. 中期防治点

（一）重点防治区（A）

（1）汉阳江堤—洪山青菱地质灾害重点防治区（A_1）。该区包括汉阳、武昌、洪山的部分区域，属地面塌陷高危险区、地质灾害高风险区。该区位于“长江主轴”主城段、四新会展商务区，人类工程活动强烈，地铁 5 号线、11 号线、杨泗港快速通道等重大工程均穿越该区，应重点防范地铁、高架、基础工程等地下工程施工引发的地面塌陷。区域内有地质灾害隐患点 5 处，均为岩溶地面塌陷，其中，规模中型 1 处，小型 4 处。

（2）黄陂清凉寨—云雾山—木兰山风景区地质灾害重点防治区（A_2）。该区位于黄

陂北部低山丘陵地区，属滑坡、崩塌地质灾害高危险区，该区是武汉重点打造的木兰山郊野公园群，区内还有大型水库及石门矿业基地，人类工程活动较强，应主要防治交通干线、旅游设施及重大工程周边地区的滑坡、崩塌地质灾害。区域内有地质灾害隐患点9处，其中，规模小型9处，中型1处。从灾种上看，滑坡1处、不稳定斜坡4处、崩塌4处。

（3）江夏区大桥新区—庙山地质灾害重点防治区（A_3）。该区属地面塌陷高危险区，是江夏重要工业园区，人类工程活动强烈，地铁7号线穿越该区，应重点防范地铁、高架、基础工程等地下工程施工引发的地面塌陷。区域内目前无地质灾害隐患点。

（4）汉南纱帽—江夏金河村、法泗镇八塘村—四档村地质灾害重点防治区（A_4）。该区包括汉南、江夏部分区域，属地面塌陷高危险区。该区包含纱帽新城中心河金水闸中心，人类工程活动强烈，应重点防范高速高架桥、基础工程等地下工程施工引发的地面塌陷。区域内有地质灾害（隐患）点6处，均为小型。从灾种上看，滑坡4处，地面塌陷2处。

（5）江岸后湖—硚口汉正街地面沉降地质灾害重点防治区（A_5）。该区位于汉口京广铁路以东建设大道与后湖大道之间的河湖一级阶地上，高程为22～25 m，地下分布有厚度大于5 m的淤泥质软土层。区内工程建设活动强烈，应重点防范因过量抽排地下水、人工加载等作用引发软土地面沉降。

（二）次重点防治区（B）

（1）十大家村—谌家矶—青山红胜村地质灾害次重点防治区（B_1）。该区属地质灾害低—高危险区。该区包含盘龙城、长江新区、青山部分区域，人类工程活动强烈，地铁11号线和21号线穿越该区，应重点防治人工切坡引发的滑坡、崩塌地质灾害及地下工程施工引发的地面塌陷。区域内有地质灾害隐患点1处，为滑坡，规模为小型。

（2）慈惠街—汉阳桥头、大东门—九峰乡地质灾害次重点防治区（B_2）。该区属地质灾害低—中危险区。该区包含东西湖南部慈惠街、汉阳区琴台大道沿线、武昌区大东门区域及东湖新技术开发区北部九峰山一带丘陵区，人类居住较为集中，人类工程活动强烈，地铁2号线、4号线、6号线和7号线穿越该区，应重点防治人工切坡引发的滑坡、崩塌地质灾害及地下工程施工引发的地面塌陷。区域内有地质灾害（隐患）点10处，其中，滑坡2处、不稳定斜坡6处、地面塌陷1处、崩塌1处，规模均为小型。

（3）黄陂蔡店乡—王家河、新洲旧街—道观河地质灾害次重点防治区（B_3）。该区位于黄陂北部和新洲东部的丘陵地区，属滑坡、崩塌地质灾害中危险区。该区包含蔡店乡、长轩岭镇将军山—道观河郊野公园群，曾是新洲区的采石场集中区，人类工程活动较强，应重点防治交通干线、旅游设施及重大工程周边地区的滑坡、崩塌地质灾害。区域内有地质灾害隐患点13处，其中，滑坡3处、不稳定斜坡2处、崩塌7处、泥石流1处，规模均为小型。

（4）汉阳黄金口—东湖新技术开发区左岭地质灾害次重点防治区（B_4）。该区包括汉阳、武昌、洪山、东西湖、蔡甸、东湖新技术开发区的部分区域，属地质灾害中—低危险区。该区包含东湖城市生态绿心、中法生态城、光谷生物城和未来科技城的部分区域，随着城市发展建设，人类工程活动逐渐增强，应重点防治人工切坡引发的滑坡、崩塌地

质灾害及地下工程施工引发的地面塌陷。区域内有地质灾害隐患点 1 处，为不稳定斜坡，规模为小型。

（5）蔡甸民生村、大军山、江夏金口街—纸坊街—乌龙泉街—凤凰山地质灾害次重点防治区（B_5）。该区包括蔡甸、江夏、武汉经济技术开发区的部分区域，属滑坡、崩塌、地面塌陷中—低危险区。该区包含纸坊新城中心、军山智慧城、金口产业园、郑店工业园、青龙山地铁小镇、乌龙泉矿业基地的部分区域，武深高速、四环线、地铁 27 号线等重大工程正在建设中，人类工程活动较强烈。应重点防治人工切坡引发的滑坡、崩塌地质灾害及地下工程施工引发的地面塌陷。区域内有地质灾害隐患点 7 处，其中，滑坡 2 处、不稳定斜坡 4 处、泥石流 1 处，规模均为小型。

（6）江夏法泗—安山地质灾害次重点防治区（B_6）。该区位于江夏西南部，属地面塌陷中易发区。该区包含斧头湖国家湿地保护区、上涉湖省级湿地保护区的部分区域，也是武汉市的重要农业区，应加强监测预警，重点防范工程活动引发的地面塌陷。

（三）一般防治区（C）

除重点防治区和次重点防治区以外的区域，主要涉及区内各街道，主要分布于街道人口密度较小，地质灾害发育程度较低的区域，多属地质灾害低危险区。区域内有地质灾害隐患点 19 处，其中，滑坡 8 处、不稳定斜坡 6 处、崩塌 1 处、地面塌陷 2 处、地面沉降 2 处，规模均为小型。

二、防治措施建议

根据“以人为本、预防为主、防治结合、综合治理”的原则确定最优防治方案，地质灾害防治措施主要包括：群测群防、搬迁避让、工程治理等。根据各灾害点的稳定性状态及威胁对象，对武汉市现存 125 处地质灾害点提出防治措施建议。

（一）群测群防

继续大力宣传、普及地质灾害防灾减灾科学知识，增强地方各级人民政府和民众的防灾减灾能力，建立、健全地质灾害群测群防体系，是全民开展地质灾害防治工作的重要组成部分。在实施过程中应做到以下几点。

（1）实行层层负责制度：组建由一名主管副市长任组长，市自然资源局主管领导、市应急管理局主管领导任副组长，区政府、区自然资源局有关人员为成员的地质灾害防治工作领导小组，各区政府也组建相应的地灾防治领导小组，各级各部门都要落实责任人。

（2）建立监测值班制度：各级、各部门在汛期及雨季时，各部门均要建立值班制度，明确值班地点、联系电话、保障通信畅通。

（3）监测巡查制度：监测责任人要轮流值班巡查，平时按要求进行正常巡查，在汛期及雨季时则要 24 小时值班。

（4）灾情速报制度：一是灾前紧急情况报告，二是灾后灾情速报。

（5）对重点隐患点开展专业监测，指定专人对监测设施进行维护和监测，保障其正常工作。

（6）加强地质灾害防治知识宣传，树立全民防灾救灾意识，向群众发放地质灾害防灾明白卡和防灾避险明白卡，并定期对防灾人员进行培训。

（二）专业监测

对威胁人口多、重要工程设施而工程治理难度大、目前处于缓慢变形或局部变形、暂时不能采取搬迁措施的重要地质灾害点进行专业监测。

专业监测是一种借助专用精密仪器对地质灾害体形变、应变及环境条件（地下水、泉水流量等）的监测。监测方法有大地形变测量、深部位移测量、地表裂缝和地下水位及泉流量自动监测等。仪器可采用水准仪、经纬仪、测距仪、水位自动记录仪、流量自动记录仪及各种变形计和应变计等。此监测方式所得的信息具有准确、连续、定量的特点，但专业技术性强、造价高、运营维护费用大，所以一般应选择危害重大、规模大的地质灾害点进行，不宜广泛使用。

对重点监测点应 10～30 天监测一次，雨季 5～10 天监测一次，若灾害体变形加剧则应加密监测，一天一次或数次；一般监测点应 1～2 个月监测一次，雨季 10～20 天监测一次，监测数据要准确真实、及时上报，上级主管部门应及时收集资料，分析上报的监测数据，及时做出正确的决策。

（三）“四位一体”网格化管理

结合武汉市地质灾害防治现状和地质灾害详细调查成果，建立健全街道、自然资源部门、社区和专业技术支撑单位“四位一体、网格管理、区域联防、绩效考核”的协同管理体系。

（1）根据本次地质灾害详细调查和地质灾害防治要求，针对需要纳入全市地质灾害隐患管理的地质灾害和隐患点，明确网格责任人、管理员、协管员、专管员。

（2）结合本次详查成果资料，编制武汉市地质灾害防治网格化管理工作实施方案，开展宣传栏及责任牌制作、“两卡”及网格管理责任人联系卡的更新和发放，对网格成员进行专业技能培训，做好地质灾害防治网格化管理工作经验总结。

（3）落实汛期值班、汛前排查、汛中巡查、汛后复查、应急调查、信息速报、气象预警预报制度，做到每个网格有人监测巡查、有人上报信息、有人技术服务、有人监督管理。及时开展监测预报、险情研判、紧急撤离、抢险施救等工作，最大限度地确保人民群众的生命财产安全。

（4）建立地质灾害群测群防培训机制，开展群测群防技术指导及宣传培训，对网格内地质灾害群测群防工作进行检查和监督，配备简易监测工具，针对地质灾害隐患点开展地质灾害应急演练，开展地质灾害应急调查与应急监测，参与应急处置与救援。

（5）建立地质灾害防治网格化管理考核机制，制定《武汉市地质灾害防治网格化管理工作考评办法》，实行“分级考核，奖惩挂钩”，各级领导小组办公室负责对各级地质灾害防治网格化管理工作进行综合考核。

（6）建立地质灾害防治网格化管理预防工作机制，健全工程建设事前预防机制，实行“三同时”制度；健全部门协同联防机制，部门之间信息共享，实行“政府统一领导，部门分工负责，群专结合，灾民自救”的协同联防机制。

（7）开展地质灾害防治网格化管理信息化建设，对地质灾害隐患点基础数据、监测数据、预案及应急调查资料进行整理、汇总、上传，开展数据采集录入，开展地质灾害数据动态化管理与维护。

（四）工程治理

对于规模较大、危险性大、威胁人口较多、社会影响较大，在无法避让或避让代价高于工程治理代价的情况下，对灾害体可采用工程措施进行治理，防止灾害的进一步发展。工程治理前需进行必要的勘查或调查，查明灾害体的类型、分布规模、成因机制、发展趋势和危害程度，并做出稳定性评价，提出经济合理和技术可行的工程治理方案或应急防治措施。

1. 滑坡、不稳定斜坡（潜在滑坡）工程治理

武汉市滑坡规模均为小型，多数处于变形破坏完成阶段或已进行工程治理和应急处置，少数处于不稳定状态，可采取以下方式进行处理。

（1）截排水。运用地表和地下排水方法减少地表水入渗，并排除滑坡体内的水体，这是增强滑坡稳定性的最为有效且最为简便的手段。水对滑坡体的作用较为复杂，可包括两个方面：一方面是增加土质滑坡体的孔隙水压力，或增加岩质滑坡的静水压力和渗透压力；另一方面是地下水对滑带土的不良物理滑动作用，以降低滑带的摩擦系数。因此工程治理首先应针对地表水、地下水开展工作。可在滑坡边界外设置地表水截流沟，防止区外地表径流进入滑坡体内。滑坡面积较大或坡面地表径流排泄不畅可考虑在滑坡表面设置排水沟。

（2）支挡工程。采用抗滑挡墙、抗滑桩及其组合进行支挡。支挡工程的布置应在勘察及可行性论证的基础上确定，避免盲目性。

（3）坡面减载、坡脚反压。根据滑坡动力特性分析，对于中、后部为主滑段，前部为阻滑段的滑坡，条件允许可考虑拆除滑坡体中、后部房屋等构筑物及部分凸出的松散堆积体，减小滑动推力，在滑坡前缘加载，增加抗滑阻力。另外，应尽量对滑坡体上的拉张裂缝填塞、掩埋，减少降雨及地表径流沿裂缝入渗。对部分实施群测群防或暂未实施搬迁避让的地质灾害隐患点，均可采取简易的截排水、裂缝填塞等措施，减小变形破坏。

（4）植被防护。区内山多地少，因而在山坡上耕种、建房成为普遍现象，由此诱发的滑坡相当多，为此必须引导科学选址建房，制定政策实施退耕还林，以防治表层溜塌、减少地表水入渗和冲刷，同时可调整林业结构，搭配种植经济树种，既起到防治地质灾害的作用，又能发展地方经济。该方法宜与格构、格栅等防护工程结合使用。

2. 崩塌、不稳定斜坡（潜在崩塌）工程治理

区内调查发现崩塌（危岩体）13 处，需采取工程治理有 7 处，其工程治理措施主要如下。

（1）地表截流。地表水渗入危岩裂隙中，来不及排泄，水位急剧增高，会产生较大的静水压力，对危岩稳定性造成严重影响。裂隙水还造成岩体间黏结力减弱，风化速度加快，危岩稳定性减弱。因此，应防止大气降水的地表径流及危岩体后方的地表水汇入基岩裂缝中。一般可在危岩体外挖一截流沟，尺寸及位置须因地制宜设计。

（2）凹岩腔嵌补。差异风化作用形成的凹岩腔，宜采用浆砌条石或片石进行嵌补，可防止软弱岩层进一步风化，也可对上部危岩体提供支撑，提高稳定性。

（3）锚索加固。对于稳定性差不能清除也无法支撑的危岩块体可采用锚索加固方案，宜采用预应力锚索，锚固段须进入稳定岩体中风化长度不小于 5 m，锚固角度与危岩壁垂直或略向下倾。锚索钢绞线根数及直径须计算后确定。

（4）危岩清除。对规模小、稳定性差、工程治理技术难度较大且费用高、搬迁困难的崩塌，可采用清除危岩体方案，通过爆破或人工削除等方法彻底清除危岩体，从而达到长治久安的目的。

第三节　地质灾害风险管控

一、地质灾害风险防控区域划分

根据全市地质灾害风险区和危险区分布，结合武汉市土地利用与空间布局规划，将地质灾害危险区内的人口密集居住区、重要基础设施、重要经济区、风景名胜区、重要农业区等列为重点保护对象。具体统计见表 12.1 和图 12.2。

表 12.1　武汉市地质灾害风险防控分区统计表

分区	面积/km^2	分布位置	分区说明
重点风险防控区	338.14	汉阳江堤街—洪山青菱	监测预警措施、工程措施、禁止措施。监测预警以专业监测和群测群防相结合，专业监测为主。正常监测频率为 10 天一次，汛期，险情预报、警报期，工程施工期等加密监测。工程措施是指在岩溶地面塌陷区工程施工时采取充填、梁板跨越等相应工程措施，防止施工过程中及施工后出现塌陷；对危险性较大的滑坡、崩塌灾害点投入治理。禁止措施则是禁止在灰岩层中抽取地下水，在岩溶地区基坑开挖或人工挖孔桩施工时，严禁疏干排水
		武昌桥头—大东门	
		黄陂清凉寨—云雾山—木兰山风景区	
		江夏区大桥新区—庙山	
		汉南纱帽—江夏金河村、法泗镇八塘村—四档村	
次重点风险防控区	1 623.06	十大家村—谌家矶—青山红胜村	监测预警措施、禁止措施，对危险性较大的灾害点投入治理。监测预警则专业监测和群测群防相结合，部分区域重点进行专业监测，其他区域组织人员定期巡视。正常监测的频率为 10 天一次，巡视 15 天一次。禁止措施则是禁止在灰岩层中抽取地下水，基坑开挖或人工挖孔桩施工时，严禁疏干排水
		慈惠街—汉阳桥头、大东门—九峰乡	
		黄陂蔡店乡—王家河、新洲旧街—道观河	
		汉阳黄金口—东湖新技术开发区左岭	
		蔡甸民生村、大军山、江夏金口街—纸坊街—乌龙泉街—凤凰山	
		江夏法泗—安山	
一般风险防控区	5 597.84	其他地区	监测预警措施、禁止措施。监测预警以群测群防为主。禁止措施则是禁止在灰岩层中抽取地下水，基坑开挖或人工挖孔桩施工时，严禁疏干排水

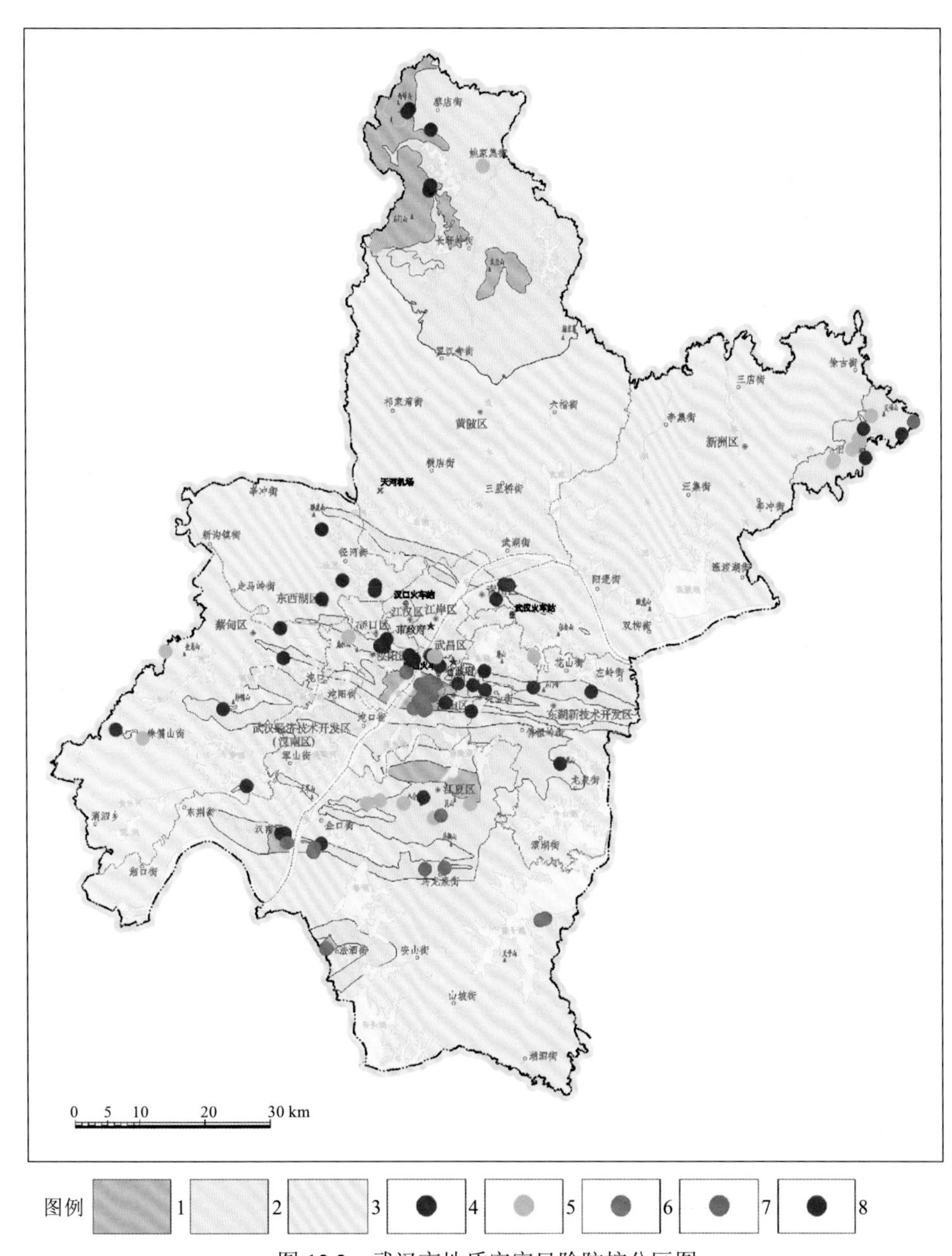

图 12.2 武汉市地质灾害风险防控分区图

1. 重点风险防控区；2. 次重点风险防控区；3. 一般风险防控区；4. 滑坡；5. 崩塌；6. 地面塌陷；7. 泥石流；8. 地面沉降

二、地质灾害风险管理措施与建议

（一）调查评价工程

以实效性和防灾实用性为目的，对全市 15 个区（含东湖新技术开发区和东湖风景区 2 个功能区）进行汛前、汛中、汛后 3 次地质灾害隐患巡排查。根据汛期巡排查结果，对新增地质灾害点开展核查。

（二）监测预警

1. “四位一体”网格化管理体系建设

为确保群测群防体系发挥最大的防灾成效，建立健全街道（乡镇）、社区（村）、自然资源所、专业技术单位“四位一体、网格管理、区域联防、绩效考核”的地质灾害防治网格化管理体系，使网格化管理工作覆盖到全市范围。建立网格档案，落实网格责任人、管理员、协管员及专管员，通过数据化、标准化、动态化管理，因地制宜、科学减灾，整合资源、提高效能，达到“早发现、早预警、早处置”的目的，全面提升地质灾害防治工作水平与能力。

依托“四位一体”网格化管理体系，加大地质灾害防治宣传和培训力度，提高各级网格人员的专业知识，增强公众防灾减灾意识，培训应急救援志愿者队伍，鼓励群众参加防灾减灾活动。

2. 武汉市岩溶地面监测网络建设

1）监测网络层次划分

监测网的布设以面上整体控制、关键条带上加密布设、重大工程专项监测为建设思路，使其既达到对武汉市隐伏岩溶条带的整体控制，又能突出重点，且在有工程建设活动的区域能贴合工程实际。

2）监测方法

通过比选不同监测方法，结合武汉市岩溶地面塌陷特征，选择岩溶扰动土层（土洞）、地下水、工程振动、降雨、地表形变 5 类因子构建武汉市岩溶塌陷监测网。

监测方法为地下水水位监测、地下水气压力监测、降雨监测、地震监测、土体变形监测、地表形变监测和地面宏观巡查。

（1）地下水水位监测。通过对地下水水位实时监测，及时掌握地下水动态变化，进而评估引发岩溶塌陷的危险性，以实现岩溶塌陷的精准预测预报。地下水水位监测全部采用自动监测仪，监测孔根据具体情况可选择已有的监测孔或钻探成孔。

（2）地下水气压力监测。通过对岩溶裂隙或管道系统中地下水气压力变化的监测，捕捉岩溶塌陷发生的动力因素。监测设备主要包括孔隙水压力传感器与数据自动采集系统，或带存储的渗压计。

（3）降雨监测。降雨监测可实时掌握高易发区的降雨情况及其对地下水水位的动态影响。示范监测区的降雨监测全部采用自记雨量计。

（4）地震监测。岩溶塌陷形成演化过程中常发生地震现象，根据塌陷引发的微震现象，通过流动地震数字观测台实时监测，并准确解译出震中位置、震源深度等，获取地震与塌陷的关系。如工程活动、基岩塌陷引发震级小于 3 的地震活动。

（5）土体变形监测。土体变形监测主要采用地质雷达、静力触探、时域反射同轴电缆土体变形监测和光纤分布式土体变形监测，监测土体中土洞及扰动土层的形成、变化情况。①地质雷达：布设地质雷达测线，监测覆盖层土体扰动及土洞发育情况及其变化。

固定测线定期扫描，进行结果比对，圈定异常区。②静力触探：探测第四系松散土层的扰动和土洞发育情况。采用地质雷达方法查明扰动土层的分布，再进行静力触探验证的原则，探查塌陷坑及周边扰动土、砂层的分布及物理力学性质的变化，主要布设于覆盖型灰岩区，与地质雷达同剖面布设。③光纤土体变形监测：在穿越岩溶塌陷重点监测区的重要生命线工程区域、抽排水和桩基施工等工程活动可能诱发岩溶塌陷的区域布设光纤。

（6）地表形变监测。设立监测基准点及地面形变监测点，监测基准点需设立在塌陷区影响范围外，地面形变监测点根据前期调查资料进行布设。地面形变监测采用三等水准进行监测，同时监测高程及水平位置变化，监测精度达到 0.1 mm 级。监测桩采用砖砌，水泥砂浆抹面，顶面截面为 40 cm×40 cm，底座截面为 60 cm×60 cm，高 80 cm，顶面低于地面 10 cm，上部设钢筋水泥盖板保护。

（7）地面宏观巡查。地面宏观巡查以水文变化特征和地表异常现象为主，重点巡查可岩溶分布范围内地表水附近及有大型工程施工的区域及以往岩溶塌陷周边区域。

3）监测方案部署

2019 年武汉市以白沙洲毛坦港—陆家街和汉阳鹦鹉大道一带为示范监测岩溶塌陷，总结监测经验，之后监测网按年度、分条带、分区域实施。

3. 地质灾害气象风险预警

联合湖北省地质环境总站、武汉市气象局、武汉市自然资源和规划局三家单位共同开展武汉市地质灾害气象风险预警工作，通过媒介发布阶段灾情及趋势预测通报不少于 6 期。

（三）能力建设

1. 应急演练

开展 12 次区级大型应急演练，不定期组织地质灾害防治简易应急演练，125 处地质灾害隐患点“屋场式”“村院式”演练全覆盖。

2. 科普宣传与培训

充分利用“4.22 世界地球日”“5.12 防灾减灾日”“6.25 全国土地日”等时间节点，开展多形式、多渠道、多层级宣传教育，普及地质灾害预防、辨别、避险、自救等知识，宣传培训受威胁群众。不定期开展市、区技术人员培训。

第四节　地质环境监测体系建设

地质环境监测是对自然地质环境或者工程建设影响的地质环境及其变化，进行定期观察测量、采样测试、记录计算、分析评价和预警预报的活动，它包括地下水环境监测、地质灾害环境监测、地质遗迹环境监测、矿山地质环境监测等，是一项基础性的、公益性的工作。武汉市面临的地质环境问题主要有地下水部分指标超标、岩溶地面塌陷、软土地面沉降及其他地质灾害的问题（图 12.3）。

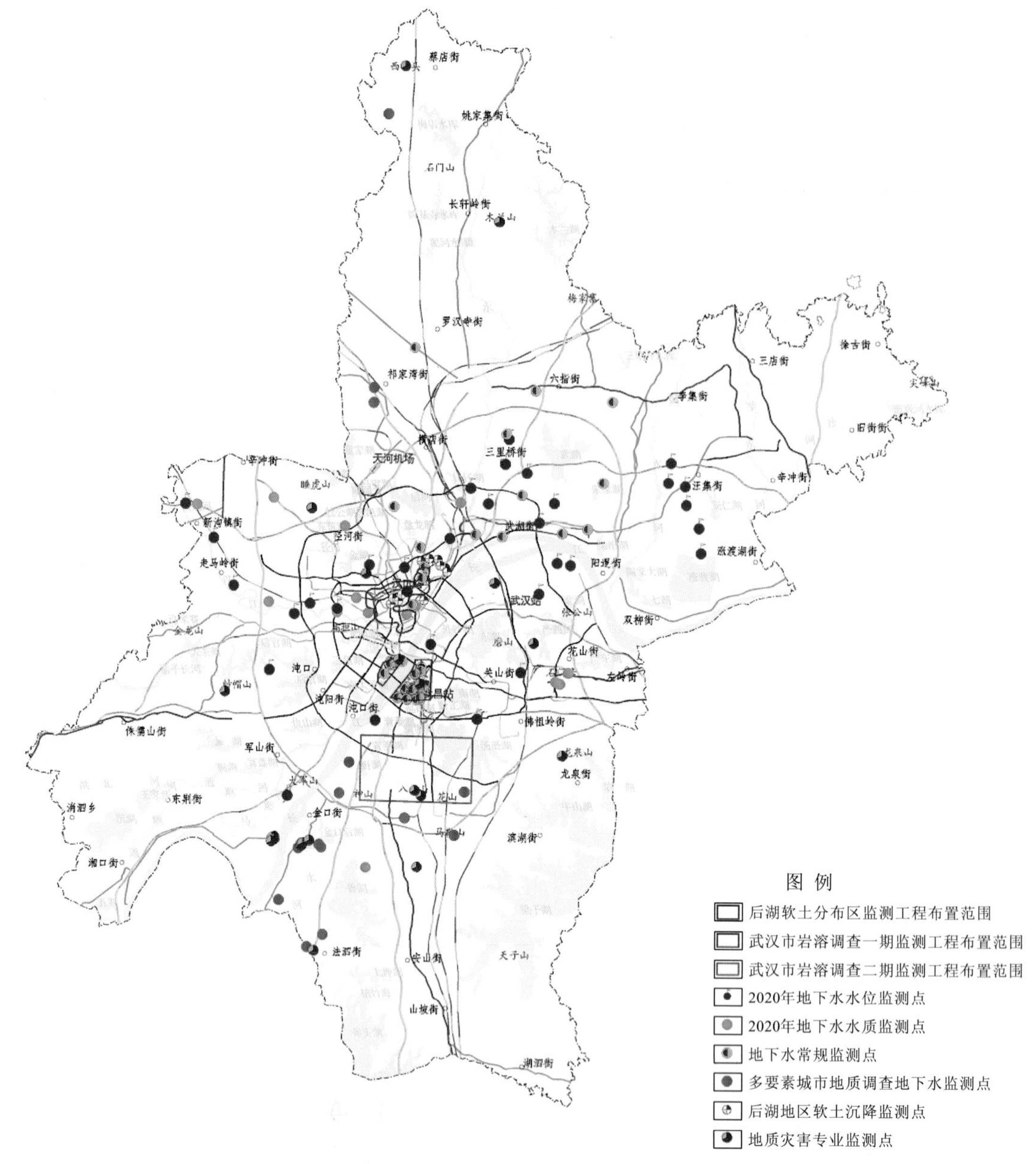

图 12.3　武汉市地质环境监测点平面布置图

武汉市矿山已基本完成恢复治理，地质遗迹被纳入国家地质公园。武汉市主要的地质环境监测以地下水环境监测、岩溶地面塌陷地质环境监测、软土地面沉降地质环境监测和崩塌流地质环境监测为主。

本节成果主要来源于武汉市地下水监测、武汉市岩溶地面塌陷监测示范基地建设一期、武汉市泛后湖地区地面沉降监测水准观测等项目。

一、地下水地质环境监测

（一）地下水监测工作依据

地下水监测遵照的法律法规、规章制度如下。

（1）《地质环境监测管理办法》（国土资源部令第 59 号）。

（2）《中华人民共和国环境保护法》（中华人民共和国主席令第九号）。

（3）《中华人民共和国水法》（中华人民共和国主席令第七十四号）。

（4）《水污染防治行动计划》（国发〔2015〕17 号）。

（5）《湖北省地质环境管理条例》（湖北省人民代表大会常务委员会公告第 8 号）。

（6）《省国土资源厅省地质局关于加强地质环境监测工作的实施意见》（鄂土资发〔2014〕37 号）。

（7）《湖北省地质局地质环境监测项目管理暂行办法》（鄂地质〔2017〕59 号）。

本项目执行标准及规范如下。

（1）《地下水监测规范》（SL 183—2005）。

（2）《地下水动态监测规程》（DZ/T 0133—1994）。

（3）《地下水环境监测技术规范》（HJ/T 164—2020）。

（4）《地下水质量标准》（GB/T 14848—2017）。

（5）《地下水监测井建设规范》（DZ/T 0270—2014）。

（6）《水质采样　样品的保存和管理技术规定》（HJ 493—2009）。

（7）《水质　采样技术指导》（HJ 494—2009）。

（二）区域地下水监测网

武汉市地下水区域监测网是在 1989 年 1∶5 万“湖北省武汉市区水文地质工程地质综合勘察”的基础上建立的，截至 2020 年，武汉市共有地下水监测点 75 个，其中水位监测点 60 个（含自动监测点 27 个），水质监测点 28 个，水位水质共用监测点 13 个。主要监测武汉市区内第四系全新统孔隙承压水（Q_h）、第四系上更新统孔隙承压水（含新近系裂隙孔隙水）（Q_p（N））及碳酸盐岩类裂隙岩溶水（C—T）（表 12.2、图 12.4）。

表 12.2　2020 年武汉市地下水监测点统计表　　（单位：个）

含水岩组代号	水位监测点	水质监测点	水位水质共用监测点	总计
Q_h	20	21	11	30
Q_p（N）	8	6	3	11
C—T	6	5	1	10
合计	34	32	15	51

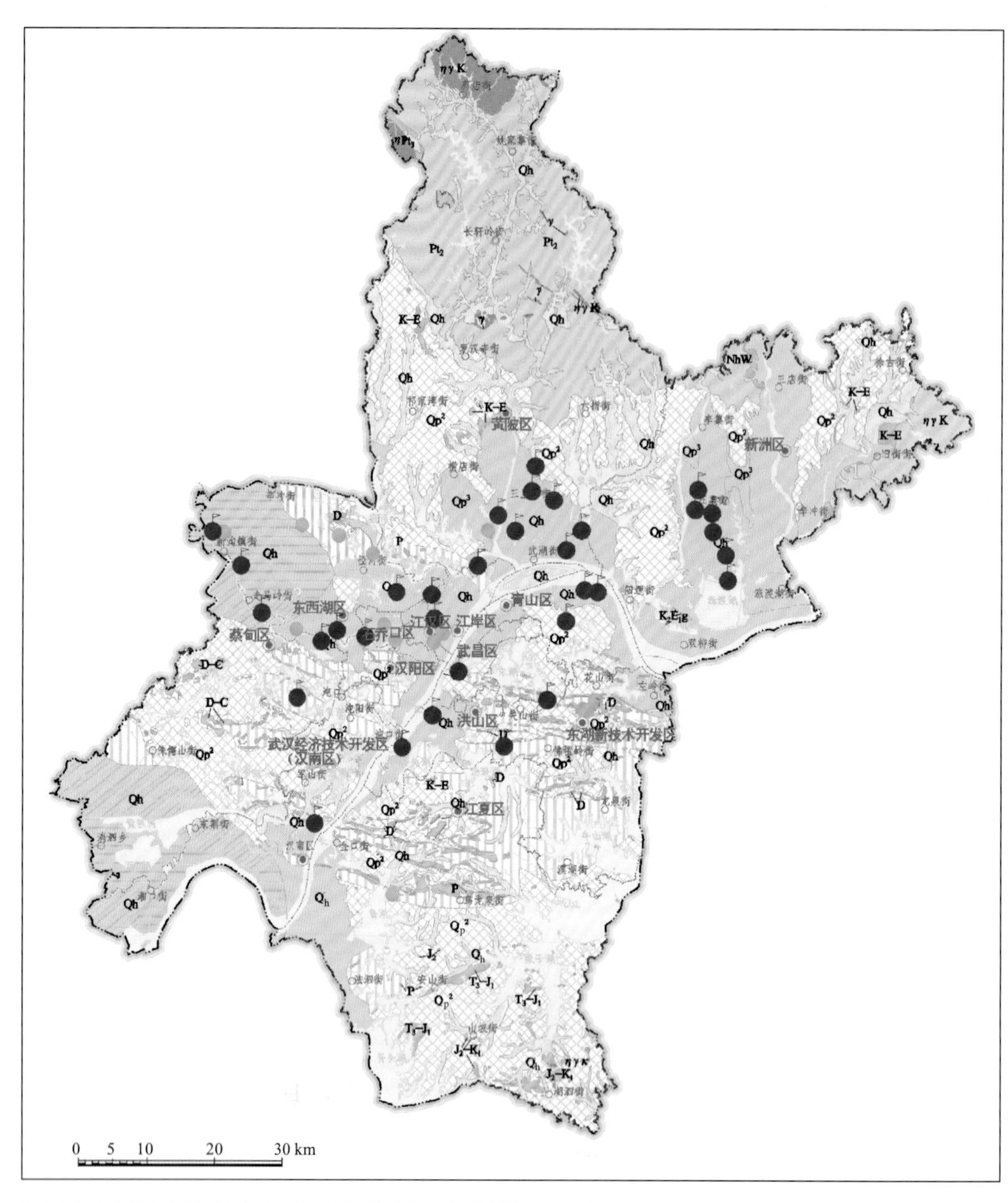

图例 1 2 3 4 5 6 7 8 9 10 11 12 13

图 12.4　武汉市地下水监测点平面布置图

1.水位监测点；2.水质监测点；3.孔隙潜水；4.孔隙承压水；5.含水层顶板埋深＜30 m，下部钻孔单位涌水量＜20 m^3/（d·m）；6.含水层顶板埋深30～50 m，下部钻孔单位涌水量＜20 m^3/（d·m）；7.含水层顶板埋深＜30 m，下部单井涌水量500～1 000 m^3/（d·m）；8.裂隙岩溶水；9.上部黏土、粉质黏土，下部覆盖型岩溶水，含水层顶板埋深＜30 m；10.岩浆岩裂隙水；11.变质岩裂隙水；12.碎屑岩裂隙水；13.非含水层

（三）重点区地下水监测网

武汉市重点区地下水监测范围为武汉市泛后湖地区包括地面沉降重点防控区（长江汉江一级阶地，场地内填土、软土及含软黏性土互层土总厚度大于或等于 8 m）、地面沉降一般防控区（一级阶地上述地层厚度小于 8 m 及高阶地湖积区上述土层总厚度大于 5 m），工作面积约为 65 km^2。

武汉市泛后湖地区地下水监测井建设初期共有 60 口，随着监测工作的持续，监测井被破坏的情况一直存在。截至 2018 年，仍存 39 口监测井，其中包括 19 口自动化监测井和改建的 20 口人工监测井，2020 年补充建设 3 口监测井。工作范围如图 12.5 所示。

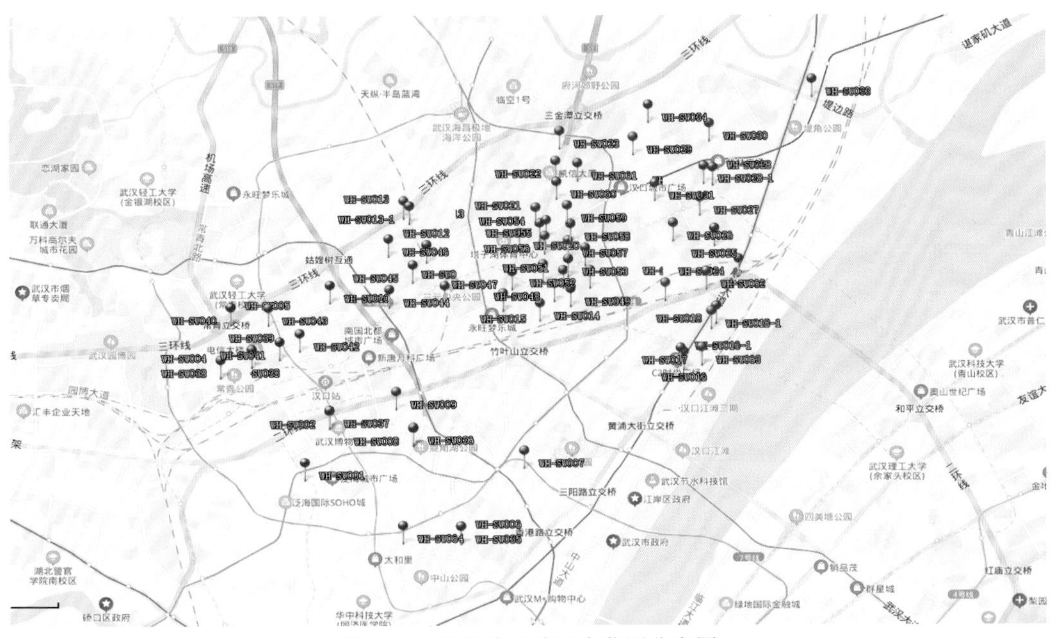

图 12.5　后湖地区地下水监测分布图

2019～2020 年，“武汉市多要素城市地质调查示范”项目在武汉市江夏片区、黄陂片区补充建立了 14 个地下水监测网，监测地下水水位和水温（表 12.3，图 12.6）。

表 12.3　不同图幅中现存监测孔统计表

监测孔	武昌县	汉阳县	金口镇	武汉市	阳逻镇	豹子澥	金水闸	渡普口
现存自动监测孔	1	2	5	3	1	4	2	1
正常监测中监测孔	0	2	4	0	0	3	2	1
现存人工监测孔	1	0	0	2	5	0	6	7

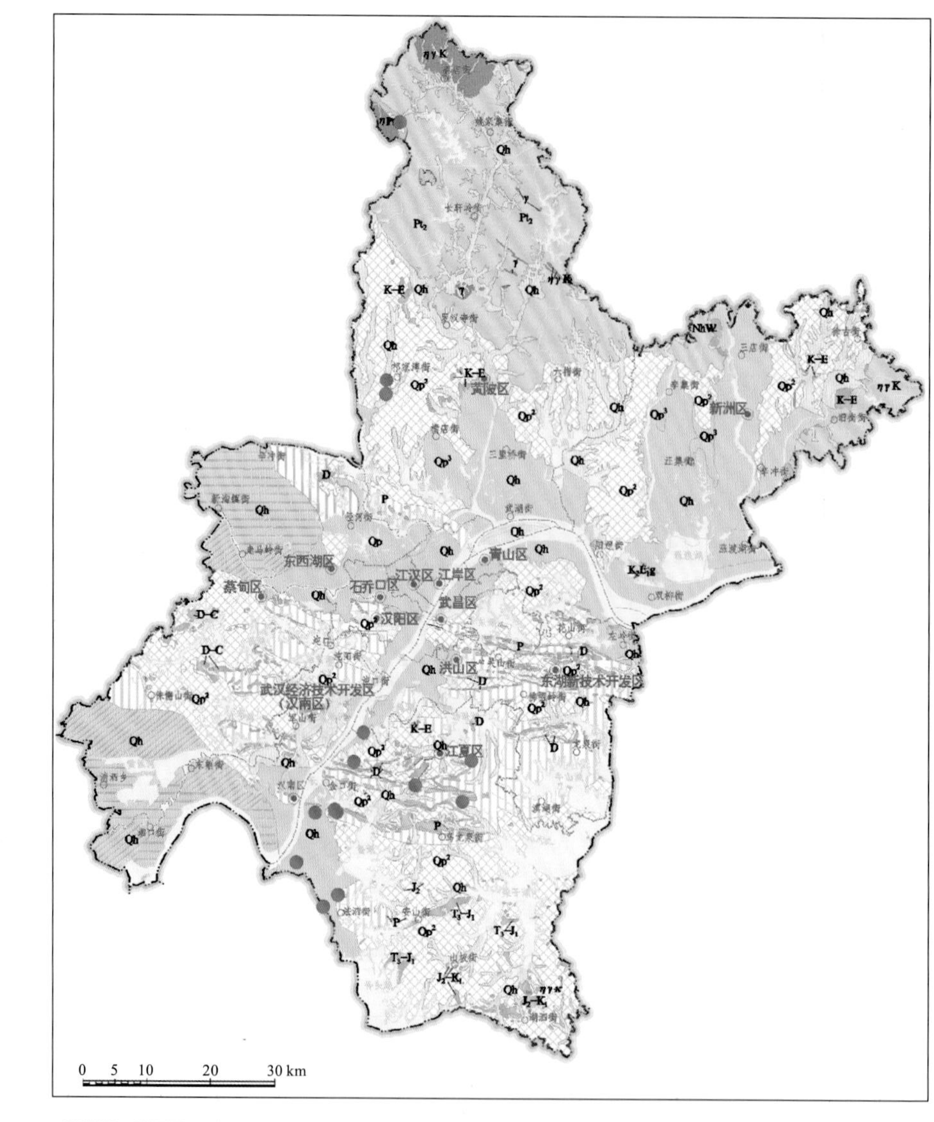

图例 1 2 3 4 5 6 7 8 9 10 11 12

图 12.6　武汉市多要素城市地质调查地下水监测点统计表

1. 多要素城市地质调查地下水监测点；2. 孔隙潜水；3. 孔隙承压水；4. 含水层顶板埋深＜30 m，下部钻孔单位涌水量＜20 m^3/（d·m）；5. 含水层顶板埋深 30～50 m，下部钻孔单位涌水量＜20 m^3/（d·m）；6. 含水层顶板埋深＜30 m，下部单井涌水量 500～1 000 m^3/（d·m）；7. 裂隙岩溶水；8. 上部黏土、粉质黏土，下部覆盖型岩溶水含水层顶板埋深＜30 m；9. 岩浆岩裂隙水；10. 变质岩裂隙水；11. 碎屑岩裂隙水；12. 非含水层

二、岩溶地面塌陷地质环境监测

自 20 世纪 90 年代开始，武汉市在岩溶区开展了针对塌陷点的监测和针对岩溶条带的相应监测工作。2006～2008 年开展的武汉市地面塌陷灾害调查与监测预警项目及其后续监测工作，并提交《武汉市地面塌陷灾害调查与监测预警项目报告》及其后续监测年报。2010～2018 年开展的 1∶5 万岩溶调查基本覆盖了武汉岩溶条带的 90%，并部署了

相应监测。监测因子包括岩溶土洞、地下水、地表水、降雨、地表形变等因子。监测手段包括地质雷达固定剖面扫描、土体压力自动监测点、地下水位自动监测点、地下水水质监测点、流向流速监测点、长江水位监测、自动雨量站、裂缝监测、地面形变监测、宏观巡查。

武汉市地面塌陷灾害调查与监测预警项目建立地下水、土压力、地面形变、裂缝、降雨量、岩溶土洞等监测点共 91 个。其中，地下水水位自动监测孔共 20 个，包括 6 个碳酸盐岩裂隙岩溶水监测孔，13 个第四系孔隙承压水监测孔，1 个同孔监测岩溶水与第四系水；建有地面形变监测点 23 个，其中，烽火水暖建材市场 10 个，洪山区红旗欣居 B、C 区地面形变监测点 13 个。1∶5 万岩溶调查项目开展了地下水动态监测工作，包括地下水自动动态监测和地下水人工动态监测。其中地下水水位自动监测孔 26 个，包括第四系孔隙承压水监测孔 1 个，碳酸盐岩裂隙岩溶水监测孔 25 个。但随着城市发展建设，截至 2018 年，岩溶监测仅余 12 个地下水位自动监测孔、地面变形监测点 23 个（表 12.3，图 12.7）。

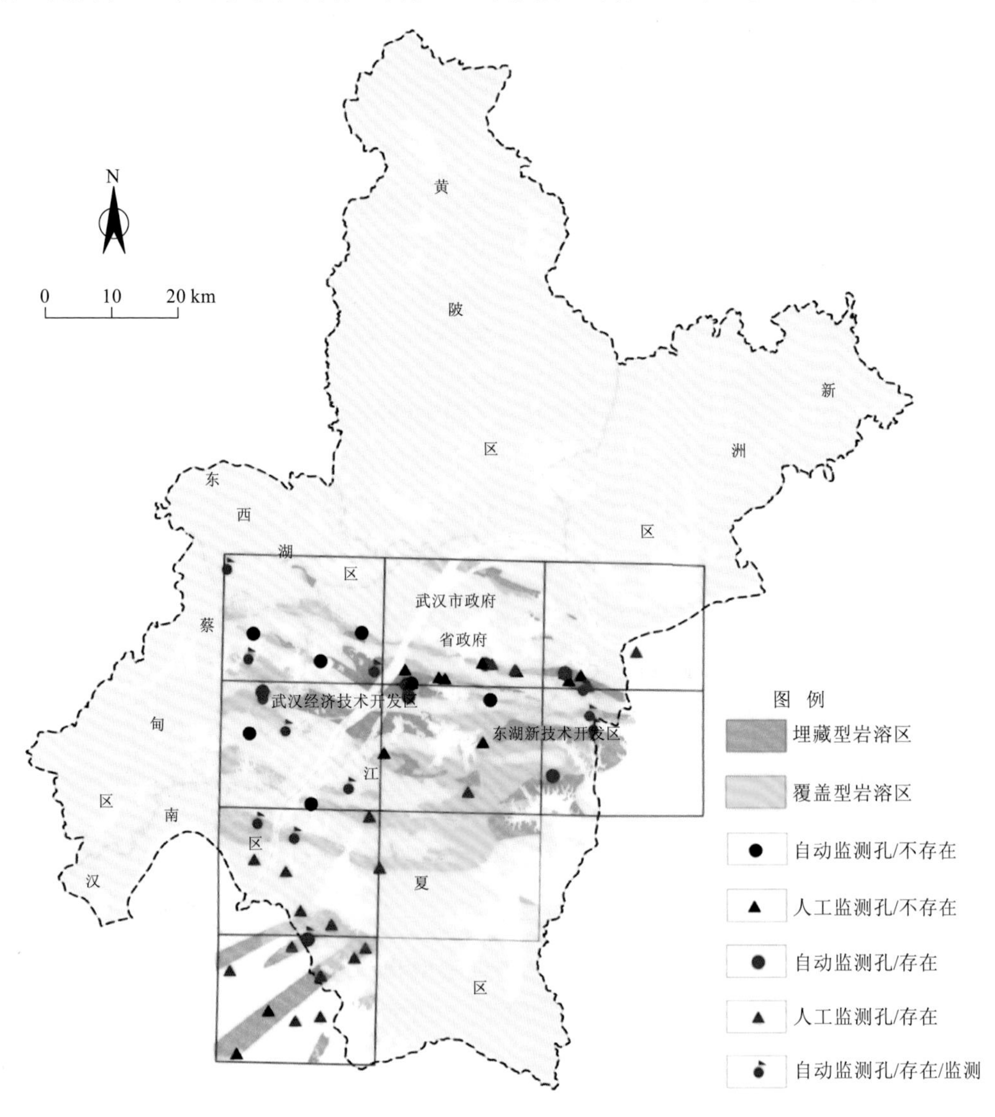

图 12.7　武汉市岩溶塌陷调查监测孔分布图

为保障城市岩溶地质安全，2019年武汉市选择岩溶调查程度最高、塌陷发生最多、人类工程活动密集的白沙洲地区开展岩溶监测示范基地一期建设项目。结合地下水径流方向进行布设监测点，按照“点—线—面”的工作思路，比选国内外先进的监测手段。岩溶监测示范区构建了垂直地下水流向、主构造线方向的基础性监测网和重点区监测网。

目前，在白沙洲地区部署了地下水监测孔20个、震动监测4个、降雨量监测1个、光纤光栅水（气）压力监测20个、振弦水气压力监测15个、垂直光纤土体变形监测22个、水平光纤土体变形监测204 m。

（一）基础监测网

基础监测网由20个自动地下水水位监测孔构成，依据地质条件及地下水径流方向，沿白沙洲岩溶条带长江两岸展布。长江左岸汉阳锦绣长江—国博一带分布有3对地下水监测孔、每处对孔为1个裂隙岩溶水监测孔和1个孔隙承压水监测孔；长江右岸从阶地前缘—后缘共分布有14个地下水监测孔、5个裂隙岩溶水监测孔和9个孔隙承压水监测孔。

（二）重点区域监测网

武汉市目前在白沙洲条带、汉阳江堤—洪山青菱地面塌陷地质灾害高易发区建立岩溶地面塌陷监测示范基地，覆盖了武昌、洪山和汉阳3个行政区域，面积约为53 km^2，通过建立示范工作区，开展监测新技术新方法的研究，在示范区内岩溶地面塌陷高易发区及工程建设集中区域，沿地下水径流及重要线性工程，针对不同地质条件、工程施工特点采取相应的监测手段，开展有针对性的实时动态监测。

在示范区内共布置了6个重点监测区域（图12.8），主要位于长江沿岸汉阳鹦鹉路—建港路一带、烽火村、毛坦港及白沙路一带，涉及的在建线性工程为地铁5号线、地铁12号线和新二环快速路，正在运营的重要线性工程为地铁6号线及白沙洲大道。

1. 武金堤陆家街

武金堤陆家街段属于长江一级阶地覆盖型岩溶区，上部为黏性土，中部为砂性土，下部为可溶岩，属于岩溶地面塌陷高易发区。根据地质条件及岩溶塌陷制塌模式，该段可能发生沙漏型塌陷或沙漏型—土洞型复合型塌陷。该段曾发生过10处地面塌陷。

目前地铁5号线武金堤公路车站、江民路车站正在施工中，施工期间各施工工艺（如土石方开挖、基坑降水等）都会对地质条件产生不利影响，易引发岩溶地面塌陷。拟在5号线附近小区布设地下水（气）压力监测点2个（光纤水（气）压力监测点1组采用对孔布设，钻孔垂向光纤土体变监测点1个。布设1条地质雷达固定剖面扫描测线。

2. 烽火村—光霞村—张家湾

烽火村—光霞村—张家湾北侧和南侧为埋藏型和覆盖型交界处，属于长江一级阶地，上部为黏性土，中部为砂性土，下部为可溶岩，属于岩溶地面塌陷高易发区。根据地质条件及岩溶塌陷制塌模式，该段可能发生沙漏型塌陷或沙漏型—土洞型复合型塌陷。该段曾发生过5处地面塌陷。

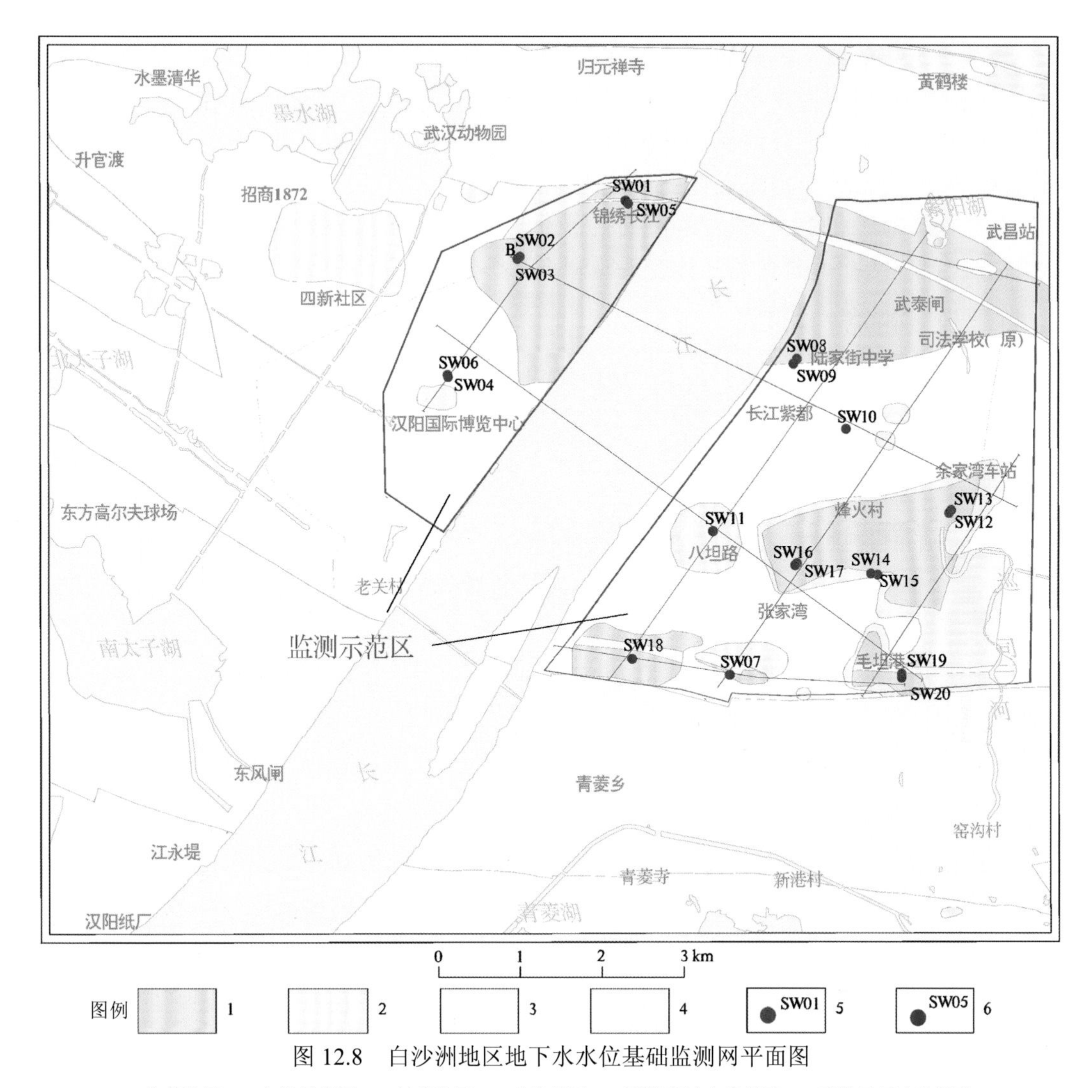

图 12.8　白沙洲地区地下水水位基础监测网平面图

1. 高易发区；2. 中等易发区；3. 低易发区；4. 非岩溶区；5. 裂隙岩溶水监测孔；6. 孔隙承压水监测孔

地铁 5 号线在本段从地下段转为地上段。本段南侧和西侧大块区域均规划为建筑用地。目前，房建工程地开工，施工期间各施工工艺（如土石方开挖、基坑降水等）易引发岩溶地面塌陷。监测工程以点和面状监测为主，主要布设地下水动力条件和垂向土体变形监测。

在地铁 5 号线及已塌陷区域布设地下水（气）压力监测点 16 个[光纤水（气）压力监测点 5 组、振弦水（气）压力监测点 6 个、钻孔垂向光纤土体变形监测点 10 个]；在烽火路布设水平光纤土体变形监测 200 m。布设 4 条地质雷达固定剖面扫描测线，分别位于烽火市场内部无名道路（LD7）、烽胜路（LD8）、武梁路（LD9）、青菱中路（LD10）。

3. 毛坦港

毛坦港段属于长江一级阶地埋藏型岩溶区，上部为黏性土，中部为砂性土，下部为可溶岩，属于岩溶地面塌陷高易发区。根据地质条件及岩溶塌陷制塌模式，该段可能发生沙漏型塌陷或沙漏型—土洞型复合型塌陷。发生过 5 处地面塌陷。

地铁 5 号线从高架桥西侧经过本段，地铁 12 号线从北侧地下经过本段。本段北侧和西侧大块区域均规划为建筑用地。目前房建工程正在施工之中，施工期间各施工工艺（如土石方开挖、基坑降水等）易引发岩溶地面塌陷。监测工程以点和线状监测为主，主要布设地下水动力条件和垂向土体变形监测。

在地铁 5 号线和 12 号线青菱换乘站布设地下水（气）压力监测点 2 个[振弦水（气）压力监测点]、钻孔垂向光纤土体变形监测点 2 个。

4. 汉阳鹦鹉路—建港路

汉阳鹦鹉路—建港路属于长江一级阶地可溶岩上部残积层分布区，上部为黏性土，中上部为砂性土，下部为可溶岩，属于岩溶地面塌陷高易发区。根据地质条件及岩溶塌陷制塌模式，可发生沙漏型塌陷或沙漏型—土洞型复合型塌陷，曾由于工程施工引发 3 处地面塌陷。

根据《6 号线岩溶专项勘察报告》钻孔资料，建港站地段岩溶发育，溶洞洞高最大达 12 m。在鹦鹉大道和 6 号线车载荷载和振动的效应下，存在岩溶地面塌陷的隐患。沿 6 号线布设钻孔垂向光纤土体变形监测点 5 个及地下水（气）压力监测点 8 个[光纤光栅水（气）压力监测点 3 组，振弦式水气压力监测点 2 个]。布设 5 条地质雷达固定剖面扫描测线，分别位于汉阳区夹河路（LD1）、鹦鹉大道（LD2）、锦绣路（LD3）、鹦鹉小道（LD4）、晴川大道（LD5）。在乐福园酒楼旁空地内布设震动监测点 4 个。

5. 白沙洲青菱乡

白沙洲青菱乡属于长江一级阶地覆盖型岩溶区，上部为黏性土，中部为砂性土，中下部为红层，下部为可溶岩，属于岩溶地面塌陷高易发区。根据地质条件及岩溶塌陷制塌模式，该段中下部红层被破坏后可能发生沙漏型塌陷或沙漏型—土洞型复合型塌陷。该段曾由于工程施工引发 1 处地面塌陷。以地下水动力监测为主，布设地下水（气）压力监测点 2 个[振弦水（气）压力监测点]、钻孔垂向光纤土体变形监测点 1 个。在夹套河路布设一条地质雷达固定剖面（LD12）。

6. 洪山街红旗村

该段位于埋藏型岩溶区，曾由于工程施工引发 2 处地面塌陷。巡司河穿过该段，对岩溶水环境有影响，以地下水动力监测为主，布设地下水（气）压力监测点 2 个[光纤水（气）压力监测点 1 组，振弦水（气）压力监测点 1 个]、钻孔垂向光纤土体变形监测点 2 个。在红旗路布设一条地质雷达固定剖面（LD11）。

三、软土地面沉降地质环境监测

2007 年，武汉市完成了覆盖全市域的现代测绘基准体系建设，建成了由 626 点、3 217.2 km 二等水准路线组成的城市二等水准网；2012 年对都市发展区范围内的二等水准点和水准路线进行了全面维护和复测，共施测二等水准点 470 点、水准路线 1 702.2 km，构成了覆盖都市发展区两江四岸 3 000 km^2 范围内完整、统一的高程控制骨架，形成了武汉市地面沉降研究的基础。

根据调查成果，武汉市地面沉降量大于 35 mm/a 的区域主要分布于建设大道与黄埔路交会处，沉降量大于 25 mm/a 的区域主要分布在建设大道与黄埔路交会处外，还局部分布于汉口杨汉湖地区、汉口火车站西侧（贺家墩附近）及汉口江汉二桥汉口引桥段附近。

2012 年至今，武汉市每年开展针对后湖片区的地面沉降监测，监测范围东起武汉二七长江大桥，西至汉口三眼桥路，南到解放大道，北至三环线三金潭立交，面积约为 45 km^2。其中建设大道、后湖大道、解放大道、兴业路及在建地铁线路等城市主要道路两侧为重点监测区域，共完成了江岸区市民之家、江汉区王家墩中央商务区 2 座基岩标的施工建设。2016 年 7 月～2019 年 6 月完成四期 InSAR 监测和后湖地区 14 个一等监测点、126 个二等监测点监测工作。观测点具体分布位置详见图 12.9、图 12.10。

图 12.9　汉口段沉降量大于 25 mm/a 观测点分布图

四、崩塌滑坡泥石流地质环境监测

“十三五”期间，武汉市已建成政府牵头—部门组织—乡村落实—群众参与、自上至下的地质灾害防治群测群防体系。在此基础上，各级政府正积极推进由街道（乡镇）、社区（村）自然资源部门及专业技术支撑单位“四位一体”的地质灾害防治网格化管理体系建设，按“区定网、网定格、格定员、员定责”的工作要求，全市共建立了 17 个片区、183 个单元、3 357 个网格、共 3 070 名网格员。

现 50 处崩滑流地质灾害隐患点均纳入了地质灾害防治“四位一体”网格化驻点监测，参与部门或单位落实网格员，明确工作职责；网格协管员积极参与应急驻守，协助网格管理员编制“两卡一案”，执行地质灾害防治工作日报告制度，安排专人落实信息报送工作；开展辖区内群测群防技术指导和宣传培训工作；协助、指导辖区开展地质灾害防治应急演练工作。

图 12.10　汉口段沉降量大于 35 mm/a 观测点分布图

蔡甸区龙霓山东段不稳定斜坡、东湖新技术开发区天马峰北坡不稳定斜坡和江夏区青龙山林场八分山山体滑坡 3 处地质灾害隐患点进行了专业监测。其中八分山部署了 3 个 GNSS 监测站（包括基准站 F003 和监测站点 F004、F005），采用太阳能供电及无线网络数据传输，实时监测变形情况（图 12.11）。

图 12.11　八分山位置及监测站点示意图

五、气象风险预警

2012 年起，武汉市以强降水、连续性降水和极端气候条件下引发的崩塌、滑坡、泥石流地质灾害作为预警预报的对象，每年开展汛期地质灾害气象风险精细化预警预报工作。

根据《地质灾害区域气象风险预警标准（试行）》（T/CAGHP 039—2018）地质灾害气象风险预警预报分为 4 个等级。

（1）4 级，可能性很小（发生地质灾害的概率 $P \leqslant 20\%$）。

（2）3 级，可能性较小（发生地质灾害的概率为 $20\% < P \leqslant 40\%$）。

（3）2 级，可能性较大（发生地质灾害的概率为 $40\% < P \leqslant 60\%$）。

（4）1 级，可能性大（发生地质灾害的概率为 $P > 60\%$）。

其中，1～3 级向社会发布预警预报，4 级不予发布。

地质灾害气象风险预警预报等级表达：1 级为红色；2 级为橙色；3 级为黄色；4 级为蓝色。

（一）预警工作模式

（1）一般预警预报模式。根据技术要求，当达到预警预报等级（1～3 级），对于可能发生 2 级或 3 级地质灾害时应与 4 级予以区别，在武汉市电视台天气预报节目中播出预警预报新闻，并通过媒体和手机短信发布预警预报信息。

（2）加密预警预报模式。加密气候地质灾害预警预报主要包括：强降雨、持续降雨、低温雨雪冰冻等灾害性气候。

当极端气候发生时，总站地质灾害气象风险预警预报工作小组接到紧急通知（如强降雨）后立即通知预警预报工作领导小组和办公室，武汉市自然资源和规划局启动紧急会商，制定紧急预警预报方案，及时与武汉市气象台会商沟通。加密气候地质灾害预警预报产品一般采用短信速报方式发布。

（二）气象预警服务与信息管理

（1）气象信息管理。结合数字地球和卫星遥感影像，管理武汉市 152 个自动雨量站的历史降雨量信息和蔡甸、黄陂、新洲、江夏、汉口 5 个观测站的预测降雨量信息。

（2）危险性区划及评价。对地形地貌、地层岩性、地质构造单因子危险性分区进行叠加分析生成地质灾害危险性区划分区。单元地质灾害危险性概率值“H 值”综合反映了单元内地形地貌、地层岩性、地质构造等基本因素对形成地质灾害的作用大小，其值越大，危险性越高。按危险程度大小，可分为高危险区、中度危险区、低危险区、非危险区 4 个等级。

（3）预警分析。将降雨诱发地质灾害的因素进行概率量化，根据降雨量的大小，对诱发滑坡、崩塌、泥石流的发生概率进行整合，得出某一降雨范围内地质灾害发生的概率值，确定地质灾害易发区的预报概率值。

（4）预报等级划分。根据预警预报模型计算评价结果，求得区域内地质灾害易发区预报概率，根据危险性指数的大小，划分地质灾害临界易发区（三级）、易发区（二级）、极易发区（一级）。

（5）数据交换。①与气象台数据交换：气象数据主要由武汉市气象台提供前期 152 个雨量观测站的 24 h 实测数据和武汉市 5 个区的次日 24 h 预报雨量数据，通过 E-mail 传至邮箱地址，并电话通知确认。通过系统数据录入功能将雨量实测数据、预报雨量数据导入气象数据库中，完成气象数据的交换。②与市局信息中心数据交换：当日系统自动生成的武汉市地质灾害预警预报成果图投影转换为带坐标的.tif 文件并和预警预报解说词（.doc 文件），通过互联网由 E-mail 形式按商定时间段传到武汉市自然资源和规划局邮箱，

并电话通知对方接收。武汉市自然资源和规划局信息中心接收成果数据，并将其通过内部办公系统进入审批程序，完成预警预报成果数据的交换。

第五节　地质环境监测技术方法

一、地下水监测技术方法

（一）水位、水温监测

监测手段主要为人工监测与自动监测。人工监测孔主要为地下水区域监测孔，其监测方式分为自观和委托观测，自观孔 7 孔，委托观测孔 29 孔。委托观测孔的监测频率一般为 5 日观，即每月 5 日、10 日、15 日、20 日、25 日、30 日（2 月为 28 日）进行观测，每季度检查并回收资料一次；自观孔根据地下水水位变化特征，丰水期（5～9 月）观测周期为 5 日观，平、枯水期（12 月、1 月、2 月）为 10 日观[即每月 10 日、20 日、30 日（2 月为 28 日）]。每年完成武汉市地下水水位（温）人工监测约 2250 次，达到设计要求。监测手段为测绳（钟）。对监测所用的测绳定期或根据具体情况随时进行校核。

后湖地区及长江新区地下水监测主要采用自动监测，地下水监测设备使用的是湖北亿立能科技股份有限公司研发的 YLN-Z1301 型地下水位监测仪，具有同时监测水位、水温的功能。

（二）水质监测

水质监测以采样分析测试为主。采样分别在 7 月丰水期和 12 月枯水期进行，采集地下水、地表水（长江和汉江）进行测试。水样采集均由专门监测人员利用水泵等设备抽取地下水，采集水样按要求送至实验测试机构进行水质分析，采样的容器、洗涤、采集、保存、送样和监控等均按照《水质 采样技术指导》（HJ 494—2009）和《水质采样 样品的保存和管理技术规定》（HJ 493—2009）执行。

根据《地下水质量标准》（GB/T 14848—2017），武汉市区域地下水水质分析测试项目共计 78 项，其中全分析指标 21 项、微量元素分析指标 24 项、有机组分指标 33 项。后湖地区地下水水质分析包括水质全分析 20 项、微量元素分析 4 项及重金属分析 10 项。

二、软土沉降地质环境监测技术方法

（一）建设基岩标

基岩标是地面沉降精密水准监测长期、稳定的高程基准，是减少水准监测测线长度、提高监测精度重要的基础设施之一。在兼顾后湖地区地质条件和精密水准监测网布设的基础上，武汉市在江岸区市民之家、江汉区王家墩中央商务区进行了 2 座基岩标施工建设。以上 2 座基岩标为后湖地区精密水准监测提供了稳定、可靠的基准。

（二）精密水准监测

精密水准监测数据，均采用严密平差精确计算所有联测水准点及沉降监测点的1985国家高程基准高程成果，同时逐点计算各点在监测周期内的高程变化，结合实地调查走访，分析监测区域的地面沉降情况及规律，并对监测网的控制强度、监测技术的有效性进行综合分析。

三、岩溶地面塌陷监测技术方法

（一）监测因子

岩溶塌陷的发生具有突发性和隐蔽性的特征，要对其发生发展过程进行监测必须选择合适的因子，通过这些因子的动态变化来直接或间接地反映地面塌陷的发育过程。根据上述对工作区岩溶塌陷形成条件、诱发因素及致塌模式的分析，可选取岩溶扰动土层、地下水、降雨、地表形变和工程振动等因子来进行监测。

（1）岩溶扰动土层（深层土层变形）。隐伏碳酸盐岩分布区上覆盖层中岩溶扰动土层（深层土层变形）的发生发展过程是岩溶塌陷发育过程的最直接的体现。土洞的发展可通过砂层扰动、土体的应力应变来反映。监测方法采用地质雷达固定剖面扫描法、光纤传感技术监测法进行。

（2）地下水。地下水的监测因子包括地下水动力条件、水位、水温等。地下水水位的变化是地面塌陷产生的主要诱发因素之一。地下水水位的快速波动可加速土洞的发展，水位的下降可导致地下水渗透力的增加及产生负压，增加致塌力。地下水水温和水质的动态变化可作为地面塌陷的间接因子。地下水动力条件采用地下水（气）压力监测，地下水水位采用自动水位监测仪进行监测。

（3）降雨。降雨是区内地面塌陷产生的重要因素之一，区内每次地面塌陷发生前都有一次持续时间较长的降雨。降雨量通过自动雨量站进行监测。

（4）地表形变。地表形变是地面塌陷临塌时的最直接反映。可通过监测建筑物裂缝变形及地面形变来进行监测。建筑物裂缝采用自动裂缝监测仪进行监测，地面形变通过设立基准点和形变桩后，采用水准测量仪进行监测，同时采用地面宏观巡查进行监测。

（5）工程振动。机械振动使得土体解体，结构变得松散，颗粒之间黏聚力降低，物理力学性质降低，在地下水渗流时更容易流失、垮塌。在饱和粉细砂层中，振动作用还会导致砂土液化，极大降低了土体强度。振动效应主要来源于施工机械振动、来往车辆行驶产生的振动。可采用地震计进行监测。

（二）监测方法

1. 监测方法比选

目前岩溶地面塌陷监测主要分为直接监测和间接监测。直接监测主要为遥感、物探和岩土体变形监测，间接监测主要为地下水水动力条件监测（表12.4）。

表 12.4　监测方法比选表

监测手段	监测方法	监测内容	优点	缺点
直接监测	合成孔径雷达	地表变形	大范围区域进行塌陷沉降监测	塌陷预警有困难
	地质雷达监测	深层土层变形	可以监测土层扰动或溶洞的发育变化过程；对线性工程监测效果好	对周围环境要求高、探测深度有限、无法实现实时监测和遥测等
	剖面式沉降仪	地表变形	技术成熟，设备通用性强，操作方便	只适合于横断面的测量，整个测量过程无法实现全自动监测，劳动强度大，测量套管露头维护极为困难
	时域反射计同轴电缆	深层土层变形	分布式、检测时间短、可遥控，实时推断出溶洞和土洞的发育情况	只有在受到剪切力、张力或是两者的综合作用而变形的情况下，TDR 电缆才会产生特征信号。如果电缆只是因受力而弯曲本身并未变形则不会有任何特征信号产生
	布里渊光时域反射计光纤传感技术监测	浅层土层变形	既可监测光纤的断点，又可实时监测岩土体的变形过程	设备昂贵，光纤的铺设、保护要求也较高
间接监测	地下水（气）压力监测	地下水（气）压力	达到真实反映岩溶管道裂隙系统中地下水（气）压力变化信息的目的；塌陷危险区的预警工作	只能预报监测点所处的岩溶管道裂隙影响范围内土体发生变形破坏的危险性，未能解决塌陷发生的具体位置、尺度等问题
	地下水水位监测	地下水水位	塌陷危险区的预警工作	只能预报监测点所处的岩溶管道裂隙影响范围内土体发生变形破坏的危险性，未能解决塌陷发生的具体位置、尺度等问题

2. 常用监测手段

通过比选不同监测方法，结合武汉市岩溶地面塌陷特征，选取监测方法为地下水水位监测、地下水（气）压力监测、降雨量监测、地震监测、土体变形监测、地表形变监测和地面宏观巡查。

1）地下水水位监测

通过对地下水水位实时监测，及时掌握地下水动态变化，进而评估引发岩溶塌陷的危险性，以实现岩溶塌陷的精准预测预报。

地下水水位监测全部采用自动监测仪，监测孔根据具体情况，可选择已有的监测孔或钻探成孔。水位自动监测仪可采用 Level TROLL 系列水位水温传感器，精度为毫米级，各监测点数据采用配套的 4G 模块发回中心站。

2）地下水（气）压力监测

通过对岩溶裂隙或管道系统中地下水（气）压力变化的监测，捕捉岩溶塌陷发生的

动力因素。监测设备主要包括孔隙水（气）压力传感器与数据自动采集系统，或带存储的渗压计。

3）降雨量监测

降雨量监测可实时掌握高易发区的降雨情况及其对地下水水位的动态影响。示范监测区的降雨量监测全部采用自记雨量计。

4）地震监测

岩溶塌陷形成演化过程中常发生地震现象，根据塌陷引发的微震现象，通过流动地震数字观测台实时监测，并准确解译出震中位置、震源深度等，获取地震与塌陷的关系。如工程活动、基岩塌陷引发震级小于 3 的地震活动。

5）土体变形监测

土体变形监测主要采用地质雷达、静力触探和光纤分布式土体变形监测，监测土体中土洞及扰动土层的形成、变化情况。

（1）地质雷达

布设地质雷达测线，监测覆盖层土体扰动及土洞发育情况及其变化。固定测线定期扫描，进行结果比对，圈定异常区。

（2）静力触探

探测第四系松散土层的扰动和土洞发育情况。采用地质雷达方法查明扰动土层的分布，再进行静力触探验证，探查塌陷坑及周边扰动土、砂层的分布及物理力学性质的变化，主要布设于覆盖型灰岩区，与地质雷达同剖面布设。

（3）光纤分布式土体变形监测

在穿越岩溶塌陷重点监测区的重要生命线工程区域、抽排水和桩基施工等工程活动可能诱发岩溶塌陷的区域布设光纤。①基于钻孔的垂直式光纤。在人口密集、建筑物密度大的重点监测地段布设基于钻孔的垂直式光纤点，钻孔深入完整基岩 2 m。②水平分布式光纤。在重要生命线工程区域布设水平分布式光纤。在地面以下 1.5 m 开挖水平铺设光缆，在平面上按照“S”形布设，间距 3 m，两头留足够的接头线，接头要防水防潮。对于土层结构复杂或土层厚度较大的场地，一般采用多层铺设。根据监测精度，在同一层可选用栅格敷设方式，格网间距一般控制在 1 m 以内，各层之间的格网应当相互交叉。每 2 个月沿测线开展地表异常调查。

6）地表形变监测

设立监测基准点及地面形变监测点，监测基准点需设立在塌陷区影响范围外，地面形变监测点根据前期调查资料进行布设。地面形变监测采用三等水准网进行监测，同时监测高程及水平位置变化，监测精度达到 0.1 mm 级。监测桩采用砖砌，水泥砂浆抹面，顶面截面为 40 cm×40 cm，底座截面为 60 cm×60 cm，高 80 cm，顶面低于地面 10 cm，上部设钢筋水泥盖板保护。

7）地面宏观巡查

地面宏观巡查以水文变化特征和地表异常现象为主，重点巡查可岩溶分布范围内地表水附近及有大型工程施工的区域及以往岩溶塌陷周边区域。

四、崩塌滑坡泥石流监测技术方法

崩塌滑坡泥石流以 GNSS 地面变形监测为主。GNSS 监测点与参考点接收机实时接收 GNSS 信号，并通过数据通信网络实时发送到控制中心，控制中心服务器 GNSS 数据处理软件 HCMonitor 实时差分解算出各监测点三维坐标，数据分析软件获取各监测点实时三维坐标，并与初始坐标进行对比而获得该监测点变化量，同时数据分析软件根据事先设定的预警值进行报警。

GNSS 表面位移监测的误差水平为±（2 mm+1ppm）（1 ppm 表示每千米理论误差值为 3 mm），高程方向为±（4 mm+1 ppm）。

GNSS 设备输入输出数据均为数字信号，由无线网桥传输至值班室监控中心服务器，无线网桥是内部局域网传输，提高了数据传输的安全性和可靠性。

五、气象风险预警监测技术方法

地质灾害气象风险预警是通过建立地质灾害气象风险模型进行区域地质灾害气象预警各项分析、运算。

（一）预警模型建立

将历史灾害点发生个数作为输出量，潜势度、当日雨量、前期累计雨量作为输入雨量，进行线性回归分析，根据统计结果可见，地质灾害的发生与地质环境基础因素、降雨诱发因素存在一定程度的线性关系，可采用多元线性回归预测模型进行拟合。

多元线性回归预测模型作为预警模型，选取地质灾害潜势度（G）作为地质环境条件因素的综合指标；有效降雨量 R_c 和预报降雨量 R_p 作为降雨诱发因素的指标；以 G、R_c、R_p 作为输入量，以历史地质灾害点的实际发生情况作为输出量，开展统计分析，建立显式统计的预警模型，通用函数如下：

$$T = f(G, R_c, R_p) \tag{12.1}$$

$$G = \sum_{j=1}^{n} \alpha_j A_j \tag{12.2}$$

$$R_c = R_0 + \frac{n-1}{n} R_1 + \frac{n-2}{n} R_2 + \cdots + \frac{1}{n} R_{n-1} \tag{12.3}$$

式中：T 为危险性指数，据此确定地质灾害危险性等级；G 为地质灾害潜势度，为地质环境条件的量化指标；R_c 为有效降雨量；R_p 为预报降雨量；A_j 为单因子的定量化取值；α_j 为单因子的权重；R_0 为日雨量，为地质灾害发生当日雨量，预警分析时为预报雨量；R_n 为前期累计雨量，为地质灾害发生前的累计雨量，一般取有效雨量。

（二）预警准确率评价

根据各地质灾害点具体的发生时间、地点，对照各地质灾害点是否落入预报区范围内，将落入预报区范围内的地质灾害点数除以总的地质灾害点数即为预报准确率，计算

公式为

$$p = \frac{m}{n} \times 100\% \tag{12.4}$$

式中：p 为准确率；m 为落入预报区的地质灾害点数；n 为总的地质灾害点数。

通过历史灾害点与预报灾害对比，计算得到 p 值为 100%，即气象风险预警模型准确率较高。

（三）精细化预警系统建设

武汉市地质灾害气象预警系统利用先进的 GIS 技术和计算机编程、网络技术，具备指标因子图层分析、数据自动导入、存储备份、预警产品自动生成、预警结果编辑、签批和产品发布功能。实现包括信息管理、风险预警管理、预警分析、预警附图等，具有一定的业务基础。随着预警模型的升级和气象预警精细化的业务需求，需要利用已有基础，集成构建武汉市地质灾害精细化气象风险预警系统，建设降水分析模块、预警分析模块、预警发布模块、地质灾害模块、数据管理模块和系统管理模块（图 12.12），为武汉市地质灾害精细化气象风险预警提供应用支撑。

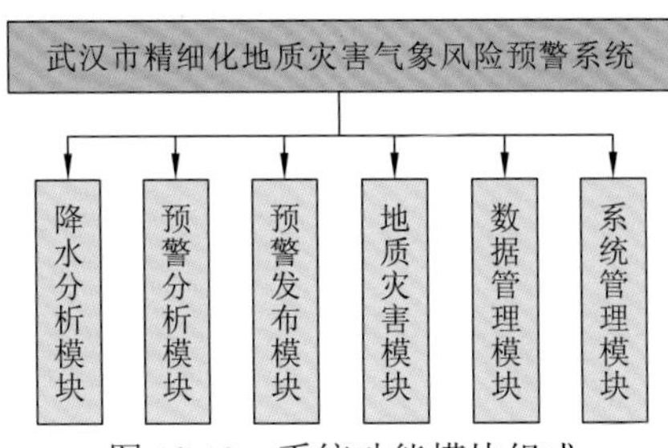

图 12.12　系统功能模块组成

第六节　地质环境动态变化分析

一、地下水动态变化分析

（一）武汉市区域地下水变化规律

1. 地下水水位变化特征

2020 年武汉市共有地下水水位（水温）监测点 60 个。监测区控制面积为 1 367.33 km^2，其含水层监测面积约为 838.1 km^2，其地下水均为第一层承压水。2020 年地下水水位年均值与上年度进行对比，划分为 5 种水位变化类型：强上升（水位升幅≥2.0 m）、弱上升（水位升幅 0.5～2.0 m）、基本稳定（水位升、降幅度在 0.5 m 以内）、弱下降（水位降幅 0.5～2.0 m）、强下降（水位降幅≥2.0 m）。

2020 年武汉市地下水水位年均值与去年同期相比主要表现为弱上升、弱上升区占 54.6%，其次为基本稳定区、占 39.4%，弱下降和强下降区各占 3%。

2020 年长江、汉江一级、二级阶地地下水水位与 2019 年相比枯、丰水期均主要表

现为上升。总体来说，2020 年度地下水水位年均值与 2019 年同期相比主要表现为上升，其水位动态主要受江水及大气降水综合影响。

2. 地下水水质基本特征

区域内地下水化学类型表现为 HCO_3-Ca-Mg 型、HCO_3-Ca 型、HCO_3-Ca-Na 型、HCO_3-Ca-Na-Mg 型及 HCO_3-Na 型 5 种类型，其中 HCO_3-Ca-Mg 型和 HCO_3-Ca 型居多。

2020 年武汉市共有地下水水质监测点 28 个，其中第四系全新统孔隙承压水 17 个、第四系上更新统孔隙承压水（含新近系裂隙孔隙水）6 个、碳酸盐岩裂隙岩溶水 5 个，枯水期取样 26 组，丰水期取样 28 组。

地下水质量综合评价结果显示：武汉市地下水质量等级总体表现为 IV 类，占 53.7%，其次为 V 类，占 29.6%，III 类和 II 类各占 14.8%和 1.9%；枯水期水质等级主要表现为 V 类、占 38.4%，IV 类和 III 类各占 30.8%；丰水期水质等级主要表现为 IV 类、占 75.0%，其次为 V 类、占 21.4%，II 类仅占 3.6%（图 12.13）。

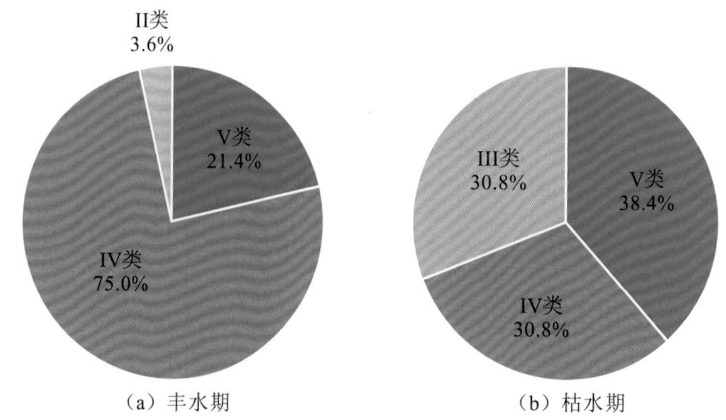

图 12.13　2020 年武汉市丰水期、枯水期地下水综合质量评价结果分布图

以含水层为评价单元，全新统孔隙承压水丰、枯水期水质等级主要表现为 V 类。上更新统孔隙承压水丰水期水质等级主要表现为 IV 类和 III 类，枯水期水质等级主要表现为 IV 类。碳酸盐岩类裂隙岩溶水丰水期水质等级主要表现为 III 类。

全新统孔隙承压含水岩组为湖北省地下水供水主要含水层，影响其水质的主要原因为铁含量、锰含量、总硬度较高，这是地下水的环境背景值造成的。湖北省全新统孔隙承压水中的背景值上限均超过《地下水质量标准》（GB/T 14848—2017）中的 V 类标准值，该类型地下水需要进行适当的处理才能达到水质标准要求。化学肥料和动物粪便是地下水中硝酸盐的主要来源，也是该地区地下水中硝酸盐及亚硝酸盐浓度超标的主要原因。

2020 年武汉市地下水等水位线图、水质综合评价图分别如图 12.14、图 12.15 所示。

（二）后湖片区地下水变化规律

1. 后湖片区地下水水位、水温变化规律

后湖片区现存 49 个地下水水位监测井，其中第四系孔隙承压水监测井 19 个，上层滞水监测井 30 个。

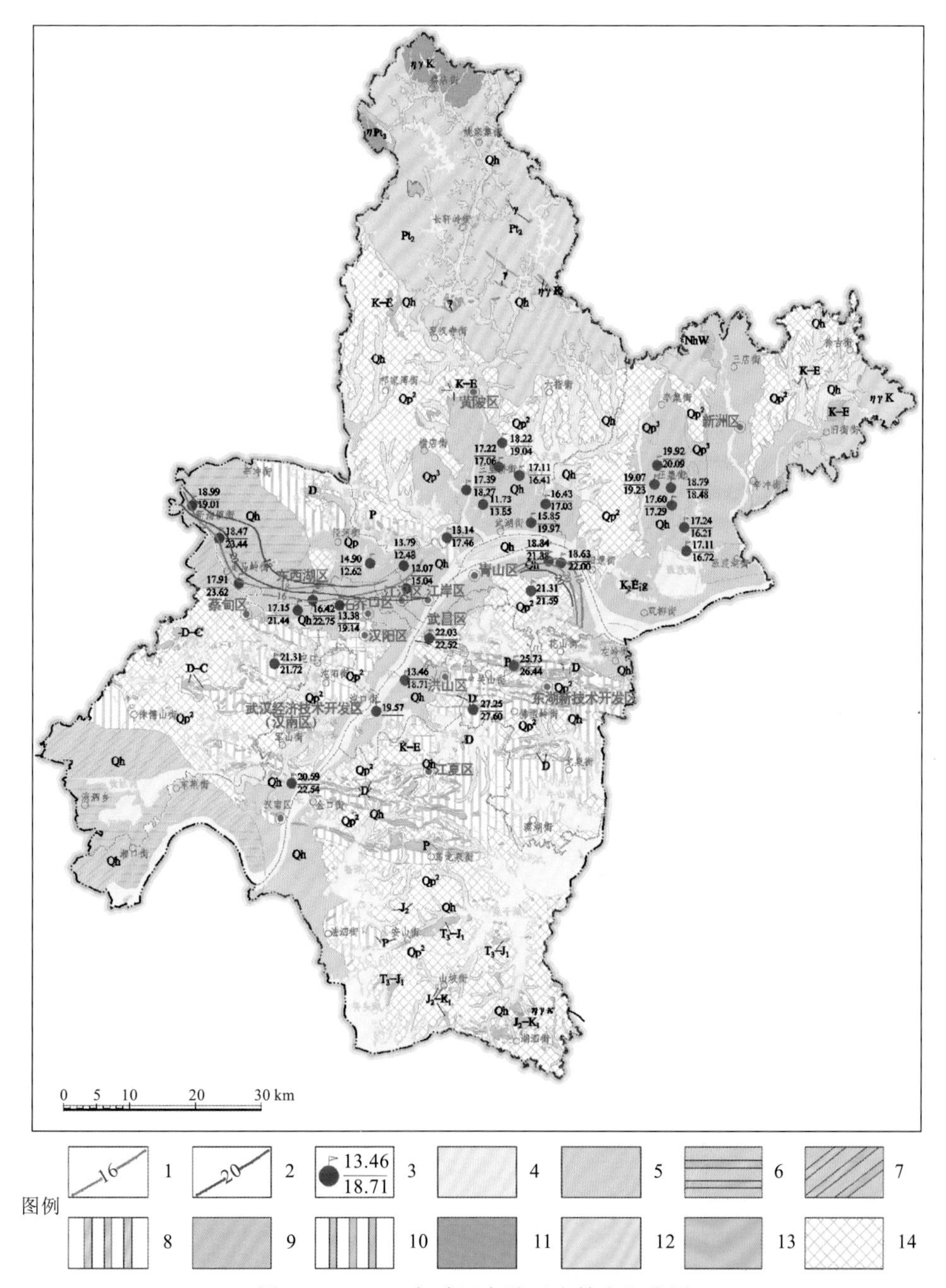

图 12.14 2020 年武汉市地下水等水位线图

1. 枯水期水位线；2. 丰水期水位线；3. 水位点（上部为枯水期水位，下部为丰水期水位）；4. 孔隙潜水；5. 孔隙承压水；6. 含水层顶板埋深＜30 m，下部钻孔单位涌水量＜20 m^3/（d·m）；7. 含水层顶板埋深 30～50 m，下部钻孔单位涌水量＜20 m^3/（d·m）；8. 含水层顶板埋深＜30 m，下部单井涌水量 500～1 000 m^3/（d·m）；9. 裂隙岩溶水；10. 上部黏土、粉质黏土，下部覆盖型岩溶水含水层顶板埋深＜30 m；11. 岩浆岩裂隙水；12. 变质岩裂隙水；13. 碎屑岩裂隙水；14. 非含水层

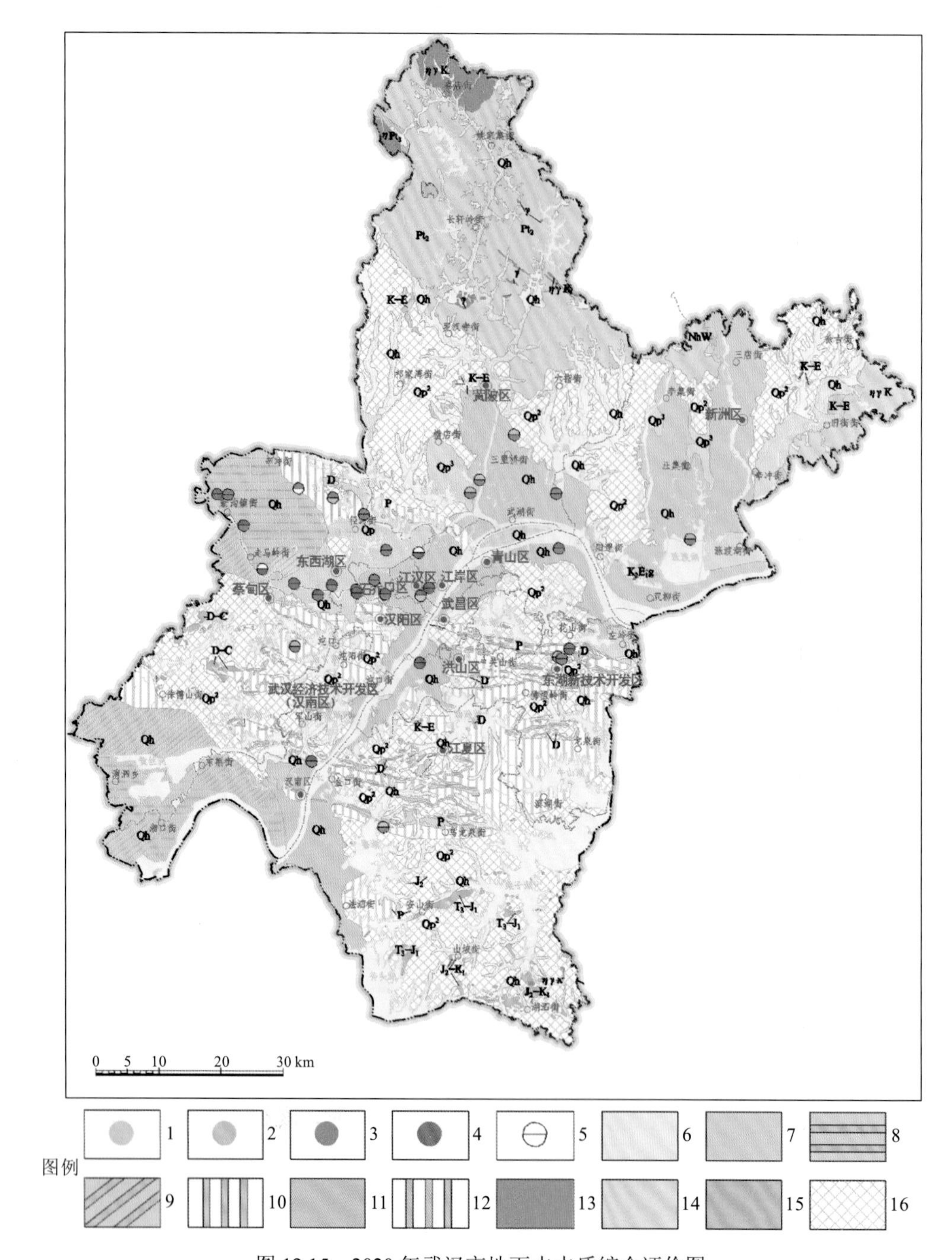

图 12.15　2020 年武汉市地下水水质综合评价图

1.II 类水；2.III 类水；3.IV 类水；4.V 类水；5.地下水水质监测点（上部为枯水期，下部为丰水期）；6.孔隙潜水；7.孔隙承压水；8.含水层顶板埋深＜30 m，下部钻孔单位涌水量＜20 m^3/（d·m）；9.含水层顶板埋深 30～50 m，下部钻孔单位涌水量＜20 m^3/（d·m）；10.含水层顶板埋深＜30 m，下部单井涌水量 500～1 000 m^3/（d·m）；11.裂隙岩溶水；12.上部黏土、粉质黏土，下部覆盖型岩溶水含水层顶板埋深＜30 m；13.岩浆岩裂隙水；14.变质岩裂隙水；15.碎屑岩裂隙水；16.非含水层

2019 年全年长江武汉关水位平均值为 18.87 m，水位最高值出现在 2019 年 7 月 18 日和 19 日，最高水位高达 26.41 m；最低水位值出现在 2019 年 12 月底，最低水位为 13.52 m，全年水位变幅为 12.89 m。

后湖片区上层滞水主要分布于地表人工填土层中，受地表气候影响较大，长年呈无规律的波动状，变幅一般小于 1 m。第四系孔隙水靠近长江的孔隙水水位受长江水位影响较大，年变幅超过 2～3.5 m，而离长江较远的孔隙水水位受长江水位影响较小，年变幅小于 3 m。

第四系全新统孔隙承压水水温最高可达 19.8 ℃，最低水温约为 17.4 ℃，年变幅约为 2.4 ℃。第四系上更新统孔隙承压水水温最高为 19.7 ℃，最低为 18.1 ℃，年变幅为 1.6 ℃。第四系孔隙承压水水温全年基本保持恒定，水温受气候影响较小。

2. 后湖片区地下水水质基本状况

武汉市后湖片区地下水水质检测成果表明，第四系孔隙承压水水质表现为极差 4 组、较差 4 组、良好 1 组、优良 1 组，分别占 40%、40%、10%、10%。其中，丰水期五组中，极差 2 组、较差 3 组，分别占 40%和 60%；枯水期五组中，极差 2 组、较差 1 组、良好 1 组、优良 1 组，分别占 40%、20%、20%和 20%。总体而言，后湖片区地下水水质较差，且表现为枯水期水质优于丰水期。

地下水水质级别差的原因主要是铁、锰、硝酸盐含量过高，少数水样总硬度及亚硝酸盐超标，其他各项均符合饮用水水质标准。铁、锰含量高属自然背景值，可采用曝气、过滤等方法处理，处理过的水基本都能符合饮用水水质标准；总硬度高可采用过滤的方法进行处理。

二、岩溶地面塌陷动态变化分析

（一）在工程施工中岩溶塌陷监测

1. 毛坦港佳兆业·金域天下 3 期岩溶塌陷动力监测

2013 年 4 月 14～24 日，青菱乡—陆家街毛坦港村委会临时办公地西南约 160 m 处佳兆业·金域天下 3 期施工工地发生 3 处岩溶塌陷，塌陷时，该工地正在进行超前钻和桩基施工，桩基类型为回转钻孔灌注桩、静压预制管桩、锤击预制管桩。塌陷处位于工地北部超前钻施工地段。在毛坦港小学塌陷区南侧布设的 ZK1 号地下水自动监测孔于 2013 年 3 月以来岩溶水水位出现异常突变（图 12.16）。3 月 5～13 日，地下水位跳升近 6 m，项目组迅速对该区进行了巡视，发现在监测孔南侧约 160 m 处的佳兆业·金域天下 3 期施工工地正在进行详细勘察钻探施工，并及时要求施工方转移，虽然地面仍然发生塌陷，但是最大程度减少了人员伤亡及财产损失。

2. 烽火村还建区 H10、H11 地块塌陷附近地下水水位异常突变监测

该塌陷地段上覆松散盖层中粉细砂层赋存孔隙承压水，下伏碳酸盐岩赋存裂隙岩溶水，两者之间无隔水层存在，水力联系密切。松散岩类孔隙承压水含水层厚 23.7 m，含水层顶板埋深为 2.5 m 左右，目前监测期内的平水期地下水位埋深为 6.37 m 左右；下伏

裂隙岩溶水含水层顶板埋深 27.20 m，目前监测期内的平水期地下水位埋深约为 5.5 m，下部岩溶水水位高于上部孔隙承压水水位 0.8～1.0 m。（图 12.17）

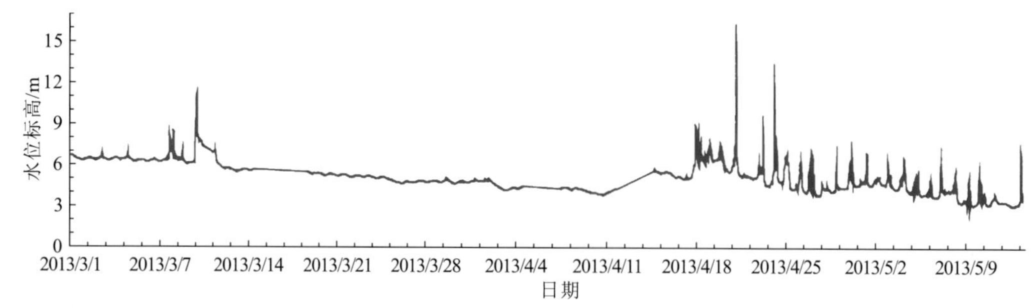

图 12.16　毛坦港 ZK1 地下水自动监测孔（岩溶水）水位变化曲线图

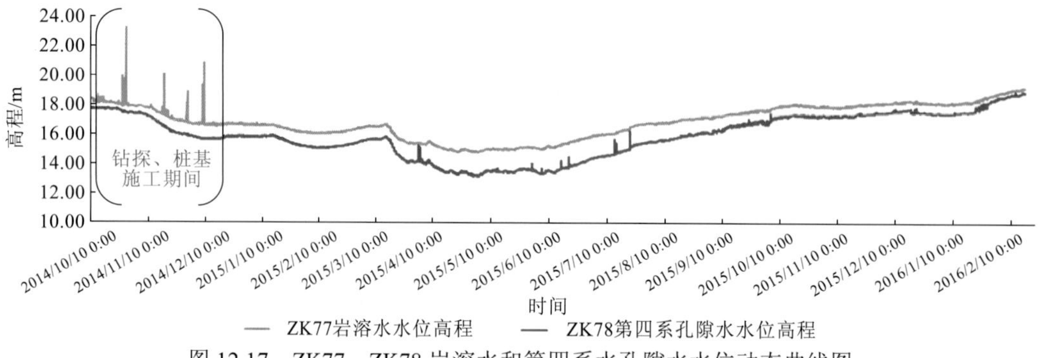

图 12.17　ZK77、ZK78 岩溶水和第四系水孔隙水水位动态曲线图

位于烽火村建材市场处的 ZK77、ZK78 地下水自动监测孔于 2014 年 10 月 26 日～12 月初岩溶水水位多次出现异常突变。通过巡视发现在监测孔北侧 10～30 m 处的烽火村还建楼施工工地正在进行超前钻和桩基施工，现场调查该钻探施工时间与水位剧烈波动时间吻合。

（二）地面塌陷后的岩溶塌陷监测

2014 年 9 月 1 日，江夏法泗武嘉高速工程施工人员发现在冲击成孔过程中有轻微漏浆现象，2014 年 9 月 5 日，工程大桥 8-1#桩基钻孔施工处地面发生塌陷，并由此诱发了大规模的地面塌陷，范围从长虹村跨越金水河延伸至北岸的八塘村，呈南北线状分布。根据该区岩溶地面塌陷的初始形态特征、分布特征、地表变形状况及形成机理，结合区内第四系覆盖层“上黏下砂”的地质结构，考虑岩溶塌陷的诱发因素及影响范围，选用地下水动态监测配合异常状况巡查作为监测预警手段。监测周期为区内工程施工期间，地下水动态监测频率为 10 min/次，异常状况时巡查配合进行。

施工区范围内共布置地下水动态监测孔 7 个，其中包括 5 个岩溶水监测孔及 2 个第四系孔隙水监测孔。以金水河为界区内北东侧有 4 个监测孔、西南侧有 3 个监测孔，分别部署于工程施工沿线附近及物探解译异常区。本次监测工程设立 2 条警示水位线：警惕水位、警戒水位。警惕水位=初始水位+允许水头差，警戒水位=初始水位+临界水头差。

武嘉高速后续工程施工过程中，严格按照预案执行，期间发生 3 次超警戒水位现象，均及时现场停工，进行了全面巡查，对发现的问题及时做出整改，保证了现场施工安全，

未再次出现地面塌陷。

（三）岩溶监测示范区监测初步成果

目前，武汉白沙洲条带、汉阳江堤—洪山青菱地面塌陷地质灾害高易发区已初步建成岩溶地面塌陷监测示范基地，初步探索地下水水位变化规律，岩溶监测示范区布置图见图 12.8。

1. 碳酸盐岩裂隙岩溶水与降雨量、长江水位对比分析

SW01（汉阳区乐福园酒楼旁）、SW06（汉阳区拓博开钢铁园）、SW09（长江紫都小区旁）、SW12（红旗欣居 C 区东侧）、SW16（洪峰祺福清湾小区旁）、SW19（石象新城东侧）共计 6 个监测孔为碳酸盐岩裂隙岩溶水监测孔（图 12.18）。

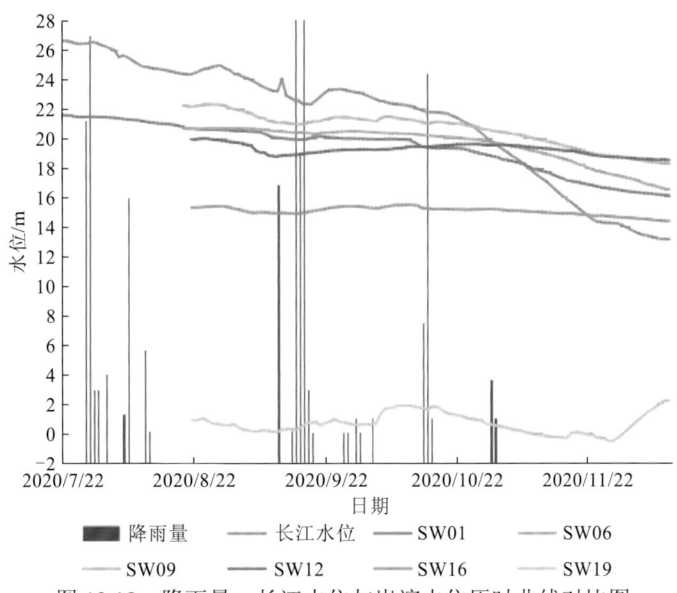

图 12.18 降雨量、长江水位与岩溶水位历时曲线对比图

SW01、SW06、SW09 孔均位于长江一级阶地前缘，距离长江较近，受长江水位影响较大，岩溶水位有季节性变化规律，高水位处于 7～8 月，低水位处于 11～12 月，3 孔水位历时曲线总体上相似。SW01 水位在 16.08～21.54 m 变化，目前水位变幅最大，为 5.46 m；SW09 水位在 18.21～22.26 m 变化，水位变幅为 4.05 m；SW06 水位在 16.43～20.67 m 变化，水位变幅为 4.24 m。SW16 位于一级阶地中部、SW12 和 SW19 位于一级阶地后缘，水位变幅较小。

2. 岩溶水、第四系松散岩类孔隙水对孔比较

监测区内设置了岩溶水、第四系松散岩类孔隙水对孔监测孔，对孔监测孔间距一般为 1～5 m。长江一级阶地前缘有 3 对对孔：SW01 和 SW05、SW06 和 SW04、SW09 和 SW08，水位波动趋势与长江总体一致（图 12.19、图 12.20）。均在监测初始（7 月或 8 月）为最高水位，此后水位逐渐下降，在 12 月 11 日（选取监测段截止时间）达到最低水位。且在丰水期长江水位高于孔隙水水位，孔隙水水位高于岩溶水水位；枯水期岩溶水水位高于孔隙水水位，孔隙水水位高于长江水位，说明这些对孔监测区域第四系孔隙

水与长江、第四系孔隙水与裂隙岩溶水呈互补关系，丰水期长江补给孔隙水、孔隙水补给岩溶水，枯水期岩溶水补给孔隙水、孔隙水补给长江。SW01 和 SW05、SW08 和 SW09 监测孔紧邻长江，区内砂层直接覆盖在灰岩之上，第四系孔隙水和裂隙岩溶水水力联系密切，两者水位差分别为 0.21～-0.43 m、0.43～-0.91 m。SW08 和 SW09 孔在枯水期水位差大，丰水期水位差小，说明岩溶水补给（丰水期）、排泄（枯水期）速度均大于孔隙水。而 SW01 和 SW05 两层水位很接近，没有差值，没有太大变化。

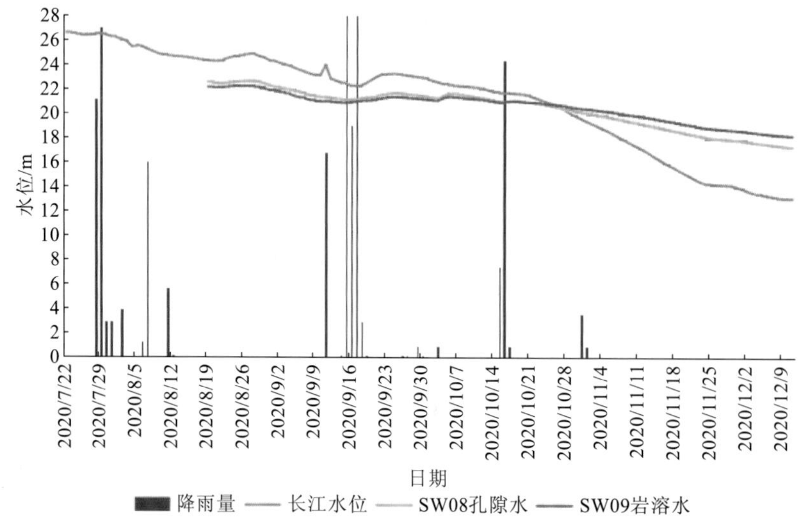

图 12.19　降雨量、长江水位与一级阶地前缘对孔水位历时曲线对比图

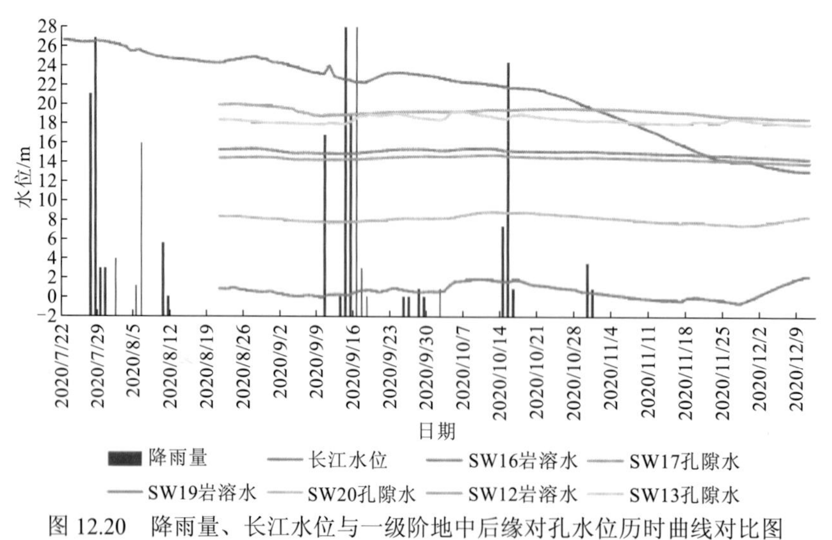

图 12.20　降雨量、长江水位与一级阶地中后缘对孔水位历时曲线对比图

位于长江一级阶地中后缘的监测孔 SW12 和 SW13、SW16 和 SW17、SW19 和 SW20 无季节性变化特点，不受长江水位影响，整体变化平缓，局部有小幅度波动。

（四）监测预警指标

岩溶塌陷产生的早期（隐伏土洞的形成阶段）一般会有较明显的前兆，如地下水较快速下降、地面变形、裂缝、岩溶水出现浑浊等。这说明尽管岩溶塌陷是瞬间完成的，

但是其形成要经过一段时间的孕育期。因此，可通过监测影响岩溶塌陷的各类直接和间接因子，对其进行监测预警。但是，由于岩溶塌陷的形成是多方面因素共同作用的结果，不同时期、不同地区的岩溶塌陷，其主要影响因子所起的作用都不尽相同，针对白沙洲地区岩溶地质结构及形成机理等因素对地下水、降雨量、地面变形等预警指标进行初步分析。

1. 地下水预警指标

1）区域地下水监测预警指标

地下水水位在岩溶塌陷的孕育及发生阶段均起着极为重要的作用，其对岩溶塌陷的影响主要是通过地下水水位及水力坡度的快速变化起作用。临塌时，塌陷土体处于极限平衡状态，即土体产生的抗塌力等于致塌力（土体的重力和水位下降形成的吸力之和）：

$$F = G + P \tag{12.5}$$

抗塌力：

$$F = \pi dh\left(\frac{1}{2}\gamma h\lambda\tan\phi + c\right) \tag{12.6}$$

土体重力：

$$G = \frac{1}{4}\pi d^2 h\gamma \tag{12.7}$$

水位下降形成的吸力：

$$P = \frac{1}{4}\pi d^2 \gamma_{\mathrm{w}}\Delta h \tag{12.8}$$

由此可得水位下降变化值：

$$\Delta h = \frac{2\gamma h^2\lambda\tan\phi + 4hc - hdr}{\gamma_{\mathrm{w}}d} \tag{12.9}$$

式中：h 为塌陷厚度；Δh 为地下水位变幅；d 为塌陷体直径；ϕ 为内摩擦角；c 为内聚力；γ 为土体容重；γ_{w} 为水的容重；λ 为土体侧压力系数。

采用以上公式对工作区已发生的岩溶塌陷进行计算，计算所得的各塌陷点临塌时的地下水水位变幅 Δh 为 2～9 m，变化较大。其中，直径大、塌陷厚度小的塌陷坑计算值小，反之则大。根据区内已发生的塌陷坑的平均直径、厚度及地下水水位变化特点，同时参考前人研究成果[贾淑霞等（2003）通过数值模拟得出的地下水水位下降的临界值为 5.26 m/d]，取 4～6 m/d 作为岩溶塌陷监测预警的地下水水位临界变化值。

水力坡降对岩溶塌陷的影响主要是通过渗透变形作用来体现。据《武汉市覆盖型岩溶地面塌陷物理模型试验研究》成果，工作区内砂层产生渗透变形（潜蚀）的临界水力坡降为 0.31～0.73，黏土层产生渗透变形的临界水力坡降为 0.79～6.95。针对工作区不同塌陷区的地质条件，“上黏下砂”（以砂层为主）型的塌陷类型主要是由砂层渗透变形产生，其预警临界水力坡降取平均值为 0.52；“上黏下砂”（以黏土层为主）型的塌陷类型前期为砂层的渗透变形，后期以黏土层渗透变形为主，预警时采用黏土层产生渗透变形的临界水力坡降。

2）工程施工期间岩溶地面塌陷监测预警

2013 年 4 月 14～24 日，青菱乡—陆家街毛坦港村委会临时办公地西南约 160 m 处佳兆业·金域天下 3 期施工工地发生 3 处岩溶塌陷，在毛坦港小学塌陷区南侧布设的 ZK1 地下水自动监测孔于 2013 年 3 月以来岩溶水水位出现异常突变（表 12.5）。结合上述以往工作经验，白沙洲监测选取允许水头差为 3.6 m 作为参考警戒值。

表 12.5　毛坦港佳兆业·金域天下 3 期岩溶塌陷及岩溶水位异常信息简表

塌陷坑	塌陷时间	水位突变时间	突变前水位/m / 水位峰值/m	最大水位变幅/m	相隔时间/h
1#	2013 年 4 月 14 日	2013 年 4 月 13 日 14:30	5.86 / 9.54	3.68	—
2#	2013 年 4 月 17 日	2013 年无异常		—	—
3#	2013 年 4 月 21 日	2013 年 4 月 21 日 13:30	6.05 / 15.51	9.46	—
	2013 年 4 月 24 日 15:30	2013 年 4 月 24 日 12:30	4.59 / 12.6	7.01	3

2. 降雨量预警指标

降雨对岩溶塌陷的影响主要是通过降雨入渗、土体饱水自重增加及饱水后物理力学参数降低等起作用。参考《武汉市地面塌陷调查与监测预警》研究成果，短时暴雨及连续长时间的大雨均对岩溶塌陷的产生有着较大的影响。其监测预警指标可据此两方面来确定：按降雨的强度，进行预警的临界降雨强度为 150 mm/d。同时考虑降雨强度与降雨持续时间，当降雨强度大于 40 mm/d，持续时间超过 3 天时即可进行预警。

3. 土体变形预警指标

当地质雷达 2～3 次测量结果对比出现异常时，可判定岩溶土洞形成；光纤轴向变形出现断点异常时，说明光缆附近土体发生移动，光缆被剪断（拉断），岩溶土洞形成。3 次对比结果有突变异常点，可判断岩溶土洞的存在及发展速度。

压力拱也是反映隐伏土洞发展变化的指标，采用地质雷达进行探测。隐伏土洞（扰动土层）形成后，在各种因素作用下不断向周边及向上发展，土洞的直径（B）逐渐增大，上覆土层厚度（M）逐渐变小，直至最终产生塌陷。根据土洞塌陷高度经验公式，可计算出塌落土体极限平衡条件下的土洞破裂拱高度。

$$h=\frac{B}{2\lambda\tan\theta} \tag{12.10}$$

$$\lambda=\tan^2\left(45°-\frac{\phi}{2}\right);\quad \theta=(0.5\sim0.7)\phi \tag{12.11}$$

式中：h 为破裂拱高；B 为土洞直径；λ 为土体侧压力系数；ϕ 为土体内摩擦角。

根据地质雷达探测的各地段土洞发育情况及计算结果，将计算的破裂拱高（h）与探测的土层厚度（M）进行比较，当 $h\geqslant M$ 时，会产生塌陷，应进行预警；当 $h<M$ 时，土体是稳定的，不会产生塌陷。

4. 预警信息报送、处置原则

根据岩溶地质结构条件、岩溶塌陷机理和监测点时间情况，提出预警信息报送、处置原则。

（1）对较容易发生塌陷的地质结构区域进行加密监测。监测“上黏下砂”的土层结构的监测井加密监测。

（2）经统计分析，监测点岩溶日水位波动变幅超出 3.9 m 时，立即加密监测频率，并现场复核。

（3）监测数据有突变情况，且长时间没有恢复，应进行现场调查。

（4）在重点工程施工场地周边的监测点应加大监测频率。

（5）监测数据报警后，在加强监测及现场调查后应及时向相关部门单位进行信息报送预警信息。

（五）区域地下水监测结果

白沙洲地区岩溶塌陷均位于第四系覆盖层中有砂层区域，符合渗透变形（破坏）原理。根据地下水水位水头差及渗透路径计算各重点监测区水力坡降，砂层产生渗透变形（潜蚀）的临界水力坡降为 0.31～0.73，破坏临界水力坡降为 0.675～4.49；黏土的临界水力坡降为 0.79～6.95；泥质粉砂岩的水力临界坡降为 11.75～114.3。经计算，2020 年第四系孔隙水与岩溶水水力坡降见表 12.6。

表 12.6　水力坡降计算一览表

项目	乐福园酒楼旁	汉阳区夹河路	拓博开钢铁园	长江紫都小区旁	红旗欣居 C 区东侧	南国都市北路
计算水力坡降	−0.019～0.009	0.021～0.026	−0.037～0.050	−0.040～0.019	−0.143～0.006	−0.002～0.008

将计算水力坡降与临界坡降对比可知，乐福园酒楼旁、汉阳区夹河路、拓博开钢铁园、长江紫都小区旁、红旗欣居 C 区东侧、南国都市北路 6 个监测区域监测水力坡降小于临界水力坡降，即在自然地下水动力条件下，不会发生渗透变形（潜蚀）更不会破坏。

三、崩塌滑坡泥石流监测成效

武汉市崩塌滑坡泥石流监测逐步完善，“十三五”期间持续实现地质灾害零伤亡，经济损失由“十二五”的 4428.4 万元大幅降低到“十三五”的 233.8 万元，损失减少了 94.72%。

2020 年 7 月 1～8 日，受连续强降雨影响，部署在八分山的 GNSS 监测系统发现坡体位移出现明显变化，其中 F004 号点发生明显沿坡向向下（向东南方）的形变，累计水平位移达 11.9 cm，垂向位移约为 3 cm。发现监测数据异常后，及时向江夏区自然资源和规划局发出预警预报，派专业技术人员赴现场进行调查核实，并针对如何防范滑坡灾害提出了相关措施建议，成功避免了人员伤亡。

第七节　地质环境监测存在的不足与对策

对武汉市地质环境进行实时监测，将有效地提升全市地质灾害防御能力，及时总结现阶段武汉市地质环境监测工作，能够提高避灾抗灾工作主动性，为公众防灾自救和政府防灾管理提供科学依据，为地方政府应急处置决策和最大限度地保护人民群众生命财产安全提供技术支撑。

一、地质环境监测存在的不足

虽然地质环境监测工作取得了一定成效，但与地质环境保护需求，以及与武汉市经济社会发展对地质环境监测能力的要求相比，仍要不断改进。

（1）监测网络体覆盖范围不足。地下水地质环境监测网控制面积及精度不足，控制地下水类型和含水层尚不够全面；岩溶地面塌陷地质环境监测网密度偏低，岩溶发育区无法做到完全覆盖，无法充分满足监测要求；软土地面沉降地质环境监测的重点仍局限于汉口区域，其他区域缺少重点监测。斜坡类隐患点尚未完成地质灾害专业监测全覆盖。

（2）监测手段方法仍需改进。部分地下水地质环境监测点仍以人工监测为主，缺乏自动化监测手段；岩溶地面塌陷地质环境监测手段多集中于地面变形、地下水动态、局部土压力监测等方面，往往对地下岩土体压力、施工振动对砂性土的结构破坏、施工对表层岩溶带的瞬间揭穿、地下空间赋存的气体排出效应等难点研究与监测较少；软土地面沉降地质环境监测方法仍以精密水准测量为主；崩塌滑坡泥石流地质环境监测以巡排查、应急调查及群测群防为主，缺乏专业监测网络的支持。

（3）数据信息壁垒尚未打通。地下水地质环境监测工作中与其他取水单位缺乏沟通，对近几年逐渐热化的水源热泵地温空调项目缺少用水情况等资料，难以掌握附近区域地下水水位、水质变化规律；岩溶地面塌陷地质环境监测主要由各技术单位或科研院所根据各自任务书开展，监测手段和方法各不相同，信息沟通渠道不畅，监测具有局限性。

（4）监测工作体系尚待完善。监测监督管理的相关制度尚不健全，地方监测技术规范较缺乏，评价标准不统一；监测成果社会化、时效性较差，地质环境质量状况发布和预警预报工作尚不能满足社会的需要。

二、地质环境监测对策

建议武汉市按照地质环境监测分类进行网络布局，以地下水地质环境监测、岩溶地面塌陷地质环境监测、软土地面沉降地质环境监测、崩塌滑坡泥石流地质环境监测 4 大方面结合城市规划和进度需要，合理安排监测重点，完善地质环境监测网。充分利用已有的地质环境监测网络，充分结合城市建设现状和总体规划，科学布设监测网络，坚持一点多用，相互补充。着眼长期监测、连续监测的需要，结合监测技术数字化、智能化发展趋势，采用先进的监测设备和自动化、信息化监测方式，着力推广新技术新方法，提高监测能力。

1. 地下水地质环境监测

根据已有国家、省级地下水地质环境监测点分布情况，针对武汉市局部浅层地下水污染监测需求、应急（后备）地下水水源地安全监控的需要、地面沉降和岩溶地面塌陷防控的要求，结合武汉市城市建设现状和总体规划等情况，以基本控制主要水文地质单元和整体反映武汉市地下水地质环境情况为基础补充完善监测工作，布点密度按 1～3 点/100 km^2 控制，基本做到覆盖武汉市全域。

在地下水地质环境控制性监测的基础上，针对区内浅层地下水污染区和软土地面沉

降监测、岩溶地面塌陷需求，进行局部地段加密监测。浅层地下水污染区加密监测主要布设在汉口堤角—谌家矶、硚口古田、汉阳赫山等老工业区，武昌青山、余家头、关山、武东工业区、汉阳七里庙、鹦鹉洲等新工业区等地段，监测点密度按 5～10 点/100 km^2 进行布设；地面沉降防控区地下水加密监测主要布设在长江一级阶地汉口后湖—汉口火车站—竹叶海公园—东西湖区城区、香港路、月湖桥、武泰闸、沙湖周边、和平公园、阳逻港附近等地面沉降重点防控区，监测点密度按 10～20 点/100 km^2 进行布设。

监测层位主要为松散岩类孔隙水、碳酸盐岩类岩溶水和碎屑岩裂隙孔隙水三种类型，地下水地质环境监测方式采用自动监测与人工监测相结合，水位（水温）为自动监测，水质为人工取样监测，根据需要进行抽水试验和井内流速流向测试。在浅层地下水污染区，可根据实际情况设置数个水质自动监测点，监测点以综合利用、重点利用、一孔多用、资料共享为基本原则。

2. 岩溶地面塌陷地质环境监测

部署武汉市控制区域岩溶特点的监测网络，根据白沙洲示范基地成熟经验，将岩溶地面塌陷地质环境监测工作逐步扩展至 8 条岩溶条带，并在黄陂区、蔡甸区、汉南区、江夏区、东湖新技术开发区等高易发区开展高精度岩溶调查及监测。

3. 软土地面沉降地质环境监测

主要针对武汉市中心城区展开软土地面沉降地质环境监测工作，以后湖 23.6 km^2 软土区作为软土地面沉降重点监测区，先期开展基岩标布设、水准监测等工作，并根据试点区监测进展和城市建设发展需要，逐步扩大监测范围，完善监测技术体系，构建由地面水准监测网、GNSS 监测网和 InSAR 空间观测系统组成的地面沉降监测网，建立以水准网、基岩标、分层标及自动化监测系统组成的重点地区地面沉降立体监测网。

4. 崩塌滑坡泥石流地质环境监测

坚持开展地质灾害隐患点核、排查工作，完善地质灾害气象精细化预警体系，地质灾害隐患点及重点区域监测预警全覆盖，重大工程、居民聚集区及重大隐患点综合治理全覆盖，技术支撑及防灾减灾信息化全覆盖，构建空-天-地一体化监测预警体系，及时进行风险预警，实现新型实用的地质灾害监测预警与防治技术装备普及应用，大幅度提高武汉市地质灾害防治科技支撑能力。

第十三章

城市地质信息平台建设

第一节　概　　述

城市地质信息化工作起源于20世纪80年代，国外城市地质工作者运用电子自动化工具进行填图工作。20世纪90年代初，英国地质调查局启动了“伦敦计算机化地下与地表项目”（LOCUS）。该项目的目标是生产用于土地利用规划、土木工程建设及解决地质和环境问题的各种专题图件。1993年新的城市地质计划启动时，加拿大地质调查局更新了首都地区的地球科学数据库，通过GIS完成了各类地图的数字化。20世纪90年代后期到21世纪初，随着三维计算机软件的日益发展和成熟，利用各种钻孔资料和地球物理测井等资料，建立城市三维地质模型成为一种趋势。如意大利佛罗伦萨城市地质工作组利用钻孔数据库，建立了佛罗伦萨盆地前湖盆相沉积物的三维几何形态、沉积序列和地质构造的三维模型。

与发达国家相比，我国城市地质信息化工作启动较晚。从20世纪90年代后期开始，北京、天津、上海、广州、武汉等大城市首先开始城市工程地质GIS的研究与建立，尝试使用GIS技术建立城市工程地质信息系统，它们在完成原有基本数据的数字化输入的基础上，同时基本实现了CAD、Office等各种形式的数据输出，具备不同程度的信息管理功能。

2004～2009年，北京、上海、天津等六大城市开展城市地质调查试点工作。后续国内有很多城市开展了城市地质调查工作，武汉市在2012～2015年开展了这项工作。在这些城市地质调查项目中，都比较重视城市地质信息系统建设，主要包括数据建库、集成管理、三维建模、分析评价和共享服务等内容。

中国地质调查局在组织城市地质调查工作时，同时组织部署了城市地质调查信息系统建设工作，重点开展了数据采集、数据处理、成果综合、成果共享4个模块的开发研究工作，研发了全国主要城市地质调查环境问题调查评价信息系统、城市群地质信息平台等系列软件，对地质调查主流程的信息化进行了探索，取得了一定的成果。上述系列软件由相对独立的应用软件组成，通过集成GPS、GIS、RS、数据库及网络技术，实现了地质调查野外数据采集、室内整理和成果输出、成果发布的主流程信息化。

自从“三维地质模拟”概念提出以来，地质信息的三维可视化逐渐受到地质学者的重视，三维地质建模开始在矿产勘查、工程地质、GIS等相关领域成为研究的热点。目前，国内外已有不少三维地质建模方面的软件，其中比较有影响的有：国外的GOCAD、EVS、EarthVision、Surpac、Micro mine等，国内的MapGIS、DeepInsight、Creatar等。专业的三维地质建模软件的推广，有力地推动了三维地质建模研究的向前发展，也有力地推动了城市三维地质建模和模型应用。

我国城镇化建设的推进，给城市地质的研究提供了新的挑战与机遇，城市地质逐渐进入了一个新的发展阶段，主要表现为：由最初的单学科领域问题转变为多学科综合的最优决策问题；研究范围由最初的单一城市扩展到多城市的大尺度地域；愈发强调研究成果的表现性与易读性，以方便决策者与普通大众能够很轻易地获取相关的信息。因此，三维城市地质的研究逐渐成为城市地质研究的一个热点。随着我国“玻璃国土”计划的

提出，以城市建设与管理“快速反应型”为特点的城市地质工作日益加强，城市三维地质研究已成为现代城市地质工作新的主流工作模式，国内城市地质三维地质建模取得了一系列的成果。

随着智慧城市建设的发展，相关新技术特别是云计算、大数据、物联网、机器学习和三维可视化技术在信息化建设中的应用，使得信息平台更加直观、智能、高效、便捷。“武汉市多要素城市地质调查信息云平台”建设，依托存储集群、网络集群和计算集群等云基础设施建设，以网络化、信息化、可视化、智能化为主要特征，基于云计算、大数据、可视化等技术，对地质相关的数据资源、服务资源、应用资源进行统一管理，实现动态、弹性、负载均衡的资源调度，各系统功能以服务的形式对外提供，能极大地提高服务对象的覆盖面；采用三维可视化技术，实现三维地质成果直观展示、分析及辅助决策，实现“透明武汉”的目标；结合机器学习等人工智能技术，实现海量地质信息的智能查询和挖掘分析；结合 3S（GPS、RS、GIS）技术、物联网技术，对城市主要地质灾害进行监测预警。“平台”是武汉市多要素城市地质调查成果的集成管理平台，是实现地质调查成果在规划、国土、建设、防灾、应急等方面的应用服务中心，是武汉主要地质灾害的监测预警与管理平台，是“智慧武汉”建设的重要地质信息化支撑。平台建设将地质信息纳入城市规划、建设、管理主流程，作为智慧城市的重要组成部分，实现地质信息与互联网、大数据、人工智能和实体经济深度融合，支撑城市生态绿色高质量发展。

第二节 大数据中心建设

一、建设目标

武汉多要素城市地质调查工作，采用多参数钻探、物探、化探、遥感、综合监测、三维建模等多种技术手段，在武汉市统筹开展国土空间开发利用条件调查、多门类自然资源综合调查、生态环境质量调查评价、地质安全调查评价、支撑服务长江新区规划建设多要素地质调查示范、资源环境承载能力评价与监测预警体系建设、城市地质成果管理政策研究与制度建设、综合研究等工作任务。该项工作相关数据囊括城市规划、发展、建设和管理过程中对地质资源利用、地质环境安全保障和地质条件优选等方面所需的系统的、全面的地质信息，主要包括钻探、调查、物化探、监测、试验、样品测试等数据、成果图件、三维模型和报告等。实现城市地质调查多源、异构、海量地质数据集成管理，充分发挥地质数据的价值，需要建立地质大数据中心。

因此，武汉地质大数据中心建设的目标：在相关国家标准、行业标准、地方标准基础上，研究编制多要素城市地质调查数据相关标准或技术规定，建立数据标准体系；以该标准体系为基础，结合武汉市城市地质调查实践，构建统一的地质调查数据库概念模型及物理存储模式，实现各类地质调查数据的集成建库；在虚拟化服务器硬件系统的支持下，形成超融合、云化地质大数据中心；实现地质数据集成管理和统一的数据服务。

二、总体实施

为实现地质大数据中心建设目标，需明确总体实施内容：地质大数据中心主要由基础设施体系、数据标准体系、数据获取体系、分布式数据库体系和管理维护体系组成，其结构图见图 13.1。

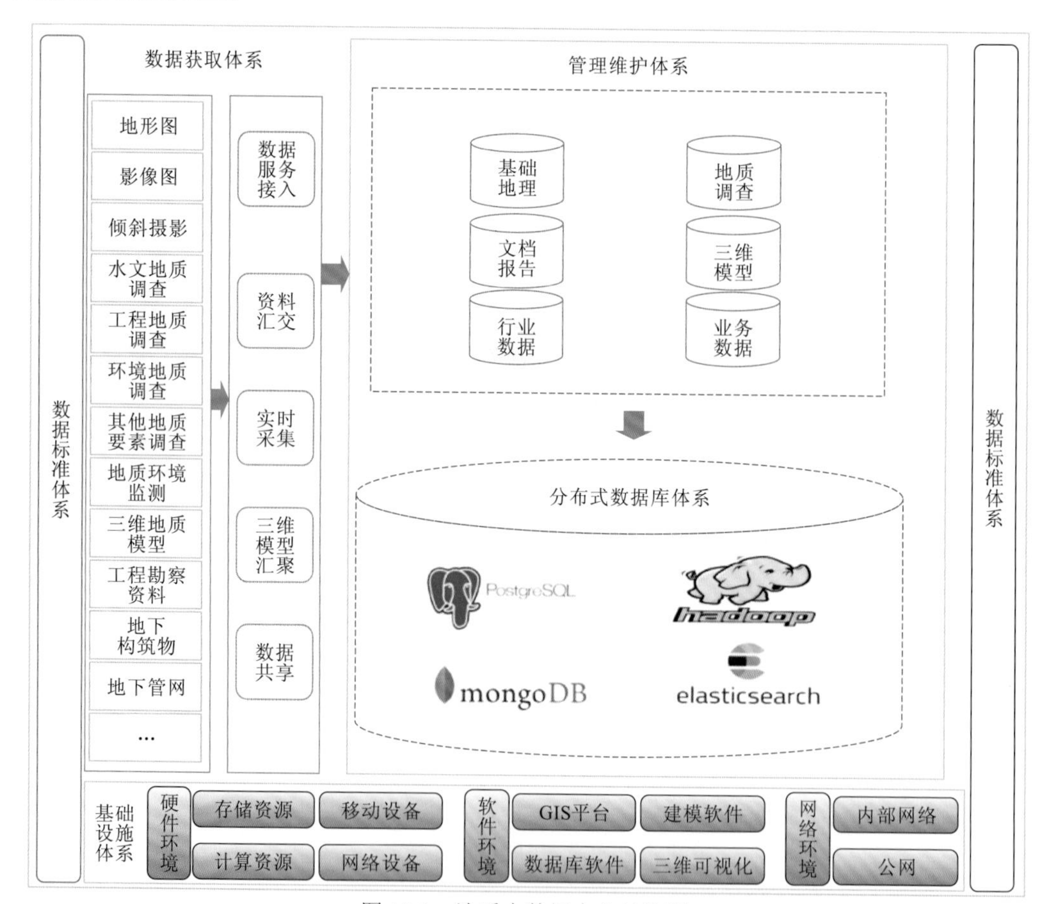

图 13.1　地质大数据中心结构图

（一）基础设施体系

基础设施环境包括硬件环境和软件环境：硬件环境主要有机房、存储器、服务器、网络设施等；软件环境主要有超融合虚拟化软件、安全备份软件、大数据生态组件、大型数据库系统、地理信息系统（GIS）、三维地质建模软件等。

（二）数据标准体系

在相关国家标准、行业标准、地方标准基础上，研究编制多要素城市地质调查数据相关标准或技术规定，建立地质调查数据标准体系。研究编制“武汉市多要素城市地质调查成果图件整饰规范”、“武汉市多要素城市地质调查成果图式图例”和“武汉市多要素城市地质调查政务版成果图件编制规范”三个标准，制定了大数据汇聚技术要求、三维模型成果提交技术要求及其他相关技术要求。

（三）数据获取体系

数据获取体系主要包括地质调查数据汇交、地质环境监测数据获取、三维地质模型汇聚和智慧城市资料信息共享获取四部分，多渠道获取地质资料数据，支撑地质资料的获取和地质大数据中心数据库的建设工作。

（1）地质调查数据汇交。基于“武汉市多要素城市地质调查示范”项目成果汇交制度，构建成果汇交体系，实现项目成果提交与项目管理的整合集成。整合集成武汉市多要素地质调查相关的基础地质、水文地质、工程地质、地球物理、地球化学等专业地质数据、资料成果等，实现地质调查数据的汇交。

（2）地质环境监测数据获取。基于地质环境监测预警平台，实现岩溶地面塌陷、软土地面沉降、地下水等地质环境监测数据的实时接入和建库，部分人工观测数据基于成果汇交制度进行定期汇交。

（3）三维地质模型数据汇聚。开展三维地质建模工作，汇聚各类三维地质模型，原始数据和轻量化处理数据按照使用用途分别存储在相应数据库中，为信息平台提供三维地质模型数据和服务。

（4）相关行业信息共享获取。对接武汉相关行业信息平台，通过数据共享、信息共享、网络服务等各种信息手段，获取武汉市自然资源、总体规划、专项规划和生态环境等行业相关信息，为地质信息服务城市运行和管理提供实时、高效的城市综合数据支撑。

（四）分布式数据库体系

针对多要素城市地质调查数据特点，采用基于关系/非关系型数据库、分布式文件系统和分布式数据库的空间数据混合处理技术，将地质时空大数据按类型分为五类：矢量数据、非结构化数据、二三维缓存数据、流式数据及栅格数据，并对不同类型的数据采取不同方式进行存储管理。通过利用 PostgreSQL、MongoDB 和 ElasticSearch、Hadoop 等技术，实现矢量数据、二三维瓦片缓存数据、实时感知数据、非结构化数据及栅格数据等数据的分布式存储。分布式数据库体系见图 13.2。

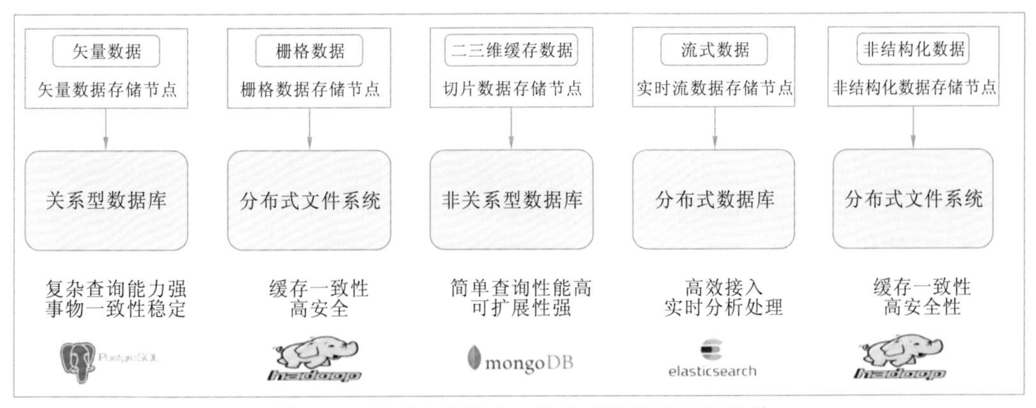

图 13.2 地质大数据中心分布式数据库存储体系

（1）矢量数据存储。采用 PostgreSQL 存储矢量数据。PostgreSQL 是一个完全满足 ACID 的、开源的、可方便进行水平扩展的、多租户安全的数据库解决方案。

（2）非结构化数据存储。采用基于 HBase 的多样化碎片化复杂地质调查非结构化数据存储模型，即基础内容库存储模型和扩展动态知识库演化模型，来进行非结构化数据的存储。

（3）二三维缓存数据存储。采用 MongoDB 库存储二三维缓存流数据。MongoDB 是一个基于分布式文件存储的数据库，旨在为 Web 应用提供可扩展的高性能数据存储解决方案。MongoDB 是一个介于关系数据库和非关系数据库之间的产品，是非关系数据库当中功能最丰富、最像关系数据库的数据库。它支持的数据结构非常松散，是类似 json 的 bson 格式，因此可以存储比较复杂的数据类型。MongoDB 最大的特点是它支持的查询语言非常强大，其语法类似于面向对象的查询语言，几乎可以实现类似关系数据库单表查询的绝大部分功能，而且还支持对数据建立索引。

（4）流式数据存储。采用 ElasticSearch 分布式数据库存储实时流数据。ElasticSearch 是一个基于 Lucene 的搜索服务器，它提供了一个分布式多用户能力的全文搜索引擎，主要应用于云计算环境中，能够达到实时搜索、稳定、可靠、快速的功能需求，多应用于实时场景存储和搜索的技术支持。通过 ElasticSearch 的分布式横向扩展机制及分片技术保证十亿以上级别数据实时检索的快速响应，能更好地支持实时数据源的接入、处理和输出，在支持的数据量上更是大幅提升，直接实现对实时大数据的高效接入、分析处理、可视化和实时历史大数据的挖掘分析。

（5）栅格数据存储。栅格数据的存储与非结构化数据一样，采用 Hadoop 技术进行分布式存储。Hadoop 实现的分布式文件系统具有高可扩展能力、高可靠性、高安全性、缓存一致、负载均衡等优点，适合存储栅格空间数据。分布式文件系统存储数据的方式是将大数据切割成小容量的数据块，分布存储在集群数据库中。

（五）管理维护体系

数据中心管理维护体系实现对数据库的日常管理和数据质量控制，确保数据库的正常运行服务，实现地质资料数据入库审查、数据管理与统计分析。

三、建设成果

武汉地质大数据中心建设取得的成果主要包括基础设施体系、数据标准体系、管理维护体系和分布式数据库体系等，主要目标就是集成管理好各类数据，为城市地质信息平台建设服务。以下详细说明武汉地质大数据中心地质相关数据的建设成果。

武汉地质大数据中心的数据资源涉及基础地理类、地质类、相关行业类三大类，各类数据构成地质信息平台所需的地上地下、二维三维一体化的时空数据资源。基础地理类包括地理底图、数字高程模型、倾斜摄影和激光点云等数据；地质类包括基础数据、成果图件、三维地质模型等；相关行业类涉及自然资源、规划、建设、生态环境等多个行业。由于各类数据采集、数据建模、数据建库的常用软件应用的差异，各类数据特点、数据资源格式也存在较大差异。各类数据资源文件格式情况见表 13.1。

表 13.1 数据资源文件格式表

序号	行业分类	数据类型	文件格式	备注
1	基础地理类	地理底图	*.shp、WMS、WFS	测绘行业
2		数字高程模型	*.tif、*.jpg、*.dem、*.img、*.shp	
3		倾斜摄影	*.osgb、*.obj、*.3ds、*.stl	
4		激光点云数据	*.tif、*.tfw、*.ptx、*.laz、*.las 、*.pcd、*.txt、*.xyz	
5		三维模型	*.obj、*.x3d、*.dxf、*.3ds	
6		文档	*.txt、*.doc、*.docx、*.pdf、*.xlsx 等	
7	地质类	基础数据	*.txt、*.xls、*. mdb、*.bak	地质行业
8		成果图件	*.mpj、*.shp、*. msi、*.jpg、*.pdf	
9		三维地质模型	*.xml、*.obj、.eff、.pgf、.m3d	
10		技术报告	*.doc、*.docx、*.pdf、*.xlsx 等	
11	相关行业类	数据类	Revit/Bentley/CATIA（V5/V6）	规划、建设等
12		图件类	*.shp、*.dxf、*.dwg	
13		模型类	*.rte、*. kml	
14		文档	*.doc、*.docx、*.pdf、*.xlsx 等	

（一）基础地理类

基础地理数据包括基础地理底图、数字高程模型、倾斜摄影、激光点云、三维模型和文档等数据。基础地理底图主要以调用多级服务的方式进行，基础地理底图原始数据和服务数据均存储在相应测绘服务器上，数据覆盖武汉全市域范围。与三维地质建模相关的数字高程模型数据，存储在地质大数据中心，包括精度为 25 m 覆盖武汉全市域范围的数据、精度为 10 m 覆盖武汉都市发展区的数据。与地上地下一体化相关的倾斜摄影模型、激光点云和其他三维地表模型，均进行轻量化处理，存储在地质大数据中心，数据覆盖武汉都市发展区范围。

（二）地质类

多要素城市地质调查地质类数据分类主要依据多要素城市地质调查生产、管理和研究目的按照勘查方法和学科进行分类，一方面要考虑现行地学数据的来源、特征和勘查方法，另一方面要综合考虑三维地质模型的构建和城市地质信息系统的建设与应用，参照有关分类标准和地质信息管理和应用的需求。基于此分类方法，地质类数据内容分为野外调查、工程施工与试验、地质环境监测、地质成果 4 个大类，用来描述基础地质、工程地质、地质资源、土地与地下水环境、地质灾害等方面的专业信息。地质类数据主要内容见表 13.2。

表 13.2　地质类数据主要内容

一级类	二级类	主要数据内容
野外调查	调查基本信息	野外调查路线信息、调查点基础数据、野外综合地质调查、野外地质构造点调查、野外照片数据、野外摄录媒体数据
	工程地质	综合工程地质调查、土体工程地质调查、岩体工程地质调查、新构造调查、地质构造点调查
	地质资源	水文地质井、泉、河流、湖泊、水库、地表水流量；岩溶地貌、岩溶水点、岩溶洞穴、暗河、矿坑（老窑）、采空区、开采量、水源地、分区地下水开采量统计、经济发展与用水状况、用水规划、温泉调查、浅层地热能开发利用调查、地质遗迹调查、旅游地质景观调查、天然建筑材料调查、滩涂资源调查、植被资源调查、湿地资源调查、土地利用现状调查等
	土地与地下水环境	地球化学元素全量、元素有效态、有机污染物、元素形态、元素不同价态分析、灌溉水元素全量及水质指标分析、大气干湿沉降物元素全量分析、农作物元素全量分析、农作物品质指标分析、地下水水质分析、有机污染物分析、同位素测试、地表水污染调查、土壤污染现状、工业污染源、农业污染源、污水处理厂、固体废弃物堆放场、垃圾场调查等
	地质灾害	崩塌滑坡泥石流调查、岩溶塌陷调查、地面塌陷调查、地面沉降调查、地裂缝调查、不稳定斜坡调查、江河湖库塌岸调查、区域地下水位下降漏斗调查、特殊土危害调查、地方病调查等
工程施工与试验	工程施工	钻孔（地层描述、地层物理性质描述、孔径变化、井管结构、填粒止水结构、测井曲线、含水层段）、简易钻孔、探井、槽探（施工记录、地层岩性描述）、物探（施工记录、物探测深成果、物探测深物性分层）
	试验与测试	试坑渗水试验、抽水试验、回灌试验、示踪试验、工程地质钻孔热响应试验、工程地质钻孔物探测试、工程地质动力触探试验、工程地质静力触探试验成果、工程地质十字板剪切试验、工程地质波速测试、工程地质跨孔波速测试、工程地质旁压实验、工程地质载荷试验、工程地质标贯试验、土工试验、岩石物理水理性质、岩土常量化学成分、微量元素分析、岩土矿物鉴定、土壤易溶盐分析、岩样试验、热物性测试、黏土矿物分析、悬浮泥沙粒度分析等
地质环境监测	地下水	地下水水位监测、地下水水温监测、地下水水质监测、地下水开采量监测、地下水水位统测、地温监测等
	地面沉降	地面沉降监测、基岩标监测、分层标组监测等
地质成果	基础地质	地层分布、断裂（层）分布、褶皱分布、地貌分区、构造单元划分、基岩等深线、第四系厚度分布、古气候环境分区、古河道分布、物探推断线性构造、物探推断地质体、物探推断基底等深线、遥感推断构造、遥感解译地表地层与岩层分布等
	工程建设与地下空间开发利用	区域地壳稳定性分布、地基稳定性分区、天然地基工程建设适宜性评价、建筑工程地质环境适宜性分区、工程地质结构分区、综合工程地质分区、工程地质岩组类型分区、岩体工程特征分布、土体工程特征分布、工程地质层厚度等值线、特殊类土分布、软土评价分区、饱和砂土液化分区、江岸稳定性评价分区、地下水腐蚀性评价分区、城市建设的地学建议、地下空间开发利用适宜性分区、地下空间开发利用规划、地下工程适宜性分区等

续表

一级类	二级类	主要数据内容
地质成果	地质资源	地下水系统划分、地下水类型划分、地下水富水程度划分、地下水化学类型划分、含水岩组类型划分、潜水与承压水位埋深等值线、地下水矿化度分区、降水入渗系数分区、潜水蒸发系数分区、灌溉水回渗系数分区、河流（渠）渗漏系数分区、渗透系数分区、越流系数分区、释水系数分区、给水度分区、含水层顶板与底板高程等值线、地下水含水层分布、地下水补给资源模数、地下水可开采资源模数、地下水现状开采模数、地下水开采程度、地下水潜力模数分区、地下水潜力系数分区、地下水开采潜力分区、地下水资源数量分区、地下水开发利用前景、咸水微咸水开发利用程度、地下水应急（后备）水源地分布、土地利用现状、浅层地热能开发利用适宜性分区、浅层地热能资源评价、地质遗迹分布、地质景观资源分布、建筑材料资源分布、建设用地适宜性评价、矿产资源分布、湿地变化分区、土地资源合理开发利用建议等
	土地与地下水环境	地球化学元素等值线、地球化学元素异常、土壤环境污染元素评价、农作物适宜性评价、土壤环境质量分级、土壤生态安全性评价、土壤有益元素丰缺评价、土壤营养评价、土壤有毒有害物质生态效应评价、土地利用规划建议、生态环境安全性预警评价、放射性污染地球化学特征、土壤污染状况分区、污染源分布、地下水污染状况、地下水污染程度、地下水污染风险区划、地下水污染防治区划、地下水质量分区、地下水脆弱性分区、地下水防污性能评价分区、饮用水适宜性评价、垃圾填埋处置场适宜性评价、地质环境评价与建议、城市环境地质工作建议
	地质灾害	地面沉降分区、地面沉降风险度区划、岩溶塌陷分区、地面塌陷易发性评价、斜坡稳定性分区、断裂构造活动性评价、地裂缝分布、地质灾害防治分区、地质灾害易发性与危险性及易损性评价、地方病分布等

地质大数据中心集成管理了6800多项工程勘察、23.6万多个工程勘察钻孔数据，这些数据均进行了标准化处理和数据建库；集成管理了200多种地质调查成果图件，包括覆盖武汉都市发展区的1∶5万地质成果图件，部分区域1∶2.5万、1∶1万地质成果图件，以及一些全市域1∶10万、1∶20万地质成果图件；集成管理了各类野外调查、测试、监测原始资料、成果报告；集成管理了各类三维地质模型，主要包括覆盖武汉都市发展区的地质构造模型、工程地质模型等。

（三）相关行业类

针对不同行业应用，需要有行业数据的支撑，包括自然资源数据、规划数据、生态环境数据等。地质大数据中心集成管理或者以服务的方式调用了武汉市总体规划和专项规划的成果、中心城区地下空间调查的成果、生态环境和轨道交通部分成果。

第三节　三维地质建模

一、建模原则

三维地质建模并非追求全面的准确，而是要尊重地质事实数据来建立一个满足目的要求、科学可用的模型。地质模型须遵循地质成因及地质年代顺序，必须从逻辑上具有地质意义。地质单元、地质构造、地质体等地质对象的模型，须尊重地质观察获得的切

穿关系，并采用与地质事实相符的方式来建模。

（一）从构造格架开始建模

地质建模应该从区域上入手，然后进行修改和解译，进一步优化缩小到较小范围的工作区。开展任何尺度地质建模之前均要了解区域构造格局，先建立主要断裂和褶皱的格架，然后再对地层、岩性和其他地质要素进行建模。

（二）纳入所有可信的数据

地质模型总是在数据信息完整且多元时效果最佳。这要求在地质建模过程中需尊重所有可用的数据源，包括地表填图、地形分析、地球物理、地球化学、钻孔数据、野外剖面、探槽及其他任何置信度高的可用数据。地质建模的源数据更需要严格控制，优选地质事实型数据，其次是描述性数据，再次是分析结果型数据，最后是解译性数据。

（三）对建立的三维模型进行校验

一个好的三维地质模型除了进行三维演示，还应该有实际应用价值，因此确保三维地质模型中所有的地质线框在任何剖面方向具有地质意义至关重要，一个很好的测试是选择随机方向的剖面，看看是否仍然具有地质意义，确保建模者建立的三维模型是有用的、具有地质意义的、并适用于勘探或开采项目的。

二、数据基础

三维地质模型可使用的地质数据较多，是综合多种地质调查成果、专家知识等形成的高度复杂的“地质整体”，可用于建模的常见数据类型及主要用途见表 13.3。

表 13.3　三维地质建模数据类型及用途一览表

数据类型	三维建模中的应用
地形数据（DEM）	控制模型表面
钻孔数据	地层分布及地层层底埋深最真实最直接的控制数据
剖面数据	主要用于控制地层的宏观空间展布，是基于全局离散点建模的补充约束性数据，能够在地层建模过程中精确控制各地层的空间展布
地质图	控制地质体的空间分布范围，此类数据在建模过程中具有较强的约束作用。通过提取各地层的边界线，作为建模的边界约束数据，控制基于全局离散点建模的地层空间展布趋势
成果报告	作为分析武汉市地质背景与地层分布特征的参考材料
试验测试数据	数据建模的原始数据

三、建模方法

（一）三维地质构造建模

考虑武汉市地质环境特征和建模对象的特点，采用基于 GoCAD 的显示建模的方式构建武汉市构造格架模型。通过分析武汉市地质演变进程，确定武汉市地层的空间格架，

通过矢量建模的方式构建武汉市构造格架模型。建模的工作流程见图 13.3。

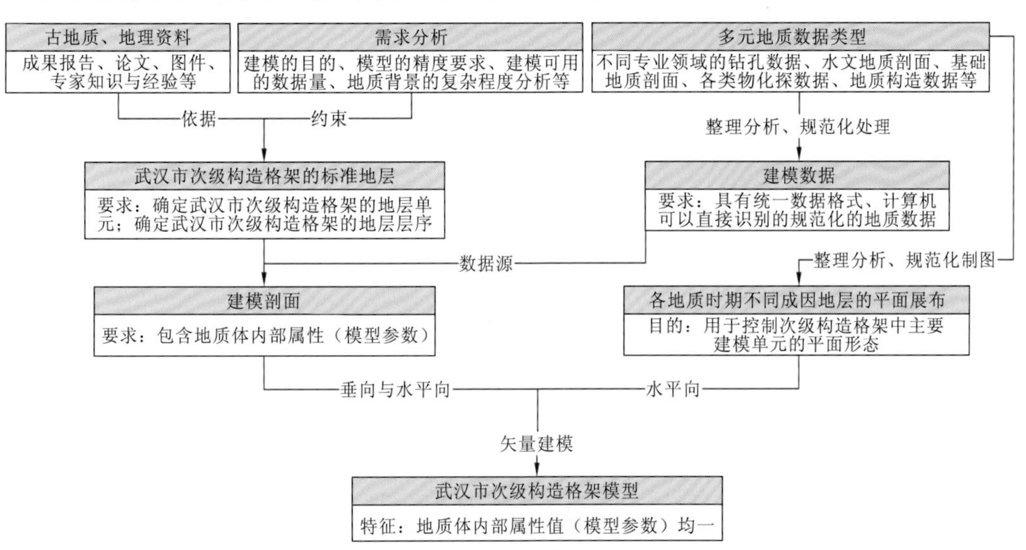

图 13.3 武汉市三维地质构造建模工作流程

（二）三维工程地质多级网格化建模

三维工程地质多级网格化建模是以科学的地质分析为基础，充分利用各类地质数据，利用成熟的三维插值建模软件，配合自主开发的后处理工具，分块建立多尺度的网格化岩性地质模型和地质属性模型。武汉市多级工程地质三维建模主要是基于测绘结合表与钻孔分布图进行综合分析，以确定各级建模的网格；然后以 EVS 软件作为建模平台，在对建模方案进行可行性验证的基础上，利用 Python 进行自动化建模流程的研发，实现武汉市多级工程地质建模的自动化流程。具体工作流程见图 13.4，各级模型网格划分标准见表 13.4。

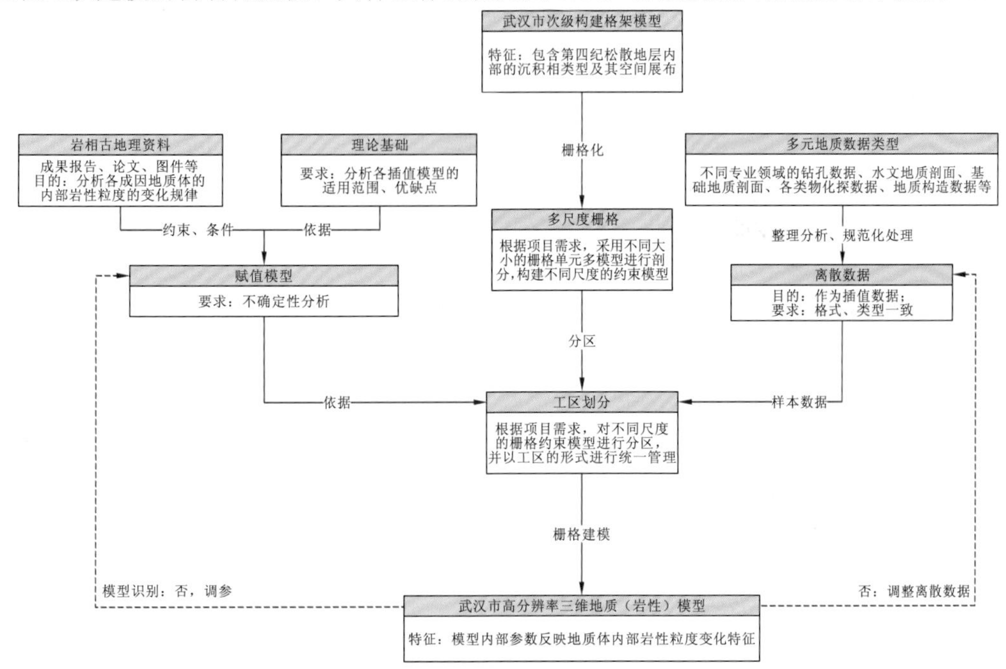

图 13.4 武汉市三维工程地质多级网格化建模工作流程

表 13.4　基于结合表确定的工程地质多级网格化建模单元

建模级别	结合表比例尺	网格大小/m			钻孔密度/（个/km^2）
		X	*Y*	*Z*	
一级	1∶25 000	200	200	2	1
二级	1∶10 000	100	100	1	4
三级	1∶5 000	50	50	0.5	16
四级	1∶2 000	20	20	0.2	64
五级	1∶1 000	5	5	0.1	256

（三）属性建模

属性建模是在三维工程地质多级网格化建模的基础上，通过对建模参数分析整理，对建模使用的离散化样本数据进行统计分析，初步确定建模属性的空间变异性，确定描述变异性的拟合函数和参数，用于网格插值计算。

基于概化分组后的每组建模数据进行统计分析，获得平均样本间距、搜索空间样本密度、属性概率密度直方图等与插值计算相关的参数指标，结合建模单元所在区域的沉积相分布特征，确定地质变异的各向异性，建立插值参数列表。理论分析得到的参数在实际建模过程中，需要进一步结合变差拟合分析和插值验证来进行调整，最终得到每个建模单元合理的插值参数配置。属性建模流程与三维工程地质多级网格化建模流程一致。

（四）模型验证

地质模型的质量评估是整个三维地质建模工作的重要内容之一，关系模型质量是否符合要求，是否满足不同应用需求，具有非常重要的意义。

（1）构造模型验证方法。在建立好的三维地质构造模型中，选取典型地质剖面，依靠专家经验，检查各地质剖面中的地质界线和地质体是否具有具体的地质意义，并在满足区域上地质认识的情况下判断模型可靠性。

（2）工程地质模型验证方法。模型的准确率评价可以有多个维度和指标，其中最重要的是地层岩性准确率，在武汉市工程地质建模方案的基础上，在建模之前通过合理的布设建模钻孔和预留验证钻孔的方式（图 13.5），并基于岩性指标提出模型准确率的评价办法，验证方案见图 13.6。

四、模型成果

（一）武汉都市发展区三维地质构造模型

模型面积约为 3400 km^2，垂向最大深度约为 200 m，按前述武汉市分布隐伏深大断裂特征，构建了区内 5 条大断裂，见图 13.7。

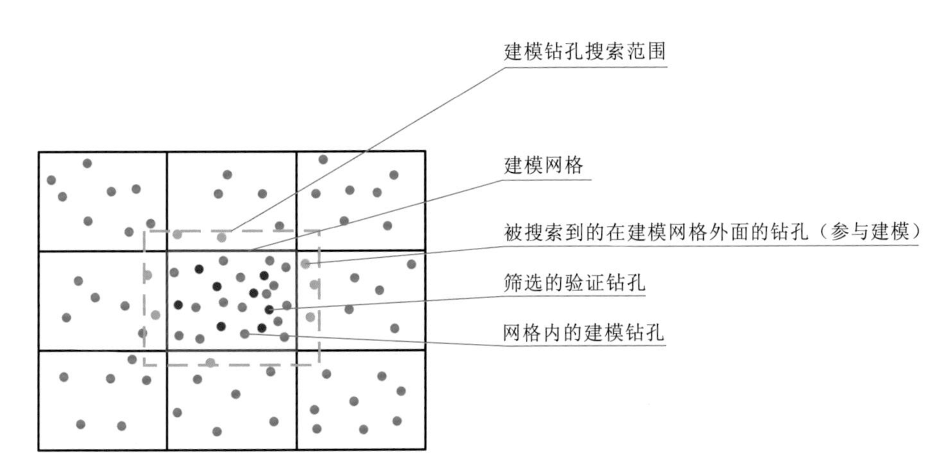

图 13.5　验证钻孔筛选原理示意图

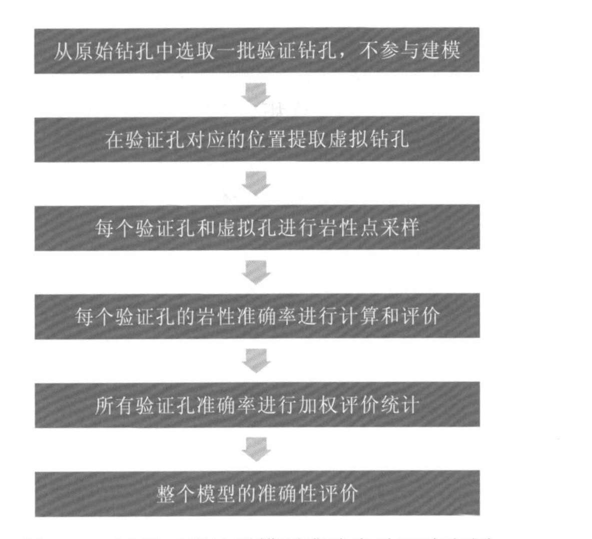

图 13.6　武汉三维地质模型准确率验证流程图

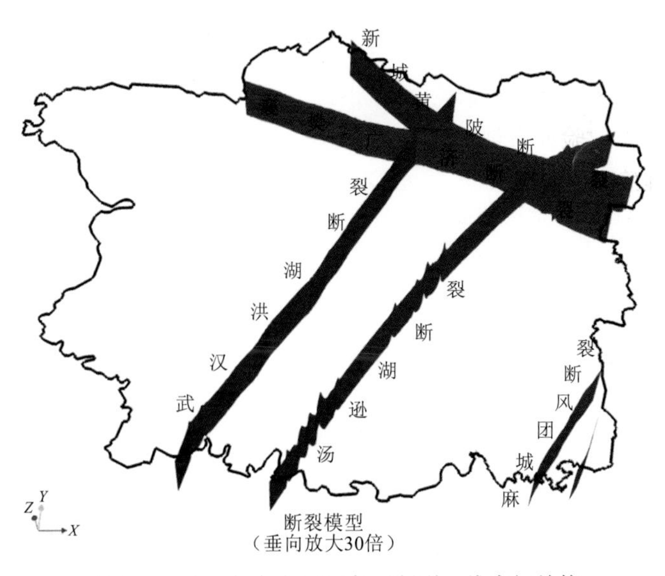

图 13.7　武汉都市发展区主要断裂三维空间结构

研究区基岩构造非常复杂，埋深很浅且变化比较大，其地表出露特征主要受东西向褶皱构造及断裂活动的控制，露头呈明显的东西走向，同时第四纪松散地层主要分布于地表 50 m 以浅，为了精细刻画地层空间变化特征，本次建模对象包括 Q_h、Q_{p_3}、Q_{p_2}、Q_{p_1}四层第四系地层单元及包含 N、K-E、T、P、C、D、S 和 Nh 等 8 个基岩地层单元，模型成果见图 13.8、图 13.9。

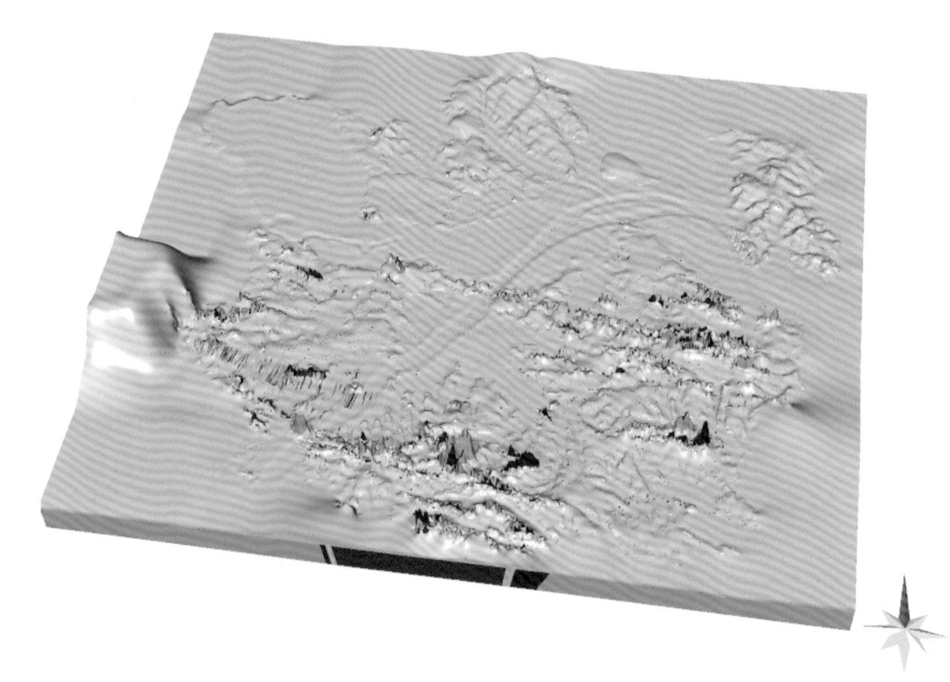

图 13.8　武汉市三维结构模型

垂向放大 25 倍

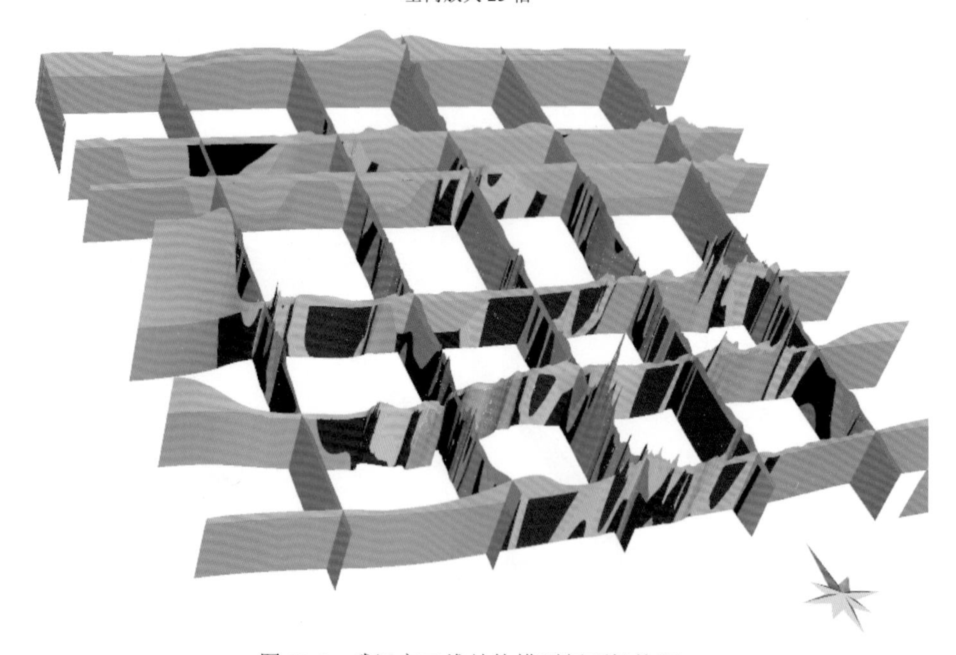

图 13.9　武汉市三维结构模型剖面栅格图

（二）武汉市多级工程地质三维模型

根据三维工程地质多级网格化建模方案，结合地质大数据中心钻孔数据的分布情况，分别建立满足相应级别的工程地质三维模型，如图 13.10～图 13.13 所示。

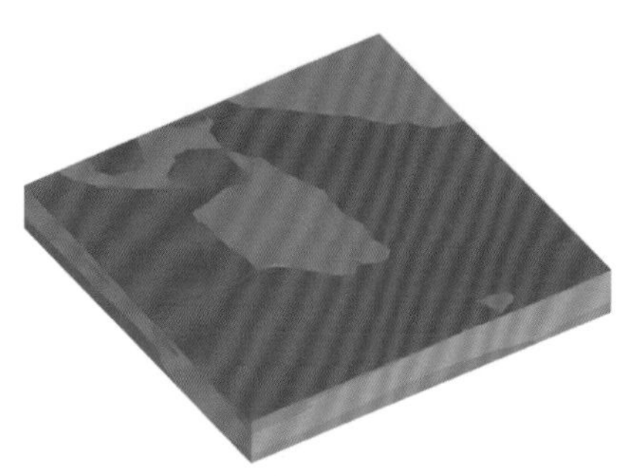

（a）二级网格工程地质三维模型

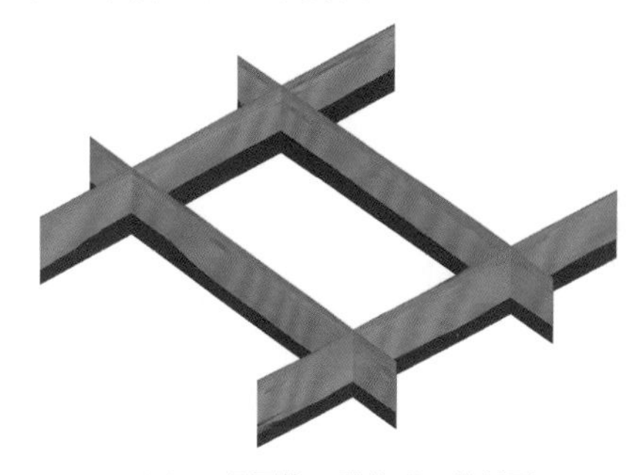

（b）二级网格工程地质三维剖面

图 13.10　二级网格工程地质三维模型和三维剖面

（a）三级网格工程地质三维模型

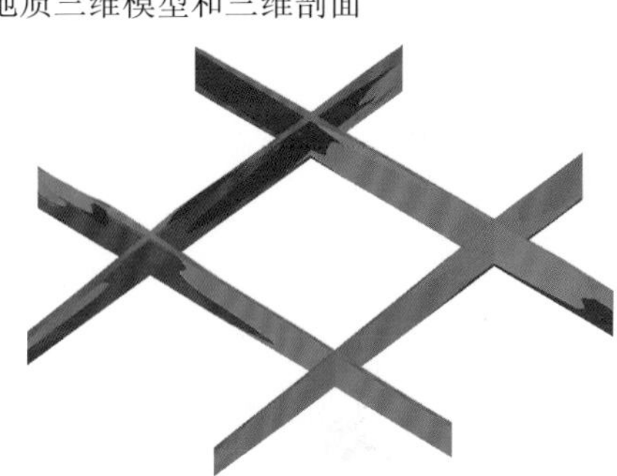

（b）三级网格工程地质三维剖面

图 13.11　三级网格工程地质三维模型和三维剖面

（a）四级网格工程地质三维模型

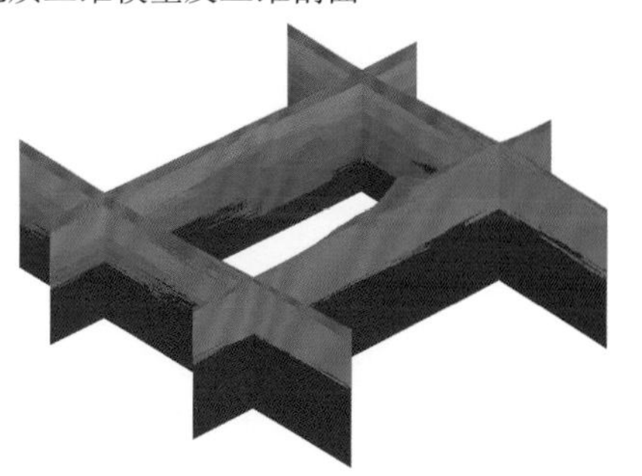

（b）四级网格工程地质三维剖面

图 13.12　四级网格工程地质三维模型及三维剖面

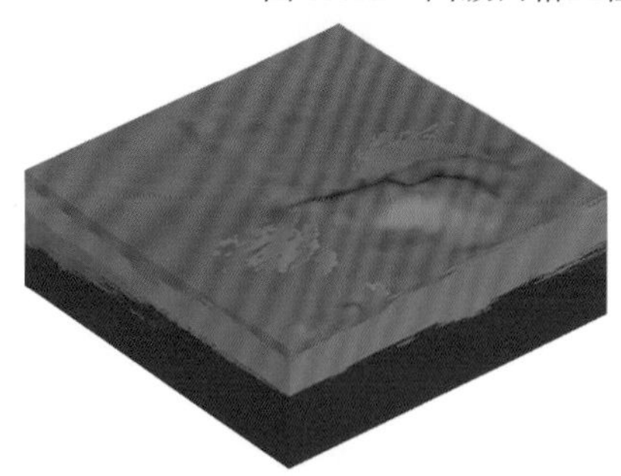

（a）五级网格工程地质三维模型

（b）五级网格工程地质三维剖面

图 13.13　五级网格工程地质三维模型和三维剖面

三维工程地质分级模型除了以结合表的形式进行建模和管理，还可根据具体工程需求，按给定的建模范围进行，并在系统中进行纹理贴图等可视化方面的优化展示。图 13.14 展示了长江新区起步区二级工程地质建模成果。

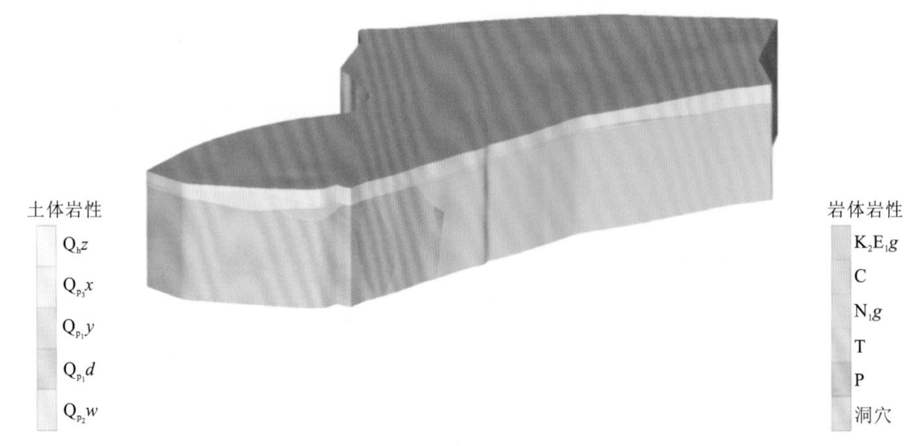

图 13.14　长江新区起步区二级工程地质三维模型

（三）属性模型

武汉都市发展区属性建模示范面积为 10 km^2。属性建模示范主要是在五级网格尺度下进行，为了综合评估属性建模数据的质量，以及为了测试基于不同级别网格的属性建模质量，调整为基于四级与五级网格尺度同时进行建模示范。模型效果如图 13.15、图 13.16 所示。

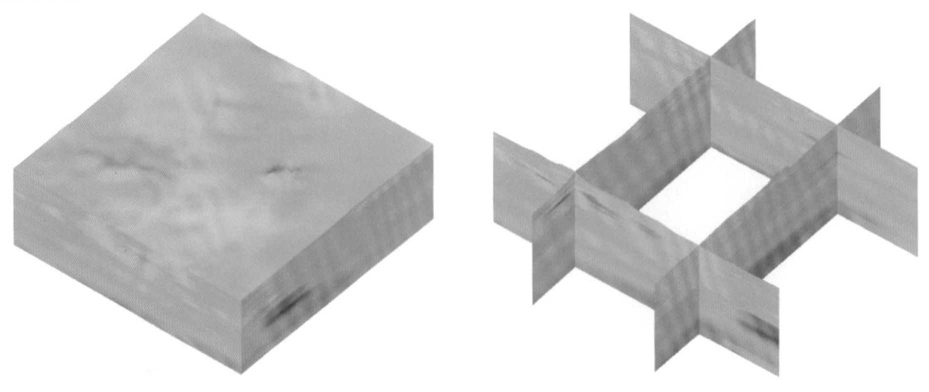

（a）工程地质孔隙比三维建模　　（b）工程地质孔隙比三维剖面

图 13.15　工程地质孔隙比三维建模和三维剖面

（四）模型验证成果

除依靠专家经验的定性判别构造模型可靠性的方法外，根据工程地质建模流程化的特征，按模型验证方案流程，对建立的三维工程地质网格化模型进行模型质量评价。以单一钻孔为例，分别对预留的真实钻孔和对应点位提取的虚拟钻孔，从顶至底按照 0.2 m 的间隔进行采样，一直采样至验证孔底部，结果见表 13.5，此处模型正确率为 95.24%。同理，对模型其他验证钻孔位置进行采样验证，最后将所有验证结果进行加权平均，得出最终模型的可靠度。

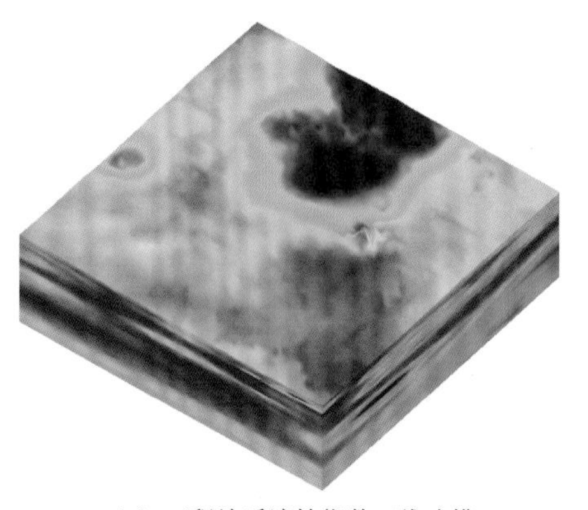

（a）工程地质液性指数三维建模

（b）工程地质液性指数三维剖面

图 13.16 工程地质液性指数三维建模和三维剖面

表 13.5 验证钻孔与虚拟钻孔地层比对表

项目		说明
采样埋深/m	0.2	岩性一致
	0.4	岩性一致
	0.6	岩性一致
	0.8	岩性一致
	1	岩性一致
	1.2	岩性一致
	1.4	岩性一致
	1.6	岩性不一致
	…	…
	37.4	岩性一致
	37.6	岩性一致
	37.8	岩性一致
岩性一致性统计		180
总采样/个		189
准确率/%		95.24

注：验证钻孔编号为 123465，采样间距为 0.2 m，x 坐标为 793 044.083，y 坐标为 388 517.758。

第四节　平台研发及应用

平台建设坚持以数据为中心，以业务需求为导向，在充分对接武汉市城市建设对地质环境信息需求的基础上，开展城市地质全三维一体化集成分析、地质大数据移动端、多要素城市地质大数据挖掘、地质环境实时监测数据接入等关键技术研究及平台研发工作。建成了稳定高效、开放共享、动态更新、面向应用的武汉市多要素城市地质调查信息云平台，实现了武汉市多要素城市地质数据分布式存储管理和多元应用服务，为多要

素城市地质信息服务于武汉市城市规划、建设、管理全过程提供了有力支撑。

一、平台架构

武汉市多要素城市地质调查信息云平台的建设在技术选型上遵循“先进成熟、稳定高效、安全可靠”的原则，基于分布式、云计算、大数据等技术进行建设。实现武汉市多要素城市地质数据统一高效管理和深化应用，提升武汉市城市地质信息化水平，为武汉市多要素城市地质信息服务与城市建设、规划、管理提供有力支撑。

（一）系统框架

以标准规范和安全保障机制建设为引领，基于 MapGIS 10.5 九州云中台，开展业务系统研发和构建。平台的总体架构如图 13.17 所示，包含基础设施层、数据存储层、微服务层、负载均衡层和终端应用层。

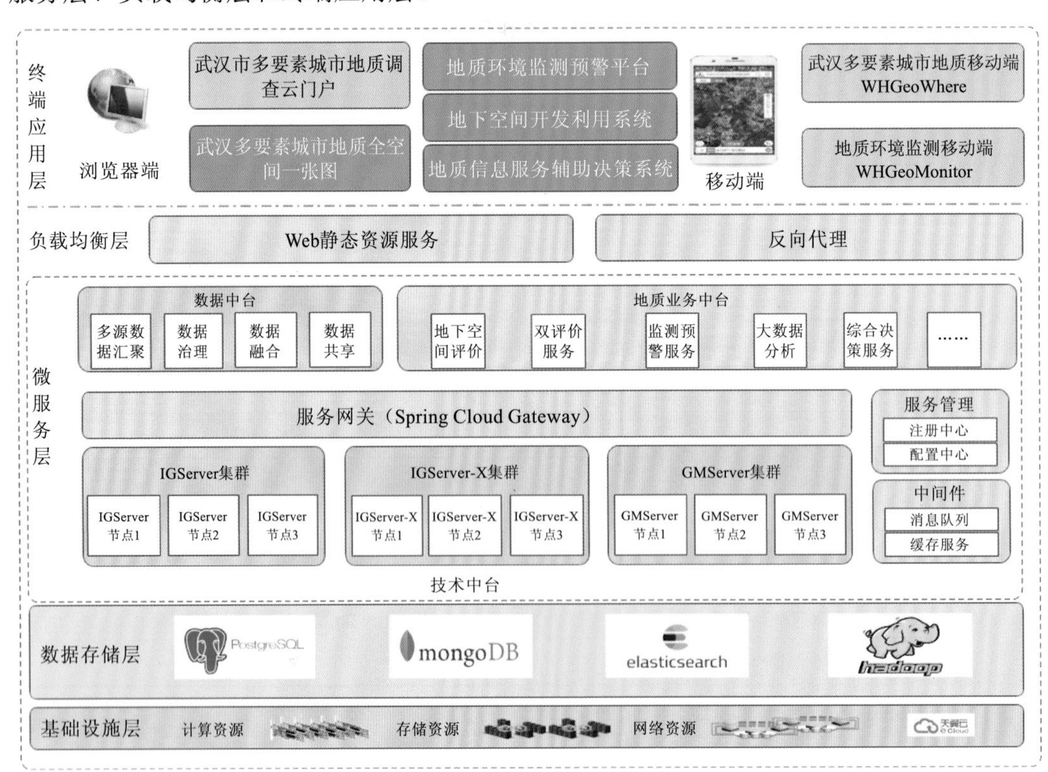

图 13.17　系统总体框架

（1）基础设施层。硬件基础设施层是将计算资源、存储资源、网络资源等物理资源进行整合，按照云服务模式和云架构建立共享资源池，形成可按需动态扩展的高性能计算环境、大容量存储环境，满足海量数据存储、高并发用户业务办理和信息共享查询。本项目主要基于武汉市测绘研究院现有基础设施环境建设。

（2）数据存储层。数据存储层由平台运行所需的数据资源及信息资源库组成，汇聚了经过标准化处理的多要素地质调查数据。系统以分布式存储地质大数据中心为基础，

实现武汉市调查区地质环境监测数据、评价成果数据、地下三维模型数据等集成管理，丰富地质数据中心专业类别、数据类别和数据覆盖范围，通过数据中心抽取、转换、加载工具，实现数据的更新、编辑、查询展示、服务发布等数据管理维护，为上层应用系统提供统一的、权威的数据支撑。

（3）微服务层。系统建设融入微服务技术架构思想，采用主流微服务框架，采用自动化编排实现资源动态调度，提供高效、弹性、稳定的服务。搭建地质信息化领域的技术中台、数据中台和业务中台，消除内部各业务之间的壁垒，快速适应业务发展和赋能业务创新。其中，技术中台是基础技术支撑，提供服务注册、服务发现、负载均衡、弹性伸缩及认证授权等方面的技术能力，可按需扩展服务，从而保证整个技术架构更开放。数据中台协助用户构建全空间的数据中台体系，以数据汇聚和数据融合为抓手，基于数据治理的统筹建设，建设基于“空中+地上+地表+地下”的全空间数据体系，通过数据API 实现“数据+能力”共享开放。业务中台按照“共建、共用、互联、共享”原则，统一包装和抽象可复用的组件资源和服务资源，实现应用快速云上构建，避免重复投资和复杂的日常运维，满足地质业务的快速变化和增长需求。

（4）负载均衡层。基于 Web 静态资源服务、反向代理等保障系统的稳定、高效运行，在弹性扩容、容灾等方面更加方便；为用户提供高效、稳定、安全的服务。

（5）终端应用层。应用层建设以用户为中心，以需求为导向，应用轻量化、移动化为原则，为不同用户人群提供高贴合度的地质信息服务，通过数据服务、功能服务的聚合和重构，可定制满足不同用户需求的业务应用系统。

（二）系统网络结构

平台部署宜采用云计算虚拟化服务的方式进行，面向平台用户群，通常包括数据云、管理云、服务云、应用云，平台网络结构示意图见图 13.18。为了满足不同的用户群体，平台系统通常会部署在不同的网络环境中，如公共网、内部局域网等，需要综合考虑。

二、系统研发

平台基于地质大数据中心，可以分为云平台支撑系统和云平台应用系统两个主要部分。服务对象为政府相关部门、专业技术单位、社会公众。服务环境为内部局域网、政务专网、外部互联网。

（一）云平台支撑系统

云平台支撑系统包括“地质大数据集成管理系统”“地质云服务集群管理系统”“地质云应用集成管理系统”三个系统。“地质大数据集成管理系统”基于大数据技术，对地质调查矢量数据、栅格影像、属性数据、三维模型数据、纸质文档、图片、音频、视频等结构化和非结构化数据进行融合，采用面向关系规则的组织方式进行数据存储管理；实现三维实体在几何特征、空间关系和非空间关系上的高度统一；通过多级别、多专题、多年度等各种不同的应用层次来实现对多源、异构、海量数据的统一、可扩展、层次化

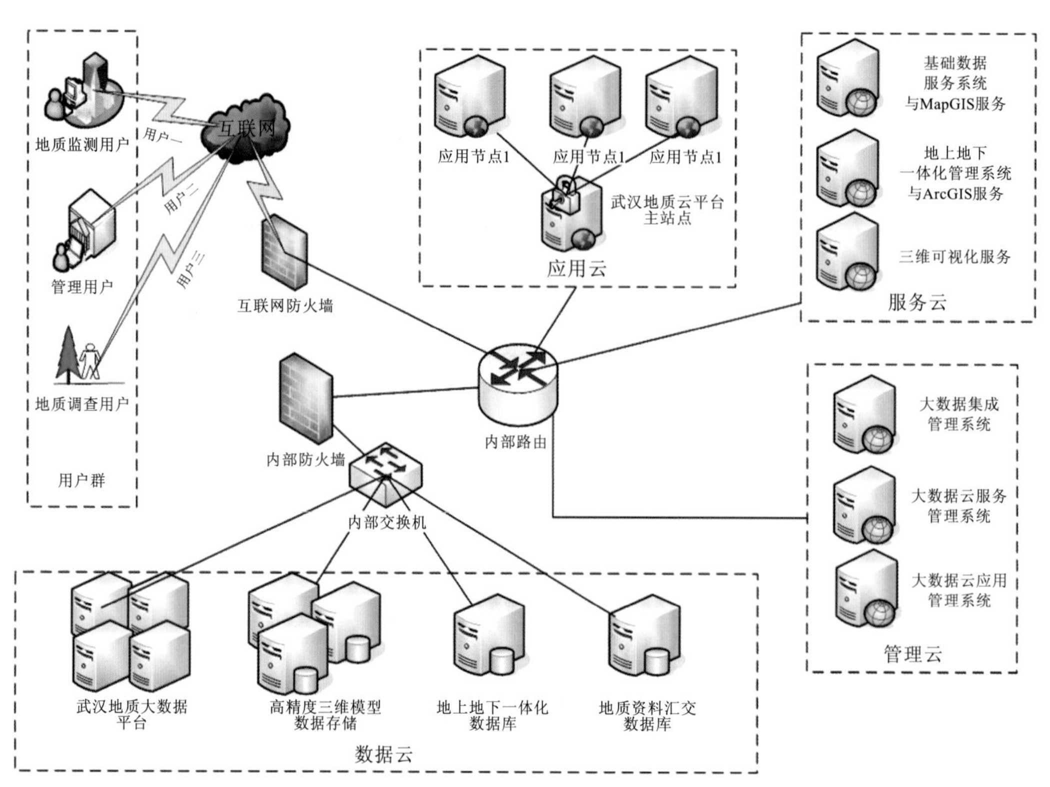

图 13.18　平台网络结构示意图

的管理。“地质云服务集群管理系统”基于云计算“基础设施即服务”、“数据即服务”技术理念，建立一个高可伸缩、能按需提供服务的地质云 GIS 服务集群管理平台，可通过对多个服务器的资源池化、集群化管理，实现 GIS 数据发布和服务的高性能和高可用。“地质云应用集成管理系统”基于云计算“平台即服务”“软件即服务”技术理念，利用虚拟化和池化技术，对各种平台资源、软件资源、用户资源进行集中管理，通过自动化的部署、运维和管理，实现业务场景应用的在线定制、在线使用和集成管理，从而更高效地使用 GIS 云应用资源。

（二）云平台应用系统

结合地质调查成果服务于城市规划、建设和安全等领域的需要，在热点问题和行业领域开发深度应用的系统。主要包括：“云门户”“全空间一张图”“地下空间开发利用系统”“地质环境安全服务系统”“地质环境监测预警平台”“移动端监测预警系统”“多要素城市地质移动端”。

（1）云门户。武汉市多要素城市地质调查信息云门户提供统一登录、门户导航、资源共享、在线地图、地质科普和个人中心等模块，见图 13.19，为武汉市规划、管理和建设提供多要素城市地质信息服务。云门户集成了一张图、地下空间开发利用系统、地质环境安全服务系统、环境监测系统和数据挖掘。

（2）全空间一张图。武汉市多要素城市地质调查全空间一张图集成管理多要素城市地质调查的地质成果图件，基于“地质大数据中心”的海量数据和“地质数据深度挖掘

数据与服务

开启三维地质空间视角，激发全空间思维和洞察潜力

地质科普

开启地理的视角，激发空间思维和洞察潜力

图 13.19 云门户首页

技术研究”的研究成果，实现地质数据信息化管理、查询、快速获取、矢量图层叠加展示等功能，实现钻孔柱状图、剖面图生成，实现各类成果数据的服务发布、在线更新等功能。全空间一体化三维分析以全空间信息模型为基础，实现空中、地表、地上及地下数据的一体化管理、综合展示及专业应用，打通了与地理信息紧密结合的遥感、无人机、点云、倾斜摄影、建筑信息建模、虚拟现实/增强现实等技术环节，打造了从地下到地上、从室外空间到室内空间、从现实世界到虚拟场景、从静态空间数据到动态时空数据的多维全空间应用场景。为城市规划与监管、地下空间利用与开发提供科学依据和辅助决策。系统界面见图 13.20，主要功能包括全空间一张图、模型属性拾取、模型切割分析、三维评价等。

图 13.20　全空间一张图

（3）地下空间开发利用系统。地下空间开发利用系统界面见图 13.21，主要实现了地下地质体模型、构筑物模型、管廊模型、轨道交通模型等地下空间信息的一体化管理与展示，实现工程建设需要的相关分析计算，包含桩基承载力、地基承载力计算和图表输出，基坑开挖、边坡开挖的面积、体积、土方量等的计算，以及相关图表和报告的输出，在线进行工程建设虚拟勘查评估，生成虚拟勘查咨询报告；实现规划线路与已有地下空间的碰撞分析、冲突分析模拟；开展地下空间开发利用评价、地质安全评估等。

图 13.21　地下空间开发利用系统界面

（4）地质环境安全服务系统。通过整合地质数据建成统一的数据资源目录，按空间、要素、资源、灾害、生态进行分类管理，构建多要素城市地质信息一张图，见图 13.22。基于海量地质资料数据，查询不良地质体和各类地质问题，进行分析和评价，为工程建设、城市规划提供详尽直观的第一手资料及评价建议。

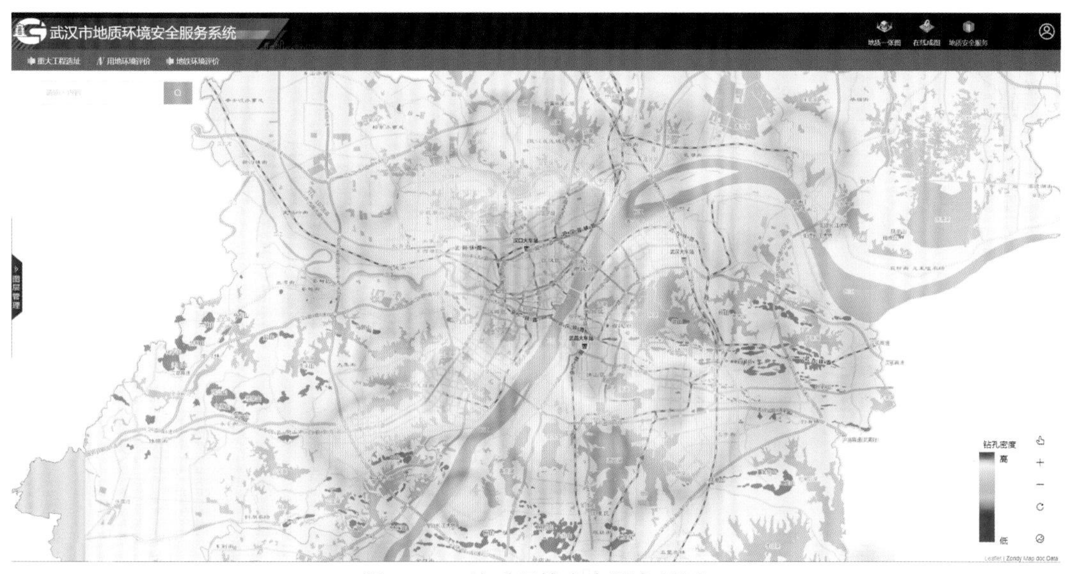

图 13.22 地质环境安全服务界面

（5）地质环境监测预警平台。地质环境监测预警平台建设主要开展岩溶地面塌陷、软土地面沉降、地下水多源地质环境监测数据的实时接入和建库；基于构建的标准化数据库，对地质环境监测数据实现信息化管理，并按照区域、时间进行查询展示、有序统计和趋势分析，自动生成专业的图表和报告；为后续实现监测、预警、决策、反馈一整套业务流程奠定数据和平台基础。系统研发的武汉市地质环境监测预警平台见图 13.23，实现了水位、岩溶等多类型监测设备的综合统计、查询展示、监测预警和监测数据管理。

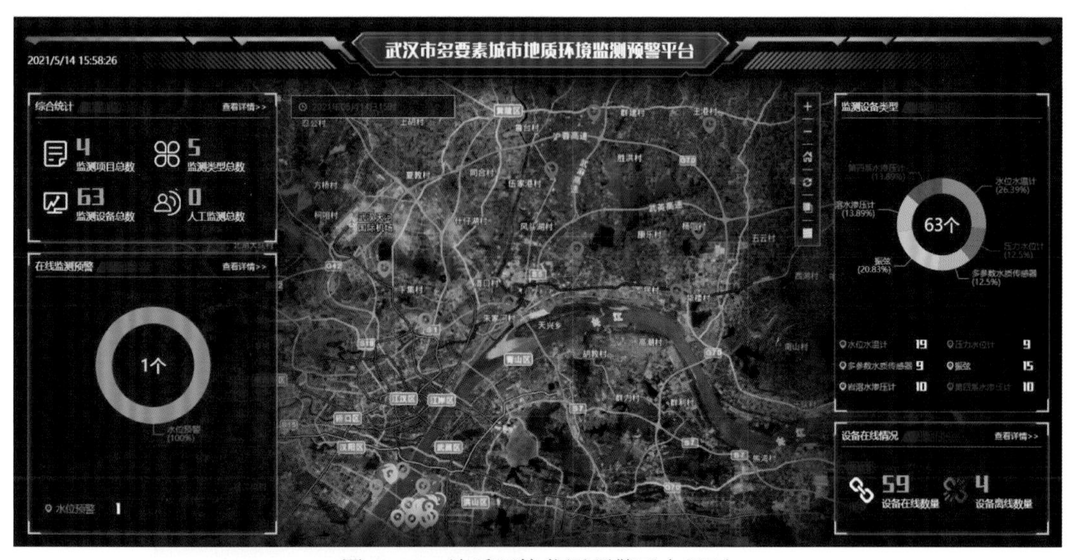

图 13.23 地质环境监测预警平台界面

（6）移动端监测预警系统。移动端监测预警系统主要实现地质环境监测信息集成管理、地质环境监测数据查询展示、预警信息推送及速报功能，系统界面见图 13.24。实现岩溶地面塌陷、软土地面沉降、地下水监测信息实时查询，综合管控，支持专业工作人员对预警事件的快速响应。

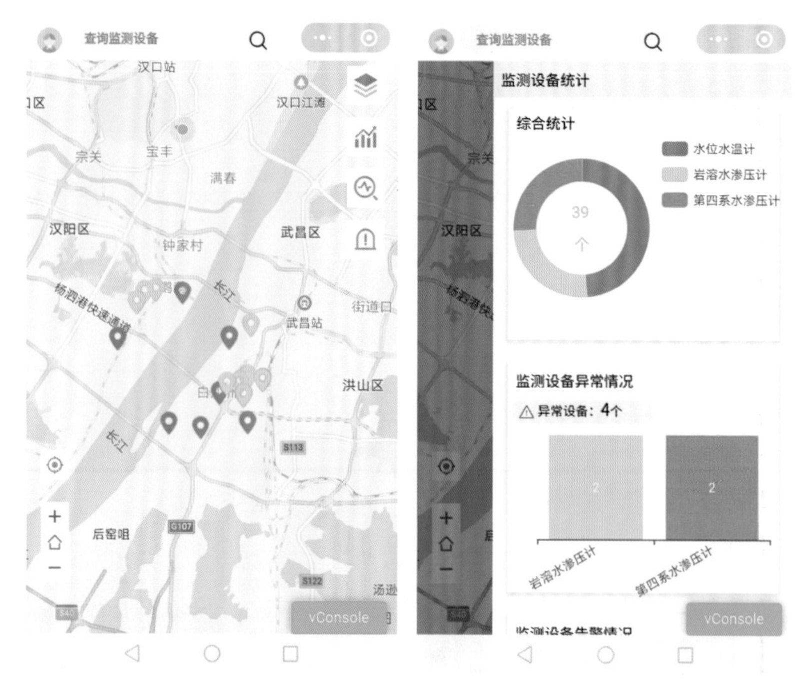

图 13.24　移动端监测预警系统界面

（7）多要素城市地质移动端。武汉多要素城市地质移动端主要面向政府管理、社会公众等提供地质环境信息服务，用户通过手机等移动端设备即可浏览和获取武汉市相关地质环境信息。系统界面见图 13.25，主要包括地质数据一张图展示与查询、移动端轻量化三维模型展示及分析、基于位置的地质信息推送、地质科普等模块。

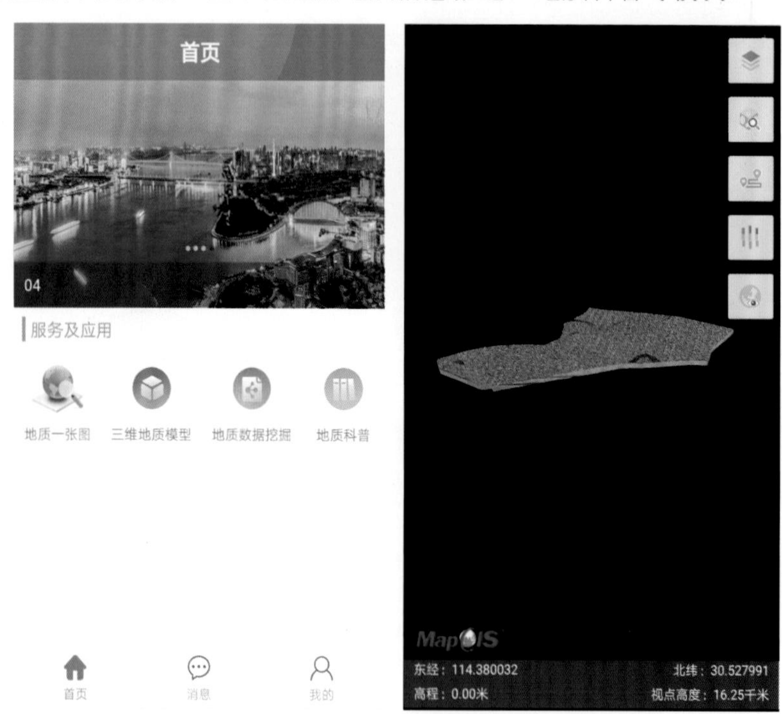

图 13.25　多要素城市地质移动端系统界面

三、典型应用

当前，武汉市面临多重国家战略机遇叠加，“一带一路”、长江经济带、中部崛起等聚焦武汉，国家中心城市、全面创新改革试验区、自主创新示范区、自由贸易试验区等国家重大改革发展试点落户武汉。为有效发挥平台在武汉市城市规划建设管理中的作用，平台建设过程始终坚持超前服务和应急服务的理念，积极进行了应用服务场景的实践，提高了服务的有效性和针对性。目前已经开展的成果应用服务场景包括以下几个方面。

（1）全空间数据分布式管理及高效渲染，打造“透明武汉”。武汉市已形成了包括地上建筑物模型、倾斜摄影、地下建筑物模型、地下管线、轨道交通、三维地质结构模型、三维地质属性模型等多源、异构、海量的三维模型数据。通过武汉市多要素城市地质调查信息云平台建设，采用地质大数据分布式存储框架，融合测绘多级网格理念，有效整合各类模型数据，形成地上、地表、地下全空间数据体系，见图 13.26、图 13.27，实现多源三维模型分布式存储管理，为智慧城市建设提供地质模型数据支撑。

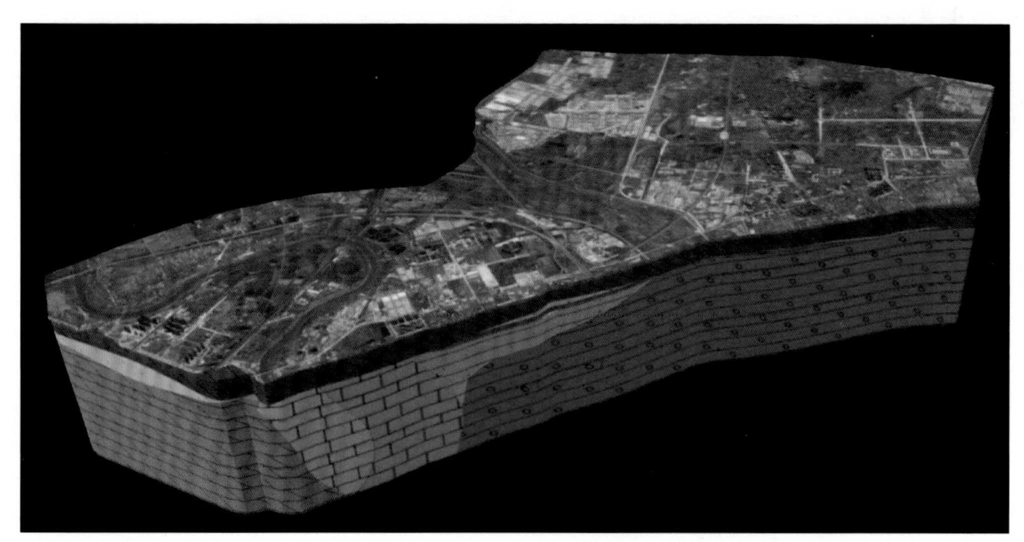

图 13.26　长江新区起步区地层纹理及模型与影像图叠加效果展示

（2）智能化的地质专业工作平台。①地质综合信息快速获取与二次加工。平台整合了武汉市多年来形成的大量地质成果图件数据，按空间、要素、资源、灾害、生态进行分类管理，形成多要素城市地质信息一张图，见图 13.28。可为地质专业技术单位、科研院所等提供丰富、宝贵的地质图件资料。采用密度图等大数据展示技术，直观展示武汉市大量钻孔数据的分布情况，用户可了解地质钻孔覆盖程度、单元格内地质钻孔数量等信息，见图 13.22。②地质专业图件快速生成与编辑。地质剖面图作为地质专业图，可以辅助工作人员形象、直观、准确地了解地层地质结构。地质剖面图以钻孔数据为基础，根据用户绘制线路范围内的钻孔数据快速生成地质剖面，见图 13.29，实现地质成图的在线化。

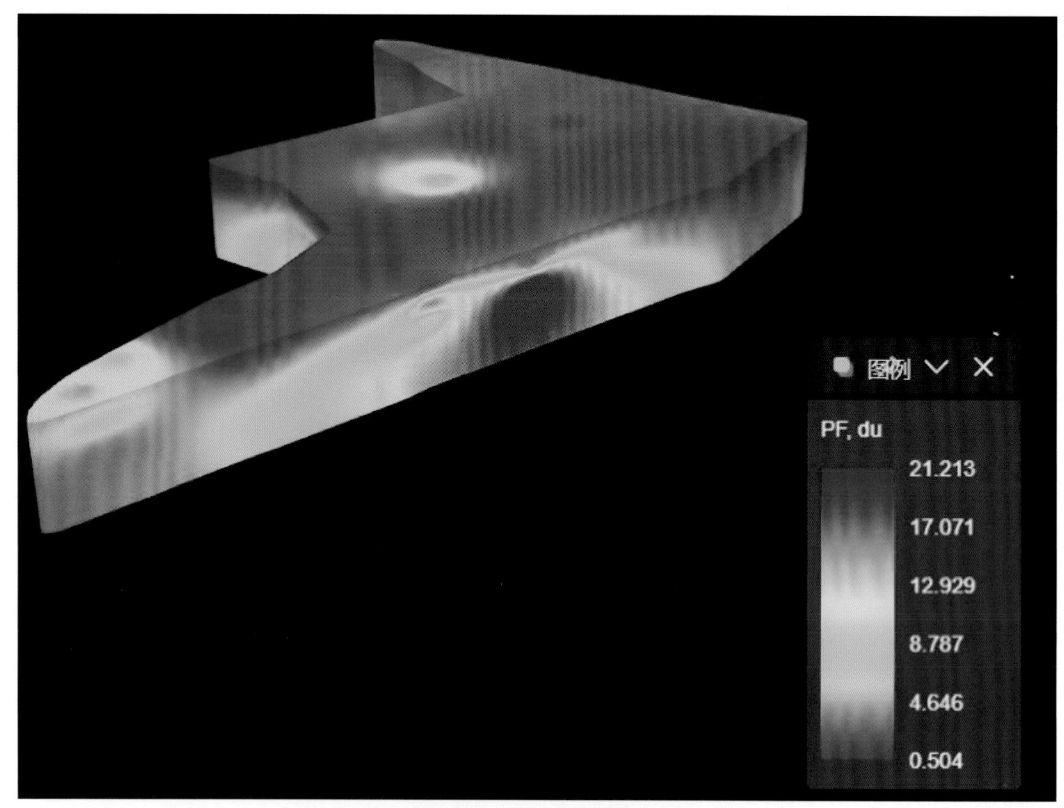

图 13.27　地质属性模型界面

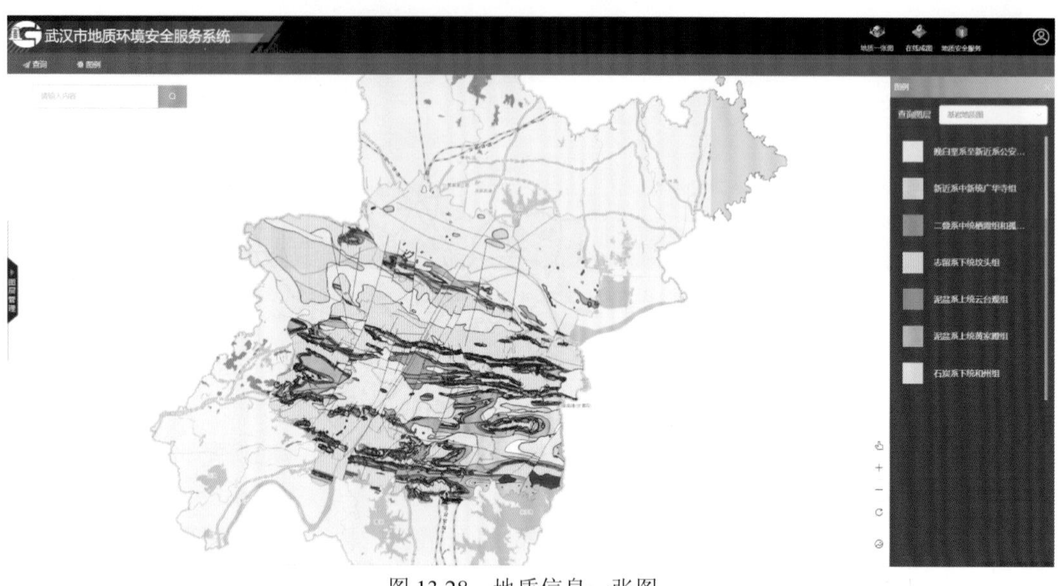

图 13.28　地质信息一张图

钻孔数据包含了区域分层信息、试验信息等，通过钻孔柱状图（图 13.30）可以了解某点的地下持力层的分布和不良工程地质现象的分布等，反映在垂向上地层岩性的变化情况。

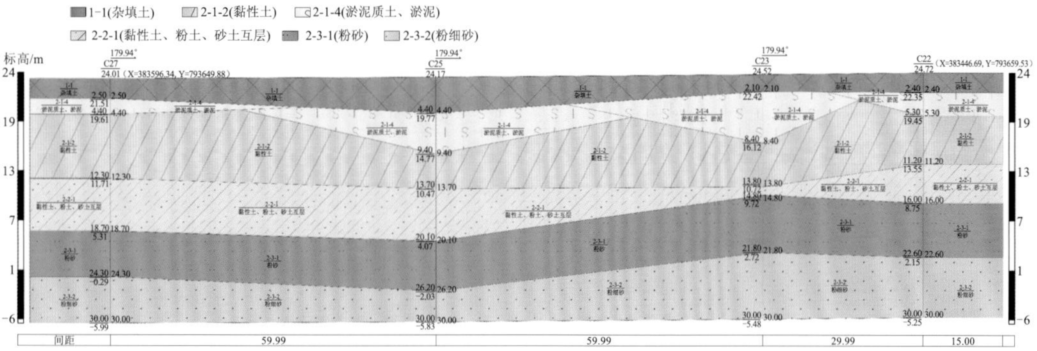

图 13.29 地质剖面图在线生成

工程名称				工程编号	2008勘153	钻孔深度	30
钻孔编号	C243	钻孔X坐标	525 704.5	初见水位深度		稳定水位深度	
孔顶标高	24.15	钻孔Y坐标	383 778.91	初见水位标高		稳定水位标高	

年代	层号	层底深度/m	岩性	柱状图	岩土名称及性质描述	状态	密度	湿度
Q	1-1	3.9	杂填土		成分杂乱，各向异性明显，力学性质不稳定			
Q_4	2-1-4	4.4	淤泥质土、淤泥		灰色，流软塑，含云母，有机质，夹灰白色贝壳，河湖相沉积			
Q_4	2-1-4	6.2	淤泥质土、淤泥		灰色，流软塑，含云母，有机质，夹灰白色贝壳，河湖相沉积			
Q_4	2-1-2	10.9	黏性土		褐黄色，可塑，俗称“硬壳层”，铁锰质渲染，偶夹灰白色贝壳，河湖相沉积			
Q_4	2-1-2	16.2	黏性土		褐黄色，可塑，俗称“硬壳层”，铁锰质渲染，偶夹灰白色贝壳，河湖相沉积			
Q_4	2-2-1	23.3	黏性土、粉土、砂土互层		灰色，含云母，有机质，偶夹灰白色贝壳，土质不均匀，黏性土、粉土、砂土含量比多少不一，河湖相沉积			
Q_4	2-3-1	26.9	粉砂		灰色，含云母，稍密，河相沉积			
Q_4	2-3-2	30	粉细砂		青灰色，含云母，中密，河相沉积			

图 13.30 钻孔柱状图在线生成

（3）面向城市规划建设管理，提供地质环境安全咨询评估服务。基于数据挖掘、三维可视化、大数据等技术，紧密结合重大工程选址、地铁建设、用地评价、棕地治理等对地质环境信息的需求，研发工程选址评价、用地环境评价、地铁环境评价等功能，为武汉市城市规划建设管理提供地质环境信息支撑。

①重大工程选址。重大工程选址应用模型选取工程建设适宜性、地质灾害易发性、碳酸盐岩分布、地面沉降防控区划、地下水地源热泵适宜性、地埋管地源热泵适宜性 6 个指标构建评估模型，评价因子选取主要结合专业人员认识，专业人员制订评估报告模板，系统基于构建的评价体系进行数据挖掘分析，生成所需的评估报告见图 13.31。

图 13.31　重大工程选址界面

②用地环境评价。用地环境评价见图 13.32，以规划图中用地作为最小评估单元，基于构建的评估模型，生成用地地质环境初步评价报告。选取的评价因子包括地球化学汞、铅、硫预警分级图，工程建设适宜性，地质灾害易发性，地下水地源热泵适宜性，地埋管地源热泵适宜性和表层土壤环境质量综合等级 8 个指标。

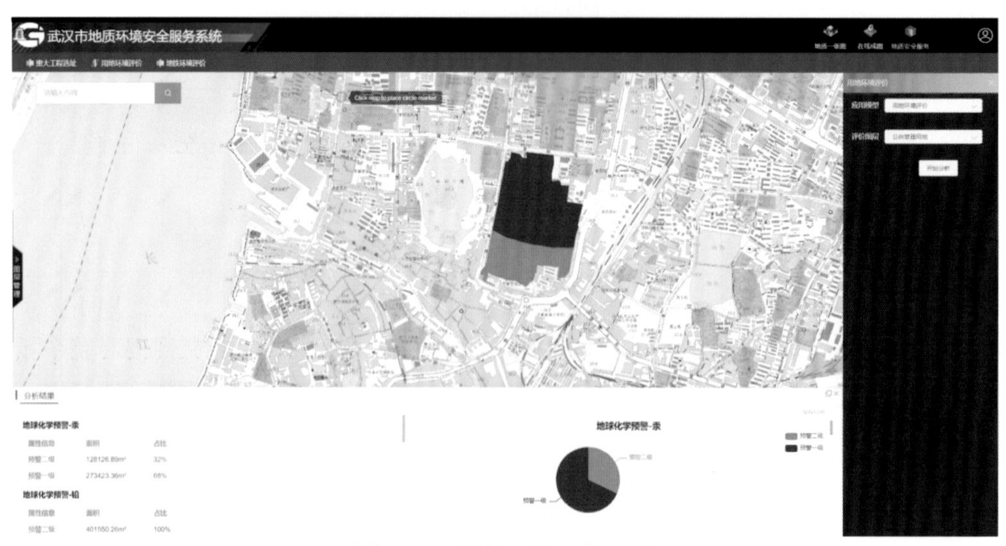

图 13.32　用地环境评价界面

③地铁环境评价。地铁环境评价见图 13.33，主要为轨道交通建设提供服务，评价指标在专业人员指导下，选取工程建设适宜性、地质灾害易发性、碳酸盐岩分布、地面沉降防控区划和砂土液化分区 5 个指标进行分析。系统基于构建的评估模型可统计地铁沿线岩溶、地质灾害等关键因子情况，输出地铁环境评价报告。

图 13.33　地铁环境评价界面

（4）全空间智能 GIS 技术，支撑城市立体开发。目前，地下空间布局与地上重叠交错，地下商城跨社区跨街道的比比皆是，地下空间资源调查及管理工作很难开展。采用传统人力调查时，工作人员难以区分自己的管辖范围，经常出现重复调查和遗漏调查的现象，而通过物联感知设备收集和处理的信息范围很小，难以保证城市地下空间安全信息的完整性、真实性和可靠性，导致相关管理部门对地下空间资源认知不足、“家底”不清。地下空间资源作为城市发展未来战略资源，在今后的城市发展中具有重大意义，通过武汉市地下空间开发利用系统，实现对地下空间现状数据、地质结构模型等信息的有效管理，可计算出武汉市不同区域、不同用途的地下空间开发可利用资源量，为国土空间规划提供宏观决策依据。

① 地下空间现状统计。根据武汉市地下空间普查成果，武汉市已有地下空间主要包括 7 大类、7257 个。系统可对全区或交互选择区域进行地下空间资源量估算，并进行统计分析，输出相关统计信息见图 13.34，包括已建地下空间概况、地下空间用途分类、地下空间区域分布情况等。

② 地下空间信息快速查询。城市规模不断扩大，从地下到地表再到地上，人类活动已经参与到了全维度的城市空间，越来越多的地下建筑在城市中扮演了不可替代的重要角色。地下商场、地下停车场的建设，让城市拥有更多的发展空间，通过对地下商场、地下停车场模型集成，将成果模型用于城市规划建设之中，有利于相关部门对整个城市地下空间的开发利用有更直观的判断，辅助地下建筑的选址、评价地下构筑物对地表建筑的影响，见图 13.35。

③ 多样化的三维分析及应用，支撑城市地下空间开发利用。紧密结合武汉市地下空间开发过程中面临的主要地质问题，借助于地下空间碰撞分析、冲突模拟、基坑开挖模拟、隧道漫游模拟等计算机手段，为武汉市地下空间建设提供地质信息化服务支撑。

图 13.34 已有地下空间统计界面

图 13.35 地下空间现状数据界面

第一，辅助工程成本概算。土方量的计算是工程施工的一个重要步骤。工程设计阶段必须对土方量进行预算，它直接关系工程的费用概算及方案选优。系统提供针对三维地质体模型直接定位交互进行土方量计算，可根据实际情况模拟地面开挖效果见图 13.36，并根据开挖的土方进行体积计算。

第二，为地下空间规划服务。城市地下重大工程规划过程中需要综合考虑已有地下空间现状情况。比如在城市地下管网管线设计中，容易出现管线的空间碰撞，包括两管线的管体相交或一部分重叠，以及管线外表面的净间距小于设计要求，并且管线数量庞大，种类繁多，再加上经常施工变动，设计人员设计管线路径有着很大的困难。在进行地铁规划或地下施工时，需考虑地下构筑物模型的种类、深度、范围等，并参考规划线路的岩性，这样才能规划出最符合标准的线路。地下空间碰撞分析模拟见图 13.37，可为地下空间规划提供专业支撑服务。

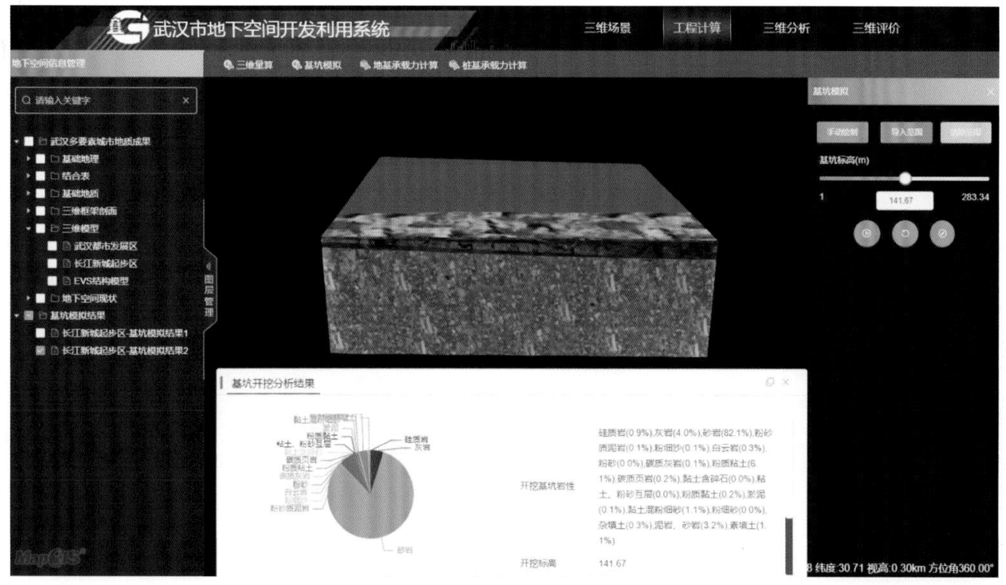

图 13.36　基坑开挖模拟界面

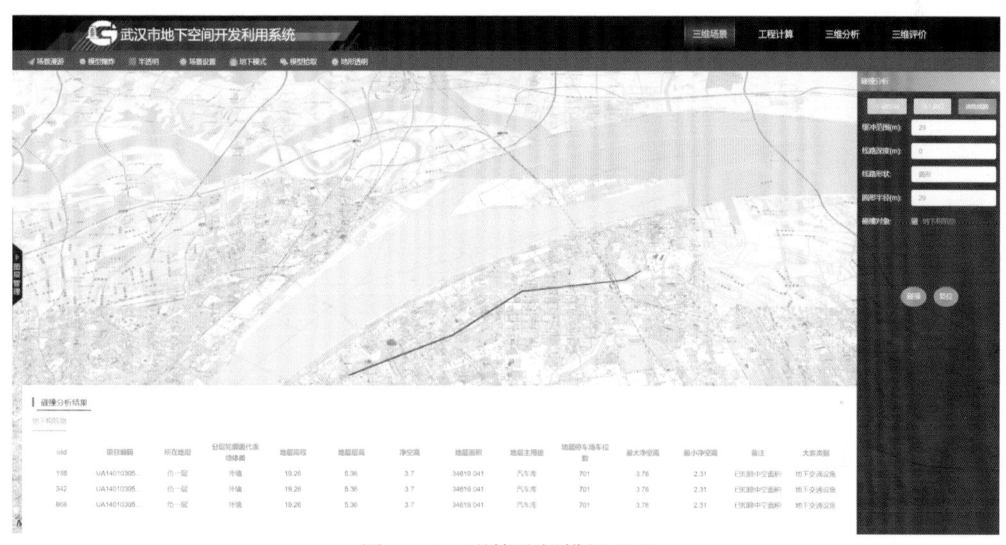

图 13.37　碰撞分析模拟界面

第三，三维立体剖面快速获取。为了更清楚地了解地质体内部结构，仅仅依靠浏览地层表面模型和揭层显示是不够的，设想人能够用刀切开三维模型，从任意方位切面上看到地质体的内部结构。传统的地质剖面图实际上就是地质切面的二维表达方式，只不过这一切面往往是由地质专业人员按照钻探、物探解释结果结合自身知识经验绘制而成。有了三维模型人们就可以不受限制地对模型进行任意方位、多种形式的剖切，形成切面，效果见图 13.38。

（5）地质环境监测预警平台，为城市防灾减灾服务。充分利用智能传感、物联网、大数据、云计算和人工智能等新技术，构建武汉市地质环境监测预警平台，实现地下水、岩溶地面沉降等监测数据的实时接入、管理、统计及预测分析。基于机器学习算法，对地质环境实时监测数据进行趋势预测分析见图 13.39，可反映地质环境监测数据的变化趋势。

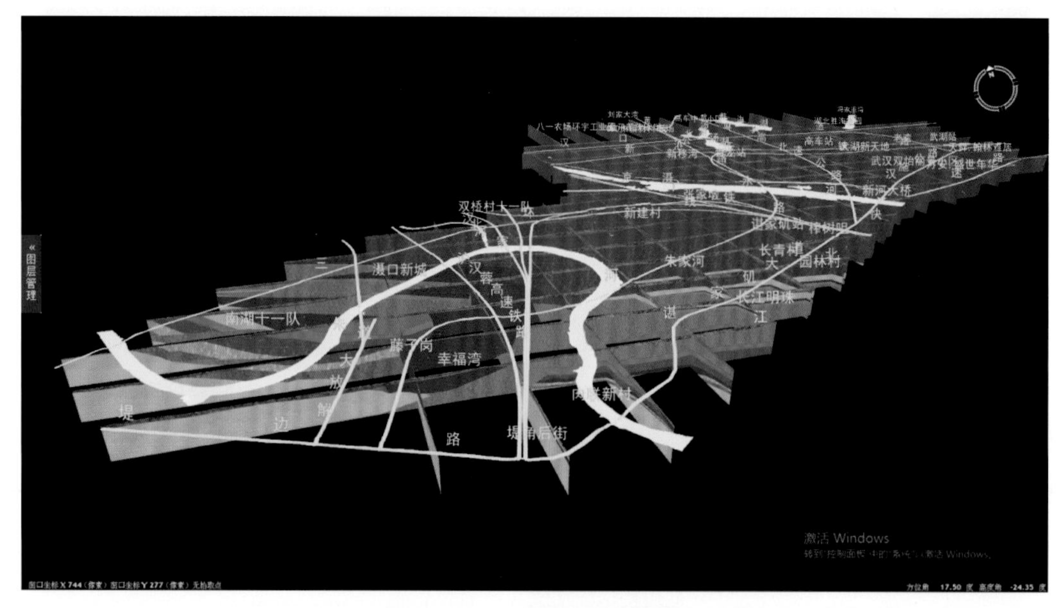

图 13.38　三维剖面生成界面

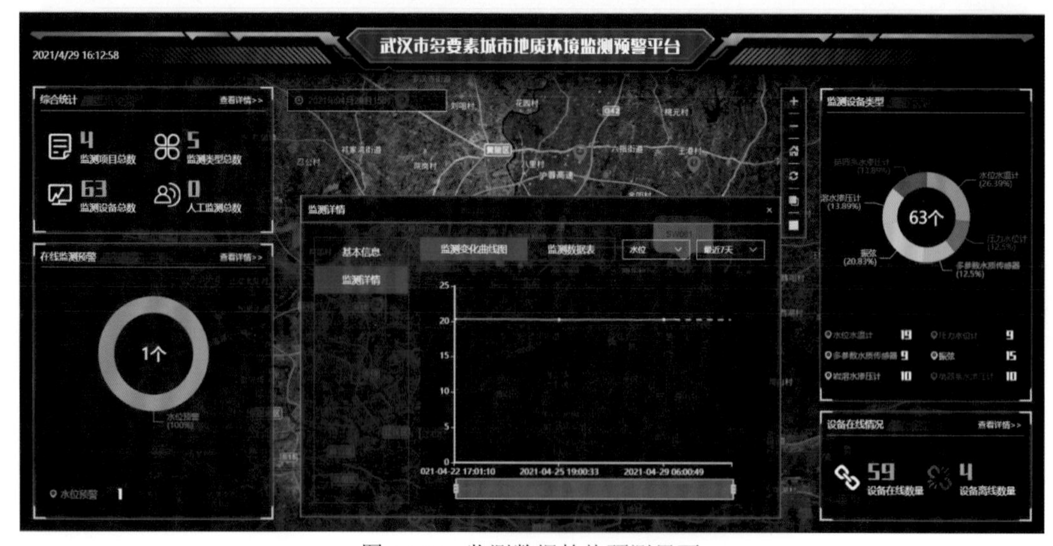

图 13.39　监测数据趋势预测界面

面向自然资源管理需求，研发地质环境监测报表功能见图 13.40，以年或月为单位输出地下水动态年报/月报。

（6）开放、共享、服务的理念，实现数据和服务的跨行业、跨部门共享。①标准的数据服务。平台对外提供标准的开放地理空间信息联盟数据服务，集中管理武汉市五大类 70 余幅重要地质环境图件数据。已为武汉市自然资源和规划局、武汉市仿真实验室、国家地质云平台等提供了数据服务，实现了数据的跨平台、跨部门共享。②面向公众的地质环境信息宣传。武汉市多要素城市地质调查信息平台及监测平台也是一个地学知识科学普及的平台，在权限许可的前提下，社会公众可以全面了解自己感兴趣的城市地质资源环境信息，为城市的发展规划出谋划策，增强公众对城市发展建设的参与程度，提高城市主人翁意识。

图 13.40　监测报表生成界面

第十四章

结　论

本书是武汉市多要素城市地质调查示范项目的成果集成，分为3个篇章。第一篇，简要介绍了城市地质工作发展历史、发达国家城市地质工作现状与发展趋势、我国城市地质工作历程与典型案例，回顾了武汉市近百年地质工作史，重点对“十二五”期间武汉都市发展区城市地质调查及后续的武汉市多要素城市地质调查工作的成果进行了概略性总结；第二篇，分别从武汉市基础地质环境条件、地质资源禀赋特征、生态地质环境条件与问题、地质灾害成因机理等几大要素论述了武汉市的地质环境状况；第三篇，系统阐述了国土空间开发利用适宜性、地质资源开发利用、生态地质环境保护与修复、地质灾害防治与地质环境监测体系建设、城市地质信息平台建设等若干问题的分析、研究与对策建议。经梳理，将从以下5个方面对所取得的主要成果与结论进行总结。

（一）关于地质环境条件与国土空间开发适宜性评价

武汉市地处华南板块内南秦岭—大别造山带与扬子陆块的交接部位，地层出露齐全，构造样式复杂。主体断裂构造为棋盘格式展布的北西向断裂系和北东向断裂系，共同控制了不同时代地层的空间分布、地貌轮廓和地震活动。近东西向展布的褶皱构造主体隐伏于地下。新构造运动以差异性和间歇性的垂直升降运动为主，同时还表现为古老断裂的继承性复活。主要发生于隐伏深大断裂带之上、震级小、烈度高的地震活动较为频繁，震级介于0.5～2.0级。区域地壳稳定性评价结果表明，全市以稳定I、II级区为主，面积占比达71.19%，其中武汉北部和江夏、蔡甸、东西湖等部分地区稳定性较好。

武汉市位于低海拔区域，整体地形北高南低、起伏较小，以堆积平原和岗状平原地貌为主，兼有少量丘陵和低山分布，具有四季分明、雨量丰沛、水系发育的地域特色。

武汉市地下水类型可划分为松散岩类孔隙水、碎屑岩类裂隙孔隙水、基岩类裂隙水、碳酸盐岩裂隙岩溶水4种。9个含水岩组中，仅第四系孔隙承压含水岩组、新近系裂隙孔隙含水岩组、二叠系中统—上石炭统裂隙岩溶含水岩组具集中供水意义。其工程地质岩类可划分为块状岩浆岩、层状碎屑沉积岩、层状碳酸盐岩、片状变质岩、松散松软土体5个，分布于江汉平原冲积—洪冲积工程地质区、低山丘陵工程地质区2个工程地质区。

制约武汉市国土空间开发利用的地质问题，主要包括深大断裂、岩溶地面塌陷、工程建设中的工程地质问题、地质环境污染与破坏4个方面。

长江新区地下空间开发利用适宜性评价模型为“适宜性=资源质量×开发需求”，从资源质量上看，总体上满足“浅层＞次浅层＞次深层＞深层”，且西南侧总体劣于其他区域，质量较差区主要分布于阳逻及谌家矶—汉口北地区。从开发需求上看，长江新区起步区范围内各规划功能区的浅层、次浅层地下空间总体高于其他区域，尤其在轨道交通站点周边，开发需求强烈。

长江新区工程建设适宜性评价结果为基岩区、老黏性土和一般黏性土分布区适宜性好，占总面积的90.49%。

长江新区国土空间开发利用适宜性评价从生态保护重要性、农业生产适宜性和城镇建设适宜性3个层面展开，结果表明，生态保护极重要区位于武湖周边、滠水河东侧、倒水河东侧及朱家河两岸，面积占比为53.00%。农业生产适宜区主要位于武湖周边，面积占比为27.05%，一般适宜区面积分布较广，不适宜区零星分布于前川、三里

桥及阳逻一带，面积占比为2.57%。城镇建设适宜区分布较广，面积占比为91.54%（去除水域面积）。

综合武汉市自然景观、优质耕地、地热、地下水等资源禀赋条件和以岩溶地面塌陷、软土不均匀沉降、活动断裂等为主的环境地质问题，提出武汉市国土空间开发利用综合建议分区为富硒耕地分布区、岩溶塌陷防范区、软土沉降防范区、活动断裂防范区、崩塌滑坡防范区。

（二）关于地质资源开发利用

武汉市地下水资源丰富，允许开采量为 $21\,695.80\times10^4\ m^3/a$。在中心城区主要作为辅助用水，新城区由于公共供水工程不能普及，其开发利用对农村分散式生活供水具有重要意义。在系统分析武汉市地下水资源的基础上，划定了汉口城区、十里铺—王家店等9处地下水供水水源地（其中武汉都市发展区6处）。应加强地下水资源保护的规划制订，采取地下水污染预防措施，做好应急水源储备，建立健全地下水监测网络，建立地下水资源监测数据库和监测信息管理系统平台，严格执行地下水资源管理办法，完善地下水管理制度和管理体制，实现地下水资源的可持续开发利用。

武汉都市发展区集中建设区范围内地下水地源热泵系统和地埋管地源热泵系统，可利用资源量折合标准煤分别为 11.81×10^4 t 和 $2\,741.97\times10^4$ t。现状条件下，长江、汉江全年可利用的浅层地热能资源量折合标准煤分别为 184×10^4 t 和 125×10^4 t。依据地热赋存条件，初步将武汉市中深层地热资源划分为襄广断裂带、西部盆山结合带、南部凹陷带、团麻断裂带、北部山区、中部低丘区6个分布区。

武汉市地处夏热冬冷地区，是最适宜开发利用浅层地热能的地区之一。近年来开发利用工程项目呈现出年新建和改建项目数量不断增加、单体项目供暖制冷面积逐渐增大、复合能源利用方式逐渐增多等特点，应建设浅层地热能开发利用监测与管理平台，开展浅层地热能开发利用动态监测，作为地源热泵设计、运行参数调整和浅层地温能开发利用管理的依据，促进浅层地热能资源高效、安全、可靠利用；武汉市具备较好的地热深部探热找热条件，建议加强基础地质、地热找矿理论、找矿方法研究，解决地热资源开发利用关键技术难题，同时开展地热整装勘查工作，有序投放矿权，推进地热资源依法、有序管理。

相对于作为一种科学现象的实物载体的地质遗迹来说，地质文化资源的涉及面更宽、内涵更丰富、应用性更广，与之既有联系、又有区别，它既可表现为有形的地质景观，也可彰显为无形的文化特质，比如“大江大湖大武汉”就是一张典型的、由地质地理背景衍生出来的、靓丽的城市文化名片。相对于地质遗迹的科学性、观赏性等价值属性，地质文化资源更强调资源与人之间的“关系”，即客观的地质资源给人和社会带来了哪些影响，反过来人类又当如何保护好、利用好这些资源。基于此，武汉市地质文化资源调查主要从探究地质历史、分析资源与环境关系、服务未来发展3个方面着手，通过对全市地史资源、地标景观、生态环境资源、历史文化遗址、工程地质等方面的资料整理和实地调研，共完成调查登录地质文化资源点73处，划分出地理景观、生态环境、文化遗址、地史资源和地理标志产品产地5种资源类型，其中地理景观和生态环境类资源已融入城建、环保和旅游开发工作规划中，得到了较好的保护与利用，同时开发了东湖新技

术开发区茅店山三叶虫化石产地、汉阳区锅顶山汉阳鱼化石产地等3套地质文化科普产品。

（三）关于生态环境保护与修复策略

生态地质环境属于系统论概念的范畴，强调地质环境系统、自然环境系统和社会经济系统三者之间相互影响、相互制约的紧密关系，其核心是人类所处的地质环境。武汉市生态地质环境条件包括了地形地貌、地层岩性、成土母质、土壤、地下水、生物等方方面面。

武汉市湿地总面积为1669.10 km^2，湿地率为19.73%，包括河流湿地、湖泊湿地、沼泽湿地和人工湿地4种，面积占比分别为27.70%、52.37%、1.76%和18.17%。以2000年为分水岭，之前的湖泊湿地面积逐年减少而人工湿地面积有所增加，之后因《武汉市湖泊保护条例》的颁布实施，湿地总面积呈稳定态势。全市现有湿地自然保护地16处，但存在不同类型自然保护地交叉重叠、现有自然保护地内利益冲突严重、自然保护地尚存空缺等问题。

武汉市植物区系属中亚热带常绿阔叶林向北亚热带落叶阔叶林过渡类型，蕨类和种子植物共有106科、607属、1066种，兼具南方和北方植物区系成分。常绿阔叶林和落叶阔叶林组成的混交林是全市典型的植被类型。研究表明，远郊区乡村聚落的物种丰富度最高，近郊区次之，城中心最低。

武汉市动物资源种类繁多，湿地野生脊椎动物共计有255种之多，以中华鲟为代表的国家重点保护野生动物计有28种。

武汉市土壤类型共有棕红壤、黄棕壤、潮土、沼泽土、水稻土等7个土类，地带性土壤以北部黄棕壤、南部棕红壤及中部长江和汉水两侧的潮土为特征，所对应的成土母质分别为基岩风化型、第四纪古红土型、现代冲积物或湖冲积物，反映了由中亚热带向北亚热带的土壤过渡特点。

武汉市生态环境面临的主要地质问题包括水土流失、河流崩岸、环境污染及生物多样性减少等，而环境污染则主要表现为土壤污染、水污染、大气污染、城市垃圾场和固体废弃物堆放场污染等。废弃矿山同时面临着水土流失、水土污染等复合生态地质问题。

武汉市水土流失强度较轻，且动态监测结果显示，水土流失呈面积逐年减少、强度显著降低的趋势。

从最近20年的表层土壤污染调查数据来看，未污染—轻度污染面积占比均在85%以上。长江新区规划区土壤环境整体较为清洁，除Cd元素的无风险面积占比为92.54%外，其余均超过 99%。长江沿岸带表层土壤环境质量评级为优和良的区域面积占比达到96.27%。沉湖表层沉积物PAHs浓度远低于汤逊湖。

长江沿岸带地表水总体达标率为59.32%，超标项目为高锰酸盐指数、总磷、氟化物、汞、砷。湖泊水质多数保持稳中向好，少量水质变差。地下水污染指标主要为铅、汞、砷、铬等和总磷、总氮富营养化。

城市生态地质分区评价将土壤环境、地下水环境、岩石环境、地貌形态和生态地质问题作为一级评价指标。生态地质脆弱性评价则从压力、状态和响应3个维度建立指标体系，划分为微度脆弱、轻度脆弱、中度脆弱、重度脆弱和极度脆弱5个等级。

武汉都市发展区地质环境质量评价结果表明，地质环境质量较好区、中等区和较差

区的面积分别为 2252.72 km^2、1038.13 km^2、178.17 km^2，分别占全区总面积的 64.94%、29.92%和 5.14%。

长江沿岸带生态地质环境质量评价结果显示，优和良区域占比超过 97%，仅主城区存在一般和较差区域，表明其生态地质环境质量总体较好。

典型湖泊湿地生态系统健康评价结果显示，沉湖和汤逊湖湿地生态系统综合健康级别均为“中”。鉴于沉湖和汤逊湖湿地的水环境和沉积物质量总体良好，水源充足、面积稳定、生物多样性较高，周边居民湿地保护意识也较强，目前生态系统较为稳定，但因存在一定程度的污染及人类活动影响的累积效应，生态系统健康有长期衰退的风险。

长江沿岸带生态保护与修复对策提出，对汉南区纱帽街、洪山区天兴乡等 8 个河流崩岸易发险段进行工程治理；对蔡甸区大军山工业园、青山区武钢片等重度土壤污染区实施场地修复；对不同类型的长江边滩开展工程治理或生态修复；对长江新区规划区内北部酸性土壤及氮、磷含量缺乏区的施肥和种植也提出了针对性建议。

（四）关于地质灾害形成机理、防治对策与地质环境监测体系建设

武汉市现有地面塌陷、滑坡、不稳定斜坡、崩塌、地面沉降、泥石流 6 类地质灾害，高危险区、中危险区、低危险区和极低危险区分别占全区总面积的 3.49%、11.19%、16.68%和 68.64%。

地质灾害的发生受地形地貌、地质构造、岩土体结构类型、地下水、降雨、人类工程活动等自然因素和人工因素的共同控制，其中充沛的降雨量、相对集中的降雨时间及人类工程活动的改造，为各类地质灾害的主导诱发因素。

通过对武汉市斜坡地质灾害模型与岩溶地面塌陷物力模型建设的研究，提出了一套武汉市地质灾害监测预警阈值指标体系。

武汉市地质灾害防治规划，分为重点防治区、次重点防治区和一般防治区，占总面积的 4.4%、18.9%和 64.6%（不含水域面积）。重点防治区包括汉阳江堤—洪山青菱、汉南纱帽—江夏金河村等地面塌陷高危险区、黄陂清凉寨—云雾山—木兰山风景区滑坡、崩塌地质灾害高危险区、江岸后湖—硚口汉正街地面沉降高危险区。提出了群测群防、专业监测、“四位一体”网格化管理和工程治理等一系列地质灾害防治措施，以及调查评价工程实施、监测预警和处置能力建设 3 条地质灾害风险管控建议。

地质环境监测工作包括重点区地下水监测网、针对塌陷点和岩溶条带的岩溶地面塌陷相应监测工作、以城市二等水准网为基础的软土沉降地质环境监测、崩塌滑坡泥石流地质灾害防治群测群防体系建设及气象风险预警等，仍然存在监测网络覆盖范围不足、监测手段方法仍需改进、数据信息壁垒尚未打通、监测工作体系尚待完善 4 个方面的问题。建议按照地质环境监测分类进行网络布局，充分利用已有的地质环境监测网络，合理安排监测重点，完善地质环境监测网。科学布设监测网络，坚持一点多用，相互补充。着眼长期监测、连续监测的需要，结合监测技术数字化、智能化发展趋势，采用先进的监测设备和自动化、信息化监测方式，着力推广新技术新方法，提高监测能力。

（五）关于地质信息平台建设

武汉市多要素城市地质信息平台建设，通过建立基础设施体系、数据标准体系、数

据获取体系、分布式数据库体系和管理维护体系，组成地质大数据中心；基于武汉市地质环境特征，构建武汉都市发展区构造格架模型、三维工程地质多级网格模型和三维地质属性模型，采用三维可视化技术，实现三维地质成果直观展示、分析及辅助决策；基于云计算、大数据、物联网等技术，对与地质要素相关的数据、服务、应用资源进行统一管理，实现动态、弹性、负载均衡的资源调度，建成地质调查成果在规划、自然资源、建设、防灾、应急等方面的应用服务中心，建设地质环境实时监测平台，将地质信息纳入城市规划、建设、管理主流程，支撑城市生态绿色高质量发展。

主要参考文献

安喆, 2017. 武汉市暴雨内涝灾害风险评估和预警机制. 武汉: 武汉大学.

安守林, 黄敬军, 张丽, 等, 2015. 海绵城市建设下城市地质调查工作方向与支撑作用: 以徐州市为例. 城市地质, 10(4): 6-10.

北京市地质矿产勘查开发局, 2008. 北京城市地质. 北京: 中国大地出版社.

曹晖, 杨汉元, 叶见玲, 等, 2019. 国内外城市地质调查现状及对长沙市相关工作的启示. 国土资源导刊, 16(4): 92-96.

陈标典, 姜超, 李慧娟, 等, 2019. 武汉市多要素城市地质调查示范项目-岩溶地面塌陷调查一期重点调查区岩溶地面塌陷专项调查成果报告. 武汉: 湖北省地质环境总站, 湖北省神龙地质工程勘察院.

陈标典, 张占彪, 王芮琼, 等, 2021. 武汉市多要素城市地质调查示范项目-武汉市岩溶地面塌陷监测示范基地建设一期监测成果报告. 武汉: 湖北省地质环境总站, 武汉市勘察设计有限公司.

陈钰, 雷琨, 杜尧, 等, 2020. 沉湖湿地近 50 年退化过程识别. 地球科学, 46(2): 662-670.

陈志龙, 张平, 龚华栋, 2015. 城市地下空间开发利用适宜性评价与需求预测. 南京: 东南大学出版社.

程光华, 杨洋, 赵牧华, 等, 2018. 新时代城市地质工作战略思考. 地质论评, 64(6): 1438-1446.

邓起东, 2002. 城市活动断裂探测和地震危险性评价问题. 地震地质(4): 601-605.

董延涛, 2018. 关于新时代城市地质工作的几点思考. 中国国土资源经济, 31(8): 16-20.

段金平, 刘维, 2010. 我国城市地质工作成绩斐然: 基本完成上海、北京、天津、杭州、南京、广州城市地质调查试点. 城市地质, 5(4): 24.

范益群, 李焕青, 2019. 城市地下空间开发助力可持续发展: 从《东京宣言》到《上海宣言》. 城乡建设(18): 16-20.

方家骅, 2001. 中国城市环境地质工作回顾和今后工作思考. 火山地质与矿产, 22(2): 84-86.

冯田, 夏冬生, 李彧磊, 等, 2021. 武汉市地质灾害详细调查报告. 武汉: 湖北省地质环境总站, 武汉市测绘研究院.

冯久林, 张鹏飞, 宋昊成, 2018. 基于地质环境问题对襄阳市城市地质工作的思考和建议. 资源环境与工程, 32(z1): 93-96.

冯小铭, 郭坤一, 王爱华, 等, 2003. 城市地质工作的初步探讨. 地质通报(8): 571-579.

付佳妮, 刘洪华, 董杰, 等, 2021. 遥感技术在青岛市城市地质调查中的应用. 海洋地质前沿, 37(9): 69-78.

高亚峰, 布永忠, 高亚伟, 2005. 国内外城市地质研究现状及发展方向//城市地质研讨会, 上海.

高亚峰, 高亚伟, 2007. 我国城市地质调查研究现状及发展方向. 城市地质(2): 1-8.

葛继稳, 蔡庆华, 刘建康, 等, 2003. 梁子湖湿地植物多样性现状与保护. 中国环境科学, 23(5): 451-456.

葛继稳, 蔡庆华, 胡鸿兴, 等, 2004. 湖北省湿地水禽资源研究. 自然资源学报, 19(3): 285-292.

葛双成, 1999. 二十一世纪城市地质工作的思考. 浙江地质(2): 54-59.

郭昆, 李静, 2020. 湖北省武汉市地下水监测成果报告(2020 年度). 武汉: 湖北省地质环境总站.

郭昆, 李静, 张胜伟, 等, 2016. 武汉城市地质调查水资源专题调查与评价报告. 武汉: 湖北省地质环境总站.

国家地震局震害防御司, 1995. 中国历史强震目录(前23世纪～1911年). 北京: 地震出版社.

国家地震局震害防御司, 1999. 中国近代强震目录(1912～1990年, Ms≥4.7). 北京: 地震出版社.

韩文峰, 宋畅, 梁庆国, 2004. 极震区的地震动与潜在震源区内重大工程安全. 工程地质学报(4): 346-353.

郝爱兵, 吴爱民, 马震, 等, 2018. 雄安新区地上地下工程建设适宜性一体化评价. 地球学报, 39(5): 513-522.

何登发, 单帅强, 张煜颖, 等, 2018. 雄安新区的三维地质结构: 来自反射地震资料的约束. 中国科学(地球科学), 48(9): 1207-1222.

洪增林, 2019. 西安市地下空间可持续开发利用评价. 西安石油大学学报(社会科学版), 28(3): 1-9, 15.

侯敏, 2013. 天府新区地下空间需求预测与开发控制研究. 成都: 成都理工大学.

湖北地震志编委会, 1990. 湖北地震志. 北京: 地震出版社.

湖北省地质调查院, 2018. 中国区域地质志. 湖北志. 北京: 地质出版社: 1060-1064.

黄敬军, 赵增玉, 姜素, 等, 2020. 自然资源管理视角下江苏城市地质调查工作新思考. 地质论评, 66(6): 1609-1618.

黄玉田, 张钦喜, 孙家乐, 1995. 北京市中心区地下空间资源评估探讨. 北京工业大学学报(2): 93-99.

贾陈忠, 张彩香, 刘松, 2012. 垃圾渗滤液对周边水环境的有机污染影响: 以武汉市金口垃圾填埋场为例. 长江大学学报(自然科学版), 9(5): 22-25.

贾淑霞, 2003. 武汉市武钢地下水水源地非完整河边界在有限元法计算中的处理方法. 资源环境与工程, 17(1): 23-26.

蒋旭, 2017. 天津市滨海新区地下空间资源评估. 天津: 天津大学.

金江军, 潘懋, 2007. 近10年来城市地质学研究和城市地质工作进展述评. 地质通报, 26(3): 366-371.

雷赟, 孔金玲, 张峰, 等, 2008. 基于EVS Pro的3D地质建模. 地球科学与环境学报, 30(1): 107-110.

李长安, 张玉芬, 庞设典, 等, 2020. 论城市地质调查中土体工程地质单元划分依据: 以武汉市都市发展区为例. 地球科学. 45(4): 369-377.

李定远, 邓杰, 申锐莉, 等, 2016. 武汉都市发展区环境地质专项调查总报告. 武汉: 湖北省地质调查院.

李定远, 彭汉发, 官善友, 等, 2020. 武汉市多要素城市地质调查工作技术指南. 武汉: 中国地质大学出版社.

李浩民, 吴中海, 王浩男, 等, 2016. 长江中游湖南、湖北地区主要活动断裂及地震地质特征. 地质力学学报, 22(3): 478-499.

李烈荣, 王秉忱, 郑桂森, 2012. 我国城市地质工作主要进展与未来发展. 城市地质, 7(3): 1-11.

李世杰, 吕悦军, 刘静伟, 2018. 古登堡-里希特定律中的b值统计样本量研究. 震灾防御技术, 13(3): 636-645.

李友枝, 庄育勋, 蔡纲, 等, 2003. 城市地质: 国家地质工作的新领域. 地质通报, 22(8): 589-596.

李彧磊, 韦东, 龙婧, 等, 2020. 武汉市地质灾害风险调查评价成果报告. 武汉: 湖北省地质环境总站.

李云, 杨国强, 姜月华, 2015. 国外城市地质研究现状及发展趋势//中国地质学会2015学术年会, 西安.

郦芳, 2013. 上海地质信息社会化服务模式及其创新. 上海国土资源(1): 96-99.

廖建三, 彭卫平, 林本海, 2006. 影响广州市浅层地下空间开发利用的地质因素分析及分区评价. 岩石力学与工程学报(S2): 3357-3362.

林良俊, 李亚民, 葛伟亚, 等, 2017. 中国城市地质调查总体构想与关键理论技术. 中国地质, 44(6): 1086-1101.

刘红卫, 胡元平, 柯立, 等, 2016. 武汉城市地质调查浅层地热能资源调查与评价专题成果报告. 武汉: 武汉地质工程勘察院.

刘红卫, 刘磊, 徐连三, 等, 2020. 武汉市多要素城市地质调查武汉市中深层地热资源调查与研究项目总体报告. 武汉: 湖北省地质局武汉水文地质工程地质大队, 湖北省地质局地球物理勘探大队.

刘力, 张雅, 李朋, 等, 2021. 武汉市典型湿地环境评价及其与城市生态圈关系研究项目报告. 武汉: 湖北省地质调查院.

刘易斯·芒福德, 2005. 城市发展史: 起源、演变与前景. 宋俊岭, 宋一然, 译. 北京: 中国建筑工业出版社.

罗红, 李朋, 祝安安, 等, 2020. 长江沿岸带生态环境地质调查与评价报告. 武汉: 湖北省地质调查院.

罗红, 李朋, 祝安安, 等, 2021. 武汉市湿地生态环境地质调查报告. 武汉: 湖北省地质调查院.

罗勇, 2016. 中国城市发展引发的地质问题与绿色对策. 城市观察(3): 137-143.

吕敦玉, 余楚, 侯宏冰, 等, 2015. 国外城市地质工作进展与趋势及其对我国的启示. 现代地质, 29(2): 466-473.

马广仁, 2016. 中国国际重要湿地生态系统评价. 北京: 科学出版社.

马宗晋, 高祥林, 宋正范, 2006. 中国布格重力异常水平梯度图的判读和构造解释. 地球物理学报(1): 106-114.

潘丽珍, 李传斌, 祝文君, 2006. 青岛市城市地下空间开发利用规划研究. 地下空间与工程学报(z1): 1093-1099.

齐波, 张一飞, 2010. 天津市中心城区地下空间资源开发利用适宜性评价探讨. 城市地质, 5(2): 1-5.

钱七虎. 开发地下空间要深谋远虑. 中国国防报, 2017-06-20(3). [2021-12-20].

秦品瑞, 高帅, 徐军祥, 2019. 济南市城市地下空间资源开发利用适宜性评价. 山东国土资源, 35(6): 56-66.

邱宁, 何展翔, 昌彦君, 2007. 分析研究基于小波分析与谱分析提高重力异常的分辨能力. 地球物理学进展(1): 112-120.

屈红刚, 潘懋, 吕晓俭, 等, 2008. 城市三维地质信息管理与服务系统设计与开发. 北京大学学报(自然科学版), 44(5): 781-786.

施木俊, 熊毅明, 甄云鹏, 2006. 基于工程勘察钻孔数据的三维地层模型的自动构建. 城市勘测(5): 62-65.

施伟忠, 2001. 开展城市地质环境工作 为城市规划和建设服务. 湖北地矿(3): 20-22.

孙培善, 2004. 城市地质工作概论. 北京: 地质出版社.

田舍, 马立新, 赵向军, 2005. 城市地质工作与城市可持续发展. 中国国土资源经济, 18(3): 22-25, 47.

童林旭, 祝文君, 2008. 城市地下空间开发利用适宜性评价与开发利用规划. 北京: 中国建筑工业出版社.

涂婧, 熊启华, 王芮琼, 等, 2019. 武汉市岩溶塌陷监测网络建设方案及运行管理机制研究报告. 武汉:

湖北省地质环境总站, 中国地质大学(武汉).

涂婧, 熊启华, 王芮琼, 等, 2020. 武汉市岩溶塌陷监测网络建设方案及运行管理机制研究报告. 武汉: 湖北省地质环境总站, 中国地质大学(武汉).

汪海洪, 王伟, 李振, 等, 2008. 基于多尺度边缘的重力异常反演. 大地测量与地球动力学(5): 109-114.

王成善, 周成虎, 彭建兵, 等, 2019. 论新时代我国城市地下空间高质量开发和可持续利用. 地学前缘(3): 1-8.

王珊, 张硕, 金璐, 2020. 武汉市汛期地质灾害气象风险预警年度工作总结报告(2020 年度). 武汉: 湖北省地质环境总站.

王述华, 史玉虎, 石道良, 2007. 湖北省湿地资源保护与研究进展. 湖北林业科技(6): 37-41.

王曦, 2015. 基于功能耦合的城市地下空间规划理论及其关键技术研究. 南京: 东南大学.

王振宇, 朱太宜, 王星华, 2019. 长沙城市地下空间开发利用的适宜性评价体系研究. 铁道科学与工程学报, 16(5): 1274-1281.

卫万顺, 2007. 非正常情况下北京城市地质安全危村管理的战略思考. 城市地质(4): 1-4.

魏占营, 段敏燕, 李青元, 2013. 利用钻孔数据构建无缝三维地层模型. 武汉大学学报(信息科学版), 38(11): 1383-1386.

文冬光, 刘长礼, 2006. 中国主要城市环境地质调查评价. 城市地质, 1(2): 4-7.

吴炳华, 张水军, 徐鹏雷, 等, 2017. 宁波市地下空间开发地质环境适宜性评价. 地下空间与工程学报, 13(S1): 16-21.

吴良冰, 张华, 孙毅, 等, 2009. 湿地生态系统健康评价研究进展. 中国农村水利水电, 10: 22-28.

吴龙, 刘红亮, 陈松林, 等, 2021. 湖北省城市地质调查工作浅析. 资源环境与工程, 35(4): 490-493.

吴清, 高孟潭, 徐伟进, 2012. 历史强震震中精度统计特征及其对地震危险性研究的影响. 地震学报, 34(4): 537-548, 580.

吴文博, 2012. 苏州城市地下空间资源评估研究. 南京: 南京大学.

吴信才, 徐世武, 万波, 等, 2014. 新一代的软件结构 T-C-V 结构. 中国地质大学学报(地球科学), 39(2): 221-226.

武汉市勘察设计有限公司, 2018. 武汉工程地质. 武汉: 华中科技大学出版社.

夏友, 马传明, 2014. 郑州市地下空间资源开发利用地质适宜性评价. 地下空间与工程学报, 10(3): 493-497.

谢和平, 高明忠, 张茹, 等, 2017. 地下生态城市与深地生态圈战略构想及其关键技术展望. 岩石力学与工程学报(6): 6-18.

解智强, 翟振岗, 刘克会, 2018. 城市地下空间规划开发综合评价体系研究. 城市勘测, 167(S1): 13-17.

徐定芳, 何阳, 范毅, 等, 2019. 地下空间开发利用地质环境适宜性评价: 以长株潭城市群核心区为例. 矿业工程研究, 34(1): 70-78.

徐纪人, 赵志新, 石川有三, 2008. 中国大陆地壳应力场与构造运动区域特征研究. 地球物理学报(3): 770-781.

徐锡伟, 郭婷婷, 刘少卓, 等, 2016. 活动断层避让相关问题的讨论. 地震地质, 38(3): 477-502.

徐玉琳, 理继红, 2005. 江苏省城市地质工作现状及展望//城市地质研讨会, 上海.

杨文采, 施志群, 侯遵泽, 等, 2001. 离散小波变换与重力异常多重分解. 地球物理学报(4): 534-541, 582.

张彬, 徐能雄, 戴春森, 2019. 国际城市地下空间开发利用现状、趋势与启示. 地学前缘, 26(3): 48-56.

张纯, 2018. 多情景模式下的新城地下空间开发策略研究: 以成都天府国际空港新城为例. 上海城市规划, 140(3): 124-130.

张德存, 刘光强, 全浩理, 等, 2002. 江汉平原多目标地球化学调查报告. 武汉: 湖北省地质调查院.

张璐, 章广成, 吴江鹏, 2014. 某城市地下空间开发利用适宜性评价. 桂林理工大学学报, 34(3): 488-494.

张茂省, 王化齐, 王尧, 等, 2018. 中国城市地质调查进展与展望. 西北地质, 51(4): 1-9.

郑桂森, 卫万顺, 刘宗明, 等, 2018. 城市地质学理论研究. 城市地质, 13(2): 1-12.

郑桂森, 卫万顺, 于春林, 等, 2016. 城市地质工作与城市发展关系研究. 城市地质, 11(4): 1-6.

郑先昌, 2014. 基于GIS矢量单元法的城市地质综合评价原理及应用. 武汉: 中国地质大学出版社

中国地质学会城市地质研究会, 2005. 中国城市地质. 北京: 地质出版社.

周本刚, 张裕明, 董瑞树, 等, 1997. 划分潜在震源区的地震地质规则研究. 中国地震(3): 47-58.

周静, 万荣荣, 2018. 湿地生态系统健康评价方法研究进展. 生态科学, 37(6): 209-216.

周小娟, 万翔, 徐宏林, 等, 2015. 湖北省武汉市蔡甸区土地质量地球化学评价(一期)报告. 武汉: 湖北省地质调查院.

朱发华, 贺怀建, 2010. 复杂地层建模与三维可视化. 岩土力学, 31(6): 1919-1922.

朱良峰, 吴信才, 刘修国, 等, 2004. 基于钻孔数据的三维地层构建. 地理与地理信息科学, 20(3): 26-30.

朱元清, 解朝娣, 宋秀青, 等, 2013. 断层的大地震复发概率研究. 地震, 33(4): 1-10.

邹亮, 2017. 城市地下空间开发利用适宜性评价与需求预测方法指南. 北京: 中国建筑工业出版社.

ALAIMO M G, DONGARRÀ G, MELATI M R, et al., 2000. Recognition of environmental trace metal contamination using pine needles as bioindicators: The urban area of Palermo (Italy). Environmental Geology, 39(8): 914-924.

BELANGER J R, MOORE C W, 1999. The use and value of urban geology in Canada: A case study in the National Capital Region. Geoscience Canada, 26(3):121-130.

BOX G E P, 1979. Robustness in the strategy of scientific model building//LAUNER R L, WILKINSON G N. Robustness in Statistics. London: Academic Press: 201-236.

BRDNING K, 1940. Bodenatlas von Niedersachsen. Gottingen : Wirtschaftswiss: 7-9.

BRIDGE D, HOUGH E, KESSLER H, et al., 2005. Urban geology: Integrating surface and sub-surface geoscientific information for development needs. London: Springer.

C Tech Development Corporation. C Tech Manual, 2001. http://www. ctech. com/ index. php? page=evspro.

CENDRERO A, 1987. Detailed geological hazards mapping for urban and rural planning in Viscaya (Northern Spain). Norges Geologiske Underskelse Spec Trondheim, 2: 25-41.

CLAESSEN F A M, 1987. Secondary effect of the reclamation of the Markerwaard Polder. Geologie en Mijnbouw-Netherlands Journal of Geosciences, 67: 238-291.

FASANI G B, BOZZANO F, CARDARELLI E, et al., 2013. Underground cavity investigation within the city of Rome (Italy): A multi-disciplinary approach combining geological and geophysical data. Engineering Geology, 152(1): 109-121.

FORSTER A, HOBBS P R N, WYATT R J, et al., 1987. Environmental geology maps of bath and the surrounding area for engineers and planners. Journal of Geological Society, 4(1): 221-235.

HAFDI A, 1987. Approach of a methodology for drawing up a habilitability map//ARNDT P, LIJTTIG G. Mineral resources' extraction, environmental protection and land-use planning in the industrial and developing countries. Stuttgart: Schweizerbart: 271-278.

HAGEMAN B P, 1963. A new method of representation in mapping alluvial areas. Geologisch en Mijnbouw-Netherlands Journal of Geosciences, 21-22: 211-219.

KAYE C A, 1968. Geology and our cities. Transactions of the New York Academy of Sciences, 30: 1045-1051.

LEGGET R F, 1973. Cities and geology. New York: McGraw Hill: 1-624.

LUTTIG G W, 1978. Geoscientific maps of the environment as an essential tool in planning. Geologie en Mijnbouw-Netherlands Journal of Geosciences, 57(4): 527-532.

MCGILL J T, 1973. Growing importance of urban geology. New York: Oxford University Press: 378-385.

MERGUERIAN C, BASKERVILLE C A, 1987. Geology of Manhattan Island and the Bronx, New York City. Journal of the Geological Society, 14(3): 3-5.

SOLHEIM A, BJΦRLYKKE A, 2008. The 33rd international geological congress, Oslo 2008. 地质幕: 英文版, 31(1): 9-12.

STERLING R L, 杨可, 黄瑞达, 2017a. 国际地下空间开发利用研究现状(一). 城乡建设(4): 46-49.

STERLING R L, 杨可, 黄瑞达, 2017b. 国际地下空间开发利用研究现状(二). 城乡建设(5): 52-55.

STERLING R L, 杨可, 黄瑞达, 2017c. 国际地下空间开发利用研究现状(三). 城乡建设(6): 54-56.

THOMSON A, HINE P D, POOLE J S, et al., 1998. Environmental geology in land use planning: A guide to good practice. Report to the Department of the Environment, Transport and the Regions (DETR), Symonds Ttravera Morgan.

ZHU H, HUANG X, LI X, et al., 2016. Evaluation of urban underground space resources using digitalization technologies. Underground Space, 1(2): 124-136.